AF453460

JEAN DE BLOCH

LA GUERRE

Traduction de l'ouvrage russe

LA GUERRE FUTURE

AUX POINTS DE VUE

Technique, Économique et Politique

TOME IV

**Les troubles économiques
et les pertes matérielles que déterminera
la guerre future.**

GUILLAUMIN ET Cie
Éditeurs
14, RUE DE RICHELIEU, 14
PARIS

LA GUERRE

JEAN DE BLOCH

LA GUERRE

Traduction de l'ouvrage russe

LA GUERRE FUTURE

AUX POINTS DE VUE

Technique, Économique et Politique

TOME IV

Les troubles économiques
et les pertes ·matérielles que déterminera
la guerre future.

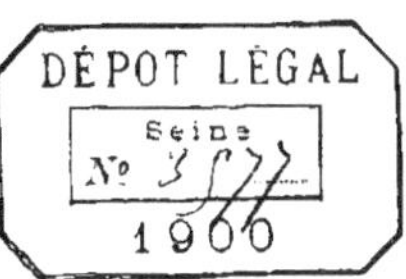

GUILLAUMIN ET Cie

Editeurs

14, RUE DE RICHELIEU, 14

PARIS

Coup d'œil sur les embarras économiques que causerait la guerre dans les États européens.

On ne s'est pas assez préoccupé jusqu'ici des difficultés économiques et sociales que soulèverait, dans les différentes contrées de l'Europe, la mobilisation même des armées — et cette question n'est pas encore élucidée.

Difficultés
économiques
et sociales
que soulèverait
la mobilisation.

La cause en est dans les modifications rapides qu'ont éprouvées, depuis la dernière grande guerre, les conditions de la vie matérielle et les aspirations morales des masses, — modifications au milieu desquelles il n'est pas facile de se reconnaitre.

En moins d'un quart de siècle, se sont accomplis, à ces deux points de vue, des changements plus considérables que dans le cours tout entier d'aucun des siècles précédents ; changements amenés par les progrès de l'instruction nationale, par les agissements de différentes associations et le développement des moyens de communication.

Il faut donc tenir compte des nouvelles conditions de l'existence, pour se faire une idée quelque peu juste des perturbations qu'y apporterait la guerre. Le premier caractère de la vie contemporaine, c'est d'être entourée d'une sorte de réseau d'intérêts matériels et intellectuels communs à toutes les nations : de sorte que chacune d'elles ne vit plus seulement, pour ainsi dire, de sa vie propre, mais encore d'une vie étrangère. Les acquisitions intellectuelles et les progrès économiques réalisés dans un pays se répercutent immédiatement sur tous les autres.

En un mot, le cercle de l'action réciproque entre les nations s'est considérablement élargi.

Et comme cette multiplication des points de contact entre les intérêts et la vie même des différents peuples continue toujours à se développer, il est presque impossible d'apprécier les difficultés d'ordre économique et social qu'entraînerait l'explosion d'une guerre européenne.

Une des causes essentielles qui doivent modifier le caractère des luttes futures, c'est l'organisation même des forces militaires actuelles. Lors des dernières guerres encore, les armées, à l'exception de celles de la Prusse, se composaient principalement de professionnels. Maintenant, au contraire, la plus grande partie des troupes sera formée de réservistes, tant officiers qu'hommes de troupe, qui, jusqu'au moment de la guerre, se seront adonnés à des occupations pacifiques. Dans les classes âgées rappelées à servir, se trouveront des pères de famille arrachés au travail par lequel ils soutenaient leurs proches.

En appelant ainsi brusquement des milliers d'ouvriers sous les drapeaux on enlèvera, dans chaque grand pays, une multitude de rouages au mécanisme compliqué de l'organisme national.

L'effet sera d'autant plus grand que, pour beaucoup des individus ainsi repris par l'armée, l'interruption du travail ne sera pas seulement temporaire. Outre ceux qui resteront sur les champs de bataille, les maladies feront de nombreuses victimes, et beaucoup se verront mis par leurs blessures dans l'impossibilité de reprendre leur métier.

Enfin, par suite du perfectionnement des moyens de destruction, la guerre se présentera sous un aspect plus effrayant qu'autrefois. Dans le cours des vingt dernières années, la puissance du fusil s'est plus que décuplée; les canons ont des portées deux fois et demie plus grandes qu'en 1870, et l'effet de leur feu est quatre ou cinq fois plus considérable. On est arrivé à charger leurs projectiles au moyen de substances explosives dont l'effet surpasse de beaucoup tout ce qu'on avait vu dans les guerres précédentes. D'où la probabilité de pertes plus grandes que par le passé.

Certains écrivains militaires sont, il est vrai, d'avis que la rapidité du tir et les longues portées augmenteront le nombre, non pas des projectiles qui atteindront leur but, mais de ceux qui le manqueront; que les combats seront moins sanglants par suite des grandes distances auxquelles ils se livreront ; que les charges de cavalerie et les attaques à la baïonnette deviendront impossibles en présence du feu actuel ; qu'enfin, par suite de la grande dispersion des troupes et de la façon dont elles s'abriteront derrière des obstacles, la retraite de chacun des deux partis deviendra plus facile.

Mais, en admettant même la réalisation de ces prévisions, qu'aucun fait n'est encore venu confirmer, il n'en est pas moins impossible de contester que l'énormité des armées modernes et l'action plus puissante des armes n'aient augmenté considérablement les funestes effets de la guerre et les craintes qu'elle peut inspirer.

L'expérience des [guerres précédentes montre que les pertes éprouvées dans les combats constituent environ la cinquième partie des pertes totales ; les quatre autres cinquièmes sont la conséquence de l'excès des fatigues ou des maladies. Or, cette seconde fraction, la plus considérable des deux, s'augmentera maintenant par suite de l'étendue même du théâtre des opérations militaires — étendue nécessitée par la grande portée de l'artillerie et des armes portatives. Les longues marches à faire, les travaux de défense à exécuter en toute hâte, la difficulté d'assurer à d'aussi grandes masses d'hommes les vivres nécessaires et des abris contre le froid ou la pluie, ne peuvent manquer d'accroître les fatigues et les privations des soldats.

En général, les conditions du combat se sont beaucoup modifiées. Il est impossible de comparer les obus ou bombes d'autrefois avec les projectiles explosifs actuels, dont un seul peut couvrir d'éclats ou de balles l'espace occupé par des centaines d'hommes. Une seule balle de fusil peut traverser plusieurs soldats. La nouvelle poudre ne produira plus ces nuages de fumée qui couvraient le champ de bataille, et le relèvement des blessés sera rendu plus difficile, tant par la portée des armes de l'ennemi que par l'étendue du front et la formation dispersée des premières lignes.

On sait combien prédisposent aux maladies un mauvais état moral, une nourriture insuffisante, les privations et le surmenage. Or, la probabilité de succomber sous l'une ou l'autre de ces causes s'est beaucoup augmentée pour ceux qui partent en campagne, — et cette circonstance est, dès maintenant, parfaitement connue des masses populaires, au moins dans l'Ouest de l'Europe, où le peuple lit davantage et où les agitateurs ne négligent aucun moyen de répandre ces idées.

En résumé donc, il est presque hors de doute — pour peu que les masses ne soient pas sous l'influence de quelque excitation particulière comme, par exemple, l'aspiration vers l'unité allemande en 1870 — il est presque hors de doute que l'annonce de la mobilisation fera naître, surtout dans les « classes » les plus anciennes, un sentiment très vif de mécontentement.

Il faut remarquer, en outre, que malgré les efforts des gouvernements européens pour munir leurs troupes d'armes des modèles les plus parfaits, il ne paraît guère possible d'arriver à en pourvoir complètement ces armées de millions d'hommes, que donnera l'appel sous les drapeaux de presque toute la population capable de servir. Et, bien que les hommes du métier soutiennent qu'à la guerre le succès ne dépendra pas tant du degré de perfection technique des armes que de la valeur morale des roupes, les masses ne pourront guère se pénétrer de cette idée. D'autant qu'à chaque demande de crédit formulée pour l'introduction d'un perfecionnement quelconque dans l'armement, tous les efforts sont faits pour convaincre la nation de l'extrême importance de ce perfectionnement et de l'absolue nécessité de son adoption.

Or, s'il est impossible d'armer les hommes de toutes les catégories de la réserve et de la milice, avec des fusils à petit calibre du dernier modèle, on se verra forcé d'en donner de moins parfaits, précisément aux corps formés des hommes des plus anciennes classes, c'est-à-dire des individus les moins belliqueux et les moins aptes à la guerre.

Et pourtant il n'est pas douteux que justement ces réservistes, plus âgés, n'aient de plus grands besoins que les autres, tant au point de vue des armes qu'à celui de la capacité de leurs chefs. C'est là une considération sur laquelle on n'a guère appelé jusqu'ici l'attention, et qui cependant peut avoir son importance.

Mais il est encore d'autres causes qui peuvent rendre difficile l'appel, pour la guerre, de tous les réservistes inscrits sur les contrôles.

Impossible, notamment, de ne pas songer aux embarras économiques qu'entraînerait après lui, surtout dans les pays où la culture du sol est le plus développée, le brusque enlèvement d'une quantité d'ouvriers et de pères de famille à leurs occupations et à leurs devoirs.

Il n'est pas besoin d'un examen détaillé de la question pour démontrer que les embarras, causés par la mobilisation de tous les réservistes inscrits atteindront leur maximum dans les pays où l'on appellera la plus forte proportion d'hommes ayant des occupations commerciales ou industrielles et, en général, des occupations en rapport étroit avec le cours habituel de la vie sociale. Tandis qu'inversement ces embarras seront moindres dans les régions où le pour cent des appelés de cette catégorie sera moindre, où l'organisation même des rapports sociaux sera établie sur des bases plus simples et plus patriarcales.

En 1884, dans les pays d'Europe, il y avait en moyenne, pour une population de 1,000 âmes des deux sexes, 28,1 personnes soumises aux obligations militaires; en 1891, cette proportion était déjà montée à 46,3 soldats pour 1,000 âmes, — c'est-à-dire qu'elle s'était augmentée de 64 0/0 en 7 années.

Si nous comparons l'effectif des troupes de terre, prévu pour le temps de guerre, avec le chiffre de la seule population masculine entre les âges de 20 et 50 ans, nous trouvons les rapports suivants :

En Allemagne.	.	3.600	soldats pour	9.508	âmes, soit	37 0/0
En Autriche . . .		2.062	—	7.683	—	27 »
En France	.	3.600	—	8.013	—	45 »
En Russie		4.556	—	22.669	—	20,1 »

____

(1) Ces chiffres sont empruntés à l'ouvrage · *Die Kriegsheere der europäischen Staaten.*

Voici la représentation des résultats par un graphique :

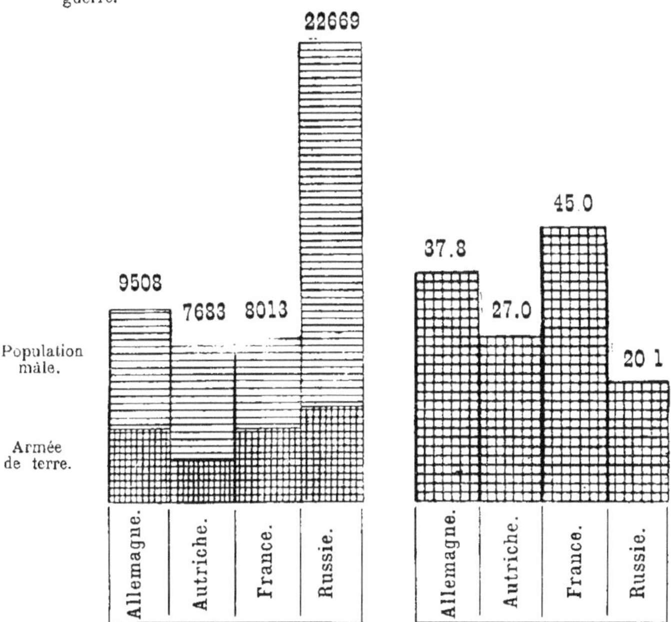

D'où l'on voit que c'est la France qui, pour mettre son armée sur le pied de guerre, a besoin d'enlever le plus grand nombre d'hommes à la partie productive de la population. — Puis vient l'Allemagne, ensuite l'Autriche, et enfin la Russie. — Cette dernière, pour mobiliser ses troupes, n'a besoin d'enlever à la population mâle qu'un pour cent deux fois plus faible que l'Allemagne — et moindre encore comparativement à la France.

En d'autres termes, si l'on prend le chiffre de 4 millions et demi d'hommes comme représentant l'effectif de l'armée russe sur le pied de guerre ; si l'on admet que cet effectif ait été entièrement consommé au cours des hostilités et que, par suite, un second effectif de 4 millions et demi d'hommes ait été appelé sous les drapeaux, c'est seulement alors que le rapport entre le chiffre de la population mâle et celui de l'armée sur pied de guerre se rapprocherait en Russie de ce qu'il est maintenant en France.

Nous avons parlé de l'étendue des pertes que la seule mobilisation causerait aux particuliers et à la production d'un pays. Mais il n'est pas facile de se représenter celles qu'entraînera la guerre elle-même, en raison de l'actuelle complication du mécanisme économique national, et de la division du travail poussée jusqu'à ses dernières limites. On comprend aisément que plus élevée sera la culture d'un pays et plus complexe son appareil économique, plus grande sera la perte occasionnée par l'interruption de son fonctionnement et plus énormes seront les dommages subis par la richesse nationale.

Ces pertes seront évidemment plus considérables dans les pays où la majorité de la population est employée au travail industriel et commercial, et moins importantes dans ceux à population principalement agricole.

Chez l'agriculteur appelé sous les drapeaux, il reste toujours quelque réserve de provisions pour sa famille. Et les travaux d'exploitation rurale, bien que souffrant de l'absence du propriétaire, ne sont pas cependant tout à fait interrompus, comme l'est au contraire le salaire dont vivait la famille de l'ouvrier d'industrie appelé à l'armée.

Ajoutons que moins est élevé le niveau de la culture agricole et moindre est l'importance du dommage qu'elle éprouve par l'absence du cultivateur. En Russie, par exemple, où une grande partie des terres se trouvent à l'état de biens communaux, la communauté veille elle-même à ce que les parts des familles demeurées sans chef et même sans ouvriers soient cultivées avec l'aide du *mir* (1). Aussi, dans ce pays, le cultivateur particulier, petit ou gros, appelé au service, risque-t-il moins de voir péricliter sa propriété, précisément en raison des conditions primitives de la culture.

Il en est tout autrement pour le paysan appelé au service en Italie ou dans le Sud de la France, qui non seulement cultive lui-même sa terre — avec l'aide d'ouvriers à gages — mais encore s'occupe de la fabrication du vin, de la soie, de l'huile, etc.

Mais c'est dans les pays où l'industrie et le commerce sont fortement développés que la guerre doit amener les plus graves embarras économiques.

Par suite de l'interruption des communications, de la diminution de la vente, de la restriction du crédit, il pourra se produire, dans la fabrication, un arrêt et quelquefois une cessation complète du travail, ce qui mettra immédiatement une grande partie de la population dans la situation la plus précaire.

----

(1) Ce mot russe *mir*, qui signifie litt. *monde,* s'emploie aussi pour désigner, dan s un village, l'assemblée communale et la communauté des paysans.

Danger d'autant plus grand que, dès le début même de la guerre — comme on le verra plus loin — doit se manifester un renchérissement des denrées qui ne fera qu'augmenter au fur et à mesure que s'épuiseront les ressources pécuniaires de la population.

En même temps, aussitôt la guerre déclarée ou commencée de fait, devra se manifester une forte dépression de la valeur de tous les papiers nationaux, de commerce et d'industrie, et le taux de l'escompte augmentera.

Et plus l'industrie et le commerce seront développés dans un pays, plus important sera le nombre des faillites. De sorte que la guerre n'amènera pas seulement la baisse du crédit national, mais la destruction du crédit particulier dans toutes les classes de la population.

La pensée de la guerre cause dans tous les pays une inquiétude générale. Mais on la ressentirait à un bien plus haut degré encore, si l'on se rendait clairement compte à quel point la crise économique, qu'un nouveau conflit armé déterminerait en Europe, surpasserait celles que de tels événements amenaient autrefois.

On peut s'en faire une idée en songeant à la panique qui se répandit dans tout le monde financier quand, en 1886, on put craindre un moment de voir éclater la guerre entre la France et l'Allemagne. Ce fut, suivant la pittoresque expression d'un spécialiste (1), ce fut comme « un cyclone qui balaya tous les marchés de l'Ouest de l'Europe, même ceux de pays, tels que le Portugal, qui semblaient devoir se trouver en dehors de la sphère d'influence d'une guerre franco-allemande. L'ébranlement se fit même sentir par delà l'océan Atlantique ».

Et le même auteur observe que le trouble financier fut plus intense et se répandit sur une plus grande étendue de pays qu'au moment de la guerre de 1870.

Nous ajouterons que l'effet inévitable d'une telle panique pourrait bien être une des plus sûres garanties du maintien de la paix.

En tous cas, il ne saurait y avoir, sous ce rapport, de comparaison possible avec les temps passés. Attendu que l'état actuel des relations sociales est plus différent peut-être de ce qu'il était au siècle dernier, que le fusil à petit calibre ne diffère de l'arbalète du moyen âge.

Le mouvement du commerce du monde, l'énorme accroissement du crédit, tant national que privé, et une foule d'autres circonstances économiques ont amené en très peu de temps des changements très considérables. Tel, par exemple, le puissant développement industrie qui s'est manifesté assez récemment en Allemagne.

---

(1) Alfred Neymarck, *Les dettes publiques européennes.*

Au cours de ces dix dernières années, on a remarqué dans ce pays une émigration continue des ouvriers des campagnes vers les villes. Et actuellement, bien que l'Allemagne soit encore à un haut degré un pays agricole, la production des villes y dépasse de beaucoup déjà celle des campagnes.

Ainsi, d'après le mémoire joint par le ministre des finances Miquel au projet de loi relatif à la transformation de l'impôt sur le revenu, les industries urbaines et rurales ont produit en Prusse, pendant l'exercice 1892-93, un total de 5,724,323,767 marks.

Cette somme se répartit ainsi :

3,873,315,476 ou 67,66 0/0 pour les industries urbaines.
1,851,008,291 ou 32,34 0/0 pour les rurales.

Pendant l'exercice 1893-94, le total s'est élevé à 5,725,338,364 marks, ainsi répartis :

3,878,910,364 ou 67,75 0/0 pour les industries urbaines.
1,846,428,000 ou 32,25 0/0 pour les rurales.

Tandis que, d'après Meitzen, en 1866, sur la production totale, — qui ne s'élevait d'ailleurs qu'à 3,600,000,000 marks, — la part des campagnes était au contraire de 1,980,000,000 de marks ou 52,8 0/0 et celle des villes de 47,2 0/0. Résultat qui, graphiquement exprimé, donne la figure ci-dessous :

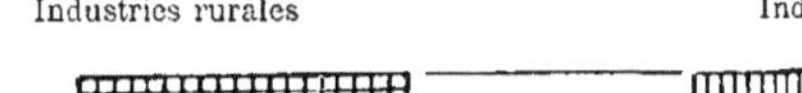

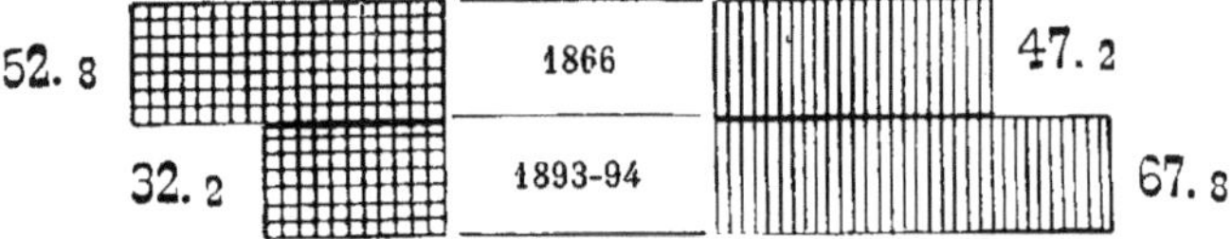

Revenus des industries urbaines et rurales en Prusse exprimés en 0/0.

On voit quelle est la rapidité de cette renaissance économique, puisqu'en 26 ou 27 ans la production des industries urbaines a augmenté de plus de 20 0/0 au détriment de celle des campagnes.

On peut dire, par conséquent, qu'en 1866 les troubles causés par la guerre menaçaient à peine la moitié des revenus du pays, tandis qu'aujourd'hui ils en menaceraient les deux tiers.

Les dernières luttes, d'ailleurs, ne sauraient donner une idée de la crise économique que la guerre susciterait aujourd'hui. La campagne austro-prussienne de 1866 fut trop courte; celles de la France contre l'Allemagne en 1870-71 et de la Russie contre la Turquie en 1877-78 demeurèrent localisées.

Mais surtout l'on ne vit pas alors cette interruption de toutes les communications par mer et par terre que, — pour des raisons indiquées dans le volume où nous traitons de la guerre maritime, — toute lutte future amènerait infailliblement.

Et depuis 1870, il s'est produit un nouvel et énorme développement des moyens de communication et des rapports internationaux commerciaux et financiers. A quoi est venu s'ajouter un phénomène des plus importants : l'influence économique exercée sur l'Europe par la grande République de l'Amérique du Nord. Le développement colossal de sa production et le danger de sa concurrence pour l'Europe, paralysée par la guerre, constituent un fait dont, jusqu'ici, on s'est trop peu préoccupé dans l'ancien monde, mais avec lequel il faudra compter de plus en plus dans l'avenir.

Les chiffres que nous donnons plus loin montreront quel développement a pris la production depuis 1870 et, en même temps, combien graves seraient les conséquences d'une brusque interruption, par la guerre, de cette production colossale et des salaires qu'elle assure aux masses ouvrières.

Mais voici d'abord quelques indications générales sur l'accroissement de la population des différents pays européens depuis 1860, et sur le développement du mouvement commercial annuel dans chacun d'eux.

Pour dresser ces tableaux, nous avons pris comme unités, en les représentant par 100, le chiffre de la population en 1860 et le mouvement commercial annuel moyen pendant la période de 1860 à 1865. Comparativement, les chiffres de population pour 1890-91 et le mouvement commercial annuel moyen, pendant la période de 1886-1890, présentent en pour cent les augmentations suivantes :

	Accroissement de la population en 1890-91 relativement à 1860 en pour cent.	Augmentation du mouvement commercial annuel moyen de 1886-90 comparativement à la période de 1861-65, en pour cent.
En Russie.	73 0/0	183 0/0
En Hollande.	38 0/0	303 0/0
En Belgique.	28 0/0	139 0/0
En Autriche-Hongrie.	31 0/0	133 0/0
En Grande-Bretagne	32 0/0	57 0/0
En France.	2 1/2 0/0	52 0/0
En Italie	38 0/0	49 0/0
En Allemagne.	35 0/0	»

Pour présenter ces chiffres sous une forme plus facile à saisir d'un coup d'œil, nous en donnons la figuration graphique :

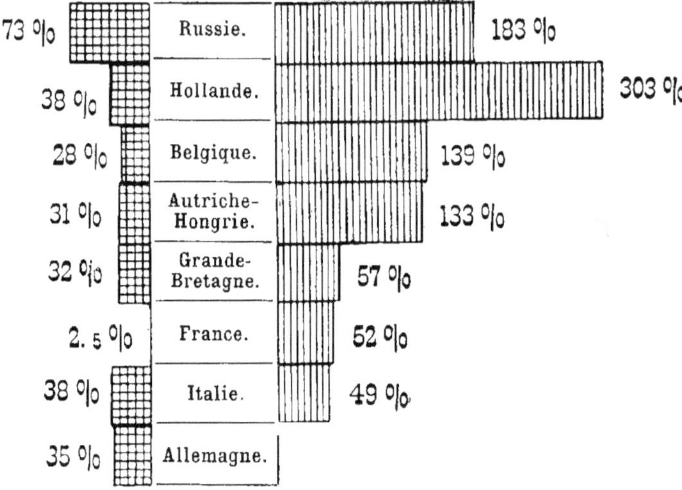

Si maintenant nous passons en revue séparément les différents articles d'industrie et de commerce, nous trouvons en première ligne le coton, sur la production et la consommation duquel nous avons des données officielles pour une assez longue période. En Amérique, où, comme l'on sait, se trouve le centre de la production cotonnière, la récolte a donné annuellement :

Dans la période 1859-1860. . . . . 4 millions de balles (1)
  —   1870-1875. . . . . 4 — —
  —   1880-1885. . . . . 6 — —
  —   1890-1891. . . . . 9 — —

---

(1) La « balle » vaut 180 kilogrammes.

Ce qui peut se traduire par le graphique ci-dessous :

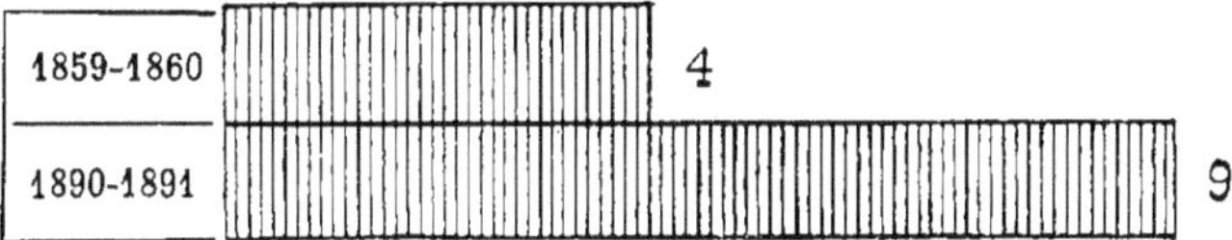

Production du coton en Amérique en millions de balles.

A cela s'est ajoutée, dans ces derniers temps, une importation considérable, en Europe, de coton d'Australie qui, précédemment, y était inconnu. Mais les chiffres ci-dessus donnés suffisent à montrer que, comparativement avec 1860 et même 1870, la production du coton atteint aujourd'hui 225 0/0 de ce qu'elle était alors.

Une augmentation analogue se remarque pendant les dix dernières années dans la production de la laine, au moins dans la partie de cette substance évaluée avec quelque exactitude, c'est-à-dire dans celle qui est importée en Europe et qui d'ailleurs surpasse la production de l'Europe elle-même. Les chiffres moyens de cette importation se présentent comme il suit :

Dans la période de 1879-1881, environ 1.700.000 balles
Et dans   —   1889-1891,   2.637.000   —

Ce qui représente un accroissement de 55 0/0.

Ajoutons encore quelques indications sur les industries du sucre et du fer.

La production du sucre s'est élevée successivement :

En 1860 à. . . . . 40 millions de quintaux
En 1870 —. 55   —   —
En 1880 —. 86   —   —
En 1891 —. . . . . , . . . 125   —   —

On voit, par ce dernier chiffre, que la production a plus que doublé depuis 1870.

Reproduisons ces chiffres graphiquement :

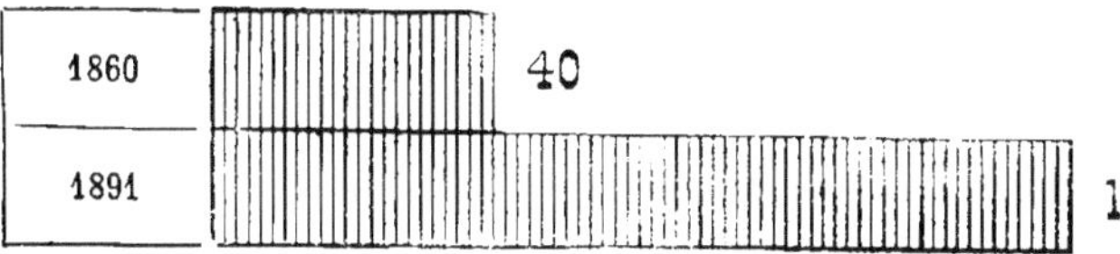

Production du sucre en millions de quintaux.

La production du fer est représentée :

En 1860. . . . . par 7.360 millions de kilogr.
En 1870. . . . . — 12.095 — —
En 1880. . . . . — 18.385 — —
En 1890. . . . . — 27.146 — —

Production du fer en millions de kilogrammes.

Ajoutons ici que l'exportation anglaise du charbon de terre, du coke et du combustible en général, qui n'avait monté que de 12 à 18 millions de tonnes pendant la période de 1871 à 1880, s'est élevée graduellement jusqu'à 30 millions de tonnes de 1881 à 1890.

Naturellement, le mouvement commercial s'est accru en même temps. D'après Mulhall, on peut l'exprimer, pour l'ensemble des États européens, par les chiffres de :

1,024 millions sterling . . . . en 1860
1,573 — — . . . . en 1870
2,313 — — . . . . en 1889

La rapidité relativement moindre de cet accroissement s'explique d'ailleurs par la récente réaction qui s'est produite dans la politique commerciale, c'est-à-dire par le retour au protectionnisme, qui forcément a dû ralentir un peu le développement du commerce.

Mais ce qui s'est considérablement accru aussi, depuis 1870, c'est le mouvement des fonds d'État. D'après les chiffres de Neymarck (1), l'ensemble des dettes publiques européennes, qui ne représentait que 78 milliards de francs en 1870, s'élevait, dès 1886, au total de 115 milliards.

Dettes publiques européennes en milliards de francs.

Mais ces fonds d'État ne représentent qu'une partie de la circulation des valeurs de crédit, la plupart des grandes entreprises industrielles étant maintenant montées par actions.

____

(1) *Les dettes publiques européennes*, p. 86.

Pour jeter quelque lumière sur l'étendue des pertes que causerait la guerre en déterminant une panique sur le marché des valeurs, nous allons indiquer le montant des émissions annuelles survenues depuis 1871.

Entre cette année et 1885 le total s'en est élevé, dans l'ensemble des États européens (1), à 100,459 millions de francs, soit une moyenne annuelle de 6,697 millions de francs.

Pendant les années suivantes, lés émissions de valeurs ont atteint :

En 1886.	6.708 millions.
1887.	4.996	—
1888.	7.850	—
1889.	12.678	—
1890.	8.147	—
1891.	7.558	—
1892.	2.510	—
Soit au total.	150.906 millions de francs depuis

1871 jusqu'à 1892.

En raison de l'importance du sujet, nous représentons graphiquement les rapports des chiffres ci-dessus :

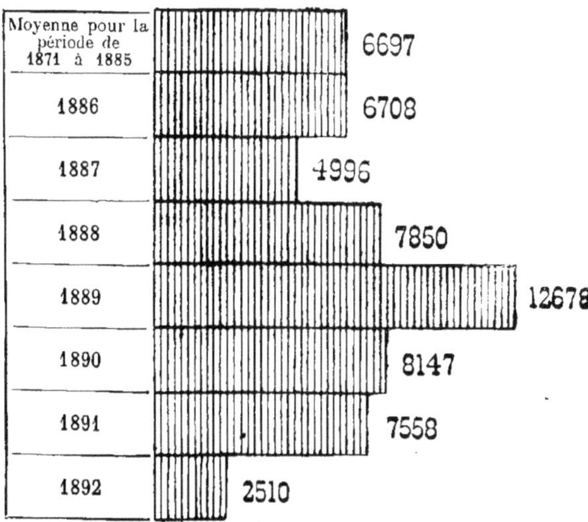

Émissions annuelles de valeurs dans l'ensemble de l'Europe
en millions de roubles.

(1) *Bulletin de statistique du ministère des Finances.* — Paris, t. XX.

D'après la nature des papiers émis, le total ci-dessus se décompose de la manière suivante : émissions d'État et des villes : 70 milliards de francs ; émissions des établissements de crédit, des chemins de fer et des sociétés industrielles : 78 milliards de francs ; divers : 3 milliards de francs.

Effets de baisse que la déclaration de guerre produirait sur les valeurs.

Pour donner au moins une faible idée des conséquences que la simple déclaration de la guerre aurait pour le monde des affaires et pour toutes les classes de la population qui possèdent quelque chose, admettons que la baisse des valeurs qui en résulterait ne fût pas supérieure à celle qui se produisit en 1870, au début de la guerre franco-allemande.

Voici dans quelles proportions les cours des valeurs baissèrent à la Bourse de Berlin, en 1870 :

	Cours au 1er juillet 1870.	Cours le plus bas entre le 15 et le 22 juillet.	Baisse de :
Valeurs prussiennes :			
Emprunt d'État 4 %.	$93^1/_2$	$77^3/_4$	$25^3/_4$
Banque prussienne.	141	119	22
Actions du Comptoir d'Escompte.	142	$101^1/_2$	$40^1/_2$
Actions des chemins de fer de :			
Berg-Marken	121	95	26
Köln-Minden	$134^1/_2$	98	$36^1/_2$
Haute-Silésie	$173^1/_4$	139	$34^1/_4$
Valeurs autrichiennes :			
Émission d'État de 1860.	81	55	26
Chemins de fer de l'État	212	152	60
Chemins de fer du Sud	$114^1/_2$	80	$34^1/_2$
Actions de la Banque.	$148^3/_4$	90	$58^3/_4$
Fonds américains	$96^7/_8$	$75^7/_8$	$21^7/_8$
Fonds italiens.	$58^7/_8$	$45^1/_2$	$13^3/_8$
Valeurs russes :			
Emprunts à tirages	$115^7/_8$	88	$27^7/_8$
Bons hypothécaires du Crédit foncier.	$86^3/_4$	70	$16^3/_4$

Pour montrer plus clairement ces différences, nous en donnons une représentation graphique :

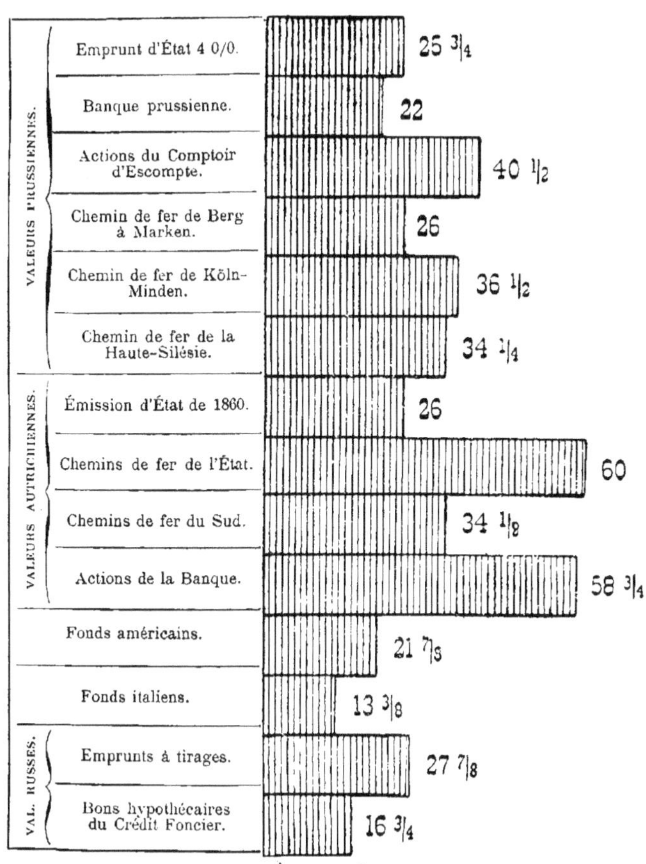

Abaissement des cours des valeurs du 1ᵉʳ aux 15 et 22 juillet 1870.

Admettons, comme valeur moyenne de cet abaissement : pour les emprunts d'État et des villes, de 20 0/0 ; pour les actions des banques, des chemins de fer et industrielles, 35 0/0. — Nous obtiendrons alors le résultat suivant de l'abaissement des valeurs :

Pertes des détenteurs de papiers :

Banques, chemins de fer, sociétés industrielles 27,3 0/0
États et villes 14 0/0
                                                            ____
                                                              41,3 0/0

Si nous appliquons ce 0/0 de diminution aux seules valeurs émises jusqu'en 1871, c'est-à-dire à un total de 100 et quelques milliards de francs, la perte produite par la baisse des valeurs se chiffre précisément par 41,3 milliards. — Il va de soi que cette perte se répartit très différemment entre les divers pays et propriétaires de ces valeurs. Elle atteint son maximum dans ceux où l'on réalise chaque année des épargnes qui sont placées en emprunts étrangers. D'après les données du *Moniteur des Intérêts matériels*, l'Angleterre, à elle seule, réalise chaque année une épargne de 4 milliards de francs et on comprend que la France, l'Allemagne, la Hollande, la Belgique et la Suisse, prises ensemble, en épargnent au moins autant.

Les nations qui prendront directement part à la guerre ne seront pas les seules à souffrir de l'ébranlement du crédit qu'elle amènera.

Des États neutres comme la Belgique, la Suisse et peut-être même la Grande-Bretagne, s'en ressentiront forcément.

Ce choc de millions d'hommes, avec la terrible puissance des armes modernes, deviendra un véritable combat pour l'existence, sinon des nations elles-mêmes, au moins des dynasties de l'Europe Occidentale. Aussi ne peut-on compter sur son prompt achèvement et les créanciers des différents États se trouveront-ils en danger de perdre le total des capitaux prêtés par eux.

Or, en France, par exemple, on compte qu'il a été placé pour 2 milliards et 666 millions de francs, rien qu'en valeurs austro-hongroises et pour à peu près autant (2,540 millions) de valeurs italiennes; à quoi il faut ajouter les emprunts de conversion russes placés en grande partie sur le marché français.

Il n'est donc pas douteux qu'au cas d'une guerre future, les pertes économiques surpasseraient de beaucoup celles qui se sont produites en 1870. Car non seulement la production industrielle et le commerce, mais les liens entre les intérêts matériels et moraux des différents pays se sont enchevêtrés à un tel point que le plus léger temps d'arrêt de la vie industrielle et commerciale peut amener des troubles sérieux, capables d'entraîner la ruine de nations entières.

En supposant que la guerre n'eût lieu qu'entre la France et l'Allemagne, elle n'en réagirait pas moins immédiatement sur les intérêts des autres pays. Pour faire comprendre cette dépendance mutuelle des différentes nations, nous allons donner quelques indications sur la valeur de l'exportation de plusieurs d'entre elles, quant aux produits principaux de l'industrie, pour l'année 1888 (1).

Il a été exporté :	Cotonnades et papiers	Lainages	Soieries	Fers et aciers	Totaux
	pour une somme, en millions, de :				
D'Autriche . .	7	24	19,6	11,4	63 mill. de florins.
De Belgique. .	19,9	25	—	67	11,9 mill. de francs.
De France . .	106	323	223	71	723 mill. de francs.
D'Allemagne .	186	183	183	176	734 mill. de marks.

On admet en général que l'importation normale en France assure le salaire de trois ou quatre millions de producteurs des autres pays, et que les importations en Allemagne font vivre presque un même nombre de producteurs étrangers. De sorte qu'au cas d'une guerre, même localisée entre ces deux nations, des millions d'hommes, qui travaillent dans des pays neutres pour les marchés français et allemands, se trouveraient privés en tout ou en partie de leur salaire, et tomberaient à la charge de l'Assistance publique.

Mais, depuis que les grandes puissances européennes sont partagées en deux groupes ou camps tout préparés, on ne peut plus guère compter que la guerre se localise sur une frontière quelconque. Elle s'étendra forcément à toute l'étendue du continent européen. Et l'on comprend dès lors l'énormité des misères et des pertes économiques qu'elle entrainera.

Sans parler de la dévastation à laquelle se trouveront inévitablement exposées les localités qui seront le théâtre des hostilités, examinons seulement dans quelles conditions les territoires non menacés encore par la guerre, mais voisins des points où elle aura lieu, se trouveront placés par le fait même de la mobilisation et du passage des troupes dirigées sur la frontière.

Outre que, dans toute l'étendue du pays, les hommes de 20 à 40 ans propres au service militaire seront successivement appelés sous les drapeaux, on comprend que, sur le territoire traversé par de grandes masses de troupes, il restera bien peu d'établissements, de propriétés ou d'animaux domestiques qui ne soient mis par les réquisitions à la disposition des autorités militaires.

____

(1) Hovell, *Conflits of capital and labour.*

Il faudra, en effet, des bâtiments pour loger les troupes et les chevaux ainsi que pour installer le matériel; des vivres pour la nourriture quotidienne des hommes logés chez l'habitant; du combustible et du fourrage; de la paille de couchage; des moyens de transport de tout genre : voitures, bateaux et barques; des moulins et des fours; des outils de toute espèce pour l'entretien ou la réparation des routes, ponts et voies de communication quelconques; des guides et des estafettes; des ouvriers pour les divers besoins de l'armée; des maisons pour abriter les malades et des habitants pour les soigner; enfin des matières premières de toute sorte pour l'entretien de la ferrure, du harnachement et de l'équipement, pour faire des bandes de pansement et de la charpie, etc.

Puis tout cela ne sera pas plus tôt mis à la disposition des commandants des troupes, lors de leur passage pour se rendre sur le théâtre des hostilités, que se formuleront de nouvelles demandes, pour compléter et reconstituer les approvisionnements; attendu que le mouvement des grandes masses modernes et les consommations constamment répétées qui en résulteront entraîneront un accroissement rapide et continuel des « besoins » d'une armée.

Et les effets du prélèvement ainsi opéré sur toutes les forces productives d'un pays, — soit par l'appel sous les drapeaux, soit par l'occupation momentanée au service exclusif de l'armée des ouvriers et des producteurs de toute espèce, — ces effets se feront sentir bien plus vivement qu'autrefois, parce que la spécialisation du travail a été poussée, surtout dans l'Ouest de l'Europe, à ses dernières limites. Il est maintenant très difficile, et quelquefois impossible, de remplacer les contremaîtres et les ouvriers qui viennent à manquer par d'autres ouvriers et contremaîtres, fussent-ils de la même industrie. Il faut absolument préparer de nouveaux spécialistes.

Nous avons déjà rappelé plus haut avec quelle vitesse s'effectue, de nos jours, l'évolution économique. Cette vitesse nous empêche de nous rendre compte de beaucoup de progrès accomplis et dont nous n'avons pu encore apprécier l'importance. On peut dire que nous sommes emportés nous-mêmes par un train rapide et que nous ne remarquons pas assez l'étendue des changements réalisés autour de nous.

Changements survenus depuis la guerre de 1870.

A ceux qui, lors de la guerre de 1870, avaient déjà atteint l'âge d'homme, il semble, en premier lieu, que cette guerre soit toute récente et ensuite que, depuis elle, il ne se soit produit rien de particulier dans le développement social et économique des différents pays.

Aussi, pour montrer combien au contraire ce développement a été rapide et considérable, nous ajouterons encore quelques chiffres aux indications statistiques données ci-dessus.

Voici un tableau montrant dans quelles proportions s'est accrue l'exploitation annuelle du charbon de terre :

| | Millions de tonnes | | |
	En 1860	En 1870	En 1887
En Grande-Bretagne	80	110	162
En·Allemagne	12	26	60
En France	8	13	20
En Belgique	9	13	18
En Autriche . . . . . , ...	2	4	8
En Russie	0,1	0,6	4
Total	111	167	272

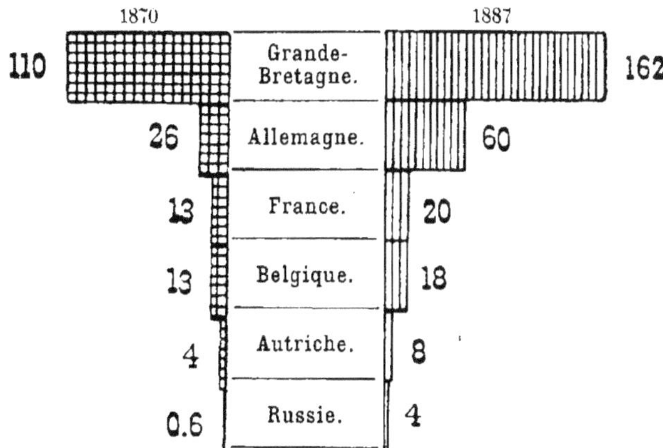

Accroissement de l'exploitation annuelle du charbon de terre en millions de tonnes.

Et cette augmentation de 63 0/0, réalisée en 1887 sur les chiffres de 1870, témoigne d'un développement correspondant de toutes les productions industrielles et des transports à vapeur.

Voici encore quelques données sur le développement des communications postales et télégraphiques, empruntées aux comptes rendus de la Direction des postes et télégraphes d'Allemagne, entre 1868 et 1891 (1).

____

(1) Iung, *Entwickelung des Post und Telegraphenwesens* (Développement des Postes et Télégraphes), 1893.

Dans l'ensemble des divers pays qui constituent l'Empire allemand, il a été transporté par la poste :

	En 1868	En 1891
Lettres	298 millions.	1.040 millions.
Journaux	160 —	735 —
Imprimés et échantillons .	36 —	419 —
Cartes postales	25 —	354 —
Colis	29 —	108 —
Envois d'argent.	9 —	78 —
Total	557 millions.	2.798 millions.

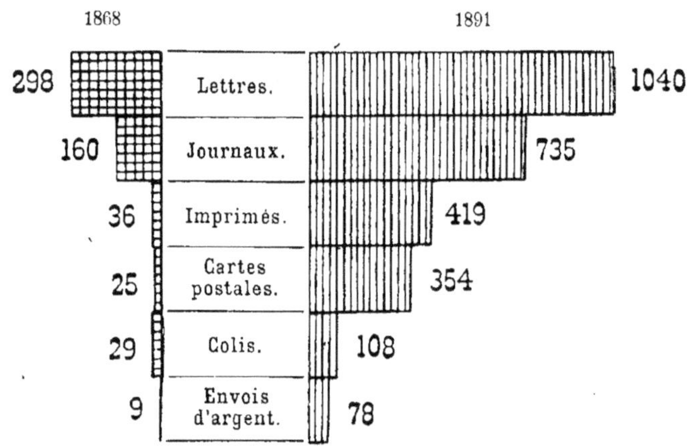

Etendue de l'accroissement des envois par la poste en Allemagne (en millions).

Ainsi ces vingt-cinq dernières années ont vu plus que quintupler la fréquence des rapports entre les différentes localités, ou, ce qui revient au même, l'étroitesse des liens qui les rattachent les unes aux autres et qui en expriment la dépendance mutuelle.

On voit par là combien vivement serait ressentie aujourd'hui toute interruption ou entrave apportée à ces rapports par la guerre.

Le tableau ci-contre permet de se faire une idée des pertes comparatives que la guerre causerait aux grandes puissances continentales, par suite de l'interruption des relations commerciales et de la production industrielle.

Le revenu total de chaque nation, calculé d'après les données de la statistique, y est inscrit dans la dernière colonne en valeur absolue; tandis que les autres, où il est décomposé par millièmes, montrent dans quelle proportion les différents genres de produits contribuent à le constituer :

PAYS	Agriculture	Mines	Industrie	Transports et transit	Propriétés immobilières urbaines	Commerce	Navigation	Capitaux mobiliers et banque	Autres sources	Total des parties	Valeur absolue du revenu total en millions de livres sterling et en millions de francs
France. . . .	396	8	278	92	89	30	4	12	91	1000	1.046 (26.150)
Allemagne . .	355	21	325	96	63	34	4	11	91	1000	1.076 (26.900)
Austro-Hongr.	484	11	346	96	44	15	2	11	71	1000	616 (15.400)
Italie.	507	5	201	91	61	25	5	14	91	1000	363 (9.075)
Russie	525	14	221	96	35	12	2	5	90	1000	975 (24.375)

Pour mettre ces chiffres plus nettement en relief, nous allons les représenter par une série de graphiques. Voici d'abord celui qui correspond aux revenus généraux exprimés en millions de livres sterling :

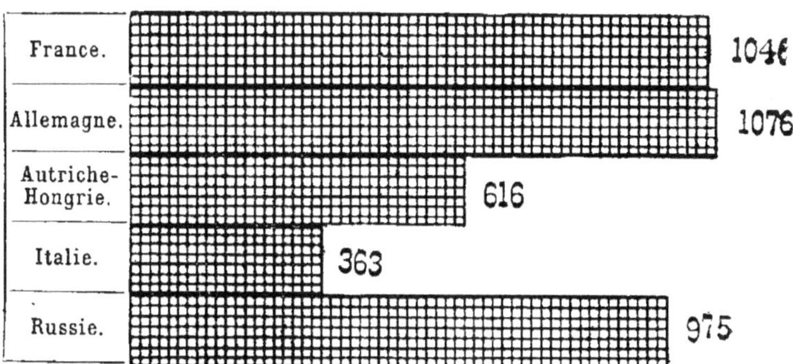

Revenu général en millions de livres sterling.

Le revenu le plus considérable est celui de l'Allemagne; celui de la France est un peu moindre; puis viennent la Russie, ensuite l'Autriche-Hongrie et enfin l'Italie.

Nous allons représenter graphiquement les revenus spéciaux provenant de chaque branche de l'activité économique.

Chaque revenu spécial est exprimé en millièmes du revenu général, évalué lui-même en livres sterling.

Agriculture

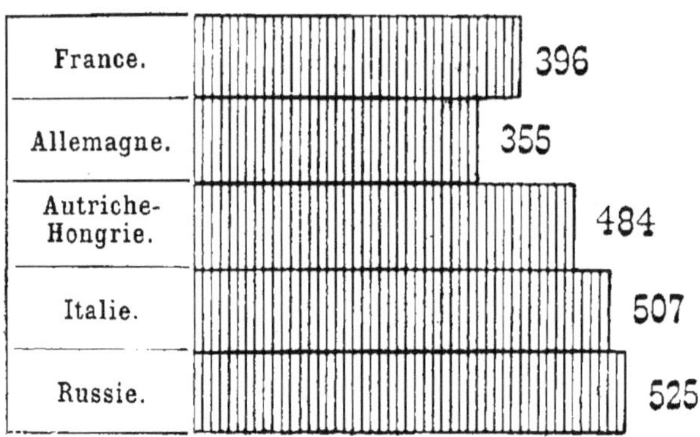

Mines

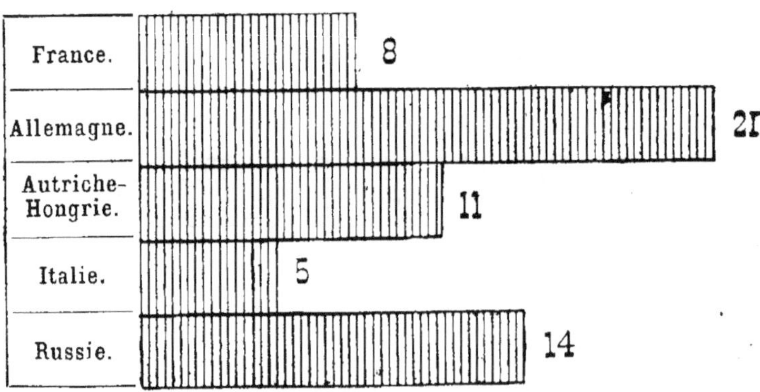

Industrie

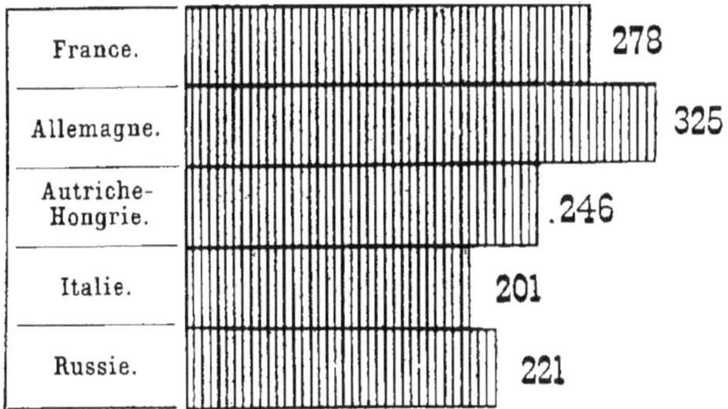

Transports et Transit

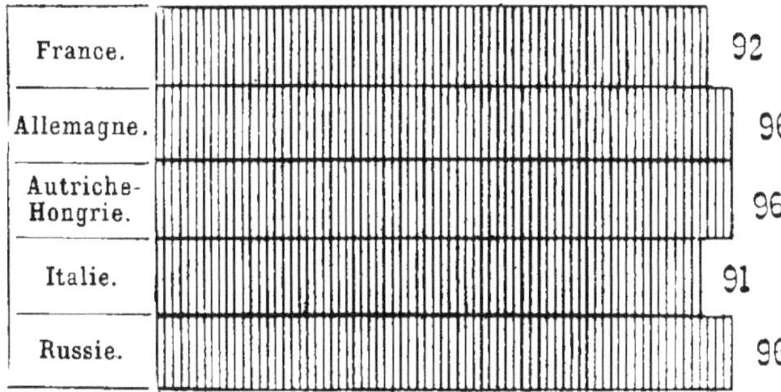

Immeubles urbains

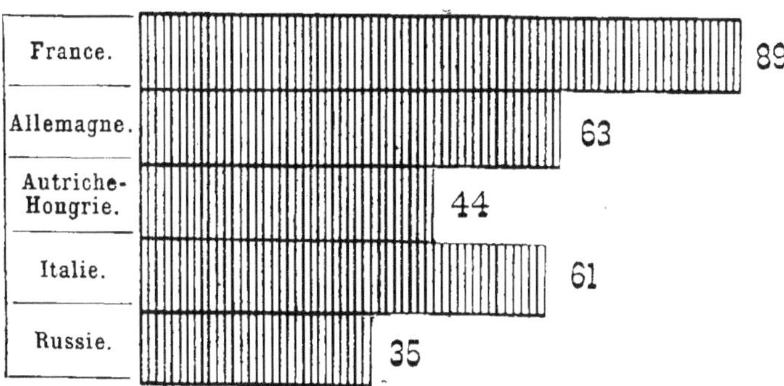

Commerce

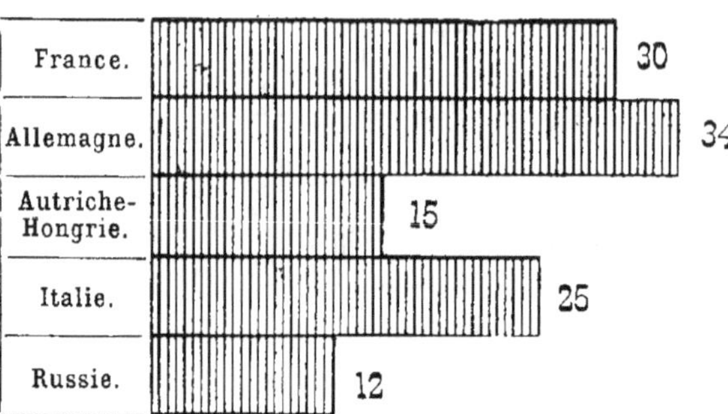

Navigation

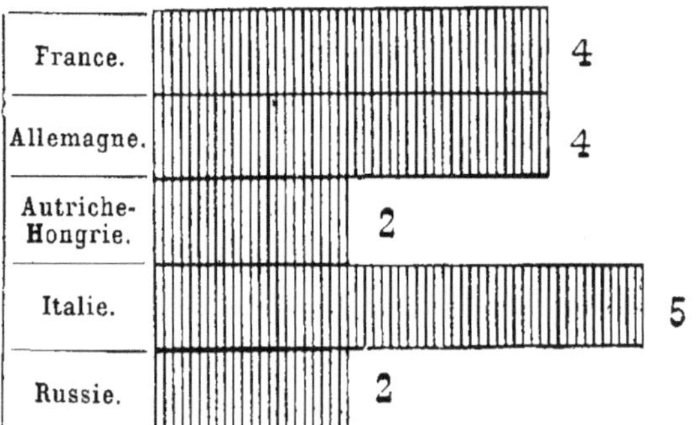

Propriété mobilière

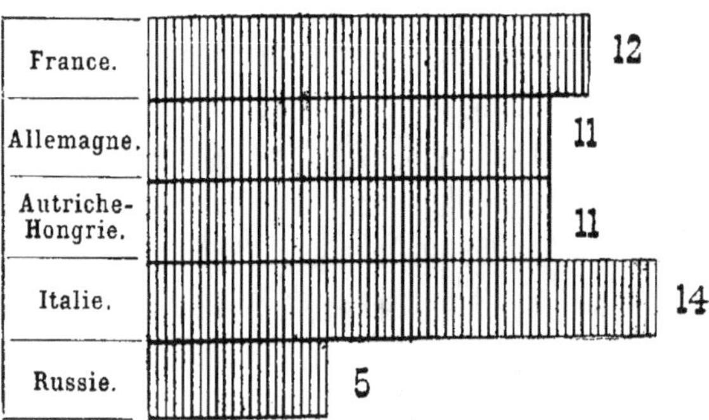

Autres sources.

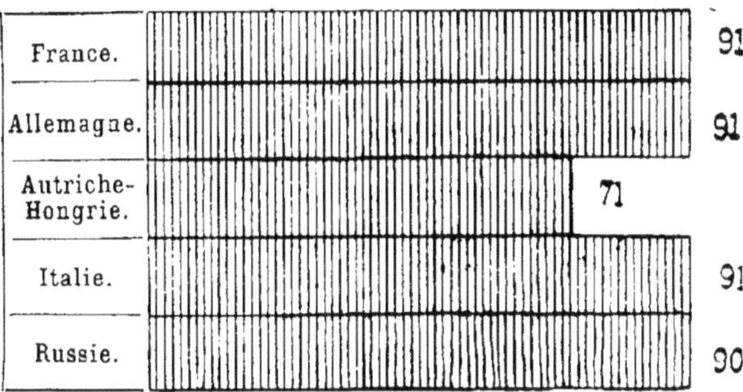

On voit par là que les produits de l'agriculture — qui occupe, en Russie, 86 0/0 de la population — n'entrent que pour 52,5 0 0 dans son revenu total ; tandis qu'en Allemagne, où la classe agricole ne représente que 37 0/0 de la population, l'agriculture donne 35,5 0/0 du revenu total du pays.

Pays
plus spécialement
agricoles
ou industriels.

En France, cette classe agricole est d'environ 42 0/0 de la population, et près de 40 0/0 (39,6 0/0) du revenu total du pays provient de l'agriculture.

En Autriche-Hongrie, une population rurale de 49 0/0 ne fournit que 48,4 0/0 des revenus.

Enfin en Russie, comme on l'a vu plus haut, le nombre des paysans est très élevé comparativement à la part contributive de l'agriculture au revenu total du pays ; ou, si l'on aime mieux, la terre ne fournit qu'un revenu très faible relativement au nombre d'individus qui la cultivent.

Il résulte de là que les pays les plus sérieusement menacés par les pertes que la guerre entraine après elle sont l'Allemagne d'abord et ensuite la France, comme étant ceux où l'industrie, les mines et le commerce contribuent pour la plus grande part à la constitution du revenu total.

La Russie et l'Autriche se trouvent, à ce point de vue, dans une situation assez semblable.

Enfin le pays où la perturbation économique causée par la guerre semble devoir être la moindre, serait l'Italie, — quoique cette contrée puisse souffrir plus que l'Autriche et la Russie de la restriction du commerce et que la suspension de la navigation doive lui causer des pertes plus sensibles qu'à aucune autre des grandes puissances continentales. Mais, vu la faiblesse relative de son industrie, elle perdra, de ce côté, une part moindre de son revenu que les autres États.

D'ailleurs, ces indications, empruntées aux données de la statistique, ne sauraient fournir qu'une idée approximative de ce qui peut se passer dans la réalité. En insistant ensuite sur les effets produits par la guerre dans les pays qui possèdent une population agricole considérable, nous devons avant tout observer que, plus sera considérable pour l'un ou l'autre l'exportation des produits de son agriculture au delà de ses frontières, et plus gravement il souffrira de l'interruption des communications.

Aussi les États qui fournissent surtout des produits de luxe, comme du vin, du tabac, de la soie, de l'huile, des oranges, des citrons, etc., et qui tirent presque exclusivement parti de ces produits en les vendant à l'étranger, sont ceux qui souffriront le plus de l'interruption des communications. C'est dans cette situation que se trouverait l'exploitation rurale, — dans le plus large sens du mot, — en Italie et en France.

Tandis que des contrées comme la Russie, où dominent la culture du blé et l'élevage du bétail, tout en souffrant aussi du manque d'exportation, pourront supporter ce mal plus facilement parce qu'elles écouleront leurs produits agricoles sur leur marché intérieur. Toutefois la suppression de l'exportation du blé, en raison même de son étendue habituelle, serait plus pénible pour la Russie que pour l'Allemagne et même que pour l'Autriche.

Il faut observer aussi que le dommage qui peut être causé à un État, par l'interruption ou par une forte diminution de ses exportations, sera plus ou moins sensible dans chacun d'eux suivant que l'épargne y sera plus ou moins rare.

C'est ce que montre bien l'exemple de l'Italie.

Elle n'a pas encore eu de grande guerre à soutenir ; mais rien que les préparatifs et les dépenses exagérées d'armement qu'elle a faits ont amené un accroissement des impôts et des taxes douanières qui dépasse déjà les ressources financières de la population. Si bien qu'il a suffi d'une suspension momentanée des exportations de Sicile pour causer, dans cette île, un refus du payement des impôts et des désordres qui n'ont pas tardé à prendre un caractère menaçant.

Après cette revue générale des difficultés économiques qui se produiraient, en cas de guerre, dans les différentes contrées de l'Europe, nous allons étudier maintenant les conséquences probables que la guerre future aurait pour chacune d'elles en particulier, en raison des conditions économiques, financières et sociales où elle se trouve.

I. Allemagne.

Pour se rendre compte des conséquences qu'au point de vue économique et social la guerre pourrait entraîner en Allemagne, il faut porter son attention sur la manière dont la population de ce pays est répartie entre les différentes professions, ainsi que sur le montant des recettes qu'elle réalise et des épargnes probables qu'elle constitue. Ensuite, nous aurons à examiner dans quelle mesure la guerre peut diminuer la consommation des produits, en restreindre la vente et peut-être amener un temps d'arrêt dans la production elle-même.

Comme nous l'avons déjà dit ailleurs, l'interruption produite par la guerre, dans les communications par terre et par mer, amènerait en Allemagne un énorme renchérissement des produits agricoles, surtout dans les régions industrielles du pays. Et comme, en même temps, dans ces mêmes régions, les salaires diminueraient, il pourrait en résulter de sérieuses misères.

On peut compter jusqu'à un certain point que le gouvernement s'efforcerait, par des secours, de les prévenir ou de les atténuer. Mais y réussirait-il? Cela dépendrait de l'étendue même de la crise économique déterminée par la guerre.

La question ne se pose d'ailleurs que pour cette partie de la population dont les ressources sont insuffisantes ou seulement moyennes. La classe riche pourra toujours se procurer les choses de première nécessité. Il nous faut donc commencer par établir la répartition de la population allemande suivant les professions diverses qui la font vivre.

Les chiffres suivants représentent, en pour cent de la population totale, le nombre proportionnel d'habitants occupés par les divers genres de professions ou d'industries — d'après le recensement de 1882 (1) :

I {
Agriculture . . . . 40,75 0/0 de la population.
Exploitation forestière . . . . . 0,65 —
____
41,40

II {
Mineurs. . . . . 2,96 0,0 de la population.
Ouvriers du bâtiment . . . . . . 6,08 —
— des fabriques. . . . . . 24,93 —
Voies de communication . . . . 3,16 —
Transports . . . . 2,95 —
____
40,08

(1) *Statistisches Jahrbuch für das deutsche Reich*, 1887.

III   Commerce. . . . .   5,27 0/0 de la population.

IV { Médecins, professeurs, clergé. .   1,65 0/0 de la population.
{ Administration   1,45   —
{ Militaires.   1,17   —
———
4,27

V { Domestiques . . . .   2,93 0/0 de la population.
{ Journaliers   1,37   —
———
4,30

VI   Sans profession régulière. . .   4,67 0/0 de la population.

Nous arrivons ainsi à une répartition de la population en six groupes principaux dont l'importance relative est exprimée par les chiffres suivants :

I. . . . . 41,40 0/0   IV. 4,27 0/0
II. 40,08   »   V. 4,30   »
III. 5,27   »   VI. 4,67   »

Le premier de ces groupes est celui dont les perturbations seraient relativement les moindres. Sans doute, et par le fait même des liens qui rattachent entre elles, jusqu'à un certain point, toutes les couches de la population, la crise amenée par la guerre se ferait également sentir, avec le temps, sur le groupe occupé aux travaux de la terre. Mais le premier résultat du renchérissement des produits de l'agriculture serait d'augmenter ses revenus.

Une partie des ouvriers agricoles serait, il est vrai, appelée sous les drapeaux ; mais elle pourrait être remplacée par des ouvriers de l'industrie que la diminution de la production industrielle aurait privés de leurs salaires.

Le cinquième groupe — domestiques et journaliers — est aussi relativement garanti, parce qu'en raison même de la mobilisation, on manquerait de bras.

Le troisième groupe — commerce — peut encore être considéré comme indemne, parce que la guerre, en diminuant certains courants commerciaux, en fait en même temps naître d'autres. Mais, individuellement, les personnes appartenant à ce groupe éprouveront de graves embarras dans leurs affaires.

Dès que se fera sentir la crise amenée par la guerre, les commerçants

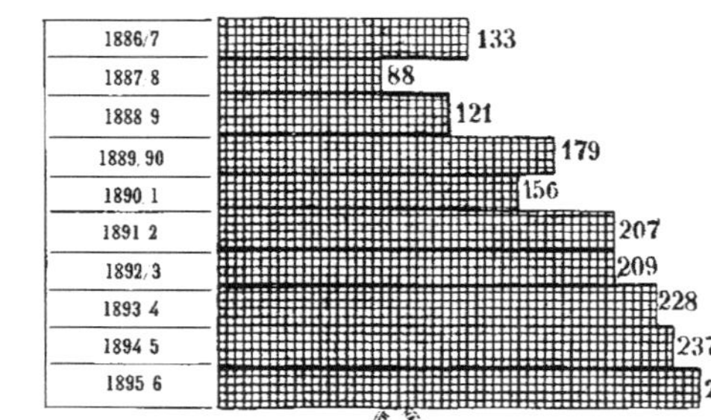

La Guerre Future (p. 28, tome IV.)

Nombre (en milliers) de personnes sans travail en Allemagne en 1895.

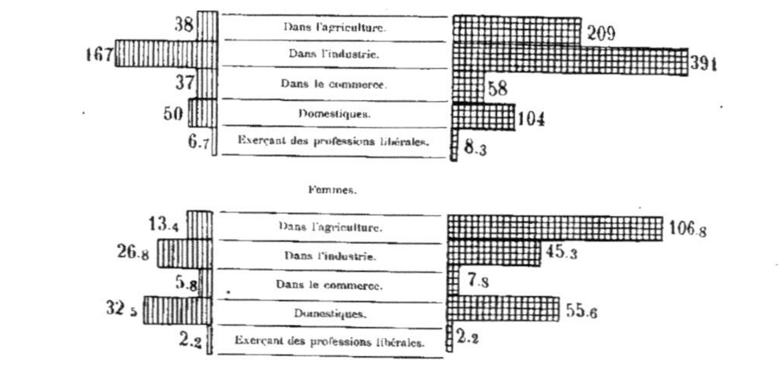

Pour cent des personnes privées de travail en Allemagne en 1895.

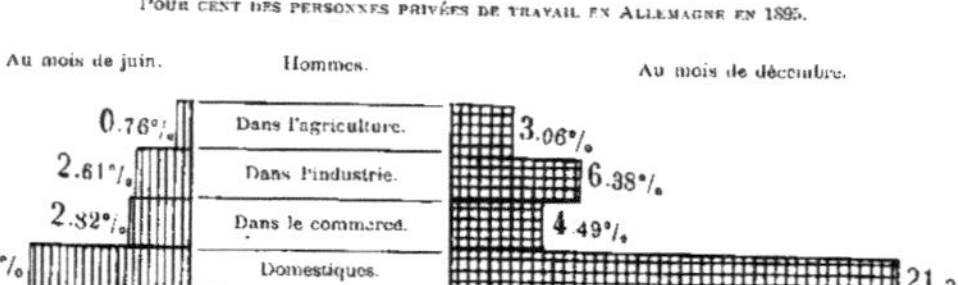

Nombre (en milliers) d'indigents a Berlin suivant les données recueillies au cours des élections municipales

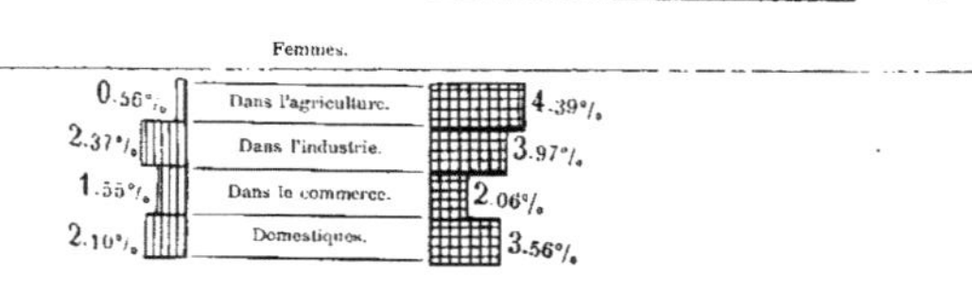

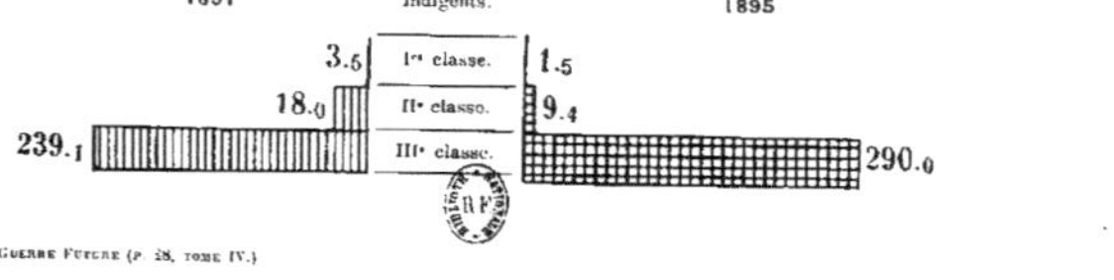

La Guerre Future (p. 58, tome IV.)

commenceront généralement par éprouver des pertes sur leurs stocks de marchandises, tandis que ceux d'entre eux qui se trouveront avoir des approvisionnements d'objets nécessaires aux armées, ou de produits dont l'importation aura cessé, réaliseront de grands bénéfices. En général, par suite de la variation brusque des prix, il se produira dans le commerce des perturbations considérables.

C'est le deuxième groupe qui se trouvera dans la situation la plus difficile, — c'est-à-dire les industriels et leurs employés qui en constituent la plus grande partie. Or, ce groupe représente lui-même une portion considérable, 40,08 0/0 de la population allemande.

D'ailleurs, il faut encore observer que les pour cent indiqués plus haut se rapportent à l'ensemble de l'Allemagne et que les proportions relatives aux différentes provinces ou localités sont toutes différentes. Ainsi, d'après la statistique déjà citée, la proportion de la population agricole est :

Dans le royaume de Saxe. . . . . . 19,7 0/0 de la population.
Et dans la province de Posen. . . . 63,1 »   —
L'industrie occupe dans une province. 16 »   —
Et dans quelques autres. . . . . . . 62 »   —

La population occupée par le commerce varie, suivant les localités et en excluant les grands centres, tels que Berlin, Hambourg, Lubeck, Breslau, — de 57 0/0 à 11 0/0 du total.

On comprend que plus le pour cent de la population industrielle sera considérable dans une région déterminée, plus grave y sera la crise produite par la guerre. Dans quelques-unes des plus industrielles, la suppression des salaires pourrait amener des désordres sérieux, — assez sérieux peut-être pour rappeler les journées de juin 1848 ou même de mars 1871 à Paris.

L'arrêt et la crise inévitable de l'industrie seront amenés en cas de guerre par les causes suivantes. Le renchérissement des objets de consommation, conséquence de l'interruption des communications, diminuera immédiatement les ressources pécuniaires de la population. Par suite de la déclaration de guerre, les fonds d'État et même toutes les valeurs commerciales et industrielles baisseront de prix ; l'argent fera défaut et l'escompte augmentera notablement. Et plus le commerce et l'industrie seront développés dans un pays, plus les pertes y seront grandes et plus les faillites y seront nombreuses. En général, non seulement le crédit national baissera, mais celui des particuliers, dans toutes les classes de la société, diminuera également.

Les genres d'industrie qui devront le plus souffrir sont les suivants,

que nous donnons avec l'indication du nombre de personnes qu'elles
occupent :

	Nombre de personnes occupées
Industrie métallurgique.	430.434
Travail des métaux.	177.347
Construction des machines.	94.807
Produits chimiques.	71.777
Filage et tissage.	910.089
Tannerie et papiers à écrire.	221.688
Ouvrages en bois.	469.695
Constructions.	533.511
Confection des effets d'habillement.	1.259.791

En raison de l'importance de la question, nous traduisons graphiquement ces chiffres :

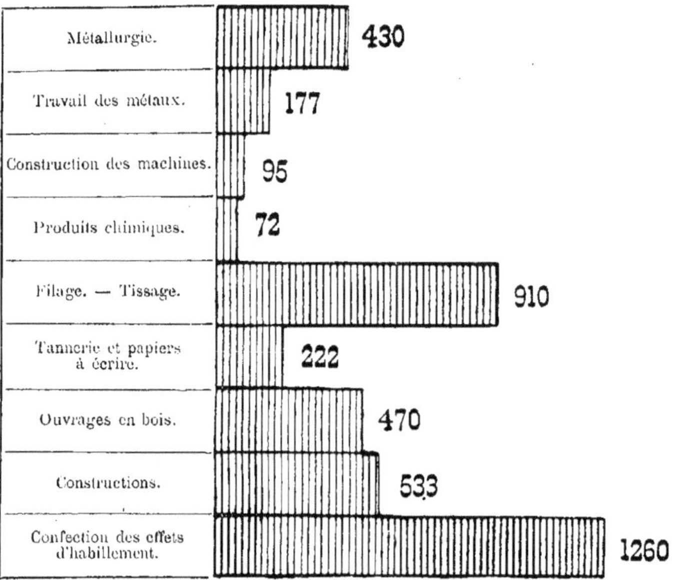

Nombre de personnes (en milliers) occupées aux diverses industries, en Allemagne.

Ici se pose la question de savoir si, en Allemagne, les classes laborieuses possèdent des épargnes qui puissent leur permettre de supporter

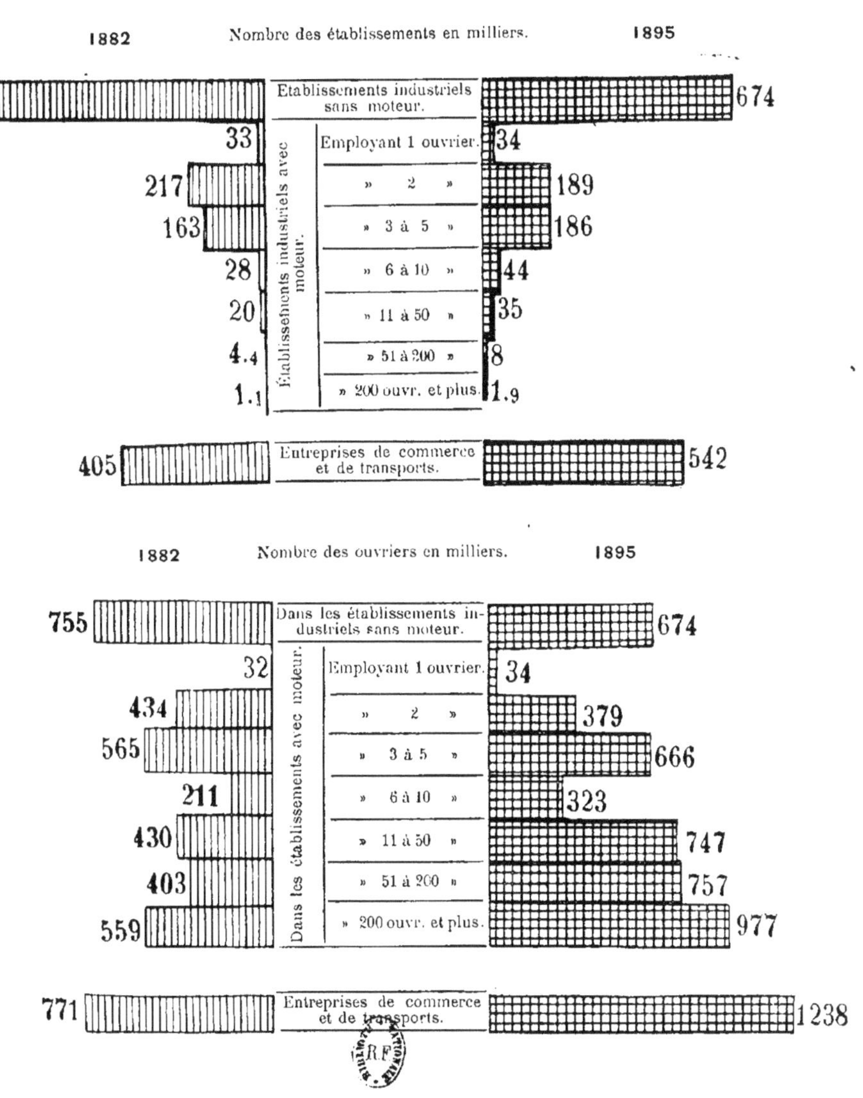
1882
Nombre des établissements en milliers.
1895
55
Établissements industriels sans moteur.
674
Établissements industriels avec moteur.
33
Employant 1 ouvrier.
34
217
» 2 »
189
163
» 3 à 5 »
186
28
» 6 à 10 »
44
20
» 11 à 50 »
35
4.4
» 51 à 200 »
8
1.1
» 200 ouvr. et plus.
1.9
405
Entreprises de commerce et de transports.
542
1882
Nombre des ouvriers en milliers.
1895
755
Dans les établissements industriels sans moteur.
674
Dans les établissements avec moteur.
32
Employant 1 ouvrier.
34
434
» 2 »
379
565
» 3 à 5 »
666
211
» 6 à 10 »
323
430
» 11 à 50 »
747
403
» 51 à 200 »
757
559
» 200 ouvr. et plus.
977
771
Entreprises de commerce et de transports.
1238

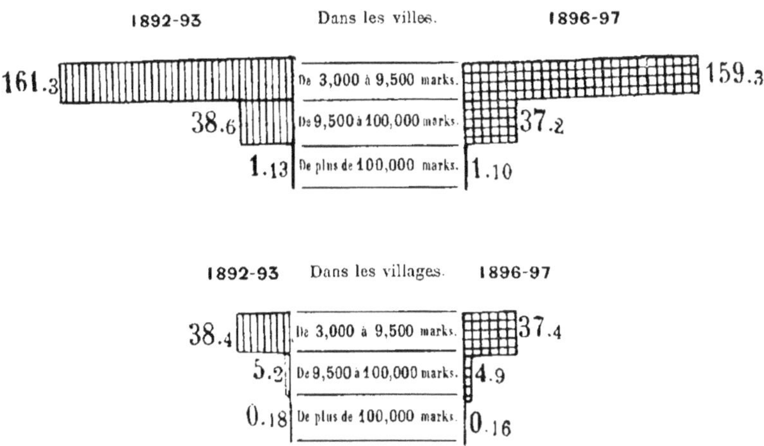

Nombre (en milliers) des personnes possédant en Allemagne plus de 3,000 marks de revenus.

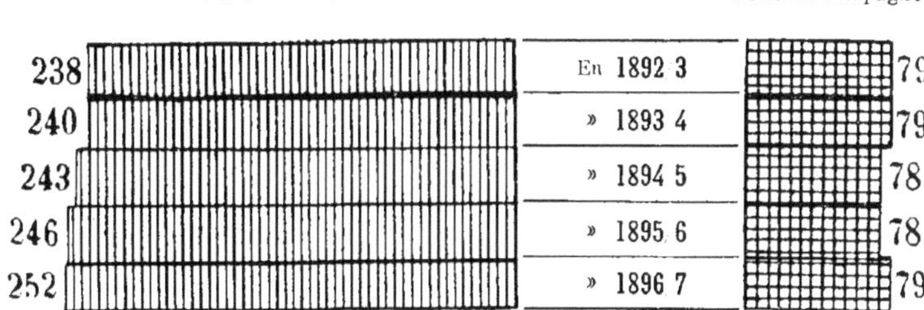

Augmentation moyenne (en dollars) de la propriété d'un habitant des Etats-Unis de l'Amérique du Nord

La Guerre Future (p. 31, tome IV.)

la réduction et même la suppression momentanée de salaires que la
guerre aurait pour conséquences.

L'accumulation de l'épargne dépend en partie, d'abord du caractère
tant national qu'individuel, puis de l'élévation des salaires en temps normal. La tendance des Allemands à l'économie n'est pas douteuse ; mais
une certaine partie de la population gagne des salaires si faibles qu'elle les
consomme forcément pour ses besoins journaliers et on ne peut guère
supposer qu'elle puisse constituer une épargne.

L'existence, en Prusse, de l'impôt sur le revenu et de la statistique
qui s'y rapporte permet de savoir comment la population y est répartie,
d'après le montant de son revenu. Et les conclusions ainsi obtenues pour
la Prusse peuvent être appliquées à l'Allemagne en général (1).

Les chiffres que nous donnons ici se rapportent à l'année 1890 (2).

	Nombre de personnes pos-sédant les revenus indi-qués (en 0/0 du chiffre de la population)	Chiffre moyen du revenu par personne
Revenus insuffisants.	40,11 0/0	197 marks.
— faibles.	54,05 0/0	276 —
— modérés	4,81 0/0	896 —
— suffisants.	1,03 0/0	2.781 —

Nous traduisons ces résultats graphiquement.

Nombre en 0/0 des personnes jouissant   Revenu moyen par personne
des revenus   en marks

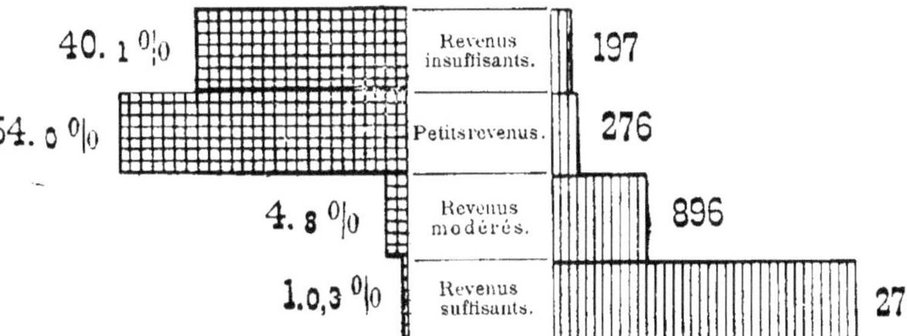

(1) L'impôt général sur le revenu existe aussi en Saxe et dans les grands-duchés de
Hesse, de Bade, de Weimar, d'Oldenbourg, ainsi que dans les villes hanséatiques. Mais
en Bavière et en Wurtemberg, l'impôt sur le revenu n'est appliqué qu'à celui des capitaux
mobiliers et en général aux revenus des propriétés et entreprises qui ne sont pas soumises à d'autres impôts.

(2) « Handwörterbuch der Staatswissenschaften», Einkommen, page 62.

Ainsi nous arrivons à trouver : d'abord 40 0/0 de la population appartenant à la catégorie des gens besogneux et 54 0/0 d'autres personnes dont les faibles revenus ne pourraient guère leur permettre de faire des économies — puisque le revenu moyen par individu n'est que de 197 marks par an dans la première de ces catégories et de 276 dans la seconde.

Pour examiner cette question de plus près, nous allons donner quelques chiffres relatifs à une région où l'industrie est très développée : le royaume de Saxe.

En 1894, on y comptait en tout 1,496,566 personnes possédant un certain revenu (1). Sur ce total n'étaient soumises à l'impôt sur le revenu que . . . .   85.849 ou 5,7 0/0
avaient des revenus au-dessous de   600 marks . . .   633.929 ou 42,4 0/0
   —   —   de   600 à 2.200 m. .   675.862 ou 45,2 0/0
   —   —   de 2.200 à 6.300 m. .   79.928 ou 5,3 0/0

Les revenus de la population du royaume de Saxe se répartissent de la manière suivante :

Provenant de propriétés foncières.   287 millions de marks, ou 22,5 0/0
   —   capitaux. 220   —   —   17,2 0/0
   —   traitements et d'ar-
             gent prêté. . . . 771   —   —   60,3 0/0

                              1.278 millions de marks, ou 100   0/0

D'où l'on voit quelle perte résulterait de la suspension des salaires. — Nous donnons également les chiffres suivants qui se rapportent à l'Allemagne entière :

Le revenu général de la population (2) était évalué pour l'exercice 1893-1894 à 5,725,338,364 marks, dont :

Pour la population urbaine . . . 3.878 millions de marks, ou 68 0/0
et pour la population rurale. . . . . 1.846   —   —   32 0/0

Tandis que, d'après Meitzen, en 1866, le revenu général n'atteignait que 3,600 millions de marks et se répartissait ainsi :

Population urbaine. . . . . . . 1.620 millions de marks, ou 45 0/0
   —   rurale. . . . . 1.980   —   —   55 0/0

Pour rendre la comparaison plus saisissante, nous traduisons ces chiffres par le graphique suivant :

____

(1) *Statistisches Jahrbuch für* 1895 — Royaume de Saxe.
(2) *Denkschrift des Ministers Miquel zum Einkommen-Steuergesetze* (Documents du Reichstag).

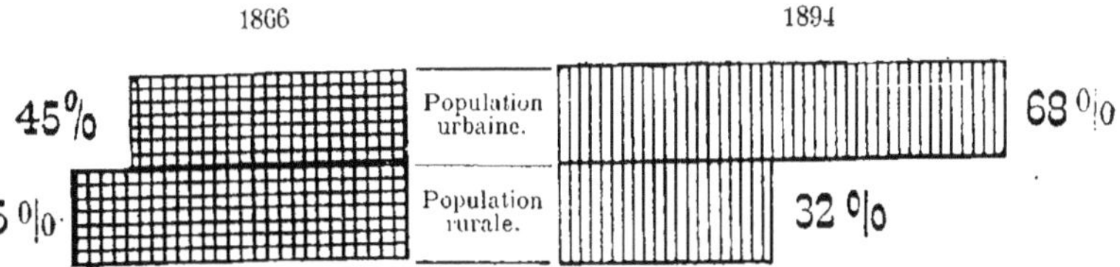

Répartition des revenus entre la population allemande, en 0/0.

Ainsi en 1866 encore, le revenu de la population urbaine ne représentait en Allemagne que 45 0 0 du revenu total, et la crise produite par
une guerre n'aurait porté que sur 1,620 millions de marks.

Actuellement, cette même crise menacerait, dans les revenus de la
population urbaine, une somme de 3,878 millions de marks ; puisque ce
n'est plus la moitié seulement, mais les deux tiers (68 0 0) du revenu
national qui proviennent de l'industrie et du commerce.

De tout cela résulte une situation qui est loin d'être brillante, bien
qu'un peu améliorée toutefois par cette circonstance qu'avec des revenus
à peine suffisants, le montant de l'épargne présente néanmoins un total
encore assez important. Ainsi, dans le royaume de Saxe, en 1893, le
nombre des livrets délivrés par les caisses d'épargne s'est élevé à 1,783,390,
la valeur moyenne des dépôts étant de 369 marks ; ce qui correspond à
181 marks par individu réalisant personnellement des gains.

Mais s'il est vrai que cette formation d'un grand nombre de pécules,
même de valeur modeste, constitue en soi un phénomène économique
favorable, il faut observer qu'il n'y aurait pas là de quoi fournir à la population les ressources nécessaires pour traverser la crise déterminée par
la guerre. La valeur moyenne des dépôts, 369 marks, est trop faible. Et,
de plus, il ne faut pas perdre de vue que si tous les déposants, ou même
seulement un grand nombre d'entre eux, s'avisaient de vouloir retirer leur
argent en même temps, les caisses d'épargne ne seraient pas en état de le
rendre.

Ces caisses devraient en effet posséder . . .   658 millions de marks.
Or, sur ce total :
  Sont placés sur hypothèques.   507   —   —
      —   en rentes sur l'État.   127   —   —
    prêtés sur gages mobiliers   5   —   —
      —   sur garantie.   2   —   —
    avancés à des administrations pu-   —   —
      bliques.   10   —   —
    existent au comptant.   7   —   —

On comprend qu'il est impossible de réclamer à bref délai les sommes prêtées sur hypothèque et que la vente des rentes sur l'État ne pourrait se faire au moment d'une crise qu'avec de grandes pertes. Les communes ainsi que les personnes ayant contracté des prêts sur gages mobiliers ou sur garanties ne seraient pas en état de les restituer au moment d'une crise, et l'on ne pourra rembourser aux déposants que ce qui existe en argent comptant, c'est-à-dire 7 millions de marks.

Et n'oublions pas que c'est précisément dans les régions les plus industrielles, où se ferait le plus vivement sentir le chômage occasionné par la guerre, que sont le plus répandues les idées et les doctrines socialistes.

En présence d'une semblable situation, que pourront faire le gouvernement et la société elle-même pour diminuer la misère?

Sans doute, comme nous l'avons dit, un certain nombre des bras privés de travail industriel pourront se retourner vers les travaux de l'agriculture pour y remplacer les ouvriers ruraux appelés sous les drapeaux, et permettre aux agriculteurs d'augmenter leur production au moment du renchérissement du prix des produits agricoles.

Mais d'abord les plus vigoureux seulement des ouvriers d'industrie peuvent se mettre au travail de la terre, et la plupart en sont incapables. En outre, les ouvriers des villes ne retournent qu'à regret à la campagne et aux pénibles travaux de la culture ; d'autant qu'en Allemagne, les patrons ruraux sont loin de traiter leurs ouvriers comme ceux-ci le sont dans les fabriques.

Organiser des travaux publics sur une grande échelle n'est pas chose aisée. Enfin, tout changement un peu considérable lèse forcément une foule d'intérêts. Et la nature même des travaux publics, que le gouvernement pourrait entreprendre pour venir en aide aux gens sans travail, ne pourrait, encore une fois, convenir à tous ceux qui en auraient besoin. Ces travaux exigent une grande force physique ou un apprentissage spécial, comme par exemple la fabrication des objets les plus nécessaires à ceux-là mêmes qu'il s'agirait d'aider. Tandis que les ouvriers des filatures ou des fabriques de produits chimiques seraient pour la plupart incapables de manier la pioche, la bêche et la brouette.

D'ailleurs, sous ce rapport, l'expérience des « ateliers nationaux », faite à Paris en 1848, est absolument concluante.

Quand, à cette époque, on mit des pelles ou des pioches dans la main d'ouvriers passementiers ou employés dans telles autres industries n'exigeant que de l'attention et de l'adresse, ces pauvres diables ne tardèrent pas à s'écorcher les doigts ou ne purent soutenir la position courbée du corps que leur imposait ce nouveau genre de travail. Et les surveillants

furent les premiers à leur dire : Cessez de travailler ; on vous payera tout
de même les « quarante sous » promis (1).

La vérité, c'est que le gouvernement peut bien donner des secours aux
familles des hommes appelés à l'armée, mais il est évidemment incapable
de nourrir tous ceux qui se trouvent privés de salaires.

Il faut remarquer encore qu'en Allemagne, parmi les personnes vivant
directement de leurs revenus personnels, y compris, bien entendu, les
salaires, on compte une proportion considérable de femmes. Ainsi :

Proportion
des hommes
et des femmes
vivant
de leurs salaires.

	Femmes	Hommes
Dans l'industrie, y compris la métallurgie, travaillent.	1.266.976	5.269.489
Dans le commerce, y compris les écritures et les restaurants	298.110	1.272.203
Au service domestique dans les familles étrangères	116.474	213.746
Travaillant en journées ou se louant à des conditions diverses.	67.372	
Employés dans les administrations ou professions libérales (à l'exclusion de la profession militaire).	115.272	464.050

En général, sur 1000 personnes, se livrant à des occupations de différentes sortes, on compte, en fait de femmes :

Dans l'industrie.	176
— le commerce, etc.	190
— les travaux agricoles.	312

Sur les 3,959,995 personnes du sexe féminin appartenant à ces trois
groupes principaux (avec 12,243,284 hommes) on compte :

Femmes travaillant indépendamment ou exerçant des fonctions de direction. 25,4 0/0

Remplissant des fonctions non indépendantes, mais non inférieures 0,3 0/0

Femmes occupant d'autres situations : aides, apprenties, ouvrières, y compris celles qui aident dans leur travail les hommes de leur famille, enfin domestiques 74,3 0/0

Et ainsi la proportion numérique des femmes est particulièrement
grande dans les emplois inférieurs et mal rétribués.

---

(1) Adler, *Ueber die Aufgaben des Staates, angesichts der Arbeitslosigkeit.*

Sur le nombre des femmes travaillant d'une façon indépendante, une grande moitié est occupée dans l'industrie 579.478

Sont employées dans des industries s'exerçant à domicile. . 164.204

Le nombre des hommes travaillant ainsi à domicile est de . 175.440

C'est-à-dire presque égal à celui des femmes occupées de même.

C'est dans les genres de travail ci-dessous que sont employées le plus grand nombre des femmes (1).

	Nombre des femmes	En pour cent des ouvriers
Confection, réparation et nettoyage des effets d'habillement	551.303 = 43,8	0/0
Filature et tissage	362.138 = 39,8	0/0
Commerce.	184.537 = 22 »	0/0
Auberges, restaurants	141.407 = 45 »	0/0
Préparation des produits alimentaires et des friandises	96.724 = 13 ».	0/0
Industrie du papier à écrire.	31.256 = 31,2	0/0
Travail sur pierre	27.660 = 7,9	0/0
Travail et sculpture du bois.	27.372 = 5,8	0/0

En général, les salaires sont peu élevés en Allemagne. Ainsi, d'après les données statistiques relatives aux indemnités payées en cas d'accidents, le salaire annuel d'un ouvrier s'élève (2).

Dans les tôleries de la Westphalie rhénane, à	1.002	marks
— fabriques de machines de la Westphalie rhénane, à.	894	»
— aciéries du Nord-Ouest à	984	»
— aciéries du Nord-Est, à	884	»
— fonderies du Sud-Est, à	843	»
— aciéries du Sud, à.	837	»
— aciéries de Saxe et Thuringe, à.	828	»
— industrie métallurgique de l'Allemagne du Sud.	753	»
— industrie métallurgique de l'Allemagne du Nord	748	»
— aciéries de Silésie, à.	606	»

Ainsi le salaire annuel par tête varie entre 606 et 1,002 marks, ce qui, avec le grand nombre d'enfants des familles d'ouvriers allemands, équivaut à la misère.

Les ouvrières allemandes reçoivent encore beaucoup moins que les

(1) « *Handwörterbuch der Staatswissenschaften.* »
(2) « *Royal commission of labour* », *Foreign reports : Germany.*

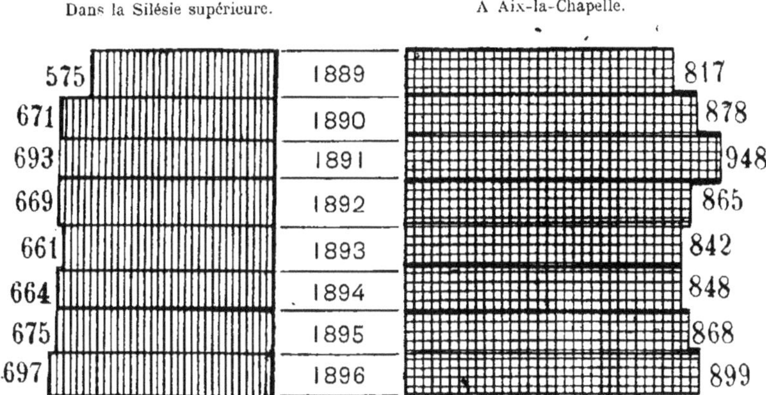

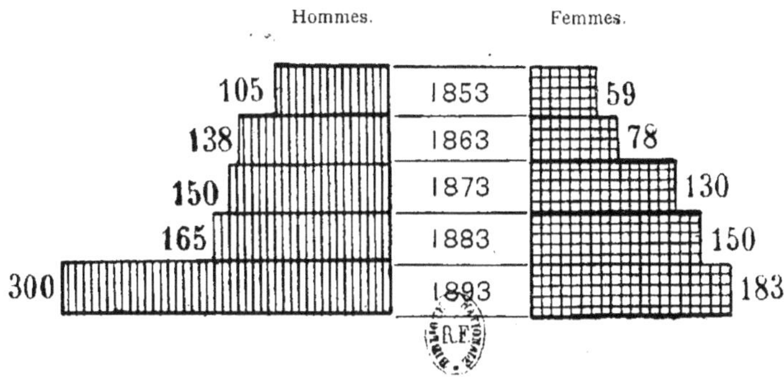

La Guerre Future p. 36, tome IV.)

hommes; habituellement elles gagnent moins d'un mark par jour, et nulle part, sauf dans l'Anhalt, le salaire journalier des femmes n'atteint 2 marks.

Admettons 24 marks par semaine comme salaire moyen; considérons tout salaire supérieur à 24 marks comme élevé, et tout salaire inférieur à 15 marks comme faible, nous verrons l'ensemble des ouvriers et ouvrières se partager de la façon suivante entre trois catégories :

	Salaire faible	Salaire moyen	Salaire élevé
Hommes et femmes ensemble .	29,8 0/0	49,8 0/0	20,4 0/0
Hommes pris isolément	20,9 0/0	56,2 0/0	22,9 0/0
Femmes prises isolément· . . .	99,2 0/0	0,7 0/0	0,1 0/0

En raison de l'importance de la question, nous figurons ce résultat graphiquement :

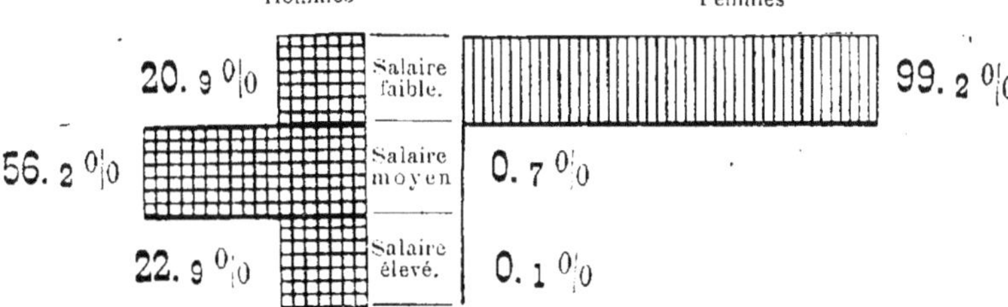

Répartition des ouvriers et ouvrières en Allemagne d'après leurs salaires, en 0/0.

On voit par là qu'en général les femmes gagnent un salaire beaucoup plus faible. Moins d'un cinquième seulement (19,76 0/0 sur 99,2) gagnent plus de 10 marks par semaine, et plus de 70 0/0 (de cette même catégorie) gagnent moins de 10 marks. Enfin 54,05 0/0, c'est-à-dire plus de la moitié du total, ont moins de 8 marks par semaine. Et cependant, à la femme qui vit seule, le logement et la nourriture ne reviennent pas à moins de 5 marks par semaine. C'est donc à peine si, de son salaire hebdomadaire de 6 à 8 marks, il lui reste quelque chose pour son entretien, en cas de maladie ou pour d'autres besoins imprévus.

Il est donc, en général, difficile d'admettre que, lors du chômage causé par la guerre, les ouvriers pourraient trouver des ressources quelque peu sérieuses dans leurs épargnes. En particulier, on ne peut absolument pas y compter pour les femmes, et il faut songer que, dans les désordres populaires, le sexe féminin est d'ordinaire un élément dangereux.

Les secours que pourrait donner le gouvernement aux femmes dont les pères et les fils seront appelés sous les drapeaux seront en général insi gnifiants, surtout en raison de l'augmentation du prix de toutes choses qui résultera inévitablement de la déclaration de guerre, pour les raisons que nous avons dites plus haut.

Organisation actuelle des secours et pensions. Les familles des réservistes, des *landwehriens* et des hommes du *landsturm* reçoivent des secours aussitôt que les réservistes et les territoriaux rentrent au service actif, soit en cas de mobilisation, soit pour renforcer les effectifs.

Ont droit à ces secours la femme légitime de l'homme rappelé et ses enfants légitimes aussi, ou jouissant des droits de légitimité, pourvu qu'ils aient moins de quinze ans; y ont droit également les autres enfants et les parents en ligne ascendante, ainsi que les frères et sœurs, s'ils sont à la charge de l'homme rappelé.

Le paiement de ces secours incombe à des sociétés spéciales, organisées d'après les prescriptions de la loi du 13 juin 1873, qui a déterminé les obligations de la population à l'égard des troupes en temps de mobilisation et de guerre. Et là où n'existent pas ces sociétés, les secours sont fournis par des établissements du gouvernement déterminés.

Le minimum de ces secours est ainsi fixé: pour les femmes, à 6 marks par mois pendant la période de mai à octobre et à 9 marks par mois pendant le reste de l'année; pour chaque enfant au-dessous de 15 ans et pour chacun des autres ayant droit, à 4 marks par mois, sans distinction, pendant toute l'année.

Les secours en argent peuvent être remplacés par des secours en nature, tels que du bois de chauffage, etc. Des prescriptions plus détaillées sur ce sujet sont formulées dans la loi du 28 février 1888.

Quant aux veuves et orphelins des militaires, une pension spéciale est attribuée, pendant toute la durée de leur veuvage, aux femmes des hommes de troupe de l'armée active tués ou morts de leurs blessures, ou bien ayant été malades ou estropiés pendant la guerre et étant morts des suites de ces maladies dans le délai d'un an après la conclusion de la paix. Cette pension est même payée pendant un an encore après leur mariage aux veuves qui en contractent un second.

Quant au montant de ladite pension, il est réglé comme il suit d'après les grades.

Aux veuves des *feldwebels* et assimilés, 27 marks par mois; aux veuves des sergents et des simples sous-officiers, 21 marks; aux veuves des simples soldats, 15 marks.

En outre, pour l'éducation des enfants, il est payé uniformément à toutes les veuves une pension de 10 marks 50 pfennigs par mois et par enfant jusqu'à ce que celui-ci ait atteint l'âge de 15 ans.

Cette pension est portée à 15 marks si l'enfant vient à perdre sa mère.

Des secours semblables sont alloués au père et à la mère du soldat décédé ou à ses grands-parents s'il était leur unique soutien, et pendant tout le temps où ceux-ci se trouvent en situation d'en avoir besoin.

D'après la loi du 13 juin 1895, les veuves et les enfants légitimes ou légitimés par mariage, devenus orphelins par la mort d'un homme de troupe de l'armée active ayant au moins dix ans de service effectif, reçoivent des pensions du gouvernement.

Et si la mort est le résultat de blessures reçues non par sa faute, dans son service, la pension est due à la veuve et aux orphelins, même pour une période plus courte de service.

Elle est même encore due si le mari ou le père n'était plus au service actif au moment de sa mort, pourvu qu'il meure moins de six ans après l'avoir quitté.

Le calcul du temps de service, ainsi que la détermination du dommage causé par ce service à la santé de l'intéressé, s'effectuent d'après les bases posées par la loi sur les pensions militaires.

Les pensions des veuves sont de 160 marks par an, quel que soit le grade du mari au jour de sa mort. Les pensions d'orphelins sont de 42 marks par an pour chaque enfant quand la mère est vivante; elle s'élève à 54 marks pour ceux qui n'ont plus leur mère (1).

Il est très probable que les conditions de l'existence des ouvriers en Allemagne iront constamment en empirant. Il est bien vrai que le courant d'émigration vers l'Amérique s'est affaibli dans ces dernières années.

Les conditions
des ouvriers
ne feront qu'empirer

Les émigrants ont été en 1891 au nombre de 115.000 âmes
    —   1892   —   112.000 —
    —   1893   —   84.000 —
    —   1894   —   39.000 —

Ce qui, figuré graphiquement, donne le dessin suivant :

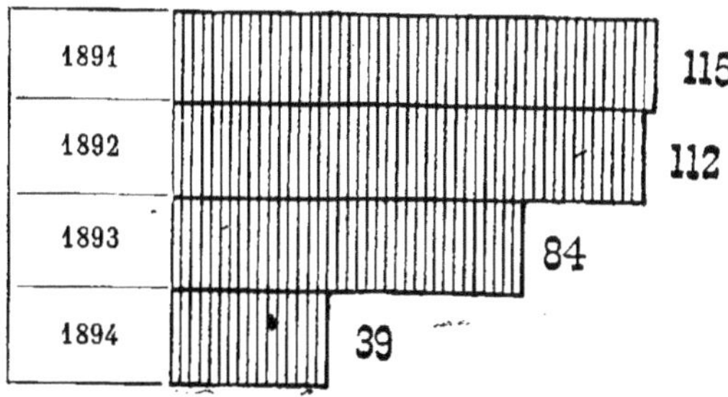

L'émigration d'Allemagne en Amérique (en milliers d'âmes).

(1) Exner, « Deutsche Heerwesen », 1896.

Mais cette diminution de l'émigration ne provient que des difficultés dont on l'a entourée. Le fait capital, c'est qu'en présence de l'énorme développement de l'industrie allemande et de l'élévation des droits de douane protecteurs dont se sont entourés d'autres pays, l'Allemagne se trouve obligée, pour se conserver les marchés étrangers, de produire à meilleur compte.

De l'abaissement des prix payés pour les marchandises, il est résulté qu'on s'est efforcé de diminuer les salaires : peu importait qu'on travaillât plus mal, pourvu que ce fût à plus bas prix. Un tel état de choses est déjà par lui-même la misère. Que viennent s'y ajouter celles qu'engendre la guerre en arrêtant les travaux, même les moins rémunérateurs, et il devient difficile de prévoir quelles pourront être les conséquences.

Examinons enfin quelle influence la guerre peut avoir sur les intérêts des classes aisées.

Les épargnes réalisées par ces classes sont très importantes en Allemagne, et les emprunts du gouvernement allemand sont presque entièrement placés dans le pays même.

Or, en cas de guerre, il se produirait une forte panique dans les Bourses, et l'on verrait baisser fortement le prix des valeurs sur lesquelles sont placées une si grande partie de ces économies.

Pour subvenir aux frais de la lutte, il faudrait un nouvel emprunt d'un milliard — puis de quelques autres encore, au cas où l'on serait battu, quand il s'agirait de payer les contributions imposées par l'ennemi.

Mais, même en cas de succès, les emprunts émis pour la guerre ne pourront être placés qu'à bas prix. La certitude de la victoire n'est plus possible aujourd'hui, et la défaite pourrait entraîner la destruction de l'Empire allemand.

Il va de soi que les actions industrielles baisseraient pendant les hostilités, encore plus que les fonds d'État.

Mais, outre ces deux genres de valeurs, il s'en trouve encore en Allemagne qui sont d'une provenance étrangère. Depuis que l'impôt du timbre a été mis sur celles de ces valeurs qui sont admises dans les Bourses allemandes, on sait quelle est la quantité de ces papiers présentés au timbre chaque année.

De 1882 à 1892, la somme totale atteignit 20,731 millions de marks, sur lesquels il en fut réellement timbré, c'est-à-dire officiellement admis en Bourse, pour une somme de 5,644 millions de marks (1), — dont

_____

(1) *Reichstagpapiere Börsen-Enquete.*

2,948 millions provenant de pays qui pourraient prendre part à une guerre
européenne, et ainsi répartis :

Russie.	1.003 millions.
Italie	968
Autriche.	660
Turquie.	266
Serbie.	57

Nous en donnons la représentation graphique :

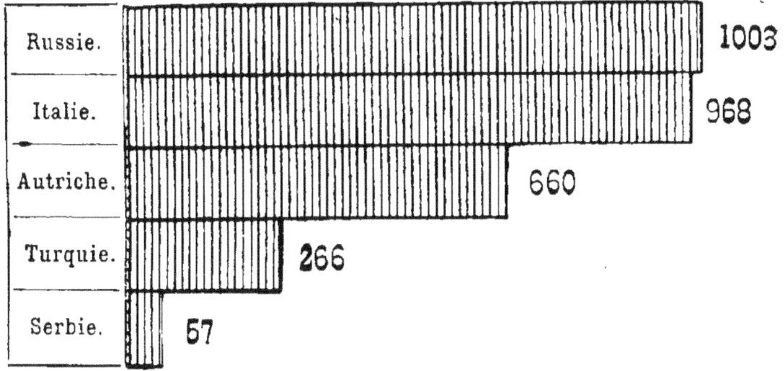

(Quantité de valeurs étrangères (en millions de marks) timbrées en Allemagne
et appartenant à des pays étrangers.

Il est bien évident que toutes les valeurs ainsi timbrées en Allemagne
ne sont pas restées en circulation dans le pays.

Mais si les unes en sont sorties, elles y ont été remplacées par d'autres ;
les capitaux locaux n'ayant pas cessé de rechercher les placements les plus
avantageux possibles.

Or, l'existence d'une grande quantité de valeurs d'État ou industrielles,
tant nationales qu'étrangères, dans un pays où la population des classes
aisées est nombreuse, ou bien, ce qui revient au même, — où la société
possède des épargnes importantes, — une telle situation augmente les
risques que la guerre fait courir à ces différents pays et l'étendue de la
crise dont elle serait le signal.

Ainsi donc, en Allemagne, une guerre malheureuse aurait pour conséquence une perte énorme sur les valeurs nationales déjà en cours et sur
celles qui seraient émises pour faire face aux exigences de la lutte elle-
même.

Mais, même si celle-ci était heureuse, la population allemande n'en
subirait pas moins des pertes considérables par suite de la dépréciation

des valeurs étrangères qu'elle possède actuellement, et qui proviennent précisément des pays belligérants éventuels.

II. Italie.

En abordant le problème relatif aux conséquences que la guerre pourrait amener en Italie au point de vue économique et social, nous nous trouvons en présence de données tellement complexes que, pour les élucider, il est nécessaire d'entrer dans quelques détails.

L'Italie est un des pays les plus anciennement civilisés, et, en même temps, l'un des États les plus récemment constitués ; puisque, depuis la proclamation du royaume d'Italie à la date du 17 mars 1861, il ne s'est écoulé que trente-cinq années.

Les conditions intérieures de chacune des parties de ce pays, aujourd'hui unifié, étaient et sont demeurées en partie très différentes. Si bien que les pertes occasionnées par la guerre pourraient, d'une région à l'autre, se manifester sous des formes très diverses, en raison de certaines particularités qui proviennent encore des siècles passés.

La transformation de tout l'organisme national, lors de la réunion d'une série de petits États en une grande puissance, a produit dans beaucoup de sphères sociales une transformation complète.

La population a cessé d'être exploitée par différents petits souverains et l'on a vu disparaître les obstacles politiques qui précédemment entravaient le progrès dans telles et telles branches de l'activité humaine.

L'industrie, le commerce, les moyens de communication ont pu prendre en Italie un grand développement.

Mais il fallut également former et entretenir une nombreuse armée et une flotte considérable, exécuter une masse de travaux d'édilité dans les villes, organiser l'instruction nationale et constituer un énorme mécanisme administratif.

De nouveaux besoins se sont manifestés. De grandes villes qui, jadis, avaient été des capitales, et même des villes moindres, jusqu'à des villages, ont voulu se donner une foule d'améliorations coûteuses : des rues, des bâtiments élevés à leurs propres frais. — Si bien que les budgets municipaux sont devenus une nouvelle et très importante charge pour les populations ; sans parler du budget local, c'est-à-dire afférent au gouvernement de chaque province.

Pour couvrir ces dépenses, on a eu recours à divers impôts sur les objets de consommation usuelle, impôts extrêmement lourds pour les classes pauvres.

Si, à ces nouvelles dépenses locales, indispensables pour ainsi dire à la réorganisation du pays, nous ajoutons les dépenses faites en vue de la guerre et pour l'entretien de grandes forces armées, puis les sacrifices financiers qu'a exigés l'abolition du cours forcé, les pertes causées par la crise commerciale, industrielle et agricole de ces dernières années, par les inondations, les tremblements de terre, les épidémies, etc.; si enfin nous portons notre attention sur l'état déplorable actuel des banques italiennes, nous serons forcés de convenir que les plaintes de la nation sur la désorganisation et les désordres administratifs du pays ne sont pas entièrement dépourvues de fondement.

L'année 1866 — celle de la dernière guerre ;avec l'Autriche et de l'annexion de la Vénétie — s'est soldée par un déficit de 721 millions de lires, et, à la fin de 1870, l'excédent des dépenses sur les recettes, pour la période de cinq ans qui venait de s'achever, montait à 1 milliard et demi de lires.

Les emprunts faits à l'étranger se succédèrent tant qu'ils furent possibles. Quand il n'y eut plus moyen d'emprunter au dehors, on imagina, sous le nom d'emprunt « national », un emprunt intérieur obligatoire. C'est-à-dire qu'on émit du papier-monnaie ayant cours forcé pour une somme qui, à la fin de 1870, atteignait déjà 445 millions de lires.

Voici quel tableau présentait, à cette époque, la situation financière de l'Italie : des déficits annuels d'au moins 200 millions de lires couverts par le crédit à l'étranger; le métal disparaissant de la circulation et remplacé par du papier-monnaie avec cours forcé; la cote de la rente italienne à la Bourse de Paris, tombée à 31 0/0, le change extrêmement variable avec une perte allant jusqu'à 12 0/0.

La vérité oblige d'ajouter que les hommes d'État italiens s'efforçaient de mettre de l'ordre dans les affaires et cherchaient à réaliser des économies. Mais tous leurs efforts venaient et viennent encore se briser devant les conséquences de l'amour-propre politique, des abus et de l'ignorance populaire.

L'Italie, voulant jouer le rôle de grande puissance militaire, épuise ses ressources, déjà si modestes, en armements, en fortifications et en bâtiments de guerre, au lieu de les employer à des entreprises d'utilité publique, telles que l'assèchement des Marais Pontins, l'assainissement et la mise en valeur du sol de la Campagne romaine, et le développement de l'agriculture en général.

Cependant une grande partie de la population rurale, ainsi que des prolétaires urbains, sont dans la gêne et l'on rencontre partout un nombre considérable d'indigents.

Pour donner une idée des ressources dont ce pays dispose, nous avons mis en regard dans le tableau ci-dessous les recettes et les dépenses totales depuis la formation du royaume d'Italie (1).

PÉRIODES	Nombre d'années de chaque période.	CHIFFRES MOYENS ANNUELS		
		Recettes réelles	Dépenses réelles	Déficit (—)
		En millions de lires		
1867-70	4	824	1.047	— 223
1871-74	4	1.032	1.131	— 99
1875-81	7	1.195	1.223	— 28
Du 1er janvier 1882 au 30 juin 1885.. . . .	3 ½	1.358	1.453	— 95
Du 1er juillet 1885 au 30 juin 1891.	6	1.496	1.783	— 287
Du 1er juillet 1891 au 30 juin 1895.	4	1.535	1.642	— 107

Nous représentons ces données graphiquement sur la page ci-contre.

Ainsi, depuis 1870, nous voyons une série ininterrompue de déficits, quelquefois très importants.

Le tableau suivant permet de comparer les dépenses absorbées par les forces militaires (armée et marine) et par les chemins de fer avec celles consacrées à l'ensemble des autres services :

PÉRIODES	CHIFFRES MOYENS ANNUELS			
	Dépenses pour l'armée	Dépenses pour la marine militaire	Dépenses pour construction de chemins de fer	Total des autres dépenses
	En millions de lires			
Du 1er janvier 1882 au 30 juin 1885. . .	245	60	88	1.078
Du 1er juillet 1885 au 30 juin 1887 . . .	256	84	183	1.127
Du 1er juillet 1887 au 30 juin 1891 . . .	328	119	198	1.200
Du 1er juillet 1891 au 30 juin 1893 . . .	246	105	56	1.219

(1) *Sur l'état des finances italiennes*, par le professeur Rudolf Benini (Bari)

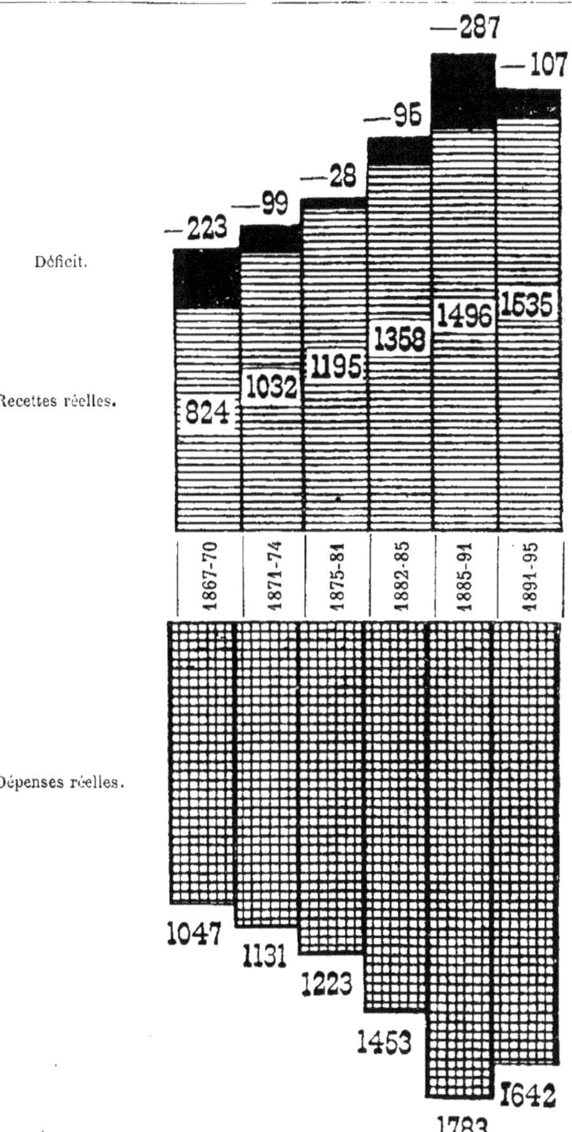

Totaux des recettes et des dépenses avec indication du déficit en Italie
depuis la formation du royaume (en millions de lires).

Considérées en elles-mêmes, ces dépenses ne semblent pas exagérées, puisqu'en fait le budget militaire représente en pour cent du budget total :

Pour la Prusse (1892-93) 15,33 0/0, pour l'Autriche (1892) 11,90 0/0, pour la France 21,16 0/0, pour l'Angleterre 20,24 0/0, pour la Russie 26,16 0/0 et pour l'Italie 14,50 0/0 (1).

Chiffres qui, figurés graphiquement, donnent l'image suivante :

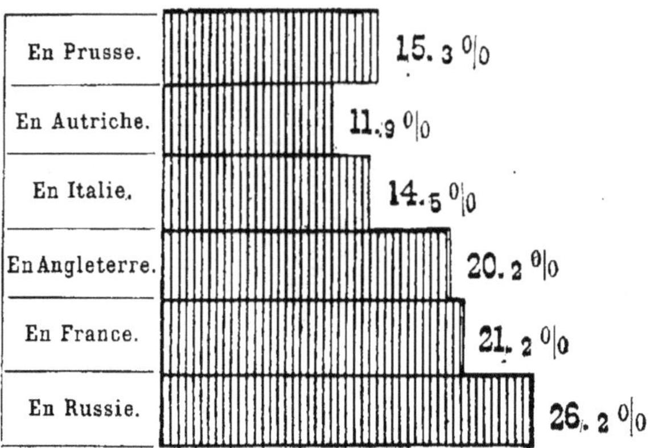

Budget militaire en 0/0 du budget total.

Il faut remarquer qu'ici l'on a fait entrer en ligne de compte, dans le calcul des pour cent, non seulement les dépenses de l'État proprement dites, mais toutes les dépenses publiques, communales, provinciales, départementales, etc.

Situation budgétaire générale. Ainsi le rapport du chiffre des dépenses militaires au chiffre total du budget semble, pour l'Italie, très favorable. Mais le point grave de l'affaire, c'est que le budget total constitue, pour ce pays, en raison de sa pauvreté, une charge insupportable, et que si quelques dépenses pouvaient être diminuées pour l'alléger un peu, ce seraient précisément celles qui sont absorbées par les armements et l'administration.

De cette façon les déficits ne pourraient être couverts que par une

____

(1) R. v. Kaufmann, « *Die öffentlichen Ausgaben der grösseren europäischen Länder* ». — Iéna, 18 3.

diminution des capitaux et autres propriétés appartenant à l'État, comme on le voit par le tableau suivant :

ANNÉES FINANCIÈRES	APURATION DES COMPTES			État du Trésor à la fin de chaque année financière				Propriétés de l'État à l'exception de l'actif et du passif du Trésor		
	Recettes réelles	Dépenses réelles	Déficit (—)	Caisse	Les dettes du Trésor dépassaient ses payements de	Les dépenses non effectuées dépassaient les disponibles de	Déficit (—)	Actif d'après l'évaluation	Passif d'après l'évaluation	Excédent de l'actif sur le passif (—)
	En millions de lires									
1882	1.319	1.419	— 100	177	— 393	— 4	— 220	3.306	10.340	— 7.034
1883. . . .	1.349	1.441	— 92	249	— 494	— 19	— 264	»	»	»
Premier semestre 1884.	663	724	— 61	266	— 526	— 18	— 278	»	»	»
1884-85. . .	1.421	1.502	— 81	213	— 489	— 35	— 241	»	»	»
1885-86. . .	1.412	1.623	— 211	266	— 494	— 3	— 231	»	»	»
1886-87. . .	1.455	1.673	— 218	254	— 429	— 12	— 217	»	»	»
1887-88. . .	1.501	1.885	— 384	210	— 395	— 85	— 270	»	»	»
1888-89. . .	1.502	1.987	— 485	211	— 378	— 342	— 509	»	»	»
1889-90. . .	1.563	1.785	— 222	196	— 388	— 291	— 483	»	»	»
1890-91. . .	1.541	1.745	— 204	280	— 427	— 295	— 442	»	»	»
1891-92. . .	1.532	1.654	— 122	223	— 496	— 227	— 500	3.970	12.117	— 8.147
L'insuffisance des ressources en 1891-92 a été supérieure à celle de 1882 de. . .	......	......	— 22	...	......	......	— 280	......	......,	— 1.113

Il est résulté de cette situation financière des dettes extrèmement lourdes pour la population de l'Italie. Nous donnons ici, à titre de comparaison, des chiffres exprimant le montant de la dette nationale dans différents pays d'Europe, relativement au total du budget et à la population.

Les intérêts de la dette représentent :

	Par rapport au total du budget en 0/0	Par âme de la population en francs
En Prusse (1892-93). . . .	11,43 0/0	10,08
En Autriche (1892).	17,30 0/0	12,33
En Angleterre (1892-93). .	17,98 0/0	14,86
En Russie (1892)	27,48 0/0	9,80
En France (1892)	23,39 0/0	22,08
En Italie (1892-93).	28,43 0/0	18,16

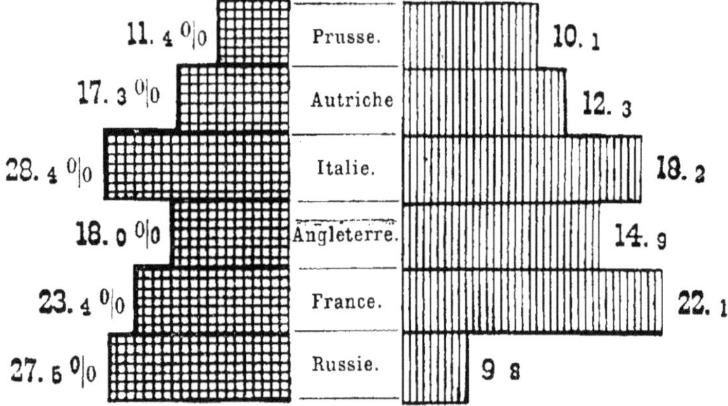

Intérêts de la dette.

Situation d'autant plus défavorable, semble-t-il, pour l'Italie, que, pour la plupart des dettes de ce pays, les paiements d'intérêt doivent être faits au dehors, par conséquent en or, et que le cours des fonds italiens dépend pour beaucoup des Bourses étrangères.

Toutefois, ces relations constantes avec le crédit extérieur ont eu précisément pour résultat que, malgré la balance défavorable du commerce et l'excédent d'exportation des métaux précieux sur leur importation, le cours des valeurs italiennes s'est cependant toujours maintenu assez élevé, comme le montre le tableau suivant :

ANNÉES	FONDS D'ÉTAT et valeurs particulières placées à l'étranger pour une somme de	EXCÉDENT des importations de marchandises sur les exportations	EXCÉDENT du métal sorti sur le métal entré	COURS MOYEN du change à Paris
		En millions de lires		
1883	28	— 102	— 77	99,15
1884	19	— 249	— 18	100 »
1885	131	— 509	— 124	100,33
1886	192	— 430	— 39	100,19
1887	222	— 602	— 75	100,82
1888	108	— 283	— 37	100,98
1889	598	— 441	— 23	100,67
1890	119	— 424	— 49	101,15
1891	56	— 250	— 14 .	101,55
1892	8	— 212	— 10	103,55

Le fardeau des dettes supportées par les particuliers s'est également augmenté. L'état complet des dettes hypothécaires n'a été publié qu'en 1871. Pour les années suivantes, il a été calculé seulement en ajoutant au premier total les inscriptions nouvelles relevées sur les livres d'hypothèques, et en retranchant les sommes dont les dettes s'étaient diminuées.

De sorte qu'à partir de 1872, les chiffres donnés ne sont exacts que dans la mesure où l'étaient ceux de 1871 qui leur ont servi de base.

L'état des dettes hypothécaires comportant un paiement d'intérêts (*fruttifero*) s'est augmenté dans les proportions suivantes :

    Fin 1871 le total s'élevait à. . . . 6.389 millions de lires.
    Fin 1875   —   . . . 6.519   —
    Fin 1880   —   . . . 6.917   —
    Fin 1883   —   . . . 7.381   —
    Fin 1884   —   . . . 7.191   —

Il n'a pas été tenu compte ici de la portion des dettes hypothécaires non soumises à un paiement d'intérêts, parce qu'il est impossible de la compter comme une réelle diminution de la propriété (1).

Mais le seul accroissement de la somme des impôts ne permet pas d'apprécier exactement le poids des charges supportées par la population. Il faut, pour cela, rapprocher les chiffres qui représentent le mouvement de cette population, de l'évaluation de la propriété privée et des sommes qui entrent réellement dans les caisses publiques.

Le tableau que voici permet de faire cette comparaison (2) :

PÉRIODES	CHIFFRES MOYENS ANNUELS				AUGMENTATION EN 0/0			
	Population en milliers d'âmes	Propriété privée	Recettes de l'État	Dépenses de l'État	De la population	De la propriété privée	Des recettes de l'État	Des dépenses de l'État
		En millions de lires						
1875-79.	27.957	45.500	1.167	1.194	100	100	100	100
1880-84.	28.764	51.400	1.314	1.385	102,9	112,3	112,6	116,0
1885-89.	30.164	54.400	1.473	1.762	107,9	119,5	126,2	147,6
1890-92	31.450	56.000	1.543	1.691	112,5	123,0	132,2	141,6

D'où il résulte que, pendant la seconde période quinquennale, si on la compare à la première, la richesse (la propriété privée) s'est augmentée plus rapidement que la population, et que les budgets des recettes et des dépenses se sont accrus dans la même proportion que la richesse nationale.

Tandis que pendant la troisième période quinquennale, comparativement à la seconde, l'augmentation de la richesse s'est déjà ralentie et n'a suivi qu'à peine le mouvement d'accroissement de la population, et que, pendant les trois dernières années, elle est restée en arrière de ce mouvement.

Cependant les impôts levés par l'État, et plus encore ses dépenses, se sont augmentés très vite.

Le rapprochement de ces chiffres explique pourquoi les impôts

____

(1) *Statistico Italiano :* Proprieta fondaria rustica.
(2) Benini, *Ueber die Lage der italienischen Finanzen.*

semblent si lourds en Italie, où d'ailleurs l'opinion publique est unanime à se plaindre des charges exagérées et accablantes qui pèsent sur la population.

Pour se faire une idée des pertes que la guerre pourrait entraîner dans la situation financière et économique de l'Italie, il faut avant tout porter son attention sur les principales sources de recettes de l'État.

On doit observer que l'une des plus importantes ressources du gouvernement italien provenait des propriétés immobilières des congrégations religieuses confisquées par l'État après l'unification de l'Italie. Il en a été vendu depuis, à des particuliers, pour 602 millions de francs.

Par suite de cette aliénation, le revenu ordinaire des propriétés appartenant encore actuellement à l'État ne représente plus que 6 0/0 du total général des recettes. Et la principale source de ces recettes en Italie, comme dans les autres pays d'Europe, est constituée par les impôts qui frappent directement la population.

Ces impôts représentent 80 0/0 du budget total des recettes ; et le principal d'entre eux, l'impôt sur le revenu, qui existe depuis 1866, s'élève maintenant à 13,28 0/0 de l'estimation des revenus privés provenant des valeurs mobilières.

Après lui, viennent l'impôt complémentaire sur les biens meubles et l'impôt sur le bâtiment.

Ces trois impôts ont rapporté :

	Impôts		
Années	sur le revenu	sur les biens meubles	sur le bâtiment
		(en millions de lires)	
1871	140,5	115,8	51,0
1879	176,3	153,6	61,4
1887-88	216,3	218,5	67,6
1891-92	233,7	219,8	84,3

Enfin, les deux tiers du total des recettes budgétaires sont fournis par de nombreux impôts indirects (1).

____

(1) Les impôts indirects en Italie sont les suivants :

	1883	1892
Sur les boissons.	16.273.359	31.360.930
— domaines	179.273.484	241.711.791
— droits de circulation intérieurs	79.341.200	67.114.421
— tabacs	108.564.300	190.842.648
— sels.	84.169.680	62.340.550
— loteries royales.	72.014.240	73.596.176

Si l'on totalise le produit des impôts directs et indirects, on arrive à trouver qu'il représente actuellement une charge de 40,91 lires par âme de la population, tandis qu'en 1866 cette même charge n'était que de 18,50 lires. Elle a donc plus que doublé. En raison de l'importance de la question, nous représentons ces résultats graphiquement :

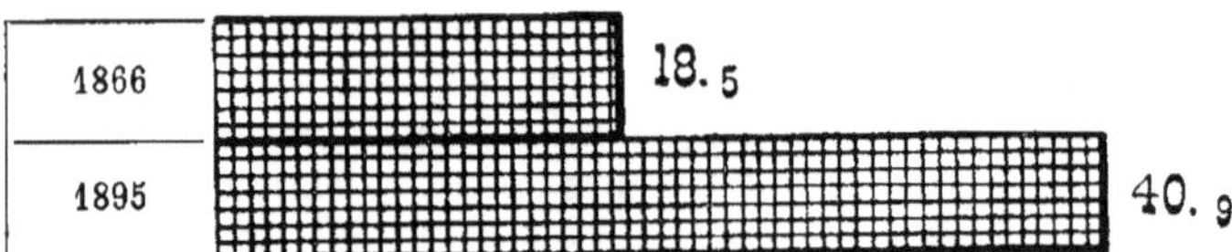

Charge directe et indirecte par âme de la population en Italie (en lires).

Ajoutons encore, d'après l'ouvrage de Kauffmann, un tableau des dépenses et des charges de la population, comparatif entre l'Italie et les autres grandes puissances.

On compte par âme de la population :

	Dépenses de l'État	Charges nationales et locales	Part des dépenses couvertes par les impôts en 0/0
	En marks allemands		
En Italie.	63,87	50,66	79,32
En Prusse.	88,18	33,00	37,42
En Autriche.	71,28	46,29	64,94
En France.	94,60	77,44	81,86
En Grande-Bretagne.	82,62	60,53	73,26
En Russie	35,65	23,44	65,75

Ce qui, exprimé graphiquement, donne la figure ci-contre :

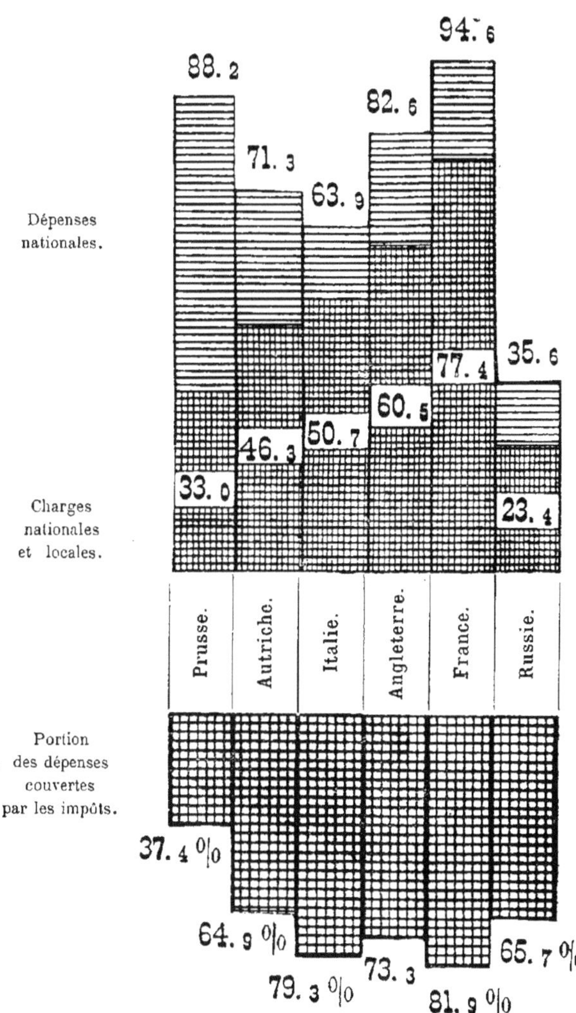

Total des dépenses nationales, des charges nationales et locales retombant sur chaque âme de la population, en marks, avec indication en 0/0 de la portion des dépenses couvertes par les impôts.

On voit par là que, tant en France qu'en Italie, les 4/5 environ du total général des dépenses sont couverts par les impôts. Tandis qu'en Russie, en Autriche et en Prusse, grâce aux propriétés possédées par l'État, les contribuables n'ont à faire face qu'aux 2/3 des dépenses totales dans les deux premiers de ces trois pays, et dans le troisième, c'est-à-dire en Prusse, seulement à un peu plus d'un tiers.

**Exagération
de l'impôt foncier.** La terre est imposée jusqu'à l'excès en Italie.

René Bazin, auteur de lettres écrites d'Italie, parues dans le *Journal des Débats*, et qui ensuite ont été publiées en édition spéciale, dit que, dans ce pays « le fisc, le gouvernement provincial et communal non seulement chargent, mais dévalisent littéralement la terre » ; il cite des centaines de communes rurales qui ne payaient pas même le traitement des instituteurs. D'après lui l'impôt foncier, avec les centimes additionnels, absorbe un tiers entier du revenu de la terre ; et l'impôt sur les bâtiments va, dans d'autres cas, jusqu'à 80 0/0 de ce qu'ils rapportent.

Le fardeau de l'impôt s'est accru depuis 1874 dans une proportion beaucoup plus grande que les ressources des imposés, et il a atteint cette limite extrême qu'il semble absolument impossible de dépasser.

La France, où la richesse nationale est évaluée à 260 milliards, n'en paie, y compris les monopoles et les dépenses de l'État, etc..., qu'environ 4 1/2 milliards ; tandis que l'Italie, — également tout compris, — en paie à peu près 2, bien que sa richesse ne soit que de 60 milliards. C'est-à-dire qu'en France, les charges des contribuables ne représentent guère que 1.3/4 0/0 de la richesse du pays, tandis qu'en Italie elles s'élèvent jusqu'à 3.1/4 0/0 (1).

La situation a surtout empiré depuis 1888 : certains impôts ayant augmenté depuis lors, sans que les autres diminuassent, tandis que la production du pays se restreignait en beurre, en riz, en seigle, en huile d'olive, en cocons de soie, etc.

Une grande partie des produits alimentaires consommés en Italie lui vient de l'étranger. La production du vin s'est seule accrue.

Le tableau suivant montre les modifications survenues dans la production, pour chaque espèce de produits séparément :

---

(1) *Journal des Economistes*, Fournier de Plaix : « La crise économique et financière en Italie ».

	PRODUCTION (en millions)			SURFACE CULTIVÉE en milliers d'hectares		
	1870-74	1879-87	1890	1892	1874	1890	1892
Hectolitres :							
Froment.	50,8	46,5	38,3	40,7	4,736	4,407	4,529
Maïs.	30,1	29,6	28,9	21,8	1,716	1,906	»
Avoine.	6,7	6,4	6,1	6,0	380	453	450
Orge.	»	3,8	2,9	2,7	337	372	313
Seigle.	»	1,8	1,4	1,4	.	141	143
Riz	9,7	7,2	8,3	7,2	232	193	197
Vin.	27,5	36,7	21,7	33,3	1,926	3,460	»
Huile d'olive. . .	3,3	»	1,5	1,5	893	928	»
Kilogrammes :							
Tabac.	»	6,4	2,9	4,4	4,972	1,806	3,740
Cocons.	»	67,0	27,9	57,4	»	»	»

Ainsi la production de toutes les denrées, à l'exception du vin, ou bien est restée stationnaire, ou bien a diminué pendant ces vingt dernières années, quoique la population se soit notablement accrue pendant la même période. Elle est passée, en effet, de 28,837,134 âmes en 1883, à 30,535,348 en 1892.

L'émigration n'a pas absorbé cette augmentation, quoiqu'elle se soit élevée de 167,000 personnes par an en 1886, à 223,667 en 1892. D'autant que l'on compte ici comme émigrés une foule de personnes qui ne sortent du pays que pour aller temporairement gagner des salaires à l'étranger.

Tout ce qui porte atteinte à la production agricole serait particulièrement sensible pour l'Italie, où les agriculteurs se comptent par millions, et par milliers seulement les ouvriers occupés dans les différentes industries.

Le tableau suivant indique comment sont répartis les revenus provenant des industries non rurales des différentes catégories :

ANNÉES	SOMME GÉNÉRALE				RAPPORT 0/0			
	Revenus de l'industrie et du commerce	Revenus des entreprises et des commissions sur divers articles	Revenus de la catégorie A (Voir plus bas)	Revenus de la catégorie B (Voir plus bas)	Revenus de l'industrie et du commerce en 0/0 du chiffre de 1880	Revenus des entreprises, etc. en 0/0 du chiffre de 1880	Revenus de la catégorie A, en 0/0 du chiffre de 1880	Revenus de la catégorie B, en 0/0 du chiffre de 1880
	en millions de lires							
1880. .	267,6	21,0	29,3	130,7	100	100	100	100
1885. .	279,1	26,3	34,0	150,6	104,3	125,2	116,0	115,2
1888. .	311,8	29,5	38,6	163,9	116,5	140,5	131,7	125,4
1892. .	319,1	31,7	44,4 ·	170,2	119,2	150,9	151,5	130,2

On voit par ce tableau que les revenus de l'industrie et du commerce ne se sont augmentés, pendant cette période de 12 années, que de 19 0/0. Tandis que les revenus, soumis à l'impôt (sur le revenu), des personnes qui sont au service de l'État (catégorie B) se sont accrus de 30 0/0. — Les revenus de la catégorie A — employés et pensionnaires des administrations provinciales et communales, ouvriers occupés dans des établissements ou à des travaux publics — se sont accrus de 52 0/0. — Les revenus des personnes occupées à la conduite d'entreprises et à des affaires de commission, appartenant pour la plupart à l'État, se sont accrus de 51 0/0.

En outre, il faut observer que, dans l'établissement des rôles de l'impôt sur le revenu, les chiffres des revenus provenant de l'industrie et du commerce sont toujours évalués le plus haut possible; et par conséquent, il est très probable qu'en réalité le rapport entre les accroissements des revenus des diverses catégories est plus défavorable encore qu'il ne le paraît. En tous cas, l'accroissement des revenus et des pensions des personnes au service de l'État témoigne du développement du fonctionnarisme en Italie (1).

Pour se faire une idée de la crise et des perturbations économiques qu'une grande guerre pourrait amener en Italie, dans l'existence d'une forte majorité de la population, il faut encore tenir compte de la très

---

(1) Benini, *Ueber die Lage der italienischen Finanzen.*

fâcheuse organisation agraire de ce pays, dans lequel, entre les proprié- Organisation agraire du pays : propriétaires et fermiers.
taires du sol et ceux qui le cultivent réellement, existe toute une catégorie
d'intermédiaires en qualité de fermiers.

En Italie on trouve, en effet, réunies, comme l'écrivait le comte Iaccini
en 1884 (1), toutes les formes de propriété foncière et d'exploitation agricole qu'il est possible de rencontrer en Europe.

Il y a d'abord des majorats où la culture est restée dans un état très
primitif, et de grandes propriétés avec le système le plus perfectionné de
culture intensive; puis de la petite culture où la spécialisation est poussée
jusqu'à l'extrême ; à côté, l'application insouciante de procédés uniformes
à la culture des produits les plus divers.

Le prix du fermage de la terre varie tellement qu'il oscille entre 5 et
2,000 lires à l'hectare. Et l'on rencontre à la fois le système de la jouis-
sance complète, l'ancien fermage féodal et l'emploi des ouvriers à gages.
Dans chaque région du pays, l'organisation et la gestion des propriétés
rurales ont leurs caractères particuliers, qui dépendent de l'infinie variété
des conditions locales.

La meilleure preuve de l'état fâcheux où l'Italie se trouve, au point de
vue agraire, est dans les grèves fréquentes des ouvriers ruraux, presque
inconnues dans les autres pays. En Lombardie, les petits fermiers se plaignent de payer des fermages trop élevés, tandis que leurs ouvriers gémis-
sent sur la faiblesse de leur salaire, qui ne s'élève en effet qu'à 60 centimes
par jour.

A Modène, des ouvriers employés dans les rizières, et recrutés par des
entrepreneurs spéciaux à Plaisance, Parme, Reggio, Mantoue, etc., refu-
sent de travailler à raison de 85 centimes par jour pour les hommes et
65 centimes pour les femmes.

En Vénétie, la terre est partagée entre les fermiers en parcelles tellement petites (de 3 à 8 hectares), et la concurrence entre ces fermiers est si
grande, que les fermages s'y maintiennent assez élevés et que les entrepreneurs meurent de faim.

Dans cette région, l'usure est florissante et les agriculteurs paient
des intérêts annuels de 100 à 300 0/0 et même davantage. Ainsi, un paysan
empruntera 50 lires pour acheter 50 oisillons qu'il revendra, après les avoir
nourris pendant six mois ; il devra remettre à l'usurier 50 lires plus la
dixième partie des oiseaux achetés, c'est-à-dire cinq oies grasses valant
20 lires.

Les ouvriers et les paysans se sont mis à former des sociétés — comme

____

(1) Nous citons d'après le « *Report on the conditions of labour in Italy* » — 1893.

par exemple les sociétés ouvrières d'Adrio et de Rovigo, la *Societa generale dei lavoratori* de Mantoue, la *Societa di mutuo soccorso dei Contadini*, de Parme, la *Société des Métayers*, etc. — Il est résulté de cette propagande des cas de destruction de vignobles, d'incendie des récoltes, des forêts, etc.

Le nombre des grèves des ouvriers agricoles s'élève à 143 depuis 1881. Elles ont embrassé le tiers de la surface de l'Italie.

La situation est plus mauvaise encore en Sicile. A l'automne de 1893, dans les provinces de Palerme, de Girgenti et de Caltanisetta les paysans et les ouvriers agricoles se sont mis à constituer des ligues (*fasci*, c'est-à-dire faisceaux) contre leur exploitation par le capital. Ce mouvement était inspiré par la croyance dans l'arrivée d'une ère nouvelle du règne de la Justice. Dans la formation de ces ligues, s'est manifestée la passion du tempérament méridional et le fanatisme qui lui est propre. La constitution de ces *fasci* a été accompagnée de promenades en cortèges, avec des drapeaux rouges sur la hampe desquels étaient fixés des faisceaux de baguettes, comme un symbole de la ligue, et avec des perches ornées d'écriteaux socialistes.

L'examen des faits a permis de constater que le taux des fermages en Sicile, s'est augmenté de 40 0/0 entre 1850 et 1893, tandis que baissaient au contraire les prix du blé et des autres productions locales.

Par suite de cela, l'augmentation constante des impôts a fini par causer un mécontentement général.

Comme caractéristique de la situation locale, la lettre pastorale suivante d'un évêque du pays, Mgr Guttadauro, ne manque pas d'intérêt :

« En vérité, écrivait ce prélat, le mécontentement et la situation fâcheuse des choses ont des causes qu'il est impossible de dissimuler. Presque partout le riche tire parti de la misère du pauvre, condamné à se voir exploiter et à souffrir. Les chefs des socialistes profitent de cela pour soulever les masses contre ceux qui, connaissant les lois, n'agissent pas dans l'esprit de l'amour chrétien. Les vénérables curés des paroisses, en leur qualité de protecteurs naturels du peuple, élèvent la voix devant les propriétaires et les fermiers afin que la justice et la bonne foi soient rétablis dans les contrats de fermage, afin que l'usure disparaisse, etc. »

L'ensemble des produits agricoles soumis à l'impôt (*Dazio Consumo*), et notamment les grains, les pommes de terre et autres légumes analogues, la viande, le chanvre, le lin et le riz représentent une valeur de 1,539 millions de lires, tandis que la production en vins, noix, huile d'olive, citrons, soie, tabacs est estimée à 1,690 millions de lires. Mais, comme la plupart de ces derniers produits sont exportés (1), on s'explique la probabilité d'une crise.

Et pendant que les besoins vont croissant parmi les populations agricoles, l'épargne, qui pourrait les aider à passer des moments difficiles, fait entièrement défaut, et une crise entraînerait aisément des désordres.

D'après Bodio, le salaire moyen d'un ouvrier rural adulte, en Italie, varie de 2 lires en été à 1 lire 1/2 en hiver ; mais, comme les travaux de la terre sont complètement interrompus pendant une partie de l'année, on peut évaluer à 1 lire seulement le salaire journalier moyen (2).

Quant à l'industrie italienne, jusqu'à l'unification du pays, elle était peu importante. Les fabriques s'établissaient d'habitude dans des vallées où elles trouvaient gratuitement des moteurs hydrauliques. Les ouvriers se recrutaient en grande partie parmi les petits propriétaires locaux. Les salaires étaient faibles, mais les grèves étaient inconnues. Les villes ne servaient pas de centres de réunion aux ouvriers. Tout le pays était coupé par les barrières douanières qui séparaient les différentes principautés et, dans un but politique, on s'appliquait à gêner les rapports entre les diverses populations.

Situation de l'industrie italienne.

Mais la révolution de 1860 à 1870 a changé tout cela.

Les douanes intérieures ont disparu, et les ouvriers se sont trouvés tout d'un coup dans la situation de citoyens d'un grand et libre pays.

Ce résultat était favorable au développement de l'industrie et du commerce. Les produits de mauvaise qualité, confectionnés à domicile, commencèrent à céder de plus en plus la place aux produits des usines, et les ouvriers se mirent à refluer vers les grandes villes. Aux moteurs hydrauliques se substituèrent des moteurs à vapeur, grâce au perfectionnement des machines, et on se mit à construire des fabriques dans les villes.

Voici des chiffres qui montrent clairement les changements survenus dans la production de l'Italie :

---

(1) Le statisticien italien Bodio évalue comme il suit la production agricole de l'Italie :

Produits de la culture	3.260	millions de lires
— forestiers	90	—
— de l'élève du bétail . .	1.425	—
Total. . . .	4.775	millions de lires

(2) *Indici misuratori del movimento economico in Italia.* 1891, p. 60. — F O. Report *Misscellaneous Series*, 1891 : n° 195, p. 26 ; n° 211, p. 16.

PRODUITS		1887	1891	1892
Combustibles minéraux de provenance italienne. . .	en livres	35.936.950	43.585.629	
Les mêmes importés. . . .	—	122.299.895	149.158.117	
Consommation des mêmes .	—	116.970.849	146.274.447	
Production du fer	en tonnes	172.834	152.688	
— de l'acier. . . .	—	73.262	75.925	
— du plomb. . . .	en kilogr.	15.795.000	18.500.000	
— de l'argent . . .	—	33.387	37.600	
— de l'or	—	3.197	5.977	
— du sel	en tonnes	420.915	387.817	
— de l'alcool . . .	en hectolitr.	227.029	202.182	227.723
— de la bière . . .	—	147.760	157.890	106.096
— du sucre	en quintaux	1.393.728	843.453	840.566
— du tabac	en kilogr.	17.499.122	16.985.855	16.883.200
— des cocons de soie.	—	43.025.783	37.922.562	34.641.491
— de la soie en plus des cocons. .	—	3.476.000	3.210.000	—
— des soies (broches en activité). .	nombre	1.824.707	1.534.849	—
— du coton (broches en activité)	—	—	1.300.000	--
— de la laine (broches en activité)	—	—	315.000	—
Exportation de tissus de coton	en quintaux.	630.908	713.996	792.044
Exportation de laines dégraissées.	—	92.211	77.134	75.077

Il existe, au total, 739,889 patrons d'établissements industriels, dont 557,629 hommes et 182.260 femmes. Tandis qu'il y a 3,676,790 ouvriers dont 1,853,656 hommes et 1,823,134 femmes.

Mais le rapport du nombre des patrons à celui des ouvriers varie notablement suivant le genre d'industrie, comme on le voit par le tableau suivant (1) :

Genre de production	Patrons	Ouvriers	Nombre d'ouvriers par patron
Métallurgie et sel	»	59.512	»
Taille des pierres	6	749	»
Production des { en filature.	44.524	898.112	20,2
tissus { autres. . .	36.270	353.900	9,8
Travail des peaux	1.888	16.627	8,8

(1) *Censimento della popolazione del Regno d'Italia.*

Genre de production	Patrons	Ouvriers	Nombre d'ouvriers par patron
Effets d'habillement	171.482	769.978	4,5
Produits alimentaires . . .	279.593	226.202	0,8
Travaux de construction . .	82.643	822.142	9,9
Meubles et ustensiles de ménage.	22.284	88.694	4,0
Carosserie, sellerie.	7.653	16.370	2,1
Construction de navires. . .	157	11.857	75,5
Armes.	2.629	7.618	2,9
Métaux	52.325	138.629	2,6
Machines	4.605	29.460	6,4
Instruments de musique. . .	3.632	4.639	1,3
Papier à écrire.	2.152	20.361	9,5
Typolithographie.	1.542	17.279	11,2
Produits chimiques.	3.119	11.231	3,6
Objets de luxe.	6.505	29.359	4,5
Objets de toilette et d'hygiène.	16.880	122.472	7,3
Patrons n'ayant pas précisé leur spécialité	»	31.599	»
Total. .	739.889	3.676.790	5,0

Les salaires sont très faibles, même dans l'industrie, et par suite de l'élévation des impôts, — surtout de ceux qui pèsent sur la consommation, — la population ouvrière vit dans la gêne.

Dans une étude anglaise sur l'état de cette population en Italie — à propos des grèves et du mécontentement qui régnait parmi elle, surtout dans les campagnes, — on arrive à conclure que le parti socialiste en Italie gagne constamment du terrain, que son organisation se renforce de plus en plus, et que peut-être la direction des masses passera entre ses mains (1).

Les rapports de l'ouvrier, pris individuellement, avec celui qui l'embauche, sont encore assez faciles, grâce à la bonne humeur du caractère national. Mais dès que les ouvriers se trouvent en masse, leurs dispositions changent immédiatement; ils se montrent sombres, cassants, orgueilleux. Aussi les agitateurs savent bien ce qu'ils font en provoquant des réunions fréquentes entre eux pour leur faire échanger leurs plaintes.

En fait de grèves, on n'en a compté en Italie que 25 en 1870 et 27 en 1880. Mais en 1891, il y en a eu déjà 132.

(1) *Socialpolitisches Zentralblatt.* III Jahrgang, n° 30, 26 septembre 1892.

Dans le mandement pastoral dont nous avons parlé plus haut, il était fait allusion à l'appel adressé par le Pape aux capitalistes et aux propriétaires, pour leur recommander « de ne pas abaisser leurs ouvriers à l'état d'esclaves, mais de les élever à la dignité d'hommes et de chrétiens ; de ne pas les écraser de travaux exagérés ou incompatibles avec leur sexe ou leur âge, et de remplir leur premier devoir envers eux en leur allouant un salaire convenable, au lieu de chercher à spéculer sur les besoins des malheureux ». — On sait que, d'après l'enseignement de l'Église catholique, l'un des deux péchés « qui crient vengeance au ciel » est celui qui consiste à « retenir le salaire dû à l'ouvrier ».

Le mandement dont il s'agit fut accueilli favorablement par les autorités temporelles. Ainsi, le préfet de la province de Caltanisetta écrivit à l'évêque pour le remercier, en constatant que son mandement avait contribué au maintien de la tranquillité générale.

Grâce à la proximité où se trouvent des côtes les localités même les plus centrales de l'Italie, les transports et le commerce intérieur de ce pays se font surtout par mer. D'où il résulte qu'en cas de guerre l'industrie et le commerce italiens se trouveraient immédiatement arrêtés, et qu'une grande partie de la population serait brusquement privée de salaires. Or, comme en temps de paix déjà, beaucoup de gens ne peuvent se procurer du travail, et qu'en général le prolétariat y est très développé, un pareil événement pourrait amener de sérieux désordres.

Dans le journal *Il Sole*, le professeur Pederzolli dit que, sur 30 millions d'Italiens, 3 millions seulement sont en possession de revenus à peu près indépendants, et même que, sur ces 3 millions, il n'en est qu'un million dont le revenu excède 250 lires par an, c'est-à-dire le minimum strictement nécessaire à l'existence.

Il resterait donc, en tous cas, 27 millions d'êtres humains qui n'ont d'autres ressources que leurs salaires, et dont 3 millions n'ont aucune occupation déterminée, tandis qu'environ un demi-million ne comptent absolument que sur la charité publique.

Ajoutons que beaucoup d'individus vivent de ce que leur procurent les nombreux touristes qui visitent l'Italie et que, naturellement, ces gens-là se trouveraient privés de leurs salaires dès qu'une guerre viendrait arrêter l'afflux habituel des voyageurs étrangers.

Faiblesse numérique des classes aisées.

Il n'y a pas de pays où les classes possédantes soient en moindre proportion qu'en Italie, comme on peut s'en assurer par la statistique suivante des successions :

CLASSEMENT DES SUCCESSIONS D'APRÈS LA VALEUR DE L'ACTIF NET (1)	Nombre de successions de chaque catégorie	Actif net en millions de lires	Partie de l'actif net transmise en ligne directe
Au-dessous de 1.000 lires..	90.422	35,8	23,4
De 1.000 à 4.000. . . .	40.562	83,8	56,3
De 4.000 à 10.000 — .	14.555	90,8	58,9
De 10.000 à 50.000 — .	9.695	203,0	126,2
De 50.000 à 100.000 — .	1.673	112,4	68,7
De 100.000 à 500.000 — .	1.293	312,3	192,3
De 500.000 à 1.000.000 — .			
Au-dessus de 1.000.000. . . .	71	145,5	82,0
Total.	158.271	983,6	607,8

Ainsi, près de 57 0/0 des successions sont au-dessous de 1,000 lires ; 25 0/0 ne dépassent pas 4,000 lires et 10 0/0 vont jusqu'à 10,000 lires. Quant à celles qui dépassent ce dernier chiffre, elles ne représentent que 8 0/0 du total.

L'épargne nationale n'est pas considérable en Italie, quoique la situa- L'épargne nationale. tion des caisses d'épargne y soit très rassurante et témoigne du tempérament remarquablement sobre et économe de la population.

A la fin de 1891, le nombre des déposants s'élevait à 2,119,960, et le montant des dépôts à un total d'environ 300 millions de lires, — soit en moyenne 142 par déposant, ce qui donne une proportion de 73 déposants par 1,000 âmes de population et un total de dépôts correspondant à 10 lires par habitant.

Mais dans le moment de crise qu'amènerait la guerre, le remboursement d'une telle somme de dépôts serait impossible.

En outre, il faut observer qu'en Italie, comme en d'autres pays, les capitaux de tous les établissements et sociétés de bienfaisance sont placés en valeurs sur l'État. De ces valeurs, il ne se trouve guère en dehors du pays que des obligations de rente 5 0/0 au porteur dont, à la date du 30 juillet 1871, il avait été émis, en nombre rond, pour 4 milliards 800 millions

---

(1) Ces chiffres sont empruntés à la publication de la direction générale des propriétés nationales et se rapportent à l'exercice 1890-91.

de lires. Sur ce total, deux milliards se trouvaient dans les caisses publiques et autres de l'Italie même ; le reste, soit 2 milliards 800 millions, était réparti comme il suit :

En Italie.	1.004.000.000
En Belgique.	16.000.000
En Angleterre.	190.000.000
En Hollande.	300.000.000
En France.	650.000.000
En Allemagne.	640.000.000

Représentons ces résultats graphiquement.

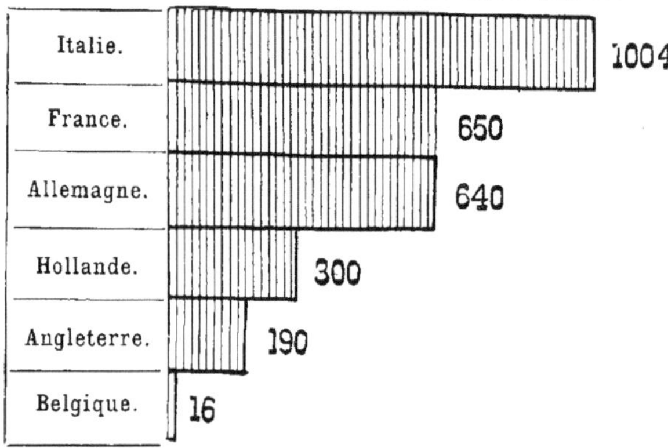

L'impôt sur la rente, constitué par la conversion forcée du 5 0/0 en 4 0/0, fut en réalité une banqueroute, et n'a pas dû contribuer à relever le crédit de l'Italie. Et l'on n'a pas confiance dans la garantie offerte que le 4 0/0 demeurera à tout jamais exempt d'impôts et que le 4 1/2 0/0, qu'il a été proposé d'émettre à l'intérieur du pays, ne sera soumis à aucun droit dans l'avenir.

La situation financière du pays. En outre, la situation financière du pays a été ébranlée par les émissions exagérées de billets de banque.

Tandis qu'à la fin de 1861 ces émissions ne s'élevaient qu'à un peu plus de 107 millions de lires, dont 58 non garantis par un dépôt métallique, à la fin de 1871 elles avaient déjà plus que quintuplé : montant alors à plus de 577 millions, en excédant de plus de 356 millions sur les valeurs métalliques de garantie ; et à la fin de 1890, le chiffre des émissions atteignait

1,126 millions, dépassant de 717 millions celui des valeurs métalliques qui les garantissaient.

Depuis 1883, on a également émis des bons sur le Trésor. A la fin de cette même année, il y en avait déjà pour plus de 272 millions de lires en circulation. La loi du 30 juin 1891, destinée à régulariser les opérations sur le papier-monnaie, a confirmé le droit d'émission aux six banques qui l'avaient déjà et a donné cours légal à leurs billets, en exigeant de ces banques un prêt au Trésor public de 171,683,152 lires.

Les opérations de prêt et d'escompte des banques italiennes d'émission ont présenté le développement suivant (1).

	En millions de lires	
	Il a été escompté des lettres de change	Il a été fait des prêts
En 1871 pour une somme de.	1.187	362
En 1881 — —	2.274	270
En 1890 — —	4.771	173

Ce qui se traduit graphiquement :

Valeur totale des lettres de change escomptées en millions de lires.

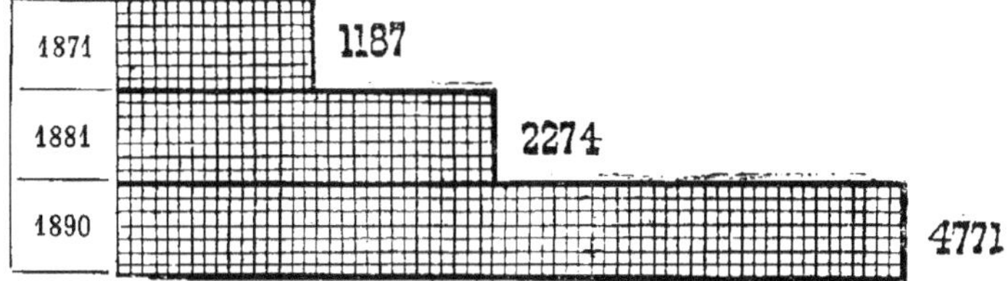

Valeur des prêts en millions de lires.

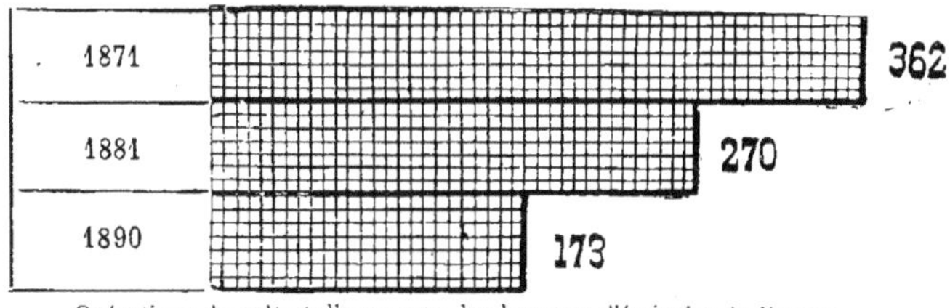

Opérations de prêt et d'escompte des banques d'émission italiennes.

La désorganisation financière a plus d'une fois causé des troubles en différents pays. Pareille chose devrait d'autant plus facilement arriver au

---

(1) *Ein Blick auf die volkswirthschaftlichen Verhältnisse Italiens.* — Stuttgard, 1894.

cas d'une guerre en Italie, en raison de la situation défavorable du pays au point de vue agraire et économique en général. On peut en citer comme exemple le brigandage né de cette situation, et qui a persisté si longtemps en Italie.

L'ancien ministre de l'instruction publique Villari — dans ses *Lettere meridionali* (1885) et un membre du Parlement, Massini (*Atti del Parlamento, sessione del* 1863, n° 58), ont signalé le brigandage comme étant la conséquence directe du déplorable état social des provinces méridionales du pays. Les bandes de brigands se recrutaient principalement parmi les ouvriers ruraux (*contadini proletarii*).

Le brigandage en Italie.

Dispersées par les troupes, ces bandes se reformaient promptement dans les mêmes localités, et en même temps on remarquait une décroissance du brigandage sur les points où, par suite de l'émigration, la population trouvait à gagner des salaires.

Actuellement, le brigandage a disparu du continent, mais, d'après Hihan, consul anglais à Palerme, il continue de se maintenir en Sicile.

Et en raison de l'état de fermentation entretenu dans les masses par le manque de travail et les lourds impôts, il est probable qu'en cas de guerre on verrait, sinon le brigandage même, au moins des désordres sérieux se manifester sur d'autres points du pays.

D'après Villari, déjà cité plus haut : « L'Italie a été entraînée dans une révolution politique avant qu'eussent pu être réalisées chez elle certaines transformations sociales nécessaires. L'égalité des droits politiques n'a pas nivelé l'énorme diversité des conditions d'existence entre les différentes parties du pays, attendu que, de deux régions voisines, l'une était souvent en retard de tout un siècle sur l'autre et que, dans l'ensemble du pays, avaient eu lieu simultanément des périodes historiques de nature très différente (1) ».

Ce même écrivain trouve qu'il manque aux Italiens une conception idéale pouvant les relier entre eux. Cet idéal a pu être autrefois la religion, mais aujourd'hui elle a perdu son influence; et là où elle ne s'appuie pas sur des préjugés, elle n'est plus qu'à l'état d'habitude héréditaire et non plus de foi véritable. Et quant au patriotisme, « qui peut dire sous quelle forme il se présentera dans l'avenir et dans quel sens il se manifestera? »

Villari assure encore que l'enthousiasme suscité par la révolution de 1860 à 1870 s'est épuisé par l'accomplissement même de cet acte et a cédé, depuis lors, la place aux influences de l'esprit de parti, tandis que la question sociale menace de plus en plus de devenir un danger sérieux (2).

---

(1) *Lettere meridionali*, P. Villari, 1885.
(2) *Ibidem.*

Si l'Italie n'est vraiment pas prête à la guerre, il faut en chercher les Pauvreté du pays. causes dans la pauvreté relative de ce pays, dans son manque de grande industrie et dans sa situation agraire extrêmement défavorable. — On peut dire que l'état de grande puissance ne convenait pas à ses ressources et, par conséquent, il n'est pas étonnant que le mécontentement y prenne un caractère non pas même anti-monarchiste, mais directement anti-gouvernemental.

C'est ce qui explique certaines phrases qu'on rencontre dans les feuilles socialistes italiennes, comme par exemple celle-ci : « La faim creuse un sillon dans le cœur et y sème le mécontentement! La liberté est une mauvaise plaisanterie tant que l'homme reste l'esclave de la faim! »

De semblables paroles ne pourraient demeurer sans conséquences lors de la crise économique que ferait naître une grande guerre. Il paraît même assez probable que si, au moment de cette guerre, se manifestait un mouvement révolutionnaire tant soit peu sérieux dans une quelconque des régions de l'Italie, ce mouvement gagnerait tout le pays.

Il n'est d'ailleurs pas permis de compter que la guerre ferait éclater un sentiment de patriotisme capable d'entraîner toute la population dans un élan semblable à celui qui a fait l'unité italienne ; parce que l'alliance avec l'Allemagne et l'Autriche n'est nullement populaire.

Nous terminerons en rapportant ici ce qu'a écrit à ce sujet Sir Charles Dilke (1) :

« Un cabinet dépourvu de toute autorité dans le pays a signé un traité d'alliance tellement impopulaire, que l'on a vu porter par les rues, en temps de carnaval, des représentations satiriques du prince de Bismarck. La presse sérieuse et indépendante s'est prononcée presque unanimement contre ce traité. Comment le gouvernement a-t-il pu s'y résoudre? Cela peut s'expliquer par cette circonstance que le cabinet, tout en sentant parfaitement sa faiblesse dans l'opinion publique, s'est rendu compte en même temps que l'opposition était divisée en divers partis et incapable de constituer un autre gouvernement représentant effectivement l'opinion publique. Quant aux relations des hautes sphères avec la politique extérieure, il ne faut pas perdre de vue qu'elles redoutent les protestations permanentes du Vatican contre la domination royale à Rome... »

Dans un journal satirique italien, on a représenté les grandes puissances se réunissant pour s'occuper d'alliances et d'armements, tandis que derrière chacune d'elles se tiennent à l'affût des chacals affamés représentant les socialistes, les anarchistes, etc.

____

(1) De l'état actuel de la politique en Europe.

III. L'Autriche.

Coup d'œil sur la situation financière du pays.

La guerre de 1866, — la dernière qu'ait soutenue la monarchie austro-hongroise, — ne peut fournir d'indications sur les conséquences économiques que, dans l'avenir, une grande lutte européenne aurait pour l'Autriche. D'abord, la campagne de 1866 fut trop courte pour modifier les conditions économiques des pays soumis au sceptre des Habsbourg; et de plus ses résultats, — qui furent l'exclusion de l'Autriche de la Confédération germanique et la perte pour elle de la Vénétie, — eurent pour l'Empire des conséquences bien plutôt politiques qu'économiques.

Mais les finances de l'État et la circulation monétaire n'en éprouvèrent pas moins les conséquences du désastre militaire.

En Autriche, la circulation monétaire se trouvait depuis longtemps en fâcheux état. En 1857, on fit un effort sérieux pour l'améliorer : l'Autriche conclut une convention monétaire avec la Confédération germanique, convention dont la première condition était qu'aucun des États confédérés ne devait émettre de papier-monnaie ayant cours forcé, et que les papiers de ce genre émis précédemment devaient être rachetés dans un délai de deux années.

Malheureusement, au moment où la banque reprenait le payement à volonté de ses billets contre argent, et où le cours du change atteignait presque le pair en métal, éclata la guerre d'Italie de 1859; et, dès le mois d'avril, la banque suspendait de nouveau ses payements pendant que l'agio sur l'argent atteignait 53 0/0. La dette du Trésor à la banque, qui s'élevait, en 1858, à 153 millions de florins, montait en 1859, par suite des émissions nouvelles, à 300 millions.

Et comme après cela, le total des billets émis se trouvait, par rapport à l'encaisse métallique, dans la proportion de 5,8 à 1, on s'explique aisément la hauteur que l'agio avait atteinte. (1)

Afin de relever le crédit et d'augmenter les revenus de l'État, qui avaient diminué par le fait même de la dépréciation de la monnaie fiduciaire, il fut conclu en 1860, avec la banque, une convention analogue en principe au fameux acte de 1844, de Sir Robert Peel.

La somme des billets émis sans garantie matérielle complète fut limitée à 200 millions de florins, et chaque florin de crédit au delà de cette somme dut être garanti par un florin en monnaie métallique. Le payement à vue fut rétabli.

---

(1) *Volkswirthschaftliche Wochenschrift*, 1892.

Cette transformation releva immédiatement le cours du florin de papier : en 1866, l'agio sur l'argent était tombé à 1,75 0/0.

Mais les finances proprement dites restèrent dans le plus fâcheux état. Au commencement de juin 1865 encore, les caisses du Trésor étaient tellement vides, qu'on n'y trouva pas de quoi payer les coupons de rentes échus en juillet. Il fallut exposer la situation au Reichsrath, qui autorisa le ministre des finances à conclure un emprunt de 13 millions de florins pour faire face aux obligations les plus urgentes de l'État.

Peu après, en novembre, il fut de nouveau nécessaire de recourir au crédit : il manquait encore 80 millions de florins pour couvrir les dépenses des années 1865 et 1866. Pourtant, tout cela n'était rien en comparaison des efforts qu'il fallut faire quelque mois plus tard pour mobiliser l'armée.

Le 24 avril, l'Empereur décréta un emprunt de 60 millions de florins garanti par les propriétés de l'État. Mais, comme ce moyen ne suffisait pas et ne pouvait donner à bref délai les résultats attendus, un décret du 5 mai fit connaitre que l'État reprenait à son compte pour 112 millions de florins de billets de la banque autrichienne et établissait, pour eux, le cours forcé. Enfin le 25 mai la Vénétie fut frappée d'un emprunt forcé de 12 millions et d'un impôt complémentaire, — l'un et l'autre devant être fournis dans le courant du mois qui suivit la promulgation du décret.

La mobilisation
de 1866.

Par malheur, les finances des particuliers étaient en aussi mauvais état que celles de l'Empire, et les populations de la monarchie autrichienne, qu'animaient les sentiments et les intérêts les plus opposés, ne se montrèrent nullement disposées à s'imposer les sacrifices exigés par une guerre aussi considérable. Les impôts ne furent payés que très irrégulièrement et la « caisse des offrandes nationales » ne reçut que des sommes insignifiantes.

Il n'est donc pas étonnant que les préparatifs de la guerre se soient trouvés arrêtés à chaque pas et que les considérations économiques et politiques n'aient eu, dès le commencement de la campagne, le dessus sur les considérations militaires (1).

Mais, grâce à une récolte abondante, les prix du blé et du fourrage, tout en augmentant, ne s'élevèrent pas dans des proportions extraordinaires, comme le montre le tableau comparatif suivant :

	Seigle	Froment	Orge	Avoine
Le 20 juin..	4 fl. 10 kr. — 5 fl. 15 kr.	4 » — 5.90	3 » — 3,90	2,55 — »
Le 11 juillet.	4 fl. » kr. — 4 fl. 50 kr.	4,40 — 5,50	2,60 — 3,15	2,90 — 3,10
Le 17 août .	4 fl. 65 kr. — 5 fl. 20 kr.	5 — 6,60	2,60 — 3 »	2,50 — 3,40

(1) *Bibliothèque historico-militaire internationale.* Tome XXII, guerre de 1866.

Les prix des pommes de terre n'augmentèrent qu'insensiblement, et le foin, qui valait tout d'abord 1 fl. 70 kr. le quintal, n'était monté en juin qu'à 3 fl. 20 kr. et redescendit ensuite, en juillet et en août, à 2 fl. 50 kr.

L'escompte s'éleva en juin jusqu'à 10 0/0 et resta à ce taux jusqu'à la mi-août. Le cours du florin-papier à Londres, qui au 20 avril était de 104 pour 100 fl. métalliques, monta le 14 juin à 140, et à la fin de l'année, il était encore à 131,50 (1).

L'exécution des payements souscrits fut officiellement retardée de deux mois; et cet ajournement fut mis à profit par des maisons riches et consciencieuses qui n'en avaient pas besoin, mais qui agirent ainsi afin de ne pas compromettre le crédit des maisons plus faibles. C'est ainsi qu'en France, en 1870, les maisons riches se solidarisèrent, pour l'ajournement des payements, avec les maisons moins fortes et même les soutinrent par prêts; par contre, en Autriche, il se trouva des maisons peu délicates et peu solides, qui, à dessein, exécutèrent des payements malgré l'ajournement officiel, afin de s'attirer la confiance du public.

La banque nationale, ayant envoyé ses fonds en Hongrie, ne présenta pas un seul billet à l'encaissement pendant la durée de l'ajournement. D'autres banques et des particuliers en présentèrent; mais, par suite de l'arrêt des affaires, ils ne purent en obtenir le payement, et en raison de l'ajournement officiellement décrété, ne purent pas les faire protester.

Cet ajournement toutefois, bien que présentant des avantages, eut, pour beaucoup de commerçants, cette conséquence désastreuse, qu'à son expiration, le 15 septembre, on leur réclama tout d'un coup le payement des créances échues pendant les 62 jours (juillet et août) qu'il avait duré.

Pendant la guerre. — Dans les localités occupées par l'ennemi, le commerce de détail avait prospéré, ainsi que celui des aubergistes, hôteliers, etc. Les Prussiens, qui touchaient double solde, achetaient beaucoup : les autorités militaires prussiennes ayant d'ailleurs fixé la valeur du thaler à 1 florin et demi (2). Les chevaux, le fourrage, les chaussures, la toile, etc., étaient l'objet de

---

(1) Il faut observer que, d'après les bulletins officiels, l'escompte ne s'élevait qu'à 5 1/2 0/0, mais ce taux du crédit n'était accordé qu'à quelques maisons privilégiées. Les variations de l'escompte sont indiquées par le tableau que voici :

Le 18 août. . . . . , ...	8	0/0
Le 26 —	7	0/0
Le 31 —	6	0/0
Le 7 septembre	5	0/0
Le 28 —	4 $^{1}/_{2}$ 0/0
Le 20 décembre	3 $^{1}/_{2}$ 0/0

(2) Ce qui correspond bien d'ailleurs à celle généralement admise : le florin valant 2 fr. 50 et le thaler 3 fr. 75.

réquisitions faites contre reçus, dont le prix fut ensuite acquitté sur le montant de la contribution de guerre.

Pendant la guerre, le ministère aristocratique composé de Mensdorf, Belcredi, Larisch et autres en agit tout à fait sans façon avec les finances du pays; il suspendit l'application des prescriptions relatives à la Banque, transforma une partie des billets de celle-ci en bons du Trésor, et, dans toutes les affaires d'argent en général, il ne se préoccupa nullement des dispositions constitutionnelles.

Le commerce et le crédit, à dater du conflit qui s'éleva entre la Prusse et l'Autriche dans le Schleswig-Holstein et jusqu'à la conclusion du traité préliminaire de paix de Nikolsbourg, se trouvèrent sous l'influence de l'inquiétude et éprouvèrent des pertes considérables.

Mais, après la conclusion de la paix, immédiatement les demandes reprirent et affluèrent même tellement, qu'elles firent cesser les plaintes relatives à la « surproduction » qu'on entendait avant la guerre. Les demandes de travail diminuèrent seulement dans les localités occupées par l'ennemi, et en dehors de cette région l'industrie n'éprouva quelque stagnation que dans la Basse-Autriche (1).

Tout cela, nous le répétons, ne peut donner même une idée approximative des conséquences économiques qu'une guerre entraînerait à l'avenir pour l'Autriche. Une énorme différence à ce point de vue résulterait déjà de cette circonstance, qu'en 1866, l'armée autrichienne se composait encore de soldats servant à long terme ou soldats professionnels, tandis qu'aujourd'hui entre dans la composition de l'armée une notable partie de la population, qui ne passe qu'un temps assez court sous les drapeaux, et se complète ensuite par le rappel des réservistes et territoriaux.

L'effectif de l'armée permanente austro-hongroise et des réserves de deux contingents s'élève, sur le pied de paix, — d'après des renseignements puisés à différentes sources, — à : 21,243 officiers, 318,077 hommes de troupe et 57,344 chevaux.

Quant aux unités de la landwehr, on n'en entretient que les cadres, savoir :

	Officiers	Hommes de troupe	Chevaux
Pour l'Autriche . . .	627	10.264	227
— la Hongrie . . .	1.350	16.231	2.256

Sur le pied de guerre, la composition de ces troupes se présente comme il suit (d'après les mêmes sources) :

____

(1) D'après les données que nous avons empruntées aux archives du *Credit-Anstalt* et les tableaux officiels des prix de la ville de Brünn en Moravie.

	Officiers	Hommes de troupe	Chevaux
Armée permanente . . .	28.359	968.380	247.806
Landwehr autrichienne .	3.129	252.060	11.696
Landwehr hongroise . .	4.178	174.060	14.814
Landsturm	9.582	431.540	7.500
Totaux . . .	45.238	1.826.940	281.886

Sur les contrôles du personnel destiné à porter l'armée permanente au complet de 986,380 hommes de troupe, sont inscrits 1,015,792 individus.

D'après le journal *Armeeblatt*, la composition de l'armée en temps de paix se présente comme il suit :

Armée permanente avec les) 326.040 hommes (y compris les officiers) et
    deux landwehrs.   ) 233.570 chevaux appartenant à l'État.

La même sur le pied de guerre : 1,315,370 hommes et même nombre de chevaux.

Enfin le landsturm se composera de 430 bataillons et 20 escadrons, comprenant en nombre rond 460,000 hommes.

Ainsi le total général s'élèverait à 1,775,000 hommes. D'où il ressort qu'un million et demi de citoyens seront arrachés à leurs occupations du temps de paix pour compléter l'armée. Ces hommes seront appelés de toutes les régions de l'Empire, et différeront les uns des autres tant au point de vue physique qu'au point de vue moral.

D'après les données statistiques pour 1890, dans les provinces héréditaires autrichiennes — c'est-à-dire à l'exclusion des territoires de la couronne de Saint-Étienne, — environ 62 0/0 du total de la population laborieuse étaient occupés à l'agriculture, 21 0/0 à l'industrie, 6 0/0 au commerce et aux professions libérales. Les occupations du reste de la population étaient inconnues ; on y classait également les domestiques et autres catégories moins importantes.

D'une façon générale, on peut dire qu'en Autriche-Hongrie, la production du pain et de la viande est suffisante pour la consommation du pays, de sorte qu'en cas de guerre, il n'y a pas à craindre un trop grand renchérissement des produits de première nécessité par suite de l'insuffisance des importations. Par contre, pour une notable partie de la population, il deviendra extrêmement difficile, au moment de la guerre, de se procurer les ressources nécessaires pour la satisfaction des besoins quotidiens ; et peut-être, dans ce pays aussi, faut-il s'attendre à un profond ébranlement de la vie sociale et économique.

Il va de soi que plus le bien-être est élevé dans un pays, plus la population est exposée à éprouver des commotions semblables. Cependant la concurrence américaine a, dans ces temps derniers, porté un grave coup au bien-être de l'Autriche en y amenant l'abaissement du prix des produits agricoles. Et si le mal ainsi fait ne s'est pas étendu davantage, cela provient seulement de ce que la population s'est retournée avec une extraordinaire énergie vers le commerce et l'industrie, et qu'une certaine partie a même émigré.

Se trouvant au centre de l'Europe et sur la grande voie du transit entre l'Orient et l'Occident, l'Autriche a vu de bonne heure l'industrie prendre chez elle un développement considérable. De plus, et bien que son territoire ne se compose en général que de régions montagneuses avec une faible étendue de côtes, et qu'elle n'ait pas de possessions coloniales, elle a su prendre une situation éminente parmi les pays européens qui s'occupent de commerce.

Voici dans quelle proportion les populations des différentes parties de l'Empire se livrent aux deux branches principales de l'activité économique:

	Agriculture et exploitation des forêts	Industrie et commerce
Basse-Autriche	24 0 0	59 0/0
Bohême	40 0 0	49 0 0
Silésie	41 0 0	49 0 0
Vorarlberg	41 0/0	48 0 0
Moravie	50 0 0	39 0/0
Haute-Autriche. . . .	51 0 0	36 0/0

Pour présenter ces chiffres sous une forme plus saisissante, nous en donnons la représentation graphique :

Rapports en 0/0 entre les populations s'occupant :
D'industrie et de commerce   D'agriculture et d'exploitation forestière

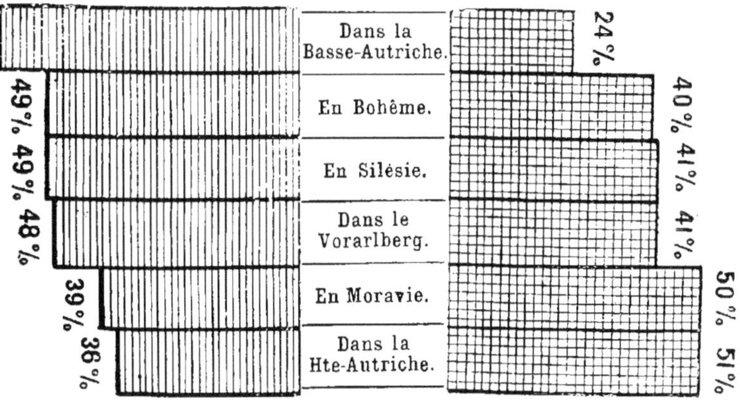

D'autres provinces présentent un tableau tout différent, comme on peut le voir par les chiffres suivants, qui montrent le rapport numérique de la population industrielle et commerciale, à celle qui s'occupe d'agriculture et d'exploitation forestière.

	Agriculture et exploitation forestière	Industrie et commerce
Galicie.	76 0/0	17 0/0
Dalmatie.	86 0/0	8 0/0
Hartz.	70 0/0	22 0/0
Istrie.	72 0/0	18 0/0

Nous représentons également ces résultats par un graphique :

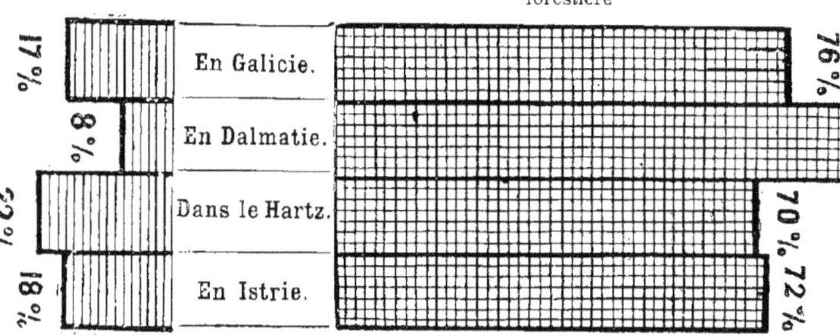

Parmi les provinces qui s'occupent surtout d'agriculture et d'exploitation forestière, celles qui souffriront le plus de la guerre sont les régions montagneuses telles que : Salzbourg, le Tyrol, la Carinthie, la Styrie, Kraïna, qui concourent à l'industrie minière en lui fournissant des bois et des matériaux de construction; tandis que les régions qui produisent du blé et de la viande ont toujours l'existence de leurs habitants garantie à des prix raisonnables.

La crise agricole dont on a été menacé dans ces dernières années a eu pour conséquence de faire refluer une notable partie de la population sur les centres commerciaux et industriels, où la lutte pour l'existence entre les éléments les plus actifs à ce point de vue est devenue d'une intensité extraordinaire.

En outre, cette énorme affluence de forces ouvrières a eu cette conséquence fâcheuse de faire baisser encore les salaires déjà si peu élevés.

En cas de guerre, naturellement, ces régions sont condamnées à une interruption brusque du travail.

La production de Vienne constitue à elle seule 9 0/0 de la production manufacturière de l'Autriche ; elle embrasse les ouvrages les plus divers en étoffe, en cuir, en métal et toutes sortes d'objets d'un emploi journalier, mais principalement des ouvrages de luxe destinés surtout à l'exportation.

La Bohême, qui ne le cède pas au point de vue industriel à la Basse-Autriche, et fournit à peu près 18 0/0 de la production totale du pays, ne trouvera pas non plus moyen de se défaire de ses verreries et de ses porcelaines, de ses tissus et de ses fers, de son sucre et de sa bière.

Les filatures de Moravie et de Silésie, manquant de matières premières, devront aussi cesser leur travail.

Quelques données statistiques permettront de se faire une idée approximative des pertes qui résulteront de tout cela.

Si l'on divise la population en catégories, d'après les différentes situations sociales, en trouve qu'en Autriche :

Les employés et les personnes indépendantes entrent pour :   4.381.000
Les ouvriers occupés en permanence. . . . .   —   8.084.000
Les salariés au jour le jour. . . . .   —   1.102.000

On voit par là que, pour 4,381 milliers de personnes ayant l'existence assurée, il y a 9,186,000 ouvriers et journaliers. Et ces 13 millions et demi d'individus doivent nourrir 9,869 milliers de personnes proches qui ne font aucun travail.

En cas de cessation plus ou moins complète, ou même de ralentissement partiel de la vie économique, la situation des classes laborieuses se trouvera d'autant plus difficile, qu'en Autriche les salaires sont très peu élevés, de sorte que, même dans les circonstances normales, les ouvriers vivent avec beaucoup de peine et ne peuvent réaliser que des économies insignifiantes.

Les salaires en Autriche-Hongrie.

On peut se faire une idée de la modicité des salaires en Autriche par les indications du tableau suivant qui en fait connaître le taux dans différentes villes :

	En 1883 avec la nourriture	En 1891 sans la nourriture
A Vienne.	1 florin 30 kreutzers.	1 florin 21 kreutzers.
A Prague.	85 —	72 —
A Brünn.	75 —	58 —
A Troppau (Silésie). .	60 —	66 —

En raison de l'importance du sujet, nous représentons ces chiffres graphiquement :

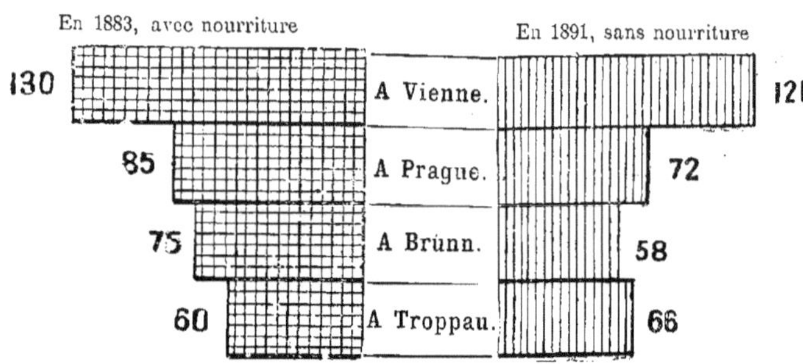

Salaire journalier dans différentes villes d'Autriche en kreutzers.

On voit par là que, contrairement au mouvement ascensionnel constaté en d'autres pays, les salaires non seulement n'ont pas augmenté en
Autriche depuis 1883, mais ont au contraire diminué. Cette diminution
s'est produite surtout dans les régions industrielles.

En Bohême, en Silésie, en Moravie, le salaire actuel condamne les
ouvriers à la faim. C'est, comme ils disent, un « salaire de famine »
(*Hungerlohn*). Surtout dans les filatures, le salaire des femmes est absolument misérable. Bien que la journée de travail soit de 12 heures, la plupart
ne gagnent qu'un florin 20 kreutzers à 2 florins par semaine, et même les
meilleures ouvrières arrivent à peine à 3 florins (1).

Il faut ajouter encore qu'en Autriche les dépenses de la vie quotidienne sont fort augmentées par le système d'impôts indirects que le
gouvernement et les communes font peser sur les objets de première nécessité. D'après les calculs de Ronnig, une famille d'ouvriers composée
de cinq personnes vivant à Vienne payait par an 105 florins d'impôts indirects, c'est-à-dire plus de 17 0/0 de son revenu.

Les dépenses
de la vie quotidienne.

	Dépenses en florins	Impôts en florins
Nourriture.	285	38
Logement	150	57
Éclairage	10	5
Chauffage	50	2
Habillement	80	3
Autres dépenses . . .	52	»
	627	105

1) Recueil des rapports sur les conditions du travail en Autriche, page 18.
(2) *Ein Wiener Haushalt.*

Dans de telles conditions, il n'est pas surprenant que l'émigration aille en augmentant constamment en Autriche. Elle s'est élevée :

En 1877 à. . . . .   7.000 âmes.
En 1879 à. . . . .   9.000 —
En 1880 à. . . . .   29.000 —
En 1881 à. . . . .   35.000 —
En 1887 à. . . . .   44.000 —
En 1890 à. . . . .   74.000 —
En 1891 à. . . . .   81.000 —
En 1892 à. . . . .   74.000 —

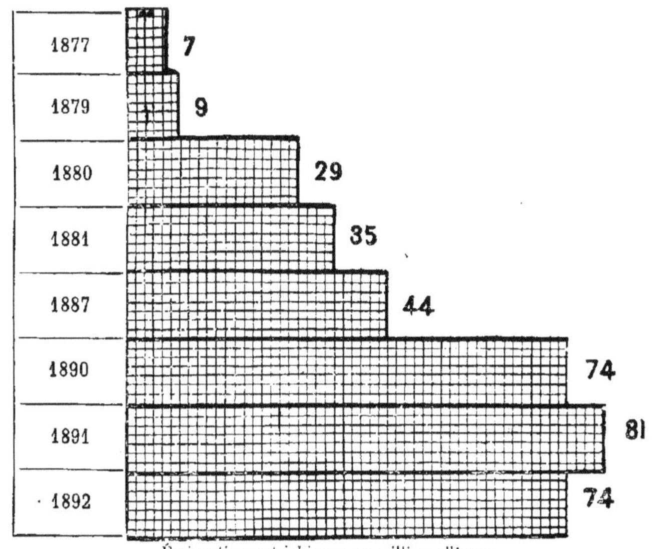

Émigration autrichienne en milliers d'âmes.

Pour juger du degré de bien-être de la population des villes, on examine d'habitude : premièrement, combien, pour le total des maisons ou le chiffre de la population, il existe de logements composés d'une ou deux pièces, et combien de personnes vivent dans ces logements ; secondement, quel est le nombre des logements qui n'ont pas de cuisine ; et troisièmement, quelle est la densité de répartition des habitants, c'est-à-dire quel est le nombre moyen des personnes qui demeurent dans un logement de telle ou telle catégorie.

Or, d'après des données relatives à 19 villes, et même en comptant séparément les grands faubourgs, à 25 agglomérations urbaines, il se trouve que, dans 5 seulement d'entre elles, les petits logements dont il vient d'être parlé et qui évidemment ne sont pas satisfaisants au point de vue de l'hygiène, ne renferment pas plus du tiers de la population. Mais on en compte 6 où ces mêmes petits logements servent à plus de la moitié des habitants. Et parmi celles-ci, il en est quelques-unes, comme les faubourgs de Prague, où ces logements renferment 70 0/0 de la population, et les faubourgs de Reichenberg, où ils en contiennent 88 0/0.

On comprend que l'absence de cuisine rende pires encore les conditions hygiéniques d'un logement, car alors la chambre où l'on couche sert tout à la fois pour préparer les aliments et pour le blanchissage. Il est facile de concevoir combien la vie est incommode et malsaine dans ces villes où tout un tiers — et, dans d'autres plus de la moitié des habitants — vivent dans des logements dépourvus de cuisine. Or, ces villes ne sont pas rares en Autriche. Ainsi, à Linz, on trouve 35 0/0 de la population dans cette situation, et à Reichenberg 76 0/0.

Ordinairement, ces mêmes villes se font remarquer par la densité de la population dans chaque logement. Parmi les 25 agglomérations mentionnées ci-dessus, il en est 15 où une grande moitié des habitants occupe des logements d'une seule pièce, dont chacun renferme de 3 à 5 personnes et même davantage. C'est dans de telles conditions que vivent 560,000 individus qui constituent presque 22 0/0 de la population totale (2 millions et demi d'âmes) des villes dont il s'agit.

En résumé, le cinquième de la population des plus grandes villes d'Autriche est logé dans des conditions d'étroitesse regrettables.

Il est impossible de ne pas considérer un tel état de choses comme très mauvais, puisque, même à Londres, les conditions de logement sont, en moyenne, bien meilleures. — D'après les données recueillies par Charles Booth (1), et que lui a fournies le recensement de 1890, à Londres, le nombre des personnes demeurant à trois ou plus dans une seule pièce, — et dont le total s'élève il est vrai à près d'un demi-million — ne représente néanmoins que 12 0/0 de la population de la ville.

Quant à l'état même des appartements en général, dans les villes d'Autriche sus-mentionnées, 44 0/0 appartiennent à la catégorie de ceux qui sont non seulement petits, mais mal agencés à tous les points de vue — et ces appartements-là renferment 35 0/0 de la population desdites villes.

Mais si l'on y ajoute encore ceux où, pour une famille, il y a deux pièces et une cuisine, c'est-à-dire ceux qui, tout en étant encore étroits,

---

(1) *Journal of the Royal Statistical Society*, 1893.

sont occupés par les mieux payés ou les plus rangés des ouvriers, on trouve alors que, dans les villes d'Autriche, la catégorie des petits et des moyens logements comprend 73,9 0 0 de ceux-ci, c'est-à-dire plus des trois quarts du total et renferme 67 0 0, c'est-à-dire plus des deux tiers de la population.

Notons entre autres choses qu'à Vienne, près de la dixième partie (9,24 0/0) de ceux qui ont un logement sont privés de cuisine. En moyenne on compte à Vienne par logement 2,1 habitants, tandis qu'à Berlin, il n'y en a que 1, 9 et à Paris 1, 1.

Un autre fait qui peut donner encore une preuve de l'état peu satisfaisant des conditions du logement de la population viennoise, c'est que 179,611 personnes, c'est-à-dire 14, 13 0 0 du total, louent des chambres, ou des coins, ou même des lits pour la nuit, chez d'autres habitants. Tandis qu'à Berlin, où le nombre des habitants est plus considérable, on ne compte que 133,359 de ces co-locataires et logés à la nuit, c'est-à-dire 8, 6 0 0 seulement de la population.

Comptés à part, ces individus logés à la nuit représentent : à Vienne 6, 4 0 0 et à Berlin 6, 1 0 0 du chiffre de la population (1).

Ajoutons quelques données sur la statistique du travail industriel dans les agglomérations urbaines de l'Autriche. Et avant tout, signalons ce fait qu'à ce travail industriel (y compris les métiers), prennent part une importante proportion de femmes : 23,5 0 0 (534,325).

Le travail industriel
dans
les agglomérations
urbaines.

Les données générales relatives aux personnes employées au travail industriel en 1880 se présentent comme il suit :

	Femmes	Hommes
Patrons	77.308	499.608
Contremaîtres	7.071	47.770
Ouvriers.	449.746	1.193.205

Le commerce, le change et la banque occupaient environ la même proportion de femmes que le travail industriel, exactement : 24,7 0/0 et en nombre absolu : 79,163 ; — le nombre des hommes étant de 240,692.

Enfin pour le travail à la journée, c'est-à-dire non régulièrement constant, on comptait un chiffre de : 428,372 femmes et 454,227 hommes.

Ainsi près de la moitié des personnes travaillant à la journée étaient des femmes.

----

(1) Eugen Philippovich, *Wiener Wohnungsverhältnisse* (L'état des logements à Vienne).

(2) Conrad, *Handwörterbuch der Staatswissenschaften.*

Si nous voulons représenter graphiquement les chiffres ci-dessus, nous obtenons la figure suivante :

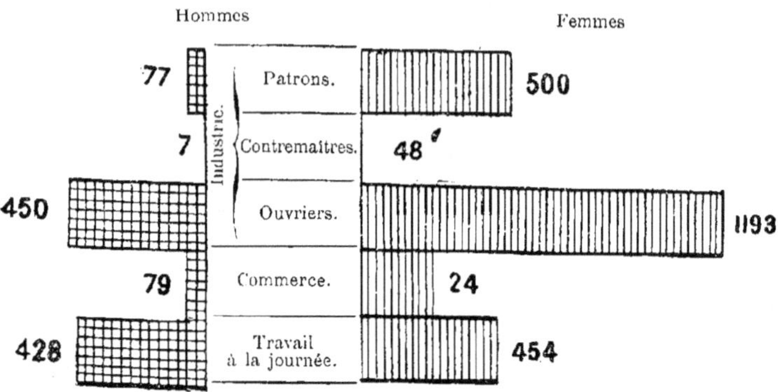

Répartition des individus d'après leurs occupations en Autriche
(par milliers de personnes).

Les épargnes
de
la classe laborieuse.

Étant donnée la faible élévation des salaires en Autriche, les économies réalisées par la population ne sont pas considérables. La somme totale des dépôts faits dans les caisses d'épargne s'élève à 1,406 millions de florins ; à quoi il faut ajouter 29 autres millions versés dans ces caisses par l'intermédiaire de la poste.

Mais, d'une part, ces dépôts sont très inégalement répartis suivant les régions.

Ainsi, dans la Silésie autrichienne, on en compte pour un total de 28 millions de florins.

D'autre part, une faible partie seulement de ces dépôts appartient à la population ouvrière. Ainsi, sur 847,000 florins qui se trouvent dans les caisses d'épargne postales, 115,000 seulement, — soit 13 0/0 — sont dans ce cas (1).

Il faut noter, en outre, que les sommes déposées dans les caisses d'épargne, comme les autres économies du peuple, qui pour obtenir un revenu plus élevé, ont été placés sur hypothèques ou converties en autres valeurs nationales d'État, seraient naturellement impossibles à réaliser au moment où éclaterait la guerre ; et, en tout cas, elles seraient exposées à subir de plus grandes pertes par la chute des cours que les valeurs étrangères, par suite de l'inquiétude générale ; — d'autant plus que souvent déjà l'État a fait banqueroute en Autriche.

____

(1) *OEsterreichisches Statistisches Jahrbuch*, 1894.

Quant à la réalisation des valeurs hypothécaires, elle serait absolument impossible. Il est donc très probable que les caisses d'épargne elles-mêmes se trouveraient dans une situation très difficile.

A propos des valeurs hypothécaires, nous ferons observer qu'en Autriche les propriétés immobilières sont très lourdement chargées et que, dans la crise inséparable de la guerre, cette circonstance peut influer défavorablement, aussi bien sur la situation des possesseurs de ces propriétés que sur la perception des impôts qu'elles doivent payer tant à l'État qu'aux communes.

La propriété immobilière et ses charges.

Les propriétés immobilières en Autriche ont à payer : 1° l'impôt foncier calculé à 22,7 0/0 de leur revenu net, d'après estimation ; 2° l'impôt sur les bâtiments, lequel est de trois sortes : la première, portant sur le revenu des maisons, le frappe de 26 2/3 0/0 dans certaines villes déterminées et de 20 0/0 seulement dans d'autres ; la seconde, qui est un impôt de catégorie — les bâtiments étant répartis à ce point de vue en 16 classes différentes — s'élève à environ 20 0/0 du revenu net sur lequel il porte ; la troisième enfin est un impôt sur le revenu auquel sont soumises les constructions qui échappent aux deux premiers : il monte à 5 0/0 du revenu net.

Outre ces taxes frappées au profit du Trésor et proportionnellement à leur chiffre, les immeubles urbains sont encore soumis à des impôts additionnels au profit des provinces (*Länder*), des arrondissements (*Bezirke*) et des communes (*Gemeinden*). Ces impôts additionnels varient suivant les localités. — Mais en général on peut admettre que leur total égale presque la moitié de celui payé à l'État et auquel il se superpose comme on l'a déjà dit.

Enfin, il faut ajouter que les immeubles paient encore différents impôts généraux, droits de timbre (*Gebühren von Rechtsgeschäften*) etc. (1).

Il ne faut pas oublier qu'en Autriche le mouvement socialiste fait de grands progrès ; chose d'autant plus dangereuse pour ce pays que l'unité d'intérêts nationaux y manque totalement ; ce qui fait qu'au moment d'une guerre, un soulèvement populaire pourrait facilement y survenir.

Les progrès du mouvement socialiste en Autriche-Hongrie.

La rupture des liens politiques avec l'Allemagne, survenue en 1866, n'a cependant pas fait disparaitre le sentiment d'une certaine solidarité nationale entre cet Empire et la partie de la population qui parle la langue allemande. Et comme les ouvriers autrichiens-allemands sont plus instruits que les autres, il est très possible que l'influence des doctrines

____

(1) Ces indications sont empruntées à un travail du professeur Inam-Sternegg, président de la Chambre centrale de commerce autrichienne, et figurent dans une publication du bureau de statistique italien intitulée : *Proprieta fondiaria rustica*.

socialistes allemandes se répande même au delà de l'Autriche proprement dite, chez les populations slaves et magyares.

La dernière réunion générale des délégués du parti tchèco-slave, qui a eu lieu à Budweiss, — cette citadelle de la noblesse féodale — ayant démontré que les socialistes tchèques agiront d'accord avec les socialistes austro-allemands, nous fournit la preuve des progrès accomplis par la démocratie sociale au cours de ces dernières années, parmi le prolétariat tchèco-slave, la preuve aussi de ce fait que la solidarité socialiste l'emporte sur les altercations internationales.

Le rapport de la *Royal commission of labour* anglaise renferme toute une série de preuves démontrant que le mouvement ouvrier, en Autriche, a beaucoup plus d'importance qu'on ne lui en avait accordé jusqu'à ce jour. Le même rapport fait voir également, il est vrai, que si l'on examine la force effective et l'avenir de ce parti tout entier, il ne faut pas perdre de vue les nombreuses fractions entre lesquelles il se divise.

Les conséquences irréfutables qui découlent de là auraient en cas de guerre d'autant plus d'importance que le but de cette guerre, — dans quelque combinaison politique que pût se trouver l'Autriche — serait toujours peu sympathique à une grande partie de la population.

L'exclusion de l'Autriche de la Confédération germanique a mis fin à la mission politique qu'elle avait, d'être le champion du germanisme en Orient. Les peuples qui forment la monarchie des Habsbourg, et qui diffèrent si fort entre eux par les traditions historiques, la langue et le degré de culture, ne sont plus rattachés que par un lien dynastique, bien plus faible en tous cas que le sentiment d'appartenir à un tout et de faire partie d'une nation unie qui constitue la force politique, âme de la Russie, de l'Allemagne et de la France.

On dit que le prince Gortchakoff était encore ambassadeur à Vienne lorsqu'il prononça cette phrase devenue depuis si fameuse : « L'Autriche n'est pas un État ; ce n'est qu'un gouvernement ». Il y a beaucoup de vrai dans cette boutade, surtout depuis 1866. Avec le dualisme actuel de la Transleithanie et de la Cisleithanie et les exigences que manifestent les Hongrois, le centre de gravité de la monarchie est à Buda-Pest. Naturellement l'élément allemand-autrichien, menacé de plus en plus par les Slaves et les Magyars, ne peut être satisfait d'un tel état de choses, dont les conséquences inévitables sont des dissensions de partis dans les nombreuses provinces qui composent le territoire.

Jusqu'à présent le prestige personnel de l'empereur François-Joseph a pu calmer toutes les dissensions et les a même, en partie, fait disparaître. Il a gouverné son Empire depuis quarante-cinq ans avec tant de calme, de noblesse et de dignité, qu'il s'est acquis une autorité grâce à laquelle il lui est possible de témoigner uniformément les mêmes senti-ments de justice à toutes les populations réunies sous son sceptre.

Mais cette situation se maintiendra-t-elle encore sous le règne de son successeur? L'autorité de celui-ci sera-t-elle assez forte pour tenir en bride les passions des différents partis? C'est là une question à laquelle il est difficile de faire une réponse positive.

Tels de ces partis peuvent avoir intérêt à ce que la guerre ait une issue malheureuse, exactement comme les populations de certaines nationalités peuvent ne pas désirer qu'elle se termine heureusement.

En outre, par suite des divergences d'intérêts entre les diverses races de la population, il sera plus difficile encore de supporter les maux occa-sionnés par la guerre.

Il ne faut pas non plus trop compter, en notre siècle de propagande démocratique et socialiste, sur une organisation politique exclusivement soutenue par le sentiment dynastique. Et quand on voit un écrivain émi-nent comme Rudolf Meyer (1) signaler sous ce rapport certains dangers, il est nécessaire de les examiner avec la plus sérieuse attention.

« En cas de guerre, » dit-il, « l'Autriche devra protéger ses frontières nord-est, est et sud-est contre des troupes ennemies qui partout rencon-treront des populations de même race qu'elles-mêmes, comme les Tchè-ques, les Russiens, les Roumains et les Serbes, — en Bohême, en Moravie, en Silésie, Galicie et Hongrie. Et comme, dans les deux premières de ces provinces, les Petits-Tchèques attirent à eux peu à peu toute la population tchèque, cette circonstance ne laisse pas d'avoir une très sérieuse gra-vité. »Dangers
qui en résulteraient
en cas de guerre.

De plus, si l'Angleterre reste neutre, l'Autriche peut se voir également attaquée par mer. Car il sera difficile aux flottes de l'Autriche et de l'Italie de résister, dans la Méditerranée, aux forces navales réunies de la Russie et de la France. L'Italie aura besoin de toutes ses forces et de toutes ses ressources pour protéger la vaste étendue de ses côtes.

Si elle ne veut pas s'exposer aux terribles catastrophes qu'entraîne-raient pour elle le bombardement de ses ports et un débarquement sur ses côtes, si même elle veut simplement garantir sa mobilisation et ses communications intérieures contre toutes perturbations éventuelles, il lui faudra employer sa flotte à toute autre chose qu'à défendre l'Autriche.

De sorte qu'en cas de guerre ce dernier pays, — menacé de tous côtés, depuis Trieste, par le Montenegro, par Belgrade, Bucharest, jusqu'à Oder-berg, et forcé de compter avec les sentiments hostiles des nationalités

---

(1) Rudolf Meyer, *Das Sinken der Grundrente* (La baisse des revenus fonciers).

serbe, roumaine, tchèque, etc., qu'il doit s'attendre à voir sympathiser avec ses ennemis, — ce dernier pays se trouvera exposé à des dangers beaucoup plus grands que tous les autres.

A cela, d'ailleurs, s'ajoute encore cette circonstance, que la propagande socialiste et anarchiste y gagne chaque jour de plus en plus de terrain. Il suffit de se rappeler les troubles très récents de décembre 1893 à janvier 1894, pour se convaincre combien les doctrines révolutionnaires se propagent aisément en Autriche par le moyen des sociétés secrètes.

IV. La Grande-Bretagne.

Situation économique de la Grande-Bretagne. Une grande guerre européenne aurait une répercussion très fâcheuse sur la situation économique de la Grande-Bretagne, même si ce pays n'y prenait point part. L'interruption des communications maritimes y produirait tout d'abord un effet très sensible, et plus tard surtout réagirait indirectement sur l'industrie anglaise et l'approvisionnement de la population.

L'énorme développement de l'industrie manufacturière et minière de la Grande-Bretagne a, en effet, besoin des marchés du monde entier, car elle ne peut se passer d'une exportation et d'une vente ininterrompue de ses produits. Toute interruption de cette exportation en entraînerait immédiatement une dans les salaires, — c'est-à-dire dans les moyens d'existence de la majorité des individus.

D'un autre côté, la production du blé, dans ce pays, s'est constamment réduite, malgré l'accroissement de la population ; et aujourd'hui elle est tellement restreinte que la suspension des importations de blé en Angleterre entraînerait directement la famine pour le pays tout entier.

1° Insuffisance des approvisionnements.

Insuffisance de la production agricole. Les chiffres suivants feront voir comment, dans ces vingt dernières années, s'est réduite la surface du sol consacrée à la culture des grains (1) :

---

(1) *Agricultural returns for Great Britain*, 1895.

	Terres labourées	Prairies	Total
	en milliers d'hectares		
En 1875	7.330	5.389	12.719
— 1880	7.156	5.841	12.997
— 1885	6.964	6.211	13.175
— 1890	6.782	6.485	13.267
— 1895	6.464	6.725	13.189

Ainsi, en vingt ans, la surface totale consacrée à l'exploitation agricole ne s'est augmentée que d'une façon insignifiante, de moins de 500 hectares. Et non seulement cette augmentation n'a porté que sur les prairies, mais près de 900 hectares précédemment labourés ont été transformés en prairies, — c'est-à-dire que la surface des terres labourées s'est réduite de près d'un huitième.

La récolte totale de céréales du Royaume Uni de Grande-Bretagne et d'Irlande est indiquée en milliers de quarters par le tableau suivant.

RECOLTE DE :	En 1893	En 1894	En 1895	Moyenne pour la période de 1893-95
Avoine.........................	21.074	23.858	21.810	22.247
Orge...........................	8.218	9 825	9.378	9.140
Froment.	6.364	7.588	4.786	6.246
Fèves..........................	608	900	703	737
Pois...........................	591	779	591	655

Si nous transformons en kilogrammes les récoltes moyennes indiquées ci-dessus, elles s'expriment par les chiffres suivants :

Orge.	282.537	milliers de kilogr. ou tonnes	
Avoine.	116.078	—	—
Froment.	79.324	—	—
Fèves .	9.360	—	—
Pois .	8.319	—	—

D'autre part, l'importation des grains en Angleterre est représentée par les quantités suivantes exprimées également en tonnes métriques :

	1890	1893	1894	MOYENNE
Froment (en grains).......	768.020	831.367	890.600	829.996
Orge (en grains)..........	211.811	290.119	396.761	299.563
Avoine (en grains)........	161.633	177.228	190.233	176.365
Maïs (en grains)..........	551.662	417.855	449.136	472.884
Autres céréales (en grains).	74.511	89.954	110.198	91.554
Froment (en farine).......	200.317	259.182	243 014	234.171
Autres céréales (en farine).	8.420	8.395	9.830	8.882
Totaux............	1.976.374	2.074.100	2.289.772	2.113.415

On voit par là que l'importation des grains venus de l'étranger pour satisfaire aux besoins de la population anglaise s'est constamment augmentée. Donnons maintenant le graphique exprimant comparativement les chiffres moyens annuels de la récolte dans la Grande-Bretagne et des importations des trois sortes principales de grains.

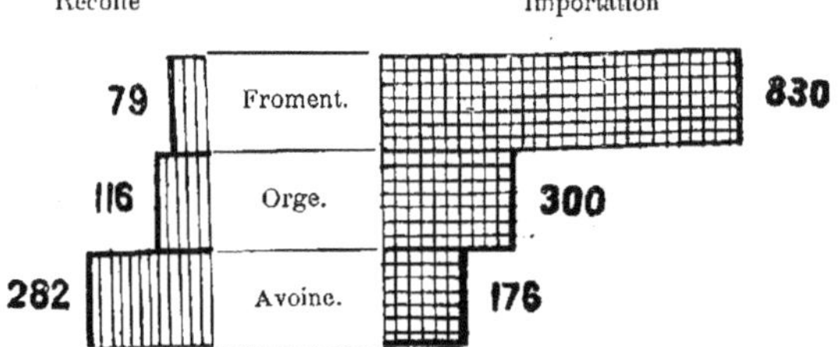

Récolte et importation du froment, de l'orge et de l'avoine, en Angleterre, en millions de kilogrammes.

Ainsi, pour le froment, l'importation est plus que décuple de la récolte faite dans la Grande-Bretagne; pour l'orge, cette proportion est de deux fois et demie. C'est seulement pour l'avoine que l'importation est moindre que la récolte dont elle n'atteint que les deux tiers.

Si l'on veut calculer pendant combien de jours par année l'Angleterre devrait se passer de céréales, dans le cas où elle serait forcée de se contenter de sa récolte, on trouve que le froment lui ferait défaut pendant 333 jours par an, l'orge pendant 263 et l'avoine pendant 140.

Pour les pommes de terre, le rapport entre la récolte et l'importation est plus favorable. La récolte moyenne s'en est élevée en milliers de tonnes :

Pour 1893, à 6.541
— 1894, à 4.662
— 1895, à 7.065

Soit, pour la moyenne des trois années, à 6,089 milliers de tonnes.

L'importation de ces mêmes légumes est exprimée par les chiffres suivants :

Pour 1893 . . . . 142 milliers de tonnes
— 1894 . . . . 135 —

Au point de vue de son approvisionnement en viande, l'Angleterre se trouve dans une dépendance moins étroite de l'importation. Voici les nombres des têtes de bétail importés sur pied : *Importation de la viande.*

	Bœufs, taureaux, vaches et veaux	Moutons et agneaux
En 1880.	389.724	941.121
— 1885.	373.078	750.886
— 1890.	642.596	358.458
— 1893.	340.045	62.682
— 1894.	475.440	484.597

En outre il a été importé en viande dépecée les quantités suivantes de milliers de quintaux :

	En 1891	En 1893	En 1894	En moyenne
Jambons	5.000	4.187	4.819	4.669
Viande de bœuf	2.129	2.008	2.346	2.161
Salaisons et autres sortes de viande fraîche . .	1.760	2.149	2.484	2.131
Viande fumée, séchée et en conserves	735	591	554	627
Viande de porc frais . .	300	369	405	358

Pour faire connaître le rapport de la quantité de viande importée en Angleterre à celle produite dans le pays, nous donnons les totaux suivants, en prévenant que, pour les établir, on a pris pour unité, ainsi qu'il est admis, la tête de gros bétail ; 10 moutons ou porcs étant alors comptés pour une de ces têtes et 15 quintaux de viande dépecée étant pris également pour la même quantité.

La quantité de bétail élevée en Angleterre est représenté par les chiffres suivants (1) :

En milliers de têtes

Vaches 2.486
Bêtes à cornes de 2 ans et plus..   1.432
   —   1 an à 2 ans..   1.190
   —   de moins d'un an.   1.247

Total. . . .   6.355 milliers de têtes de
bêtes à cornes. . .   6.355

Brebis pour la reproduction . .   9.663
Autres brebis et moutons d'un
an et au-dessus. 6.334
Agneaux.. . . . .   9.795

Total. . . .   25.792 ce qui correspond à
milliers de têtes
de gros bétail . .   2.579

Porcs reproducteurs.   415
Autres porcs 2.469

Total. . . .   2.884 ce qui équivaut à
milliers de têtes de
gros bétail   288
─────
9.222

Ainsi, en ramenant tout l'ensemble de ces animaux à la tête de gros bétail prise pour unité, nous trouvons qu'en Angleterre, il existait, en 1895, 9,222 milliers de têtes de bétail indigène. Tandis que l'importation, d'après les chiffres de 1894, s'élevait à 523,000 têtes de gros bétail sur pied, plus de 10,608 milliers de quintaux de viande abattue de différentes sortes qui, ramenés à la même unité, représentent 707,000 têtes de gros bétail. Donc au total, il aurait été importé en Angleterre 1,230 milliers de ces têtes qui correspond à 13 0/0 de la quantité élevée dans le pays.

Quantités de bétail indigène et de bétail importé en Angleterre, en milliers de têtes.

____

(1) *Agricultural returns for Great Britain*, 1895.

Il suit de là qu'au point de vue de l'approvisionnement en viande, l'Angleterre serait suffisamment pourvue, même en cas d'interruption des communications maritimes. Seulement les prix s'élèveraient beaucoup, car le bétail anglais représente une haute valeur et, dans ce pays, la viande est toujours chère, même en temps ordinaire.

Quant aux autres produits de l'élève du bétail, utilisés pour l'alimentation, l'Angleterre en importe chaque année les quantités suivantes :

En milliers de quintaux	1890	1893	1894	Moyenne
Beurre	2.028	2.327	2.575	2.310
Margarine.	1.080	1.300	1.109	1.163
Fromage	2.144	2.077	2.266	2.162
Graisse	1.273	1.118	1.401	1.264

Etant donnés d'aussi énormes besoins, il ne serait évidemment pas facile de suppléer, par un accroissement de leur production intérieure, à l'interruption qui surviendrait dans l'importation de ces denrées. Il se manifesterait sans nul doute un fort renchérissement à leur endroit, et l'on n'en trouverait pas en quantité suffisante pour satisfaire aux besoins de la population.

Cette même disette se manifesterait aussi pour certains produits coloniaux. L'Angleterre importe :

	1890	1893	1894	Moyenne
Riz en milliers de quintaux	5.937	5.449	5.194	5.533
Cacao en milliers de livres.	28.112	32.982	39.116	33.403
Café en milliers de quintaux.	864	827	731	807
Thé en milliers de quintaux.	223.494	249.546	244.311	239.117
Sucre brut et raffiné en milliers de quintaux.	9.977	11.550	13.945	11.824
Soie écrue en milliers de quintaux. . . .	15.717	16.032	14.306	15.352
Mélasse en milliers de quintaux. . . .	563	585	853	667
Glucoses en milliers de quintaux . . .	737	1.236	1.062	1.012

	1890	1893	1894	Moyenne
Rhum en milliers de gallons.	6.238	5.942	6.123	6.101
Cognac en milliers de gallons.	3.100	2.739	3.402	3.080
Autres boissons spiri- tucuses coloniales et étrangères . . .	3.375	2.182	2.495	2.684
Vin en milliers de gallons.	16.194	14.675	14.369	15.079

Le tableau sera plus clair si, au lieu de donner les quantités absolues de produits importés en Angleterre, nous donnons les quantités relatives correspondant à une âme de la population du Royaume-Uni. Nous obtenons ainsi les résultats suivants :

Produits importés		En 1892	1893	1894
Jambon	en livres	14,10	11,73	13,29
Viande de bœuf, fraîche et salée	—	6,70	5,68	6,59
Viande fumée, séchée et en conserves	—	2,10	1,55	1,49
Viande de mouton fraîche.	—	4,99	5,74	6,62
Porc frais et salé	—	0,98	1,03	1,12
Beurre. . . . . , .	—	6,23	6,59	7,27
Margarine	—	3,80	3,75	3,17
Fromage	—	6,39	5,87	6,38
Cacao	—	0,55	0,54	0,58
Café	—	0,74	0,69	0,69
Froment en grains	—	180,40	188,82	201,48
Farine	—	64,36	58,83	54,71
Raisins secs	—	4,58	5,02	4,90
Œufs	en nombre	35,03	34,39	36,68
Pommes de terre	en livres	8,71	8,14	7,68
Riz	—	8,91	8,54	7,26
Sucre brut	—	47,22	45,68	40,17
— raffiné	—	30,62	33,17	39,89
Thé	—	5,43	5,41	5,52
Tabac	—	1,64	1,63	1,66
Vin.	en gallons	0,38	0,37	0,36
Boissons spiritueuses . .	—	0,21	0,20	0,20
Vin et boissons fortes en- semble (importées) . .	—	1,04	0,98	0,97

2° Baisse des salaires et revenus.

En Angleterre, le prix des objets de première nécessité est assez élevé et les ressources pour les acheter diminuent constamment.

Voici comment se répartit la population du Royaume-Uni, d'après la nature de ses occupations (1).

Sur 1,000 âmes de population de tout âge, on trouve :

Dans les catégories suivantes :	En Angleterre et pays de Galles	Ecosse	Irlande	Royaume-Uni
Professions libérales	32	28	44	33
Domestiques.	66	50	51	62
Commerçants (2)	48	45	20	44
Agriculteurs et pêcheurs.. . .	46	62	200	67
Industrie (3)	253	256	140	239
Sans profession permanente..	555	559	545	555
	1.000	1.000	1.000	1.000

(1) *Financial Almanach*, 1896.
(2) Nous donnons le détail par nature de commerce.

Genre de travail et de service	Angleterre et pays de Galles	Ecosse	Irlande	Royaume-Uni en général
	(En milliers de personnes)			
Classe commerciale.				
1. S'occupent du négoce . .	416	58	29	504
2. S'occupent des transports en chemins de fer. . .	186	26	9	222
3. — sur les routes.	366	42	27	436
4. — sur les canaux et par mer.	208	27	16	252
5. S'occupent de l'empaquetage, du portage, des envois.	221	26	12	260
Totaux	1.399	180	95	1.676

(3) Nous en donnons la répartition détaillée par genre de travail et d'occupation.

Genre de travail et de service	Angleterre et pays de Galles	Ecosse	Irlande	Royaume-Uni en général
Classe industrielle.	(En milliers de personnes)			
S'occupent de :				
6 Travaux d'impression.	145	20	7	173
7. Production mécanique	342	51	8	401

En raison de l'importance du sujet, nous représentons graphiquement ci-contre pour le royaume entier les résultats de la statistique ci-dessus.

Genre de travail et de service	Angleterre et pays de Galles	Écosse	Irlande	Royaume-Uni en général
	(En milliers de personnes)			
8. Constructions.	680	87	47	815
9. Meubles et tapisseries	139	14	4	158
10. Voitures et harnais	108	7	5	121
11. Construction de navires . . .	70	23	4	98
12. Produits chimiques.	56	7	1	65
13. Fabrication du tabac et des pipes.	31	3	1	36
14. Vente de boissons spiritueuses.	148	13	14	177
15. Vente de produits alimentaires.	597	90	53	741
16. Hôteliers et loueurs de garnis .	51	4	2	57
Filature et tissage.				
17. De la laine	254	40	6	301
18. De la soie.	51	4	»	55
19. Du coton.	629	36	4	670
20. De la toile	8	26	88	122
21. Jute et chanvre.	22	36	1	60
22. Diverses	162	63	28	254
23. Confection des effets d'habillement.	1.099	123	153	1.376
24. Préparation des cuirs, du crin, des os et autres substances animales	76	6	2	85
25. Travail du bois, du papier, du caoutchouc et autres substances végétales	196	36	11	245
Travail des substances minérales.				
26. Travail des mines	561	87	1	650
27. Travail de la pierre, de l'asphalte, de l'argile	209	29	10	249
28. Travail du fer.	380	68	21	469
29. Travail du cuivre, zinc, étain, plomb et autres métaux . .	175	13	3	192
30. Poterie et verrerie.	90	7	1	98
31. Autres	86	10	3	99
32. Boutiquiers.	65	13	28	107
33. Colporteurs.	58	6	2	67
34. Entrepreneurs, fabricants, directeurs	11	1	1	13
35. Mécaniciens, agriculteurs. . .	805	95	133	1.033
36. Occupés au nettoyage	18	1	1	21
Total	7.336	4.032	657	9.025

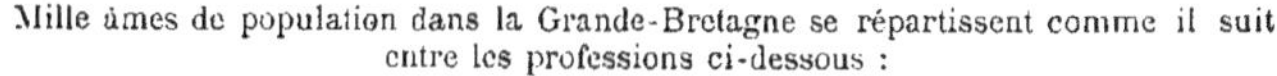

Mille âmes de population dans la Grande-Bretagne se répartissent comme il suit entre les professions ci-dessous :

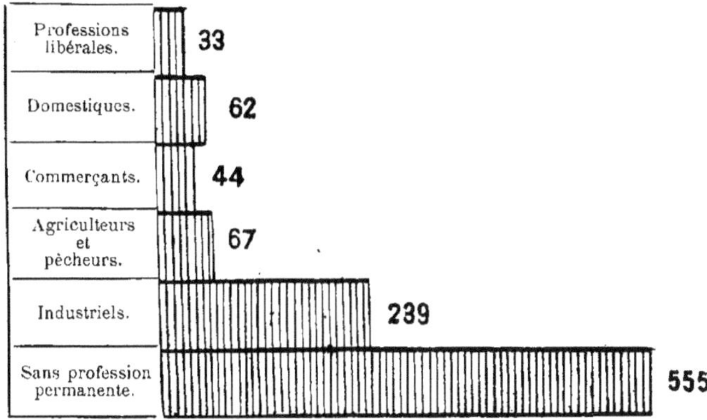

L'existence de l'impôt sur le revenu a fait établir en Angleterre une statistique exacte de la source et du chiffre des différents revenus.

Et cette statistique permet de se faire une idée des perturbations que la guerre ferait naître dans ce pays.

Nous donnons ici les principaux chiffres. La valeur des revenus annuels soumis à l'impôt et provenant des propriétés, des capitaux ou des salaires, est évaluée comme il suit, en livres sterling, pour les catégories ci-après (1) :

	Angleterre	Écosse	Irlande	Royaume-Uni
Revenus provenant des propriétés ou des terres affermées de la dîme (au bénéfice du clergé) des métairies, des amendes.	172.669.744	20.317.538	13.754.603	206.741.885
Revenus provenant de la vente de terrains, de contrats de fermage, de transmission de terres par succession.	39.904.520	6.253.330	9.894.870	56.052. 20
Revenus provenant de payements périodiques, (dividendes, annuités), payés par l'État.	»	»	»	39.913.492

Statistique des revenus.

(1) *Statistical abstract for the United Kingdom from 1880 to 1894.*

	Angleterre	Écosse	Irlande	Royaume-Uni
Revenus et bénéfices des diverses professions exercées au service de l'industrie (dans les chemins de fer, les canaux, les mines, les usines à gaz, la distribution des eaux).	305.727.266	34.551.500	11.553.043	351.831.809
Revenus provenant des traitements payés par l'État, par des compagnies et pensions. . . .	»	»	»	52.590.969
Ensemble des revenus soumis à l'impôt et provenant des propriétés, des professions ou du service comme fonctionnaire	602.388.699	65.188.840	38.553.336	706.430.875

Du total de 706 millions sterling, 263 se rapportent aux revenus provenant de la possession ou de l'affermage des terres et en général, de propriétés immobilières; 91 proviennent des pensions et traitements; et les 352 millions restant portent sur les revenus provenant des occupations industrielles et professionnelles.

Cette répartition peut se représenter graphiquement :

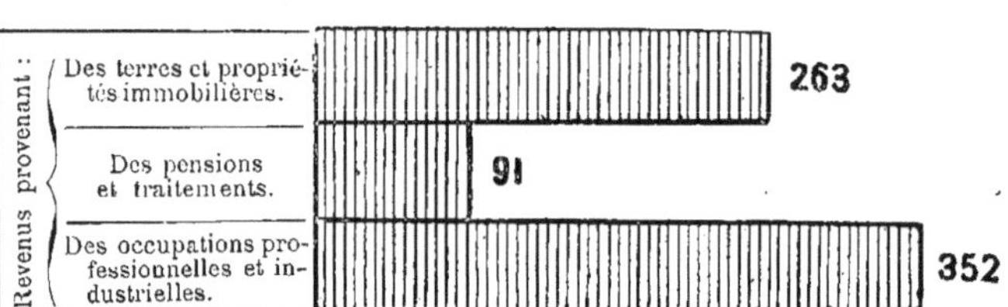

Répartition des revenus de la population anglaise en millions de livres sterling.

Ces chiffres montrent clairement quelles pertes économiques seraient amenées en Angleterre par la guerre et la restriction ou même la suppression de l'activité industrielle qu'elle entraînerait. D'un autre côté, il faut aussi noter que les réserves d'argent sont plus abondantes en Angleterre que partout ailleurs. La dette entière de l'État est placée à l'intérieur même du pays et on y trouve en outre pour une somme énorme de valeurs étrangères.

Mais une circonstance très importante, c'est que ces ressources se trouvent être la propriété d'un nombre relativement faible de personnes. Nous avons, sur la répartition de la dette nationale anglaise, des données très précises allant jusqu'à l'année 1880. Ces indications nous font connaître que le nombre des personnes touchant des rentes sur l'État s'élevait, d'abord en 1855, puis en 1880, aux chiffres donnés par le tableau suivant :

			En 1855	En 1880
Rentes s'élevant à	5 livres sterling	. . .	83.877	71.736
—	10	— . . .	38.129	32.662
—	50	— . . .	82.426	67.068
—	100	— . . .	21.978	17.456
—	200	— . . .	12.418	9.439
—	300	— . . .	3.501	2.655
—	500	— . . .	2.342	1.966
—	1.000	— . . .	1.031	990
—	2.000	— . . .	299	356
Au-dessus de 2.000	—	. . .	145	217
			246.166	204.575

(1) Ensemble des dettes générales de l'État, des paiements capitalisés et de la balance du Trésor, au 31 mars 1895, en livres sterling.

Dette consolidée.	Valeur capitalisée des annuités à terme.	Dette non consolidée.	Total des sommes des 3 premières colonnes.	Emprunt russo-hollandais.	VALEUR EN CAPITAL des autres dettes — Paiement en capital en retour des sommes employés — 1° Par la loi sur la défense du pays en 1878. / 2° Pour l'emprunt russo-hollandais.	3° Par la loi sur les casernements en 1890. / 4° Par la loi sur les télégraphes en 1892.	Fonds des Banques et des Caisses d'épargne.	Ensemble des dettes de l'État donné par la totalisation des colonnes de 4 à 8.	Des emprunts locaux non amortis avec déduction de 5 0/0 pour les arrérages.	SOMMES CAPITALISÉES — Valeur des actions du canal de Suez au 31 mars 1891 et d'après le cours de la Bourse.	Autres paiements capitalisés.	Balance du compte du Trésor à la Banque d'Angleterre.
1	2	3	4	5	6	7	8	9	10	11	12	13
586.015,019	53.582,722	17.400,300	656.998,941	»	1° 531,941 / 2° 443,051	3° 1.856,210 / 4° 330,470	»	660.160,607	»	23.892,955	1.216,616	6.300,827

Ainsi le nombre des possesseurs de rente consolidée n'a augmenté que dans les deux plus hautes catégories, et il a diminué dans toutes les catégories inférieures. On suppose que ce même mouvement s'est continué jusqu'en ces derniers temps (1).

Voici le graphique indiquant, en milliers, le nombre de personnes ayant touché des revenus en 1880.

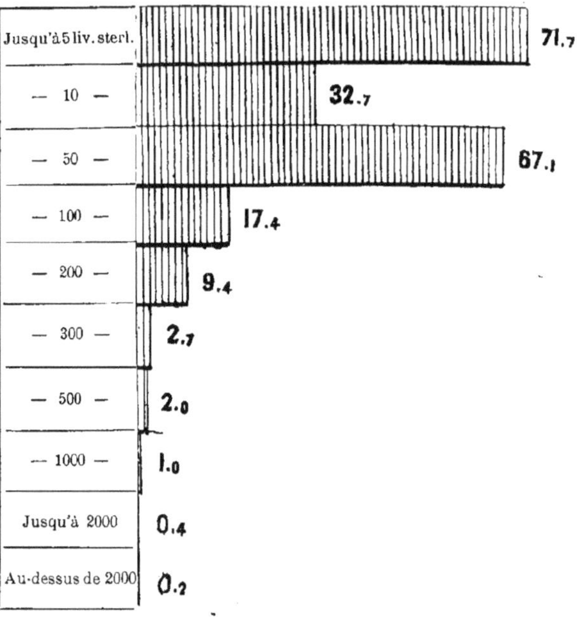

Les caisses d'épargne.

Les économies, réunies dans les caisses d'épargne établies dans les bureaux de poste, se montent à la somme de. .   89.266.066 liv. sterling.

Celles qui sont dans les banques d'épargne représentent un total de . . . . 43.474.904   —

Soit au total. . . . 132.740.970 liv.

Quant au nombre de déposants, il se répartit ainsi :

Dans les caisses d'épargne postales. . . . . . 6.108.763 personnes.

Dans les banques d'épargne . . . . 1.470.946   —

En tout. . . . . . 7.579.709 personnes.

____

(1) Raffalovitsch, *Le marché financier en* 1895.

Graphiquement représentés, ces chiffres se traduisent ainsi :

Nombre de déposants en millions.   Total des dépôts en millions sterling.

État des épargnes dans la Grande-Bretagne en 1895.

Quoi qu'il en soit, la répartition de la richesse est, en Angleterre, plus inégale qu'en aucun autre pays. Aussi dès le temps de paix, dans l'état normal des choses, le gouvernement, ainsi que différents établissements et sociétés de bienfaisance, sont obligés de venir pécuniairement en aide à une notable partie de la population, et cela dans une proportion dont on ne trouve d'exemple nulle part ailleurs;

Inégalité de la répartition de la richesse.

Nous donnons ici des chiffres se rapportant à janvier 1895 et indiquant le nombre des malheureux non compris les vagabonds, qui ont reçu des secours des établissements chargés du soin des pauvres (*boards of guardians*).

Le paupérisme en Angleterre.

Ce nombre se répartit ainsi :

Angleterre et pays de Galles :

Adultes, pouvant travailler :

Dans les refuges de travail	40.330	
A la maison	74.085	114.415

Autres pauvres, non compris les vagabonds :

Dans les refuges	175.218	
A la maison	527.798	703.016

Total. 817.431

En Écosse :

Nombre des pauvres de toutes catégories secourus . . 126.918

En Irlande :

Ayant reçu des secours dans les refuges.	Adultes, bien portants. . .	6.059
	Autres catégories	36.840
Secourus à domicile		57.005
Infirmes et malades (dans les hospices pour aveugles et sourds-muets et admis dans les hôpitaux)		1.167

Total. 101.071

Total général pour le pays. 1.045.420

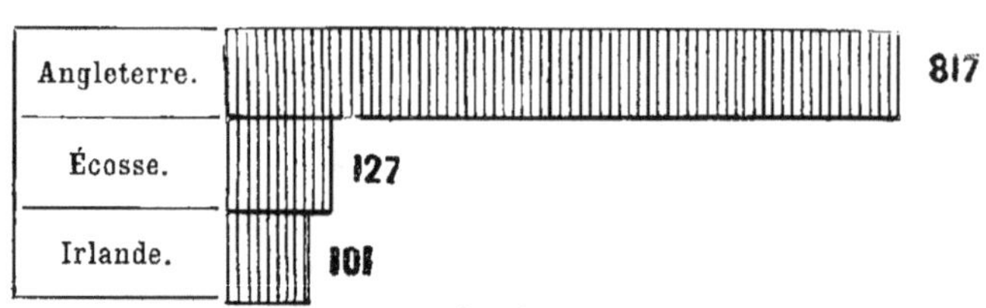

Nombre d'individus secourus dans le Royaume-Uni (en milliers).

Le danger serait d'autant plus grand, au cas d'une perturbation économique, que les éléments turbulents s'accumulent dans les villes, et que la population urbaine, dans la Grande-Bretagne, surpasse numériquement celle des campagnes, aux dépens de laquelle elle ne cesse même de s'accroître, comme le montre le tableau suivant qui se rapporte à l'Écosse.

	Population.		En 1891 Augmentation + Diminution —
	1881	1891	
Dans les villes.	2.306.852	2.631.298	+ 324.446
— villages.	447.884	465.836	+ 17.952
— campagnes . . .	980.837	928.513	— 52.324
En tout. . .	3.735.573	4.025.647	+ 290.074

Répartition par sexes en 1891

	Pour cent des habitants urbains et ruraux sur l'ensemble de la population.		Hommes.	Femmes.	Nombre de femmes pour 100 hommes.
	1881	1891			
Dans les villes . . .	61,75 0/0	65,39 0/0	1.255.558	1.375.740	109,57
— villages . .	11,99 0/0	11,57 0/0	227.934	237.902	104,37
— campagnes.	26,26 0/0	23,06 0/0	459.225	469.288	102,19
En tout. . .	100,00 0/0	100,00 0/0	1.942.717	2.082.930	107,2

Nous ne pouvons malheureusement, faute de renseignements statistiques, indiquer la même répartition pour l'ensemble de la population du Royaume-Uni. Mais nous avons des preuves suffisantes de son analogie dans le reste du pays, avec ce qu'elle est en Écosse.

En Angleterre, y compris la principauté de Galles, la population rurale s'élevait, en 1891, à 8,198,248 âmes, c'est-à-dire seulement à 28,3 0/0 de la population totale et la population urbaine en représentait 71,7 0/0.

Ainsi la population de la Grande-Bretagne est pour les deux tiers urbaine. En outre, il faut observer que, dans les villes, le rapport du nombre des femmes à celui des hommes est de 7 0/0 plus élevé que dans les campagnes : et on sait que, dans les moments de crise, les femmes constituent un élément particulièrement remuant.

Comme nous l'avons déjà montré, les villes d'Angleterre renferment un nombre considérable d'individus qui ne veulent pas travailler, et un nombre plus grand encore de gens qui ne peuvent pas trouver de travail.

À cette foule oisive s'ajoutent les ouvriers renvoyés des fabriques qui restreignent leur production. Et on peut se faire une idée approximative de ce qu'il y en aura, d'après ce fait que la seule industrie du tissage occupe 1,084,000 personnes, dont 428,000 hommes et 656,000 femmes.

La plus grande partie des ouvriers est, en effet, employée dans des fabriques : le groupe le plus considérable étant constitué par les ouvriers des manufactures où l'on travaille le coton, comme fileurs, tisserands ou imprimeurs. Or, précisément, cette fabrication serait suspendue en cas d'interruption des communications maritimes, la matière première arrivant en Angleterre par cette voie. La banqueroute dans le milieu industriel paraît inévitable, attendu que les fabriques ne sont pas garanties par une réserve suffisante de capitaux.

La mise en actions des grandes entreprises a, dans ces derniers temps, permis au commerce et à l'industrie de se développer dans d'énormes proportions. Dans le rapport de la commission constituée auprès du ministre du Commerce anglais et dite *Bureau du commerce (Board of trade)* (1), le nombre des entreprises par actions existant en Angleterre au 1ᵉʳ avril 1894 est indiqué comme étant de 18,361 avec un capital total, pour l'ensemble, de 1,035,029,835 livres sterling. Tandis qu'en France ce même capital ne s'élève qu'à 420 millions sterling et n'est, en Allemagne, que de 200 à 300 millions seulement.

Développement
du commerce
et de l'industrie.

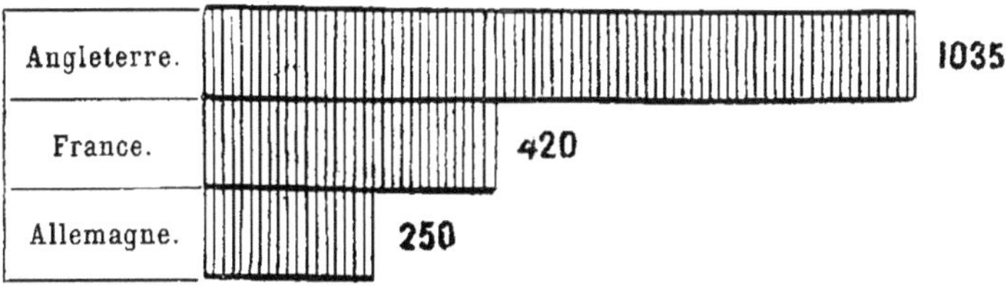

Capital total des sociétés par actions, en millions de livres sterling.

3° Conclusions générales.

Si la situation insulaire de la Grande-Bretagne lui donne, contre une invasion étrangère, plus de sécurité que n'en ont les puissances conti-

Nécessité
pour le pays
des communications
maritimes.

____

(1) *Report of the departmental committee appointed by the Board of Trade to inquire what amendments are necessary in the acts relating to joint stock companies.*

nentales, par contre cette situation même la met dans une dépendance complète de la continuité et de la régularité des communications maritimes. L'immense flotte britannique, tout en protégeant le pays contre une invasion, n'est pas en état de garantir la sécurité de ses bâtiments de commerce sur toutes les mers du globe.

Comme on le voit dans la partie de notre ouvrage consacrée à la guerre navale, il suffirait de quelques croiseurs ennemis très rapides pour interrompre le trafic maritime par suite du refus que feraient les compagnies d'assurance de courir de trop grands risques, ou bien même par le seul effet de l'élévation des primes qu'elles exigeraient.

Or, avec le colossal développement de l'industrie anglaise et l'extrême insuffisance de la production en céréales du pays, pour la nourriture de la population, l'interruption des communications maritimes pendant un temps quelque peu prolongé menacerait l'Angleterre d'une énorme perte de salaire, d'un fort renchérissement des vivres, et même d'une véritable famine.

Au cours d'une telle crise, des tentatives de pillage, sinon révolutionnaires, seraient très probables; d'autant plus que l'armée anglaise n'est pas considérable, et se compose des pires éléments de la population, qui servent à prix d'argent. Dans ses rangs, les cas d'indiscipline générale ne sont pas rares.

En outre, il existe en Angleterre une agitation générale très forte contre le fardeau que fait peser sur la population l'entretien, tant de l'armée de terre destinée à maintenir dans l'obéissance les territoires conquis, que celui de la gigantesque flotte de guerre anglaise. Et de fait, les dépenses militaires vont sans cesse en augmentant.

En 1864-65 elles se sont élevées à .   25.281.000 liv. sterling.

En 1874-75   —   25.779.000   —

En 1884-85   —   27.000.000   —

En 1894-95   —   35.449.000   —

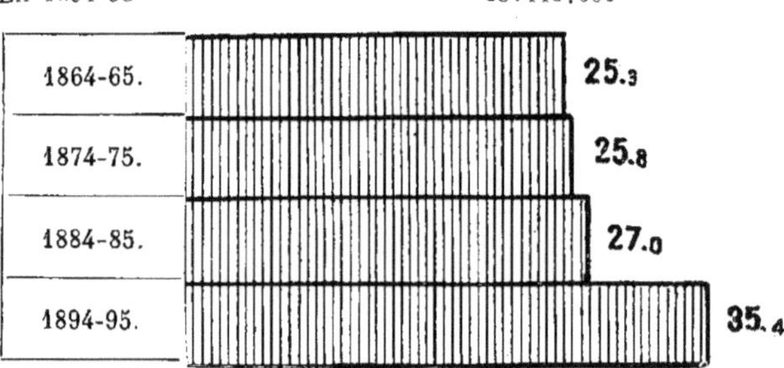

Dépenses militaires de l'Angleterre en millions de livres sterling.

Ainsi, dans les dix dernières années, les dépenses consacrées aux forces militaires ont augmenté de 8,449,000 livres sterling.

En outre, le résultat des guerres précédentes est représenté dans le budget par une dépense annuelle de 18 millions sterling consacrée au paiement des intérêts de la Dette, — et les agitateurs ne perdent pas une occasion d'appeler l'attention sur ce point. Voici quelques données empruntées au *Financial Almanack* sur le rapide accroissement de la dette nationale par suite de la guerre et les conclusions de l'article consacré à cette question.

En 1727, à la mort de Georges Ier, la dette qui s'était augmentée par suite de la guerre avec l'Espagne, s'élevait en capital à 52,500,000 livres sterling et en rentes, à 2,360,000 livres.

En 1775, avant la guerre contre les colonies américaines, cette dette était, en capital, de 126,000,000 de livres, et, en rentes, de 4,650,000.

Cette augmentation provenait d'abord de la nouvelle guerre avec l'Espagne, motivée par la prétention, qu'avait émise l'Angleterre, d'exercer un droit de visite sur les navires étrangers, par suite du système fortement protectionniste qu'elle avait adopté; puis, de la guerre soutenue contre la France pour la succession d'Autriche, et enfin, de la part qu'avait prise la Grande-Bretagne à la guerre de Sept Ans.

A ce sujet il faut observer que, dans l'avant-dernière de ces guerres, l'Angleterre combattait pour Marie-Thérèse contre la France, et, dans la dernière, pour Frédéric II contre Marie-Thérèse.

En 1792, une année avant le commencement de sa longue lutte contre la France, la dette de l'Angleterre était de 237,400,000 livres sterling en capital, et de 9,300,000 livres en rentes. — L'augmentation provenait surtout de la lutte soutenue contre les colonies soulevées de l'Amérique du Nord. Et cette guerre avait été amenée par l'énorme élévation des droits de douane et d'accise, — laquelle avait eu pour cause l'égoïsme des propriétaires anglais qui non seulement ne voulaient pas supporter leur part du fardeau alourdi des impôts, mais avaient au contraire réclamé encore une réduction d'un quart des impôts fonciers.

En 1816, c'est-à-dire un an après la bataille de Waterloo, la dette de l'Angleterre montait déjà à 846,000,000 de livres sterling en capital et à 32,100,000 livres sterling en rentes.

La guerre avec la France, qui avait coûté des sommes énormes, avait été amenée par l'intervention de l'Angleterre dans la lutte contre la Révolution française, — révolution dans laquelle la classe des propriétaires fonciers dominant en Angleterre voyait un danger pour ses privilèges et pour l'exploitation qu'elle faisait de tout le pays.

L'impôt sur les importations de grains, établi pendant cette guerre, fut maintenu en vigueur jusqu'à la fin par les landlords, afin de n'avoir pas à augmenter l'impôt foncier, comme aussi pour maintenir les hauts prix du blé et peut-être également le taux des fermages.

En 1854, au commencement de la guerre de Crimée, la dette anglaise s'était abaissée jusqu'à 794,713,000 livres sterling en capital et 25,662,000 livres sterling en rentes.

Mais en 1856, à la conclusion de la paix, la dette s'élevait à 826,000,000 en capital et à 25,545,000 en rentes.

Et cette guerre n'était nullement utile aux intérêts de la nation anglaise.

Enfin, en 1893, la dette de l'Angleterre (non compris la valeur des actions du canal de Suez) montait encore à 638,944,000 livres sterling en capital et à 18,302,000 livres sterling en rentes.

L'article en question fait remarquer qu'aux temps où l'aristocratie faisait la guerre en personne et en supportait les dépenses, il n'y avait pas de dette nationale. Mais depuis que, grâce à sa prédominance numérique dans le Parlement, elle a posé en principe que, si grandes que puissent être les dépenses de l'État, l'impôt foncier ne devait pas dépasser un total de deux millions sterling chaque année, la dette a commencé à monter et les guerres ont succédé aux guerres. Elles ont été directement avantageuses pour l'aristocratie, parce qu'elles ont multiplié les places dans l'armée et le gouvernement et qu'elles ont fait augmenter le prix du blé.

En terminant, cet article conclut qu'il ne doit pas y avoir de guerres, qu'il faut les supprimer comme l'usage a supprimé le duel en Angleterre, et comme les lois ont mis un terme aux frasques de la noblesse et aux brigandages commis dans le pays par les bandes armées des chevaliers : « La guerre n'est qu'un reste de la barbarie, et il suffirait de la moitié des efforts qu'exigent les préparatifs de la guerre future, pour réaliser la constitution du tribunal international. Et cela c'est, avant tout, la question des ouvriers. — Car les classes laborieuses, non seulement font les frais de la poudre et des balles consommées à la guerre, mais elles fournissent elles-mêmes les victimes soumises à l'action meurtrière de ces projectiles. »

V. France.

L'étude des perturbations économiques que la guerre future amènera en France n'est pas seulement très importante ; elle est aussi instructive, en ce sens que la France a déjà plusieurs fois, notamment en 1870, éprouvé directement la gravité des maux de la guerre.

A en juger superficiellement, on pourrait supposer que la guerre future aura à peu près les mêmes conséquences que celle de 1870. Mais, pour résoudre sérieusement cette importante question, il faut exposer les changements survenus dans le pays depuis cette époque.

1. Perturbations au temps de la guerre de 1870.

Avant la guerre de 1870, la France se trouvait dans des conditions économiques exceptionnellement favorables. Depuis les vingt années du règne de Napoléon III, la prospérité du pays s'était accrue dans des proportions inouïes.

La situation économique et militaire en 1870.

Lorsqu'après la guerre de 1866, il devint clair pour tout le monde qu'un choc entre les Allemands et les Français était inévitable, et que ce n'était plus qu'une question de temps, l'opinion publique se trouva préparée à une nouvelle guerre.

La force de l'armée française, qui constituait alors dans le pays une classe spéciale au milieu du reste de la population, était fixée à 567,000 hommes. Mais, en réalité, l'effectif présent des troupes atteignait à peine 336,000.

Des approvisionnements étaient préparés pour un nombre d'hommes beaucoup plus considérable. Mais le désordre et la confusion qui se produisirent lors de la guerre empêchèrent les Français d'utiliser ces approvisionnements, — et ceux-ci profitèrent à l'ennemi qui put, par suite, ne pas trop ravager le pays.

Aussitôt après les premières rencontres, l'armée française se trouva détruite et ensuite emmenée en captivité. De sorte que le théâtre de la guerre proprement dite se réduisit aux régions frontières et que les localités avoisinantes jusqu'à Sedan ne souffrirent beaucoup des hostilités que pendant un temps assez court.

Il n'y eut presque pas de guerre nationale entre la population et les troupes ennemies.

Nous avons déjà montré combien était peu populaire dans l'armée cette guerre entreprise « pour le bon plaisir d'un seul homme » (1).

La population civile montrait encore moins d'enthousiasme. Ecrasé par la centralisation, dépouillé depuis vingt ans de toute initiative, habitué à recevoir des ordres d'en haut, et à s'y soumettre sans observation, le peuple français avait aussi perdu peu à peu toute la grandeur d'âme qui, seule, fait la force d'une nation. Dans son état d'exaltation nerveuse, la

---

(1) Claretie, *Histoire de la Révolution de 1870-71.*

nation française au lieu de se dresser menaçante devant l'envahisseur, pliait sous cette force extérieure comme elle avait plié sous le joug intérieur, depuis le coup d'Etat de décembre (1).

Dans ses mémoires, de Moltke signale plus d'une fois ce fait que la population contemplait la guerre comme une sorte de spectacle particulier, sans même interrompre ses occupations journalières du temps de paix.

Mais si tel était l'aspect de la France au point de vue moral, au point de vue économique il était tout autre.

Napoléon III, pendant tout son règne, avait fait des efforts incroyables pour développer la prospérité du pays — ce qui n'était pas bien difficile.

Jouissant d'un admirable climat, la France produit en abondance tous les objets de première nécessité : le blé, le vin, le charbon, le fer, la viande de toute espèce.

En outre, l'ouvrier français semble inimitable dans sa façon de tirer, de la matière première, ces chefs-d'œuvre d'art et d'industrie que tout le monde se dispute.

On sait de plus que la production du pays s'était augmentée dans des proportions inouïes (2) — grâce à toutes sortes de perfectionnements techniques, à de nouvelles inventions scientifiques, aux chemins de fer, au télégraphe électrique et aussi à la découverte de nouveaux gisements aurifères.

Il suffit de jeter un coup d'œil sur les chiffres du commerce extérieur pour constater qu'il avait triplé pendant les vingt années du règne de Napoléon III (3).

---

(1) Claretie, *Histoire de la Révolutions de* 1870-1871.

(2) En 1851, dans les fabriques et usines françaises, fonctionnaient 10,384 machines à vapeur représentant une force totale de 70,631 chevaux. En 1866, il y avait 51,190 machines, dont la force réunie atteignait 274,936 chevaux. Au cours de la même période, la production annuelle du charbon avait passé de 44 millions de quintaux métriques à 122 millions. En 1851, la production métallurgique était de 8,548,538 quintaux métriques, d'une valeur totale de 235 millions de francs ; en 1866, elle était de 25,286,848 quintaux valant 520 millions de francs.

C'est-à-dire qu'en moins de 15 ans, la puissance productive du pays avait triplé.

Années	Importation	Exportation
	(en millions)	
(3) Moyenne de 1827 à 1836.	479,9	521,4
— 1837 à 1846.	776,4	712,9
— 1847 à 1856.	1077,1	1223,7
— 1857 à 1866.	2200,5	2430,1
En 1866.	3025,5	2825,9
En 1868.	3303,7	2789,9
En 1869.	3153,1	3074,9

Les opérations de la Banque de France avaient sextuplé et en même temps s'étaient fondés, dans les dernières années du règne de Napoléon III, de nouveaux établissements de crédit qui possédaient un nombre considérable de clients. Produisant beaucoup et possédant d'habiles ouvriers, la France se distingue en même temps par son amour de l'épargne. En 1841, Robert Peel, causant avec Guizot sur la richesse comparative des nations française et anglaise, disait : « En Angleterre 1 homme sur 5 consomme entièrement ses revenus ou ses gains; en France on en trouve à peine un sur 40. Les 39 autres font des économies ».

En réalité, quoique l'ouvrier français ne soit pas particulièrement économe, on peut dire que, dans la nation française en général, — en tenant compte de la population rurale, — domine l'esprit d'épargne.

Le *Journal officiel* du 22 janvier 1874 publiait les renseignements suivants sur l'état des sommes économisées en France à cette époque.

L'impôt de 3 0/0 mis sur les titres et dont le produit avait été évalué, dans le budget préparatoire de 1873, à 24 millions, donna en réalité 31,760,000 francs. D'où il résulte que le montant annuel de ces valeurs avait atteint 1,058,000. Et si nous capitalisons ce revenu à 6 0/0, nous arrivons au chiffre de 17,633,000 francs. Par conséquent, il y avait en France, en 1874, pour près de 18 milliards de titres appartenant à des Français, — sans compter une énorme quantité de valeurs étrangères, et de plus la rente française sur laquelle ne porte point l'impôt dont il s'agit.

La France supporta avec une facilité relative le poids de la guerre. D'abord, il ne faut pas oublier que, pendant toute sa durée, le commerce maritime demeura ouvert, et que les opérations militaires elles-mêmes ne s'étendirent que sur une portion restreinte du territoire.

Pourquoi la France a supporté avec une facilité relative le poids de la guerre de 1870.

L'ennemi ne se montra vraiment dur que lorsqu'il rencontra de la résistance ou jugea nécessaire d'intimider la population par un exemple. En général, il s'efforçait de replacer le plus promptement possible le pays dans une situation économique normale.

Le gouvernement institué par les Allemands était très bien organisé.

Dans un travail exécuté avec beaucoup de soin par une commission

----

(1) Dans les premiers temps de sa création, la Banque de France escomptait pour 112 millions d'effets par an ; depuis, ses opérations d'escompte ont atteint les chiffres suivants :

En 1847	1.814.759.000 francs.
En 1852	1.824.469.000
En 1862	5.431.600.000
En 1866	6.574.900.000
En 1869	6.682.000.000

parlementaire formée pour étudier l'état des départements occupés par l'ennemi, on trouve des données exactes sur les dommages causés par la guerre (1). Voici quelques renseignements empruntés à cet intéressant ouvrage.

Les impôts, contributions de guerre et amendes représentèrent une somme de 79 millions. — Les réquisitions en nature régulièrement ordonnées par les autorités allemandes, d'après les prix demandés pendant le mois qui précéda la guerre et les prix courants, furent évaluées à 134 millions — somme qui représente aussi une certaine portion des pertes matérielles imposées au pays et en particulier à l'agriculture.

Quant aux dépenses relatives à la poste militaire et à l'entretien des troupes ennemies, il en a été fait, d'après les instructions données, une évaluation uniforme montant à : 40 centimes par homme et 15 centimes par cheval, et par jour, pour la poste militaire, et à : 1 franc par homme et 2 francs par cheval — et par jour, — pour l'entretien des troupes.

Enfin les pertes causées par les réquisitions irrégulières, par les vols, les incendies, les violences de la guerre et en général le passage des troupes ennemies, offrent un intérêt particulier en raison de leur défaut d'authenticité.

Les commissions départementales dont les comptes rendus ont servi de base à l'étude dont il s'agit — sans dissimuler la difficulté de leur tâche — n'en ont pas moins fait tous leurs efforts pour obtenir des chiffres dignes de foi.

Et c'est ainsi que les résultats de cette étude ont abouti à ce qui suit :

Contributions de guerre et amendes. . .	30.081.459 francs (2).
Réquisitions régulières en nature	134.134.491 —
Dépenses pour la poste militaire et l'entretien des troupes	101.445.323 —
Pertes causées par les vols, les incendies et les violences de la guerre.	393.658.493 —
Total. .	659.339.770 francs.

Si nous représentons ces chiffres graphiquement, nous obtenons la figure suivante :

---

(1) Louis Passy, *Réquisitions et dommages causés par les Allemands pendant l'invasion de 1870-71*, Journal des Économistes.

(2) Dans la somme de 79 millions mentionnée plus haut entrent également les impôts directs.

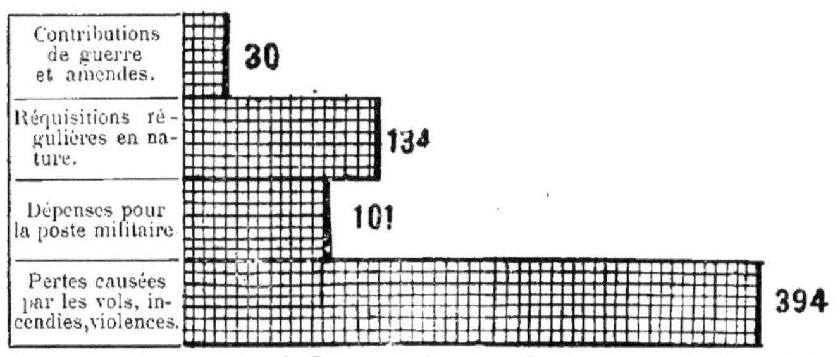

Total des pertes causées à la France par la guerre de 1870-71 en millions de francs.

Dans ce total général de 659 millions, n'entre pas la somme de 200 millions qui fut exigée de la ville de Paris comme contribution de guerre municipale, non plus que les dommages causés par les troupes françaises elles-mêmes. *Impression produite en France par les évènements.*

Ces chiffres sont les chiffres officiels. Si l'impression produite par les événements a été différente, s'il s'est formé une sorte de légende sur les crimes affreux qu'auraient commis les Allemands, cela s'explique par ce fait qu'immédiatement après la guerre ont paru quantité de brochures et de récits inspirés par les sentiments de haine et de vengeance qui régnaient alors. Même les écrivains les plus sérieux n'étaient pas exempts de ces sentiments, comme par exemple Morin, juriste bien connu qui, dans son ouvrage, a écrit :

« Beaucoup d'Allemands qui aiment si passionnément la fourberie, qui cultivent avec tant d'ardeur la science du massacre et la psychologie du bombardement, paraissaient entièrement privés de sens moral. On dirait que chez ce peuple il y ait une double morale et une double conscience : d'un côté les publicistes et les professeurs enseignent la morale réelle; de l'autre, à la guerre, on considère comme absolument permis de recourir à un misérable espionnage, d'employer les ruses les plus criminelles et de répandre partout la terreur, systématiquement et de sang-froid (1). »

Peut-être, dans ces appréciations, y a-t-il une part de vérité. Mais il ne faut pas oublier, d'un autre côté, que dans tout pays il se commet des crimes, de même que, dans toute grande guerre, nous voyons des violences exercées contre les personnes et des atteintes portées au droit de propriété. Parmi des troupes dont l'effectif dépasse un million d'hommes, et qui pendant six mois font la guerre en pays ennemi, il est naturel que les

---

(1) Dr Loening, *Die Verwaltung der General-Gouvernement in Elsass.*

passions se déchaînent avec plus de force et d'intensité qu'au milieu d'une population pacifique.

Le seul fait suivant, parmi beaucoup d'autres, permet de juger jusqu'où allait la susceptibilité des Français. Dans nous ne savons plus quel livre écrit sur la guerre, l'auteur exprime la plus vive indignation contre les Allemands parce qu'ils avaient abattu pour leur usage, dans un bois communal, les arbres les plus voisins de la route, quoique d'après le plan d'exploitation forestière, ces arbres ne fussent pas compris dans la coupe de l'année (1).

Pourtant les Allemands payaient ce qu'ils prenaient, non seulement au moyen des sommes qu'ils se procuraient sous forme de contributions, mais aussi avec de l'argent provenant d'autres sources.

Les moyens financiers dont ils disposaient pour faire la guerre étaient les suivants :

Sommes provenant du trésor de guerre. . . .	30.000.000 thalers.
Emprunt 5 0/0 de 1870.	104.369.720 —
Bons du Trésor 5 0/0 remboursables à cinq ans.	95.752.500 —
Bons à court terme sur l'emprunt de 1870 . .	42.922.500 —
Bons à court terme sur l'emprunt de 1871 . .	15.000.000 —
Sommes inférieures à 100 millions, complétées par des bons à 5 0/0 de l'emprunt remboursable à cinq ans.	4.247.800 —
Sommes provenant des monts-de-piété. . . .	17.000.000 —
Total	309.362.520 thalers.

Il faut compléter ce total par divers autres articles peu importants.

---

(1) Dans leur ouvrage intitulé : *Précis du droit des gens* (Paris, Plon, 1877) Funck Brentano et Albert Sorel font connaître les usages observés de nos jours par les peuples sur le territoire ennemi, à l'égard des objets qui sont la propriété de l'État. Ces usages sont résumés dans la règle très simple que voici : « Par suite des nécessités de la guerre, le parti vainqueur est obligé de s'emparer de tous les objets qui, étant la propriété du gouvernement ennemi et constituant pour lui des moyens de défense, lui donnent la faculté de prolonger ses opérations militaires. L'ennemi, maître du territoire de son adversaire, n'a aucun droit sur la propriété mobilière et immobilière des particuliers. »

Quant à la question de savoir si le parti *vainqueur* a le droit de réquisition en nature et quelles charges sont imposées à l'État en matière de protection à ses *nationaux*, les peuples qui ont le moins abusé des usages de la guerre ont observé les deux règles suivantes : 1° ne jamais exiger de réquisitions ou de contributions au delà des facultés des habitants ni des besoins réels de l'armée ; 2° donner aux habitants les certificats et reçus qui, après la guerre, doivent leur permettre de se faire rembourser par leur gouvernement.

parmi lesquels les dons volontaires représentent la somme insignifiante de 394 thalers, et le porter finalement à 311,112,116 thalers (1).

C'est seulement grâce aux économies qu'elle avait faites précédemment dans la période de prospérité extraordinaire du pays et d'étonnant développement de son commerce et de son industrie que la France put payer les 5 milliards de l'indemnité de guerre et les autres 5 milliards représentés par ses dépenses militaires.

Ces épargnes consistaient en capitaux placés dans les entreprises françaises et étrangères, sur différents points du globe, sous forme d'actions ou de prêts à tant 0/0.

Quand furent émis les deux premiers emprunts, les fonds étrangers et les valeurs industrielles furent vendus par les capitalistes français en énorme quantité. La France se trouvant créancière relativement aux pays étrangers reçut en retour des capitaux de ses débiteurs et tous ces capitaux furent apportés à la souscription pour les emprunts émis.

La souscription même à ces emprunts s'opéra de la manière suivante : le gouvernement français envoya en Allemagne 5 milliards de francs sous forme de rente française, et les Français envoyèrent ensuite à Berlin leurs économies pour le rachat de cette rente, absolument comme ils avaient précédemment acheté à l'étranger des fonds d'État ou des actions industrielles.

En un mot, les capitalistes français remplacèrent par de la rente française :

1° Une partie des valeurs étrangères qu'ils possédaient ;

2° Une partie de l'épargne dont ils pouvaient disposer ;

3° Enfin une partie de leurs créances sur l'étranger (2).

Et bien que les emprunts conclus pour le paiement de la contribution de guerre aient entraîné une augmentation des impôts, le commerce et l'industrie n'ont cependant pas été privés des capitaux qui leur sont nécessaires. Ils ont pu encore trouver de l'argent à bon marché. Après d'aussi terribles pertes la France s'est remise au travail, — et nous allons faire connaître les résultats auxquels elle est arrivée.

---

(1) L. Wolowski, *Résultats économiques du paiement de la contribution de guerre en Allemagne et en France.*

(2) Neymarck, *Les milliards de la guerre,* 1874.

2. Situation matérielle de la France
avant et après la guerre de 1870.

Le changement de régime eut une heureuse influence sur la situation économique du pays ; quoique longtemps encore on ait dû craindre de voir les Allemands profiter du premier prétexte pour recommencer les hostilités et arrêter le développement de la puissance militaire de la France. Mais ces craintes ne purent empêcher les progrès d'ordre économique.

La nation n'avait plus à redouter les aventures politiques auxquelles elle avait été si longtemps exposée sous Napoléon III ; le nouveau gouvernement faisait tous ses efforts pour développer l'instruction et la prospérité économique du pays ; la lutte ardente entre les partis politiques excluait la possibilité de commettre impunément des illégalités : tout cela ne contribua pas médiocrement au relèvement de la France.

Il se trouva même que la perte de l'Alsace et de la Lorraine profita dans une certaine mesure à l'extension de l'activité industrielle et commerciale française.

Dans ces provinces, en effet, l'industrie était tellement puissante qu'elles alimentaient de leurs produits le reste du territoire. Une fois la nouvelle frontière tracée, on se mit à développer toutes les branches d'industries déjà existantes et à en ouvrir de nouvelles dans d'autres régions françaises, pour fournir à la population les objets dont elle avait besoin et que jusqu'alors elle avait tirés d'Alsace et de Lorraine.

En même temps, par suite de la prospérité croissante des pays étrangers, et en particulier des pays transocéaniens, on vit augmenter les demandes des produits de luxe et de mode fabriqués en France.

Jetons un coup d'œil sur les chiffres du commerce général d'importation et d'exportation.

Années	Importations	Exportations
	en millions de francs	
1860	2.657	3.147
1869	4.008	3.993
1873	4.576	4.822
1891	5.320	4.803
1894	4.794	4.124

Représentons ces données graphiquement :

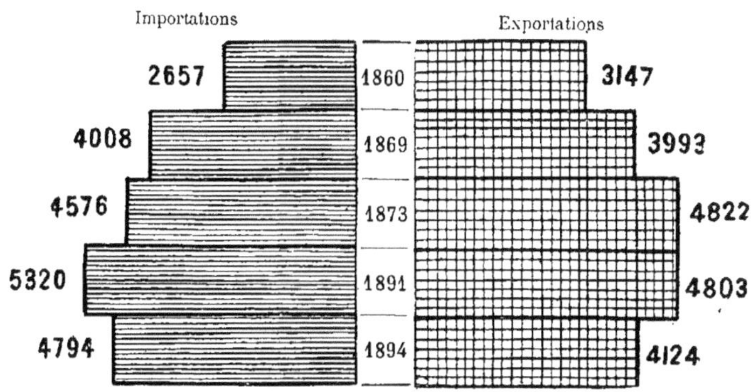

Importations et exportations françaises en millions de francs.

La statistique nous montre donc que la perte de l'Alsace et de la Lorraine n'a pas eu grande influence. L'exportation s'est comparativement plus augmentée pendant la période de 1869-73, que pendant celle de 1860-69. Et depuis, l'augmentation de l'exportation s'est continuée sans interruption jusqu'en 1891. Après quoi vient une baisse motivée par l'intronisation en Europe de la politique douanière protectionniste.

Toutes ces variations paraîtront encore plus sensibles, si nous exprimons par 100 la valeur moyenne annuelle de l'importation et de l'exportation pendant la période de 1860 à 1869 et que nous mettions en regard les résultats des années suivantes :

Dans la période de :	Valeur absolue de l'augmentation ou de la diminution en millions de frs	0/0	Valeur absolue de l'augmentation ou de la diminution en millions de frs	0/0
1860 à 1869	-- 150	+ 100	+ 94	-- 100
1869 à 1873	+ 142	+ 94,7	+ 207	-- 200,2
1873 à 1891	+ 41	-- 27,3	— 1	— 1,1
1891 à 1894	— 173	— 116,7	— 226	— 240,4

Et si, au lieu de la façon dont a varié la valeur des importations et exportations, nous nous occupons de leur quantité, nous arrivons aux chiffres suivants :

Le commerce de la France, en milliers de tonnes, s'est élevé :

	Importation	Exportation
En 1860	4.165	4.290
— 1869	6.773	6.847
— 1873	7.770	7.969
— 1891	15.599	16.004
— 1894	14.065	14.472

Graphiquement ces données se présentent sous la forme suivante :

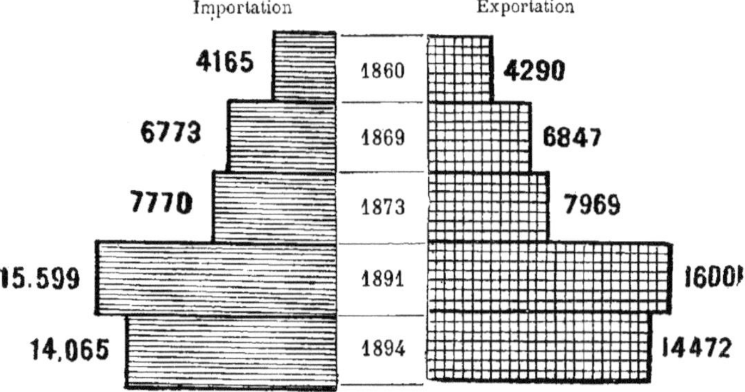

Commerce de la France en milliers de tonnes.

Et comme ces chiffres généraux ne donnent pas une idée suffisamment exacte du commerce français, nous allons l'examiner plus en détail

	Importation en :			
	1863	1869	1873	1894
Fromage, beurre, margarine en milliers de tonnes	7	14	15	20
Charbon et coke, en milliers de tonnes.	5.388	7.457	7.461	10.266
Café, —	39	50	44	69
Coton, —	55	124	88	186
Tissus de coton, en millions de francs.	8	23	47	32
Lin, —	23	44	63	61
Guano et engrais, en milliers de tonnes.	82	118	137	181
Cuirs et peaux, —	45	64	61	67
Filés de coton, en millions de francs.	7	12	21	16
Tissus de soie, —	4	28	29	41

		Importation en :			
		1863	1869	1873	1894
Tissus de laine,	en millions de francs.	33	64	59	43
Viande,	en milliers de tonnes.	8	6	23	24
Soie écrue,	—	7	8	9	11
Sucre,	—	236	201	154	166
Lard et graisse,	—	40	37	36	32
Laine,	—	63	108	120	224

On voit par ces chiffres que la perte de l'Alsace et de la Lorraine n'a pas eu d'influence sensible sur l'étendue totale du mouvement commercial.

Si l'on veut comparer les données annuelles, il faut se souvenir que certains objets d'importation ont été en partie écartés par suite du développement de l'industrie intérieure du pays, et en partie remplacés par d'autres objets importés.

Motifs des diminutions d'importations.

Ainsi, par exemple, la diminution de l'importation du sucre, si considérable quand on la compare avec l'importation croissante du café, s'explique par ce fait, que la production du sucre de betteraves à l'intérieur du pays a passé de 3,833 millions de kilogrammes pour la campagne de 1873-74, à 5,148 millions pour celle de 1893-94.

On peut en dire autant du charbon de bois dont la France n'avait produit que 16,8 milliers de tonnes en 1877, tandis qu'elle en a donné 27,4 milliers en 1894.

Plus loin, nous voyons diminuer l'importation de la graisse et du lard parce que l'huile qu'on en tirait a été remplacée par de l'huile de naphte.

La diminution d'importation des tissus et filés de coton doit être attribuée au développement de l'industrie intérieure, attendu que l'importation du coton écru s'est notablement augmentée.

Plus claire encore est la signification des chiffres relatifs à l'exportation.

Augmentation des exportations.

		Exportation en.		
		1863	1869	1873
Effets d'habillements, en millions de francs.	.	82	83	80
Eaux-de-vie et autres spiritueux	en millions de litres. .	22	28	52
	— francs. .	63	56	91
Fromage et beurre. .	en millions de kilogr. .	13	29	34
	— francs. .	36	77	82
Produits chimiques, en millions de francs.	.	49	46	45
Verreries et poteries, en millions de francs.	.	28	40	60

T. IV. — Jean de Bloch. — *La guerre future.*   8

		Exportation en :		
		1863	1869	1873
Œufs	en millions de kilogr.	18	29	25
	— francs.	23	36	35
Légumes, fruits	en millions de kilogr.	39	28	27
	— francs.	28	27	26
Tissus de coton,	en millions de francs.	88	70	77
— soie,	—	370	447	478
— laine,	—	293	268	325
Objets métalliques,	—	43	37	99
Fournitures de modes,	—	159	180	184
Papiers	—	37	42	52
Soie écrue	en millions de kilogr.	2	3	2
	— francs.	96	156	100
Cuirs	en millions de francs.	78	99	135
Sucres	en millions de kilogr.	11	25	68
	— francs.	7	15	44
Sucre raffiné	en millions de kilogr.	106	97	154
	— francs.	76	84	121
Vins	en millions de litres.	208	306	398
	— francs.	229	261	281
Laines	en millions de kilogr.	11	17	19
	— francs.	48	44	87
Filés de laine en millions de francs.		15	27	51

Ce qui a surtout augmenté, c'est l'exportation des objets de luxe et de confort, dont la France approvisionne le monde entier malgré les tarifs protecteurs établis en Allemagne, en Russie, en Italie et en Amérique.

On aperçoit plus clairement encore ces différences, si l'on compare des chiffres plus généraux, pour les périodes de 1883 à 1885 et de 1892 à 1894.

L'importation et l'exportation du commerce extérieur français est représentée pour ces deux périodes dans le tableau ci-contre où tous les objets sont groupés en trois grandes catégories, savoir : produits alimentaires, produits bruts et produits du travail industriel.

COMPARAISON DE L'IMPORTATION ET L'EXPORTATION.

	PÉRIODES	IMPORTATION		EXPORTATION	
		Valeur en millions de francs	En 0/0 de la valeur totale	Valeur en millions de francs	En 0/0 de la valeur totale
Objets d'alimentation : Pain, café, fruits, bœufs, moutons, porcs, poissons, lard, fromage, beurre, sucre, riz, cacao, huile d'olive, vin,	1883 1885	1.510	34,2	794	21,4
eau-de-vie, boissons obtenues par fermentation et distillation.. .-. .	1892 1894	1.210	30,8	712	21,8
Produits bruts : laine, coton, lin, chanvre, ricin, soie, minéraux, cuivre, zinc, étain, plomb, fer et acier, fer fondu et acier fondu, charbon, résine, bois, semences,	1883 1885	2.210	50,1	739	22,7
huiles végétales, houblon, indigo, safran, chevaux, mulets, ânes, peaux, tabac en feuilles, engrais, soufre, pierre, chiffons, matériaux de construction, etc.	1892 1894	2.160	54,7	787	21,2
Produits du travail industriel : en laine, en soie, coton, lin, chanvre ; filés de coton, de laine, de lin, de chanvre ; machines, objets métalliques, salpêtre, huile, peaux travaillées, papier de toute sorte,	1883 1885	692	15,7	1.721	52,9
pierres précieuses, objets en paille et en peau, montres, tabac manufacturé, vêtements confectionnés, modes, poteries et verreries, produits chimiques et pharmaceutiques, etc.	1892 1894	576	14,5	1.759	54,0
.Total.	1883 1885	4.412	100 0/0	3.257	100 0/0
	1892 1894	3.964	100 0/0	3.258	100 0,0

Si nous représentons ces résultats graphiquement, nous obtenons ce qui suit :

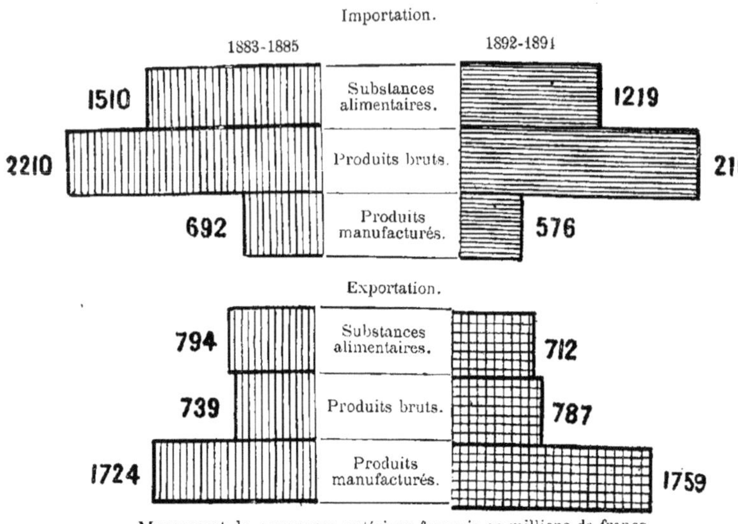

Mouvement du commerce extérieur français en millions de francs.

Examinons maintenant quels sont les pays d'où la France importe et quels sont ceux où elle exporte ses productions. Pour permettre de mieux juger ce commerce, nous donnons les chiffres moyens pour une période de trois années.

L'importation en France s'est élevée, en millions de francs :

	1867-1869	1892-1894
Russie.	119	227
Norvège	42	23
Suède	46	52
Allemagne.	260	323
Hollande.	37	37
Belgique.	350	385
Possessions françaises.	134	338
Angleterre.	558	500
Espagne.	97	221
Possessions espagnoles d'Amérique	46	27
Suisse.	127	78
Autriche.	46	73
Italie	322	135
Turquie.	167	106

	1867-1869	1892-1894
Egypte	47	28
Barbarie (Tripolitaine)	16	15
Côtes d'Afrique	14	9
Inde	109	210
Chine	33	122
Japon	36	60
Haïti	21	44
États-Unis	157	392
Pérou	41	5
Chili	13	49
Brésil	52	70
Uruguay	48	21
Rio de la Plata	89	»

L'exportation de la France s'est élevée, en millions de francs :

	1867-1869	1892-1894
Russie	30	18
Norvège	5	7
Allemagne	244	339
Hollande	34	50
Belgique	274	495
Possessions françaises	157	280
Angleterre	891	967
Espagne	103	119
Possessions espagnoles d'Amérique	16	5
Portugal	17	14
Suisse	252	177
Autriche	11	15
Italie	194	120
Grèce	10	9
Turquie	70	56
Egypte	41	22
Barbarie	6	17
Indes	10	12
Haïti	3	12
États-Unis	158	210
Pérou	22	4
Chili	29	17
Brésil	65	75
Uruguay	38	11

	1868-1869	1892-1894
Rio de la Plata.	68	»
Nouvelle-Grenade.	19	»
Mexique.	13	21

A quelque point de vue que nous nous placions dans ces recherches, il en ressort ce fait que la guerre de 1870 n'a pas arrêté le développement des forces productrices du pays, ni de sa prospérité.

Le budget français.

Le budget de la France, qui peut servir à mesurer le degré d'aisance de la population, se présente dans la forme suivante :

	En millions de francs		
	1861	1869	1893
Recettes	1.866	2.105	3.366
Dépenses	2.170	2.145	3.450

En raison de l'importance du sujet, nous présentons les résultats graphiquement :

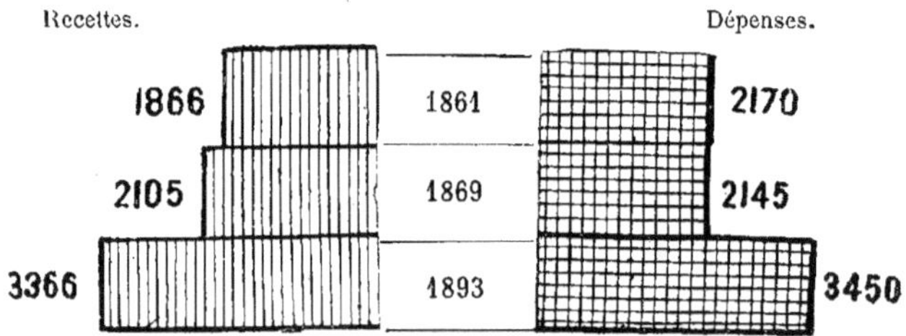

Budget de la France en millions de francs.

Vitalité financière de la France.

La France a donné un exemple frappant de sa vitalité financière. La guerre, la Commune, le paiement des 5 milliards, le paiement des dépenses de la guerre, le travail de reconstitution des établissements, la transformation du gouvernement dans toutes les branches, la réorganisation de l'armée, — tout cela exigeait des ressources énormes et la France a trouvé chez elle toutes ces ressources.

La dette de la France s'est notablement accrue, comme on le voit par les chiffres suivants :

Années	Dette consolidée	Dette flottante	Total
		En millions de francs	
1852	5.516	»	5.516
1871	12.454	1.090	13.544
1876	19.909	1.084	20.993
1895	25.966	1.291	27.257

Graphiquement exprimés, ces chiffres donnent la figure suivante :

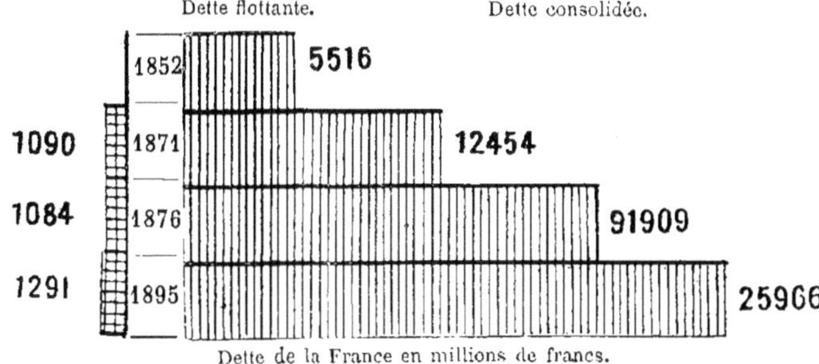

Par conséquent, depuis 1871, la dette de la France s'est accrue de près   Accroissement
de 14 milliards de francs. Cette somme a été tout entière trouvée dans le   de la dette.
pays ; en outre, d'immenses capitaux ont été placés en valeurs industrielles
et en fonds étrangers.

Il est maintenant très important pour nous de déterminer le chiffre de
la richesse nationale placée sous forme de valeurs mobilières.

Cette question a fait l'objet de nombreuses études, parmi lesquelles
une des plus dignes d'attention est le rapport de M. A. Neymarck, lu à la
Société de statistique de Paris (1). Les principales conclusions de ce rapport, qui a soulevé de très intéressantes discussions dans les séances de
la Société de statistique et plus tard dans toute la presse européenne, se
résumaient à évaluer le montant des valeurs mobilières appartenant à
des capitalistes français, au moins à 80 milliards : 60 milliards en
titres français et 20 en valeurs étrangères — produisant ensemble un
revenu d'environ 4 milliards, dont à peu près un milliard provient des
valeurs et fonds d'État étrangers.

En évaluant au cours actuel seulement le capital correspondant aux
principaux titres du marché français qui sont répandus jusque dans les
plus petites bourses, et notamment à la rente 3 0/0, aux 3 0/0 et 4 1/2 0/0
amortissables, aux obligations de la Ville de Paris, aux actions et obligations des Chemins de fer français et du Crédit foncier, aux titres des
grandes sociétés d'assurances et minières, nous obtenons, en chiffres
ronds, un total de 50 milliards, donnant un revenu de 2,200 millions.

---

(1) *Les valeurs mobilières en France*, communication faite à la Société de statistique
de Paris, dans sa séance du 16 mai 1888, par M. Alfred Neymarck, in-8°, librairie Guillaumin.

Voici, du reste, quelques chiffres indiquant les sommes payées aux capitalistes :

L'État paie pour sa dette :

	Millions de francs
Consolidée	761
Amortissable	312
En pensions viagères	226
La Ville de Paris paie pour ses emprunts	106
Le Crédit foncier paie pour ses actions et obligations, sous forme d'intérêts de dividendes, de primes et de lots	145
Les grandes Compagnies de chemins de fer paient pour leurs actions et obligations	600
En 1890, comme paiement de dividende, la Banque de France, le Crédit foncier, le Crédit lyonnais, le Crédit industriel, la Société générale, le Comptoir national d'escompte et autres établissements de crédit, dont les titres sont cotés à la Bourse de Paris, ont versé à leurs actionnaires	110
Au total	2.260

Tous ces milliards, transformés en rentes et en obligations, s'en vont dans les grandes et petites bourses, et surtout dans ces dernières, comme une conséquence de l'épargne française.

D'après des études très précises faites par de Foville pour l'Exposition de 1889, on peut affirmer que, de toute la rente qui se trouve en circulation, plus de 65 0/0 sont en titres nominatifs, savoir : de la rente 3 0/0 pour une valeur de 433 millions, — ce qui représente plus des trois quarts des titres, — de la rente 4 1/2 0/0 pour une somme de 305 millions, — soit 48 0/0 — de la rente amortissable 3 0/0, pour une somme de 118 millions, — soit 72 0/0 de ce qu'il en existe.

Les titres nominatifs, principalement, semblent une forme particulièrement solide de placement des capitaux. Les titres au porteur peuvent à chaque instant se vendre ou s'acheter. Mais l'aliénation des titres nominatifs entraîne une longue série de formalités qui rendent plus difficile le transfert des titres d'une personne à une autre.

Au 31 décembre 1881, sur la valeur totale des actions et obligations des six grandes compagnies de chemins de fer, — ces obligations représentant une valeur de 30,155,446 francs, — il avait été émis 67,27 0/0 de titres nominatifs et 32,73 0/0 seulement de titres au porteur.

Il faut encore observer qu'en même temps de grandes quantités de titres étrangers trouvaient toujours un excellent accueil chez les capitalistes français, qui se hâtaient de répondre aux appels si souvent adressés à leurs épargnes par les sociétés et les divers gouvernements. La France possède pour plus de 20 milliards de ces titres étrangers.

Les Français sont économes de leur nature.

Et le « bas de laine » du paysan français, le « magot » de l'employé ou du fonctionnaire, la « tirelire » dont l'usage est répandu dans toute la France, sont la meilleure démonstration de cette vérité.

Les données statistiques relatives aux caisses d'épargnes peuvent permettre de mesurer la façon dont s'est accrue la richesse en France depuis 1870.

Si nous comparons la situation de ces caisses, en 1869 et en 1894-95, nous trouvons :

Qu'en 1869 il existait 2,130,000 livrets de caisse d'épargne et que le total des dépôts s'élevait à 711 millions de francs ;

Et qu'en 1894-95, il y avait 6,314,000 livrets avec un total de dépôts atteignant 3,260 millions.

Ce qui, graphiquement exprimé, donne cette figure :

Nombre de livrets en millions.   Total des dépôts en millions de francs.

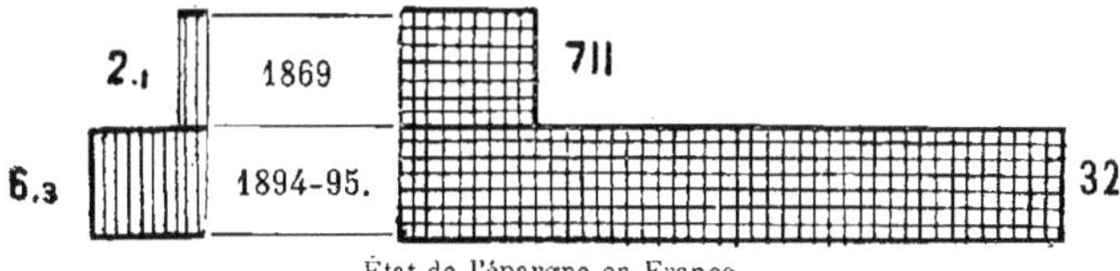

État de l'épargne en France.

Le chiffre des impôts peut fournir encore des données plus certaines. En France, comme l'on sait, toutes les valeurs mobilières, sauf la rente et les

---

(1) Raffalovitsch, *Le marché français en 1895*.

L'ensemble des dépôts, en 1894-95, se composait des valeurs mobilières suivantes :

Rente 3 0/0	1.129.522.763	francs.
Rente amortissable 3 0/0	1.508.796.203	—
Rente 3 1/2 0/0	66.564.385	—
Emprunt Morgan	227.450.531	—
Obligations de chemins de fer	9.202.162	—
— —	397.757	—
Bons du Trésor	30.000.000	—
Effets à court terme	15.810.000	—
Obligations d'emprunts amortissables en 1923	111.166.035	—
Obligations d'emprunts à terme	161.350.090	—
Total	3.260.259.836	francs.

fonds d'État, sont frappées d'un impôt spécial qui, en 1890, a produit 26 millions 1/2 de francs. Voici le tableau officiel des revenus, d'après leur appréciation, et des impôts correspondants, puis un autre tableau des revenus soumis à l'impôt par catégories de valeurs mobilières (1).

IMPÔT 3 0/0. — REVENUS TAXÉS ET IMPÔT (1873-1893).

	REVENUS			Impôts
	Valeurs françaises	Valeurs étrangères	Total	
	En millions de francs			
En 1873.	989,1	68,7	1.058	31,7
En 1884.	1.430,4	130,4	1.560	46,8
En 1890.	1.544,5	148,5	1.693	50,8
En 1893.	»	»	»	67

REVENUS SOUMIS A L'IMPÔT, PAR CATÉGORIES

	VALEURS FRANÇAISES en millions de francs				VALEURS ÉTRANGÈRES en millions de francs			Total en millions de francs
	Actions	Emprunts émis par obligations	Participation aux bénéfices des entreprises des sociétés en commandite	Total	Actions	Obligations	Sociétés ayant des propriétés en France	
1873. . .	437,0	504,4	47,8	989,4	22,8	44,2	1,6	1.058
1884. . .	603,4	731,2	92,7	1.430,4	65,6	58,3	6,4	1 560
1890. . .	636,3	814,5	93,6	1.544,5	60,8	70,0	17,6	1.693

Par conséquent, la somme totale des revenus provenant des valeurs françaises soumises à l'impôt s'élevait à 1,544 millions 1/2 de francs, et des valeurs étrangères, à 148 millions 1/2, ensemble à 1,693 millions,

____

(1) *Bulletin de statistique du ministère des Finances*, 1887, p. 234, et 1891, p. 463.

tandis que les chiffres correspondants pour 1873 n'étaient respectivement que 989 et 69 millions de francs, ou au total 1,058 millions, c'est-à-dire inférieurs d'un tiers.

Nous pouvons encore juger, par un autre moyen, de l'accroissement de la richesse en France. Comme, dans ce pays, la transmission des propriétés par succession, ainsi que par donation est soumise à l'impôt, on peut y trouver une nouvelle mesure de la prospérité nationale. En moyenne, l'ensemble des propriétés ainsi transmises atteignait comme valeur :

Dans la période de 1873-1875. . . . . . . 3.965 millions de francs.
      1890-92. . . . . 6.005 —   —

Si nous représentons ces résultats graphiquement, nous obtenons la figure suivante :

Valeur moyenne annuelle des propriétés transmises par succèssion et donation en France, en millions de francs.

Il ressort de tout cela que la France a pu supporter les pertes énormes à elle occasionnées par la guerre de 1870, beaucoup plus facilement que ne l'eût fait tout autre pays.

Les misères économiques que, sans nul doute, entraînera la guerre future, seraient aussi moins importantes en France qu'ailleurs, s'il n'y avait pas à tenir compte de toute une série de circonstances défavorables, par suite desquelles la vision de la guerre ne paraît pas moins terrible pour cette nation que pour le reste du monde civilisé.

3° Misères qui menacent la France en cas de guerre.

Les chiffres généraux qui déterminent l'étendue de la richesse dans un pays donné n'ont de signification décisive que s'ils ne s'écartent pas très notablement des chiffres moyens. Car dans tel groupe important de personnes, en majorité très riches, il peut s'en trouver beaucoup qui ne le soient pas, qui ne soient même que de simples prolétaires, sans empêcher le chiffre moyen de rester très élevé.

Si l'on n'a pas à craindre de voir la partie misérable de la population s'insurger la première contre les pertes qu'entraînera la guerre, le gouvernement trouvera certainement le moyen de diriger celle-ci dans le pays même. Mais il en serait tout autrement dans le cas où une notable partie de la population mécontente, même en temps de paix, de l'ordre existant, n'attendrait que la guerre pour bouleverser l'organisation sociale.

Dans le chapitre : *Le Socialisme, l'Anarchisme et la Propagande contre le militarisme*, nous avons montré quels dangers menacent la France sous ce rapport. Il nous reste maintenant à déterminer autant que possible, ne fût-ce qu'approximativement, les difficultés économiques qu'entraînerait en France la guerre future, en nous souvenant qu'il n'y a « rien d'aussi brutal que les chiffres ».

D'après Des Essarts (1), les revenus de la France se montent à 8 milliards de francs provenant de ce que possède la nation, plus 15 milliards qui représentent le produit de son travail. Au cas où la guerre éclaterait, l'impossibilité de toucher les intérêts des emprunts étrangers et l'insuffisance des ressources existant à l'intérieur du pays, mettraient la France dans la nécessité d'émettre du papier-monnaie, dont la valeur ne tarderait pas à se trouver dépréciée. Dès lors, les revenus des capitaux ou bien diminueraient beaucoup, ou même cesseraient totalement (2).

---

(1) Raffalovitsch, *Le marché financier en* 1895.

(2) Le tableau suivant permettra de juger de l'étendue des pertes que subirait la population par suite de la diminution du revenu des valeurs mobilières. Il donne les valeurs (en millions de francs) des titres admis à la cote de la Bourse de Paris, le 31 décembre 1894 (*Statistique générale de la France*).

NATURE DES VALEURS	FRANÇAISES	ÉTRANGÈRES	TOTAL
Fonds d'État.	8	116	124
Fonds d'État tunisiens garantis par la France.	1	»	1
Emprunts des départements et provinces.	8	15	23
Emprunts des villes.	49	»	44
Titres des sociétés d'assurances.	44	1	50
— des banques et établissements de crédit.	84	19	103
— des compagnies de conduite des eaux.	42	2	44
— des compagnies de chemins de fer et tramways	12	58	200
— des compagnies pour la construction de magasins, marchés et bazars.	46	»	15
— des compagnies pour l'exploitation des eaux.	151	»	16

Cette circonstance, conjointement avec les autres conditions économiques défavorables qui se produiront en temps de guerre et dont nous parlerons plus loin, entraînera un affaiblissement des moyens financiers de la population, et par suite une diminution des ressources fournies au gouvernement par le travail national.

En conséquence, il est très important d'examiner jusqu'à quel point cet affaiblissement des moyens financiers de la population se fera sentir lors de la guerre future, sur les 15 milliards que rapporte à la France le travail national.

Sans doute, il n'est pas possible d'indiquer en détail exactement les changements qui se produiront, mais une chose est bien certaine : c'est que la guerre future ressemblera très peu à celle de 1870, alors que la mer était ouverte, et que le commerce avec la Suisse, la Belgique et l'Italie continuait à s'effectuer sans interruption.

En outre, les esprits n'étaient pas alors tourmentés par les idées pessi-

NATURE DES VALEURS	FRANÇAISES	ÉTRANGÈRES	TOTAL
Titres des compagnies de tissage et filatures.	2	1	3
— des compagnies de gaz.	42	6	48
— des compagnies des forges et fonderies.	34	"	34
— des compagnies des charbons de terre, des mines et minerais. .	48	7	55
— des sauneries.	1	"	
— des eaux minérales.	6	"	6
— des compagnies pour les transports sur les rivières et les canaux. .	7	"	7
— des compagnies des transports maritimes..	11	"	11
— des compagnies des transports par terre (voitures, omnibus). . . .	8	2	10
— des compagnies des télégraphes. .	2	1	3
— — des téléphones. .	2	"	2
— — d'éclairage électrique.	11	"	11
— — des tabacs. . . .	"	4	4
Autres titres industriels (publications périodiques, typographie, moulins, hôtels, etc)	120	3	123
Total.	703	235	938

mistes qu'on rencontre à présent — et, par suite, l'activité commerciale n'était point paralysée dans le pays.

Maintenant que le parti vaincu sera, d'après les paroles mêmes de M. de Bismarck, réellement « saigné à blanc », — si ce n'est pis encore, — les conséquences des pertes causées par la guerre seront tout autres.

Il suffit d'indiquer ici cette seule circonstance, que la mer sera fermée. Or, l'importance pour la France des communications maritimes ressort des chiffres suivants :

En 1893, sur le total des importations d'environ 5 milliards (1), il n'en est venu que 29,3 0/0 par la voie de terre. Le reste — 70, 7 0/0, — est entré par mer.

Et, sur la somme totale des exportations qui, en cette même année 1893, s'est élevée à 4 1/2 milliards de francs (2), 32,5 0/0 seulement sont sortis par les frontières de terre et 67,5 0/0 par mer (3).

Il suffira que la guerre interrompe les communications pour porter un coup très grave à l'industrie. Dès que l'entrée et l'exportation par mer cesseront, les prix des choses nécessaires à la vie augmenteront fortement, tandis qu'au contraire les sources des revenus s'épuiseront : plusieurs branches d'industrie se trouvant dans l'impossibilité de fabriquer et de vendre leurs produits.

Car ceux-ci ne trouveront pas d'acheteurs. Non seulement le théâtre de la guerre sera fermé pour la vente, mais à l'intérieur aussi les demandes diminueront : — d'abord parce que les ressources se trouveront restreintes chez la majorité de la population qui vit au jour le jour de ses salaires, puis en raison de la répugnance bien naturelle des classes aisées, à subir des pertes superflues en temps de guerre.

Les fabriques, les usines, mines, ateliers — à l'exception de ceux qui travailleront pour les besoins de l'armée, — se verront dans la nécessité de suspendre leur travail.

Il est impossible de ne pas remarquer que par suite de l'insuffisance, au milieu de la population indigène, d'ouvriers d'industrie et aussi pour d'autres causes, le travail industriel emploie en France un

---

(1) 4,951,500,000 francs.
(2) 4,326,400,000 francs.
(3) *Statistical abstract for foreign Countries*, 1896.

grand nombre d'étrangers dont, en cas de guerre, les bras feront défaut (1).

Outre cela, la vie économique du pays sera certainement influencée d'une manière très grave et sérieusement troublée par l'appel sous les drapeaux d'une grande partie de la population : tous les hommes en état de porter les armes de 20 à 45 ans.

Effets produits
sur la vie économique
par l'appel
sous les drapeaux
des hommes
de 20 à 45 ans.

Si nous nous reportons aux indications publiées sur les professions exercées par les recrues, nous pouvons, dans une certaine mesure, nous

---

(1) La proportion des ouvriers étrangers, en France, est indiquée par le tableau suivant :

GENRES D'INDUSTRIE	POUR CENT DES ÉTRANGERS	
	Hommes	Femmes
Agriculture.	3,3	1,2
Tissage et filatures.	5,5	4,3
Exploitation des mines, taille des pierres, sauneries.	13,4	6,6
Industrie métallurgique (production des metaux).	12,9	3,6
Production des objets métalliques, machines, instruments, forge, serrurerie.	8,3	3,3
Production du cuir.	4,5	2,3
Fabrication des objets en bois (bateaux, wagons, charronage, carrosserie).	5,0	4,8
Fabrication des poteries, objets en verre, marbre, faïence, terre glaise.	9,6	5,4
Produits chimiques.	22,0	9,6
Travaux de construction.	9,2	3,5
Entreprises d'éclairage électrique.	11,7	6,1
Fabrication des meubles (ébénisterie).	8,2	3,6
Fabrication des effets d'habillement et de toilette.	10,6	5,1
Fabrication des substances alimentaires.	10,1	3,8
Industries ayant rapport à la littérature, aux sciences et aux arts (ouvriers des papeteries, typographes, relieurs).	5,0	4,4
Production des objets de luxe et d'art (horlogers, bijoutiers, etc.).	7,1	6,0
Employés dans les établissements de l'État.	0,4	0,4
Occupés par l'industrie en général.	8,7	4,7
Occupés aux transports.	5,2	2,0
Dans le commerce.	6,6	4,2

On voit par là que, dans certaines branches d'industrie, la proportion des étrangers atteint jusqu'à 22 0/0.

faire une idée des conséquences possibles qu'aurait la guerre à ce point de vue, bien qu'en réalité le métier exercé par un jeune homme, quand il atteint l'âge de la conscription, ne corresponde pas nécessairement à son genre d'occupations pendant les années suivantes (1).

Sur 100 hommes de recrue on comptait en France :

Cultivateurs.	44,83
Maçons.	3,97
Ouvriers en bois.	5,48
Ouvriers en métaux.	6,47
Tanneurs, corroyeurs.	2,41
Ouvriers des fabriques et usines.	3,56
Meuniers et boulangers.	2,56
Bouchers.	1,46
Cochers, messagers, voituriers, palefreniers.	2,29
Tailleurs.	0, 9
Porteurs, jardiniers pêcheurs, calfats, déchargeurs	1,12
Employés de bureau.	3,33
Employés des télégraphes.	0,28
Employés des chemins. de fer	0,59
Autres professions.	17,95
Sans profession	2,78
Total.	100,00 0/0

Examinons de plus près les données relatives aux occupations de la population.

Le tableau suivant indique comment est répartie la population de la France d'après la façon dont elle participe à la vie économique du pays (2) :

---

(1) Compte rendu sur le recrutement de l'armée, 1891.
(2) *Chambre des députés* n° 2,576. Mottcroz, 1893, p. 256.

RÉPARTITION DE LA POPULATION DE LA FRANCE D'APRÈS SES OCCUPATIONS EN 1886, PAR MILLIERS D'INDIVIDUS.

Répartition de la population par professions.

	PATRONS	DIRECTEURS et contre-maîtres	Ouvriers	MEMBRES des familles	DOMESTIQUES	TOTAL
Agriculture.	4.016	98	2.772	9.911	871	17.698
Industrie.	1.005	236	3.056	4.781	211	9.289
Transports.	54	120	225	598	24	1.021
Commerce.	951	399	553	2.058	287	4.247
Troupes.	485	1	2	117	10	614
Employés du gouvernement.	189	31	35	412	44	711
Professions libérales. . .	400	71	32	444	147	1.094
Capitalistes et propriétaires..	979	9	100	851	356	2.295
Total.	8.109	964	6.774	19.172	1.950	36.970
Sans professions déterminées.	»	»	»	»	»	860
Totaux.	»	»	»	»	»	37.930

CHIFFRES D'OÙ L'ON CONCLUT QUE SUR 100,000 AMES DE LA POPULATION, ON EN TROUVE DANS :

L'agriculture.	10.930	270	7.480	26.780	2.300	47.820
L'industrie.	2.740	640	8.250	12.970	570	25.170
Les transports.	140	320	610	1.630	60	2.760
Le commerce. . -. . . .	2.580	1.080	1.490	5.580	770	11.500
Les troupes.	1.290	10	30	300	30	1.660
Les employés du gouvernement.	510	80	100	1.100	120	1.920
Les professions libérales.	1.090	190	90	1.190	400	2.960
Les capitalistes et propriétaires.	2.650	20	280	2.300	960	6.210
Totaux..	21.930	2.610	18.330	51.860	5.270	100.000

Si nous représentons ces données graphiquement, nous obtenons le tableau suivant :

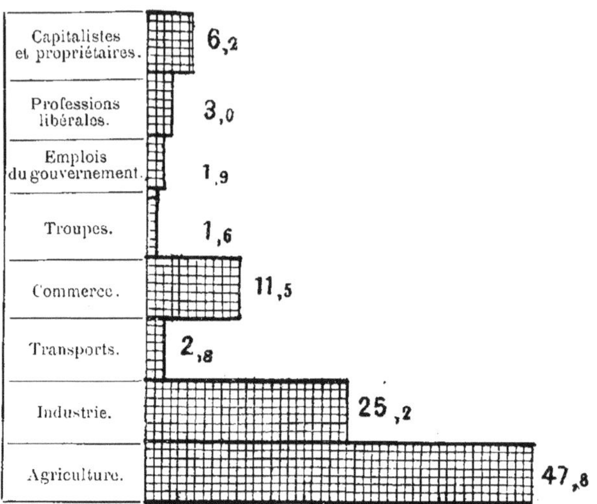

Répartition de la population de la France, d'après les professions, en 1886, en 0/0.

Nous voyons donc que près de la moitié de la population française se livre à la culture du sol. La classe agricole renferme des personnes des catégories suivantes : grands et petits propriétaires, fermiers et ouvriers à gages. Sur les 17,698 milliers d'individus appartenant à cette classe, on compte environ 2,772,000 ouvriers (1).

Dans un pays où la propriété foncière est divisée entre un grand nombre de familles, les ouvriers propriétaires du sol constituent la plus grande partie de la population; et les salaires, à l'exception de quelques départements de grande culture, sont partout relativement faibles.

La population agricole et la division de la propriété foncière.

La lutte pour l'existence dans cette catégorie de la population est maintenant beaucoup moins pénible qu'elle ne l'était il y a vingt ans, dans beaucoup de départements. Quoique les ouvriers agricoles souffrent moins que ceux des fabriques de la pénible incertitude de savoir si le lendemain ils auront ou n'auront pas de travail, leur existence est cependant plus difficile; parce que, connaissant d'avance le tarif de leur salaire, ils n'ont aucun espoir de voir s'améliorer leur situation.

---

(1) *Almanach de la Démocratie rurale*, 1893.

Le paysan propriétaire, qui toujours s'est montré la véritable pierre angulaire de la France, offre peu de prise aux agitateurs ; mais il en est tout autrement de l'ouvrier à gages. Les socialistes eux-mêmes le comprennent bien et ils agissent en conséquence. Le prolétariat ouvrier, considérant comme ses ennemis, tout à la fois les bourgeois capitalistes et les paysans, comprend que son émancipation rencontrera toujours des obstacles de la part des « dirigeants » élus par la population rurale.

Il est d'ailleurs impossible de croire qu'en cas de guerre, la classe agricole ne ferait courir aucun danger à l'État. Le fait est qu'elle ne peut pas vivre des produits du sol.

L'enquête sur l'agriculture, effectuée en 1882, a prouvé que, sur 5,672,007 propriétaires cultivateurs enregistrés, 2,167,667 possèdent des propriétés de moins d'un hectare de superficie et que, pour 1,865,878 autres, l'étendue de leurs propriétés se trouve comprise entre 1 et 5 hectares. Un statisticien bien connu, M. A. Coste, soutient toutefois que le chiffre auquel on arrive de la sorte, pour le nombre des petites propriétés foncières — 4,033,545 sur 5,672,007, c'est-à-dire 71 0 0 — doit être considéré comme supérieur à leur nombre réel.

Il faut en effet retrancher de la liste ainsi dressée les propriétés qui, se trouvant sur le territoire de deux ou plusieurs communes, paraissent fictivement fractionnées ; il faut ensuite en excepter les terres qui ne font pas l'objet d'une exploitation particulière, bien qu'elles soient séparées de la propriété principale ; et enfin, les parcelles qui sont la propriété d'ouvriers à la journée, de fermiers et de métayers.

En opérant ces réductions, nous arrivons à trouver que le nombre des propriétés est de 3,383,000 — et que la moitié au moins de ce nombre, c'est-à-dire 1,700,000 (même davantage en réalité), des personnes s'occupant d'agriculture sont dans une situation très voisine de celle des ouvriers ruraux.

Etant donné un pareil état de choses, on peut s'attendre, en cas de guerre, à quelque danger pour le gouvernement, même de la part de la classe agricole. Mais cependant cette classe sera pour lui la moins dangereuse.

On n'en peut pas dire autant des autres parties de la population. Pour nous en convaincre, examinons quelle est la répartition des revenus dans le pays.

M. A. Coste a fait le calcul suivant de la répartition des revenus en France :

Répartition des revenus en France.

---

(1) A. Coste, *Etude statistique sur les salaires des travailleurs et les revenus de la France.* — Paris, 1890.

1º *Salaire personnel*

En millions de francs

3.434.938 ouvriers ruraux.	2.000
3.834.580 ouvriers d'industrie, du commerce et des transports.	3.600
1.132.076 employés recevant un traitement	1.000
1.950.208 domestiques au service des personnes. . .	1.400
Total . .	8.000

3.700 000 petits cultivateurs, industriels, commerçants, hommes de peine, soldats, marins, gardiens, petits fonctionnaires, employés des cultes, religieux et religieuses, instituteurs et institutrices, etc., dont les traitements ne dépassent guère le salaire le plus élevé des ouvriers. **4.000**

2º *Capitalistes*

1.683.192 propriétaires fonciers possédant de 3 1/2 à 4 1/2 milliards . . . .

1.009.914 industriels, commerçants, etc., de 3 1/2 à 4 1/2 milliards **10.500**

1.053.025 propriétaires, rentiers et représentants des professions libérales de 2 1/3 à 3 milliards.

17.797.933   **22.500**

Ces chiffres ne sont sans doute qu'approximatifs ; mais ils peuvent servir de schéma et nous fournir les bases sur lesquelles on peut établir des hypothèses économiques relatives à l'effet de telles ou telles influences sur la situation générale du pays.

Nous voyons que les 10 milliards et demi, attribués par l'auteur à 3,746,131 capitalistes plus ou moins opulents représenteraient, s'ils étaient uniformément répartis entre eux, un total de 2,800 francs par famille. Et nous pouvons remarquer en passant que la confiscation des capitaux particuliers au profit de la communauté, rêvée par les socialistes, ne donnerait pas grand'chose par personne.

Leroy-Beaulieu admet qu'en France il se trouve à peine de 700 à 800 personnes possédant un revenu de 250,000 francs ou davantage, et qu'il n'y en a que de 18,000 à 20,000 dont le revenu soit compris entre 50,000 et 250,000 francs.

Part que prennent
les femmes
au travail national.

Ce même auteur nous fournit les indications suivantes sur la part prise par les femmes au travail national :

Sur 3,435,000 ouvriers ruraux, il faut compter environ 1,472,000 femmes, dont le salaire atteint 670 millions.

Sur 661,000 ouvriers parisiens, il faut compter 299,000 femmes, gagnant 250 millions.

Sur 3,174,000 ouvriers des départements, il faut compter 1,050,000 femmes, gagnant 540 millions,

Sur 1,132,000 employés ayant un traitement, il faut compter 327.000 femmes recevant 200 millions.

Sur 1,950,000 domestiques, il faut compter 1,267,000 femmes, recevant 800 millions.

Et au total sur 10,352,000 salariés en général, on peut compter 4,415,000 femmes, gagnant 2,460 millions.

Ce dernier chiffre représente près de 30 0/0 de la somme totale des salaires du prolétariat.

D'après les données du recensement fait en France, le 30 mai 1886, sur une population totale de 38,2 millions d'habitants (dont 37,1 présents à leur domicile), voici combien on comptait d'hommes et de femmes vivant du travail industriel :

	Femmes	Hommes
Agriculture et exploitation forestière. . .	2.138.236	4.777.729
Personnes indépendantes.	937.339	3.108.625
Personnes occupant de hautes fonctions.	42.428	55.407
Ouvriers.	1.158.269	1.613.697
Travaillant dans les hôtels et auberges. .	164.964	325.318
Dans les filatures et tissages.	376.602	414.605
Tailleurs et couturières.	433.650	130.999

En France, outre cela, il existe encore, pour les femmes, des branches importantes d'occupation : dans le travail des mines et l'exploitation des minerais (39,139 ouvriers féminins), le travail des métaux (19,498), la mégisserie (25,907), l'industrie des produits chimiques (22,722), les constructions (26,105), la fabrication des meubles (31,201), la fabrication des objets d'alimentation (33,389), la fabrication du papier et du carton ainsi que la typographie (33,898), la confection des objets de luxe (20,943), le travail dans les manufactures de l'Etat (dans les manufactures de tabacs et cigares, on compte 17,020 femmes et 17,062 hommes).

Dans le commerce et les banques, on trouve comme employés :

Femmes.	503.197 ou 35,6 0/0
Hommes.	909.058 ou 64,4 0/0

Au cas où viendrait à se produire un arrêt dans la vie économique du pays, c'est dans la vie agricole que son effet serait le moins sensible (1).

Dans chaque ménage de cette catégorie, il existe toujours une réserve de nourriture si faible qu'elle soit ; tandis que la partie de la population adonnée à l'industrie, au commerce, etc., ainsi que la plupart des personnes qui vivent sur leur crédit, se trouveraient dans une situation d'autant plus misérable qu'en France, comme on vient de le voir, beaucoup de femmes n'ont d'autres moyens d'existence que leurs salaires.

----

(1) Dans son *Introduction à l'enquête agricole*, 1882, Tisserand donne les chiffres suivants pour le revenu brut de l'exploitation rurale, en millions de francs :

1° *Produits de la culture*

Céréales	4.081	
Paille	1.294	
Pommes de terre	648	
Autres grains	148	
Plantes annuelles fourragères	1.365	
Prés et pâturages	1.036	11.502
Cultures industrielles	358	
Vignobles	1.137	
Légumes, etc	902	
Fruits des oliviers, noyers et autres arbres	199	
Bois et forêts	334	

2° *Elevage des animaux et leurs produits*

Chevaux, mulets, ânes (vendus vivants)	80	
Viande	1.634	
Lait	1.157	
Laines	77	
Volailles, lapins, etc.	188	
Œufs	131	7.183
Vers à soie	41	
Miel et cire	20	
Travail des animaux attelés	3.017	
Engrais	838	

Total du revenu brut		18.685

Si l'on déduit de là :

Les semences	536	
Les engrais	838	5.224
La paille, le foin et les plantes fourragères consommées par les animaux	3.850	

Le reste, d'après Tisserand, représente le revenu net		13.461
Mais de là il faut encore déduire la valeur du travail des animaux attelés employés dans les champs		3.017
Il reste réellement		10.444

Par suite de la part active qu'elle prend ainsi au travail national, la femme française exerce une influence extrêmement heureuse sur son pays — ce dont on peut se convaincre en étudiant l'enquête parlementaire faite sur l'industrie agricole (1).

« Le bons sens est remarquablement développé chez les femmes de la classe ouvrière. On peut dire qu'en général elles sont supérieures a l'ouvrier homme. Rien n'est plus intéressant que de voir, lorsqu'on s'entretient avec elles, comme elles comprennent nettement l'état des choses, jugeant inutile de faire tels sacrifices personnels et de s'exposer à des risques pécuniaires, si les circonstances tournent à leur avantage. »

Par malheur, cette vue nette des choses ne se rencontre pas toujours, et dans les moments d'agitation et de troubles elle fait défaut. Moins que tout le reste, on a pu louer à un moment donné les femmes qui prirent part au mouvement socialiste, — si du moins l'on jette un coup d'œil sur le compte rendu du congrès féministe tenu à Paris en 1892 (Compte rendu inséré dans la *Revue socialiste*).

Ici l'on peut également rappeler que le premier mot relatif au socialisme semble avoir été lancé, parmi d'anciens mineurs de Carmaux, par le journal de la *Citoyenne* Paule Mink. — Cette dernière est une étrangère par son origine. — Mais aux troubles récents ont pris part des femmes de mineurs qui, plus d'une fois, n'ont pas reculé même devant la violence.

Toutefois de tels cas sont rares.

« Nulle part dans le monde, peut-être, la femme ne joue dans le domaine économique un rôle aussi actif et aussi habile qu'en France. Les femmes des petits commerçants comprennent beaucoup mieux le commerce que leurs maris — et la femme est, dans toute l'acception du mot, l'âme de ce commerce. La femme de l'ouvrier français, de l'industriel, du fermier, sert à son mari de caissier et de teneur de livres. Elle habille son mari, fait des économies, se montre plus raisonnable et plus laborieuse que lui — et c'est elle qui soutient toute la maison dans une foule de circonstances, surtout quand elle a apporté une dot. »

Il serait très important d'examiner en quel sens s'exercera l'action de la femme française au moment critique de la guerre : manifestera-t-elle son patriotisme bien connu, ou des sentiments d'une autre nature?

Mais c'est là une question à laquelle il est actuellement impossible de répondre.

La France est considérée comme un pays riche. Mais si l'on admet que la population renferme seulement 5 0/0 de pauvres, cela fait encore

____

(1) *Royal Commission on labour, France*, 1893.

deux millions de personnes ayant, en temps de paix, besoin de la charité privée ou publique (1).

Mais en temps de guerre, le nombre des nécessiteux s'augmentera sans nul doute, attendu qu'il y aura beaucoup plus de gens sans travail pendant la guerre en France que dans d'autres pays — par cette raison que les plus importantes branches de la production nationale sont celles des objets de luxe et de modes, dont naturellement la vente se trouvera suspendue.

Ouvriers sans travail en temps normal.

Même en temps normal le nombre des personnes sans travail est assez considérable en France. La *Commission d'enquête parlementaire* a reçu, sur ce sujet, des réponses intéressantes sur les feuilles du questionnaire qu'elle a envoyées à tous les travailleurs.

Ces réponses proviennent de 9,116 ouvriers, dont : 2,916 de l'industrie métallurgique, 3,222 de l'industrie du bâtiment, 1,606 de l'ébénisterie, de la menuiserie et enfin 1,342 de la confection des habits et objets de toilette.

Il s'en dégage le résultat suivant :

Ont de l'ouvrage toute l'année. . . . .   1.360 ouvriers, ou 17,9 0/0
Chôment pendant deux mois au plus . . . .   1.340   —   ou 14,7 0/0
Chôment pendant trois mois . . . .   2.221   —   ou 23,3 0/0
Chôment pendant quatre mois. . . . .   1.813   —   ou 20,0 0/0
Chôment pendant cinq mois ou davantage . .   1.572   —   ou 17,2 0/0

Si l'on en croit les radicaux français, le nombre des ouvriers sans travail s'élèverait, en France, au cinquième ou tout au moins au sixième de la totalité.

A Paris, les conditions sont encore plus mauvaises.

Dans les moments favorables, 20 0/0 des ouvriers restent pendant 3 ou 4 mois sans trouver d'occupation. Et, dans les années de crise, 45 0/0 environ souffrent du manque de travail, c'est-à-dire que trois cent mille familles demeurent privées de tout moyen d'existence (2).

En temps ordinaire ces ouvriers sans travail font peu parler d'eux. Mais, comme en temps de guerre, le nombre s'en augmenterait certainement, on pourrait s'attendre à les voir tous revendiquer le droit à recevoir des secours de la part du Gouvernement.

Or, dans les circonstances normales, il y a déjà en France un grand nombre de personnes dans cette situation, comme on peut le voir par les indications suivantes qui se rapportent à l'année 1889.

---

(1) *Statistique générale de la France.*
(2) *Almanach de la question sociale,* 1894 : *Statistiques.*

Sur l'ensemble de la population, d'après les données du dernier recensement, sur 26,049,703 personnes, il a été secouru :

Nombre de personnes secourues.

$$\left. \begin{array}{l} 1.616.481 \text{ Français} \dots\dots\dots\dots \\ \text{et} \quad 55.871 \text{ Étrangers} \dots\dots\dots\dots \end{array} \right\} 1.672.352$$

Le nombre total des secours distribués s'est élevé à 14,756,910.

En outre, les pauvres ont été aidés sous forme d'admission dans les établissements d'assistance.

Les chiffres suivants font connaître le nombre de lits et de journées dont ont profité les malheureux dans les hospices et autres établissements de bienfaisance :

Dans les hospices	Nombre de journées	Nombre de lits
Hommes.	316.221	1.643
Femmes.	91.124	706
Enfants	100	16
Dans les autres établissements de bienfaisance		
Hommes.	1.420.657	4.319
Femmes.	756.381	2.449
Enfants	69.962	308
Total. . .	2.654.445	441

En exprimant graphiquement ces données nous obtenons la figure ci-dessous :

Secours donnés aux malheureux, en France, en 1889.

On comprend les conséquences qu'un tel état de choses entrainerait en France où le mouvement socialiste est la preuve manifeste de l'existence d'un mécontentement général contre l'organisation sociale actuelle. Si la guerre de 1870 fut suivie de la Commune, à quoi faut-il s'attendre aujourd'hui que le socialisme a relevé la tête et s'est donné une organisation solide; tandis qu'avant la guerre, et pendant tout le règne de Napoléon III, le Gouvernement français profitant de son pouvoir discrétionnaire et de ses droits exclusifs avait étouffé toute tentative de propagande en ce genre?

Les socialistes.

Il ne faut pas oublier que les socialistes ont constitué une organisation

Leur organisation.

permanente entre les municipalités qui les soutiennent, et qu'en juin 1895, s'est tenu à Paris le 3ᵉ congrès de cette alliance, où, d'après ses organisateurs, ont figuré les représentants de 500 communes. Les ouvriers se sont réunis en fédération en formant des syndicats locaux et industriels, de même que par le moyen des *Bourses de travail*. Ces Bourses ne se sont pas bornées à choisir leur personnel sur place; mais favorisant les syndicats en général, elles se sont montrées très actives dans la lutte des classes. Au congrès de la fédération des 19 Bourses de travail tenu à Nîmes, du 9 au 12 juin 1895, il fut décidé de créer un poste de secrétaire du travail national et de continuer la propagande socialiste; puis il fut fait quelques propositions pour demander que le socialisme d'Etat se substituât à l'initiative individuelle. Cette propagande peut devenir d'autant plus dangereuse que les dépenses absorbées par le militarisme compromettront tôt ou tard la solidité de l'organisme de la nation française.

Leroy-Beaulieu et Neymarck constatent un temps d'arrêt, sinon même une régression dans le développement de la richesse nationale, en appuyant leurs conclusions sur les chiffres mêmes des impôts, et constatant que, pendant les trois années (1892 à 1894), la somme totale produite par l'impôt sur le revenu des valeurs françaises et étrangères a diminué de 123 millions, ce qui correspond à une diminution de capital de 3 à 4 milliards.

Si l'on met en regard la quantité de valeurs qui se sont trouvées soumises à l'impôt, par suite de leur transmission par héritage ou par contrats conclus du vivant des parties, nous voyons que, pour cette même période de 1892 à 1894, il s'est produit également sur leur total une diminution d'à peu près 700 millions.

4° Dangers dont la France est menacée par la décroissance de sa population

Pour la France, la guerre serait plus terrible que pour n'importe quel autre pays.

Nous avons vu combien la France est riche en capitaux, combien sa population est laborieuse, économe, de quel heureux climat elle jouit, de quelle abondance de produits naturels elle est comblée. Nous avons aussi vu que ce pays est en progrès pour tout ce qui contribue à la satisfaction des besoins des hautes classes en objets de luxe et de mode. Mais les conséquences de tout cela ne se manifesteraient pas d'une manière aussi frappante, sans le concours de circonstances particulières qui, étant par elles-mêmes d'un caractère négatif, ont une influence énorme sur l'accroissement de la richesse.

Il faut dire qu'en France la natalité est beaucoup plus faible que dans les autres pays, et que la mortalité y est presque égale ; de sorte que l'accroissement de la population française est comparativement insignifiant. Il y a même eu des années où cet accroissement a été nul et d'autres où l'on a constaté au contraire une diminution. Mais nous allons donner des chiffres et, avant tout, comparer le nombre des enfants (au-dessous de 10 ans), des vieillards (au-dessus de 60), des célibataires des deux sexes (de 40 ou 50 ans et au-dessus) dans les différents pays, en pour cent du total de la population. Faiblesse de la natalité en France.

Composition de la population.

| | POUR CENT d'enfants au-dessous de 10 ans | POUR CENT de vieillards au-dessus de 60 ans | POUR CENT DE CÉLIBATAIRES DES DEUX SEXES | | | | | |
| | | | De 40 ans et au-dessus | | | De 50 ans et au-dessus | | |
			Hommes	Femmes	Total	Hommes	Femmes	Total
Allemagne.. . .	24,2	8,0	8,3	10,7	9,6	7,4	10,6	9,1
Autriche. . . .	23,9	7,9	12,4	15,6	14,1	11,3	15,6	13,6
Hongrie.. . . .	26,2	6,8	4,0	3,2	3,6	3,4	2,6	3,0
Angleterre et Galles.. . . .	23,9	7,5	10,1	12,5	11,3	8,0	11,3	10,0
France.	17,5	12,6	11,6	12,7	12,2	10,2	11,9	11,1

Représentons ces données graphiquement :

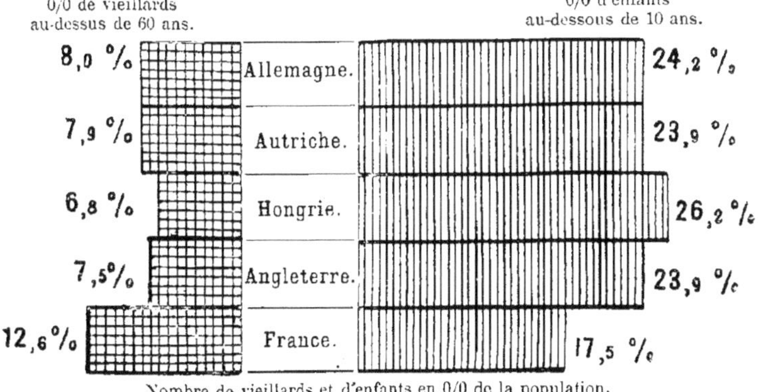

Nombre de vieillards et d'enfants en 0/0 de la population.

Ainsi en France, le nombre d'enfants au-dessous de 10 ans représente 17, 5 0/0 de la population totale, tandis qu'autre part, il en constitue les 24 et 26 centièmes; le nombre des vieillards de 60 ans et au-dessus atteint en France 12, 6 0/0 de la population ; ailleurs il n'est que de 7 à 8 0/0. La proportion des célibataires est aussi moins favorable en France que dans les autres pays, à l'exception de l'Autriche, comme le montre clairement le graphique suivant :

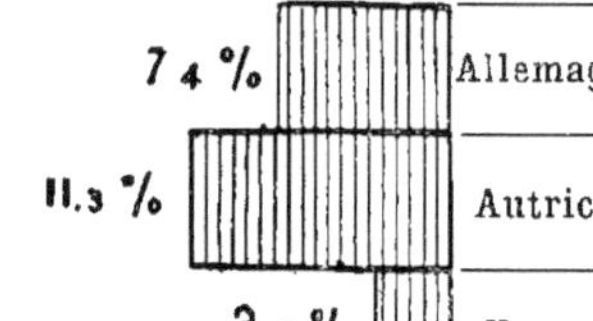

Nombre de célibataires, en 0/0 de la population.

Comparaison avec l'Allemagne.

La comparaison suivante de la natalité et de la mortalité en Allemagne et en France montrera dans quelles circonstances défavorables se trouve ce dernier pays au point de vue de l'accroissement de la population.

NOMBRE DES NAISSANCES ET DES MORTS POUR 1,000 PERSONNES

| ANNÉES | FRANCE | | Augmentation + Diminution — | ALLEMAGNE | | Augmentation + Diminution — |
	Naissances	Morts		Naissances	Morts	
1884 . .	24,3	22,6	+ 1,7	37,2	26,0	+ 11,2
1885 . .	24,2	21,9	+ 2,3	37,0	25,7	+ 11,3
1886 . .	23,9	22,5	+ 1,4	37,0	26,2	+ 10,8
1887 . .	23,5	22,0	+ 1,5	36,9	24,2	+ 12,7
1888 . .	23,1	21,9	+ 1,2	36,6	23,7	+ 12,9
1889 . .	23,0	20,5	+ 2,5	36,4	23,7	+ 12,7
1890 . .	22,0	22,8	— 0,8	35,7	24,4	+ 11,3
1891 . .	22,6	22,8	— 0,2	37,0	23,4	+ 13,6
1892 . .	22,3	22,8	— 0,5	35,7	24,1	+ 11,6
1893 . .	22,9	22,8	— 0,1	36,7	24,6	+ 12,1
1894 . .	22,6	21,6	+ 1,0	35,8	22,3	+ 13,5
Totaux.	23,1	22,2	+ 0,9	36,5	24,4	+ 12,1

Graphiquement l'accroissement de la population en France et en Allemagne se présente sous l'aspect suivant :

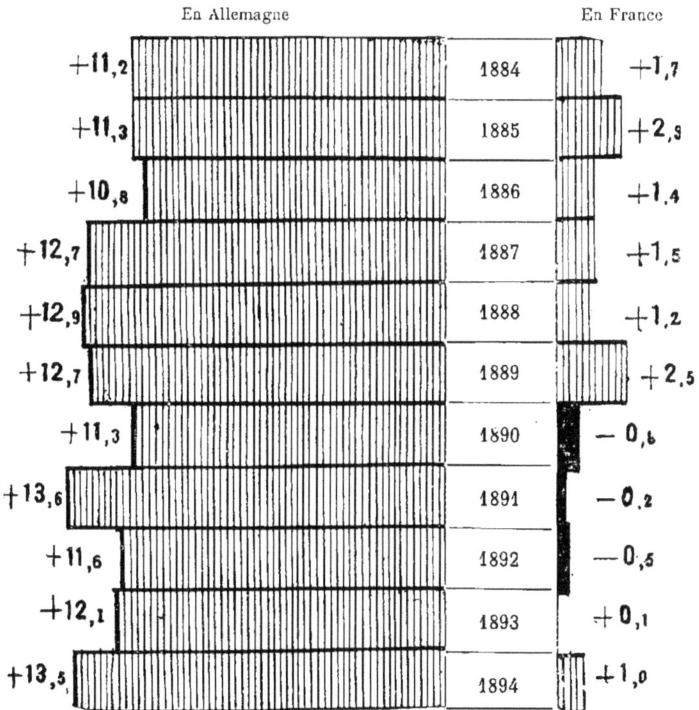

Accroissement ou diminution de la population en France et en Allemagne, en pour mille de l'ensemble de la population.

On voit ainsi qu'en France, la natalité est à peu près égale ou même inférieure à la mortalité; tandis qu'en Allemagne la natalité est supérieure à la mortalité de 1, 2 0/0, c'est-à-dire que l'accroissement est de plus de 12 personnes par 1,000 habitants. Les chiffres que nous avons donnés se rapportent à dix années toutes récentes, mais le même phénomène s'observe depuis le commencement de ce siècle.

D'après les calculs faits par Hübbe Schleiden, en se basant sur les données de Ravenstein, la population des pays ci-dessous, exprimée en millions, s'élevait :

	En 1788	En 1888
Pour l'Allemagne à	15,5	48
— l'Autriche	11,5	26
— l'Italie	16,5	30
— la Grande-Bretagne	12,0	37
— les États-Unis	3,5	60
— la Russie	25	90
— la France	25	38

D'où l'on voit combien a changé le rapport quantitatif de la population, c'est-à-dire la force relative des différents États. Une représentation graphique mettra mieux encore en relief ces différences.

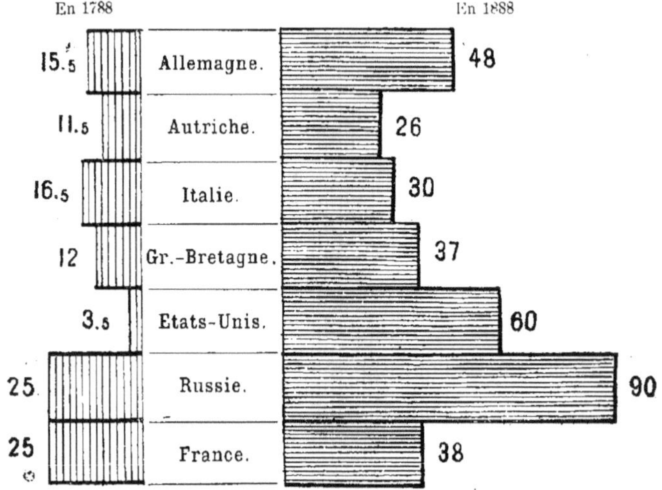

Chiffre de la population en 1788 et en 1888, en millions.

Ainsi l'on voit, par les chiffres ci-dessus, qu'il y a cent ans les forces de l'Allemagne étaient de 40 0/0 plus faibles que celles de la France, tandis qu'actuellement c'est au contraire ces dernières qui sont inférieures de 20 0/0. D'où il ressort directement que la puissance de la nation française s'affaiblira encore dans l'avenir comparativement à celle des autres pays où le pour cent de l'accroissement de la population est resté plus normal.

Les mesures artificielles proposées pour amener l'augmentation de la population ne sauraient écarter ce « danger national », suivant l'expression de M. Frari. On peut bien, sans doute, rédiger des projets, dans le genre de ceux mis en avant par le statisticien bien connu de Foville pour relever la natalité annuelle, par exemple, à 2 naissances en moyenne, dans chaque commune, et pour diminuer de même la mortalité, afin de ramener dans l'accroissement de la population la progression d'il y a 25 ans. Mais la réalisation de ces idées est impossible.

La diminution du nombre des naissances a encore cet inconvénient que les enfants sont mieux soignés, et que la mortalité parmi eux est moindre; d'où empêchement, pour la sélection naturelle, de s'exercer et de supprimer les personnalités les plus faibles, ce dont souffrent les qualités physiques de la nation en général.

En France, dès maintenant, la race est plus faible qu'en Angleterre, en Russie et en Allemagne.

Ce fâcheux état de choses a, il est vrai, momentanément ses bons côtés qui, — comme nous l'avons dit au chapitre : *L'inégale accroissement de la population est une cause de guerre* — consistent en ce que, par suite d'un aussi faible et même insignifiant accroissement de la population, il y a plus de place en France pour le travail, plus d'espace pour ainsi dire et moins de lutte pour le développement des forces productives. En outre, la nation a moins de dépenses à faire pour l'éducation et l'instruction de la génération qui s'élève, et par là même, elle épargne davantage. Enfin, les capitaux ne se disséminent pas comme on le voit en d'autres pays plus peuplés — par suite de quoi le bien-être matériel augmente.

Tout cela n'empêche pas que chaque année les forces de la France s'épuisent et s'affaiblissent comparativement à celles de ses voisins. — Mais pour la masse de la population actuellement vivante, l'avenir est voilé par l'éclat trompeur d'un bonheur momentané.

Si l'on estime la valeur d'un homme à 3,000 francs et qu'on fasse le compte de la richesse qui est, de 1788 à 1888, échue en partage à l'Allemagne et à la France, on trouve que la valeur de l'accroissement de la population française s'est élevée à 39 milliards de francs, tandis que celle de l'accroissement de la population allemande atteint 97 milliards et demi. C'est-à-dire que la richesse de l'Allemagne en forces vives est de 58 milliards et demi supérieure à celle de la France.

Représentons cela graphiquement :

Valeur de l'accroissement de population de 1788 à 1888 en milliards de francs.

Dans notre chapitre consacré à l'*Inégalité des pertes causées par la guerre à la prospérité nationale*, nous avons montré qu'en cas de guerre, les pertes en hommes seraient énormes; et la France doit les éviter, parce qu'en raison des conditions d'accroissement de sa population, l'affaiblissement qui en résulterait pour elle serait relativement plus grand que pour ses ennemis.

La guerre elle-même ne pourrait pas améliorer la situation de la France. La perte de la fleur de sa jeunesse serait, pour elle, non plus un « danger national », mais un désastre.

La France, qui a prêté tant de milliards à des sociétés et à des gouvernements étrangers, qui a placé dans ses propres fonds d'État la plus grande partie de ses économies, semble un pays qui, tout en n'admettant pas la plus légère atteinte à son honneur ni à ses intérêts nationaux, doit en même temps faire tous ses efforts pour maintenir la paix — attendu que la paix seule et non la guerre avec tous ses malheurs et ses misères peut lui assurer un avenir favorable au meilleur développement de son génie national, auquel l'humanité est redevable de tant.

VI. Russie

Si l'on veut se rendre compte des conséquences qu'au point de vue économique et social la guerre peut avoir pour la Russie, il faut, comme nous l'avons fait pour les autres pays, examiner aussi le degré de bien-être de la population russe, évaluer le chiffre de ses revenus et la probabilité qu'il y a pour elle de réaliser des épargnes, puis rechercher dans quelle mesure la guerre peut y diminuer la consommation de certains objets et augmenter la demande de certains autres, réduire les exportations du pays à l'étranger et, peut-être, priver de revenus une partie de la population. Ensuite on doit se demander jusqu'à quel point un temps d'arrêt dans l'industrie et le commerce, avec un abaissement simultané du cours des fonds d'État et des valeurs de crédit, produirait des misères économiques et provoquerait une crise aiguë — et enfin quelle influence les perturbations susmentionnées exerceraient sur le crédit de l'État et la possibilité de faire face aux exigences budgétaires.

En passant une revue générale des difficultés économiques qui se produiraient en cas de guerre dans les États de l'Europe et notamment en Allemagne, en Autriche, en Italie, dans la Grande-Bretagne et en France, et en exposant les conséquences probables qu'aurait la guerre future pour chacun de ces pays en particulier, d'après ses conditions économiques, financières et sociales, nous avons fait, dans la plupart des cas, des comparaisons avec la Russie.

Quand nous avons examiné, dans le tome II, les plans des opérations militaires qui, d'après les circonstances, seraient probablement suivis au cas d'une lutte entre les alliances qui se partagent les grandes puissances du continent européen, nous avons profité de nos principales conclusions relativement aux forces de chacune d'elles, et nous avons formulé en chiffres le degré comparatif de résistance que chacun de ces pays pouvait opposer à l'influence destructive de la guerre.

Les résultats auxquels nous sommes ainsi finalement arrivés se sont trouvés sensiblement d'accord avec l'affirmation suivante du général Brialmont, que : « le pays pour qui la guerre est le moins dangereuse et qui serait le moins vulnérable, c'est la Russie — en raison de son immense étendue, des caractères de son sol et de son climat, et, plus encore, par suite de l'état social de sa population, adonnée principalement à l'agriculture. » Ce dont la Russie
est capable
en cas de guerre

Produisant en abondance des hommes, des chevaux et du blé, ayant de nombreux centres industriels et commerciaux, habituée depuis tout un siècle à se servir de monnaie fiduciaire, la Russie est capable de faire durer une guerre défensive pendant plusieurs années ; tandis que les États de l'Ouest et du Sud, où la culture intellectuelle est plus élevée, où l'industrie et le commerce sont plus développés, mais à qui manque le blé nécessaire pour nourrir leur population, ne peuvent soutenir la guerre pendant des années entières sans s'exposer à la ruine et même au démembrement.

Une autre supériorité stratégique de la Russie sur les pays d'Occident provient de ce que l'occupation, par l'ennemi, même de toute une zone de sa frontière, n'entraînerait pas de résultat décisif.

Mieux encore. Il est impossible de briser la Russie d'un seul coup, — comme tous les autres pays d'Europe — si considérables que soient les progrès de l'invasion ennemie sur son territoire. L'occupation même de ses deux capitales, et la défaite de toutes les armées qu'elle aurait mises sur pied, ne suffiraient pas encore à l'empêcher de continuer la résistance — tandis que, dans de telles conditions, toute puissance occidentale serait irrémédiablement abattue. Les restes des troupes russes vaincues iraient se reformer dans quelqu'autre centre éloigné ; autour d'elles sortiraient de terre de nouvelles et nombreuses armées ; et toute l'énergie de la guerre s'allumerait de nouveau en Russie ; — en même temps que l'ennemi affaibli et épuisé par de stériles efforts se verrait contraint à la retraite.

Telle est la conclusion générale qui ressort de la comparaison des forces des diverses puissances et des conditions de leur action.

T. IV. — Jean de Bloch. — *La guerre future.*   10

Quoique nous avons mis les chiffres généraux correspondant à la Russie, en regard des données recueillies sur les forces et les ressources des nations étrangères, nous avons cru néanmoins devoir, conformément au programme de notre travail, étendre quelque peu la recherche des conséquences économiques, que la guerre future aura particulièrement pour notre pays.

En mettant en parallèle les indications qui se rapportent aux autres peuples, nous avons considéré chacun d'eux, aussi bien que la Russie, comme autant d'unités que nous avons comparées entre elles, ce qui nous a permis d'obtenir des moyennes. Puis pour évaluer la production et le degré de prospérité relative de différents pays, on prend habituellement, comme exemple, deux régions présentant, l'une le plus haut, l'autre le plus bas degré de production, et de cette façon encore on arrive à des moyennes. Méthode qui, malgré la simple approximation des chiffres obtenus, se prête parfaitement à l'appréciation des facultés qu'auraient, de supporter la guerre, les différents pays d'Occident.

Mais dans l'application de cette méthode à la Russie, on rencontre des circonstances tout à fait exceptionnelles : le territoire est si étendu et ses conditions climatériques et ethnographiques sont tellement diverses que des chiffres moyens ne peuvent donner, de ses ressources, même l'idée approximative que nous avons obtenue pour les pays occidentaux.

De plus il y a, comme nous l'avons déjà dit, un fait de nature stratégique qui met la Russie dans une situation toute spéciale au point de vue de la guerre.

Tandis que, dans les pays occidentaux, les combats décisifs devront se livrer précisément dans les régions frontières, pour la Russie, le sort de la lutte ne saurait être décidé, même par la chute, entre les mains de l'ennemi, d'une large zone de territoire.

Dans la partie de notre ouvrage consacrée aux plans des opérations de guerre, nous avons exposé quelques combinaisons présentées par des auteurs étrangers pour opérer l'invasion de la Russie par des coalisés : l'une de ces combinaisons comportant une occupation de territoire dans le Nord-Ouest, l'autre, un mouvement allant de la frontière occidentale au Centre, c'est-à-dire vers l'Est, et la troisième, l'occupation d'une zone au Sud-Ouest, suivie d'une marche sur le Centre, c'est-à-dire vers le Nord.

Quelques-uns de ces mêmes auteurs sont d'avis que l'invasion de la Russie doit être dirigée à la fois sur Pétersbourg et sur Moscou : les uns d'ailleurs admettant que le succès d'une telle entreprise obligerait la Russie à mettre bas les armes ; les autres soutenant, avec plus de vraisemblance, que, même après l'occupation d'une vaste étendue de son territoire, il resterait encore au pays assez de ressources pour continuer la lutte.

Dans l'examen de l'influence possible de la guerre sur les ressources nationales et l'existence de la population russe, nous ne pouvons nous borner à des considérations d'ordre général, comme pour les autres États; nous devons aller un peu plus au fond des choses, ne fût-ce qu'en raison de ce que l'immensité même du territoire et ses ressources considérables en hommes pour la formation de nouvelles armées (ce qui fait la puissance incontestable de la Russie) pourraient très bien suggérer des hypothèses d'un caractère trop optimiste. Ainsi, d'après les auteurs étrangers, les militaires russes tombent dans l'exagération sur ce point, et perdent entièrement de vue que la guerre se ferait néanmoins très bien sentir dans le pays, et que même, sous certains rapports, elle pèserait très lourdement sur sa situation financière et économique.

C'est une erreur de croire que tous, ou même la plupart des militaires éminents de la Russie, commettent cette faute. Pourtant il faut reconnaitre que la grandeur même de la Russie, sa richesse en territoire et en hommes, peuvent très bien porter certains esprits à s'exagérer sa puissance. Mais le danger de semblables erreurs est évident pour tout homme sans parti pris, qui réfléchit et se souvient de tant de cas historiques où l'opinion exagérée qu'ils avaient de leurs forces a conduit des peuples, sinon directement à la guerre, tout au moins à l'emploi de façons d'agir trop brutales qui pouvaient la faire naitre.

Nous devons toutefois remarquer qu'une étude détaillée des conséquences que la guerre pourrait avoir pour la Russie, au point de vue économique, présente de grandes difficultés; parce que nombre de données numériques font défaut, qui seraient nécessaires pour une étude complètement approfondie du sujet.

Rappelons-nous le mot de Gœthe : « On dit que les chiffres gouvernent le monde... Non, ils montrent seulement comment il faut le gouverner. »

En Occident, on considère maintenant comme un axiome que, pour bien diriger une maison d'affaires quelconque, il faut totaliser chaque année ses recettes et ses dépenses et faire la balance des résultats obtenus. A plus forte raison en est-il de même pour un pays. Mais, pour obtenir ce résultat, il ne suffit pas de comparer les totaux des recettes et des dépenses, afin d'en déduire le bénéfice ou le déficit en ressources disponibles; il faut encore avoir des indications sur la situation économique des habitants et, en général, sur l'état de la population.

Les inventaires périodiques de ce qu'on a entrepris, de ce qu'on a réalisé et de ce qu'on possède de fonds liquides à un moment donné, ont fait prendre l'habitude, et tout le monde le comprend, de ne tirer d'indications réelles pour l'avenir que d'une comparaison des efforts faits avec les succès réalisés, des moyens employés avec les résultats obtenus.

Mais il est évidemment très difficile de passer en revue l'économie nationale d'un pays pour une période déterminée; attendu que le résultat final se compose d'une multitude d'intérêts distincts. On ne peut d'ailleurs compter, en pareil cas, sur une comptabilité absolument précise, parce que les données relatives à certains côtés de l'existence d'un peuple ne peuvent être qu'approximatives. Toutefois, pour en réaliser un tableau aussi complet que possible, on publie périodiquement dans tous les pays du monde civilisé des comptes rendus, des recueils et revues comparatives qui renferment des données sur la situation des finances, de l'industrie, du commerce, la production agricole et les communications, ainsi que des renseignements sur les succès obtenus dans les diverses branches de la vie nationale. C'est de ces revues que se servent les économistes, les hommes politiques et les représentants de la nation, pour étudier les besoins d'une époque déterminée et rechercher les moyens d'y donner satisfaction.

Comme modèle de revues comparatives numériques des résultats relatifs à des périodes d'une certaine étendue, on peut citer les rapports publiés tous les 10 ans, aux États-Unis, par un organe spécial du gouvernement, le *Census Office*. Quant aux rapports et recueils annuels, on n'en trouve nulle part autant qu'en Angleterre, où chaque année paraissent toute une série de *returns*, *reports*, etc., — sur les diverses branches de l'activité économique et nationale, tant pour le Royaume-Uni, l'Inde et les colonies, que pour les autres États. — En général, dans les pays de plus haute culture intellectuelle, en même temps que les publications — officielles ou émanant de certaines sociétés d'études — consacrées à diverses branches de la statistique intérieure, il se publie aussi, grâce aux demandes qu'en fait le public, des recueils périodiques contenant les données statistiques les plus récentes sur les autres nations.

La statistique
en Russie.
Ses origines. En Russie, les débuts de la statistique remontent au règne de Nicolas Iᵉʳ. — Mais ce règne, exclusivement dominé par le principe de la bureaucratie militaire, n'était pas favorable à la publication de données officielles sur ces questions.

A cette époque, non seulement on n'attendait aucun concours ou conseil de la part du public, mais on ne l'autorisait même pas à en donner; et peut-être, d'ailleurs, ne voyait-on pas non plus la nécessité de communiquer à ce public des matériaux qui lui eussent permis de formuler des jugements. Les chiffres constituaient un secret d'État, aussi bien ceux du budget ou du contrôle, que ceux relatifs à des faits d'ordre purement matériel, comme par exemple, le nombre des meurtres, des incendies, des faillites, etc.

On redoutait alors toute espèce de publication, au point que, dans l'établissement des listes de recensement, on observait parfois le secret à l'égard du Conseil d'État lui-même (1).

Une période de grandes transformations eut pour point de départ des recueils de données statistiques établis par de simples particuliers, à la suite de l'apparition des principaux renseignements officiels et de l'extension des droits de la presse. — La publication du recensement général de l'Empire en 1862 constitua un grand pas dans cette voie.

Après les principaux chiffres du budget on fit bientôt paraître, au complet, les listes de recensement et les comptes du contrôle de l'Empire, puis des extraits des comptes de certaines autres administrations : instruction publique, affaires ecclésiastiques ; on imprima des « Annuaires » du ministère des Finances, des recueils de statistique criminelle

Au ministère de l'Intérieur fut constitué un comité central de statistique qui publia un « Recueil statistique ». A l'État-Major, sous la direction de l'officier, qui depuis en a été si longtemps le chef, l'aide de camp, le général Obroutcheff, on publia un « Recueil de statistique militaire » (*Voïenno-Statistitcheskyi Sbornik*), remarquable à tous égards — et dans lequel, outre les données de statistique générale, furent, pour la première fois, communiquées au public des indications sur la composition, l'instruction et l'effectif des troupes. Nombre de renseignements officiels commencèrent à paraître dans les publications nouvellement créées ou déjà existantes, de certains ministères, comme par exemple : le « Recueil naval » (*Morskoï Sbornik*) et le « Recueil militaire » (*Voïennyi Sbornik*), les « Revues » des ministères de « l'Instruction publique » et des « Voies de communication », le « Messager des finances » (*Viestnik finansoff*), etc.

Les établissements fonciers contribuèrent beaucoup à fournir des matériaux à la statistique. La pensée qui servait de base à leur création comportait l'introduction de la publicité dans la direction même des affaires locales. Les *Zemstvos* (assemblées provinciales) commencèrent à fonctionner d'après ce principe, qu'à toute entreprise rationnellement conduite devait servir de base l'étude de l'état économique de la population.

Les études statistiques foncières furent d'ailleurs conduites de façon très inégale dans les divers gouvernements. Certains *Zemstvos* consacrèrent à ces études des sommes importantes et obtinrent de remarquables

____

(1) Nous avons donné dans notre ouvrage *Les finances de la Russie au* xixe *siècle*, (Paris, 1899) un exposé du caractère de l'administration financière de cette époque.

résultats, tandis que d'autres ne s'occupèrent pas du tout de la question.

Quoi qu'il en soit, les travaux statistiques publiés renferment d'abondants matériaux sur la situation réelle de l'économie politique nationale. Ces travaux ont révélé la misère terrible, l'usure colossale, les hypothèques écrasantes dont sont parfois victimes quelques « artels » ou associations de petits artisans, et même des communes rurales tout entières. Dans les sphères administratives, on a généralement vu d'un mauvais œil les travaux statistiques des Zemstvos. « Rien d'aussi brutal que les chiffres », disait Napoléon. Dans certains gouvernements, on protesta contre l'affectation, par les Zemstvos, de fonds aux travaux statistiques ; ordre fut donné à tous de ne pas faire porter leurs études sur la situation économique, et de se borner à recueillir des renseignements sur certaines questions spéciales qui les concernent, telles que les estimations qui servent de base au calcul d'impôts, des assurances, etc.

Quelques-uns de ceux qui s'étaient livrés à des études statistiques furent accusés de tendances répréhensibles, et furent même l'objet de mesures répressives de la part de l'administration.

Les Zemstvos contribuèrent encore d'une autre manière à mettre en lumière la situation réelle des affaires dans les districts, ainsi que les besoins de la population : ce fut en formulant à ce sujet des « vœux » sur toutes les questions relatives à la vie populaire, tant au point de vue économique qu'à celui de l'instruction publique et de l'assistance médicale. La classification et l'examen de ces « vœux » des Zemstvos montreraient de la façon la plus claire dans quelle mesure les dispositions administratives correspondaient aux besoins de la population tels qu'ils étaient constatés sur place, et dans quelle mesure elles étaient en désaccord avec lesdits besoins. A la plupart de ceux des vœux ainsi transmis qui n'avaient pas leur point de départ dans quelques cas spéciaux de l'expédition des affaires, mais dont l'objet était d'obtenir certaines améliorations, il ne fut point donné satisfaction, mais ils eurent toutefois cette utilité très réelle de signaler les besoins locaux, et il fut impossible de n'en pas tenir un certain compte dans la solution donnée à telle ou telle question générale. En même temps, la presse y trouva des renseignements dont elle profita pour apprécier les mesures législatives et administratives dans les limites où elle avait la faculté de le faire.

C'est ainsi que, dans la période allant de 1860 à 1870, furent réunis des matériaux statistiques très importants.

Dans la période décennale suivante, au contraire, l'activité déployée dans ce sens se modéra quelque peu.

Les études continuèrent bien dans les sections des ministères, ainsi que dans les comités centraux et des gouvernements ; mais il ne sortit de

ces travaux que des colonnes de chiffres sans lumière ni critique instructive. Quelques-unes des monographies statistiques publiées renferment
de précieux matériaux, mais elles n'ont cependant réussi à élucider effica-
cement aucun des phénomènes les plus importants ou des conditions
essentielles de la vie nationale.

Cette circonstance fut nettement mise en relief lors de la dernière
grande disette qui survint d'une façon si inattendue pour tout le monde, et
qui prit même les autorités locales complètement au dépourvu. On ne se
rendit pas compte des causes de cette disette qui se manifesta subitement dans plus de dix gouvernements. Tout d'abord on n'en connut pas
l'étendue et même on douta qu'elle présentât le caractère d'un fait exceptionnel. A Pétersbourg, on persista longtemps dans l'opinion qu'il n'y
avait là rien d'extraordinaire, et qu'en Russie devait se rencontrer, chaque
année, sur quelque point du territoire, une « mauvaise récolte. »

Les premières indications sur l'étendue réelle des besoins se trouvèrent
dans les vœux des Zemstvos. Mais on ne voulut point les admettre ; on
commença par les trouver exagérées et on renvoya les vœux à ceux qui les
avaient formulés pour vérification et présentation de « renseignements
plus exacts ». En attendant la famine commençait, et on reconnut l'impossibilité d'attendre ces renseignements complémentaires. Le Trésor se vit
contraint de dépenser, pour venir en aide aux affamés, 160 millions de
roubles, d'ordonner l'achat de blé et de le faire distribuer sous forme
de secours aux nécessiteux, par ces mêmes Zemstvos dont les premiers
rapports sur la misère n'avaient pas rencontré confiance.

Les recueils et renseignements publiés dans la période décennale com-
mençant en 1880 et dans les premières années de la suivante en arrivèrent
graduellement à ne contenir que des données toujours moins instructives,
et quelques-unes de ces publications cessèrent même totalement de
paraître.

Cet appauvrissement de la statistique était d'autant plus affligeant,
qu'en même temps se renouvelait, et sur une plus grande échelle, le fameux
système « d'auto-admiration », qui avait régné vers 1830 et 1840.

Ce système, basé sur cette idée que chez nous tout est bien organisé, qu'on n'a rien à nous apprendre, que l'Europe devrait bien plutôt
s'instruire à notre école ; que surtout les forces de la Russie sont inépui-
sables, et que nous repousserons « à coups de bonnets » toutes les inva-
sions ; ce système, dont le but est de montrer l'inutilité, — voire l'inconvénient, — non seulement de nouvelles réformes, mais même de celles précédemment accomplies : on sait qu'il a conduit la Russie à la guerre de
Crimée, à la chute de Sébastopol et à de douloureuses déceptions.

Lorsque se manifesta, vers 1880, ce retour aux fanfaronnades prétentieuses, bon nombre d'officieux optimistes venaient de représenter l'état de la nation sous les plus brillantes couleurs, quand tout à coup l'insuffisance de la récolte mit à nu la complète indigence de la population dans une énorme partie du territoire, et l'ignorance absolue où se trouvaient les optimistes en question de la situation du pays.

Ce qu'on pourra faire en cas de guerre, pour empêcher l'interruption des revenus et salaires.

Comme nous l'avons déjà dit plus d'une fois, pour se rendre compte des perturbations qu'entraînerait la guerre future, il faudrait déterminer jusqu'à quel point on peut compter sur les moyens dont disposent l'État et les particuliers pour empêcher l'interruption de certaines formes de revenus et salaires. Le point le plus important de ce problème consisterait à évaluer les épargnes et les sources de crédit qui seraient entre les mains du peuple et du gouvernement.

Une telle étude est possible en ce qui concerne certains genres de travail ; mais elle ne saurait à beaucoup près embrasser tout l'ensemble de l'économie politique du pays. Et, de plus, vu la pénurie de données relatives aux quinze dernières années, il faut se contenter, sur beaucoup de questions, de chiffres relatifs à une époque déjà plus éloignée et encore établis parfois dans d'autres conditions, que ceux qu'on trouve aujourd'hui dans les publications officielles.

Nous possédons des matériaux assez étendus qui peuvent être utilisés pour cet objet, et dont une partie ne sont point entrés dans nos précédents ouvrages (1), tandis que d'autres ont été spécialement réunis pour composer un précis de l'état économique actuel de la Russie, et des changements qu'une grande guerre y apporterait.

Nous reconnaissons volontiers que le travail établi par nous d'après les matériaux ci-dessus est loin d'être complet, non seulement par suite de l'insuffisance, — que nous venons de rappeler, — de la statistique comparative entre 1880 et 1890, mais pour cette raison encore que nos données avaient été recueillies et groupées en vue d'autres buts tout spéciaux.

Il nous faut bien avouer que, par une transformation de nos tableaux comparatifs et par une autre disposition de nos matériaux, on arriverait à mieux éclaircir la question. Malheureusement cela exigerait un long travail dont, en ce moment, l'auteur n'a pas le loisir de s'occuper. Et cependant, il est convaincu qu'on ne doit pas négliger cette première esquisse, qui présente dans la composition du présent ouvrage un intérêt particulier.

En outre, nous n'avons point voulu allonger cet ouvrage par des considérations générales ; et, même sur les différentes questions, nous nous sommes contenté, la plupart du temps, de présenter les données maté-

---

(1) *Influence des chemins de fer sur l'état économique de la Russie.* — *Les finances de la Russie au XIXe siècle.* — *Le crédit amélioré, etc.*

rielles, en n'exprimant notre opinion que très brièvement. Mais pour faciliter l'examen des indications fournies, au lieu de tableaux où se confondraient des masses de chiffres, nous donnons de préférence des figurations graphiques. C'est la méthode qui nous semble la meilleure dans le cas actuel.

Dans ces conditions, alors que bien des faits, même particulièrement caractéristiques, sont quelquefois appréciés d'après des représentations partiales où l'on ne fait connaître, à dessein, que les chiffres nécessaires à la démonstration d'un principe déterminé, les données succinctes que nous présentons et leur comparaison avec celles de même nature relatives à des pays voisins peuvent avoir quelque utilité, en empêchant le lecteur de se faire des idées fausses.

Nous nous estimerons récompensé au delà de nos mérites pour cet essai, s'il peut contribuer à faire comprendre la nécessité d'un examen statistique plus étendu des influences que la guerre pourrait avoir, au point de vue économique, sur les conditions d'existence d'une nation. L'étude complète et impartiale de ce sujet montrerait, nous en sommes convaincu, que, dans l'état actuel de la Russie, une réduction des sommes absorbées par la préparation de la guerre n'est pas moins et peut-être est même plus nécessaire pour elle, que pour les autres États de l'Europe. Cette question présente un intérêt de premier ordre pour le bien de la nation et le développement des forces vives de l'Empire.

1. Baisse du cours des fonds russes et influence de la guerre sur les finances.

Pour déterminer le degré d'endurance de la Russie au cas d'une guerre offensive ou défensive, il faut examiner quelles conséquences économiques aurait pour ce pays la mobilisation dans les deux hypothèses possibles, c'est-à-dire selon qu'il s'agirait d'envahir le territoire ennemi ou de repousser une invasion, — et, dans ce dernier cas, de quelles forces la Russie disposerait pour, après une résistance déterminée, passer à son tour à des opérations offensives sur le territoire adverse. Avant tout, bien entendu, l'examen doit porter sur les perturbations qui surviendraient aussitôt après la déclaration de guerre.

Effets produits par la mobilisation en Russie.

Quels que fussent les motifs de celle-ci, l'annonce de la mobilisation serait accueillie, en Russie, comme quelque chose d'inévitable; et le mécontentement, auquel on peut s'attendre dans les pays occidentaux, ne pourrait s'y manifester d'une manière sensible. Par suite, il n'y a pas de motif de s'y arrêter.

Les hommes appelés sous les drapeaux seront, en immense majorité, des paysans-cultivateurs, — gens simples, indifférents aux questions politiques.

Les classes sociales plus élevées fourniront surtout des officiers, qui exécuteront également les ordres donnés sans un murmure, et accepteront aisément les explications officielles touchant l'impossibilité d'éviter la guerre.

Quant aux personnes appartenant au commerce, à l'industrie et autres professions analogues, susceptibles de ressentir vivement les changements amenés par la mobilisation dans le cours habituel de la vie sociale, elles sont, en Russie, relativement peu nombreuses. Mais il n'est pas douteux que, dans l'existence des appelés de cette catégorie, devront se produire des perturbations peut-être encore plus considérables que dans les pays occidentaux.

En Russie, les usages de l'agriculture et de l'industrie, de même que les règles commerciales, ne sont point l'objet d'une organisation aussi précise qu'à l'étranger. Tout y dépend beaucoup plus des patrons et de leurs employés. Faute d'établissements d'éducation, le niveau des connaissances et de la moralité des employés du commerce et de l'industrie est peu élevé; les femmes que, naturellement, la mobilisation ne concerne pas, prennent moins part qu'ailleurs aux affaires et, par suite, il sera plus difficile de remplacer les directeurs de maisons appelés sous les drapeaux.

Ressources financières des diverses régions de la Russie. Les moyens de trouver l'argent nécessaire à la mobilisation de l'armée feront plus loin l'objet d'un examen spécial, dans le chapitre consacré aux *Frais de la guerre future et moyens d'y faire face*. Ici nous n'avons qu'à examiner, en prévision de l'occupation par l'ennemi d'une partie du territoire, quelle est l'étendue des ressources financières fournies à l'État par les diverses régions du pays, et comment, dans chacune d'elles aussi, se dépensent ces mêmes ressources; quelles sont les contrées de la Russie qui donnent au budget plus qu'elles n'en reçoivent, et où, par conséquent, on peut trouver les moyens financiers nécessaires pour subvenir aux besoins des provinces de l'Empire qui coûtent au contraire plus qu'elles ne rapportent. En un mot, il nous faut présenter un tableau de la physiologie financière de la Russie à l'époque actuelle, pour nous rendre compte des perturbations que la guerre y apporterait.

Cette étude nous sera beaucoup facilitée par la publication récente d'un travail, remarquable sous tous les rapports, du professeur N. P. Yasnopolski : « Sur la répartition géographique des recettes et dépenses de l'État en Russie (1). »

---

(1) Professeur N. P. Yasnopolski, *O ghéografitcheskom raspredelenïi gossoudarstvennikh dokhodoff i raskhodoff Rossïi.* — Kioff, 1897.

Profitant des tableaux que renferme ce travail, nous donnons dans les planches ci-contre des cartes qui représentent : 1° les recettes ordinaires et extraordinaires par gouvernement, pour la période de 1882 à 1889 ; 2° les dépenses ordinaires et extraordinaires pour la même période ; et 3° les excédents des recettes sur les dépenses ou inversement.

Nous allons maintenant examiner la question des besoins en argent des simples particuliers et des établissements privés.

Tout d'abord beaucoup de numéraire sera nécessaire chez les particuliers et dans le monde industriel, tant pour y éviter une panique en cas de mobilisation, que pour permettre aux hommes appelés sous les drapeaux de laisser quelques ressources à leurs familles, et, en outre, pour l'exécution des achats commerciaux à faire en prévision de la hausse inévitable des prix. Le cours des valeurs de crédit baissera beaucoup, et il faudra les réaliser avec perte ; car on aura bien du mal à trouver, précisément faute d'argent, les sommes complémentaires exigées par les banques sur les titres à elles remis en garantie.

Il est vrai que plus tard, en raison même de l'accroissement de circulation monétaire occasionné par les grandes dépenses que la guerre entraînera, le cours des valeurs de crédit remontera, peut-être même plus haut qu'il n'était avant la guerre, surtout pour les valeurs hypothécaires ou des entreprises garanties dans lesquelles la guerre n'amènera pas de crise. Mais, par suite de la rareté de l'argent sur le marché, la période qui suivra immédiatement la déclaration de guerre sera défavorable au placement, même des valeurs les plus solides.

Voyons quelles conséquences pourront en résulter.

Il est inutile de démontrer que les perturbations amenées par la guerre future dans la circulation de l'argent seront incomparablement plus grandes que celles causées par la guerre de 1877.

Parmi les États européens, la Russie présente cette particularité que, même en temps de paix, le papier-monnaie et les valeurs de crédit y sont plus sensibles que partout ailleurs. Dans un mémoire présenté, en 1882, à l'Empereur Alexandre III, dont l'attention avait souvent été frappée, en lisant les rapports qui lui étaient soumis, par la faiblesse des cours, tant du rouble-papier que des valeurs de crédit russes, — N. K. Bounghé détermina comme il suit les causes de ce phénomène (en dehors de la principale : émission exagérée et disproportion de la monnaie fiduciaire à l'encaisse métallique qui la garantissait) :

Sensibilité
du papier-monnaie
et des valeurs
de crédit en Russie.

1° Situation politique de l'Empire : peur des insurrections, anarchie, manque d'un programme de gouvernement solidement établi, organisation pacifique ou belliqueuse de la société ; 2° situation économique intérieure du pays : mauvaise récolte, crises industrielle, commerciale et des banques amenées par les abus, les spéculations, les insuccès, etc. ; 3° situation financière générale : défaut d'équilibre entre les recettes et les dépenses de l'État, prodigalité, déficits, etc. Indépendamment de ces causes intérieures, d'autres agissaient également au dehors, comme par exemple : la crainte de voir le pays entraîné dans une guerre générale européenne, puis cette guerre elle-même et les échecs qu'elle pourrait amener.

« Les causes signalées n'ont pas toujours et dans toutes les circonstances toute leur force, dit N. K. Bounghé. En Angleterre, malgré le mouvement irlandais, malgré les meurtres commis par les fénians, malgré les affaires d'Égypte, les instruments de la circulation fiduciaire et les valeurs de crédit n'éprouvent pas de variations notables : — parce qu'on a confiance dans la solidité de l'organisation intérieure, dans la richesse du pays, dans la situation florissante de ses finances, et enfin parce qu'on sait que la banque d'Angleterre n'émettra pas de billets pour couvrir les dépenses du gouvernement. Chez nous, au contraire, ajoute N. K. Bounghé, le cours du papier-monnaie et celui des fonds publics sont influencés par les crimes des anarchistes, par la persécution des juifs et les complications politiques extérieures. »

Cela, nous le répétons, se disait en 1882. Depuis lors, 15 ans se sont écoulés. La situation s'est beaucoup améliorée; toutefois les progrès réalisés ne sont pas encore suffisamment affermis pour qu'en cas de guerre l'argent ne disparaisse pas rapidement, et pour que les influences financières signalées par Bounghé ne se manifestent pas avec toute leur force.

En 1870, nous avons vu une baisse de 25 0/0 se produire sur les fonds d'État prussien et sur le cours des emprunts des villes de Prusse les plus solides à cette époque et une baisse de 35 0/0 sur les actions des banques, de l'industrie et des chemins de fer. En 1877, la valeur du rouble-crédit russe s'est abaissée jusqu'à celle de 56,5 kopecks métalliques (1).

Examinons seulement une partie des perturbations que fera naître la guerre future, et notamment l'influence qu'elle aura sur les fonds de l'État.

Le ministère des finances fait maintenant publier chaque année des renseignements sur la « Situation des valeurs de l'État ou garanties par l'État, dans les établissements de crédit généraux et particuliers de l'Empire, ainsi que dans les Sociétés financières et d'assurance ».

Or, il se trouve qu'au 1ᵉʳ janvier 1896, il y avait en circulation :

Emprunt métallique . . . . . . pour. 2.249 millions de roubles.
Billets de crédit . . . . — 3.330 — —

Total. . . . . . . pour. 5.579 millions de roubles.

---

(1) Alors que le rouble vaut nominalement 100 kopecks.

Étaient disponibles, dans les trésoreries et dans les institutions de crédit, des valeurs de toutes dénominations :

Emprunt métallique . . . . . pour.   210 millions de roubles.
Billets de crédit . . . . —   2.293   —   —

De cette manière se trouvaient chez les particuliers en Russie et surtout à l'étranger :

Emprunt métallique . . . . . pour.   2.039 millions de roubles.
Billets de crédit . . . . —   1.037   —   —

Ces derniers chiffres ne pouvant être répartis entre les détenteurs du papier, russes et étrangers, nous les laisserons de côté et nous n'examinerons que les titres portant intérêts qui se trouvent dans les trésoreries et dans les institutions de crédit et qui représentent la somme de 210 millions de roubles métal et 2,293 millions de roubles crédit. Le papier-monnaie se répartit entre les catégories suivantes :

	Millions de roubles.	
	Métalliques.	Crédit.
Papier appartenant aux institutions et au gouvernement.	10	69
Titres acceptés en garantie de prêts de toutes espèces	30	181
Papier déposé et appartenant à des institutions spéciales (sociétés de bienfaisance, caisses d'épargne, caisses de retraite, etc.).	156	1811
Papier rentré grâce à toutes autres circonstances.	10	214

Mais on trouve, en dehors de cela, dans la circulation, un grand nombre de parts de fondateur, d'actions, d'obligations et d'actes hypothécaires qui ne sont pas garantis par le gouvernement (1).

---

(1) Suivant les données que nous empruntons à la publication *Rousskié Banki* (1896, Saint-Pétersbourg), les papiers non garantis se divisent comme suit :

	Roubles crédit.	Roubles metal.
I. Entreprises de crédit.		
a) Crédit à courte échéance. . . .	159.984.500	6.000.000
b) — à longue échéance. . . .	46.633.150	»
c) — en marchandises	8.400.000	»
II. Entreprises d'assurances	38.600.000	»
III. Entreprises de warrants et de dépôts.	11.680.000	2.000.000
Entreprises de navigation.	44.663.000	»
IV. Entreprises des chemins de fer. . .	26.158.400	20.304.000

Si nous admettons que les papiers garantis par le gouvernement baisseront de 25 0/0 seulement et les autres valeurs de 35 0/0; si, en d'autres termes, nous prévoyons une baisse semblable à celles qui se sont déjà produites en 1870 et en 1878, nous pouvons nous figurer les perturbations qu'elle entraînera dans le domaine économique. La baisse de 25 0/0, qui affectera les papiers garantis par le gouvernement, représentera 52 millions de roubles métal et 573 millions de roubles papier; la baisse de 35 0/0, qui affectera les papiers non garantis par le gouvernement, représentera 48 millions de roubles métal et 404 millions de roubles papier.

La guerre déterminera donc une baisse immédiate des cours des valeurs en circulation à l'intérieur du pays et cette baisse représentera à peu près une perte de 1,100 millions de roubles.

V. Entreprises de constructions et d'entretien d'édifices publics et d'immeubles	56.340.071	5.300.000
VI. Entreprises commerciales.	21.100.000	»
VII. Entreprises agricoles et forestières.	16.975.000	1.000.000
VIII. Entreprises minières.	151.809.625	72.425.000
IX. Entreprises typographiques et de librairie	6.218.650	»
X. Entreprises industrielles (fabriques et usines).		
1. De papier	19.400.000	»
2. De céramique, d'objets en pierre, verre, ciment.	19.875.000	3.175.000
3. Fabriques de cuivre, d'objets en os, de cotonnades.	10.300.000	»
4. Manufactures :		
a) Filatures de coton	188.011.000	»
b) Filatures de lin	33.750.000	»
c) Fabriques de fil et de soie	17.200.000	»
d) Fabriques de lainages et de draps.	37.750.000	»
5. Fabriques de machines	40.650.000	9.800.000
6. Usines métallurgiques.	13.960.000	»
7. Moulins et fabriques d'amidon.	8.250.000	300.000
8. Distilleries et brasseries.	32.850.000	»
9. Sucreries	90.376.000	415.000
10. Fabriques de tabac.	3.250.000	»
11. Diverses.	46.575.000	3.100.000

Il y avait, en outre, au 1er juillet 1895, dans toutes les institutions de crédit à longue échéance, des lettres de change et des obligations :

En roubles crédit.	pour.	1.562.419.112
— — métal.	—	2.775.250
— marks allemands.	—	2.130.930 roubles métal.

La valeur totale des papiers non garantis doit par conséquent s'exprimer par la somme de 128.725.180 roubles métal et 1.150.759.996 roubles crédit.

Exprimons ces résultats par un graphique :

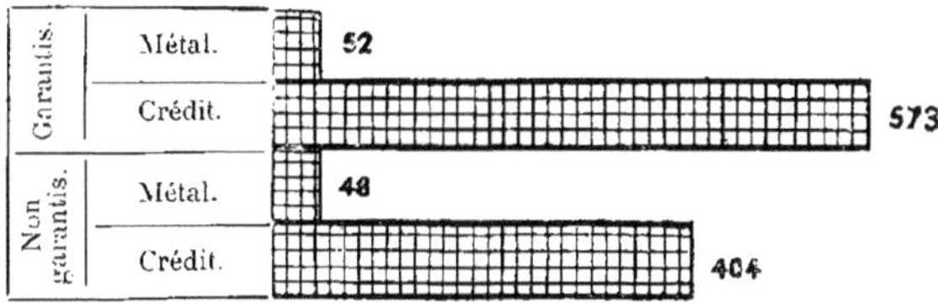

Mais les perturbations économiques ne seront pas partout les mêmes. Plus il y a de papiers en circulation dans un pays et plus sont considérables les sommes dues et représentées par ces papiers, plus seront grandes les perturbations dont nous parlons.

Tout cela nous porte à croire qu'il sera impossible de songer à faire de nouvelles émissions pendant la première période de la guerre et avant que les marchés ne soient encombrés par le papier-monnaie émis en vue des besoins de la campagne ; qu'on ne pourra, en outre, faire la guerre sans émettre d'immenses quantités de papier-monnaie et que ces émissions ébranleront immanquablement jusqu'aux bases de la vie économique du pays.

Les guerres auxquelles la Russie a pris part jusqu'à présent ne peuvent nous donner une idée des perturbations économiques que déterminerait la guerre future.

Les conditions où se trouvait la Russie, lors des guerres de 1812 à 1815, étaient tellement différentes de celles d'aujourd'hui, qu'on ne saurait tirer une conclusion pratique de l'exemple de ces campagnes. Le système économique de la contrée était très primitif. Les dettes de l'Empire étaient négligeables et les dépenses occasionnées par ces guerres se sont élevées en tout à 155 millions de roubles. Mais cette somme n'exprime pas le montant des dépenses directes faites pour la guerre. Il faut y ajouter des sommes considérables puisées à la banque d'emprunt ou distraites des capitaux appartenant aux maisons d'éducations auxquelles la Trésorerie a emprunté en tout 153 millions de roubles ; il faut y ajouter également une nouvelle émission d'assignats pour la somme de 239 millions de roubles, ainsi que les offrandes privées, en espèces et en nature, destinées à alimenter le trésor de guerre : soit 100 millions de roubles, sans compter la subvention fournie par l'Angleterre.

Les dépenses extraordinaires déterminées par la guerre de Crimée se sont élevées à environ 1 milliard et demi de roubles, ce qui a augmenté de beaucoup la dette de l'Empire, tout en dépréciant la valeur du rouble crédit; bien que la guerre ait été localisée à une extrémité de la Russie et que ses frontières occidentales soient restées ouvertes au commerce.

Pendant la guerre russo-turque, de 1877 à 1878, les dépenses extraordinaires occasionnées par la guerre s'élevaient :

En 1876, à.	50.998.414 roubles.		En 1879, à.	132.100.316 roubles.
En 1877, à.	429.328.089 —		En 1880, à.	54.818.163 —
En 1878, à.	408.142.970 —		Total, à.	1.075.396.632 roubles.

Ce qui se passera dans la guerre future. Qu'arrivera-t-il en cas d'une guerre future? Il faut avant tout faire remarquer que la nouvelle organisation militaire russe, basée sur le service universel et sur la courte présence des hommes sous les drapeaux, a non pas diminué, mais, au contraire, augmenté les dépenses ordinaires. De 175 millions, ces dépenses annuelles ont atteint le chiffre de 239 millions et presque toute la différence entre ces deux chiffres est affectée à l'intendance.

Cette augmentation résulte en partie de celle des effectifs, et en partie de ce que le soldat est mieux entretenu aujourd'hui que par le passé, ainsi que le prouvent les chiffres qui représentent le prix de l'entretien d'un soldat :

En 1874	225 roubles.
En 1884	175 —
En 1891	244 —
En 1896	376 —

Mais il faut pourtant faire remarquer que l'évaluation des dépenses qu'entraînent les préparatifs d'une guerre n'est pas complète ainsi, car on doit ajouter aux sommes dépensées par le ministère de la Guerre les pensions servies aux militaires, les secours accordés aux simples soldats, les frais du recrutement, une partie des sommes affectées à l'entretien des troupes russes en Finlande, etc. On trouve d'autre part, dans divers paragraphes et dans différents articles du budget de la Guerre, les dépenses qui se rapportent à la gendarmerie et une partie de celles déterminées par l'administration des confins orientaux de l'Empire. Mais ce qui est plus important encore, c'est que les sommes nécessitées par l'introduction des nouvelles armes remplaçant les anciennes sont inscrites au nombre des dépenses extraordinaires.

Il existe, enfin, des obligations qu'il faut aussi englober dans le budget militaire, telles, par exemple, celles de loger les troupes de l'armée permanente et de fournir des voitures en temps de guerre.

En examinant, dans le Tome II, les plans probables des opérations de guerre, nous avons cité les opinions formulées par certains écrivains militaires faisant autorité.

Ces écrivains croient que par suite des effectifs immenses qui seront engagés dans la guerre future et aussi par suite de la nouvelle tactique, cette guerre ne durera vraisemblablement pas moins de deux ans.

Dans la partie de notre ouvrage intitulée : *Les dépenses nécessitées par la guerre future et les moyens de les couvrir*, nous produisons un calcul détaillé d'où il résulte qu'en mobilisant 2,800,000 hommes, la Russie devra dépenser chaque jour 7,000,000 de roubles pour leur fournir tout ce dont ils auront besoin.

Il faudra, en outre, dépenser des sommes considérables pour secourir les familles de ceux qui seront appelés sous les drapeaux.

Plus on convoquera d'hommes mariés, plus on aura de familles à secourir.

Or, comme il a été dit plus haut que la population russe, prise en bloc, comprend plus d'hommes mariés et d'enfants que celle de n'importe quel autre pays, les dépenses résultant de ce fait seront proportionnées au nombre des pères de famille.

La Russie a, il est vrai, cet avantage que, parmi ses combattants, il y aura relativement beaucoup moins d'hommes arrachés à leurs métiers, à l'industrie, que dans les autres pays ; attendu que 86 0/0 environ des hommes appelés sous les armes en Russie appartiendront à la classe agricole. C'est là une circonstance très favorable, car l'agriculteur laissera au foyer des membres de sa famille qui continueront son travail ; une famille agricole ne sera donc pas privée de toutes ses ressources.

Mais, il faut remarquer que ces agriculteurs, qui sont pour la plupart pauvres même en temps de paix, auront bientôt épuisé leurs provisions et que dès lors ils tomberont malgré tout à la charge du gouvernement.

Il est évident que, suivant la richesse des différentes provinces, la population des unes sera, à ce point de vue, mieux ou moins bien partagée que celle des autres.

La rentrée des impôts nous donne la mesure du bien-être relatif des diverses régions (1). Les gouvernements de l'Ouest, ceux précisément qui seront le théâtre de la guerre, sont les plus prospères. Les provinces du Midi sont également très fertiles, tandis que le foyer de la plus grande misère se trouve dans l'Est.

----

(1) *Recueil des données concernant la rentrée des impôts dans l'Empire pour la période de 1888 à 1890* (du département des Impôts) et *Messager des Finances, de l'Industrie et du Commerce*, 1895, n° 46.

T. IV. — Jean de Bloch. — *La guerre future.*   11

Cette appréciation du bien-être relatif des différentes parties de l'Empire est confirmée par la répartition des capitaux et des dépôts en ces contrées, par tête d'habitant (1).

Secours que l'État devra donner aux familles.

On peut admettre, sans hésiter, que l'État se verra forcé de secourir au moins un quart du total des familles agricoles dont les soutiens seront appelés sous les drapeaux, plus de la moitié des familles industrielles, moins de la moitié des familles dont les soutiens sont de petits commerçants et des commis et environ 10 0/0 des familles dont les chefs exercent des professions libérales.

Ainsi que le prouvent les calculs détaillés que nous donnons plus bas (2), le gouvernement sera forcé d'aider pécuniairement 531,000 familles.

Les dépenses déterminées par une guerre seront, par conséquent, immenses et très urgentes, et il sera impossible de les couvrir au moyen de nouveaux impôts ou bien en majorant ceux qui existent déjà.

Il y a, d'autre part, en Russie trop peu de ressources formées par l'épargne, auxquelles on puisse s'adresser en cas de guerre; et il est vraisemblable, par conséquent, qu'il faudra recourir à de nouvelles émissions de papier monnaie, même pour couvrir une partie des dépenses ordinaires occasionnées par la guerre, et à plus forte raison des dépenses extraordinaires qu'elle entraînera.

Bien que pendant les guerres de 1812, de 1857 et de 1877, des crises se soient produites en Russie par suite des émissions forcées d'assignats et de billets de crédit, ces crises n'ont pas eu pour conséquence la suspension des opérations de guerre (3). Nous croyons qu'il en sera de même pendant la guerre future.

La valeur des billets de crédit russes est tombée à 56 1/2 kopecks-métal pendant la guerre de 1877, et il faut attribuer à des circonstances particulièrement favorables le fait que cette baisse n'a pas été plus accentuée. La Russie possédait, d'une part, une grande provision de blé; et les prix des céréales, ainsi que d'autres produits alimentaires, ont considérablement augmenté, grâce aux mauvaises récoltes faites à l'étranger. L'exportation russe fut, par conséquent, très importante en 1877 et cette circonstance fit affluer beaucoup d'argent de l'étranger en Russie.

Mais peut-on prévoir où s'arrêtera la baisse des billets de crédit, si l'on considère que, pour faire la guerre, on aura besoin de milliards de roubles?

Dans sa réponse à une lettre de Smirnoff, Bounghé disait qu'en émet-

____

(1) Professeur Iasnopolsky, *Répartition géographique des revenus et des dépenses de la Russie.* — Kieff, 1897.

(2) *Les dépenses nécessitées par la guerre future et les moyens de les couvrir,* Tome IV.

(3) Voir notre ouvrage : *Les finances de la Russie au XIXᵉ siècle* (Vol. I).

tant des billets de crédit pour 300 millions de roubles, on réduirait à 25 kopecks le prix du rouble papier. Mais 300 millions ne seront rien auprès
de la somme immense dont on aura besoin en cas d'une guerre.

A. Gourieff (1) constate que les dépenses occasionnées par la guerre de 1877-78 ont élevé l'agio de 15 0/0 à 50 0/0, même à 60 0/0, et il dit avec raison que l'état actuel de notre fonds de papier-monnaie est bien plus mauvais qu'il ne l'était avant la dernière guerre, l'agio actuel (50 0/0) étant triple de ce qu'il était alors (15 0/0). Au cas d'une guerre nouvelle, cet agio serait, par suite des émissions de papier-monnaie, six fois plus élevé qu'il ne l'est en ce moment, de sorte qu'il atteindrait 300 0/0 et même 360 0/0.

Influence de la guerre sur l'agio. Taux qu'il atteindrait en cas de guerre nouvelle.

« Si, dit-il, la guerre venait à éclater prochainement, ce qu'à Dieu ne plaise, au point de vue financier nous n'entrerions pas dans le xxᵉ siècle, mais nous reculerions en sens inverse : il nous faudrait de nouveau recourir aux assignats, qui perdraient les trois quarts de leur valeur nominale. Mais il est même peu probable que tel soit le résultat de la guerre future. Si cette guerre se transforme, comme nous le croyons, en un massacre général s'étendant sur toute l'Europe, l'échelle des émissions de papier-monnaie faites pendant la guerre russo-turque ne pourra nous servir de terme de comparaison; nous serons probablement forcés d'émettre tant de papier-monnaie que des fortunes s'élevant à des milliards de roubles se concentreront en certaines mains, ce qui amènera une catastrophe inévitable. »

La dépréciation du papier-monnaie dépouillera de ses ressources le gouvernement et bien des classes de la population.

Dans sa lettre à l'empereur Alexandre II, dont nous avons parlé plus haut, Bounghé dit qu'en cas de nouvelles émissions, les prix de tous les objets augmenteront, que le Trésor, encaissant les impôts en billets de crédit dépréciés, sera forcé de payer tout plus cher; l'entretien de l'armée et de la flotte demandera une majoration considérable des dépenses. Une grande partie de la population urbaine et des personnes qui servent dans l'armée et dans l'administration seront réduites à la misère. L'ébranlement du système monétaire pourra entraîner des troubles dans l'ordre public.

Dans le tome II de notre ouvrage, au chapitre intitulé : *Les plans des opérations de guerre*, nous avons démontré qu'au point de vue stratégique la Russie aurait tout avantage à rester sur la défensive pour ne passer à l'offensive qu'au moment où les agresseurs seraient épuisés et désagrégés. Mais, au point de vue économique, ce système comporterait un grand inconvénient : il obligerait le pays à entretenir non seulement sa

---

(1) A. Gourieff, *La réforme de la circulation monétaire* (fascicule I, p. 229).

propre armée, mais aussi les armées ennemies. En examinant les plans des opérations, nous aboutissons à la conclusion que la Russie a tout lieu d'espérer la victoire. Il n'en est pas moins vrai que les sacrifices faits par la nation ne seraient pas en proportion de ses forces.

Mais, pour s'en convaincre, il ne suffit pas d'examiner les perturbations directement déterminées par la guerre, il faut aussi jeter un coup d'œil sur l'état économique et moral de la nation.

2. Troubles économiques résultant de la suspension du commerce extérieur et de la difficulté d'utiliser les voies de communications habituelles.

Aussitôt que la guerre sera déclarée, le commerce extérieur de la Russie sera suspendu. Examinons les pertes qui résulteront de ce fait.

Voici comment se présentent, en chiffres moyens, l'exportation et l'importation de la Russie, pour la période de 1889 à 1894, soit pour six ans, exprimées en millions de roubles crédit.

	D'après des sources russes	D'après des sources étrangères
Exportation . . .	585	783
Importation . . .	399	237

Représentons graphiquement cette différence :

Exportation et importation moyennes, pour la période de 1889 à 1894, en millions de roubles crédit.

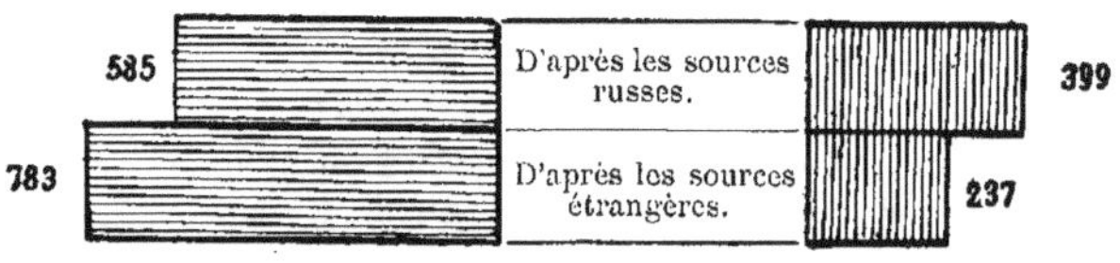

Nous voyons, par conséquent, que la revue russe *Obzory vnéchnëï torgovli Rossïi* (Revue du commerce extérieur russe) donne pour l'exportation russe des chiffres qui sont au-dessous de la réalité, tandis que la revue *Vidy vnéchnëï torgovli* (Nature du commerce extérieur) donne pour l'importation russe des chiffres exagérés.

Si nous répartissons les chiffres ci-dessus par têtes d'habitants, nous obtenons :

Années	Pour chaque habitant en roubles or.		Quotient résultant de la division du chiffre de l'exportation par le chiffre correspondant de l'importation.
	Exportation	Importation	
1885 à 1893	3,52	2,31	1,52
1894 à 1895	3,89	2,87	1,26

Les marchandises qui font l'objet du commerce extérieur de la Russie forment quatre groupes principaux.

L'exportation porte en premier lieu sur le groupe que constituent les produits alimentaires (57 0/0), puis sur le groupe des matières brutes et demi-brutes (37 1/4 0/0), ensuite sur le groupe des objets manufacturés (3 1/4 0/0) et enfin sur les animaux (2 1/2 0/0). L'importation a pour objet : en première ligne les matières brutes et demi-brutes (58 1/4 0/0), puis les objets manufacturés (21 1/2 0/0), ensuite les vivres (20 0/0) et finalement les animaux (1/2 0/0).

Le blé tient le premier rang entre tous les produits exportés de Russie.

Cette exportation augmente sans cesse, quoiqu'elle soit sujette à certaines oscillations, si bien qu'en 1894 la Russie a exporté 640 millions de pouds (1) de blé, ce qui fait 5 pouds 1/3 par tête d'habitant.

Quant aux quantités des différentes céréales que la Russie a exportées ces derniers temps, elles s'expriment par les chiffres suivants (en millions de pouds) :

	Froment.	Seigle.	Avoine.	Orge.	Maïs.
— En 1893-1894 . .	200	22,6	104	149	33
— » 1894-1895 . .	224	82,7	96	109	24
— » 1895-1896 . .	201	—	56	74	9

Nous ferons remarquer que la récolte universelle moyenne, évaluée pour une période de douze ans, s'élève à 3,294 millions de pouds et que :

La récolte de 1893 a donné.	3,427 millions de pouds.
— 1894 —	3,503 — —
— 1895 —	3,385 — —

Il résulte des recherches faites par les soins du département du Commerce et des Manufactures que la quantité de blé récolté a aug-

____

(1) Le poud vaut 40 livres russes et un peu plus de 16 kilogrammes (16 kil. 083).

menté de 150 millions de pouds dans l'espace de douze ans et la surface ensemencée de 5 0/0, tandis que durant cette même période la population croissait de 11 0/0. Ces données peuvent être exprimées comme suit : « la consommation augmente chaque année de 40 millions de pouds par suite de l'augmentation de la population; dans dix ans, la consommation a augmenté, par conséquent, de 400 millions de pouds, tandis que la production n'a augmenté, pendant cette période, que de 150 millions de pouds. »

Mais la Russie n'exporte qu'une partie de son blé, celle qui reste disponible quand sont satisfaits strictement les besoins de la population.

	Récolte moyenne en millions de pouds pour la période de 1890 à 1894.	Exportation du blé russe pendant la période de 1890 à 1894.	0/0 de l'exportation relativement à la récolte moyenne.
Seigle d'hiver et d'été.	1.059	32	3,0 0/0
Froment d'hiver et d'été.	455	156	34,3 0/0
Avoine.	552	56	10,1 0/0
Orge.	286	111	30,0 0/0
	2.352	355	15,1 0/0

Représentons ces chiffres graphiquement.

Pour cent de l'exportation relativement à la récolte moyenne
pour la période de 1890 à 1894.

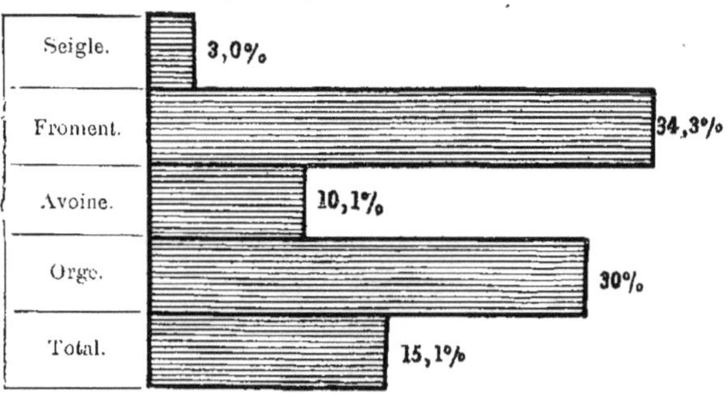

Mais ces données ne suffisent pas pour nous permettre de juger de l'influence que pourrait exercer une guerre sur le commerce des blés.

Cette influence sera plus ou moins sensible selon que l'excédent de blé disponible sera détenu par des propriétaires fonciers ou par des paysans.

La grande majorité des propriétaires fonciers possèdent des excédents de blé très considérables et ces excédents sont destinés à être exportés à l'étranger, tandis que le blé récolté par les paysans sert, en grande partie, à satisfaire leurs propres besoins.

Il est évident que les grands propriétaires pourront supporter plus facilement que les paysans les troubles économiques déterminés par une guerre. Si cette guerre ne fait qu'entraver l'exportation du blé, les propriétaires trouveront sans peine le moyen d'utiliser les voies qui leur resteront ouvertes. Mais en admettant même que l'exportation du blé fût rendue impossible et que les prix des céréales subissent une baisse considérable sur les marchés intérieurs, il se trouverait un certain nombre de propriétaires fonciers qui pourraient supporter cette crise, grâce à leurs capitaux de réserve ; et ceux dont les biens seraient hypothéqués profiteraient des prorogations de paiement que leur accorderaient infailliblement les banques en temps de guerre, tout en bénéficiant, en outre, à la banque d'État, des crédits garantis par leur blé. Tandis que les paysans ne trouveront aucune ressource supplémentaire ; car la plupart ne possèdent même pas assez de blé pour eux-mêmes. Le paysan doit, de plus, trouver de l'argent pour payer ses impôts et son fermage, pour acheter différents instruments, des bestiaux et des outils aratoires, du sel, des vêtements, etc.

Or, le paysan se procure de l'argent partie en vendant ses grains, partie aussi en se livrant à de petites industries ou bien à quelque travail en dehors de son ménage. Certaines sources de revenu, telles que les fabriques dans lesquelles il s'emploie en temps de paix, cesseront d'exister en temps de guerre. Cette dernière circonstance portera un grand coup au bien-être de la population rurale.

Du moment où l'exportation sera suspendue, la demande diminuera, les prix des céréales baisseront, et les revenus des propriétaires fonciers, aussi bien que ceux des paysans, se trouveront réduits. Les prix seront, en outre, sujets à de fortes oscillations, car ils sont ordinairement réglés par l'exportation et ce régulateur fera défaut. Les achats considérables de blé qu'on fera pour l'armée ne pourront compenser les pertes résultant de la suspension de l'exportation. Le transport du blé destiné aux troupes sera aussi fortement entravé par ce fait que la plus grande partie du matériel roulant servira à transporter les troupes et leurs bagages.

Les autres objets exportés de Russie rentrent pour la plupart dans la catégorie des produits bruts et demi-bruts ; tels sont les graines, le lin, le chanvre, le bois de construction, les crins, la laine. Ajoutés au blé, ces produits constituent presque 80 0/0 de la valeur de l'exportation russe.

La suspension de leur exportation occasionnera sur les marchés de l'intérieur des troubles pareils à ceux que déterminera la suspension de l'exportation du blé.

L'importation russe porte sur des objets plus variés que l'exportation.

La Russie achète à l'étranger non seulement des produits de l'industrie, tels que machines et ustensiles en métal, mais aussi des matières brutes : coton, laine filée et non filée, soie grège et filée, fonte, fer, acier, combustible minéral, papeterie, etc. Mais ce sont les articles alimentaires, tels que le thé, le café et autres denrées coloniales, les vins et boissons qui constituent le gros de l'importation russe.

La revue russe *Obzory vnéchnéï torgovli Rossïi* classe, ainsi que nous l'avons dit, les objets d'exportation et d'importation en 4 groupes : 1° les vivres; 2° les matières brutes et demi-brutes; 3° les animaux et 4° les objets fabriqués et manufacturés.

	Exportation.		Importation.	
	1891-94	1895	1891-94	1895
Vivres.	57,08 %	56,90 %	19,70 %	18,40 %
Matières brutes et demi-brutes	37,24 %	37,70 %	58,32 %	54,40 %
Animaux.	2,41 %	2,30 %	0,56 %	0,90 %
Objets fabriqués .	3,27 %	3,10 %	21,42 %	26,30 %

Mais cette subdivision ne donne pas une idée exacte des influences qui pourraient se produire en cas de suspension du commerce extérieur.

Dans l'un de nos ouvrages précédents (1) nous avions divisé toutes les marchandises en un certain nombre de groupes suivant leur destination, savoir : vivres, vêtements, articles de ménage, matériaux de construction, matériaux de fabrication, objets servant à satisfaire les besoins intellectuels, et en un certain nombre de catégories : produits bruts, produits demi-bruts et manufacturés, et en trois classes, dont la première comprenait les objets de consommation ordinaire, la seconde les objets de confort et la troisième les objets de luxe. Ces subdivisions peuvent offrir quelque intérêt dans la question qui nous occupe, c'est pourquoi nous donnons ici un graphique exprimant les résultats de l'importation en 1889.

---

(1) *L'influence des chemins de fer sur l'état économique de la Russie.* — Saint-Pétersbourg, 1878.

Importation russe en millions de roubles en 1889.

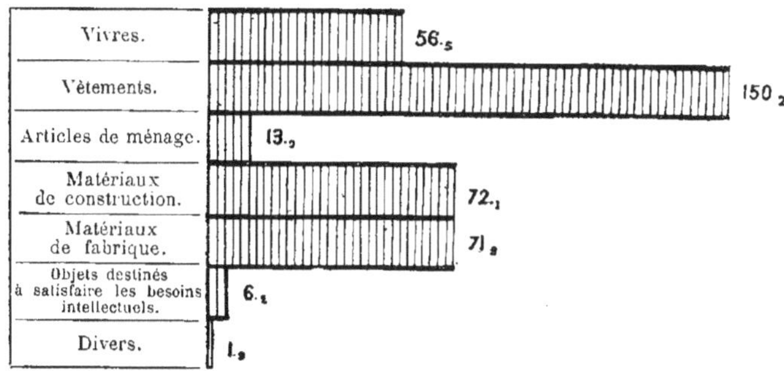

Objets d'importation divisés en matières brutes, demi-brutes et en objets fabriqués
en 0/0.

Matières brutes.   Matières demi-brutes.   Objets fabriqués.

Objets d'importation divisés en objets de luxe, de confort et de consommation ordinaire.

Luxe.   Confort.   Consommation ordinaire.

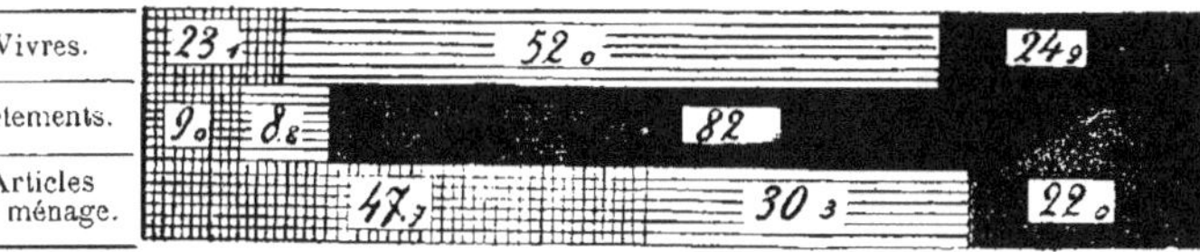

La première conséquence de la suspension du commerce extérieur sera une baisse de prix des principaux articles d'exportation et une hausse sur les articles d'importation, surtout pour les objets dont les commerçants ne possèderont que de petites quantités.

La suspension de l'exportation entraînera une diminution des transports sur les lignes des chemins de fer, dont la plupart appartiennent à l'État ou sont garanties par lui. Les revenus du Trésor s'en ressentiront nécessairement. Les lignes aboutissant aux frontières de l'ouest seront, au début de la guerre, employées exclusivement au transport des troupes et de leurs bagages, et dans la suite on continuera, bien que dans une moindre mesure, à transporter des troupes sur ces mêmes lignes; quant au transit des marchandises il sera soumis à des conditions exceptionnelles. Il en résulterait certainement de très grandes difficultés, n'étaient les communications par voie d'eau qui se sont développées au point de pouvoir presque suffire aux besoins du pays, quand l'exportation sera suspendue. En 1895 on a transporté par voie d'eau 220 millions de pouds de blé au lieu de 126 millions en 1885; on a transporté, en 1885, 5 millions de pouds de farine de froment et, en 1895, 14 millions, 9 millions de farine de seigle et 28 millions de pouds de blé ont emprunté la voie fluviale.

La suspension de l'exportation, la baisse réelle des cours (malgré la circonstance que les prix nominaux pourraient être soutenus par des émissions de papier-monnaie déprécié), l'irrégularité des transports et les fortes oscillations des prix dans diverses localités, toutes ces conditions réunies ne laisseront pas d'influencer le commerce dans une mesure qui échappe à toute prévision et l'on ne sait de quelle façon s'établiront les cours. Il est évident que les régions où la classe des commerçants est plus nombreuse et plus remuante se plieront mieux à ces conditions que les autres. Quand la concurrence intérieure sera devenue le seul régulateur des marchés, les contrées où cette concurrence est le plus développée seront mieux partagées que celles où le commerce est plus ou moins monopolisé. Ce sont donc les gouvernements de l'ouest, du sud et ceux dont les capitales (Saint-Pétersbourg, Moscou et Varsovie) sont les chefs-lieux, qui supporteront le mieux cette crise.

Quant au nombre total de commerçants, il est relativement beaucoup moins considérable en Russie que dans les autres pays d'Europe, ainsi qu'on le voit par le graphique suivant (1).

---

(1) *Recueil des données sur les taxes de commerce en Russie.*

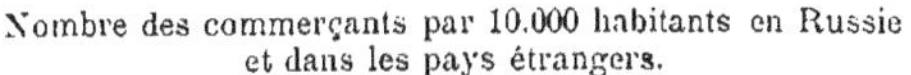

Nombre des commerçants par 10.000 habitants en Russie
et dans les pays étrangers.

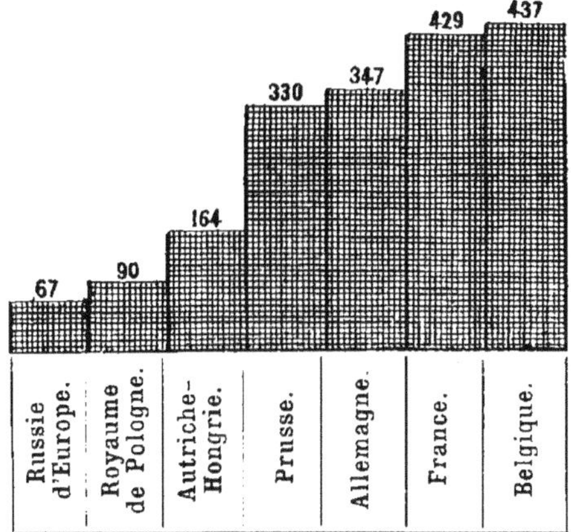

Ce graphique démontre que les commerçants sont bien moins nombreux en Russie qu'ailleurs. Mais il faut remarquer que les chiffres du graphique expriment pour la Prusse et l'Autriche-Hongrie le nombre des commerçants y compris les personnes employées aux services de transport
(*Handel und Verkehr*). Dans le royaume de Pologne, il y a déjà une fois et
demie autant de commerçants qu'en Russie; en Autriche-Hongrie, il y en
a 2 fois 1/2, en Prusse et en Allemagne 5, en France et en Belgique 6 fois
autant que dans les 50 gouvernements russes.

Il résulte de ce que nous avons dit que la suspension des communications, amenée par une grande guerre, pourra entraîner dans les pays occidentaux, excepté en Autriche, la famine et même des troubles d'ordre social. La Russie sera beaucoup moins menacée à ce point de vue, mais les
revenus de sa population diminueront cependant dans une forte mesure et
son commerce se trouvera dans une situation très précaire. Ces difficultés
seront d'autant plus grandes qu'il y a moins de capitaux disponibles en
Russie que dans les autres pays, que les commerçants et les populations
des différentes provinces ne possèdent que des épargnes peu considérables.
Le gouvernement ne saurait se désintéresser des besoins et des crises
déterminés par la guerre dans telle ou telle branche économique. Il pourra
intervenir de la même manière qu'il l'a fait lors de la dernière famine,
c'est-à-dire en distribuant de l'argent aux indigents et en donnant des
acomptes sur la valeur du blé futur. Mais ces mesures doivent être proportionnées aux besoins et tendre à écarter les difficultés qui menacent d'af-

fecter le commerce. Il serait utile, par conséquent, de créer dans les grands centres des comités délibératifs composés des commerçants les plus notables pour rechercher les moyens d'écarter ou tout au moins d'atténuer les difficultés qui résulteront pour le commerce intérieur de la suspension du commerce avec l'étranger.

3. L'industrie russe en cas de guerre.

Influence de la guerre sur l'industrie russe. Une grande guerre européenne exercera certainement, à divers points de vue, une influence sur l'industrie russe. Certaines fabriques et usines ne pourront, à cause de la suspension des relations avec l'étranger, se procurer les matières brutes qui leur sont indispensables. Les filatures, par exemple, manqueront de coton américain, égyptien et indien. Une autre difficulté surgira de l'appel sous les drapeaux d'un grand nombre d'ouvriers et de contremaîtres habiles; l'écoulement des produits et des marchandises sera arrêté, le matériel roulant des chemins de fer étant employé à transporter les troupes et leurs bagages. La demande sera, du reste, plus restreinte en raison de la diminution des revenus de la population et des privations que s'imposeront les classes aisées par ce temps de crises. Toutes ces conditions défavorables auront pour résultat de réduire la production de certaines industries et de la suspendre chez un certain nombre.

Ce qui s'est passé en 1877-78. Pendant la dernière guerre russo-turque (1877 à 1878) l'industrie russe n'a guère produit que pour 893 millions de roubles de marchandises dans l'espace d'une année, tandis que sa production actuelle atteint une valeur de 1,828 millions de roubles par an, ainsi que le montrent les chiffres ci-dessous (1) :

	Production annuelle de l'industrie ne payant pas de contributions indirectes.	Production annuelle des fabriques et usines payant des contributions indirectes.	Production annuelle des industries minière et métallurgique.	Total.
	En millions de roubles crédit.			
En 1878.	588	185	120	893
En 1892.	1.266	367	195	1.828

Pour juger des perturbations qu'occasionnera la guerre, il est nécessaire de comparer la valeur de l'importation au montant de la production annuelle.

---

(1) *L'industrie et le commerce russes.* (Département du Commerce et des Manufactures, 1896.)

Le graphique suivant montre la relation exprimée en pour cent qui existait entre l'importation et la production en 1876, c'est-à-dire dans l'année qui précédait la dernière guerre entre la Russie et la Turquie, et en 1892 (1).

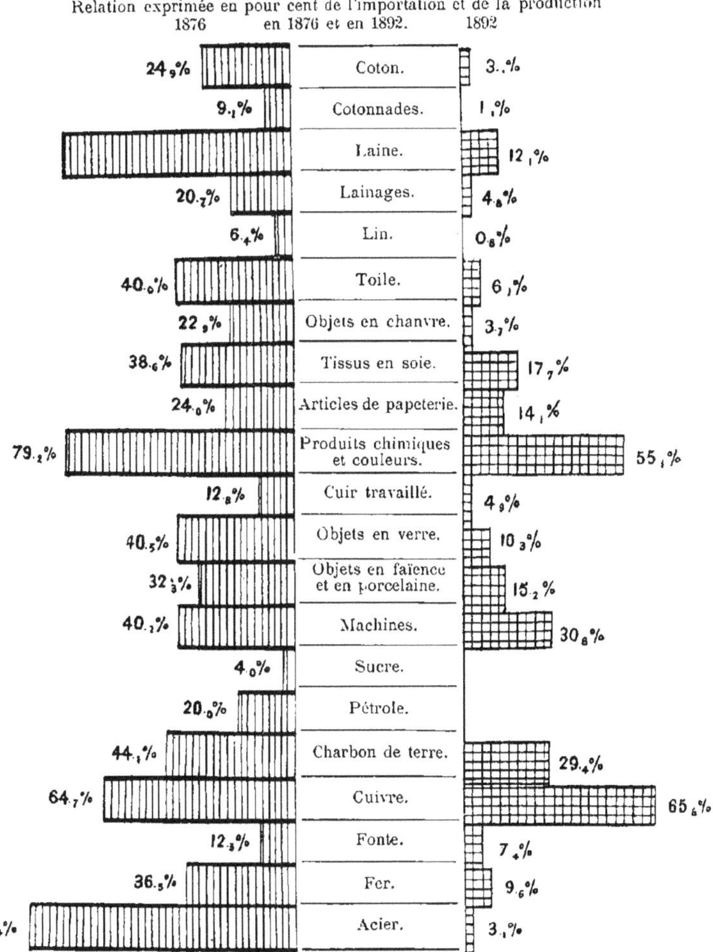

(1) V. Pokrowsky, *La question de la stabilité du bilan actif du commerce extérieur russe.*

Ces données prouvent que les industries de la Russie portent surtout sur le coton, sur la laine, le papier, les machines, les produits chimiques et les couleurs, le cuir, le verre et le sucre. L'industrie houillère a beaucoup progressé durant cette même période et surtout celle du pétrole ; les fonderies et les forges seront également multipliées dans une large mesure.

La grande industrie souffrira moins en Russie qu'ailleurs.

On voit par ce qui précède que les troubles, amenés par une guerre au sein de la grande industrie russe, seront beaucoup moins graves que ceux qui se produiront dans les autres contrées de l'Europe. L'industrie occupe (excepté en Italie) une grande partie de la population des pays occidentaux (surtout en Angleterre), tandis qu'on ne compte en Russie, sur 120 millions d'habitants, qu'environ 1 million et demi de personnes occupées dans les fabriques et les usines. Il résulte, en outre, de la comparaison du chiffre total de la production industrielle avec le chiffre d'ouvriers qu'elle occupe, que chaque ouvrier représente environ 1,000 roubles de roulement annuel ; le roulement annuel moyen d'une fabrique ou d'une usine en Russie s'élevant à 50,000 roubles et chacune de ces fabriques ou usines occupant en moyenne 43 ouvriers. Ces chiffres prouvent que les petites entreprises industrielles n'ont pas été prises en considération. Mais si telles sont les données concernant la grande et la moyenne industrie russe, il est évident que leur appareil mécanique est beaucoup moins compliqué, et que les capitaux, utilisés par elles, sont bien moins considérables que dans les pays industriels.

Le capital sera moins affecté en Russie que dans les autres pays.

Il résulte donc de tout cela que le capital russe sera beaucoup moins affecté par l'arrêt de la production que ceux des autres pays.

Les revenus de l'industrie sont bien moins considérables en Russie qu'ailleurs. Seule l'Italie fait exception à ce point de vue.

Ce que nous avons dit au sujet de l'influence de la guerre sur l'industrie prouve que cette influence sera moins grande en Russie que dans les pays d'Occident si l'on ne tient compte que des conditions qui régissent l'industrie à l'intérieur du pays. Mais en admettant que le théâtre de la guerre soit transporté sur le territoire même de la Russie, il faut prendre en considération les difficultés résultant de l'interruption des communications et de la diminution dans la demande, déterminées par les opérations de guerre. Le théâtre des hostilités sera évidemment perdu pour l'écoulement des produits industriels.

L'industrie russe écoule ses produits sur les marchés intérieurs ; ce qui constitue un avantage en cas de guerre, attendu qu'elle ne risque pas, comme les industries anglaise, française et allemande, de perdre des marchés rendus inaccessibles par l'interruption des communications. Mais cet avantage diminuerait en raison inverse de l'étendue du théâtre de la guerre.

En admettant même que la Russie fût moins affectée par la suspension de l'activité industrielle que les autres pays, on y compterait cependant un grand nombre d'ouvriers privés de tous moyens d'existence. On croit généralement que les ouvriers employés dans les fabriques russes ne se vouent que temporairement à ce travail, que ce sont des cultivateurs ayant toujours la possibilité de retourner à leurs ménages. Cette croyance a été fortement ébranlée dans ces dernières années, par suite des recherches statistiques faites à ce sujet. Ces recherches ont prouvé qu'il existe en Russie un prolétariat industriel, qui ne possède point de terres et qui se multiplie très rapidement. La suspension de la production aura, pour ces ouvriers, des suites semblables à celles qui affecteront les ouvriers de tous les autres pays d'Occident.

E. M. Démentieff (1) a fait paraître tout récemment un excellent ouvrage dans lequel il démontre, en s'appuyant sur des chiffres nombreux, qu'on a tort de croire qu'il n'existe point, en Russie, de classe ouvrière ne se rattachant plus à la terre par aucun lien. Cette classe, cela est certain, n'est pas encore nombreuse, mais le nombre importe bien moins que les conditions qui créent ce prolétariat, ainsi que toutes les conséquences qui l'accompagnent.

Les salaires sont minimes en Russie comparativement à ceux que touchent les ouvriers dans les autres pays; l'ouvrier russe n'a, par conséquent, pas d'épargnes suffisantes pour se tirer d'embarras pendant le temps où il sera condamné au chômage. Démentieff a fait une série de calculs minutieux pour démontrer qu'en Angleterre et surtout en Amérique l'ouvrier touche deux, trois et même cinq fois plus qu'en Russie. La différence de taux des salaires est surtout grande pour les hommes; elle est moins grande pour les adolescents et les femmes et moindre encore pour les enfants.

Le graphique ci-dessous nous montre la différence en pour cent des taux des salaires.

Comparaison en pour cent des salaires moyens en Russie,
en Angleterre et dans les Etas-Unis.

Pour les hommes.   Pour les femmes.

(1) E. M. Démentieff, *La fabrique, ce qu'elle donne à la population et ce qu'elle lui prend*, 1897.

« Mais la comparaison des taux des salaires ne dit rien par elle-même, observe Démentieff, elle peut même conduire à des conclusions erronées, si l'on ne prend en considération la quantité de marchandises qu'on peut acheter pour la même unité d'argent dans chacun des pays en question. Ce n'est qu'après avoir élucidé ce point qu'on pourra juger dans quelle mesure les salaires assurent l'existence des ouvriers, c'est alors aussi qu'on comprendra combien diffère, d'un pays à l'autre, l'idée qu'on se fait des besoins de l'existence. »

L'auteur prend, pour unité de comparaison, un rouble; et il énumère ce qu'on peut acheter pour ce rouble en Russie, en Angleterre et au Massachusets en fait d'objets de première nécessité. Or, il se trouve que cette grande différence de salaire au préjudice de l'ouvrier russe n'est aucunement justifiée par le bon marché des objets de première nécessité en Russie; on pourrait seulement faire valoir cette raison, dans une certaine mesure, par rapport à l'Angleterre.

Comment sont logés les ouvriers russes.

Un trait caractéristique de l'existence des ouvriers russes consiste en ce qu'ils n'habitent pas des logements spéciaux. 57,8 0/0 de ces ouvriers vivent, suivant Démentieff, dans les ateliers mêmes où ils travaillent ou bien dans des sortes de casernes construites par les fabricants; 18,1 0/0 seulement de ces ouvriers occupent des logements qu'ils louent eux-mêmes.

Les casernes en question sont dénuées de tout confort. « Les ouvriers qui viennent de loin apportent avec eux un sac ou bien un coffre contenant un peu de linge et parfois même une couchette. Ceux que les fabricants comptent parmi les externes, qui rentrent chez eux les dimanches et les jours de fête, et ne couchent dans les ateliers que les jours de travail, n'ont absolument rien avec eux. Ni les premiers ni les seconds ne possèdent aucune literie... » Telles sont les habitations des ouvriers dans les fabriques. Les logements que louent les autres ne sont ni plus ni moins confortables que les dortoirs des fabriques.

Leur nourriture.

« La nourriture des ouvriers correspond à leur intérieur. Ils s'associent pour faire la cuisine. Comme quantité, la nourriture est suffisante, mais elle laisse beaucoup à désirer comme qualité. C'est une cuisine végétale très uniforme et comprenant très peu d'éléments animaux. Les ouvriers mangent pour la plupart du pain noir, de la soupe aux choux et des choux marinés, du gruau de sarrazin ou de froment avec addition de graisse de bœuf, des pommes de terre, des choux au fromage relevés avec de l'huile de lin ou bien du kvass et des concombres. Voilà, à la lettre, ce que mangent invariablement les ouvriers d'un bout de l'année à l'autre. Seulement, pendant les jours qui sont d'abstinence, annuellement au nombre de 190, on remplace la maigre portion de viande (1/2 livre dans les réfec-

toires des hommes et 1/4 de livre dans ceux des femmes et des enfants)
par du hareng et la graisse de bœuf par de l'huile de lin. Les ouvriers
logés chez eux mangent une nourriture encore moins bonne sous tous les
rapports. »

En continuant à comparer l'existence des ouvriers russes avec celle des ouvriers anglais et américains, Démentieff en arrive à conclure que le salaire des premiers leur garantit un minimum de bien-être, qu'il les met seulement à l'abri de la faim et leur permet de mener une existence à moitié animale. « S'il faut exprimer par des chiffres la comparaison du niveau de l'existence de nos ouvriers comparé à celui de l'ouvrier anglais ou américain, nous trouvons que le bien-être de l'ouvrier anglais, suivant Carol Reit, est à celui de l'ouvrier du Massachusetts comme 1 : 1,42. Le bien-être de l'ouvrier du Massachusetts est alors à celui de l'ouvrier russe comme 3 : 1, tout au moins ; en d'autres termes, l'existence de l'ouvrier du Massachusetts est trois fois meilleure que celle du nôtre. »

Il est évident que, dans ces conditions, l'ouvrier russe ne saurait faire d'épargnes qui lui permettraient de se tirer d'embarras pendant la crise que la guerre future déterminerait au sein des classes ouvrières. Il serait sage, par conséquent, de s'occuper du sort des ouvriers dès le début même de la guerre. La question des secours à leur allouer et de leur répartition rationnelle doit être étudiée dès le temps de paix.

4. Force de résistance économique de la population pendant et après la guerre.

Nous avons affirmé plus d'une fois que la guerre occasionnerait des troubles sérieux dans les contrées où l'industrie est développée à un haut degré et dont l'organisme social est très complexe. Il est évident que les contrées où l'industrie absorbe d'immenses capitaux et nourrit la moitié de la population se ressentiront plus que les autres de l'appel sous les drapeaux d'un grand nombre d'ouvriers, de contremaîtres, de directeurs des travaux ainsi que du manque d'arrivages de matières premières, déterminé par la suspension des communications, et de la difficulté d'écouler les produits, amenée par cet état de choses. La crise sera moins sensible pour les pays dont l'industrie est moins développée et qui ont conservé leur caractère agricole, pour ceux dont le mécanisme économique est plus rudimentaire et dont les rouages dépendent moins les uns des autres.

Mais ce qui précède ne permet pas de conclure que plus un pays est pauvre, plus il lui sera facile de supporter la guerre. Il est évident que si

T. IV. — Jean de Bloch. — *La guerre future.*   12

la lutte a pour théâtre une contrée agricole favorisée par une série de bonnes récoltes, elle y occasionnera de moindres troubles que si elle survenait après plusieurs années de disette. Il existe un minimum de bien-être (tant matériel que moral) qui permet à une nation ou à une contrée de supporter plus facilement l'épreuve de la guerre et de s'en relever plus vite.

Ainsi, par exemple, on comprend sans peine que, dans une contrée peu développée au point de vue économique ou à moitié barbare, la guerre ne suspendra pas l'activité de milliers de machines et ne détruira pas d'immenses entreprises constituées par actions. Cette contrée n'en sera pas moins très éprouvée, attendu qu'une partie de sa population mourra de faim et que de grandes étendues de terre se convertiront en déserts. Il existe dans l'Asie centrale des régions qui furent jadis de vastes oasis florissantes et qui, par suite d'une série de guerres, ont été ensevelies sous les sables mouvants.

Étude nécessaire
du bien-être matériel
et moral.

En appréciant, par conséquent, la force de résistance relative de la Russie pendant et après la guerre, nous devons prendre en considération le niveau actuel moyen du bien-être matériel et moral de sa population et indiquer les différences existant à ce point de vue entre les provinces. On n'a pas encore essayé de grouper toutes les données qu'on possède à ce sujet pour en tirer des conclusions générales. Nous ne pouvons entreprendre de combler cette lacune sans dépasser les limites que nous nous sommes imposées. Quelques indications cependant étant indispensables, nous les fournirons en ne présentant que des données concernant les symptômes principaux du bien-être en question. Pour éviter les tableaux remplis de chiffres et pour faciliter l'aperçu général des matières, nous mettrons sous les yeux du lecteur de préférence des graphiques.

Progression
de la
population russe.

Accroissement de la population. — L'économie politique et la biologie s'accordent actuellement pour démontrer que toute contrainte imposée à la production des objets nécessaires à l'alimentation, au bien-être, à l'éducation et à la prospérité morale d'un pays, entrave l'existence, c'est-à-dire l'accroissement de la population de ce pays. Si, par conséquent, on examine des périodes prolongées, on peut considérer la progression naturelle de la population dans les différentes parties d'un pays, comme un *criterium* de sa prospérité.

Les paysans constituent les 9/10 de la population de la Russie, les chiffres relatifs à la progression susdite concernent donc principalement la population rurale. Nous commencerons, en conséquence, par apprécier la progression de cette population, tout en examinant les autres indices de son bien-être.

Nous sommes à même de comparer les gouvernements à ce point de vue, grâce aux chiffres officiels publiés en 1858 à ce sujet dans le *Statistitcheskii Vrémennik ;* nous pouvons même diviser les paysans en deux groupes, dont le premier comprend les anciens serfs des seigneurs et l'autre les serfs de l'Etat.

Mais, avant d'examiner ces chiffres, il est indispensable de connaître les facteurs dont l'action est décisive pendant une période donnée ; aussi faut-il approfondir les conditions dans lesquelles s'est produite l'émancipation des serfs.

La quantité de terre donnée aux paysans joue un rôle secondaire dans cette question ; mais puisque les chiffres officiels indiquent la progression de la population suivant les dimensions des terrains dont les serfs affranchis ont été dotés et tiennent compte des différentes formes de possession, nous maintiendrons ces mêmes catégories pour nos comparaisons.

Il serait plus naturel d'établir ces comparaisons sur les sommes payées par les paysans pour se racheter.

L'arithmétique seule ne suffit pas : il faut prendre en considération la valeur véritable de la terre et examiner la relation qui existe entre le prix de ces rachats et la valeur réelle de la déciatine (1).

Chacun comprendra qu'une déciatine dans les terres noires vaille plus qu'une autre située dans les maigres terrains sablonneux et humides de la Polésie. Mais il est difficile de déterminer les valeurs relatives de ces terrains.

Nous avons jugé équitable de prendre le prix moyen d'une déciatine dans chaque gouvernement, en basant nos évaluations sur les sommes accordées par les banques foncières et en ajoutant à ces sommes les montants des prix de rachat. Les résultats de ces calculs sont donnés par des tableaux qu'on trouvera dans les planches de l'atlas correspondant à cette page. Il suffit d'y jeter un coup d'œil pour se rendre compte jusqu'à quel point les prix de rachat ont été lourds pour les paysans de chaque région.

Quant à la progression générale de la population suivant les gouvernements, on ne peut distinguer celle résultant de la natalité de celle qui est attribuable au déplacement. Mais néanmoins nous donnons, dans la planche de l'atlas correspondante, un tableau indiquant cette progression entre 1885 et 1897.

Répartition de la population dans les lieux habités. — Les données sur l'accroissement de la population seraient, par elles-mêmes, encore insuf-

Répartition
de la population.

---

(1) Mesure agraire qui vaut un peu plus d'un hectare (109 ares).

fisantes pour permettre d'apprécier son degré de bien-être. Nous devons donc les compléter par d'autres indications. L'une d'elles est la répartition des habitants dans les villages. Dans un cartogramme qu'on trouvera sur les planches relatives au chapitres des « Plans des opérations militaires », nous donnons une idée de la densité de la population, c'est-à-dire du nombre d'habitants par kilomètre carré. D'autres renseignements encore sont fournis sur ce sujet par diverses planches de l'atlas d'où l'on peut conclure ce trait caractéristique que : dans les gouvernements qui pourraient être le théâtre de la guerre, l'étendue de terrain correspondant à un village est bien moins considérable que dans le gouvernement de l'est, et en même temps à chaque habitation correspond un plus grand nombre d'habitants. La population est en un mot plus dense.

Impôts : régularité de leur rentrée.

Impôts. — La régularité plus ou moins grande, qui caractérise la rentrée des impôts suivant les différentes contrées de l'Empire, doit être considérée comme un indice infaillible du degré de bien-être des habitants. Mais il faut examiner cette régularité pendant un espace de temps prolongé, attendu qu'elle peut, dans certaines années, être faussée par une mauvaise récolte ou par quelque autre circonstance.

Pertes occasionnées par les incendies.

Les Incendies et les pertes qui en résultent pour la population rurale nous permettent aussi d'apprécier le degré de son bien-être.

Il paraît certain que plus la population est pauvre, plus elle est éprouvée par les incendies ; mais les pertes résultant de ces incendies par propriétaire sont d'autant moins considérables que sa propriété mobilière et immobilière a moins de valeur.

Le bien-être est plus grand dans les gouvernements destinés à devenir le théâtre de la guerre, attendu que la valeur des propriétés détruites par le feu y est plus considérable, mais d'un autre côté les pertes y sont moins étendues, en raison du moins grand nombre d'incendies qui s'y sont produits.

Comparaison avec les autres pays d'Europe.

Suivant Mulhall (*Dictionary of Statistics*) les pertes résultant des incendies, réparties par 100 habitants et exprimées en roubles, s'élèvent dans les autres pays d'Europe à :

En Grande-Bretagne. . . . . 160 roubles.
  — France 50   —
  — Allemagne 81   —
  — Autriche 63   —
  — Belgique 55   —
  — Hollande 63   —
  — Suède et Norvège 99   —
Aux États-Unis. 220   —
Au Canada. 288   —

Les pertes occasionnées par le feu en Russie, de 1860 à 1887, se sont élevées à 116 roubles en moyenne par 100 habitants dans les villes et à 52 roubles par 100 habitants dans les campagnes ; quant à la moyenne générale, elle s'est chiffrée par environ 62 roubles.

Si nous rapprochons ce dernier chiffre des chiffres précédents concernant les pays étrangers, nous obtenons le tableau graphique suivant.

Pertes occasionnées par le feu par 100 habitants, en roubles.

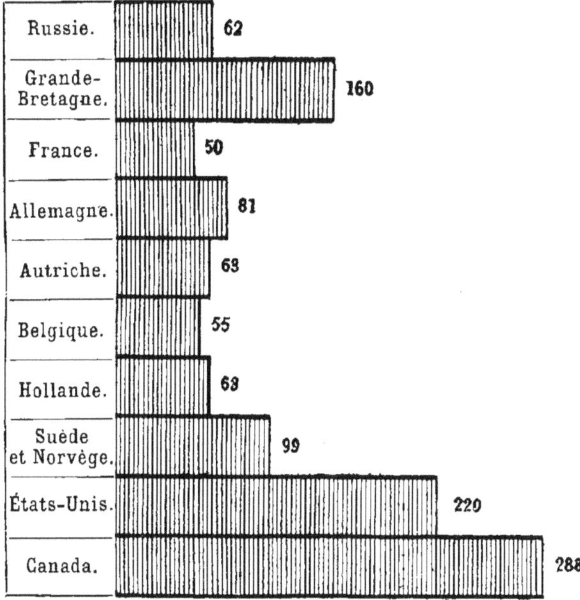

Nous voyons qu'en France et en Belgique seulement les incendies causent de moindres pertes qu'en Russie, bien que les pays étrangers soient en général plus riches qu'elle.

Il est également intéressant de connaître le rapport du montant des assurances aux sommes qui représentent les pertes occasionnées par les incendies.

Rapport des assurances aux sommes des pertes.

Voici quels sont ces rapports, en 0/0 :

En France . . . . 75 %
— Allemagne. . . . . 74 %

Aux États-Unis . . . . 55 %

En Grande-Bretagne. . . . . 46 %

Au Canada. 44 %

En Belgique . . . . 43 %

— Russie . . . . 9 %

Exprimons ces résultats par un graphique.

Rapport du montant des assurances aux sommes qui représentent les pertes
occasionnées par le feu.

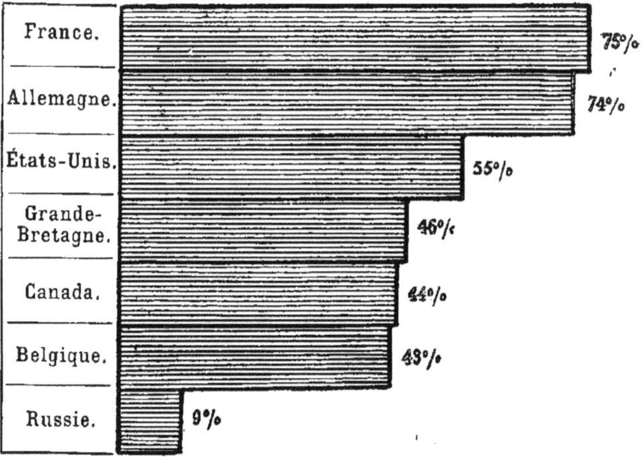

On voit qu'en Russie le montant des assurances est 6 à 8 fois moindre
que dans les autres pays.

La situation des villes. — Nous avons plus d'une fois parlé du rôle important que les villes sont appelées à jouer pendant la guerre future. La crise sera plus aiguë dans les centres dont les habitants constituent un élément d'opposition très remuant. Cet élément est peu nombreux en Russie, mais il n'y est cependant pas dépourvu d'importance.

Les données statistiques concernant la propriété des villes russes font défaut, il est donc difficile d'en parler. On constate cependant qu'en Russie les villes se développent moins rapidement que dans les pays occidentaux, tandis que la population se multiplie dans une forte mesure dans les campagnes. Dans les pays de l'Ouest, au contraire, c'est la population rurale

qui progresse lentement ; elle tend même à diminuer dans certaines contrées, ainsi que le montre le graphique ci-dessous (1).

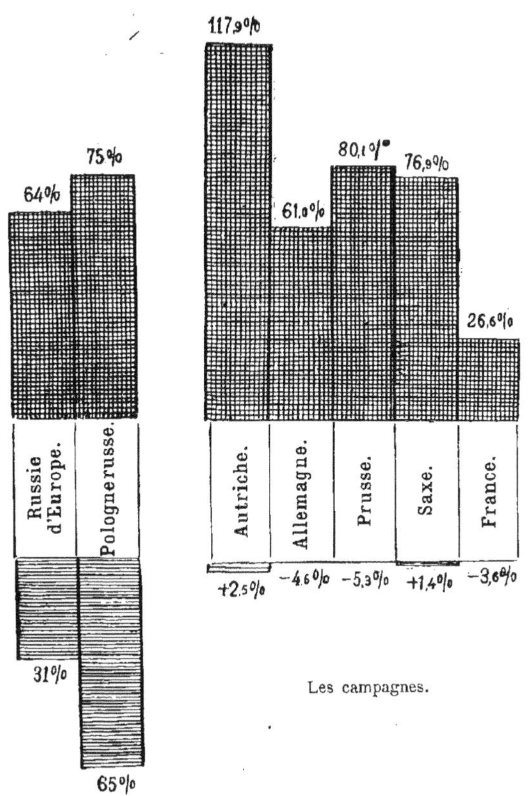

Épargnes. — Les sommes déposées dans les caisses d'épargne constituent un indice sûr du bien-être d'un pays. En Russie, toutefois, cet
indice est moins sûr que dans les pays occidentaux, car la population russe

Dépôts
dans les caisses
d'épargne.

______

(1) *Statistitcheskii Vrémennik* (série I) et *Sbornik Svédénïi za* 1884-5 (Recueil de
renseignements pour 1884-85).

ne s'est pas encore suffisamment habituée à confier ses épargnes aux
caisses établies à cet effet dans les bureaux de poste. La Russie occupe à ce
point de vue la dernière place entre tous les pays de l'Europe, ainsi que
l'indique le cartogramme suivant :

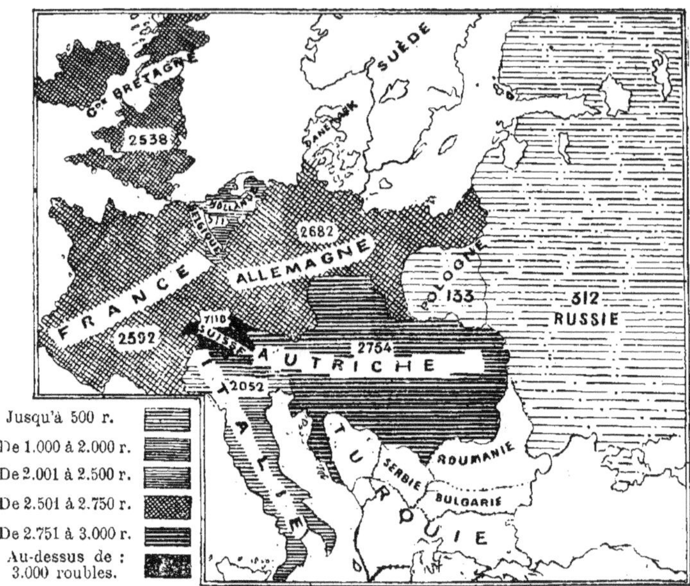

Cartogramme des sommes déposées dans les caisses d'épargne dans les différents pays
d'Europe.

Dans le tableau graphique ci-contre nous indiquons les professions
des personnes ayant déposé leurs économies dans les caisses d'épargne,
le nombre des livrets remis et la moyenne de chaque livret. Nous mettons aussi sous les yeux du lecteur les données concernant la répartition
des dépôts entre les habitants des villes et ceux des campagnes (1).

____

(1) Compte rendu relatif aux caisses d'épargne de la Banque d'État pour 1894.
— Saint-Pétersbourg, 1896.

Classification des porteurs de livrets suivant leurs professions en 1894.

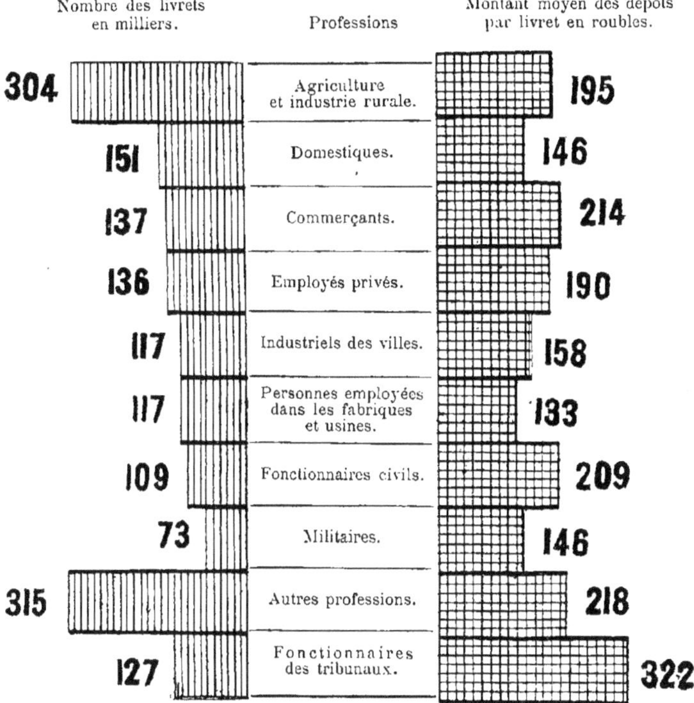

Répartition des sommes déposées dans les caisses d'épargne en 1894 entre les habitants des villes et les habitants des campagnes.

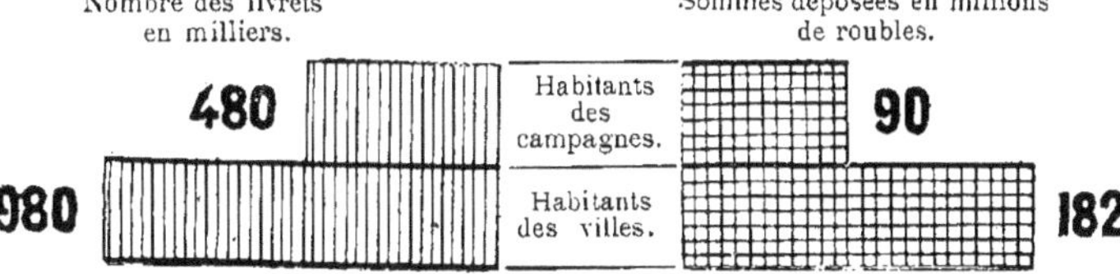

Sur 100 habitants en 1894

Nombre des livrets. Sommes déposées en roubles.

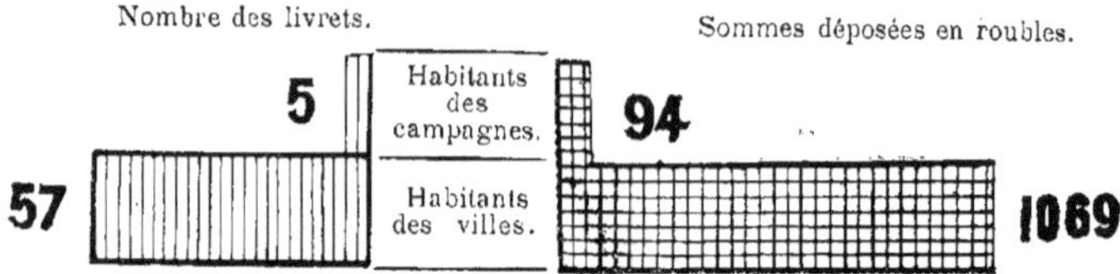

Les chiffres de ces graphiques prouvent que les villes priment les campagnes quant au nombre de livrets retirés et au montant des sommes déposées dans les caisses d'épargne.

Il n'en saurait être autrement. Pour nous en convaincre, nous devons nous rendre compte de l'état de la petite culture en Russie.

Influence de l'abolition du servage sur l'état de la culture.

L'état de la culture en Russie. — Les conséquences de l'émancipation des paysans, accomplie il y a 35 ans, devaient nécessairement imprimer leur empreinte à la culture. La grande et la moyenne culture ont dû, dès qu'elles ont été privées du travail gratuit, se réorganiser de fond en comble sur la base du travail à gages et de la culture intensive, en introduisant le système de l'assolement et l'emploi des machines agricoles. Le rachat des serfs fournit aux propriétaires le capital de roulement indispensable. Mais la brusquerie même de la réforme sociale en question fut telle que la plupart des propriétaires ne purent ou ne voulurent pas se lancer dans une entreprise qui, en tous cas, n'était pas facile.

Un certain nombre d'entre eux renoncèrent à administrer personnellement leurs biens, et se mirent en service; d'autres continuèrent à faire autant que possible comme par le passé, sauf, naturellement, le bénéfice de la main-d'œuvre gratuite. On peut dire qu'en Russie il s'est établi une sorte de compromis entre l'ancien système, basé sur le servage, et le système moderne que nous appelons rationnel.

La culture russe manque en grande partie de capital de roulement; aussi rétribue-t-on souvent la main-d'œuvre par l'abandon d'une partie de la récolte. Les travaux de labour sont faits par les paysans et avec les outils primitifs de ces derniers; ce qui fait que la culture est restée presque la même qu'au temps du travail gratuit.

Le paysan n'a guère la possibilité de varier les produits de ses champs, attendu qu'il dépend de ses voisins qui se portent garants pour lui et *vice versa*. Ce sont donc les mêmes produits qui reviennent toujours chez les petits cultivateurs affranchis et, par suite de leurs prix peu élevés, le paysan ne peut retirer de son travail l'argent nécessaire à parfaire la somme de rachat, à payer ses impôts, et à se procurer les objets dont il a besoin, objets qu'il fabriquait antérieurement lui-même, en partie, en utilisant les produits de son champ et de l'élevage. L'eau-de-vie sur laquelle l'État prélève des contributions indirectes de plus en plus fortes, dont la vente même est soumise à une taxe que paie nécessairement le consommateur, l'eau-de-vie, en un mot, qui fournit à l'État le plus considérable de ses revenus, augmente aussi de quelques roubles les dépenses de chaque paysan.

Celui-ci a fini par éprouver, en outre, le besoin d'affermer des terres, à cause de la progression rapide de la population rurale. Ces terres appartiennent en partie à des particuliers, en partie au gouvernement et il paie son fermage aux particuliers non seulement en nature, c'est-à-dire en labourant leurs champs, en récoltant leur blé, en fauchant leurs prés, etc., mais aussi en leur versant de l'argent.

Sachant que les paysans paient annuellement au total, aux propriétaires, environ 300 millions de roubles en vertu de leurs contrats de fermage, et prenant le prix moyen pour base de notre évaluation, nous trouvons que chaque métairie se trouve de ce fait, imposée de 25 roubles en moyenne, tandis que les autres redevances, y compris le rachat et autres paiements, s'élèvent à 29 roubles 40 kopecks par métairie (1). Le fermage constitue en conséquence pour bien des métayers le chapitre le plus important de leurs dépenses.

Les besoins d'argent toujours croissants ont fait que les paysans se sont endettés et sont devenus la proie des usuriers.

Le paysan se transporte volontiers d'une région dans une autre généralement quand les terres qu'il cultivait sont devenues stériles faute d'engrais et qu'il ne lui est plus possible de se procurer l'argent dont il a besoin. Le petit nombre de bestiaux qu'il possède, l'absence de toute amélioration dans sa culture et sa pauvreté même démontrent, du reste, que le paysan se trouve généralement dans une situation très précaire. Le fait est que, pour subvenir à ses besoins, il est forcé de chercher du travail à côté.

Une grande guerre ne pourrait, dans ces conditions, qu'augmenter le désarroi qui existe au sein de la population rurale et la plonger dans la plus profonde misère, d'autant plus qu'une pareille guerre l'empêcherait de chercher dans d'autres industries des ressources supplémentaires.

Quant à l'endettement, la grande et la moyenne culture ne sont guère mieux partagées que la petite. Pour se procurer le capital nécessaire à

---

(1) Rapport du président de la Commission instituée par l'Empereur en 1888 au sujet de la baisse des prix des produits agricoles.

l'amélioration de leurs biens, les propriétaires ont été forcés de recourir aux banques foncières. Ces banques leur ont, il est vrai, fourni de l'argent à des conditions infiniment plus douces qu'aux paysans, mais ils n'en sont pas moins beaucoup plus endettés que ces derniers. Au 1er janvier 1896, le montant des valeurs émises par les 36 banques foncières s'élevait à 1,618,079,807 roubles-crédit, 2,689,775 roubles-métal et 7,104,900 marks allemands.

Il est vrai que bien des fortunes étaient engagées à la banque foncière de l'État et aux conseils de tutelle avant l'abolition du servage; mais le crédit que donnaient ces institutions était sensiblement moins élevé que celui des banques d'actionnaires. Il faut aussi remarquer qu'avant l'émancipation des paysans, on proportionnait le crédit au nombre des serfs existant sur la propriété de l'intéressé et qu'on l'augmentait au fur et à mesure de l'augmentation de ce nombre; l'accroissement de la population fournissait, par conséquent, aux débiteurs, le moyen d'amortir leurs dettes en partie.

Banques nobiliaires. Il est bien vrai que les banques nobiliaires ont, en réduisant les paiements annuels, soulagé les propriétaires; mais il faut prendre en considération que ces banques ne sont pas accessibles à tous les particuliers, que tout crédit de ce genre pèse lourdement sur les terres et qu'il ne porte de fruits qu'à condition d'être réellement et entièrement employé à l'amélioration de la culture des domaines, même si l'intéressé a bien pris ses mesures et si les récoltes ont justifié ses espérances. Or, il y a lieu de supposer que la plupart des sommes puisées dans les banques foncières ont été détournées de ce but, qu'elles ont été employées improductivement, qu'on s'en est servi en partie pour désintéresser les cohéritiers, car la progression de la population ne se produit pas seulement parmi les paysans. Il résulte de là que le crédit foncier est un levier au moyen duquel les immeubles se déplacent, passant des mains de l'un dans celles de l'autre, un agent qui sert à mobiliser la propriété immobilière.

État rudimentaire de la culture en Russie. C'est là un phénomène qu'on observe dans toute l'Europe; il est dû, en grande partie, à la baisse des prix des céréales résultant de la concurrence que nous font les pays d'outre-mer et, pour ce qui concerne la Russie, à d'autres circonstances encore. Dans ce pays on continue à labourer la terre comme par le passé avec les outils des paysans, on y maintient aussi le système de la jachère triennale qui a fini par épuiser le sol et diminuer son rendement. En outre, il y a en Russie moins d'acheteurs de blé qu'à l'étranger, parce que la population urbaine et industrielle y est relativement beaucoup moins nombreuse.

Si la production du blé n'a pas diminué en Russie, ce fait est dû à ce qu'on a défriché de grandes superficies de terres nouvelles dans le midi et dans l'est. Mais il ne reste déjà plus de défrichements à faire, si ce n'est dans l'est et dans le nord. Il faudrait donc, pour ne pas rendre stationnaire ou réduire la production du blé en Russie, modifier l'ancienne culture et appliquer à celle-ci les forces pécuniaires et intellectuelles qu'on emploie aujourd'hui à l'agrandissement de la puissance militaire de la Russie.

Nous allons montrer maintenant que l'élevage russe est aussi en train de péricliter.

Nombre des animaux domestiques. — Le nombre des bestiaux que possèdent les propriétaires donne la mesure de leur bien-être, non seulement parce que ces bestiaux représentent un capital et fournissent l'engrais indispensable à l'entretien de la fertilité de la terre, mais aussi parce que leur nombre permet de juger de la nourriture qui prévaut dans un pays, la viande étant la nourriture la plus substantielle.

Situation
de l'élevage.

C'est surtout le nombre de vaches et de bœufs qui permettent d'apprécier le bien-être d'une contrée.

Il faut faire remarquer qu'avant la construction des chemins de fer, on n'envisageait en général l'entretien d'un grand nombre de bestiaux que comme un mal nécessaire, parce que les produits de l'élevage étaient à très bas prix. Néanmoins, comme les dépenses occasionnées par l'éloignement des marchés, des lieux de production, et par l'état rudimentaire des moyens de transport étaient énormes, la nécessité forçait les propriétaires à recourir à l'élevage pour retirer quelque chose de leurs propriétés. Il est donc tout naturel qu'après la construction des chemins de fer, l'élevage ait fini par tomber dans des contrées où l'on n'y attachait aucun prix et que le rendement des terres ait en même temps sensiblement diminué.

Comparaison des cultures. — Chacun sait que le nombre des bestiaux permet d'apprécier chez nous l'état plus ou moins prospère de la culture d'une contrée. Plus on exploite consciencieusement la terre, plus il faut l'engraisser, ce qui implique la nécessité d'entretenir un grand nombre de bestiaux.

Comparaison
de la culture russe
avec celle
des autres pays.

Il faut dire que le rendement des terres russes est bien inférieur à celui des autres pays, ainsi que le démontre le cartogramme ci-contre dans lequel les chiffres indiquent le rendement d'une déciatine dans chaque pays.

Rendement d'une déciatine en tchetverts (1).

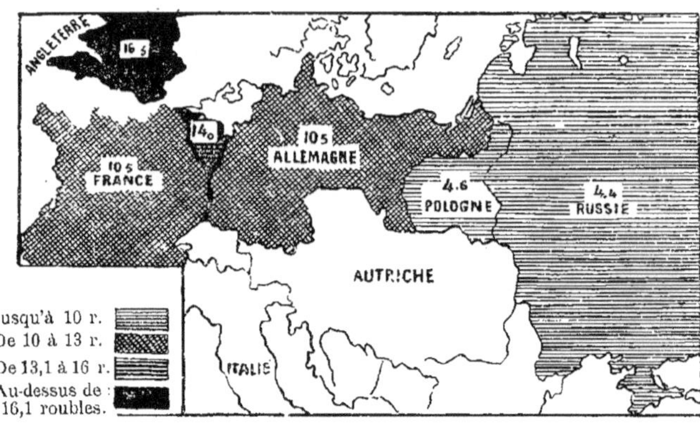

C'est là un fait qui aura son importance en cas de guerre : la production d'une moindre quantité de blé à surface égale. L'infériorité de la Russie est également manifeste si l'on compare la quantité de blé récoltée dans ce pays à celles récoltées dans les autres pays européens, relativement au nombre des bestiaux existant dans chacun de ces pays, — ainsi que le montre le cartogramme ci-dessous (2).

Nombre de bestiaux par 100 tchetverts de blé récoltés.

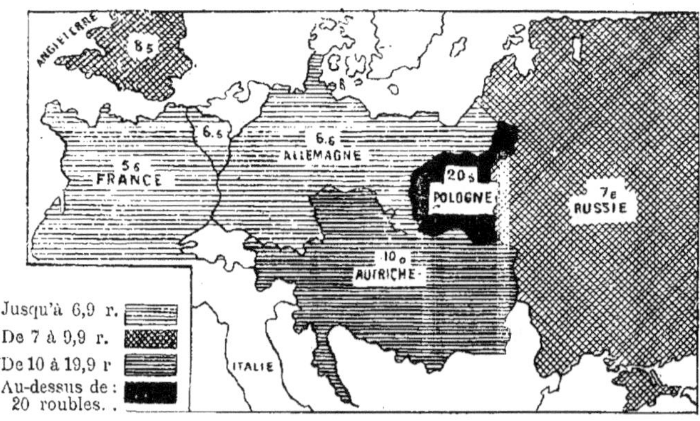

(1) Le tchetvert vaut un peu plus de 2 hectolitres (2 hect. 097).
(2) *Statistique agricole de la France* (Résultats de 1882) Edit. 1888.

Nous obtenons donc, en prenant le rapport existant entre le nombre de bestiaux et la quantité de blé récoltée dans les pays étrangers, les données comparatives suivantes :

	La Russie a, par 100 déciatines emblavées, moins de gros bétail en 0/0	La récolte russe par déciatine est moindre, en 0/0
Que L'Angleterre	75	73
— La Belgique.	63	69
— L'Autriche-Hongrie.	53	38
— L'Allemagne. . . .	51	58
— La France.	43	58
En moyenne. . .	62	59

Traduisons ces rapports par un tableau graphique.

La Russie possède par déciatine emblavée un nombre de bestiaux (exprimé en pour cent) inférieur aux pays indiqués dans le tableau ci dessous.

La Russie récolte par déciatine emblavée une quantité de blé (exprimée en pour cent) inférieure à celles récoltées dans les pays indiqués dans le tableau sur la même superficie.

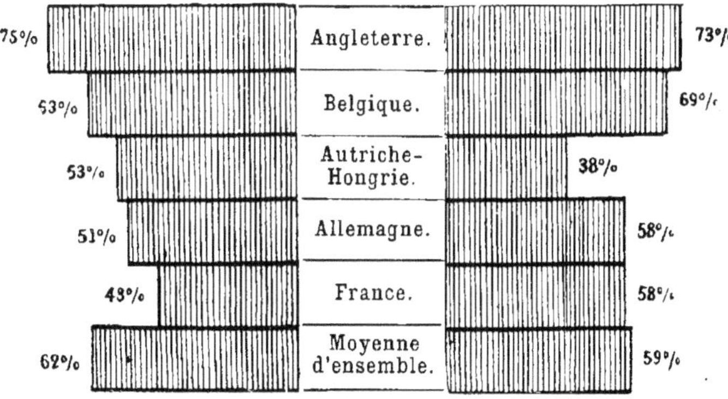

Ces chiffres nous amènent à cette conclusion qu'on trouve en Russie, sur 100 déciatines emblavées, 62 0/0 moins de bestiaux et 59 0/0 moins de blé que dans les autres pays.

Ces chiffres relativement favorables s'expliquent en partie par le fait qu'en Russie on a défriché ces temps derniers des terrains très étendus et par cette autre circonstance que la terre surabonde dans ce pays, puisqu'on n'y ensemence que 20 0/0 de la superficie disponible, tandis qu'on emblave 43 0/0 dans les autres pays.

On admet généralement qu'une culture rationnelle suppose la présence de deux têtes de gros bétail par trois déciatines, ou bien d'un nombre équivalent de moutons, chèvres, etc., ce qui fait 666 pièces de gros bétail pour chaque millier de déciatines.

Si, en suivant la méthode indiquée plus haut, nous réduisons en gros bétail les bestiaux de toutes espèces se trouvant dans les différentes parties de la Russie d'Europe; si, en d'autres termes, nous exprimons par une unité figurant un bœuf, le nombre équivalent de moutons, chèvres, etc., et si, admettant que la proportion de 666 têtes par 1,000 déciatines est la proportion normale, nous exprimons cette proportion par le chiffre 100, nous trouvons qu'elle ne se rencontre généralement pas en Russie. En 1870, on n'en était, en Russie, qu'aux 86,2 0/0 de la quantité de bestiaux nécessaire, et en 1883 à 80,9 0/0 seulement. Cette proportion est surtout en baisse dans les 23 gouvernements de la grande Russie (Russie centrale). Car en 1870, elle y était dépassée, de sorte que la quantité de bétail présent s'y exprimait par 103,5 0/0, tandis qu'en 1883 elle ne s'exprimait plus que par 81,2 0/0.

La proportion susdite tend toujours à décliner, parce qu'on défriche sans cesse de nouveaux terrains et qu'on ne rend pas à la terre en quantité suffisante les engrais qu'on en retire. De 1866 à 1881, la superficie cultivée s'est accrue de 5,3 0/0 et cette augmentation est due, principalement, aux efforts des grands propriétaires.

Les superficies emblavées ont augmenté surtout dans l'Est et dans le Midi, tandis qu'on a converti en prairies une partie considérable des terres jadis labourées dans les provinces de l'Ouest, c'est-à-dire dans les contrées qui seront probablement le théâtre·de la guerre.

Nous avons parlé plus haut du temps pendant lequel les populations des différents gouvernements pourraient se nourrir de leur propre blé. Nos comparaisons sont basées sur les données relatives aux rapports qui existent entre les quantités de blé récoltées dans les différentes parties de l'empire et le nombre de leurs habitants; elles reposent, en d'autres termes, sur les chiffres exprimant les excédants des récoltes.

Pour se faire une idée plus nette à ce sujet, il faut examiner les récoltes des grands et moyens propriétaires, indépendamment des récoltes des paysans.

Le propriétaire ne consomme évidemment qu'une petite partie de sa récolte; il la vend presque tout entière; tandis que le paysan vit principalement du fruit même de son travail, c'est-à-dire de son blé; il n'en vend qu'une petite partie qui est son excédent; quelquefois, il est même forcé d'acheter du blé. C'est là une question d'une très grande importance et nous représentons, en conséquence, dans les tableaux graphiques ci-dessous, les quantités des principales espèces de céréales récoltées en 1893 par les propriétaires, d'un côté, et par les paysans, de l'autre, exprimées en millions de tchetverts. Ces graphiques concernent les 50 gouvernements de la Russie d'Europe et les 10 gouvernements du royaume de Pologne (1).

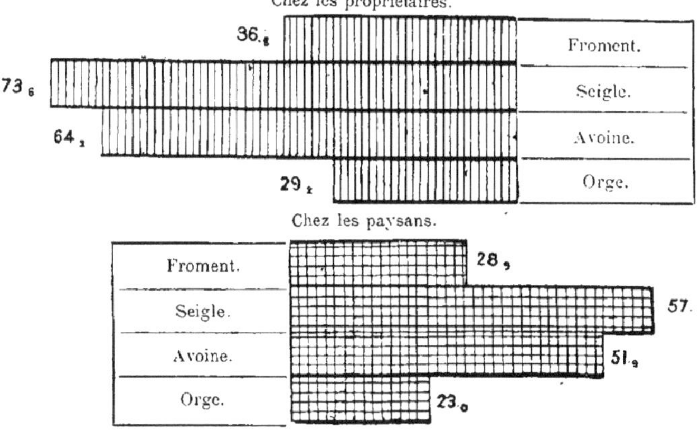

Il est également intéressant de voir dans quelles proportions la récolte totale se répartit entre les propriétés petites, moyennes et grandes. C'est ce que nous montrera le tableau graphique suivant :

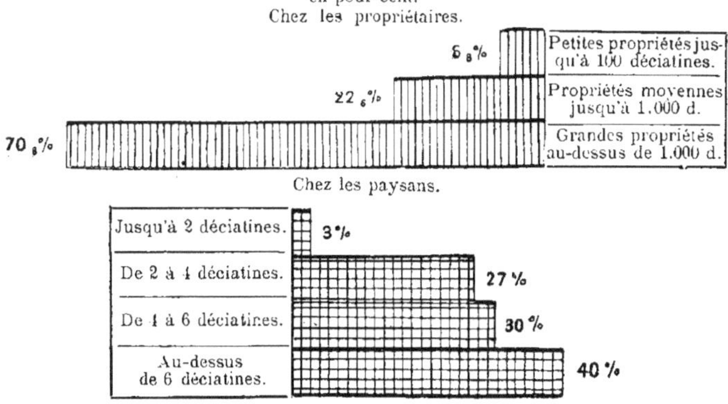

<hr>

(1) *Statistitcheskii Vrémennik Rossiiskoï Impérii* (Série III. Ed. X) et *Selskokhozaïstvennaïa statistika* de 1893 à 1895.

T. IV. — Jean de Bloch. — *La guerre future.*   13

Le fait que les propriétaires s'appliquent à défricher des terrains vierges serait consolant, si ces propriétaires exploitaient rationnellement leurs terres. Malheureusement, c'est le contraire. La plupart d'entre eux ne trouvant pas, dans les conditions actuelles, leur compte à labourer leurs terres avec leurs propres moyens, s'en déchargent sur les paysans, auxquels ils paient une somme convenue par déciatine, ou bien ils leur cèdent une partie de leur récolte.

Le système d'exploitation le plus usité est celui qui consiste à abandonner aux paysans le soin d'exécuter tous les travaux de labour et de récolte et de leur céder une partie de celle-ci. C'est là un système défectueux en ce sens que le propriétaire doit rationnellement fumer toute l'étendue de ses terres, tandis qu'il ne rentre dans ses granges qu'une partie des produits récoltés sur cette superficie. Or, ce qui coûte le plus dans les grandes propriétés, c'est la production du fumier, en d'autres termes l'entretien des bestiaux fournissant la quantité d'engrais nécessaire. Le laitage, la viande et la laine ne couvrent presque jamais les frais d'entretien des vaches et des moutons. Le propriétaire se refuse par conséquent d'abandonner aux paysans la moitié d'un produit aussi cher que l'engrais.

Il faut ajouter que les paysans emportent aussi une grande partie du foin des propriétaires, parce qu'ils exécutent chez eux les travaux de la fenaison aux mêmes conditions que ceux de la récolte. Tout cela nous prouve qu'il est très difficile, pour le propriétaire, d'élever des bestiaux, car il n'a pas de quoi les nourrir. Mais peut-on prétendre récolter sans engrais ?

Le système d'exploitation dont nous venons de parler menace, par conséquent, de ruiner la grande et la moyenne culture.

Un autre inconvénient de ce système consiste en ce que les travaux de labour sont exécutés avec les charrues, les herses et autres outils appartenant aux paysans, ce qui fait que la terre n'est labourée qu'à une très petite profondeur, et qu'il est dès lors de toute impossibilité de lui restituer les principes qu'on en retire.

Il n'est guère permis aux propriétaires d'améliorer leur culture. Les conditions dans lesquelles s'est effectuée l'émancipation des serfs, la crise agricole qui s'est produite plus tard et les mesures qu'ont dû prendre les propriétaires des autres pays pour conjurer le mal, ont mis les propriétaires russes dans une situation très difficile, sinon inextricable.

Point n'est besoin d'être prophète pour prédire que l'état économique en Russie empirera d'année en année, si l'on ne parvient pas à modifier les conditions qui le régissent actuellement. La Russie exporte les produits de son agriculture, elle abandonne de ce fait les forces vives de son sol.

En additionnant, suivant le journal *Obzory vnéchnéï torgovli*, tout ce que la Russie envoie à l'étranger de froment, seigle, avoine, orge et autres céréales, bestiaux, os, etc., on peut conclure qu'elle exporte, bon an mal an, pour 80 millions de roubles des forces vives de son sol [1].

Ces chiffres ne doivent pas nous étonner. Komers a calculé que, pour maintenir la fertilité du sol, il faut lui restituer en engrais 20 à 33 0/0 de ce qu'on en retire. Pour ne pas épuiser la terre, en lui faisant produire du seigle, il faut en effet lui rendre 33 0,0 de ce qu'elle nous donne.

Tout ce qui précède nous oblige de conclure avant tout que l'agriculture, source dont dépend principalement le bien-être du pays, exige de grandes améliorations.

Une culture plus intensive semble, pour la Russie, chose de première nécessité ; mais cela exigerait des efforts matériels et intellectuels qu'on ne rencontre guère chez nous. Dans les « revues agricoles » publiées par les soins du département de l'agriculture, nous trouvons constamment la preuve que les mauvais emblavements et les mauvaises récoltes sont dus, moins aux conditions climatériques et autres circonstances naturelles défavorables, qu'aux procédés défectueux employés par les cultivateurs. Cela est vrai surtout pour la culture des paysans. Si le nombre des grands propriétaires totalement ruinés n'est pas plus grand, c'est qu'ils ont reçu d'immenses capitaux d'abord sous forme de bons de rachat, et plus tard sous forme de prêts hypothécaires.

Il est nécessaire de rappeler ici que l'émancipation des serfs a surpris les propriétaires à un moment où ils manquaient presque totalement de ressources. Plus de 75 0,0 des biens étaient engagés dans les anciennes institutions de crédit. Presque personne n'était en possession d'épargnes et l'on continuait à cultiver les terres grâce à la main-d'œuvre gratuite et à l'absence de frais. Même les plus grandes propriétés pouvaient s'administrer à très bon compte. Or, une culture qui, depuis longtemps, se faisait sans capitaux de roulement, sans mises de fonds productives, devait nécessairement épuiser le sol.

Ce phénomène s'est accentué quand eut lieu l'émancipation des serfs. Les récoltes cessèrent d'être satisfaisantes. Les propriétaires qui n'avaient pas coutume, lors du servage, de dresser leurs bilans, ne se départirent pas de leurs anciennes habitudes; ils vécurent comme par le passé et quoique leurs biens leur donnassent quelques revenus, malgré le mauvais système d'exploitation qu'ils avaient adopté, ils finirent par se ruiner.

---

(1) L'évaluation détaillée des forces du sol que perd la Russie en exportant ses produits agricoles est faite dans notre ouvrage intitulé : *Melioratsionny Krédit i sostoïanie selskaho khosiaïstva v Rossii i inostrannykh gosoudarstvakh*. — Saint-Pétersbourg, 1896.

Dettes des propriétaires. — On sait que les membres des classes sociales privilégiées éprouvent une grande difficulté à se plier aux nouvelles conditions de la vie, quand ces conditions leur deviennent moins favorables. Tel est le cas des propriétaires russes. Ils n'auraient pu augmenter le rendement de leurs biens que par une culture plus intensive. Cela eût exigé de nouvelles mises de fonds. Certains d'entre eux n'ont pas hésité à les faire, mais ces mises de fonds ont souvent contribué à les endetter.

Dettes des paysans. — Pour les paysans, l'émancipation les a tirés de leur torpeur et leur a infusé un nouveau courant de vie. Elle leur a donné la liberté d'action et la responsabilité directe des paiements vis-à-vis du gouvernement. Du même coup ils ont été mis dans la possibilité d'acheter et d'affermer des terres, ce qui implique la nécessité d'acquérir les semences et le blé dont ils manquent, ainsi que d'autres objets qu'ils recevaient antérieurement du propriétaire s'ils ne les fabriquaient pas eux-mêmes. Et voilà les paysans disposant du double de temps pour travailler à leur propre compte ; mais au lieu de subir le régime du servage ils sont désormais forcés d'effectuer des paiements. La culture naturelle se transforme en une culture dont l'argent constitue le nerf. C'est l'argent qui règle les nouveaux rapports, et c'est le besoin de numéraire qui se fait surtout sentir à partir de ce moment.

De là l'endettement. Il est évident que si les paysans n'éprouvaient le besoin d'argent que dans des cas exceptionnels, s'ils pouvaient se tirer d'affaire avec les revenus de leurs terres en y ajoutant ce qu'ils gagnent par quelque autre travail, il pourraient utiliser leurs épargnes ou emprunter de l'argent à leurs voisins. Mais les épargnes faisant défaut et le crédit populaire n'étant point organisé, les paysans sont forcés d'emprunter chez les usuriers à des conditions très onéreuses.

On n'a pas encore étudié régulièrement l'état de l'endettement des paysans de toutes les parties de la Russie. Il faudrait pour cela recueillir des données exactes sur tous les gouvernements, comme on l'a fait dans ceux où il y a des bureaux statistiques, c'est-à-dire en visitant dans ce but chaque métairie. Aussi les données que nous possédons actuellement ne sont-elles pas complètes.

Nous signalerons les principales :

P. A. Sokolowsky a recueilli un grand nombre de données sur ce sujet dans son ouvrage intitulé *Ssoudo-sbérégatelnyïa Kassy Rossïi* (1889) (Les caisses d'épargne en Russie) en se basant sur les travaux des *Zemstvos*. Le tableau tracé par Sokolowsky est très peu consolant.

« Il résulte des données recueillies par la statistique des *Zemstvos*, que le paysan russe paie 40 à 60 roubles d'intérêt par an pour un emprunt contracté dans les sociétés rurales, tandis que les emprunts qu'il fait des particuliers lui reviennent jusqu'à 150 0/0.

« En présence de la difficulté de se procurer de l'argent par n'importe quel moyen, les paysans passent par les conditions les plus dures : ils prennent en hiver l'engagement d'exécuter les travaux de labour chez leurs créanciers et ils vendent le blé dont ils auraient besoin pour nourrir leur famille ; puis, vers la fin de l'été, ils vendent le blé qu'ils viennent de récolter. Il est évident que, dans ces conditions, ils vendent leurs produits à des prix très désavantageux et qu'ils s'endettent de plus en plus.

« Le créancier-usurier, lui, procède légalement... Ainsi. en hiver, on paie, pour les travaux des champs de l'été, deux et trois fois moins cher que pendant la belle saison ; de sorte que le créancier qui avance l'argent en hiver bénéficie de 200 0.0 à 300 0/0. L'usurier, fort de son « bon droit », exploite les paysans de la Russie centrale dans une mesure qui dépasse tout ce que les juifs ont pu imaginer en ce sens.

« C'est la traite de la main-d'œuvre. Les usuriers parcourent les campagnes et fournissent de l'argent aux paysans en les obligeant de les rembourser en été. Ils revendent ensuite deux et trois fois plus cher la main-d'œuvre qu'ils ont achetée de cette manière à ceux qui en ont besoin. C'est là un procédé qui se pratique au Midi aussi bien qu'au Nord.

« Quand, au cœur de l'hiver, le paysan est menacé de la vente de son bien s'il n'a pu payer ses impôts, ou bien de mourir de faim s'il n'a rien à manger au printemps, l'usurier achète pour un morceau de pain son travail d'été en lui avançant la somme de 15 à 30 roubles. Au printemps, ces trafiquants de chair humaine conduisent des troupeaux d'hommes dans les forêts où ils leur font distiller du goudron, aux bords des fleuves où ils les obligent à remorquer des barques, aux fabriques, etc.

« Ces hommes, ils les ont vendus aux industriels pour le double de leur prix d'achat.

« D'autres commerçants de la même espèce parcourent les villages et n'achètent que les enfants. Bien des parents pauvres vendent leurs enfants pour presque rien et pour plusieurs années. Pendant cet espace de temps, ces enfants sont placés comme apprentis chez des artisans ou chez des négociants. Le marchand d'enfants qui en a ainsi acheté quelques douzaines les transporte à Saint-Pétersbourg, comme si c'étaient des veaux. A Saint-Pétersbourg, ces enfants sont vendus deux et trois fois plus cher qu'ils n'ont été achetés, à des propriétaires d'ateliers et de boutiques. La traite des enfants dont nous parlons s'étend aussi sur les gouvernements de Moscou, de Riazan et autres. »

Nombre des mariages, des naissances et des décès en Russie et dans les pays étrangers. — Nous avons, dans ce qui précède, examiné la progression de la population en Russie en rapprochant ce phénomène des conditions matérielles et morales des habitants. Nous comparerons maintenant la progression de la population russe à celle des autres pays.

Dans les graphiques ci-dessous, nous montrons la progression de la population schismatique (orthodoxe) russe durant les périodes de 1867 à 1873 et de 1881 à 1885 en la comparant à celles des autres pays de l'Europe (1).

Progression de la population orthodoxe russe et des populations
des pays étrangers sans distinction de religion.

Période de 1867 à 1873.

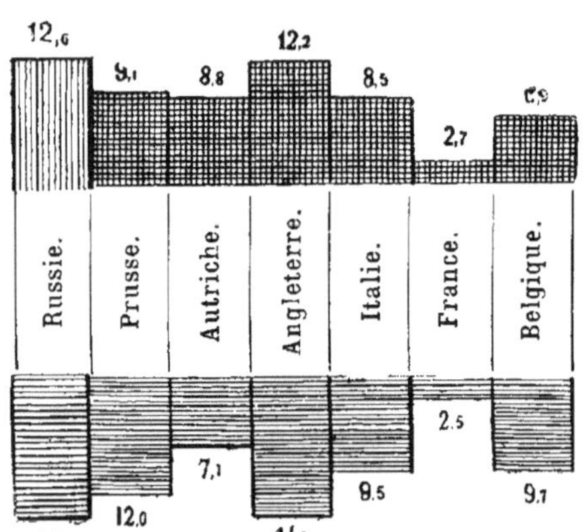

Période de 1881 à 1885.

Il se trouve que la population russe progresse très rapidement, mais les conditions dans lesquelles se fait cette progression sont défavorables.

Les mariages en Russie sont, comme le montre le graphique ci-contre, beaucoup plus nombreux qu'à l'étranger.

---

(1) Les données concernant la Russie sont puisées dans les comptes rendus du *St-Synode* et les données concernant les autres pays dans des manuels intitulés : *Statistiche Handbuch für den Preuss. Staat — Oesterr.-Stat. Handbuch. — Annuaire statistique de la France. — Annuario Statistico Italiano* et de Foville, *La France économique.*

Nombre de mariages par 100 habitants.

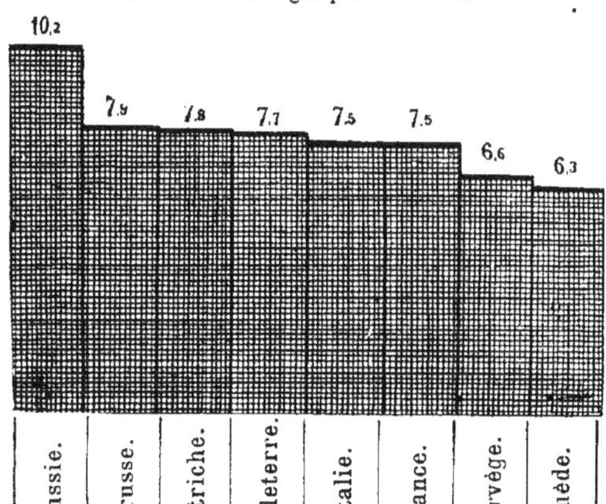

Pour la natalité, la Russie prime tous les autres pays de l'Europe : elle y est, comme le montre le graphique ci-dessous, deux fois plus grande qu'en France et 1,5 fois plus grande qu'en Angleterre.

Nombre des naissances sur 1.000 habitants.
Période de 1867 à 1873.

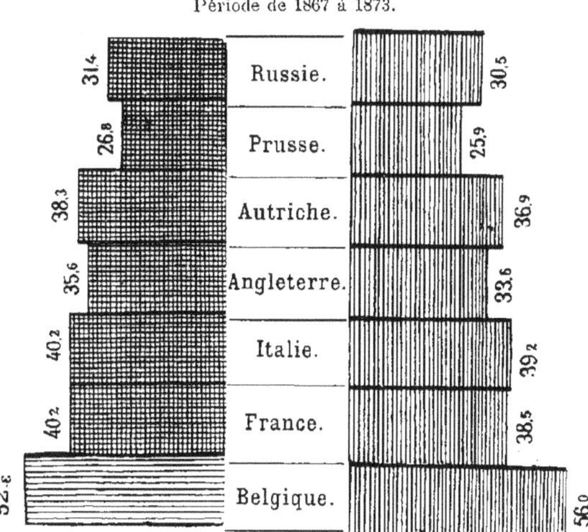

Période de 1881 à 1885.

Durant la période de 1881 à 1885, le nombre de naissances par 1.000 habitants en Russie s'est exprimé par le chiffre 56,0, tandis que le nombre le plus élevé des naissances à l'étranger s'est exprimé par 39,2 (en Autriche).

Mais la mortalité en Russie est également plus grande que dans n'importe quel pays de l'Europe.

Durant la période susmentionnée, 41 sur 1.000 habitants sont morts en Russie, tandis que le maximum de la mortalité à l'étranger (en Autriche) n'a pas dépassé 31,4 sur 1.000 habitants.

Nombre des décès par 1.000 habitants.
Période de 1867 à 1873.

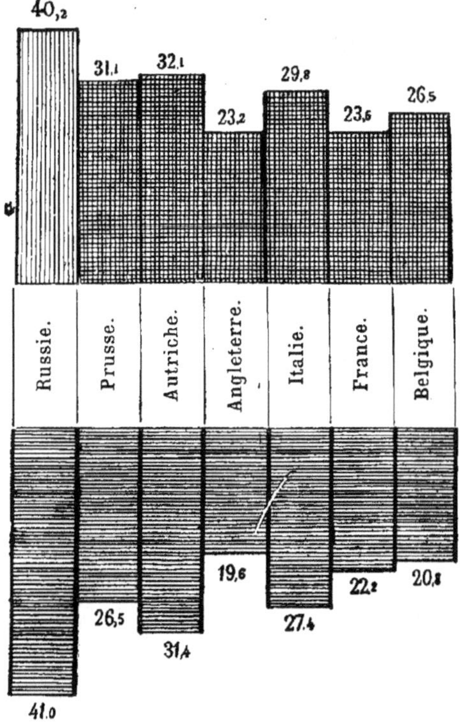

Période de 1881 à 1885.

La mortalité en Russie affecte surtout les enfants. Durant la période de 1865 à 1878 on y a compté sur 100 morts 36,2 enfants au-dessous de

11 ans, en Prusse 32,2 enfants de la même catégorie et en France 18,7 enfants (1).

Encore plus caractéristique est la mortalité des enfants au-dessous d'un an : elle atteint en Russie la proportion de 29,5, même de 31,4 (gouvernements de Pskov et de Smolensk) sur 100 naissances (2). Le graphique ci-dessous nous montre que la mortalité des enfants au-dessous d'un an ne dépasse celle de la Russie qu'au Wurtemberg et en Bavière.

Nombre d'enfants morts avant d'avoir atteint l'âge d'un an sur 100 nouveau-nés.

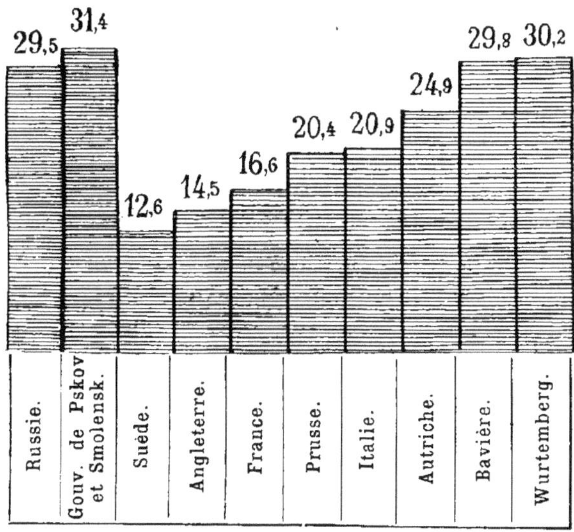

La mortalité des enfants au-dessous d'un an fait partie des phénomènes qui permettent de juger de l'état de civilisation d'un peuple et de son niveau moral. Il est indiscutable que le bien-être d'une nation et son développement intellectuel constituent une force qui empêche la grande mortalité des enfants.

Il est facile de comprendre qu'il ne s'agit pas tant, pour un pays, d'avoir beaucoup de naissances, mais de ne pas laisser la mort emporter les enfants nouveau-nés. Car on épargne ainsi beaucoup de forces productives et beaucoup d'argent, tant dans les familles que dans le pays.

(1) *Movimento dello Stati civile*. — Rome, 1880.
(2) *Statistitcheskie vrémenniki et Duijenie nacélénia v evropeïskoï Rossïi*.

La mortalité des enfants au-dessous d'un an dépend surtout de la nourriture qu'on leur donne, c'est-à-dire, par conséquent, du bien-être de la famille. Le Dr Pfeiffer (1), qui a fait des recherches à ce sujet, dit que sur 100 enfants décédés avant d'avoir atteint l'âge de douze mois, 40 0/0 à 70 0/0 sont morts parce qu'ils ont été mal nourris.

Au congrès international des hygiénistes et des démographes réuni à Vienne, le célèbre Beck a lu son traité sur la nourriture des enfants, auquel nous empruntons les données suivantes :

Corrélation de la mortalité des enfants avec la nourriture qu'on leur donne.

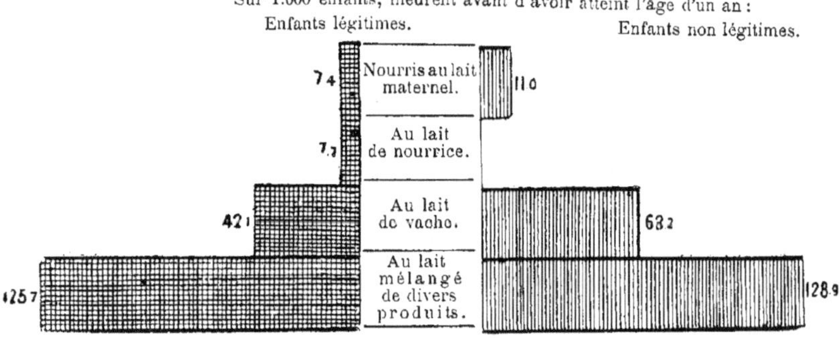

C'est à ce point de vue précisément qu'il est utile de connaître le nombre d'animaux domestiques (2) dont nous avons parlé plus haut.

L'insuffisance de nourriture, la faim en d'autres mots, rend les enfants russes malades et les fait mourir. Le prêtre Gilarowsky indique cette raison dans son bel ouvrage intitulé : *Études hygiéniques sur le gouvernement de Novgorod.* Il dit que les habitants des campagnes manquant de lait s'en vont travailler en laissant leurs enfants à domicile, et que, pour les empêcher de mourir de faim, ils ont recours à un moyen digne de sauvages dépourvus de tout sentiment humain. Ils attachent aux mains et aux pieds du nourrisson des biberons faits de pain noir mâché, sachant que l'enfant portera à sa bouche soit ses mains, soit ses pieds et que, quand il aura trouvé le biberon, il s'appliquera à le sucer.

La mortalité dépend aussi de certaines conditions géographiques et

____

(1) L. Pfeiffer, *Die proletarische und kriminelle Säuglingssterblichkeit.*
(2) D. G. Rheiner, *Untersuchungen über Säuglingssterblichkeit in der Schweiz.* — Zurich, 1888.

climatériques, de la race, des occupations auxquelles se voue la population, de l'état de sa moralité, des conditions hygiéniques où elle se trouve, mais surtout du degré de son bien-être; la durée moyenne de la vie des habitants d'une contrée dépend aussi principalement de ce dernier facteur.

Plus une nation est riche, moins elle compte de décès, et plus longue est la durée moyenne de la vie de ses habitants; de sorte que la mortalité constitue un *criterium* infaillible du bien-être d'un pays. C'est là une vérité élémentaire.

Par le graphique ci-dessous, basé sur les chiffres contenus dans les tableaux de Kasper, nous montrons combien plus grande est la mortalité chez les pauvres que chez les riches.

Différence de mortalité chez les riches et les pauvres.

Mortalité chez les pauvres et chez les riches sur 1.000 naissances.

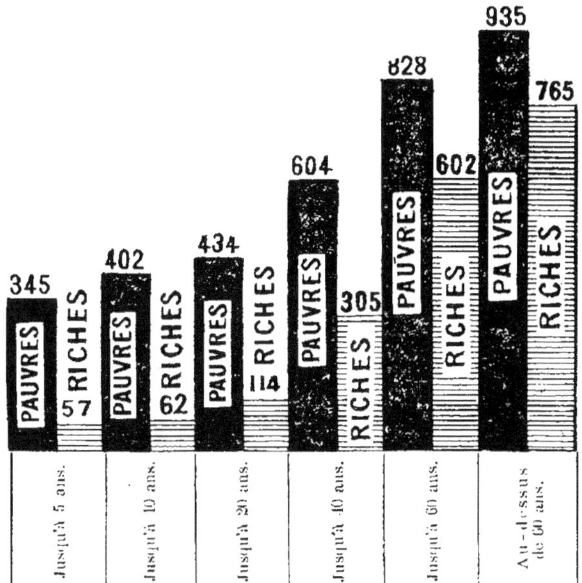

Nous avons reproduit plus haut les données relatives à la mortalité de la population orthodoxe en Russie. Durant la période de 1867 à 1873, avons-nous dit, les décès se sont chiffrés par 40,2 et, durant la période de 1881 à 1885, par 41,0, — sur 1.000 habitants. La progression de la population qui n'est autre chose que l'excédent des naissances sur les décès s'exprimait, pour la période de 1867 à 1873, par 12,6 sur 1.000 habitants et, pour la période de 1881 à 1885, par 13,0 pour 1.000 habitants.

La vie de chaque homme représente une certaine quantité d'énergie potentielle, nécessaire pour l'accomplissement de son travail; la vie de chaque individu a par conséquent une certaine valeur pour l'État.

La valeur de la vie, évaluée par rapport à l'énergie potentielle qu'elle contient, a été déterminée pour l'Angleterre de la manière suivante :

Pour un enfant de fermiers nouveau-né elle équivaut à.   5 £
   —   —   —   de 5 ans,   —   56
   —   —   —   de 10 ans,   —   117
 — un adolescent   —   de 15 ans,   —   192
   —   —   —   de 20 ans,   —   234

Il faut remarquer que jusqu'à l'âge de 17 ans, le travail fourni par un homme n'égale pas la valeur de ce qu'il consomme.

La valeur de la vie d'un homme en Prusse, calculée par périodes de 5 ans, tant pour les artisans que pour ceux qui se consacrent à un travail intellectuel, a été déterminée par le professeur Wittstein de la manière suivante (1) :

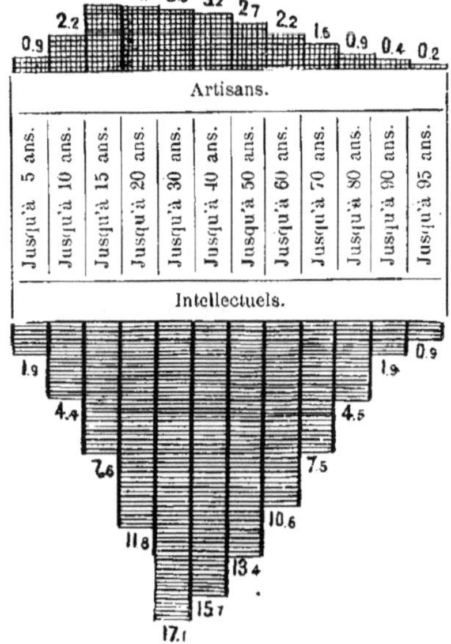

(1) D. Wittstein, *Mathematische-Statistik und deren Anwendung auf National-œkonomie.* — Hanovre, 1867.

Mais la mort n'est pas seulement une perte de capital, elle entraîne aussi des frais de traitement et d'enterrement qui constituent une perte sèche pour l'État.

En examinant les causes qui déterminent la mort, on se convainc sans peine que la grande mortalité en Russie est due principalement à la pauvreté et au niveau peu élevé de la civilisation dans ce pays.

5. État moral de la population.

Nous avons fourni plus haut toute une série de preuves à l'appui de ce fait que la masse du peuple est plongée dans la misère.

Nous avons cru devoir jeter le plus de clarté possible sur la situation, en présence de la possibilité d'une guerre et de ses conséquences.

Les conclusions générales à ce sujet doivent être basées sur le témoignage impartial des chiffres. Aussi avons-nous produit plus haut et nous proposons-nous de produire dans la suite des données sur la situation économique et l'état moral de la population au risque d'encourir le reproche de nous écarter du but que nous nous sommes posé et qui consiste à approfondir les sujets ayant trait à la guerre. L'incompatibilité des matières que nous traitons n'est qu'apparente. Au point de vue de la Russie et des autres pays, il ne suffit pas, en parlant de la guerre, d'énumérer les forces de combat, de dire combien il y aura de bouches à feu de chaque côté, combien elles pourront lancer de projectiles dans un temps donné et quelle superficie sera couverte par ces projectiles. Il existe de nombreux facteurs dont on se préoccupe peu en temps de paix et qui n'en seront pas moins d'une grande importance en cas de guerre, par suite des troubles que celle-ci occasionnera. Nous croyons indispensable de les étudier.

L'*instruction publique* constitue dans une nation une force féconde servant à cicatriser les plaies qu'une grande guerre peut lui infliger. Or, moins l'instruction sera développée dans une contrée, plus cette contrée aura à souffrir des conséquences d'une guerre.

L'infériorité, au point de vue de l'instruction, implique des particularités d'ordre moral qui influencent l'état économique d'un peuple.

En Russie, l'instruction est si peu répandue qu'un petit nombre de recrues savent lire et écrire. Le graphique ci-contre nous montre que les soldats de cette catégorie sont 50 fois plus nombreux en Russie qu'en Allemagne, 6 fois plus nombreux qu'en France et 2 fois plus qu'en Italie (1).

Nombre de recrues sur 100 ne sachant ni lire ni écrire.

En 1874.

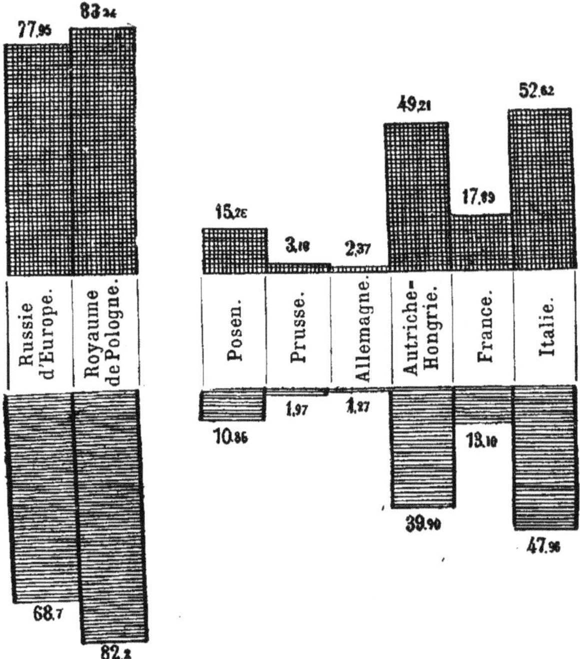

De 1886 à 1887.

La Russie est aussi très pauvre en savants spécialistes, ainsi qu'on peut s'en convaincre, en examinant le graphique ci-contre qui donne les chiffres comparés des médecins, ces gardiens de la santé et de l'hygiène publique, pratiquant en Russie et dans les autres pays de l'Europe (2).

------

(1) *Statist. Vremennik* (série 3, fascicule 12) et *Sbornik svédénii po Rossii* en 1890, et *Bulletin de l'Institut international de Statistique* (tome I, année 1886).
(2) *Bulletin de l'Institut international de Statistique* (tome I et 3ᵉ et 4ᵉ livraisons).

Nombre des médecins en Russie et dans les pays étrangers sur 100,000 habitants.

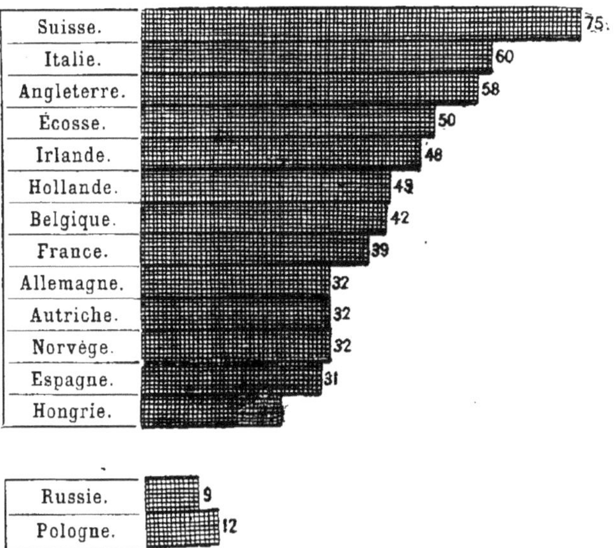

Comme ce graphique le montre, c'est chez nous que le nombre des médecins est relativement le plus faible; il est de 3 à 8 fois moins élevé que dans les autres pays de l'Europe.

Les gouvernements les mieux partagés à ce point de vue sont ceux qui ont pour chefs-lieux les capitales, c'est-à-dire le gouvernement de Saint-Pétersbourg où il y a 577 médecins pour 1 million d'habitants, le gouvernement de Moscou où il y en a 420, et le gouvernement de Varsovie qui en compte 300 pour le même nombre d'habitants. Vient ensuite le gouvernement de Kherson avec 232 médecins pour 1 million d'habitants. Le minimum est atteint dans les gouvernements de Vologda (37 pour 1 million), d'Oufa (35 pour 1 million), d'Orenbourg (31 pour 1 million) et de Viatka (30 pour 1 million).

Ces proportions ressortiront mieux encore, si nous indiquons le nombre de kilomètres carrés desservis par chaque medecin, dans chacun des pays ci-dessus.

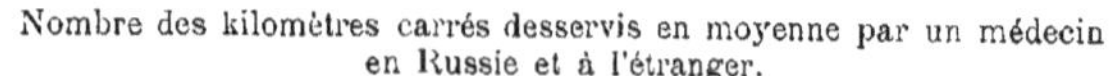

Nombre des kilomètres carrés desservis en moyenne par un médecin
en Russie et à l'étranger.

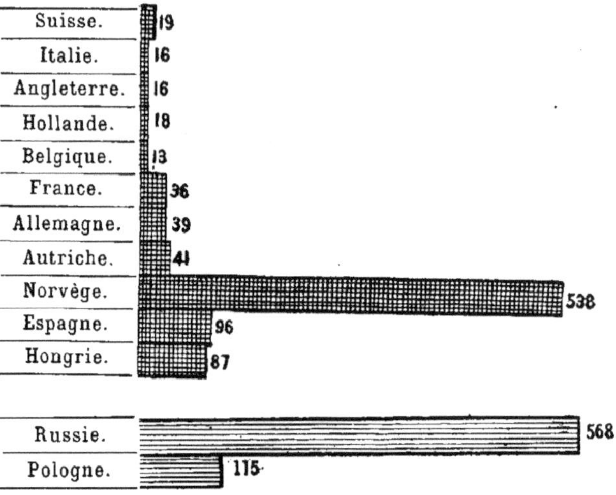

Relativement à son étendue la Russie possède 44 fois moins de médecins que la Belgique, 35 fois moins que l'Italie et l'Angleterre, et 14 fois
moins que l'Allemagne et l'Autriche; seule la Norvège se rapproche de la
Russie à ce point de vue.

Le gouvernement russe dépense d'ailleurs très peu pour ses institutions médicales.

Etat sanitaire
de la population.

État de santé de la population. — La pauvreté, l'ignorance et l'absence
de secours médicaux ont pour conséquence un état de santé peu satisfaisant chez les habitants.

La fièvre typhoïde fait de grands ravages dans la population russe. On
a reconnu dans ces derniers temps que cette fièvre est due à la présence
d'un microbe spécifique; il n'en est pas moins vrai que le nombre de cas
de cette maladie qui se produisent dans une contrée correspondent, dans
une certaine mesure, au niveau de sa civilisation.

La syphilis est également très répandue en Russie. Chacun sait que
cette terrible maladie atrophie non seulement les facultés physiques, mais
aussi les facultés morales de l'homme qui l'a contractée, et qu'elle passe des
parents aux enfants. Il faut donc considérer comme syphilitiques, non seulement les personnes atteintes de la syphilis directement, mais aussi
celles qui l'ont eue par hérédité.

Mais les conditions qui déterminent le mauvais état de santé chez les habitants exercent aussi sur la moralité une certaine influence. Il est facile de comprendre que, dans les contrées plus civilisées, les hommes sont moins portés à commettre des crimes et à s'adonner aux vices, les mœurs y sont plus douces et l'instruction y est plus appréciée.

Il va de soi qu'outre la situation précaire matérielle, d'autres facteurs contribuent à abaisser le niveau moral des habitants d'un pays; tels sont la densité de la population, en particulier de la population urbaine et ses rapports avec les autorités judiciaires et administratives.

Examinons de plus près certains phénomènes d'ordre moral.

Naissances illégitimes. — Quoiqu'un certain nombre de naissances illégitimes soient évidemment attribuables à des causes qui n'ont rien de commun avec l'éthique, il est admis que le nombre de ces naissances constitue un *critérium* du niveau moral d'un pays, ou plutôt de son immoralité (1).

Les chiffres relatifs à ce sujet sont tout en faveur de la Russie; car c'est dans ce pays que sur 1,000 naissances on compte le moins de naissances illégitimes, ainsi que le montre le graphique ci-dessous (2).

Nombre de naissances illégitimes sur 1,000 naissances.

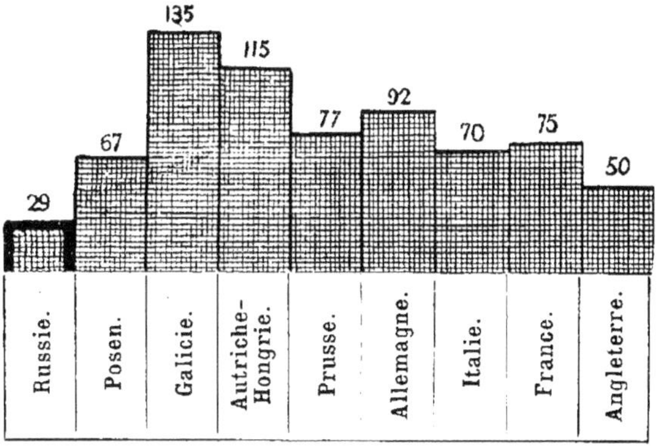

Cette circonstance est due principalement à ce que les paysans russes se marient très jeunes.

----

(1) Oettingen, *Moralstatistik.*

(2) *Statistitcheskie Vremenniki.* — *Dvijenié nacélénia v evropeïskoï Rossii.* — *Statist. Handbuch für das Deutsche Reich.* — *Statist. Handbuch für Preuss. Staat.* — *Oesterr-Statist. Handbuch,* et de Foville, *La France économique.*

Infanticides.

Infanticides. — Le nombre des infanticides en Russie varie beaucoup suivant les gouvernements; ainsi il s'en produit 28,5 sur 1 million d'habitants dans le gouvernement de Poltava et seulement 1,5 sur 1 million d'habitants dans celui d'Orel (1).

Suicides.

Suicides. — Le professeur Oettingen (2) dit que l'homme qui se suicide commet cet acte sous l'impression du désespoir qui résulte des imperfections sociales, de la défectuosité des rapports sociaux, de la désespérance de ceux qui se voient abandonnés à leurs propres forces.

La nouvelle école des physiologues et des psychologues criminalistes, dont Lombroso et Morselli sont les principaux représentants, attribuent les suicides à la lutte pour l'existence.

Le professeur de médecine légale Gvozdév met l'épigraphe suivante en tête de son ouvrage sur le suicide : « Plus la vie devient difficile, plus les suicides se multiplient ». Les suicides constituent donc une des questions les plus graves du XIXᵉ siècle et reflètent en même temps l'état dans lequel se trouvent les masses de la population.

Les chiffres fournis par la statistique tendent à prouver que l'ivrognerie contribue à augmenter le nombre des suicides. Mulhall dit que 15 0/0 des suicides se produisant en Europe sont attribuables à l'intempérance, 20 à 30 0/0 des suicides enregistrés sont dus à la mauvaise situation matérielle des victimes : il est donc vrai que les conditions économiques défectueuses constituent à ce point de vue un facteur très important. Il est évident que la misère est le plus puissant de tous ces facteurs; elle détermine chez l'homme un état psychique morbide et ne lui fait entrevoir le salut que dans la mort. Les revers de fortune qui modifient la situation d'un homme et le transportent dans un milieu et dans des conditions beaucoup au-dessous de celles où il avait vécu jusque-là, causent très souvent chez lui un état de désespoir qu'il ne parvient pas à vaincre.

Le chiffre total des suicides qui se produisent en Russie n'égale pas les chiffres correspondants à l'étranger, ainsi que le montre le graphique ci-contre. Ce graphique indique les chiffres de suicides commis dans différents pays de l'Europe, tant par des hommes que par des femmes, sur 100,000 habitants (3).

---

(1) *Sbornik svédénii po Rossii* za 1884 — 1885 g.
(2) Oettingen, *Moralstatistik.*
(3) *Sbornik svédénii po Rossii,* za 1890 g. et *Ottchety méditsinskaho departementa.*

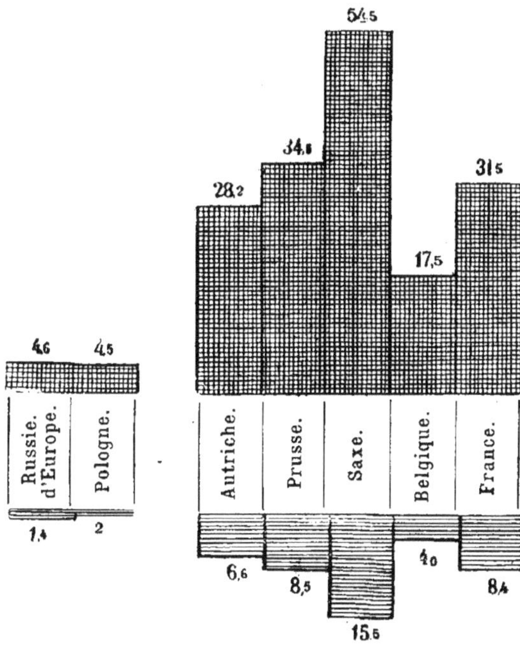

On ne peut passer sous silence ce fait caractéristique que les suicides e femmes en Russie sont relativement plus nombreux que dans les autres ays. Cela s'explique par la situation moins favorable où se trouve la emme russe.

Si, pour faciliter la comparaison, nous désignons par le chiffre 100 le ombre de suicides commis par les hommes et par les femmes et si nous xprimons en pour cent les nombres de suicides commis dans les pays us-mentionnés, nous obtenons le tableau suivant :

Suicides commis par les hommes et par les femmes en pour cent (en désignant par cent le chiffre total).

Hommes.

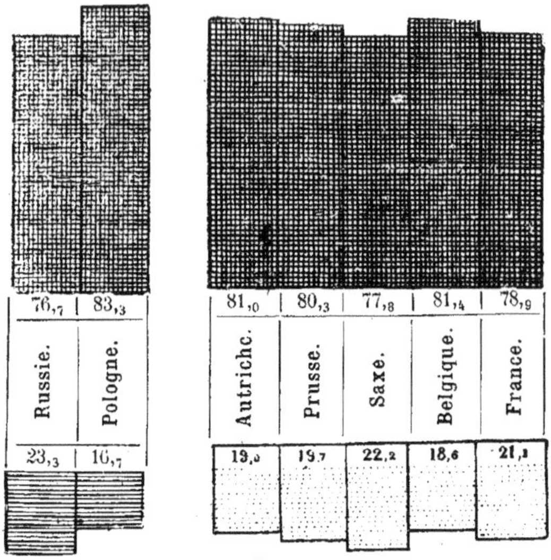

Russie.	Pologne.	Autriche.	Prusse.	Saxe.	Belgique.	France.
76,7	83,3	81,0	80,3	77,8	81,4	78,9
23,3	16,7	13,0	19,7	22,2	18,6	21,1

Femmes.

C'est en Pologne que les femmes se suicident le moins ; cela s'expliqu[e] par les particularités du caractère de la femme polonaise qui a su se cré[er] une situation relativement privilégiée.

L'intempérance et la consommation de boissons spiritueuses. — Le cé[lè]bre chimiste S. Liebig fait les réflexions suivantes au sujet de l'intempé[ï]rance : « On attribue souvent à l'intempérance la misère qui existe dan[s] certains pays ; cette allégation est erronée : l'intempérance n'est pas d[u] tout la cause de la misère, mais bien sa conséquence. Les ivrognes consti[ï]tuent des exceptions dans les classes aisées. Mais si l'ouvrier gagne moin[s] qu'il ne lui faut pour rétablir ses forces, il est poussé à recourir aux spir[i]tueux. Obligé de travailler, chaque jour il constate une défaillance phy[ï]sique. L'alcool comble en apparence cette défaillance par l'influence qu[i] exerce sur les nerfs, mais il le fait au détriment de l'organisme ; c'est un[e] lettre de change tirée sur la santé de celui qui la signe, une lettre d[e] change à longue échéance, car le débiteur n'est pas en mesure d'y fai[re] face avec les faibles moyens dont il dispose. »

On sait que l'intempérance est une plaie de la société russe, un cance[r] qui ronge l'existence de générations tout entières, qui détruit l'organisme non seulement des hommes, mais aussi des femmes et des enfants. Sans parler de ceux qui meurent à force d'abuser de l'alcool, l'intempérance détermine de graves maladies suivies des pires conséquences.

Une société d'assurances sur la vie dans la Grande-Bretagne a fait une enquête au sujet de la longévité des hommes qui consomment de l'alcool et de ceux qui n'en consomment pas (1).

Elle a obtenu les résultats suivants :

Age.	Longévité probable	
	Ivrognes	Hommes sobres
20 ans	14	40
30 —	13	34
40 —	10	27
50 —	8	20
60 —	6	14

Les ivrognes perdent, comme les aliénés, toute faculté de réagir contre leur passion. Ils agissent malgré eux sous l'effet d'impulsions qui échappent à la direction de la raison.

L'empoisonnement cérébral des alcooliques n'affecte pas immédiatement leurs forces physiques, mais leurs actions ne s'accordent plus avec leur volonté raisonnée. Ils finissent souvent par devenir fous ou criminels; il faut, dans tous les cas, les considérer comme des membres très dangereux pour la société, tant dans le présent que dans l'avenir.

Le conseiller sanitaire Baer, médecin en chef de la prison centrale de Plötzensee, s'est acquis une notoriété en Allemagne en prouvant par des chiffres statistiques qu'il existe un rapport entre l'intempérance et la criminalité. Il a démontré que sur 32,837 criminels écroués dans les prisons allemandes, 13,710, c'est-à-dire 42 0 0, étaient adonnés à l'alcool.

Les alcooliques lèguent leur vice à leurs enfants et greffent au sein de la nation l'embryon de la dégénérescence de la race (2). Ils sont les en-

---

(1) Mulhall, *Dictionary of Statistics*. Le docteur W. Ogle, qui a étudié en Angleterre le rapport existant entre la longévité et la consommation des boissons alcooliques, a réparti les morts suivant leurs professions et il s'est convaincu que la mortalité est beaucoup plus considérable parmi ceux qui se vouent à des métiers qui favorisent l'intempérance.

Très intéressantes sont les données détaillées concernant les conséquences de l'intempérance, recueillies et groupées dans l'ouvrage du docteur Baer (Dr A. Baer, *Die Trunksucht und Abwehr*, 1890).

(2) 21,5 0 0 en moyenne des alcooliques écroués dans les prisons de Prusse, de Bavière, de Wurtemberg, de Saxe, du grand-duché de Bade et d'Alsace-Lorraine sont, suivant Baer, des fils d'alcooliques.

nemis de leurs propres personnes, de leurs familles, de leur patrie (1).

Chaque fois que l'alcoolisme a sensiblement diminué, grâce à des mesures législatives salutaires et à l'amélioration de l'état économique de la nation, le nombre des aliénés a également baissé, mais le chiffre des idiots, nés d'alcooliques, s'est encore longtemps maintenu au même niveau.

L'idiotisme est, chez ceux qu'il affecte, la conséquence des vices de leurs parents. Le docteur Howes a fait les mêmes observations dans l'état de Massachusetts : il s'est enquis de l'état de santé et des mœurs des parents de 300 idiots et il a trouvé que 145 d'entre eux étaient nés de parents alcooliques. Dans les contrées de la France où les hommes et les femmes s'adonnent à la boisson dans la même mesure, on peut, suivant Morel (*Traité des dégénérescences physiques, intellectuelles et morales de l'espèce humaine*), diviser en deux catégories toute la progéniture dégénérée : à la première appartiennent les idiots incurables de naissance, à la seconde ceux qui gardent quelque intelligence jusqu'à un certain âge, mais dont l'intelligence est limitée ; ces derniers rétrogradent même parfois à tel point qu'ils oublient avec le temps ce qu'ils avaient appris.

On a fait des recherches sur la folie et l'on a découvert (2) que l'intempérance détermine en moyenne 14 $\%$ des cas de folie en Angleterre, en France, au Danemark et aux Etats-Unis.

Le nombre des personnes qui perdent la raison sous l'effet des boissons augmente sans cesse en France.

L'intempérance a déterminé des maladies mentales dans les proportions suivantes :

En 1836.	7 $\%$		En 1866.	14 $\%$	
— 1846.	8 $\%$		— 1867.	15 $\%$	
— 1856.	9 $\%$		Dernièrement.	21 $\%$	

En Hollande 12 $\%$ des aliénés étaient en 1882 victimes de l'intempérance, en Suisse 12,54 $\%$ (durant la période de 1877 à 1881), en Italie 16,7 $\%$ (1874), en Autriche 8,6 $\%$ (1876-80). Aux Etats-Unis, les victimes de l'alcool représentent 26 $\%$ du chiffre total des aliénés.

Un habitant de la Russie consomme en moyenne moins d'alcool qu'un

---

(1) Nous trouvons en Norvège un phénomène qui confirme d'une manière frappante l'hérédité de l'alcoolisme. L'intempérence s'est développée dans ce pays d'une manière surprenante durant la période de 1825 à 1831 : le nombre des idiots a, en même temps, augmenté de 150 0/0. Avant l'abolition de l'impôt sur l'alcool, les idiots constituaient un tiers du nombre des aliénés, après l'abolition de cet impôt leur nombre a augmenté, de sorte qu'ils ont fini par constituer la moitié du total des aliénés. Il a été prouvé, en même temps, que 60 0/0 des idiots étaient nés de parents alcooliques.

(2) Mulhall, *Dictionary of Statistics*.

habitant des autres pays. Mais cela vient de ce que la consommation de l'eau-de-vie est irrégulière et cela ne prouve nullement que l'ivrognerie n'est point très développée dans la nation. Il y a peu de paysans ou d'artisans en Russie consommant journellement et régulièrement une petite quantité d'eau-de-vie inoffensive pour la santé. Le Russe ne boit pas du tout, ou bien il boit sans mesure et s'enivre souvent au point de perdre la raison. Certains érudits prétendent, en outre, qu'en vertu de certaines conditions climatériques, l'alcool exerce en Russie une influence très nuisible sur la santé (1).

Il n'en est pas moins vrai que l'opinion, d'après laquelle la propension à l'ivrognerie du peuple russe serait due à son manque de moralité, est peu justifiée et empreinte de partialité. C'est la pauvreté qui dispose à l'intempérance, ce sont les conditions très dures de l'existence, l'absence de toutes distractions et la nourriture du peuple, nourriture essentiellement végétale, qui lui inoculent ce vice.

On sait que les populations de certaines iles découvertes par les Européens ont entièrement disparu, sous l'influence de l'alcool, et l'on constate que leur nourriture avait été exclusivement végétale.

Mais quelles que soient les causes de l'intempérance, elle engendre toujours la criminalité et empêche les hommes d'améliorer leur situation. On peut affirmer que tant qu'on n'aura pas écarté les causes de l'intempérance, il sera impossible de la faire disparaitre, même en lui opposant les mesures restrictives et pénales les plus énergiques (2). Il faut, avant

----

(1) Baer, *Die Trunksucht und ihre Abwehr*, 1890.

(2) On aurait tort de supposer que la Russie est seule intéressée à enrayer l'intempérance : elle inquiète tous les pays dans une forte mesure. Ce fait est confirmé par un rapport soumis au Sénat français, rapport déposé au nom de la commission chargée de faire une enquête et de présenter dans le plus bref délai possible un exposé de la consommation de l'alcool tant au point de vue de la santé et de la moralité qu'au point de vue du trésor — par M. N. Claude (des Vosges), sénateur (annexe au procès-verbal de la séance du Sénat du 7 février 1887). Il est dit dans ce rapport : « L'eau-de-vie remplace le vin qu'on consommait antérieurement dans les cabarets, résultat dû à cette circonstance que la production du vin a diminué.

« Le malheur ne serait pas si grand, si l'on vendait de l'esprit de vin extrait des raisins ; mais cette boisson tend à disparaitre de plus en plus et cède la place à un nouveau produit, l'eau-de-vie de blé, dont les qualités nuisibles sont reconnues par la science et qui constitue un réel mal social, un mal qui va croissant et qui diminue chaque année les revenus des ouvriers. Cette liqueur, déterminant souvent chez ceux qui en abusent des maladies psychiques et nerveuses, les conduit au suicide, diminue la natalité et augmente le nombre des criminels. »

Le ministre Brus, qui proposa en Angleterre en 1871 un projet de loi très important (*The intoxicating liquor Licensing Act*) a dit au Parlement que « l'intempérance n'est pas seulement un des plus grands maux sociaux, mais qu'elle est positivement le

tout, améliorer la situation économique du pays et le doter d'un nombre suffisant d'écoles.

La Criminalité. — La criminalité peut également servir comme critérium du niveau du bien-être dans un pays. Mais en comparant les chiffres relevés en Russie avec ceux qui concernent les autres pays, il faut prendre en considération qu'un grand nombre de délits sont jugés en Russie par les tribunaux communaux.

Ces tribunaux ne distinguent pas toujours les causes qui sont de leur compétence de celles qui n'en sont pas, et jugent parfois des affaires criminelles qui ne sont pas de leur ressort. Les chiffres publiés par le ministère de la Justice sur la criminalité sont, par conséquent, au-dessous de la vérité et donnent une idée trop favorable de l'état des choses existant en Russie par rapport aux autres pays, attendu que les crimes jugés par

---

plus grand de tous les maux que les réformateurs sont appelés à combattre (*The greatest evil with which social Reformers have to contend*) ».

Léon Lévy, considéré par ses compatriotes comme un des hommes les plus versés dans la statistique officielle, a calculé il y a 17 ans que les ouvriers anglais touchent chaque année environ 10 milliards et 450 millions de francs au total. Ce chiffre rend apparemment toute misère impossible. Le fait que la misère est malgré cela très grande au sein de la classe ouvrière anglaise s'explique par les chiffres suivants que Thomas Irwing White a soumis au congrès international qui s'était réuni à Paris en 1878 : les ouvriers susdits ont, dans l'espace de 4 ans (1866 à 1869), dépensé en boissons alcooliques 11 milliards 370 millions de francs, soit en moyenne 3 milliards de francs (plus exactement, 2,639,985,755 francs) ou 25, 2 °/₀ de leur revenu par an.

Mulhall estime que l'intempérance détermine chaque année en Angleterre :

Décès.	1,592
Cas de maladies psychiques.	3,350
Crimes.	6,140
Cas de maladies de différentes espèces.	84,000

L'intempérance entraîne, en outre, une diminution de gain qui s'élève à £ 7,400,000 et augmente les taxes extraordinaires de 1,700,000 francs.

Suivant Baer, il y avait dans les hôpitaux allemands, en fait d'alcooliques et de personnes souffrant du delirium tremens, sur 100,000 habitants :

En 1877	10	En 1881	9,2
— 1878	9,5	— 1882	11,1
— 1879	10,6	— 1883	15,6
— 1880	9,3	— 1884	19,8

Leur nombre a donc doublé dans l'espace de 8 ans (de 10 il s'est élevé à 19,8). Le chiffre total des alcooliques chroniques se trouvant dans tous les hôpitaux et dans les maisons d'aliénés en Allemagne a plus que doublé pendant la période de 1877 à 1886. Dans la première année ils étaient au nombre de 5,085 et dans la dernière, au nombre de 11,974. « Comptes rendus du département des contributions » « Comptes rendus des gouverneurs » et « Bulletin de l'Institut de Statistique », tomes I et II.

les tribunaux communaux ne sont pas compris dans ces chiffres (1).

Les données relatives aux gouvernements de Podolie, de Mohilev et de Volhynie nous permettent d'établir les chiffres des arrêts rendus par les tribunaux communaux sur une population de 200,000 âmes (100,000 hommes et 100,000 femmes). En généralisant nos conclusions, nous sommes à même de mettre en regard, dans le tableau graphique ci-après, les chiffres qui concernent la criminalité en Russie, sans compter les condamnations prononcées par les tribunaux communaux, et les chiffres de la criminalité afférents au royaume de Pologne, puis de majorer ensuite les chiffres relatifs à la criminalité dans l'empire entier, d'après les chiffres moyens des condamnations prononcées par les tribunaux communaux.

(1) Il appert des travaux d'une commission, qui a examiné les jugements rendus par les tribunaux communaux, que ces tribunaux confondent très souvent la nature des causes dont ils sont saisis.

Un fonctionnaire judiciaire (mirovoï posrédnik) du gouvernement de Witebsk démontre que les tribunaux communaux envisagent comme de simples délits « les offenses infligées aux parents par les enfants, même les voies de fait. » Ils prétendent même que ce sont là des délits de très peu d'importance, et condamnent en conséquence les coupables à cinq coups de verge. S'il est prouvé que le père a, lui aussi, battu son fils, on lui inflige également cinq coups de verge. Les incestes, les vols et les escroqueries sont également considérés comme des fautes peu graves et le coupable n'encourt que les pénalités établies par le Code civil.

Les articles 101 et 102 du Code concernant les paysans créent par conséquent pour ces derniers une justice beaucoup plus indulgente que celle à laquelle sont soumises les autres classes sociales.

La commission sus-mentionnée constate dans ses conclusions publiées en 1873 que les matériaux puisés dans les arrêts du Sénat impliquent de nombreux cas de sentences rendues par les tribunaux communaux portant sur des vols avec effractions, vols nocturnes à la faveur d'incendies, coups infligés au syndic de la commune, recels de recrues, escroqueries portant sur des sommes dépassant 300 roubles, vagabondage, évasions de la maison d'arrêt avec effraction des portes, etc.

Les tribunaux communaux suspendent très souvent les affaires qui leur sont soumises par le seul fait que les plaignants se réconcilient. Il est dit à ce sujet dans les travaux de la commission susdite : « Dans nombre de tribunaux communaux, on suspend, en cas de réconciliation des parties, toute affaire, qu'il s'agisse d'un vol, d'une escroquerie, d'une offense grave, etc. » Voici comment les paysans envisagent cette question : « Nous l'entendons ainsi, disent-ils. Il n'y a pas lieu de poursuivre quand les parties s'arrangent. On peut accuser un voleur et retirer ensuite sa plainte. Qui donc peut poursuivre un homme qui a obtenu le pardon de celui envers qui il est coupable? Nous ne cherchons pas à combler les prisons ; si l'on emprisonnait tous ceux qui se rendent coupables d'une faute plus ou moins grave, les communes seraient bientôt désertes, et il y aurait trop de monde sous les verrous. »

Après avoir consciencieusement examiné les matériaux recueillis, la commission, chargée de réorganiser les tribunaux communaux, conclut ainsi : « On ne peut cependant affirmer que les tribunaux communaux dépassent toujours inconsciemment les limites de leur compétence ; ils jugent parfois des affaires qu'ils savent pertinemment n'être pas de leur ressort. » Il faut remarquer, pour conclure, que les arrêts prononcés par ces tribunaux sont sans recours.

Comparaison de la criminalité générale dans l'Empire et dans le royaume de Pologne par
rapport à une population de 200,000 âmes (100,000 hommes et 100,000 femmes).

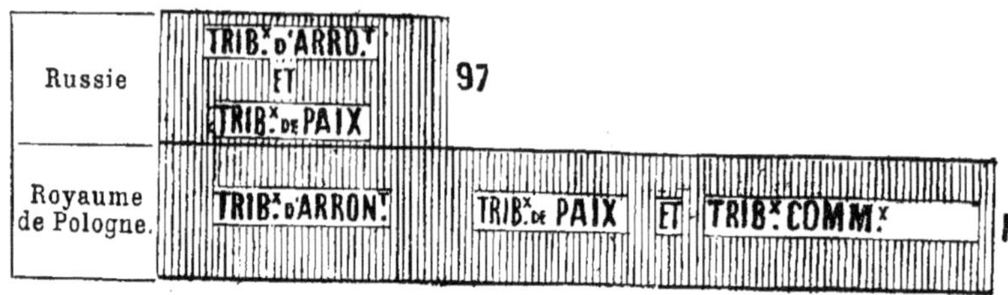

Comparaison de la criminalité générale dans l'Empire et dans le royaume de Pologne
pour 100,000 hommes et 100,000 femmes (moyenne pour la période de 1878 à 1885) y
compris ceux qui ont été condamnés par les tribunaux ruraux.

Les chiffres des condamnations dans le royaume de Pologne confirment ce que nous venons de dire; car il faut remarquer que les arrêts
des tribunaux communaux de cette contrée sont compris dans les comptes
rendus de la statistique criminelle, au même titre que les arrêts de tous
les autres tribunaux.

En comparant le nombre des malfaiteurs condamnés à la prison en
Russie (exception faite du royaume de Pologne) avec celui des malfaiteurs
condamnés à la même peine dans d'autres pays, on pourrait être tenté de
croire qu'en Russie la moralité est plus grande qu'à l'étranger, par exemple,
qu'en Allemagne. Il est difficile cependant d'admettre que la criminalité
puisse mieux se développer dans un pays où la situation matérielle des
masses est meilleure et où ces masses sont plus instruites. Le grand écart
qui existe entre le nombre des condamnations en Russie et en Allemagne
ne saurait, d'autre part, être expliqué par la différence entre les législations
de ces deux pays.

On croit généralement que les cours d'assises russes sont plus indul-
gentes que les autres; mais il résulte des données relatives à la période de
1878 à 1885 que la différence des chiffres susdits, c'est-à-dire des condamnations à la prison en Russie d'une part, et en Allemagne de l'autre, ne
saurait être ainsi expliquée; bien que les cours d'assises russes se montrent

réellement un peu moins sévères que les autres. Cette différence provient simplement de ce que la statistique criminelle russe est incomplète.

Il résulte de tout ce que nous avons dit qu'on se forme une idée inexacte du sujet qui nous occupe, en comparant simplement les chiffres se rapportant à la criminalité en Russie à ceux qui concernent ce même phénomène social dans les autres pays.

Une autre circonstance rend cette comparaison difficile; c'est la différence des Codes et la classification des délits et des crimes qui varie suivant les pays. Les chiffres relatifs à la criminalité publiés dans les statistiques désignent, du reste, dans certains pays, le nombre des prévenus, dans d'autres, le nombre des affaires jugées et dans d'autres encore, le nombre des condamnés.

Le nombre des crimes varie suivant les sexes et nous croyons intéressant d'indiquer la proportion qui existe à ce point de vue entre hommes et femmes. Le graphique ci-dessous montre le pourcentage des hommes et des femmes condamnés en Russie et dans les autres pays. Le royaume de Pologne et la Finlande occupent une place à part dans ce graphique. *Proportions des criminels suivant leur sexe.*

Proportion des criminels des deux sexes exprimée en pour cent du chiffre total.

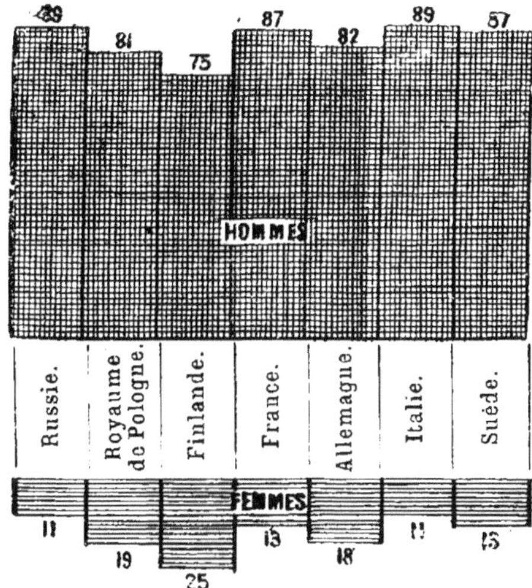

Pour compléter le tableau, il nous faut indiquer la progression ou la diminution de la criminalité en Russie en comparaison des autres pays. *Progression de la criminalité en Russie.*

Peu importe ici que les données statistiques soient complètes ou non, puisqu'il ne s'agit plus du nombre des crimes, mais de la progression ou de la diminution de ce nombre. Nous prendrons, pour la Russie, les périodes de 1878 à 1882 et de 1888 à 1889 et nous examinerons les 15 principales catégories de crimes.

Progression ou diminution du nombre des personnes condamnées en Russie et dans le royaume de Pologne, durant la période de 1888 à 1889, coupables de crimes et délits de 15 espèces différentes en désignant par 100 0/0 les nombres correspondants des condamnés durant la période de 1878 à 1882.

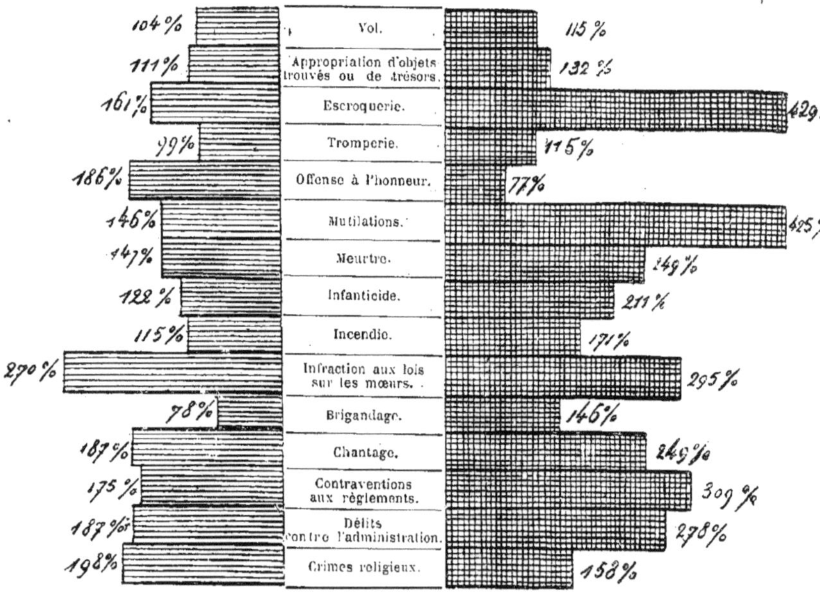

On voit que le nombre des condamnés a augmenté, en Russie, de 14 0/0, et dans le royaume de Pologne de 46 0/0, durant la période de 1888 à 1889, comparativement à celle de 1878 à 1882.

Indiquons cette proportion par un graphique.

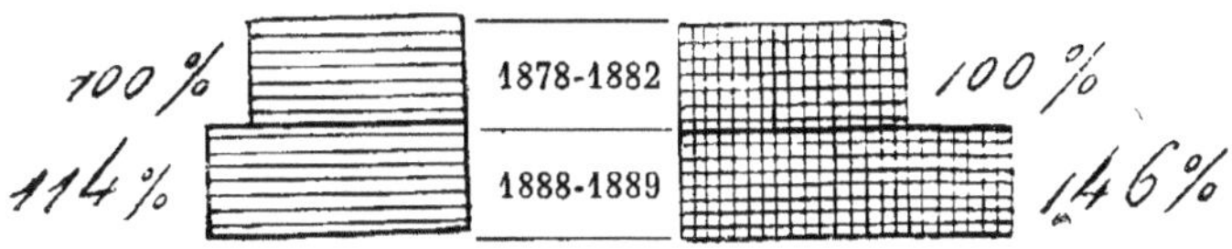

Progression du nombre des crimes et délits des 15 principales espèces en pour cent.

Nous prenons pour termes de comparaison la Grande-Bretagne (période de 1860 à 1894), la France et l'Autriche (période de 1887 à 1891) et l'Allemagne (période de 1883 à 1895).

Comparaison avec les autres pays d'Europe.

La Grande-Bretagne se trouve, à ce point de vue, dans la situation la plus avantageuse. Le nombre des crimes diminue progressivement dans ce pays comme le montre le graphique ci-dessous.

Grande-Bretagne.

Nombre des condamnés en Grande-Bretagne sur 100,000 habitants.

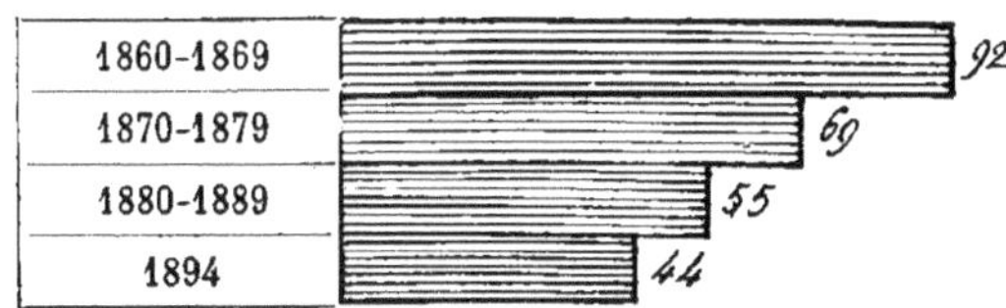

Depuis 1860, le nombre des condamnés a diminué de 109 0 0 dans la Grande-Bretagne.

La France et l'Autriche font partie des pays où la criminalité ne progresse presque pas.

France et Autriche.

Nombre des condamnés en milliers.

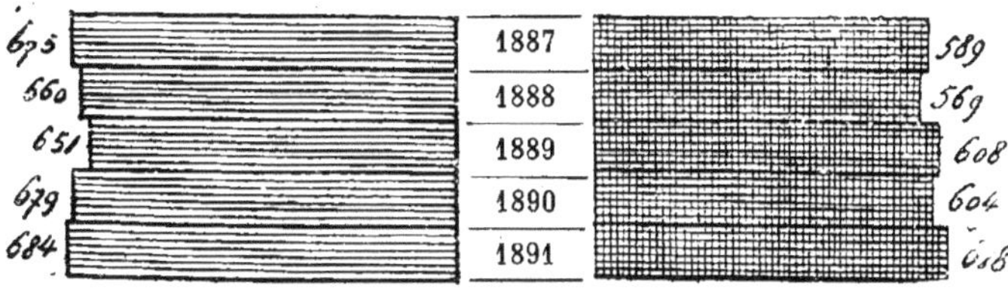

En Allemagne, c'est comme en Russie : le nombre des condamnés augmente.

Allemagne.

Nombre des condamnés en Allemagne sur 100,000 habitants.

1883-1887		106
1887-1892		110
1893		121
1894		124
1895		125

Les données relatives aux condamnés en Russie et dans le royaume de Pologne, suivant leurs professions, sont groupées dans le tableau graphique ci-dessous :

Répartition des condamnés suivant leurs professions.

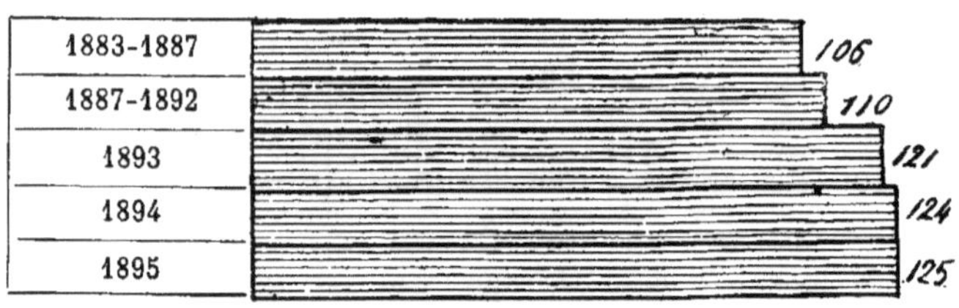

Comme terme de comparaison nous donnons ci contre un grapnique analogue concernant la France.

Nombre des criminels en France suivant leurs professions sur 100,000 habitants.

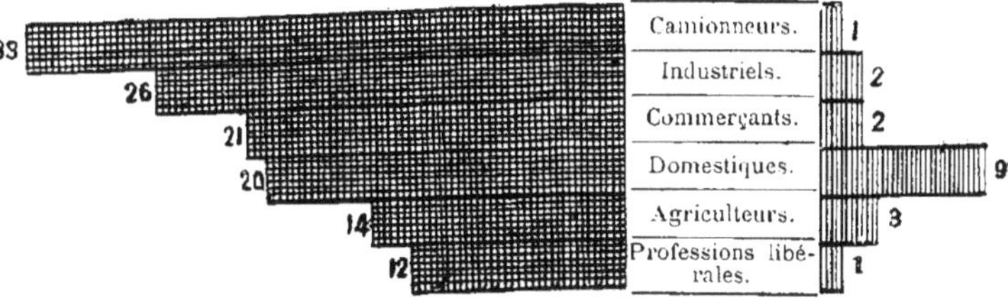

Voyons, pour compléter notre étude sur ce sujet, comment les con-damnés se répartissent d'après les sources de leurs revenus.

Répartition des condamnés suivant les sources de leurs revenus en pour cent.

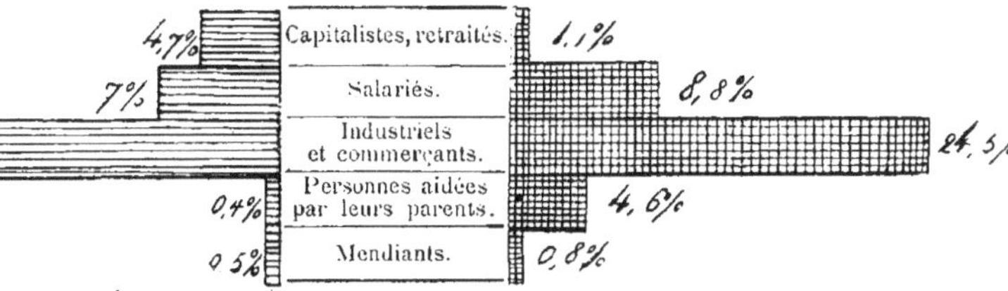

Il est aussi très intéressant de savoir comment les criminels se répar-tissent suivant leur degré d'instruction.

Répartition des condamnés suivant leur degré d'instruction, en pour cent.

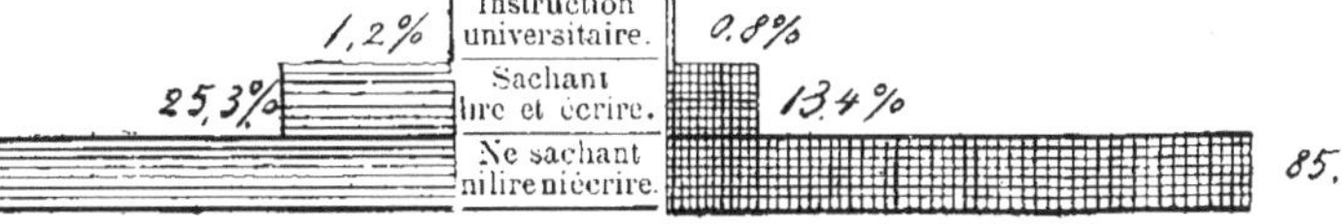

Répartition des condamnés ayant une instruction supérieure suivant leurs professions, en pour cent.

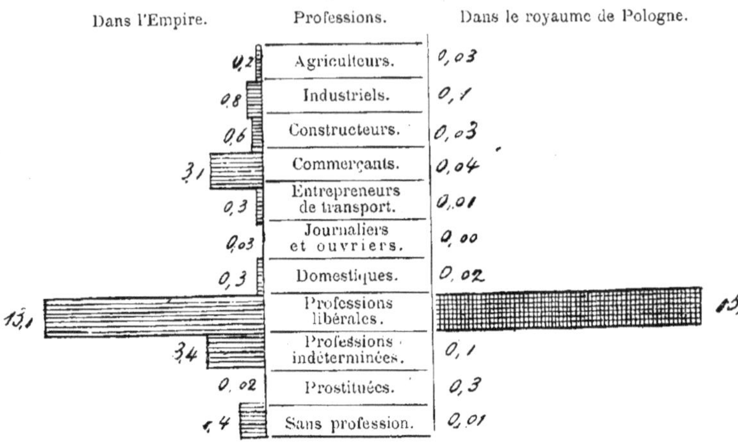

Répartition des condamnés sachant lire et écrire, suivant leurs professions, en pour cent.

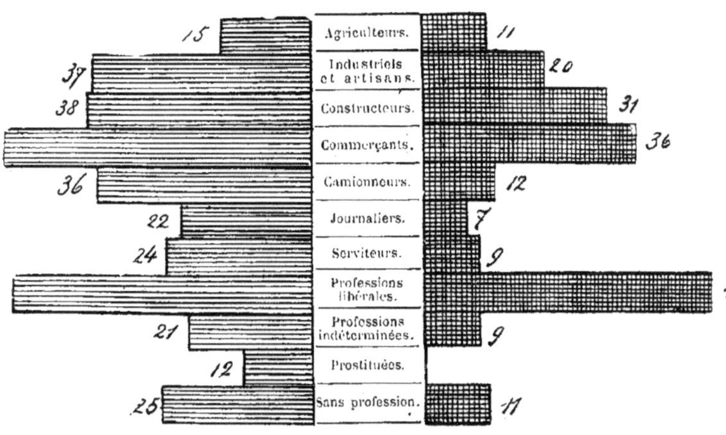

Nous terminerons notre étude en parlant des repris de justice, mais nous devons prévenir le lecteur que nos données à cet égard ne sont pas complètes. Elles suffisent cependant pour que l'on puisse se rendre compte du mal que ces individus causent à la société.

	Nombre des repris de justice en 1878 et en 1889.		Progression du nombre des repris de justice en 1889, exprimée en pour cent.
Dans l'Empire	10,168	18,993	180 0/0
Dans le royaume de Pologne	1,543	3,345	233 0/0

Si nous rapprochons le nombre des repris de justice de celui des condamnés, nous trouvons qu'il y a eu sur 100 condamnés des deux sexes :

	Condamnés par les cours d'arrondissement.	Condamnés par les juges de paix.
Dans l'Empire	22	16
Dans le royaume de Pologne.	20	12

Quiconque sait ce qu'est un repris de justice comprendra l'importance qu'on doit attacher aux chiffres qui précèdent, pour apprécier la moralité d'une population.

6. Éléments servant à renouveler l'armée.

La question des éléments servant à renouveler les forces combattantes est d'autant plus importante qu'il y a lieu de supposer qu'une guerre, étant données les conditions actuelles, pourrait durer très longtemps. Cette question est complexe, à cause de la grande étendue de l'Empire russe, qui fait que les conditions du renouvellement des forces militaires diffèrent suivant les régions. Il faut aussi tenir compte de ce qu'en cas de guerre défensive, une partie du territoire russe sera temporairement occupée par l'ennemi. Les communications seront en outre interrompues, ce qui obligera de puiser dans la région même les éléments nécessaires pour compléter les forces armées. La question est de savoir si elle les fournira en quantité suffisante.

Nous avons déjà dit que la Russie ne manquera jamais d'hommes, c'est-à-dire de soldats et d'officiers. Les vivres s'y trouveront également en abondance, ce qui constitue déjà un énorme avantage pour elle. Il en sera de même des chevaux, dont la Russie possède un plus grand nombre que n'importe quelle autre puissance. Et nous pouvons affirmer que, si grande que soit l'étendue du territoire occupé par l'ennemi, les chevaux ne manqueront jamais à l'armée russe.

Quant aux armes, il ne sera pas difficile de s'en procurer au fur et à mesure qu'on en aura besoin, car les autres industries chômeront ; ce qui donnera des ouvriers aux fabriques d'armes. D'autre part, on produit en Russie des quantités de fonte et de fer de plus en plus considérables, ce qui permet de croire qu'il n'y aura pas de difficultés de ce côté. On a produit 55 1/2 millions de pouds de fonte et 25 2/3 millions de pouds de fer en 1890. En 1895 on a produit 87 millions de pouds de fonte (57, 5 0/0 de plus) et 27 millions de pouds de fer (5 0/0 de plus). Enfin le rayon de l'industrie métallurgique est dans l'Est de l'Empire, c'est-à-dire dans une région qui ne sera probablement pas occupée par les armées ennemies.

<h2 style="text-align:center">7. Conclusions.</h2>

Il résulte de ce qui précède que l'interruption des communications occasionnée par une guerre pourra déterminer la famine et même des troubles d'ordre social dans les pays occidentaux. La Russie sera moins éprouvée qu'eux, mais elle pâtira néanmoins, par suite de la diminution des revenus de sa population et de la situation très difficile créée au commerce et à l'industrie, d'autant plus que cette situation pourrait, en raison du peu de capitaux disponibles, prendre les proportions d'un mal aigu.

En Russie, on étend la superficie des terres labourée, aux dépens de celle des prairies; on y remplace les bœufs par des chevaux et on abandonne l'élevage pour la culture des champs : c'est là un système contre lequel il faudrait, avant tout, réagir et qu'il faudrait remplacer par un système de culture rationnel. Car en exportant chaque année une grande quantité des forces vives de son sol, la Russie risque — la progression de sa population aidant — d'épuiser le fonds de ses trésors naturels et de créer chez elle un prolétariat rural.

Il est bien vrai que la Russie peut, au point de vue de ses produits agricoles, soutenir, mieux que n'importe quel autre pays d'Europe, une lutte acharnée pendant de longues années; mais elle est, par l'imperfection même de son système agronomique, aussi intéressée à conserver la paix que toutes les autres puissances.

L'agriculture est la source principale des revenus de la Russie; l'industrie n'en fournit comparativement que très peu, mais les revenus industriels, si faibles qu'ils soient, seront diminués par une grande guerre. Il est évident que les établissements industriels qui produisent les objets nécessaires à l'armée n'interrompront pas leur travail. Il est vrai, d'autre part, que l'industrie russe vise principalement les marchés intérieurs du pays, que ces marchés lui resteront malgré l'interruption des communications et qu'à ce point de vue, l'industrie russe sera mieux partagée que les industries française, anglaise et allemande. Mais la demande diminuera cependant sur les marchés russes dans la même mesure que diminueront les revenus fournis par l'agriculture et en raison de l'acuité de la crise agricole. L'industrie russe repose surtout sur les besoins de la population rurale, aussi se ressent-elle de chaque mauvaise récolte. Il est évident que la production diminuera lorsque les paysans manqueront d'argent et que, par suite, ils ne pourront plus acheter autant que par le passé, ce qui arrivera nécessairement en temps de guerre. Les ouvriers resteront par conséquent sans travail et leur situation ne sera pas plus enviable que celle de leurs confrères de l'Occident.

Seuls, les commerçants, qui sont relativement peu nombreux en Russie et les usuriers qui profitent de la crédulité du bas peuple, trouveront moyen d'exploiter ce dernier et de réaliser des fortunes à la faveur de la guerre.

Tout cela nous autorise à croire que les troubles économiques occasionnés par une guerre en Russie pourraient devenir très graves, en présence du mauvais état de l'agriculture de ce pays, de l'absence de capitaux disponibles, de l'endettement de ses propriétaires fonciers et de ses paysans.

En examinant les troubles qu'une guerre pourrait faire naître au sein des puissances occidentales, nous avons indiqué les raisons qui empêcheraient ces puissances de soutenir une lutte armée prolongée. Mais ces pays disposent d'épargnes très considérables, les procédés techniques y sont très développés, de même que l'esprit d'entreprise, tant dans la collectivité que chez les individus. Ce sont là des avantages qui permettront à ces pays de se relever rapidement du mal que leur aurait causé la guerre, ainsi que l'a, du reste, prouvé la France au lendemain de ses désastres de 1870-1871.

Il est vrai que les conséquences d'une guerre future pourraient être plus terribles encore que celles de la guerre franco-allemande, mais il est certain qu'un organisme fort s'en remettra plus facilement qu'un organisme faible. Voilà pourquoi nous estimons que les nations occidentales ont, en cas de guerre, à redouter surtout le socialisme et les troubles d'ordre social.

Il n'en est pas de même en Russie. Moins l'activité économique est intense dans un pays, moins l'interruption ou la suspension de cette activité peuvent l'obliger promptement à déposer les armes. Là où il y a moins de richesses accumulées et où la vie économique est moins complexe, les pertes directes occasionnées par la guerre sont moins sensibles.

Mais dans un pays tel que la Russie, où les agriculteurs et les propriétaires fonciers joignent à peine les deux bouts, même en temps de paix, où ils sont tous endettés, où les marchands de main-d'œuvre exploitent honteusement les paysans et les font travailler pour presque rien, où les finances viennent à peine d'être réorganisées et risquent de se voir ébranlées de nouveau par l'émission d'une grande quantité de papier-monnaie ; dans un tel pays, disons-nous, les conséquences de la guerre peuvent se résoudre en une si violente crise économique et en un tel effondrement des forces productives, qu'il lui faudra beaucoup de temps pour se rétablir. Et bien que la Russie ne soit pas menacée de troubles pareils à ceux qu'on a lieu de redouter dans les pays de l'Europe occidentale, elle court risque, cependant, d'être très sérieusement éprouvée par une grande guerre.

La Russie éprouve le besoin d'être aussi bien armée que les puissances de l'Occident ; ce besoin implique nécessairement de grandes dépenses et constitue pour ce pays un fardeau relativement plus lourd que pour la France, pour l'Allemagne et même pour l'Autriche-Hongrie. Si élevé que soit le budget de la guerre, il ne représente, dans ces pays, qu'une faible partie de ce que l'État, les villes, les associations privées et les communes rurales dépensent, en vue de résultats productifs, des sommes consacrées à l'amélioration de l'agriculture, de l'état sanitaire, au perfectionnement des communications, au développement du commerce et de l'industrie, enfin à la propagation de l'instruction publique qui mérite certainement de ne pas être négligée. En Russie, le budget de la guerre et de la marine constitue un tiers du budget total. Si l'on retranche, des deux tiers restants, les dépenses résultant de la dette publique, il ne reste, pour tout ce qui peut avoir un caractère quelque peu productif, qu'une somme inférieure à celle absorbée par l'entretien des armées de terre et de mer. Nous demandons si, en dehors de l'État, personne en Russie ne dépense des sommes considérables en vue de résultats productifs ?

Toutes les circonstances que nous venons d'énumérer nous portent à conclure qu'une grande guerre européenne ralentirait le progrès économique russe et l'arrêterait peut-être pour longtemps.

Tels sont les dangers d'une guerre pour la Russie, et il est douteux que cette guerre, fût-elle même très heureuse, puisse dédommager ce pays de ses sacrifices.

Les faits et les chiffres que nous avons cités prouvent, il est vrai, que la Russie est, par suite de son étendue, des particularités de son sol et de son climat, moins vulnérable que les autres puissances. Il est certain qu'elle peut, grâce au nombre de ses habitants, à l'abondance de son blé et de ses chevaux, au développement de son industrie qui lui permet de fournir à l'armée tout ce dont elle a besoin, soutenir très longtemps une guerre défensive. Même les difficultés pécuniaires pourraient être facilement surmontées au début, attendu que la Russie est, depuis longtemps, habituée au papier-monnaie.

Grâce à tous ces avantages, la Russie pourrait, en se tenant sur la défensive, lutter pendant des années contre des nations très civilisées, très commerçantes et très industrielles, mais trop pauvres en blé pour pouvoir, comme elle, prolonger la guerre indéfiniment.

Mais ce qui fait la force de la Russie, en cas de guerre défensive, ferait sa faiblesse, si elle entreprenait d'envahir les pays de ses adversaires.

Après avoir soigneusement examiné l'état économique des différentes parties de l'Empire, nous nous sommes convaincu que l'occupation des provinces frontières de la Russie constituerait pour elle un fait très douloureux, mais nullement décisif. Sa résistance ne saurait être vaincue d'un seul coup, même si elle venait à être inondée par des forces immenses. Même dans le cas où, après une série de grandes victoires, l'ennemi parviendrait à occuper Saint-Pétersbourg, Moscou et Varsovie, la Russie trouverait, grâce à son étendue et au grand nombre de ses habitants, moyen de continuer la lutte. Les débris des armées dispersées se rejoindraient dans les centres éloignés, pour former les noyaux de nouvelles armées et la guerre recommencerait avec une nouvelle énergie; tandis que les adversaires épuisés et affaiblis se verraient forcés de battre en retraite.

Mais on aurait tort de croire qu'il serait alors facile de parachever la victoire en poursuivant l'ennemi et en transportant le théâtre de la guerre sur son territoire. La poursuite se ferait en Russie à travers des contrées dévastées et à l'étranger à travers des régions épuisées. En prenant l'offensive, il faudrait, du reste, renouveler tout l'armement et tout le matériel de l'armée; il faudrait surtout acheter les vivres nécessaires à l'entretien des troupes. Alors on serait arrêté par des difficultés financières et la situation économique, qu'une pareille guerre aurait créée dans le pays, ne permettrait pas de soumettre les forces de la nation à une nouvelle épreuve.

Il existe, en Russie, tant en circulation que dans les banques, pour 2 1/2 milliards de roubles de valeurs émises par l'Etat et pour 1,200 millions de valeurs émises par des sociétés privées. Une grande partie de ces fonds sont déposés dans différentes institutions de crédit. La baisse du cours de ces valeurs, qui se produirait aussitôt après la déclaration de la guerre, s'exprimerait par le chiffre de 1,100 millions de roubles. On comprend que, dans ces conditions, il serait impossible de placer de nouvelles obligations portant intérêt, émises par l'Etat et destinées à lui procurer l'argent nécessaire pour faire la guerre. De nouvelles et très considérables émissions de papier-monnaie seraient donc inévitables.

Les campagnes antérieures ne nous permettent pas d'apprécier, par anticipation, les troubles économiques qu'une guerre européenne déterminerait en Russie, en raison de l'énormité des armées modernes, de la complexité et de la cherté de l'appareil militaire actuel. L'occupation par l'ennemi des provinces de l'Ouest et du Sud, ces parties les plus riches de l'Empire, diminuerait sensiblement les revenus de l'Etat. Même la guerre de 1812 ne peut donner aucune idée de l'état de choses qui résulterait de l'invasion de ces armées comptant des millions d'hommes et venant de pays limitrophes ; le besoin d'argent prendrait, en présence de ces forces immenses, des proportions inouïes. Il suffit, pour en juger, de dire que la Russie serait forcée de dépenser environ 7 millions de roubles par jour pour entretenir toute son armée sur pied de guerre.

Ainsi que nous l'avons démontré, dans le chapitre de cet ouvrage, intitulé : *Les plans des opérations militaires*, il est presque impossible de supposer qu'une guerre avec la Russie puisse durer moins de deux ans. Or une guerre de deux ans coûtera 5 milliards de roubles.

Feu N. Bounghé a, comme nous l'avons déjà dit, affirmé dans sa réponse à M. Smirnoff qu'en émettant pour 300 millions de roubles de billets de crédit, on ferait descendre à 25 kopecks la valeur du rouble-papier. Donc, en émettant du papier-monnaie pour une somme 17 fois plus grande, on déprécierait la valeur de l'argent dans une mesure qui échappe à toute appréciation. Il est probable que le cours du papier-monnaie, émis pour les besoins de la guerre, baisserait autant qu'au début de ce siècle, alors qu'il avait perdu les 3/4 de sa valeur nominale.

Dans ces conditions, 5 milliards ne suffiraient même pas.

Les prix de tous les objets augmenteront et l'État sera forcé de payer tout plus cher, tandis qu'il encaissera les impôts en papier-monnaie déprécié ; les dépenses que nécessitera l'entretien de l'armée et de la marine de guerre augmenteront dans de très grandes proportions. Les propriétaires de titres, une grande partie de la population urbaine, les militaires, les employés et les fonctionnaires, tous ceux, en un mot, qui vivent de leurs traitements, seront dans la misère.

Aussitôt la guerre déclarée, l'exportation des produits agricoles cessera ; la diminution de la demande de ces produits amènera la baisse de leurs prix et, par suite, celle des revenus des propriétaires et des paysans. Les prix de tous les articles subiront, en outre, de fortes oscillations, puisque l'exportation qui leur servait de régulateur sera suspendue.

Quand il n'y aura plus que la concurrence intérieure pour les régler, les régions les mieux partagées seront celles où la concurrence commerciale est le plus développée ; tels sont les gouvernements qui ont pour chefs-lieux les capitales, puis ceux du Sud-Ouest et du Midi ; la situation sera moins bonne dans les gouvernements où prévalent les procédés monopolistes. La Russie, il est vrai, sera moins éprouvée par la guerre au point de vue matériel, parce que la plus grande partie de ses habitants s'adonnent à l'agriculture et que son système économique est relativement moins complexe que ceux des autres pays ; elle pourra donc supporter la guerre plus longtemps que ses adversaires. Mais les conséquences de cette guerre ne seront pas moins graves pour elle que pour les autres puissances et il lui sera plus difficile qu'à celles-ci de cicatriser ses plaies, à cause de la pauvreté de ses habitants et de l'absence de réserves pour les mauvais jours.

Le seul fait que la vie économique de la Russie se trouve, grâce à son caractère agricole, relativement peu exposée à des interruptions, nous fait croire impossible d'opérer les dépenses nécessaires pour rétablir le *statu quo* économique *ante bellum*; attendu que la crise affectera précisément l'agriculture, c'est-à-dire la grande et la petite culture, surtout celle des paysans qui est la base du système économique russe.

D'autres facteurs d'ordre matériel et moral, énumérés plus haut et qui en temps normal, restent dans l'ombre, exerceront, en temps de guerre, une grande influence sur la marche des affaires.

Tout cela nous porte à conclure qu'en temps normal, une grande guerre ne serait pas moins désastreuse pour la Russie que pour ses voisins, — quoique pour des causes différentes.

Mais ce n'est pas tout. L'examen de toutes les influences qu'une guerre pourrait exercer sur le système économique de la Russie nous convaincra qu'étant donnée sa situation actuelle, ce pays aurait tout autant d'intérêt que les autres, peut-être même davantage, à réduire ses dépenses de préparation à la guerre.

Intérêt qu'aurait la Russie à limiter ses dépenses d'armement.

La prospérité de la nation exige impérieusement qu'on affecte au développement de ses forces vitales une partie des sommes actuellement dépensées en armements, d'autant plus que ce sont là des dépenses infructueuses, étant donnée l'absence de toute probabilité d'une guerre prochaine. La Russie a besoin de se renforcer, pour être en mesure de lutter avantageusement sur le terrain économique contre sa pauvreté, l'ignorance de sa population et l'infériorité dans laquelle elle se trouve. Il lui importe plus de favoriser, chez elle, la marche du progrès et de développer ses forces productives que d'augmenter le nombre de ses régiments et des projectiles qu'ils peuvent lancer dans un espace de temps déterminé; car en admettant même qu'une guerre vienne à éclater, elle sera forcée de se tenir au début sur la défensive.

Si nous posons cette question : quelles mesures y aurait-il lieu de prendre pour éviter les troubles d'ordre économique que pourrait déterminer une grande guerre? Nous rappellerons, avant tout, au lecteur ce que nous avons dit au commencement de ce chapitre, au sujet des premiers symptômes de désagrégation qui se produiront infailliblement par suite d'une guerre. La pauvreté de la plus grande partie de la population et le manque de crédit détermineraient une disette sensible de capitaux de roulement.

Mesures à prendre pour éviter les troubles économiques.

Dans le cas où les banques et les institutions de crédit ne pourraient plus escompter les lettres de change et autres obligations qu'elles ont acceptées, ni avancer de l'argent sur les titres, le mal serait à son comble. Si la crise qui a précédé la guerre de 1877 n'a pas été plus intense, c'est seulement parce que, pendant neuf mois de suite, les chances de paix et de guerre avaient alterné (1).

Comme la mobilisation se fera en très grande hâte et qu'on dépêchera toute la cavalerie dans les provinces-frontières au début même de la prochaine guerre, comme aussi il existe en Russie très peu de titres pouvant être vendus sur les marchés étrangers et qu'il sera impossible, en cas de conflagration générale, de se procurer de l'argent au dehors et que, du reste, les épargnes russes sont très peu considérables, il sera nécessaire de réagir, dès la première alarme, contre tout ce qui pourra paralyser la marche des affaires.

On entend souvent dire, mais cette affirmation n'est certainement pas fondée, que la caisse de l'Etat manquera même de l'argent nécessaire à couvrir les premiers frais de la mobilisation. Si cette assertion contenait ne fût-ce qu'une parcelle de vérité, il faudrait pourvoir d'argent toutes les caisses du Gouvernement, afin que les opérations pussent se faire régulièrement et sans aucune difficulté.

Mais cet état de choses ne durera pas. Le gouvernement sera, dès le commencement de la mobilisation, forcé de dépenser des sommes considérables pour l'achat de chevaux et de matériel.

Il y aura dès lors un peu plus d'argent dans la circulation. L'armée aura besoin de beaucoup d'objets de première nécessité et les particuliers prévoyants s'empresseront de s'approvisionner; d'où une augmentation de

____

(1) Le besoin d'argent s'est aussi fait vivement sentir en France, en Allemagne et en Autriche au lendemain des déclarations des guerres de 1866 et 1870. Les négociants et les industriels se hâtèrent d'escompter leurs billets dans les banques et les particuliers s'empressèrent d'emprunter de l'argent sur leurs titres. Il y avait, le 30 juin 1870, pour 97 millions de thalers de lettres de change dans le portefeuille de la banque de Prusse et le 23 juillet il y en avait déjà pour 121 millions de thalers.

Les banques privées se dessaisirent de sommes relativement encore plus considérables; elles escomptèrent volontiers les lettres de change qu'on leur présentait et donnèrent de l'argent contre garantie de titres, après avoir reçu l'assurance qu'en cas de besoin, l'Etat leur viendrait en aide, avec le papier-monnaie émis spécialement pour les besoins de la guerre. Mais il faut remarquer que le nombre des prêts sur titres, faits par les banques, n'était pas considérable, — partie parce que ces banques ont élevé le taux de l'escompte, — partie aussi parce que les particuliers qui détenaient des titres étrangers, des titres américains surtout, réussirent à les écouler presque sans perte sur le marché de Londres. Malgré ces conditions favorables, l'offre très grande des titres prussiens, d'une part, et le manque d'argent disponible, de l'autre, entraînèrent une baisse considérable de ces titres. Cette baisse fut de 20 0/0 en 1866 et de 16 0/0 en 1870.

la demande en même temps qu'une hausse des prix soutenue par la baisse
du cours des billets de crédit. Les producteurs et les détenteurs des marchandises, sur lesquelles portera la demande, seront même satisfaits au
début des transactions avantageuses qu'ils feront.

Par suite de la stagnation qui se produira dans les affaires commerciales et industrielles, le besoin de capitaux de roulement diminuera, et les
caisses seront encombrées.

Les émissions démesurées de papier-monnaie entraîneront aussi des
conséquences très désagréables qui, toutefois, ne se produiront pas dès le
commencement de la guerre, mais un peu plus tard. La grande quantité
de papier-monnaie jetée sur le marché favorisera, par contre, la conclusion
d'emprunts intérieurs qui s'effectueront naturellement à des cours très
bas, surtout si l'on n'entreprend rien pour faciliter les transactions.

Il y aura plus de papier-monnaie qu'il n'en faudra pour faire face aux
besoins ordinaires; ce surplus passera de la caisse de l'Etat dans celles des
fournisseurs et entrepreneurs de tout genre; puis, par suite de la stagnation générale des affaires, il reviendra de nouveau à l'État.

Les choses se compliqueront quand il faudra faire la guerre sur le
territoire ennemi. L'armée doit, suivant la théorie moderne érigée en
axiome, vivre sur le pays occupé, surtout au moyen de réquisitions. Dans
les contrées riches, on se procurera de l'argent au moyen de contributions.

Quant aux paiements, on les fera avec le papier-monnaie de la puissance qui se sera rendue maîtresse du territoire ennemi et l'on réservera
la monnaie métallique pour les régions épuisées, où l'offre aura besoin
d'être provoquée.

Les finances russes étaient dans un état déplorable après la guerre
de 1812; les troupes russes qui se trouvèrent en Prusse en 1813 n'en effec-
tuèrent pas moins leurs paiements en papier de crédit dont l'émission
totale représentait la somme de 70 millions de roubles. On renvoya dans
la suite pour 20 millions de ce papier en Russie (1).

Pendant la guerre franco-allemande on se servit en France de billets
du Trésor et de la Banque de France. Les armées allemandes levaient des
contributions et employaient l'argent qu'elles se procuraient ainsi à payer
les fournitures. Elles payaient en écus les produits provenant des parties
de la France non occupées par leurs troupes, et elles en faisaient autant
sur les derrières de l'armée où elles jugeaient nécessaire de stimuler l'offre
de produits et de services.

____

(1) *Les Finances russes au XIXe siècle*, vol. I.

Dans les régions envahies, les habitants préféreront toujours le papier monnaie, si déprécié fût-il, à un simple reçu (1).

Mais l'armée russe sera, d'autre part, si nombreuse qu'il sera bien difficile de suffire à ses besoins. Les guerres antérieures, où les forces en présence étaient beaucoup moins grandes, ont prouvé qu'il est très diffi-

---

(1) Les moyens par lesquels les troupes russes couvrirent, après l'année 1812, leurs dépenses pendant leur marche victorieuse sur Paris, à travers les pays allemands, ne laissent pas d'être instructifs bien qu'ils se rapportent à une époque trop éloignée de la nôtre.

Quand les armées napoléoniennes envahirent la Russie, il y avait pour 572 millions de roubles-crédit en circulation. Le 2 avril 1815, le total s'élevait déjà à 820 millions; il avait donc augmenté de 248 millions.

Les sommes affectées à l'armée de terre étaient réparties comme suit :

	Hommes.	Chevaux.
En 1812.	770.000	256.000
En 1813.	979.000	349.000
En 1815. . . { dans l'intérieur de l'empire et sur les lignes.	706.465	163.000
en dehors de l'empire. . .	300.000	80.000

Quand les troupes russes passèrent la frontière, la situation du Trésor était des plus difficiles. Les rentrées des impôts se faisaient très péniblement, tandis qu'on avait déjà dépensé 12 millions pour aider la population qui se trouvait dans la misère et que cette somme n'avait pas suffi.

Il fallait, coûte que coûte, trouver de l'argent pour venir en aide aux habitants des régions éprouvées par la guerre.

Dans ces conditions le ministre des finances soumit à l'empereur un projet d'émission de billets, gagée *sur le fonds d'argent prussien;* ce qui avait pour but d'éviter à la Russie l'envoi d'or et d'argent à l'étranger pour l'entretien de ses troupes ; mais ce projet n'ayant pas été agréé, il fallut recourir aux billets ordinaires.

Pour remplir les engagements résultant de l'emploi de billets russes et pour faciliter aux étrangers le change de ce papier-monnaie, on avait établi en Prusse et dans les autres principautés allemandes, des bureaux de change.

Mais, dès février 1814, fut donné l'ordre suivant :

« Les bureaux de change suspendront jusqu'à nouvel ordre l'acceptation des billets russes destinés à être transférés en Russie et ne délivreront point de reçus en échange de ces billets. »

On invita les directeurs de ces bureaux à trouver des raisons plausibles pour tranquilliser le public. Puis, au mois d'août, on donna l'ordre de proposer aux porteurs de billets un tiers de la somme nominale en espèces, en comptant 29 thalers prussiens pour 100 roubles-papier et deux obligations pour les 2/3 restants. Ces deux obligations devaient porter 7 0/0 d'intérêt. L'une d'elles serait payable après 9 mois et l'autre, après 18 mois, en comptant 30 thalers pussiens pour 100 roubles-papier.

En 1814 (5 juin), le ministre des finances Gourieff représenta à l'empereur qu'il était nécessaire de suspendre les paiements en espèces pour l'entretien de l'armée à l'étranger ; il proposait d'introduire des reçus moyennant lesquels les intendants paieraient les fournisseurs locaux. Ces reçus devaient être rédigés en deux langues, et la somme due devait y être désignée en valeur locale. Ces reçus devaient être rachetés obligatoirement après 12 mois, à partir du jour où l'on aurait pris livraison de la marchandise, et porter 1/2 0/0 d'intérêt par mois.

cile de faire vivre les armées; car le service de ravitaillement a toujours laissé à désirer. Si les immenses armées modernes ne constituaient pas des corps très disciplinés et si l'on ne parvenait pas à satisfaire régulièrement à leurs besoins en prévoyant toutes les éventualités qui pourraient se produire, elles ne tarderaient pas à devenir des cohues pareilles à celles

Mais l'armée rentra au pays à cette même époque et l'on n'eut, par suite, plus besoin de recourir à ce moyen.

Les dépenses extraordinaires, non prévues dans le devis, pour la guerre de 1812, 1813 et 1814 se sont élevées à la somme de 179,9 millions de roubles au cours des billets. On a dépensé sur cette somme :

En 1812.	18.8 millions de roubles.	
En 1813.	123.0 —	—
En 1814.	38.1 —	—

L'argent servant à couvrir les dépenses pour la guerre a été puisé aux sources suivantes :

	1812	1813	1814	Total.
	En millions de roubles.			
Fonds du Trésor de. 'État.	1.0	20.8	24.0	45.8
Sommes spéciales (nouvelles émissions de billets et capitaux de différentes institutions).	17.8	55.2	19.0	92.0
Subvention anglaise.	»	»	42.1	42.1
Total.	»	»	»	179.9

De cette somme ont été payés, en or et en argent, seulement 18.3 millions de roubles, acceptés en règlement de comptes pour 73.3 millions de roubles-papier.

Il est intéressant de savoir de quelle manière ces sommes ont été réparties entre les différentes parties de l'armée.

Parties de l'armée	1812	1813	1814	Total.
	En millions de roubles.			
Armée active principale.	16.7	81.6	11.5	109.8
Armée polonaise.	»	16.8	1.7	18.5
Légion russo-allemande.	1.1	2.9	»	4.0
Légion formée à Orel	»	0.6	»	0.6
Corps d'armée qui a assiégé Dantzig.	»	0.4	»	0.4
Armée de réserve.	»	13.3	22.2	35.5
Total.	17.8	115.6	35.4	168.8

	1812	1813	1814	Total.
	En millions de roubles.			
Dépenses pour toutes les armées. . .	1.0	6.9	2.8	10.7
Dépenses pour l'armée prussienne . .	»	0.5	»	0.5

Le total des frais extraordinaires pour les armées en 1812, 1813 et 1814 se subdivise comme suit :

1) Solde des troupes. . . . . 112.2 millions de roubles.

qui, suivant les auteurs de l'antiquité, inondèrent parfois l'Europe, errant au hasard, emportant tout ce qu'elles trouvaient sur leur chemin, puis se dispersant et disparaissant sans laisser de traces, en présence d'une résistance inattendue.

Toute l'organisation militaire n'est-elle pas basée sur le service de courte durée, sur le grand nombre des hommes appelés sous les drapeaux, qu'il faudra tous équiper, armer et entretenir, sur la présence, dans les arsenaux et dans les dépôts, de tout le matériel nécessaire en fait d'uniformes, de poudre, de projectiles, de harnais et de vivres pour satisfaire aux besoins des troupes au début de la guerre?

Si tout cela n'était pas en bon ordre, l'armée n'existerait, en somme, que sur le papier.

Les adversaires probables de la Russie se rappellent l'année 1812 et comprennent combien il serait difficile de la vaincre en se portant résolûment vers l'intérieur du pays, dans le cas où l'on trouverait la Russie préparée pour la guerre au début des hostilités. Mais ces adversaires supposent, d'autre part, et cela les console, qu'il se produira des irrégularités dans le fonctionnement de l'appareil de guerre russe et que, par là même, l'exécution de son plan stratégique sera rendue impossible.

2) Rations supplémentaires dans l'armée active se trouvant à l'étranger (viande, eau-de-vie, pain)	5.3	—	—
3) Équipement (chaussures, fourrures, linge)	19.2	—	—
4) Chevaux	7.9	—	—
5) Transport des troupes et des bagages	5.2	—	—
6) Hôpitaux	1.5	—	—
7) Frais généraux d'entretien	16.1	—	—
8) Formation des légions	4.6	—	—
9) Courriers	1.6	—	—
10) Prisonniers	5.4	—	—
11) Divers (versements faits à la Prusse, transport des troupes finlandaises)	0.9	—	—

Le ministère de la guerre restait devoir, à la fin de 1815 : 13.7 millions de roubles-papier aux régiments et 11.9 millions aux fournisseurs.

Il ne faut pas oublier que les troupes ont vécu sur le pays, dans les régions qu'elles traversaient. On a, par conséquent, nommé des commissions chargées de répartir les sommes dues à ces différentes régions. En vertu d'ukazes impériaux et de conventions conclues, on a payé, de 1817 à 1819 :

A la Prusse	3.829.000	roubles-argent
— —	5.828.000	— —
Au Hanovre	643.000	— —
Au Danemark	400.000	— —
A l'Allemagne	1.025.000	— —
A la Bavière	1.722.000	— —
A l'Autriche	3.081.000	— —

C'est là l'idée maîtresse qui reparaît toujours dans la bouche et sous la plume des stratèges allemands.

Les chiffres que nous avons cités prouvent que cette supposition est absolument erronée. Mais on aurait tort de croire que la Russie puisse attendre la guerre sans éprouver la moindre inquiétude. Il est, au contraire, absolument nécessaire de bien peser l'influence qu'une guerre pourrait exercer sur l'état économique de la Russie.

Nous sortirions des limites que nous nous sommes tracées, en donnant des indications complètes sur ce sujet. Nous ne relèverons ici que les points principaux de la question.

Il ne faut jamais oublier, indépendamment des considérations d'ordre stratégique, la différence qui existera, au point de vue social, entre la guerre future et les guerres précédentes. Antérieurement la vie allait son train ordinaire, même en temps de guerre, dans les parties du territoire qui n'étaient pas occupées par l'ennemi.

Il n'en sera pas de même à l'avenir : Toutes les parties du pays se ressentiront plus ou moins de la guerre, pour des raisons que nous avons plus d'une fois indiquées :

1° Pour se faire une idée de la faculté que possède une nation de faire une grande guerre et de la supporter, il faut avant tout se baser, mais non sans restrictions, sur la quantité d'argent dont elle dispose en temps de paix.

2° Puis, considérant, d'une part, l'impossibilité d'effectuer des paiements à l'étranger en temps de guerre par suite de l'interruption des communications et, d'autre part, l'entière possibilité de faire la guerre en territoire ennemi sans dépenser beaucoup d'argent monnayé, l'État peut conformer ses provisions d'or et d'argent aux exigencess de son Trésor et à ses besoins généraux.

3° L'abondance du papier-monnaie qu'on émettra en cas de guerre aura des suites désastreuses, résultant de la dépréciation des billets de crédit ; il faudra donc limiter, autant que possible, ces émissions, mais il sera également nécessaire de rétablir la circulation, devenue languissante par suite de la disparition subite de l'argent. Le seul moyen d'écarter cet obstacle consiste à permettre au public de bénéficier temporairement, mais dans une large mesure, du crédit de l'État. Or, comme la circulation se ranimera très vite à la faveur des transactions plus nombreuses, il sera facile de retirer dans la suite le papier-monnaie superflu, dans le cas où l'on en aurait émis une trop grande quantité au premier moment.

4° Les gouvernements étrangers seront forcés de créer et de soutenir artificiellement, au sein de leurs populations, l'exaltation belliqueuse, à cause des éléments d'opposition qui se trouvent dans le pays et surtout à cause du parti socialiste. Ces gouvernements chercheront, par conséquent, à exploiter le premier succès de leurs armes en le grossissant au point d'en faire une vraie victoire. Ce premier succès sera probablement obtenu par la puissance qui sera prête la première et qui la première attaquera.

La grande étendue de l'empire russe nous fait supposer que ses adversaires bénéficieront de ce premier avantage, mais il n'en faut pas conclure au succès, même temporaire, de leurs armes, dès le commencement des hostilités. Leur supériorité, due à la mobilisation très rapide de leurs armées, pourrait bien être paralysée par la ligne fortifiée qui protège les frontières occidentales de la Russie. Quoi qu'il en soit, il est sage de compter avec les conditions géographiques et de disposer ses troupes en conséquence, sans attendre que la guerre soit déclarée.

Les inconvénients qui résultent de l'immense étendue de la Russie constitueraient, par contre, un grand avantage, dans le cas où l'armée russe se tiendrait sur la défensive. Cette étendue rendrait, en effet, impossible une guerre prolongée, car l'armée russe trouverait des alliés dans le mauvais état de ses routes et dans les froids de ses hivers qui empêcheraient ses adversaires de ravitailler leurs troupes.

Toute alarme déterminée par un succès isolé des ennemis — car cette éventualité pourrait très bien se produire — ne serait donc pas fondée et les propriétaires de titres qui s'empresseraient de les jeter sur le marché, sous l'effet de cette panique gratuite, auraient lieu de regretter leur précipitation.

5° Il est dans l'intérêt du crédit de l'Etat de donner à ces propriétaires la possibilité de conserver leurs valeurs; il faudrait pour cela leur faciliter, en temps de guerre, l'engagement et le dépôt de leurs titres.

6° Il faudrait, en cas de guerre, donner des instructions *ad hoc* à toutes les institutions gouvernementales pouvant contribuer directement ou indirectement à l'extension du crédit; puis, pour faciliter le paiement des mandats, les ordres d'achat et de vente et, en général, toutes les relations entre les principaux centres commerciaux par l'intermédiaire des bureaux de poste et de télégraphe, il serait nécessaire de restreindre les formalités et de refréner le zèle exagéré des employés subalternes, surtout en présence de certaines perturbations qui ne manqueront pas de se produire en temps de guerre.

Il serait, par conséquent, avantageux pour la marche des affaires, que la Banque d'État élaborât, conjointement avec le département des postes et télégraphes, des règlements spéciaux sur la correspondance télégraphique qui pourrait être, en temps de guerre, reçue et expédiée dans les bureaux même de cette Banque.

Les frais initiaux que nécessiterait l'exécution de ce projet et les frais temporaires qu'occasionnerait l'application des règlements susdits pendant la mobilisation disparaîtraient à côté de l'immense avantage qui en résulterait pour les relations commerciales dans un moment quelque peu critique.

En présence de la grande perfection de la télégraphie moderne, la participation de la Banque d'État au service télégraphique ne pourrait que rassurer le monde commercial au sujet de la régularité du fonctionnement de ce service, et la transformation de cette institution de crédit en un organisme plus parfait et plus intelligent ferait certainement une excellente impression sur le public.

7° Comme les institutions de crédit gouvernementales auront de la difficulté à se procurer des renseignements exacts sur la solvabilité des débiteurs dans un temps où, du fait de la guerre, les situations de fortune peuvent changer du jour au lendemain, il serait bon, pour faciliter l'escompte, de recourir à la participation des banques privées et des agents de change de premier ordre, et de leur ouvrir des crédits spéciaux à la Banque d'État : étant bien entendu, toutefois, que ces crédits ne seraient utilisés qu'après le commencement de la guerre. Cette mesure pourrait réagir sans danger contre la gêne qu'éprouverait le crédit privé, par l'incertitude qu'on aurait sur le degré de solvabilité des commerçants.

8° Il serait également utile d'élaborer, en temps de paix, un projet de comités régionaux d'observation agronomique, siégeant, en temps de guerre, dans tous les endroits, où se trouvent des bureaux et des succursales de la Banque d'État. Ces comités composés de personnes dignes de confiance, recrutées parmi les hauts fonctionnaires, les grands propriétaires fonciers, les commerçants et les industriels distingués, pourraient rendre de sérieux services lors des difficultés que comportera le ravitaillement de millions de soldats et, avec le temps, faciliter le passage à un nouveau système de ravitaillement pouvant fonctionner, même en temps de paix, en dehors de l'intendance qui continuerait à s'occuper des adjudications et des approvisionnements.

Il va sans dire qu'en formulant ces opinions nous désirons simplement indiquer comment on peut rechercher les moyens destinés à prévenir les crises en temps de guerre et à sauvegarder le fonctionnement normal des forces économiques de l'État. Nous n'avons nullement la prétention de présenter un plan complet de l'ensemble des mesures qui pourraient être utiles. Les talents des hommes d'État qui veillent aux intérêts économiques de la Russie nous permettent d'espérer que tout sera prévu et organisé en temps utile.

Nous sommes certain, par conséquent, que de même qu'on élabore les plans de mobilisation, en prévision d'une guerre, et qu'on prépare

Projet d'établissement de comités régionaux agronomiques.

tout ce qui concerne la concentration, le ravitaillement et l'action des troupes, on prendra aussi les mesures destinées à garantir le fonctionnement régulier de l'organisme social, même en temps de guerre.

La guerre influence la vie sociale à tant de points de vue, surtout à celui du crédit et des transactions commerciales, qu'elle peut, pour ainsi dire, arrêter la circulation du sang de tout l'organisme économique.

Pour amortir l'intensité de ces secousses, il faut les prévoir et se préparer à les subir. Nous nous sommes convaincu, en étudiant dans leurs détails les conséquences possibles d'une guerre, que les données relatives au transport des marchandises, à l'état du commerce, de l'industrie et de l'agriculture fournissent des éléments suffisants pour tracer un tableau assez complet de l'état économique qui serait amené par une grande guerre. Voici pourquoi cette étude devait être comprise dans notre travail.

Nécessité d'élaborer un plan économique avant la déclaration de guerre.

Les organes du gouvernement sont infiniment mieux outillés qu'un particulier pour tracer un plan des mesures économiques à prendre en cas de guerre avant que la déclaration de celle-ci ne leur imposât un pareil travail; d'autant que leur attention sera, en ce moment, absorbée par les opérations stratégiques, et que, de ce fait, les besoins économiques de la population seront nécessairement relégués au dernier plan, surtout parce que les événements se succèderont très rapidement au début de la guerre.

On pourrait, sans faire de grands efforts, donner satisfaction à nombre de ces besoins, partiellement ou complètement, en arrêtant d'avance un plan dans ce but. Si l'on négligeait d'élaborer ce plan, on se verrait forcé d'agir avec précipitation au moment critique, et il serait impossible alors de le faire de sang-froid. On prendrait des mesures contradictoires, des mesures qui manqueraient leur but et nuiraient plutôt qu'elles ne profiteraient aux intérêts de la population.

C'est ce qu'escomptent précisément les ennemis de la Russie, ils espèrent la prendre au dépourvu (1). Quant à nous, nous sommes persuadé, ainsi que nous l'avons déjà dit, que la guerre trouvera la Russie armée et préparée et que l'on aura tout prévu, tant au point de vue économique qu'au point de vue stratégique.

On a tout lieu de croire que les autres puissances ont, elles aussi, élaboré des plans économiques en prévision de la guerre. Nous n'avons certes pas de preuves irréfutables de l'existence de ces plans. Mais l'esprit d'ordre des Allemands ne nous permet pas de supposer qu'ils aient négligé les moindres éventualités et omis de préparer des programmes économiques pour chaque localité, dans le sens que nous avons indiqué plus haut par

---

(1) Helm, *Das russische Schreckgespenst.* — Hanovre, 1892.

des exemples. Certaines indications nous confirment d'ailleurs dans nos hypothèses à ce sujet.

Nous savons pertinemment qu'on a déposé, dans les places fortifiées de la Prusse orientale, à Thorn, à Posen et à Kœnigsberg, des instructions très détaillées où l'on a prévu tout ce qu'il est possible de prevoir.

Chaque année, on complète et on modifie ces programmes conformément aux circonstances. Mieux que cela : on a passé en Prusse des contrats avec des entrepreneurs de travaux et des fournisseurs de vivres et de matériel, etc., en prévision de la guerre. Aussitôt qu'elle sera déclarée, les personnes liées par ces contrats se mettront en devoir de les exécuter sans avis préalable.

Il va sans dire qu'un plan économique de ce genre ne pourra être appliqué dans tous ses détails, dès le commencement de la guerre. On ne saurait dire combien de temps les événements, bien que prévus, mettront à s'accomplir; et l'on ignore la place que se réserve « Sa Majesté le Hasard », comme disait Frédéric le Grand.

Mais il est évidemment plus facile d'agir quand on a préparé quelque chose que si on se laisse surprendre par les télégrammes venant du théâtre des hostilités. « A la guerre, a dit Napoléon, tout dépend du calcul. Tout ce qui n'a pas été combiné dans ses moindres détails ne donne pas de bons résultats. La guerre n'est pas l'application d'une simple mécanique. L'art stratégique consiste à peser toutes les chances possibles et à déterminer ensuite, avec une précision presque mathématique, la part du hasard. La question de la tactique est ici de second ordre, et tout dépend de facteurs psychologiques. »

Si, en temps de paix, on fait tout son possible pour ne se laisser devancer en rien comme préparatifs de guerre par ses adversaires probables, il faut aussi se tenir prêt à affronter les troubles et les difficultés susceptibles de se produire, dans le domaine économique, par suite de la guerre.

L'influence de la guerre sur les besoins quotidiens de la population.

Phénomènes
capables d'empêcher
la guerre.

La difficulté de subvenir aux besoins quotidiens de la population, la suspension ou l'arrêt de l'activité des forces productives de la nation et le spectre de la famine, voilà les forces capables d'empêcher la guerre, ou, le cas échéant, d'imposer leur *veto* sur la continuation des hostilités.

Un autre fantôme se joint à celui de la famine pour terroriser certaines puissances. Les deux spectres se remplacent à tour de rôle aux yeux des gouvernants, pareils aux visions qui torturaient la conscience de lady Macbeth. Ce dernier fantôme consiste dans les mouvements révolutionnaires, tant politiques que sociaux.

En parlant de la « Guerre future » il est absolument nécessaire d'examiner les différentes manières dont elle exercera son influence sur la consommation et l'économie des nations. Cet examen s'impose tout d'abord, parce qu'il est indispensable d'épargner des surprises aux nations, de les mettre en garde contre le danger qui les menace et de leur indiquer par quels moyens il pourrait être atténué. Cet examen, en outre, pourra être utile dans ce sens qu'en donnant la mesure des troubles économiques qui se produiraient infailliblement en cas d'un conflit armé, il nous convaincra de cette vérité consolante qu'il serait très difficile en ce moment de prendre la résolution d'une déclaration de guerre.

I

Difficultés du ravitaillement.

La situation des nations qui manquent, même en temps ordinaire, de pain et d'autres produits d'importation deviendra particulièrement critique.

Le transport par chemin de fer sera rendu très difficile ; les sources d'approvisionnement elles-mêmes viendront à manquer, car il n'y a que de rares contrées en Europe qui n'éprouveront pas le besoin de faire venir leurs provisions de l'étranger.

La Hongrie, qui est l'un des deux pays qu'on peut qualifier de greniers de l'Europe, sera forcée de donner ses excédents à l'Autriche ; l'autre contrée possédant beaucoup de blé, la Russie, sera mise dans l'impossibilité d'en envoyer à ses amis et ne voudra pas en fournir à ses adversaires.

Les transports venant d'Amérique, des Indes et de l'Australie, seront très rares, car il est certain que la guerre de course sera inaugurée dès le début des hostilités et qu'elle rendra très difficiles, sinon impossibles, toutes communications avec les continents d'outre-mer, que, d'autre part, les frets et les assurances seront hors de prix et que la valeur des produits originaires de ces pays augmentera en conséquence.

Il suffit de se rappeler que, du temps de la guerre de Crimée, le froment avait en 1854 renchéri de 80 0/0 en Angleterre, comparativement à ce qu'il avait coûté en 1852 (1) ; et ce n'était, cependant, que le blé russe qui, par suite des communications interrompues, faisait défaut sur le marché. Pendant la guerre d'Amérique un seul croiseur des méridionaux, l'*Alabama*, a suffi pour faire monter sensiblement le prix du blé en Angleterre.

Temps que peut vivre chaque pays avec sa production locale,

Il est donc nécessaire de mesurer le danger auxquel s'exposeraient, en cas d'une grande guerre, les puissances de l'Europe, en ce qui concerne les besoins de provisions de leurs populations.

Le tableau ci-dessous nous indique combien de temps chaque pays

1. En 1852 le quarter avait été payé 40 pence.
En 1854 — 72 —
En 1855 — 74 —

peut se nourrir avec le froment, le seigle et l'orge qu'il produit (1).

PRODUCTION ET IMPORTATION DE FROMENT, D'ORGE ET DE SEIGLE

	PRODUCTION LOCALE en milliers de tonnes	1888-1891			1894-1895		
		IMPORTATION en milliers de tonnes		IMPORTATION exprimée en 0/0 de la production locale	IMPORTATION en milliers de tonnes		IMPORTATION exprimée en 0/0 de la production locale
		de la Russie	des autres pays		de la Russie	des autres pays	
Allemagne	10.151	1.254	853	20,7 0/0	1.773	1.330	30,5 0/0
France	9.852	295	656	9,6 0/0	448	635	11,0 0/0
Angleterre	3.672	721	2.770	95,0 0/0	1.885	3.493	146,4 0/0
Italie	2.410	361	262	25,8 0/0	535	83	25,7 0/0
Autriche	6.016	—	28	0,5 0/0	47	62	1,8 0/0

Froment, orge et seigle.

Si l'on calcule, en se basant sur ces chiffres, le nombre de jours de l'année que la population de chacun de ces pays eût été privée de froment, de seigle et d'orge en admettant qu'elle n'en aurait pas importé du dehors, on apprend que le produit local a manqué :

	durant la période de 1888 à 1891	durant la période de 1891 à 1895.
En Allemagne pour	69 jours.	pour 102 jours.
— France	— 32 —	— 36 —
— Angleterre	— 178 —	— 274 —
— Italie	— 76 —	— 75 —
— Autriche	— 2 —	— 7 —

1. Ces données sont tirées des sources suivantes : *Statistiches Iahrbuch für das deutsche Reich; Annuaire statistique de la France; Oesterreichisches statistisches Handbuch; Annuario statistico Italiano; Obzor vnéchneï torogovli. (Revue du commerce extérieur) et Westnik finansov (Messager des finances).*

Graphiquement, ces résultats se présentent comme il suit :

Alimentation de la population avec sa production locale
(froment, seigle et orge).

Nombre de jours sur lesquels s'est étendu le déficit de la production locale.

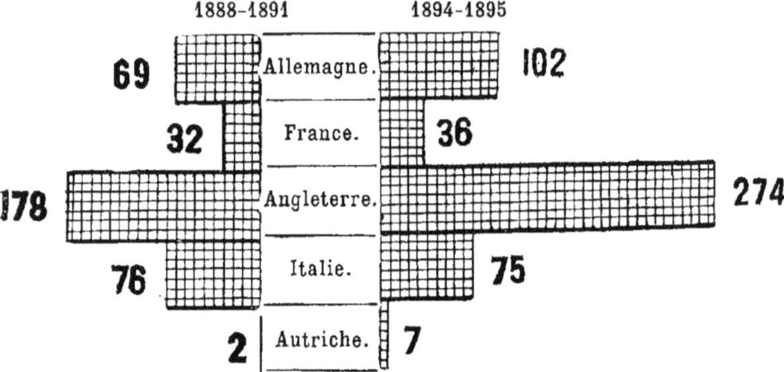

C'est donc l'Angleterre qui courrait le plus grand danger à ce point de vue en cas d'une guerre, car elle importe environ 50 0/0 du total consommé par sa population, et la majeure partie de ce grain importé vient d'au-delà de l'Océan. L'Allemagne et l'Italie se trouveraient, dans une situation moins difficile que la Grande-Bretagne, mais cependant peu enviable. L'Allemagne importe bon an mal an un stock de grains russes assez considérable pour nourrir sa population pendant deux à trois mois, et l'Italie en importe une quantité calculée pour deux mois et demi environ. L'Autriche peut se passer de blé étranger.

La Russie se trouverait, en cas d'un conflit armé, dans la situation la plus avantageuse. Loin d'avoir un déficit, en cas de suspension de l'exportation, elle aurait un excédent de grains, et la population russe ne serait pas exposée à la famine.

La Russie a exporté annuellement pendant les périodes susdites une moyenne de 3,967,213 tonnes (242 millions de pounds), ce qui équivaut à 21,6 0/0 de sa production totale.

En dehors du froment, de l'orge et du seigle, on manquera aussi d'avoine, ce produit si nécessaire à l'entretien du bétail, car tous les pays de l'Europe centrale, à l'exception de l'Autriche, en produisent moins qu'il n'en faut pour la consommation locale.

PRODUCTION ET IMPORTATION DE L'AVOINE

	PRODUCTION LOCALE en milliers de tonnes	1888-1891			1894-1895		
		IMPORTATION en milliers de tonnes		IMPORTATION exprimée en 0/0 de la production locale	IMPORTATION en milliers de tonnes		IMPORTATION exprimée en 0/0 de la production locale
		de la Russie	des autres pays		de la Russie	des autres pays	
Allemagne..........	4.759	183	1	3,9 0/0	263	63	6,8 0/0
France............	3.279	131	82	6,5 0,0	227	187	12,6 0/0
Angleterre.........	3.005	426	262	22,4 0/0	625	163	25,7 0/0
Italie.............	213	13	11	11,5 0/0	—	5	2,3 0/0
Autriche..........	2.792	—	—	—	66	48	4,1 0/0

On voit que le déficit de l'avoine de production locale s'étendait sur une durée :

<table>
<tr><td></td><td>durant la période
de 1888 à 1891</td><td>durant la période
de 1894 à 1895.</td></tr>
<tr><td>En Allemagne de 18 jours</td><td></td><td>de 31 jours.</td></tr>
<tr><td>— France</td><td>— 21 —</td><td>— 41 —</td></tr>
<tr><td>— Angleterre</td><td>— 66 —</td><td>— 76 —</td></tr>
<tr><td>— Italie</td><td>— 38 —</td><td>— 8 —</td></tr>
<tr><td>— Autriche</td><td>— » —</td><td>— 15 —</td></tr>
</table>

Graphiquement ces chiffres se présentent comme suit :

Alimentation du bétail avec l'avoine de production locale.

Nombre de jours sur lesquels s'est étendu le déficit.

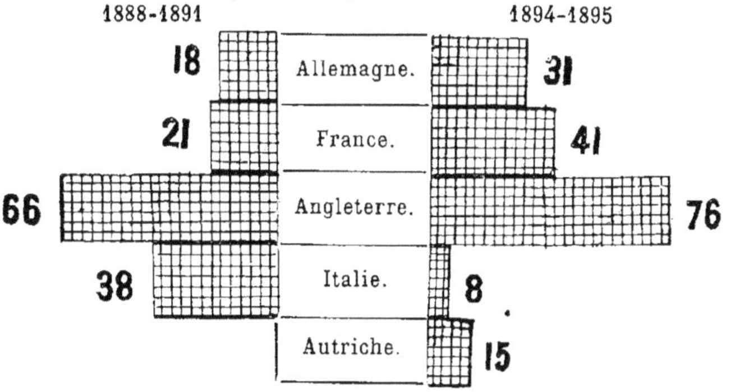

1888-1891   **1894-1895**

Quant à la Russie, elle exporte chaque année 836,005 tonnes d'avoine, ce qui prouve que son excédent s'élève à 16,7 0/0.

Il est évident que ce manque de céréales ne produira pas partout le même effet. Il y a dans chaque pays des contrées suffisamment bien pourvues en provisions locales; d'autres, par contre, se rendront compte de ce qu'elles doivent importer dès que la récolte aura été faite.

En recherchant dans quelle mesure la productivité locale satisfait les besoins de la consommation des différentes régions de l'Allemagne quand la récolte est moyenne, nous avons, pour simplifier la tâche, mis de côté la pomme de terre, attendu qu'il est rare qu'une contrée n'en produise pas assez et qu'il soit nécessaire d'en faire venir de loin. Il nous faut tout d'abord établir ce que consomme en moyenne un habitant en Allemagne.

En divisant par le nombre des habitants les nombres additionnés des kilogrammes de grains récoltés et importés, nous trouvons les chiffres que nous cherchons :

$$
\begin{array}{lr}
\text{Froment.} & 63,8 \text{ kilogr.} \\
\text{Seigle} & 127,4 \quad — \\
\text{Orge} & 58,9 \quad — \\
\hline
\text{Total} & 250,1 \text{ kilogr.}
\end{array}
$$

On sait d'autre part — la statistique officielle en fait foi — qu'on ensemence en Allemagne 13 0/0 du total de froment que donne une récolte moyenne, 15 0/0 de seigle et 10 0/0 d'orge.

Nous dressons sur la base de ces données le tableau suivant (1) :

PRINCIPAUTÉS ET RÉGIONS	EXCÉDENT de la production locale par rapport à la consommation d'un habitant, en kilogrammes	DÉFICIT de la production locale par rapport à la consommation d'un habitant, en kilogrammes
Posen	88.9	—
Saxe prussienne	81.5	—
Bavière	41.9	—
Prusse Orientale et Occidentale	28.6	—
Hesse-Cassel	10.6	—
Moyenne pour la Prusse	—	32.5
Silésie	—	31.2
Westphalie	—	94.4
Brandebourg (et Berlin)	—	92.2
Hesse-Nassau	—	102.9
Saxe (Royaume de)	—	121.5
Wurtemberg	—	141.7
Provinces rhénanes	—	144.6
Grand-Duché de Bade	—	146.7
Le reste de l'empire allemand	19.9	—

(1) *Statistisches Jahrbuch für das deutsche Reich*, 1894.

La production locale surpasse, comme on voit, de beaucoup la consommation, seulement dans la province de Posen, dans la Saxe prussienne, en Bavière et dans les Prusses occidentale et orientale, c'est-à-dire dans les provinces orientales qui confinent avec la Russie. La principauté de Hesse-Cassel et certaines autres régions que nous n'avons pas énumérées spécialement accusent également un léger excédent de production. Dans toutes les autres provinces la consommation est plus forte que la production, et dans certaines contrées telles que le Brandebourg, le Grand-Duché de Bade, le Wurtemberg, les provinces rhénanes et le royaume de Saxe, la première est même de 50 0/0 plus élevée que la dernière.

Et comme dans ces parties de l'empire l'élément rural constitue environ 42 0/0 du total de la population et que les campagnards ne se dessaisiront pas de leurs provisions, de crainte d'une famine, les autres habitants seront forcés de faire venir de pays étrangers le blé dont ils auront besoin.

En temps de paix ces contrées pouvaient s'approvisionner de blé américain, australien, roumain ou russe, même de blé provenant des provinces de la Prusse orientale qui en produisent plus qu'elles n'en ont besoin. Mais dès que la guerre aura été déclarée, les arrivages cesseront d'affluer, pour des raisons que nous avons déjà exposées antérieurement. Les perturbations qui se produiront sur les lignes des chemins de fer excluent l'espoir que pourraient avoir ces contrées de combler leurs vides avec du blé roumain, autrichien ou russe. Seuls les arrivages venant des provinces allemandes fertiles en blé pourraient conjurer la famine, ne fût-ce que temporairement, mais c'est précisément dans ces provinces, voisines du théâtre de la guerre, qu'on achètera le blé pour l'armée.

W. J. Nidzwiedzki dit, dans un article très remarquable intitulé « La lutte contre la faim pendant la guerre future », que les magasins des troupes allemandes situés dans le voisinage de la frontière russe ne sont approvisionnés en blé que pour 1 mois ou pour 1 mois 1/2, et que le stock qu'ils renferment est calculé pour une armée de 960,000 hommes et 220,000 chevaux (1). Le général Leer estime, d'autre part, qu'il y aura de chaque côté 1,000,000 de combattants, sans compter 200,000 hommes de troupes auxiliaires, de sorte qu'on n'aura pas 960,000, mais 1,200,000 hommes à nourrir. Etant donné que les troupes réunies sur le théâtre de la guerre ne pourront, évidemment, se ravitailler avec les seules ressources locales, il faudra faire venir d'autres contrées le grain nécessaire sinon à toute l'armée, du moins à une partie de celle-ci.

Difficultés d'approvisionnements en temps de guerre.

----

(1) *Istoritcheskiï véstnik* (*Messager historique*).

Alors même que la province de Posen et la Prusse orientale seraient en mesure de céder une partie de leur blé aux contrées voisines, après avoir préalablement pourvu aux besoins de l'armée — chose du reste peu probable étant données les grandes exigences de l'intendance, — les prix de ce blé hausseraient dans une telle mesure que les classes indigentes ne pourraient en acheter et n'éviteraient pas la famine.

Pour se faire une idée des troubles qu'une guerre déterminerait en Allemagne, il faut prendre en considération, non seulement les chiffres moyens déterminant la production, l'importation et la consommation, mais aussi les forces impondérables dont l'effet pourra être terrifiant. La seule peur de la disette et l'impossibilité de combler le déficit par les moyens ordinaires, pourront dès le début faire monter les prix et même déterminer une panique.

En 1891 on a vu en Russie dans quelle mesure la crainte de la famine a fait monter les prix du blé, quoique l'importation n'ait rencontré aucun obstacle. Tel est l'état de choses concernant la production et la consommation moyennes; mais il est nécessaire de prendre en considération une autre circonstance : les récoltes qui se succèdent diffèrent beaucoup les unes des autres.

Si nous exprimons en millions d'hectolitres les rendements moyens de blé des différentes contrées durant la période de 1885 à 1889, et si nous admettons que chacun de ces rendements moyens équivaut à 100, nous trouverons pour les écarts de ces moyennes les maximums et les minimums suivants :

	RÉCOLTE moyenne durant la période de 1885 à 1889 en millions d'hectolitres, étant admis que les chiffres équivalent à 100	Récoltes de 1885 à 1889			
		Maximum		Minimum	
		Année	0/0	Année	0/0
Russie.................	627,3	1887	114,7	1889	86,2
Allemagne..............	255,1	1886	106,2	1889	91,9
France.................	255,1	1886	102,6	1888	96,6
Autriche-Hongrie........	251,9	1887	108,4	1889	87,1
Grande-Bretagne.........	113,7	1885	104,5	1807	95,4
Italie.................	80,4	1887	105,5	1888	91,9
Roumanie.	51,2	1887	135,5	1885-86	77,7
Serbie.................	9,4	1888	131,9	1885 1886 1887 1889	91,5

Ces chiffres prouvent qu'en Allemagne les écarts de la moyenne se produisent dans les limites de 6 0/0 pour la plus-value et de 8 0/0 pour la moins-value.

Dans d'autres contrées, comme en Russie et en Autriche, les écarts sont plus considérables; cela tient à l'infériorité de la culture de ces deux pays. (En Russie l'écart maximum et minimum est de 14 0/0, en Autriche l'écart maximum est de 8 0/0 et l'écart minimum de 13 0/0.)

Toutes ces conditions : la production peu considérable par rapport à la consommation; la suspension des arrivages de l'étranger; la demande accrue du fait de la nécessité d'approvisionner des millions de soldats, qui consommeront beaucoup plus de pain en temps de guerre qu'il n'en consommaient en temps de paix alors qu'ils se nourrissaient à leurs propres frais ; enfin le souci qu'auront les habitants aisés de s'approvisionner en vue d'une famine, tout cela ne manquera pas de stimuler les achats de spéculation qui, nécessairement, feront monter les prix dans des proportions inouïes.

Les calamités qui pourront se produire dans les différents pays à cause du manque de grain en temps de guerre, ont dû nécessairement éveiller l'attention des gouvernements et des économistes. Mais, bien que ce soit là une question très importante, on la considère encore comme faisant partie du domaine de l'abstraction, et elle n'inquiète guère les masses. Le patriotisme rejette, du reste, toutes autres considérations à l'arrière-plan.

On a bien soulevé cette question à plusieurs reprises au Parlement allemand, mais elle n'y a jamais été l'objet de débats public; on l'a toujours renvoyée à des commissions secrètes. Le gouvernement a fait connaître à ces commissions son intention d'approvisionner l'Allemagne avec du blé égyptien. Ce blé passerait par le canal de Suez, puis par l'Italie, et serait transporté en Allemagne sur les lignes des chemins de fer autrichiens et suisses; une autre partie du blé nécessaire serait achetée en Hongrie et en Roumanie.

Ces espoirs sont bien chimériques, ainsi que nous l'avons démontré en examinant l'état de la navigation en cas de guerre. Si l'on réussissait même à convoyer le blé en question par le canal de Suez en le faisant escorter par des flottilles italiennes et anglaises, le risque et les frais de transport augmenteraient le prix de la marchandises au point que tous les inconvénients susindiqués ne pourraient être évités.

On a par conséquent proposé d'autres moyens pour résoudre cette question. L'auteur de la brochure intitulée : *Auf der Schwelle des Krieges* (1891) (A la veille de la guerre) disait, en formulant la supposition que la France pourrait provoquer une guerre subite, que trois grandes puissances seules,

les Etats-Unis, l'Autriche et la Russie, peuvent se considérer comme indépendantes au point de vue de l'approvisionnement. Quant à l'Allemagne, elle se trouverait dans la situation d'une forteresse assiégée, dès qu'on aurait interdit l'exportation du blé russe. Ses embarras seraient encore bien plus grands quand sa production intérieure se trouverait diminuée et paralysée du fait d'une guerre prolongée, et que les arrivages d'outre-mer seraient menacés par les flottes de ses puissants adversaires. L'auteur propose, en conséquence, d'établir dans l'intérieur du pays un stock de blé inviolable, dont bénéficierait non seulement l'armée, mais aussi la population. Ce stock offrirait cet autre avantage d'empêcher la trop grande cherté de cette denrée.

Mais les chiffres concernant la quantité de blé importé chaque année et destiné à la consommation, que nous avons donnés plus haut, prouvent qu'il serait très difficile de réaliser un pareil projet.

Les masses de provisions qu'il faudrait entretenir et renouveler chaque année exigeraient des dépenses telles, qu'il serait difficile de les faire voter par les Parlements.

II

Production
et importation
des objets
de consommation
journalière.
La viande.

Non seulement le blé, mais d'autres objets de consommation journalière viendront à manquer dans certains pays.

Examinons tout d'abord la production et l'importation de la viande des différentes contrées. Voici les chiffres concernant ce sujet :

	COMMERCE DE LA VIANDE EN TONNES (1,000 kilogrammes)			
	Importation	Exportation	Excédent	Manque
Autriche.................	328	8.820	8.492	--
Russie.	20	1.623	1.603	—
Italie...................	123	1.443	1.320	—
Allemagne...............	28.787	16.721	—	12.066
France..................	20.262	2.016	—	18.246

Présentons ces chiffres dans un tableau graphique.

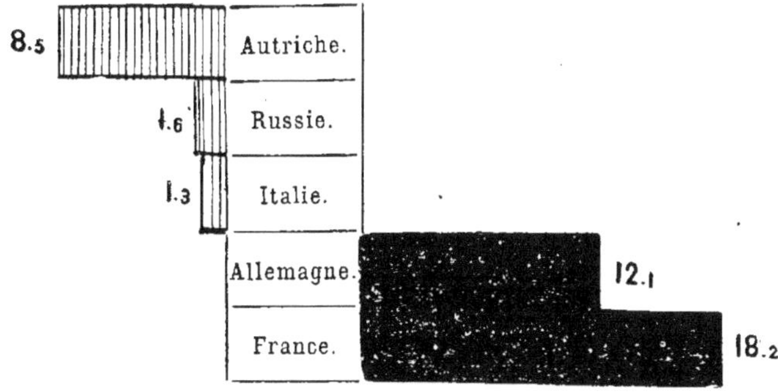

Nous voyons que l'Autriche, la Russie et l'Italie produisent plus de viande qu'il ne leur en faut pour leur consommation et que l'Allemagne et la France suppléent par l'importation à ce qui leur manque. En 1890, l'importation a dépassé l'exportation de 12,066 tonnes en Allemagne et de 18,246 tonnes en France.

Ce sont donc les contrées suffisamment pourvues de blé qui possèdent en même temps assez de viande. L'Allemagne et la France manqueront, en cas d'une guerre prolongée, des deux produits en question. Il est vrai que l'Allemagne et la France disposent de beaucoup de bétail, et qu'on pourra suppléer dans ces pays au manque des arrivages par l'abatage des bestiaux, mais le prix de la viande augmenterait dans des proportions trop considérables pour que les producteurs y puissent trouver leur compte.

Au point de vue du sel, la Russie est un peu moins bien partagée que les puissances de l'Europe occidentale.

Le sel.

	COMMERCE DU SEL EN TONNES (1,000 kilogrammes)			
	Importation	Exportation	Excédent	Manque
Autriche	—	10.098	10.098	—
Allemagne................	20.967	199.607	178.640	—
Italie....................	—	191.475	121.475	—
Russie...................	17.246	7.475	—	9.771

Graphiquement ces résultats s'expriment comme suit :

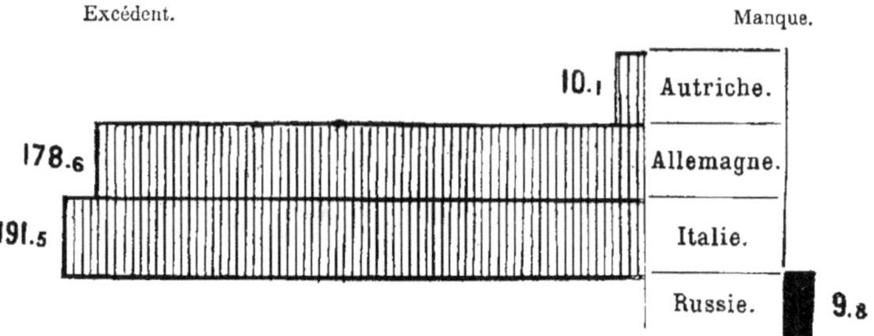

Mais la quantité de sel qui manque en Russie, soit 9,774 tonnes, peut être facilement comblée, étant donné que la Russie produit actuellement 1,394,000 tonnes, et qu'il suffirait d'élever le prix de ce produit de très peu pour porter la production locale à la hauteur voulue.

Le pétrole.

La Russie se trouve, en revanche, dans une situation très avantageuse en ce qui concerne le pétrole qui, lui aussi, est devenu un objet de première nécessité.

| | LE COMMERCE DU PÉTROLE EN TONNES (1,000 KILOGRAMMES) | | | |
	Importation	Exportation	Excédent	Manque
Russie..:	—	12.459	12.459	—
Autriche	252.459	6.230	—	246.229
Italie	70.000	—	—	70.000
France	129.770	—	—	129.770
Allemagne	647.295	—	—	647.295

Dans le tableau graphique ci-après, ces chiffres se présentent comme suit :

Excédent et manque de pétrole en milliers de tonnes.

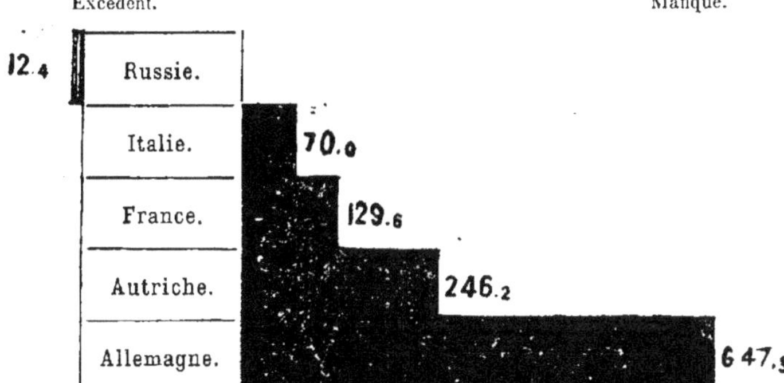

Les sources de pétrole abondantes du Caucase permettent d'exporter d'énormes quantités de cet article. L'Allemagne, la France et l'Italie reçoivent tout leur pétrole de l'étranger. L'importation de pétrole est aussi très considérable en Autriche, bien que la production locale se développe en Galicie sur une grande échelle, de sorte que l'Autriche pourra peut-être dans un prochain avenir se passer du pétrole étranger.

La question du charbon de terre se présente de la manière suivante. *Le charbon de terre.*

L'importation, après déduction du total exporté, s'élève en France à 8,049,000 tonnes, en Autriche à 1,623,000 tonnes, en Russie à 1,525,000 tonnes. L'exportation dépasse l'importation en Allemagne de 4,992,000 tonnes.

Excédent et manque de charbon de terre en millions de tonnes.

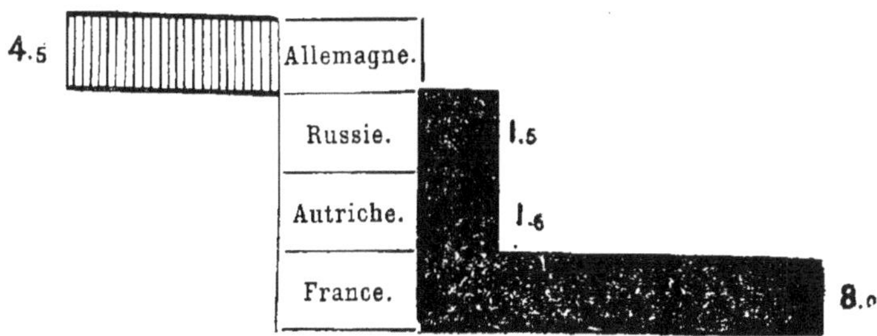

L'Allemagne se trouve dans la situation la plus favorable en ce qui concerne le chauffage ; ensuite, vient l'Autriche qui est en mesure, en augmentant sa propre production, de faire face à une importation assez considérable ; mais il est probable qu'elle n'aurait pas besoin de s'imposer cet effort, attendu qu'en temps de guerre un grand nombre de fabriques et d'usines suspendraient leur travail, ce qui diminuerait notablement la consommation de charbon.

En Russie, l'exploitation du charbon de terre s'élève : dans le bassin de Dombrowa à 2,475,000 tonnes, dans les autres bassins à 3,754,000 tonnes. En cas de guerre, l'exploitation pourrait être suspendue à Dombrowa, mais ce fait n'entraînerait aucune gêne, attendu qu'un certain nombre de fabriques et d'usines suspendraient simultanément leur travail, et la consommation du charbon diminuerait de ce fait. Dans une grande partie de l'empire, on se sert encore de préférence de bois de chauffage, et l'on pourra s'en servir encore pendant une longue série d'années en donnant une plus grande extension à la coupe des forêts. Mais dans le rayon de Dombrowa, les habitants devront, en cas de guerre, procéder immédiatement à l'exploitation de la tourbe qui abonde dans cette contrée.

La Russie ne risque pas de manquer de coton, car le Boukhara lui en fournit des quantités considérables ; la laine, le cuir et la percale abondent également dans ce pays.

Il est aussi du plus haut intérêt de savoir si toutes les contrées pourront renouveler indéfiniment leurs armes et leurs munitions ? Toutes les puissances sont suffisamment bien outillées à ce point de vue. Sauf en Italie, en Turquie et en Roumanie, il y a partout d'immenses fabriques d'armes et de munitions, de sorte que la guerre ne pourra, dans aucun cas, être arrêtée par suite du manque de ces engins.

Grâce aux mesures énergiques prises par le gouvernement, la production de la fonte et la fabrication du fer et de l'acier augmentent en Russie d'année en année, ainsi que le prouvent les chiffres ci-dessous :

Production de la fonte, du fer et de l'acier.

	Fonte.	Fer.	Acier.
	en millions de pounds.		
1881.	28,6	17,8	17,9
1890.	56,5	26,4	23,1

Ces matériaux sont, évidemment plus que suffisants pour alimenter les fabriques d'armes. Il était dit dans le décret impérial du 6 août 1866 :

« A l'exemple du ministère de la marine, les ministères de la guerre et des voies et communications ne feront plus de commandes à l'étranger, quelles que soient les difficultés et les inconvénients que ces ministères aient à affronter au début, pour se conformant à cet ordre. » Ce décret a déterminé la création d'un nombre considérable d'usines très bien outillées pour fabriquer les objets nécessaires à l'armée. Il suffit de dire que sur 686 canons dont disposait la flotte russe en 1880, 498 avaient été fondus par l'usine d'Oboukhovo.

On s'est convaincu, en comparant le tir de ces canons dirigé contre des plaques de blindage avec le tir des canons Krupp, que les premiers ne sont nullement inférieurs aux seconds. Les pièces de 12 pouces perforaient à une distance de 1,000 sagènes des plaques d'acier de 12,6 pouces, les pièces de 9 pouces perçaient des plaques de 6,59 pouces et les pièces de 6 pouces traversaient des plaques de 3,1 pouces.

III

Il est nécessaire de faire remarquer que les calamités résultant de la guerre se feront sentir d'une manière très intense dans les contrées dont l'industrie est très développée, partant en Allemagne et en France.

Arrêt de l'industrie en cas de guerre.

Dès que les communications ordinaires se trouveront interrompues, qu'on sera sous l'effet d'appréhensions de toutes sortes, les fabriques, les usines, les mines et beaucoup d'ateliers, sauf les établissements qui travaillent pour l'armée, seront forcés de suspendre leur activité.

Les pères de famille seront en outre forcés de rejoindre leurs régiments. Dans quelques heures ils se verront transportés à de grandes distances, grâce à la rapidité avec laquelle se fera la mobilisation particulièrement. Ces hommes laisseront pour la plupart leurs familles sans moyens d'existence pour le lendemain.

Consultons la statistique pour voir dans quelle mesure l'existence de la population allemande est assurée par les revenus dont elle dispose en temps ordinaire. En mettant en regard les chiffres des revenus qui suffisent pour satisfaire complètement les premiers besoins et les chiffres des revenus reconnus insuffisants, nous verrons si la contrée possède les ressources nécessaires pour écarter le danger, si les sacrifices temporaires des classes aisées pourront sauver de l'extrême misère les habitants privés de tout travail.

En Allemagne

Les données concernant ce sujet nous sont fournies par la statistique allemande concernant les impôts. Cette statistique énumère les catégories suivantes :

T. IV. — Jean de Bloch. — *La guerre future.* 17

Revenus insuffisants 326,000,000 de marks c.à.d. 22.1 0/0 du total des revenus
Petits revenus   450,600,000   —   —   30.5 0/0   —   —
Revenus modestes   266,900,000   —   —   18.1 0/0   —   —
Revenus moyens   246,600,000   —   —   16.7 0/0   —   —
Gros revenus   131,100,000   —   —   8.9 0/0   —   —
Très gros revenus   53,800,000   —   —   3.7 0/0 (1) —   —

Graphiquement ces résultats se présentent comme suit :

Différentes catégories de revenus en Allemagne.

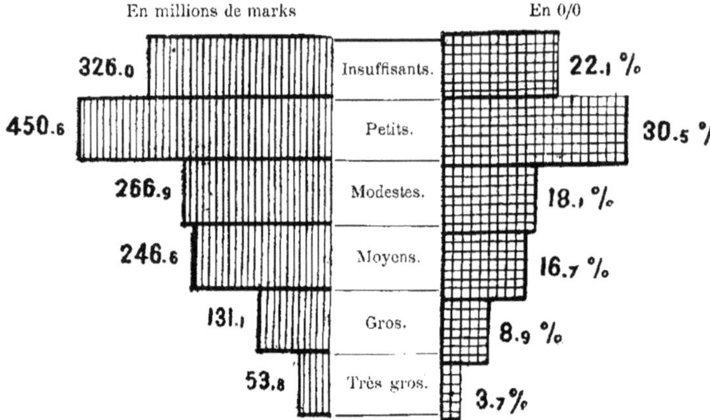

Mais il est certain que les revenus « insuffisants » pour satisfaire les premiers besoins, ainsi que les « petits » et les « modestes » revenus, représentent les gains dont vit la grande majorité de la population et que la suspension, voire même une forte diminution de ces revenus, mettraient cette majorité dans une situation très critique. Or, les revenus appartenant à ces trois catégories constituent plus de 70 0/0 du total des revenus de la contrée. La classe qui a des revenus « moyens » ne pourrait aider les indigents que dans une petite mesure. Reste la classe des gens aisés et riches, ceux qui devraient plus que quiconque aider la majorité à supporter la crise qu'elle traversera du fait de la guerre. Or, les revenus de cette classe de personnes riches et très riches s'élèvent au total à la somme de 185,000,000 de marks, c'est-à-dire à 12 1/2 0/0 du total des revenus de la nation.

(1) Ces chiffres et ces évaluations sont empruntés à l'ouvrage intitulé « *Socialismus und Kapitalistische Gesellschafts Ordnung* » par Von Dr. Julius Wolff, 1892.

Ces résultats donnent le tableau graphique suivant:

Répartition des revenus en Allemagne en revenus insuffisants, moyens et plus que moyens.

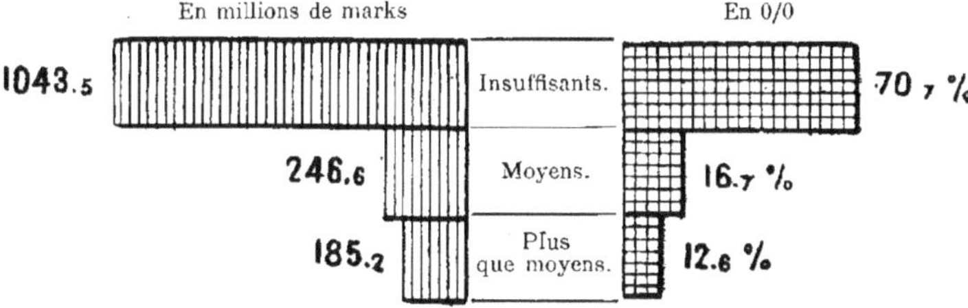

Comment et dans quelle mesure les riches pourraient-ils améliorer la situation de la majorité, en admettant que celle-ci soit, en cas de guerre, privée de la moitié, voire même du tiers de ses revenus ordinaires et prenant en considération que ces revenus se chiffrent par 1043, 5 millions de marks?

Peut-on admettre que 12 1/2 0/0 du total des revenus de la nation puissent sensiblement adoucir le sort des indigents, en admettant même qu'on les leur abandonnât en entier, étant donné que les pertes de ces derniers constitueraient 70 0/0 du revenu total de la nation? Et encore ne faut-il pas oublier que les revenus des riches seront diminués du fait de la guerre.

Les épargnes des classes laborieuses sont, d'autre part, trop peu considérables pour mettre cette partie de la population à l'abri de la misère durant la crise que déterminerait une guerre. Voici le tableau que trace dans son très remarquable ouvrage (1) le docteur Gerhardt von Schultze-Hovernitz. Les données concernant les revenus et les dépenses des familles allemandes prouvent que les gains couvrent à peine les dépenses de la plupart de ces familles et que les déficits se produisent très fréquemment dans leurs budgets. Dans ce dernier cas, les indigents s'adressent à la bienfaisance. Ils s'exposent au mépris public et se livrent à la prostitution. Très souvent ils ne parviennent même pas à combler ces déficits, de sorte qu'ils sont voués aux privations, même à la faim.

Il appert du rapport, publié par les soins du gouvernement badois, de l'inspecteur général Warishofer que même les ouvriers des grandes fabriques (par exemple des fabriques de produits chimiques) ne gagnent que ce qui correspond au strict « minimum physiologique » de l'existence. Les salaires des ouvriers travaillant dans la grande industrie assurent à

(1) *Der Grossbetrieb.* — Leipzig, 1892. S. 244.

peine leur nourriture, bien que cette nourriture consiste principalement en pommes de terre et en pain de seigle. Or, ces salaires sont plus considérables que ceux que touchent les simples artisans ou même les ouvriers qui se livrent à de petites industries à domicile. Dans le meilleur des cas, l'ouvrier gagne juste assez pour se nourrir, et il ne lui reste rien pour le superflu. Il est donc absolument impossible qu'il épargne quoi que ce soit en prévision d'une crise.

Il ne faut pas oublier que la misère se fera surtout sentir dans les endroits où l'on manquera de blé et où l'on ne pourra en importer. Le déficit en blé du royaume de Saxe s'élève à 121, 5 kilogr. par tête d'habitant et constitue environ 50 0/0 de la consommation totale. Or, 22, 6 0/0 des habitants de cette contrée vivent des revenus de leurs terres, tandis que 77 3 0/0 sont voués au commerce et à l'industrie.

Le déficit du blé s'élève à 144, 6 kilogr. par habitant dans les provinces rhénanes et constitue environ 60 0/0 de la consommation, 65 0/0 de la population de cette contrée vivant de commerce et d'industrie.

Il faut prendre en considération cette autre circonstance, que la population vouée au commerce et à l'industrie augmente très rapidement.

L'augmentation de la population industrielle a amené une diminution de salaires.

La population industrielle de l'Allemagne a augmenté 4 fois dans un très court espace de temps. Cette progression a amené une pléthore. Les forces ouvrières nouvellement apparues font concurrence aux anciennes, et les salaires se trouvent de ce fait réduits aux dernières limites.

Les données statistiques prouvent que la plupart des ouvriers prussiens gagnent des sommes dérisoires en travaillant douze et quinze heures par jour (1). Voici les chiffres concernant ces salaires :

Dans l'industrie.	Salaires hebdomadaires des ouvriers.
Verreries et industrie du pétrole	15.90 marks
Fonderies	14.80 —
Extraction du minerai de fer.	14.10 —
Industries spéciales.	13.10 —
Fabriques de papier.	13.00 —
Fabriques de produits chimiques.	10.80 —
Filatures.	10.70 —
Fabriques de cigares.	9.60 —
Transformation des produits agricoles . . .	9.20 —
Meunerie.	9.10 —

---

(1) *L'Allemagne ouvrière et socialiste*, Revue nouvelle.

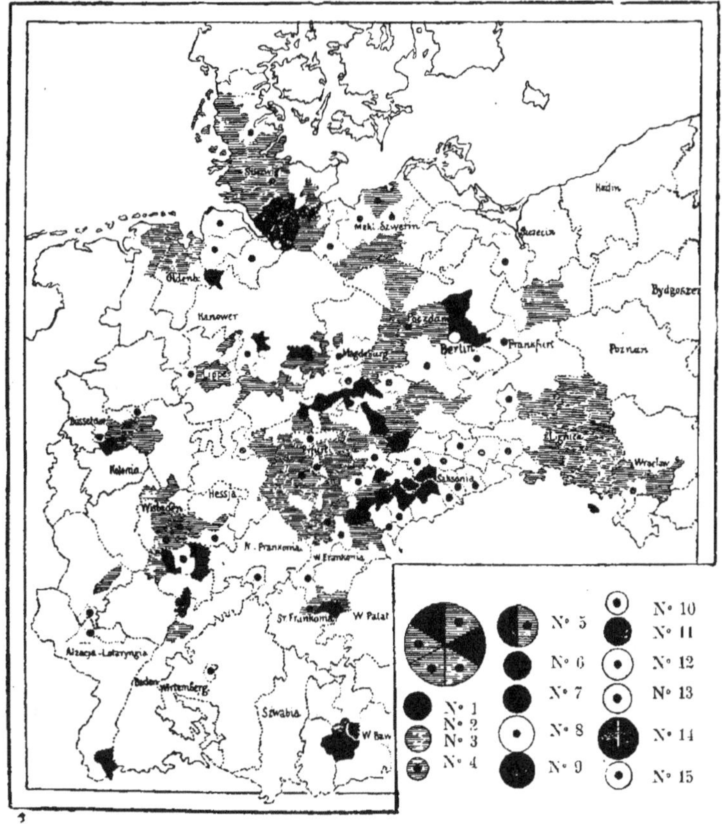

1. Berlin.

2. Kœnigsberg.

3. Dantzig.

4. Stettin.

5. Breslau.

6. Magdebourg.

7. Wiesbaden.

8. Cologne.

9. Düsseldorf.

10. Aix-la-Chapelle.

11. Bavière.

12. Saxe avec Dresde.

13. Saxe avec Leipzig.

14. Hambourg.

15. Alsace et Lorraine.

Dans les localités indiquées en noir sur la carte, ont été élus des socialistes; dans les localités indiquées par des rayures, ont été élus des libres-penseurs; les petits cercles noirs indiquent les localités où les candidats socialistes ont eu la minorité des voix.

En prenant en considération ces circonstances, on est forcé de conclure que dans certaines parties de l'Allemagne, le gouvernement se verra forcé de secourir les indigents, surtout en présence de l'état d'âme qui existe dans la contrée et qui résulte de la propagande qu'on y fait.

La guerre future pourrait se résoudre en un court espace de temps, bien que les hommes compétents soient de l'avis que, étant donnés les moyens de destruction modernes et les masses de combattants qui seront envoyés au premier feu, elle doive durer très longtemps.

Les troubles économiques que déterminera la guerre n'en seront pas moins très dangereux pour l'ordre social actuel.

Les contrées les plus commerçantes et les plus industrielles, sont, par une coïncidence toute naturelle, en même temps les moins riches en blé et les plus envahies par le socialisme.

Progrès du socialisme dans les contrées industrielles.

Nous nous convainquons de ce fait, en jetant un coup d'œil rapide sur la carte ci-contre des voix données par les socialistes et les libéraux aux élections de 1890, et en rapprochant les chiffres concernant les votes des chiffres concernant les excédents et les déficits de blé indiqués plus haut.

Dans les localités marquées à l'encre noire sur la carte, ont été élus des députés socialistes-démocrates (*Socialdemocraten*); dans les localités indiquées par des hachures ont été élus des progressistes (*Deutschfreisinnig*); les petits ronds noirs indiquent les candidats socialistes qui n'ont pas été élus.

Ont été élus en 1890 :

Conservateurs	73	Représentants du parti nationaliste	10
Partisans du gouvernement	20	Guelfes	11
Progressistes	108	Alsaciens	10
Représentants du centre	106	Danois	1
Polonais	16	Antisémites	5
Socialistes	35	Autres	2

Même si l'on ne met pas en doute que les socialistes et leurs adeptes se trouvant dans l'armée fassent leur devoir à l'égal des autres citoyens, il est cependant permis de se poser la question : Le désarmement pourra-t-il se faire aussi facilement que l'armement, alors que leurs familles et le reste de la population se trouveront dans des conditions exceptionnelles? Personne ne peut répondre d'une manière affirmative à cette question, mais, avant de se décider à faire la guerre, il faut savoir si les succès les plus éclatants sont en état de contrebalancer les dangers qui accompagnent les conflits armés.

En France la situation ne sera guère meilleure.

Sur 17.798.000 personnes dont les revenus s'élèvent à un total de 22.500.000 francs, les 5/6 presque appartiennent à la classe pauvre, dont les moyens d'existence sont très faibles, savoir :

Ouvriers dans l'industrie, dans le commerce et dans les transports	3.835.000	personnes soit	21,5 0/0
Employés touchant des appointements	1.132.000	—	— 6,4 0/0
Domestiques.	1.950.000	—	— 11 0/0
Petits industriels, ouvriers et employés dont les revenus ne dépassent pas le maximum des salaires des ouvriers.	3.700.000	—	— 20,8 0/0
Total.	10.617.000	—	— 59,7 0/0

Le revenu des catégories susmentionnées s'élève à 10.000 millions de francs.

Les ouvriers des campagnes sont en tout au nombre de 3.435.000, ce qui fait les 19,3 0/0 du total susdit, et leur revenu, qui s'élève à 2.000 millions de francs, est absolument garanti (1).

Répartition des personnes n'ayant pas en France de moyens d'existence suffisants suivant leurs professions.

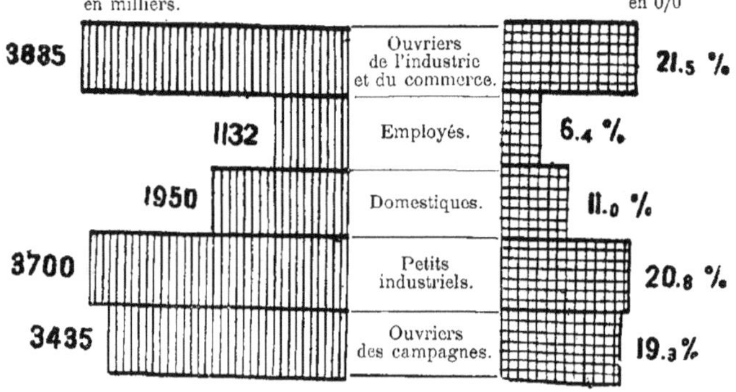

(1) A. Coste, *Etude statistique sur les salaires des travailleurs et le revenu de la France.* — Paris, 1890.

La situation de l'Angleterre, où la question du ravitaillement de la population en cas de guerre intéresse au plus haut degré la société, ne sera guère meilleure. La *National Review* cite le discours de sir Samuel Baker, où nous trouvons les réflexions suivantes sur la question qui nous occupe :

« Nous sommes à un tel point habitués à ce que tout ce qui est nécessaire à l'entretien de notre existence et à la continuité du travail arrive régulièrement et sans interruption à nos ports, que nous ne pouvons même pas nous représenter une autre situation.

« Or, il n'est pas douteux qu'en cas de guerre avec une puissance maritime, les prix du blé pourront augmenter dans une forte mesure en Angleterre, ce qui se répercutera immédiatement sur toute notre industrie, et il en résultera une catastrophe sans précédent. »

En présence de l'état actuel de sa défense, l'Angleterre est incapable d'assurer les arrivages indispensables.

Lord Charles Beresford, commandant de l'un des croiseurs de l'escadre anglaise de la Méditerranée, affirme avec la même assurance que l'Angleterre ne peut, en temps de guerre, compter sur les arrivages de vivres. L'amiral Hornley, qui présidait l'un des meetings convoqués dans le but de soumettre au gouvernement une adresse l'invitant à prendre des mesures de précaution contre la suspension de l'importation des vivres, a dit que si les Anglais gagnaient quelques batailles navales et si l'importation des vivres était simultanément suspendue, ce serait un plus grand malheur pour eux que s'ils perdaient quelques batailles.

La Russie paraît au premier coup d'œil la plus avantagée en cas de guerre, 86 0/0 de sa population s'occupant d'agriculture.

Mais comme les produits agricoles sont à très bas prix, la classe agricole n'en tire des revenus qui ne s'élèvent qu'à 52 0/0 du revenu total de la population russe, tandis qu'en Allemagne, où la classe agricole constitue 37 0/0 de la population, les revenus de cette classe constituent 35 0/0 du revenu total ; en France 42 0/0 d'agriculteurs possèdent 40 0/0 du revenu total, et en Autriche 49 0/0 d'agriculteurs ont 45 0/0 du revenu total de la population.

Mais ce qui est le plus triste, c'est la circonstance qu'il y a très peu d'épargnes en Russie, par suite de quoi les troubles qu'éprouvera ce pays en cas de guerre ne seront pas moins grands que dans les autres contrées.

Cette supposition se trouve justifiée par le fait que les calamités déterminées par la guerre ne proviennent pas seulement des pertes directes, mais aussi des troubles provenant de la destruction des relations ordinaires et de la baisse des valeurs. Pour couvrir les dépenses que nécessitera une guerre, toutes les puissances seront obligées de contracter des emprunts et d'émettre du papier-monnaie.

Il est évident que plus la valeur du papier-monnaie baissera, même à la suite de la première panique, plus les émissions suivantes seront onéreuses pour l'État, par suite de quoi il cherchera à effectuer ses payements avec des obligations temporaires dont l'apparition déterminera une dépréciation plus ou moins grande du cours des titres de rente et des bons du Trésor se trouvant en circulation.

Par suite de cela augmenteront les prix de tous les articles de première nécessité et la valeur des épargnes peu considérables que possède la nation sera de ce fait diminuée dans une grande mesure.

Tout cela aura pour résultat de contraindre les gouvernements de prendre à leur charge l'entretien des familles des hommes appelés sous les drapeaux. Si nous admettons que les gouvernements soient effectivement forcés d'intervenir pour régler les prix et pour entretenir la population, nous demandons s'il leur sera facile dans la suite, après la guerre, de s'affranchir de cette tâche et de réintégrer l'ordre qui était établi avant la guerre? Le moment qui marquera le passage au *statu quo ante bellum* ne déterminera-t-il pas des complications d'ordre social, comme cela s'est produit en France après la guerre de 1870 ?

La situation critique dans laquelle la population sera plongée pendant la guerre pourra devenir très dangereuse pour l'ordre social dans le cas où la guerre se prolongerait. Or, des écrivains très autorisés prétendent que c'est là une éventualité très probable.

Grâce aux chemins de fer — dit le général Leer — la période des opérations préparatoires sera sensiblement réduite. Mais pendant les marches et pendant les combats on ne pourra utiliser les chemins de fer que dans des cas très rares; les voies ferrées ne pourront servir de lignes d'opération. Les énormes masses des combattants qu'on mettra en ligne dans la guerre future ne pourront se déplacer sur les chemins ordinaires avec la même vitesse que les armées napoléoniennes. Elles seront forcées d'occuper de plus grands espaces, tant à cause de leur immensité (pour faciliter le ravitaillement et le cantonnement), qu'à cause des tâches plus grandes qu'elles auront à remplir.

Puis passant des opérations isolées aux guerres dans leur ensemble, l'auteur précité dit :

« Même avec des masses moins considérables les campagnes de 1812, 1813 et 1814 ne constituaient en somme qu'une seule guerre. Combien de temps faudra-t-il donc pour vaincre (suivant l'expression de Von der Goltz) l'Antée moderne et pour l'arracher à la terre qui lui enverra une armée après l'autre? »

L'orage qui nous menace ne pourra se résoudre en quelques coups de foudre : il durera peut-être des années entières.

Les éminents auteurs militaires allemands et français partagent cette opinion. La guerre avec la Russie, disent-ils, ne pourra se terminer dans l'espace d'un an, elle exigera une série de campagnes.

Toute la population masculine valide fait partie de l'armée de terre allemande, c'est-à-dire tous les hommes âgés de 17 à 45 ans inclusivement. En admettant qu'on peut utiliser pour les travaux de labour tous les hommes âgés de 15 à 65 ans, on trouve que 56 0/0 de toute la classe des travailleurs peuvent être appelés sous les drapeaux.

Dans le cas où il faudrait faire un effort extrême, et en admettant même que tous les hommes astreints à faire le service militaire ne seront pas utilisés à la guerre, il faudra cependant, si l'Allemagne veut faire une guerre offensive sur les deux fronts, comme l'a dit le chancelier Caprivi, arracher au travail une telle quantité de forces que ceux qui ne sont pas obligés de servir dans l'armée ne seront pas capables de faire tout le travail que remplissait en temps ordinaire tout le contingent des travailleurs.

Cette seule cause suffit pour réduire dans une très grande mesure la production en cas de guerre. Quant au besoin du blé, il augmentera et le problème de l'alimentation se compliquera énormément.

Et non seulement la main-d'œuvre pourra manquer, mais aussi les chevaux de peine.

Si l'on ajoute foi aux données publiées dans l'*Année militaire* de 1892, les différentes puissances auront, en cas de mobilisation, besoin des quantités de chevaux suivantes :

PAYS	En temps de paix les armées possèdent.	Pendant la guerre il en faudra en plus.	Nombre de chevaux dans les différents pays.	De chaque centaine de chevaux il faudra prendre pour les besoins de la guerre.
		En milliers.		
Russie..................	160	340	25.000	1,36
France..................	142	308	3.000	10,26
Angleterre.............	15	14	2.000	0,70
Italie..................	45	75	750	10,00
Autriche...............	77	173	4.000	4,32
Allemagne..............	116	334	3.000	11,13

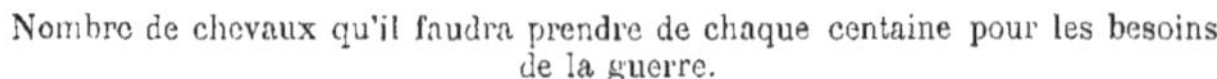

Nombre de chevaux qu'il faudra prendre de chaque centaine pour les besoins
de la guerre.

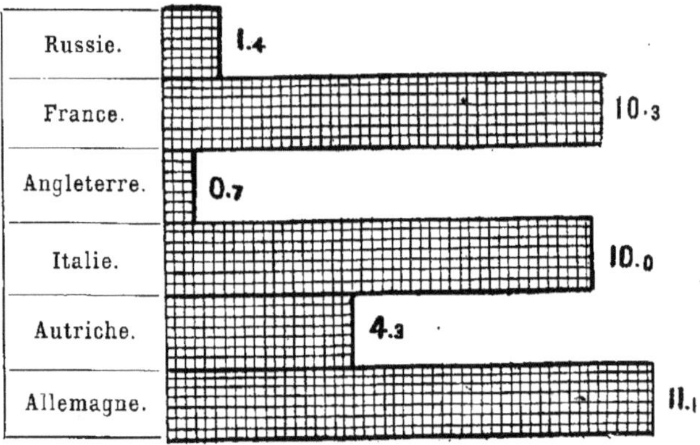

Du nombre des 334,000 chevaux nécessaires à l'armée, la plupart seront naturellement pris chez les agriculteurs, ce qui affectera nécessairement l'agriculture d'une manière défavorable.

Il ne faut pas oublier qu'en présence du système d'agriculture très intensif qui existe en Allemagne l'assolement est fait de telle sorte que jamais une partie de la terre ne reste en friche ; on remplace toujours un ensemencement par un autre et le retard apporté dans les travaux de labour détermine par conséquent immédiatement des troubles qu'on ne connaît pas dans les contrées où le système de l'agriculture est plus primitif.

On sait, en outre, qu'avant le commencement des travaux de labour, on fête en Allemagne le « Busstag » (le jour des prières et des pénitences) et que les travaux se poursuivent ensuite durant toute la saison d'été sans interruption, même les dimanches et autres jours fériés.

Le travail est tellement intensif en Allemagne, même dans les conditions normales, qu'il n'y peut être question d'un remplacement de ceux qui seront appelés sous les armes et qu'on ne pourra combler leur absence en travaillant les jours de fête.

L'armée allemande comptera 38 0/0, l'armée française 42 0/0 et l'armée autrichienne 49 0/0 des agriculteurs de ces pays.

Même en admettant qu'une partie des travaux dans les fabriques sera convertie en travaux de labour, nous pouvons affirmer que la récolte de l'année suivante sera de beaucoup inférieure à celle de l'année précédente.

Cette question se présente d'une manière toute différente en Russie.

Dans ce pays il est beaucoup plus facile de remplacer l'agriculteur absent que n'importe où, attendu qu'une grande partie des terres des paysans appartiennent à la communauté. Plus un gouvernement est situé à l'est, moins on y trouve de propriétés particulières.

On peut ne pas approuver cette forme d'exploitation du sol, on peut même la considérer comme l'une des principales causes du mauvais état de la culture dans les campagnes, mais il faut avouer cependant que ce système permet de supporter l'absence des agriculteurs beaucoup plus facilement que le système des propriétés privées. Le terrain appartenant à la communauté ne reste pas en friche quand celui qui était chargé de le cultiver est appelé sous les drapeaux. La commune s'en chargera sans aucun doute et, après avoir fait son service, l'ancien cultivateur rentre dans ses droits.

La culture qui se trouve dans un moindre degré de développement souffre, en outre, beaucoup moins de la négligence et même de l'absence du cultivateur que la culture qu'on exploite d'une manière intensive.

Là où l'on n'améliore pas graduellement la culture, le cultivateur peut être certain de retrouver, en rentrant chez lui, le même état de choses qu'il a quitté en partant pour la guerre.

Les travailleurs des fabriques et des usines en Russie ne détruisent pas, pour la plupart, les liens qui les attachent à leur communauté.

Quand le travail cesse dans les fabriques, par suite de la guerre, ils retournent dans leurs villages et se remettent à cultiver la terre.

Il y a, en dehors de cela, un si grand nombre de fêtes en Russie, que si les autorités ecclésiastiques autorisaient la population de travailler pendant ces jours, cela seul suffirait à combler le déficit résultant de l'absence des travailleurs partis pour l'armée.

Il ne faut pas oublier que, sur pied de guerre, l'armée allemande comprendra 31 0/0 (3 millions d'hommes) de toute la population masculine âgée de 20 à 50 ans, l'armée autrichienne comprendra 28 0/0, l'armée française 47 0/0 et l'armée russe (3 millions 1/2) seulement 15 0/0 du total de cette population.

Les dimanches seuls constituant 15 0/0 des journées de l'année, l'absence du contingent tout entier pourrait être comblée par le travail dominical.

En méditant tout ce que nous venons de dire, on aboutit invariablement aux conclusions suivantes :

    1° L'avantage est du côté des puissances qui disposent de moyens d'existence suffisants et qui, par conséquent, seront en état de supporter la guerre durant une période de temps prolongée, sans s'exposer à des complications intérieures ;

2° La question du ravitaillement étant de toutes la plus grave, il sera nécessaire que les pays qui ne produisent pas assez de blé terminent leur récolte avant le commencement de la guerre, aussi ne doivent-ils se décider à faire la guerre qu'à la dernière extrémité ;

3° Il est plus probable que la guerre éclatera quand la récolte dépassera la moyenne dans la contrée qui prendra sur elle de commencer la guerre ; en cas d'une mauvaise récolte, on peut considérer la paix comme assurée ;

4° Le plus infaillible précurseur de la guerre consistera dans l'achat fiévreux des vivres effectué pour le compte des pays qui craindront d'en manquer ;

5° Pendant et surtout après la guerre des mouvements populaires très graves pourront se produire en Occident.

Voilà les cotisations économiques essentielles qui seront certainement prises en considération quand on débattra la question de savoir s'il y a lieu ou non de commencer la guerre.

Dépenses occasionnées par les guerres du passé
et proportion entre les charges militaires
et les revenus nationaux

Il en a été, depuis le milieu de ce siècle, des armements comme des industries productives.

Grâce aux progrès de la science et à une série ininterrompue d'inventions, il a été consacré, d'une part, des capitaux énormes à soutenir le travail productif des nations; et de l'autre, des capitaux non moins considérables ont été absorbés et continuent de l'être, pour agrandir, compléter et améliorer la puissance militaire improductive des Etats.

Mais la différence principale consiste en ce que le développement de l'industrie et l'accumulation des richesses ont progressé très inégalement dans les différents pays de l'Europe, tandis que les charges militaires ont augmenté avec une égale rapidité et dans des proportions plus ou moins semblables, dans tous les pays, les riches comme les pauvres, les plus civilisés comme les plus arriérés.

Dans ces derniers, les dépenses excessives en armements constituent, cela va sans dire, une entrave au développement de leur productivité et à l'amélioration de leur état économique général.

On pourrait supposer que dans les pays dont la puissance industrielle est développée à un très haut degré et où l'épargne est très abondante, les dépenses annuelles pour l'armée et la flotte, quelque rapide que soit leur progression, provoquent moins de mécontentement dans la population qu'ailleurs. Mais il n'en est rien; car c'est précisément là qu'on est le plus profondément convaincu de la stérilité de cette rivalité interminable et ruineuse qui a pour objet les armements. D'où cette guerre de plus en plus acharnée contre le militarisme et contre les charges qu'il comporte.

Chez les nations où les budgets doivent être votés par les Parlements, les libéraux et surtout les radicaux ont fait, de la guerre au militarisme, la pierre angulaire de leurs programmes. Quant aux partis extrêmes, ils vont jusqu'à puiser précisément dans les dépenses énormes des armées et dans les charges du service militaire leur argument principal pour arriver à la suppression de l'État même. Ainsi Bebel, en parlant des efforts continuels que font les puissances pour se surpasser mutuellement en armements, citait la fable des trois grenouilles qui s'enflent à qui mieux mieux, jusqu'à ce qu'elles éclatent.

Il est vrai qu'après bien des discussions et entraînés par telles ou telles considérations, les Parlements continuent — quoique pas toujours — à voter en totalité les augmentations des crédits militaires. Mais, dans le peuple, la grande majorité y est absolument opposée. Quand, en 1887, le Parlement allemand fut dissous pour avoir rejeté la loi militaire, le groupe des députés adversaires du projet aurait, au dire du chef des socialistes Liebknecht (1), représenté 150,000 électeurs de plus que le groupe qui l'appuyait. Cette proportion s'est accentuée en 1893 lors de la discussion d'un nouveau projet militaire; cette fois les députés opposants réunirent une majorité de 1,097,000 voix d'électeurs, de sorte que, de 1887 à 1893, l'opposition avait plus que septuplé. En 1893, les députés de l'opposition représentaient 4,233,000 électeurs et les députés gouvernementaux 3,225,000 (2). Ainsi, bien que le Reichstag ait voté le projet en question, le pays s'était prononcé contre à une majorité de plus d'un million de voix. Cette anomalie provenait de la mauvaise délimitation des circonscriptions électorales (3). Exprimons, graphiquement, les résultats que nous venons d'énoncer :

Nombre d'électeurs pour et contre la loi militaire (en milliers).

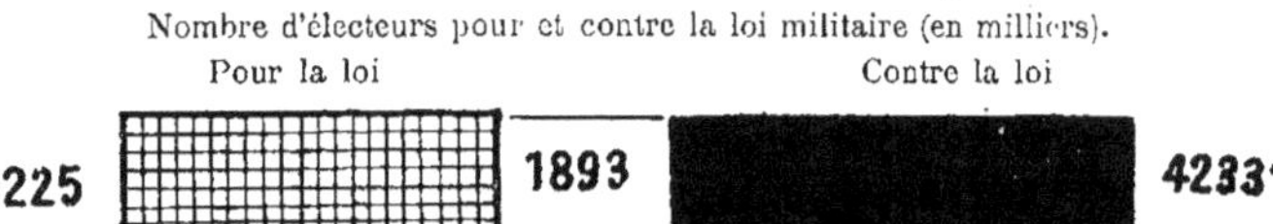

Les adversaires de l'augmentation des charges militaires font voir qu'elles pèsent inégalement sur les différentes classes de la population, parce qu'elles affectent surtout les objets de première nécessité, tels que

(1) A Bebel u. W. Liebknecht, *Gegen den Militarismus und gegen die neuen Steuern.* Deux discours au Reichstag les 27 et 30 novembre 1893.

(2) Ont voté contre la loi : les démocrates, le centre, le parti libéral, le parti de l'Allemagne du Sud, les Alsaciens, les Danois et les Guelfes; ont voté pour la loi : les conservateurs, les nationaux-libéraux, les impérialistes, les Polonais, les antisémites et les membres de l'Association libre.

(3) Un député gouvernemental représentait 163,000 voix, tandis qu'un député de l'opposition en représentait 225,000. La constatation de cette inégalité fit réclamer des modifications à la délimitation des circonscriptions électorales et au nombre de leurs représentants.

le pain, le sel, le tabac, l'eau-de-vie, le sucre, etc. Leurs voix s'élèvent
contre l'éventualité même d'une guerre qui, à leur avis, n'entraînerait
que des pertes et des ruines ; ils démontrent que la constitution d'une
armée, si nombreuse et si parfaite fût-elle, est contraire à sa destination
même, du moment qu'elle entraîne la ruine du pays dont elle devrait sauvegarder les intérêts ; ils disent enfin que si l'augmentation des armements
continuait à progresser comme elle l'a fait durant les trente dernières
années, elle entraînerait la destruction de l'œuvre civilisatrice de plusieurs générations. Ils répètent ces paroles du grand stratège (1) : « La
guerre elle-même supprimera la guerre ».

Les défenseurs des budgets de guerre progressifs répliquent que le
bien-être national des grandes puissances militaires n'est nullement inférieur au bien-être de pays, tels que la Suisse, la Belgique et la Suède, qui
n'ont pas entrepris de guerre, pendant la période qui nous occupe, et qui,
confiants en leur milice, n'entretiennent que des armées permanentes très
peu nombreuses. A cela, ils ajoutent que la plus grande partie des
sommes consacrées à l'entretien de l'armée et aux armements restent dans
le pays, contribuent même à entretenir des industries très importantes,
et que les frais de la défense sont indispensables à cause des terribles conséquences qu'entraînerait une défaite dans les conditions actuelles. Ils
disent que la paix ne saurait être assurée si la puissance qui veut éviter
la guerre laissait subsister le moindre doute sur l'égalité, voire même la
supériorité, de son outillage de combat. A ce titre, les charges militaires,
même quelque peu exagérées, ne constitueraient qu'une sorte de prime
d'assurance contre les désastres de la guerre.

Le comte Caprivi, ex-chancelier de l'empire allemand, a dit au
Reichstag de 1890 : « Que la guerre éclate, et aucun citoyen capable de
porter le fusil ne restera dans ses foyers. » Sur 24,230,832 habitants
mâles, en effet, 8,500,000 hommes étaient alors âgés de 20 à 45 ans.
L'armée allemande, sur pied de guerre, est évaluée à 4,392,000 hommes,
c'est-à-dire à plus de la moitié de la population mâle adulte et n'ayant pas
dépassé la limite d'âge. L'autre moitié serait également appelée sous les
drapeaux en cas de besoin, et seuls, les hommes incapables de porter les
armes resteraient chez eux. Par conséquent, dit-on, les grandes dépenses
en armements constituent, contre les désastres de la guerre, une assurance qui ne laisse pas d'être avantageuse, même au point de vue économique.

Mais on oublie, en raisonnant de la sorte, que l'exagération des arme-

---

(1) Wiede, *Der Militarismus.* — Zurich, 1877.

ments peut conduire à la guerre et que, par là même, ces armements sont un danger. Nous avons dû, par conséquent, examiner d'après l'histoire du passé, dans quelle mesure les préparatifs de guerre et les guerres elles-mêmes ont été onéreuses et ruineuses pour les peuples européens, même en laissant de côté les victoires ou les défaites qui ont pu les terminer.

Ce que coûtent les guerres au XIXᵉ siècle

Dommages causés à la population. Aux frais de guerre directement payés par le Trésor, il faut ajouter les dommages causés à la population par la destruction des propriétés, l'abaissement de la production, les pertes du commerce, les faillites, le chômage et les troubles économiques de toute espèce. Le total de ces dommages dépasse, sans aucun doute, de beaucoup celui des sommes que les gouvernements dépensent directement pour les guerres (1); mais il est évident que ce total ne peut être évalué qu'approximativement.

Ainsi, d'après certains calculs, les dépenses directes occasionnées par les guerres avec la France, sous la Révolution et le premier Empire se seraient, à elles seules (2), élevées à 26 milliards de francs, rien que pour l'Angleterre; et ces mêmes guerres auraient coûté à l'Europe entière 2,100,000 hommes. D'autres prétendent, du reste, que les pertes en hommes ont été bien plus considérables; sir Francis Duvernoy estime qu'en 1799, la France avait déjà perdu, pour son compte, 1,500,000 hommes.

Dépenses de la Russie pour les campagnes de 1812 à 1815. Suivant un rapport du prince Barklay de Tolly à l'Empereur, la Russie (3) n'aurait dépensé, depuis 1812 jusqu'en 1815, que 155,500,000 roubles pour ses guerres avec la France.

Ces dépenses se décomposaient comme suit :

1. Pour la solde	71	millions.
2. — l'achat de chevaux de selle.	7	—
3. — les uniformes des officiers.	1 1/2	—
4. — les achats et transport d'objets	4 1/2	—
5. — les hôpitaux	2 1/2	—
6. — la remonte et les chevaux tués.	3 1/2	—
7. — les rations	8	—

(1) Leroy-Beaulieu, *Recherches économiques sur les guerres contemporaines* (1853-1866).

(2) *Dictionnaire de l'économie politique* : « Paix ».

(3) Voyez notre ouvrage : *Les Finances de la Russie au XIXᵉ siècle.* — Paris, 1899.

8. Pour les Cosaques et les bêtes de somme. . .	6	millions.
9. Versé au département intérieur des vivres. .	5	—
10. Pour frais de nourriture	12	—
11. — l'artillerie	2 1/2	—
12. — dépenses extraordinaires	5 1/2	—
13. — gratifications.	6	—
14. Payé à l'Autriche et à la Prusse.	16	—
15. — au comte Sievers et à d'autres fournisseurs pour munitions.	3 1/2	—
16. Autres comptes	1	—

Total. . . . . . . 155,500,000 roubles-
papier (1)

Mais cette guerre a, de fait, entraîné des dépenses bien plus considérables.

Les émissions de papier-monnaie se sont élevées à 259 millions et les dettes du Trésor se sont accrues de 153 millions, tant par suite des sommes empruntées à la banque que de celles distraites du capital des maisons d'éducation. En outre, ont été dépensés environ 100 millions de roubles, tant en espèces qu'en nature, provenant de souscriptions particulières, ainsi que les subsides reçus d'Angleterre.

La guerre de Crimée (2) fut la première qui ait occasionné des dépenses très considérables et évaluées avec quelque exactitude.

Dépenses occasionnées par la guerre de Crimée.

Les dépenses extraordinaires de cette guerre se sont élevées à :

Pour l'Angleterre, £ 74,2 millions ou.	1.855	millions de francs
— la France.	1.660	—
Pour la Russie (2).	4.000	—
— l'Autriche.	343	—
— la Turquie et la Sardaigne . . .	642	—

Total. . . . . 8.500 millions de francs

Représentons ces résultats graphiquement :

---

(1) Nous indiquerons plus loin, quand nous parlerons des dépenses probables pour la guerre future, par quels moyens on est parvenu à couvrir les dépenses occasionnées par ces guerres (*Finances de la Russie*).

(2) *Recherches économiques sur les guerres contemporaines* (1853-1866).

T. IV. — Jean de Bloch. — *La guerre future.*   18

Dépenses occasionnées par la guerre de Crimée en millions de francs.

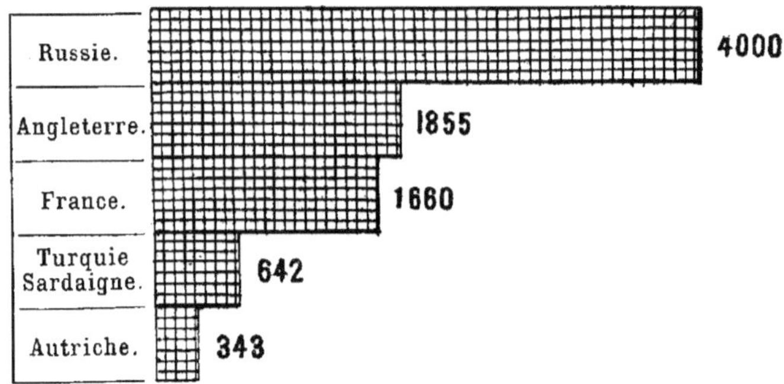

Ainsi la guerre de Crimée a grevé l'Europe d'une charge supplémentaire de 8 milliards 1/2 de francs.

Quant au montant des pertes subies par la population, il échappe à tout calcul, comme le dit fort bien Leroy-Beaulieu.

Ce savant économiste évalue comme suit les dépenses occasionnées par la guerre de 1859 :

Pour la France . . . .   375 millions de francs
— l'Autriche   635   —
— la Sardaigne   255   —

Total. . . . .   1,265 millions de francs

Coût de la campagne de 1859 en millions de francs.

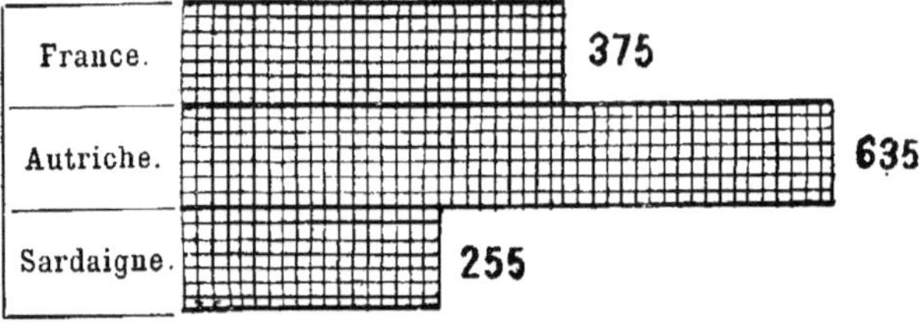

(1) Suivant nos recherches (Voir *Les Finances de la Russie au XIXe siècle*) les totaux financiers de la guerre de Crimée, c'est-à-dire les déficits annuels, s'élevèrent à :

En 1853 . . . .   109 millions de roubles.
En 1854   147   —   —
En 1855   283   —   —
En 1856   258   —   —

Total. . . . .   797 millions de roubles.

Cette campagne fut suivie de près par la guerre civile de l'Amérique du Nord. Durant une période de quatre ans, les Etats du Nord ont mis sur pied 2,656,000 volontaires et les Etats du Sud 1,100,000. Le Nord a dépensé 14 milliards pour cette lutte et le Sud presque autant.

Bref, cette guerre a coûté aux États-Unis plus de 25 milliards de francs rien qu'en dépenses directes et, probablement, deux fois autant en dommages et pertes, résultant de la diminution de la production, de la destruction de propriétés, etc.

Or, en évaluant à 1,000 francs en moyenne la valeur d'un esclave — quel que soit son âge — il eût suffi de 4 milliards pour régler ce différend à l'amiable. Quelle économie! Mais il eût fallu pour cela qu'il se trouvât, à cette époque, un Francklin au Nord et un Washington au Sud (1).

La guerre du Danemark en 1864 n'a pas été très coûteuse, ce pays n'ayant dépensé qu'environ 180 millions de francs, et la Prusse conjointement avec l'Autriche une somme à peu près égale.

La guerre de 1866 entre la Prusse et l'Autriche coûta environ 1,650 millions de francs.

Les expéditions du Mexique, de Chine et de Cochinchine sont revenues à la France à un milliard de francs à peu près.

Les dépenses que fit l'Allemagne pour la guerre de 1870 furent couvertes par l'indemnité de guerre payée par la France.

Quant à ce dernier pays, voici, d'après le rapport de Delaporte en 1871 sur le relevé des comptes, ce qu'il aurait perdu en fait d'hommes et d'argent : du 1er août 1870 au 1er avril 1871, 3,864 hommes ont déserté; 310,449 ont été faits prisonniers; 4,756 ont été réformés comme impropres au service militaire; 21,430 sont morts sur les champs de bataille; 14,398 ont succombé à leurs blessures, et 223,410 sont sortis des rangs pour différentes causes, y compris les maladies.

Les dépenses pécuniaires et les pertes de la France se chiffrent comme suit : Indemnité de guerre et remboursement des frais d'occupation militaire : 5,627,963,853 francs; contributions payées par la ville de Paris et par d'autres villes : 251 millions. Au total, les dépenses, indemnité et contributions, imposées par la malheureuse guerre avec l'Allemagne ont atteint,

La moitié de cette somme fut couverte par des émissions « temporaires » de billets de la banque d'Etat, et l'autre moitié par des emprunts extérieurs et intérieurs.

Mais les dépenses financières extraordinaires déterminées par la guerre de Crimée n'ont pas pris fin en 1856; elles ont chargé très lourdement les budgets de 1857 et 1858; car la liquidation des dépenses militaires s'est étendue sur ces deux dernières années, dont le déficit s'est élevé à plus de 89 millions.

(1) Leroy-Beaulieu, *Recherches économiques sur les guerres contemporaines.*

pour la France, la somme de 12,667,000,000 de francs (1). Il faut, en outre, évaluer à un chiffre à peu près égal les pertes résultant de l'interruption des communications et des différents travaux. De sorte que le total général des pertes occasionnées par cette guerre, déchaînée par la candidature d'un Hohenzollern au trône d'Espagne, fut d'environ 25 milliards de francs.

Guerre russo-turque (1877-78).

Les dépenses extraordinaires occasionnées par la guerre russo-turque, de 1877 à 1878, se sont élevées à (2) :

En 1876	50.998.114 roubles
En 1877	429.328.089 —
En 1878	408.142.970 —
En 1879	132.109.316 —
En 1880	54.818.163 —
Total.	1.075.396.652 roubles

Il n'existe point de données sur les pertes de la Turquie. Admettons qu'elles n'aient été que la moitié des pertes subies par la Russie, soit 538 millions de roubles, nous obtenons alors pour ces deux nations un total de pertes de 1,613 millions de roubles ou 6,452 millions de francs.

Total des dépenses de l'Europe de 1853 à 1878.

On peut donc admettre que, depuis 1853 jusqu'en 1878, c'est-à-dire dans l'espace de vingt-cinq ans, les pertes causées à l'Europe par les principales guerres, c'est-à-dire la guerre de Crimée, la guerre austro-franco-piémontaise de 1859, celle de 1866 entre la Prusse et l'Autriche, la guerre franco-allemande de 1870 et la guerre turco-russe de 1877-1878 représentent le total énorme d'environ 30,534 millions de francs (3).

---

(1) Molinari, *Journal des économistes.*
(2) Voir notre ouvrage : *Les Finances de la Russie au XIXe siècle.*
(3) Les pertes susdites se présentent comme suit :

Guerre de Crimée.	8.500	millions
— 1859.	1.265	—
— 1866.	1.650	—
— 1870.	12.667	—
— 1877.	6.452	—
Total.	30.534	millions

RÉPARTITION (EN MILLIONS DE ROUBLES) DES DÉPENSES EXTRAORDINAIRES DÉTERMINÉES EN RUSSIE PAR LA GUERRE DE 1877-78.

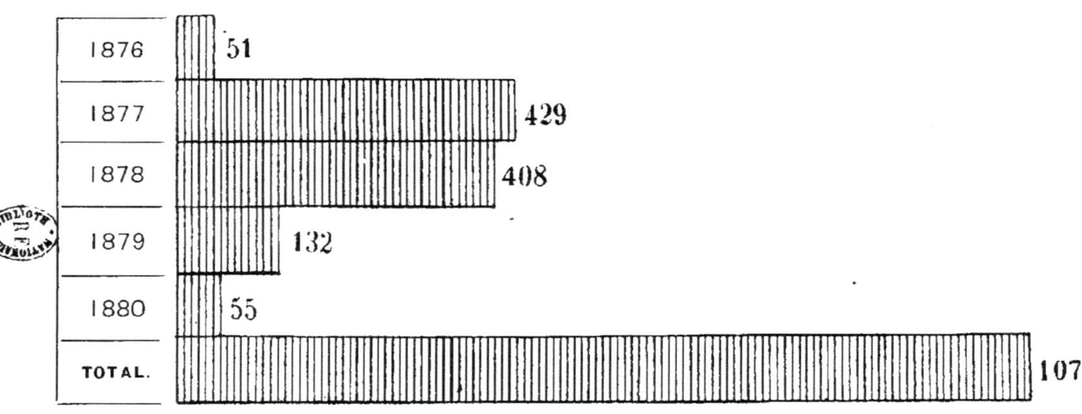

LA GUERRE FUTURE (P. 277, TOME IV.)

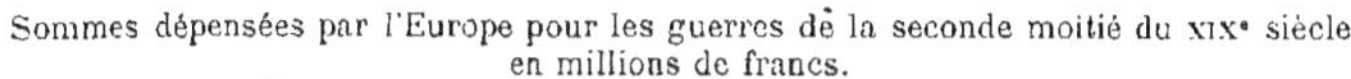

Sommes dépensées par l'Europe pour les guerres de la seconde moitié du XIXᵉ siècle en millions de francs.

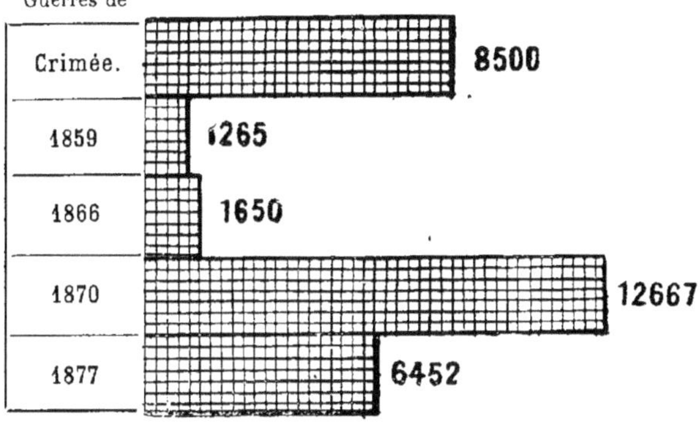

Le mathématicien Flammarion a calculé que, depuis le commencement de notre histoire asiatico-européenne, 1,200 millions d'hommes ont péri dans les guerres (1). « Un siècle, ajoute-t-il, a 36,525 jours; or, pour tuer 40 millions d'hommes dans cet espace de temps, l'humanité doit, sans s'arrêter une minute, exterminer environ 1,100 hommes par jour, ce qui fait presque un homme par minute ou, plus exactement, 46 hommes par heure. » (*Folie humaine*).

Avant de tirer de ce qui précède des conclusions quelconques quant aux dépenses que nécessitera la guerre future, nous devons examiner les préparatifs qui se font en vue de cet événement.

Charges que constitue la préparation de la guerre future.

L'évaluation des dépenses qu'entraîne le militarisme ne peut être exacte; car l'état militaire entretenu dans l'attente d'événements imprévus, augmente sans cesse en effectif, ainsi que les préparatifs de mobilisation de masses toujours plus considérables ; et les dépenses progressent non seulement dans les ministères de la Guerre et de la Marine, mais aussi dans les autres branches de l'administration.

En Russie, par exemple, les dépenses du ministère de la Guerre s'étaient élevées, en 1883, à 201,564,621 roubles; mais là ne se limitaient pas les dépenses militaires de cette puissance. Car, en dehors de ces sommes et de celles affectées aux pensions des anciens officiers, (plus de

Frais considérables faits en prévision de la guerre.

Dépenses du ministère de la guerre en Russie.

(1) Claretie, *La guerre nationale*.

10 millions de roubles), le ministère des Finances a dépensé 4,050,408 roubles pour secours à des hommes de troupe, 2,720,078 roubles pour frais de recrutement, et il a perdu 1,009,843 roubles sur le change de l'argent finlandais, principalement à cause de l'entretien de troupes russes en Finlande, etc.; le ministère de l'Intérieur a dépensé 2,100,935 roubles pour les besoins militaires du royaume de Pologne.

Il faudrait donc ajouter le total de ces chiffres, soit 20 millions, aux dépenses militaires de l'année 1883. Et encore ne serait-ce pas exact; car le corps de la gendarmerie est payé sur différents chapitres et différents articles du budget de la guerre, bien que les gendarmes fassent partie de la police. C'est au compte du ministère de la Guerre, et non du ministère de l'Intérieur, que sont portés les frais d'administration des montagnards du Caucase — 32,955 roubles — les frais des postes et télégraphes des pays transcaspiens — 38,954 roubles — et ceux de l'administration civile du Turkestan — 1,726,953 roubles.

C'est au ministère de la Guerre, et non à celui des Voies et Communications, qu'ont été imputés les 1,017,003 roubles, dépensés pour la construction et l'exploitation de certaines lignes de chemin de fer, tels que celui de Pinsk-Jabinsk et le transcaspien. Les résultats de cette exploitation ne manquent pas d'intérêt. On a dépensé en 1883, pour le chemin de fer transcaspien, la somme de 596,812 roubles, et les recettes de cette ligne n'ont atteint que la somme de 36,665 roubles; le déficit s'est, par conséquent, élevé à 560,147 roubles.

En 1893, le ministère de la Guerre a dépensé 225,531,209 roubles; mais il faut ajouter à cette somme les dépenses suivantes : 6,264,055 roubles déboursés par le ministère des Finances pour les pensions; 4,661,908 roubles pour secours aux hommes de troupe, 1,350 roubles pour indemnités payées à différentes personnes qui avaient subi des pertes pendant la dernière guerre; 625,176 roubles pour frais de recrutement et enfin 27,345,259 roubles alloués au ministère de la Guerre comme dépenses extraordinaires, pour la transformation de l'armement. Sans parler d'autres articles moins importants, on voit, par conséquent, que les dépenses militaires de 1893 devraient être majorées d'une somme d'au moins 39 millions de roubles (1).

La population supporte, en outre, certaines charges d'ordre militaire qu'il convient d'ajouter à celles du budget de la guerre. Charges telles que l'obligation de loger les troupes et de leur fournir des voitures lorsqu'elles sont en marche.

Mais il ne suffit pas de considérer les dépenses; la diminution des

---

(1) *Compte rendu du Contrôle Impérial*, 1883-1893.

DÉPENSES DES ÉTATS EUROPÉENS EN MILLIONS DE ROUBLES-MÉTAL EN 1859 ET EN 1873-74.

1re tranche : Dépenses du Ministère de la Guerre; 2e tranche Dépenses du Ministère de la Marine; 3e tranche : Dette publique; 4e tranche : Autres dépenses. — Les chiffres indiqués sur chaque tranche expriment la proportion des dépenses respectives au total des dépenses.

revenus qui résulte de la tension de l'état économique est également d'une grande importance. Enfin les intérêts payés par les puissances européennes pour les emprunts qu'elles contractent en vue des besoins de leurs armées sont aussi la conséquence de leurs armements progressifs. Toutefois le chiffre de ces dépenses et de ces pertes n'a qu'une importance secondaire, et leur évaluation nous mènerait trop loin. Nous limiterons notre étude à la comparaison des dépenses inscrites aux budgets.

Nous montrerons avant tout combien les grandes puissances : la Prusse, l'Autriche, l'Italie, la Russie, la France et l'Angleterre, ont dépensé et dépensent encore chaque année pour l'entretien de leurs armées de terre et de mer, et dans quelle mesure chaque millier d'habitants contribue à couvrir ces dépenses (1).

Dépenses militaires
des
grandes puissances
d'Europe.

ANNÉES	ENTRETIEN des armées de terre et de mer en millions de roubles	PAR MILLIER d'habitants en roubles	E N POUR CENT par rapport au budget de 1874
1874.	773,6	2.881	100 0/0
1884.	906,7	3.057	117 0/0
1891.	1.132,3	3.537	146 0/0
1896.	1.193,3	3.908	154 0/0

Les chiffres ci-dessus nous conduisent aux mêmes résultats que les calculs précédents; ils prouvent, en effet, que le militarisme n'a pas cessé de se développer, et, depuis 1884, plus vite encore qu'antérieurement. Les budgets de la guerre augmentent non seulement parce que la population se multiplie, mais aussi parce que les charges de celle-ci deviennent plus lourdes : en 1874 elles étaient de 2 roubles 88 kopecks; en 1891 elles dépassent 3 roubles 1/2; et en 1896 elles atteignent 3 roubles.

En comptant par 100 le budget de 1874, nous obtenons successivement pour les années 1884, 1891 et 1896 les chiffres 117, 146 et 154. Ainsi, durant la période décennale de 1874 à 1884, les dépenses n'ont aug-

____

(1) L. Rau, *l'état militaire des principales puissances étrangères ;* M. Block, *Annuaire de l'économie politique et de statistique, The Statesman, Year Book ;* Löbell, *Militærische Jahresbericht.* Ces calculs offrent certaines difficultés à cause des différents systèmes monétaires; il aurait fallu convertir toutes ces monnaies en une même unité monétaire, ce qui n'est pas facile, attendu que les fluctuations du cours influencent la valeur de l'argent dans certains pays. Nous avons trouvé plus commode d'exprimer les dépenses de tous les pays en roubles-or, sauf celles du budget russe que nous donnons en roubles-papier.

menté que de 17 0/0 du total initial, mais elles ont grossi de 29 0/0 durant les 7 années suivantes. D'où il résulte que l'augmentation aurait au moins doublé durant une période de temps égale à la première.

Ce qui nous intéresse et nous importe le plus, c'est la façon dont ont progressé les dépenses consacrées à constituer et à entretenir la puissance militaire de chaque pays.

Progression des dépenses de 1874 à 1896.

	1874	1884		1891			1896			
	Budget de la guerre en millions de roubles	Budget de la guerre en millions de roubles	Augmentation par rapport à l'année 1874 en 0/0	Budget de la guerre en millions de roubles	Augmentation par rapport à l'année 1874 en 0/0	Augmentation par rapport à l'année 1884 en 0/0	Budget de la guerre en millions de roubles	Augmentation par rapport à l'année 1874 en 0/0	Augmentation par rapport à l'année 1884 en 0/0	Augmentation par rapport à l'année 1891 en 0/0
Allemagne.	118,4	147,5	25 0/0	237,4	1000/0	610/0	212,6	79 0/0	44 0/0	— 10 0/0
Italie. . . .	64,0	84,1	31 0/0	96,3	500/0	150/0	81,3	27 0/0	—3 0/0	— 16 0/0
Autriche. .	74,6	83,4	12 0/0	94,6	270/0	130/0	90,1	21 0/0	8 0/0	— 5 0/0
Angleterre.	157,3	195,9	24 0/0	197,0	250/0	0,60/0	231,8	47 0/0	18 0/0	18 0/0
Russie. . .	197,5	189,3	—40/0	285,7	460/0	510/0	346,5	75 0/0	83 0/0	21 0/0
France. . .	161,8	206,5	28 0/0	221,3	370/0	70/0	230,9	43 0/0	12 0/0	4 0/0
Total....	773,6	906,7	17 0/0	1.132,3	460/0	25 0/0	1.193,2	54 0/0	32 0/0	5 0/0

Augmentation des dépenses militaires en 1896 par rapport à celles de 1874 en 0/0.

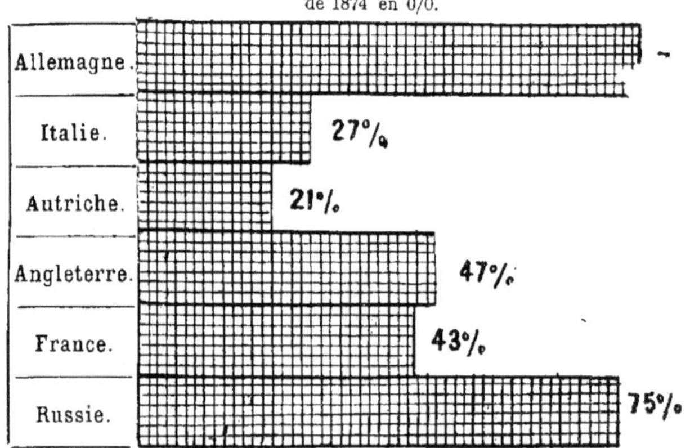

Nous voyons par cette comparaison graphique que c'est en Allemagne que le budget de la guerre de 1896 s'est accru le plus par rapport au budget de 1874; après l'Allemagne vient la Russie, puis suivent l'Angleterre, la France, l'Italie et l'Autriche.

Si nous considérons la période écoulée de 1874 à 1891, nous constatons que c'est encore l'Allemagne qui a poussé le plus vigoureusement ces armements durant cet espace de temps : elle a, en effet, dépensé en 1891, pour la guerre future, deux fois autant que 17 ans plus tôt. Après l'Allemagne vient l'Italie, et finalement la Russie. L'augmentation du budget militaire russe équivaut à l'augmentation moyenne des budgets militaires de toutes les autres puissances dont nous avons parlé (46 0/0).

Les armements de la France, de l'Autriche et de l'Angleterre ont progressé dans de moindres proportions.

En comparant la période limitée par les années 1874 et 1884, nous aboutissons à d'autres résultats. C'est l'Italie qui marche en tête du mouvement, ensuite vient la France, puis l'Allemagne, puis l'Angleterre et finalement l'Autriche. Quant à la Russie, son budget de la guerre n'a pas augmenté durant cette période; il a, tout au contraire, diminué de 4 0/0.

Très intéressant et très caractéristique est ce fait que, tandis que le budget de la guerre diminuait en Russie, le prince de Bismarck et ses amis politiques s'efforçaient de faire croire à leurs compatriotes que la Russie préparait la guerre contre l'Allemagne.

C'est en l'effrayant par des menaces aussi mal fondées, que ces politiciens amenaient le Reichstag à voter des crédits excessifs et qu'ils entraînaient l'Europe dans le gouffre du militarisme. L'augmentation des dépenses militaires en Russie commence seulement après 1884, c'est-à-dire à dater du moment où la conclusion de la Triple Alliance enleva l'espoir d'une paix durable.

En comparant les deux puissances rivales de l'Europe centrale, l'Allemagne et la France, nous voyons que les dépenses de celle-ci ont surpassé celles de l'Allemagne de 43 millions de roubles en 1874, de 59 millions en 1884, de 16 millions de roubles en 1891; en 1896, les dépenses de la France ont encore surpassé celles de l'Allemagne de 18 millions de roubles.

La comparaison des budgets des puissances, si on la fait sans tenir compte du nombre de leurs habitants, ne donne pas une idée exacte des charges que le militarisme, inégalement développé, impose aux populations; nous calculerons, en conséquence, dans quelle mesure les budgets des ministères de la Guerre et de la Marine affectent chaque millier d'habitants dans les différents pays, et dans quelle proportion ces budgets ont augmenté avec le cours des années.

	1874	1884		1891			1896			
	Dépenses pour l'armée et la flotte par 1.000 habitants (en roubles)	Dépenses pour l'armée et la flotte par 1.000 habitants (en roubles)	Augmentation des dépenses par rapport à l'année 1874 (en 0/0)	Dépenses pour l'armée et la flotte par 1.000 habitants (en roubles)	Augmentation des dépenses par rapport à l'année 1874 (en 0/0)	Augmentation des dépenses par rapport à l'année 1884 (en 0/0)	Dépenses pour l'armée et la flotte par 1.000 habitants (en roubles)	Augmentation des dépenses par rapport à l'année 1874 (en 0/0)	Augmentation des dépenses par rapport à l'année 1884 (en 0/0)	Augmentation des dépenses par rapport (en …)
Angleterre .	4.947	5.565	12 0/0	5.472	11 0/0	— 1,7 0/0	6.084	23 0/0	9 0/0	11
France.....	4.482	5.492	23 0/0	5.824	30 0/0	6 0/0	6.029	35 0/0	10 0/0	4
Allemagne..	2.888	3.263	13 0/0	4.806	66 0/0	47 0/0	4.112	42 0/0	26 0/0	— 14
Russie.... .	2.417	1.887	— 12 0/0	2,530	5 0/0	34 0/0	3.303	37 0/0	75 0/0	31
Italie.......	2.389	2.961	25 0/0	3.199	34 0/0	8 0/0	2.631	10 0/0	— 11 0/0	— 13
Autriche....	2.093	2.212	6 0/0	2.426	16 0/0	10 0/0	2.182	4 0/0	— 1,3 0/0	— 16
En moyenne.	2.881	3.057	6 0/0	3.537	23 0/0	16 0/0	3.908	36 0/0	28 0/0	16

Le tableau graphique ci-dessous représente en 0/0 l'augmentation des dépenses en 1896 par rapport à l'année 1874 :

Augmentation des charges militaires par 1,000 habitants, en 1896, par rapport à l'année 1874 (en 0/0).

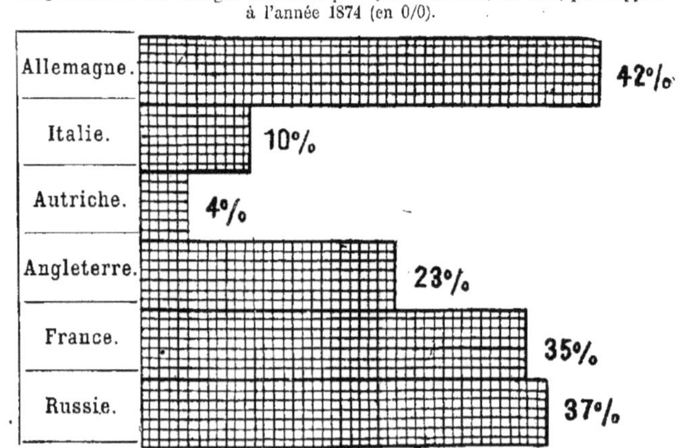

En rapprochant graphiquement l'augmentation absolue des dépenses de leur augmentation par 1,000 habitants, en 0/0, on obtient, pour la comparaison des années 1896 et 1874, la figure suivante :

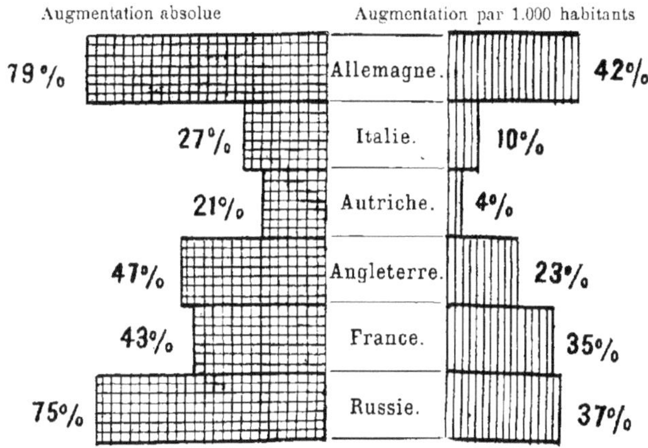

Une autre circonstance mérite encore d'attirer notre attention. Les dépenses pour l'entretien d'un homme faisant son service militaire vont croissant par suite des perfectionnements techniques, des connaissances plus étendues qu'on exige du soldat et en même temps des besoins plus grands qu'il a, comme nourriture et comme logement. Le tableau comparatif suivant indique les effectifs des armées permanentes et les dépenses qu'elles ont entraînées à différentes époques.

	EFFECTIFS DES ARMÉES permanentes exprimés en milliers d'hommes				DÉPENSES affectées à l'armée en millions de roubles			
	1874	1884	1891	1896	1874	1884	1891	1896
Russie.	765	855	986	767	172,4	149,8	242,0	288,5
France	490	509	577	548	122,2	149,0	168,9	162,8
Allemagne	420	449	469	557	109,9	132,9	212,5	191,0
Autriche.	301	289	286	315	68,3	76,4	87,5	82,0
Italie..	219	287	238	236	52,7	63,2	66,0	56,5
Angleterre.	225	197	200	219	89,9	116,8	108,2	112,8
Totaux.	2.420	2.586	2.756	2.642	615,4	688,1	885,1	893,6

Il résulte de ce tableau que l'entretien de chaque soldat a coûté :

	En 1874	En 1884	En 1891	En 1896
	En roubles			
En Russie. . .	225	175	244	376
En France. . .	250	293	293	297
En Allemagne.	260	296	453	343
En Autriche. .	227	265	306	260
En Italie . . .	240	220	277	239
En Angleterre.	400	593	541	515
En moyenne.	254	266	321	338

La comparaison graphique des années 1874 et 1896 nous fournit les résultats suivants :

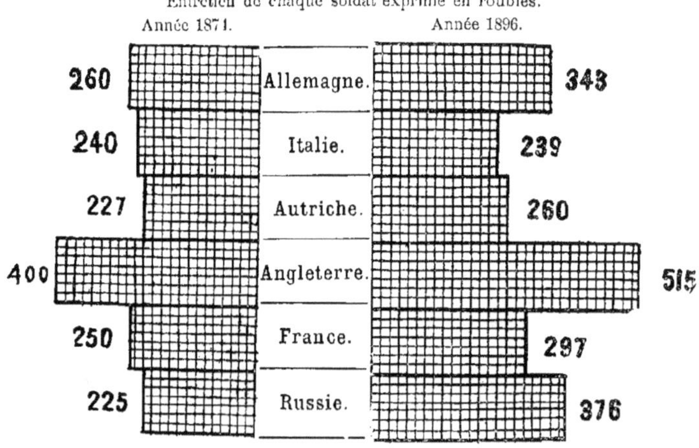

En chiffre moyen, l'entretien de chaque soldat chez les puissances qui nous intéressent, a coûté : en 1874, 254 roubles; en 1884, 266 roubles; en 1891, 321 roubles et, en 1896, 338 roubles.

Exprimons, graphiquement, le résultat ci-dessus :

Coût moyen de l'entretien d'un soldat en roubles.

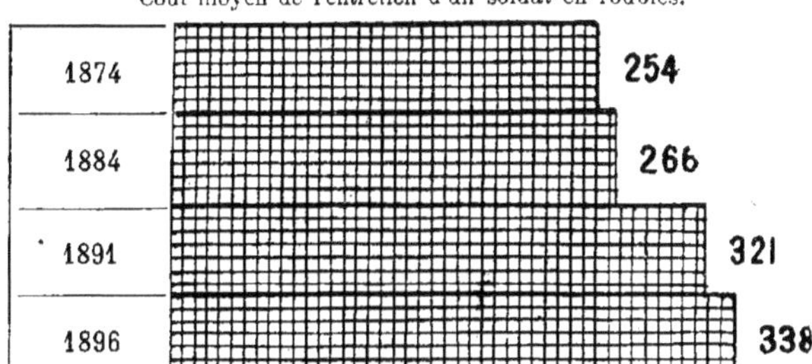

On a essayé de calculer le coût de l'entretien d'un soldat de chaque arme : du fantassin, du cavalier et de l'artilleur, ainsi que le prix de leur équipement. Il résulte de ces calculs que les dépenses d'équipement ne constituent qu'une partie peu considérable du total auquel s'élève l'entretien de chaque unité de combat.

A la guerre, la valeur de chaque soldat dépend principalement de la perfection plus ou moins grande de l'arme à feu dont il se sert. Il en résulte que le meilleur moyen d'entretenir le courage individuel du soldat consiste à le munir d'une arme aussi parfaite que possible ; parce que la conscience de la supériorité de cette arme exalte son courage personnel, tandis que le sentiment inverse l'affaiblirait, au contraire. Il est donc rationnel que chacun cherche à surpasser, coûte que coûte, tous les autres en matière d'armement (1).

Mais au point de vue technique, on est, aujourd'hui, tellement avancé dans tous les pays, qu'aucune invention ne saurait demeurer long-temps à l'état de secret ; il en résulte que les changements fréquents des armes ne font qu'appauvrir les nations. Nous avons déjà démontré dans la partie de notre ouvrage consacrée aux armes à feu et aux projectiles que, durant un long espace de temps, on s'était servi des mêmes types de canons et de fusils, tandis que maintenant on les change tous les dix ans, et même encore plus souvent.

On peut se faire une idée des dépenses nécessitées par ces transfor-mations d'armement, en étudiant le bilan du ministère de la Guerre fran-çais pour 1889, où l'on voit ce que coûtent les approvisionnements d'une armée.

Dépenses nécessitées par les transformations de l'armement.

Nous ne donnons ici que les chiffres dépassant le million, à l'excep-.tion du dernier. Le matériel de l'artillerie a coûté 1,523,776,761 francs, c'est-à-dire plus de 1 milliard et demi ; puis, en chiffres ronds, l'habille-

____

(1) Olivier, *Die Feuerwaffen*. — Munich, 1871.

ment et le campement ont coûté — 466 millions, le service de la remonte — 117 millions, les vivres — 99 millions, les hôpitaux — 53 millions, les poudres et salpêtres — 30 millions, les fourrages — 23 millions, le matériel du train — 20 millions, le service topographique — 25 millions, les télégraphes — 3 millions et le service aérostatique — 934,000 francs.

Dépenses pour la marine de guerre.

Les forces navales exigent des changements encore plus considérables. Nous avons déjà dit, dans le volume consacré à la *Guerre navale*, que les vieux bâtiments de guerre ne comptent presque plus, et qu'on ne s'en servira que lorsque les bâtiments d'un type plus récent auront été détruits et que, par suite, on manquera d'unités de combat. Ce n'est que dans une période ultérieure de la guerre navale, après qu'on aura livré les batailles décisives et qu'on procédera aux opérations de blocus, que pourront entrer en ligne ces vieux vaisseaux peu rapides, armés de canons courts et dépourvus de ponts blindés, ainsi que les vieux croiseurs à gréement et à marche lente. Mais la flotte qui s'embarrasserait dès le début de vaisseaux de cette espèce, se trouverait gênée par leur présence, et ne tarderait pas à les perdre sans en retirer le moindre profit.

L'annuaire maritime de Durassier et Valentino (7ᵉ année) nous donne les chiffres suivants, concernant les marines de guerre des principales puissances maritimes en 1894 :

PUISSANCES	OFFI-CIERS	TROUPE	BATIMENTS		TORPIL-LEURS
			Cuirassés	Non-cuirassés	
Angleterre	2.803	42.507	81	280	155
France.	2.277	41.536	66	160	230
Allemagne.	900	15.190	31	35	150
Italie.	897	21.281	25	77	159
Russie.	1.573	38.000	55	72	180
Autriche.	680	11.897	18	32	63
Espagne	1.058	14.000	12	96	19
États-Unis	1.221	9.000	28	56	4

Pour donner une idée des sommes dépensées pour les flottes, nous calculerons les dépenses absorbées par la flotte française actuelle. Suivant l'*Engineering*, la création de cette flotte a coûté 700,128,000 couronnes autrichiennes, mais aujourd'hui sa valeur réelle ne s'élève plus qu'à 444,912,000 couronnes, auxquelles il faut ajouter 50,728,000 couronnes dépensées pour l'artillerie. Il résulte de la comparaison de ces chiffres que 2/7 de la somme initiale sont perdus sans retour.

D'après le journal *Razwiédtchik* le tableau suivant donne le détail des dépenses militaires des diverses puissances pour 1893.

Dépenses militaires des puissances en 1893.

En milliers de francs

		Autriche-Hongrie	Allemagne	Italie	Russie	France	Angleterre
Armée.	Dépenses ordinaires en milliers de francs.						
	Administration. . .	3.207	3.730	2.199	41.159	3.841	7.280
	Services techniques.	7.609	1.648	2.175	—	1.384	—
	État-major	4.900	8.244	4.030	—	12.518	1.099
	Intendance	3.747	2.746	3.190	—	11.345	3.100
	Instruction	4.201	7.504	4.766	29.553	12.877	2.795
	Soldes.	102.954	118.053	113.391	225.342	221.640	170.000
	Vivres	80.000	148.210	34.514	151.776	98.775	42.162
	Fourrage.			17.711	64.196	70.193	13.100
	Service médical. . .	8.263	8.168	2.386	14.423	9.332	7.084
	Déplacements. . . .	—	8.160	—	27.540	13.895	14.536
	Habillement.	47.000	26.404	17.986	79.549	64.492	30.489
	Remonte	7.669	11.893	4.907	—	17.517	1.970
	Établissement et matériel de l'artillerie.	220	34.150	5.175	35.462	13.728	40.314
	Établissement et matériel du génie . .	6.000	4.279	5.998	—	15.924	4.647
	Dépenses diverses. .	407	123.027	21.198	262.747	11.674	97.424
	Total.	276.176	535.216	239.627	931.748	582.136	436.032
	Dépenses extraordinaires.	50.359	196.406	4.900	118.428	52.474	—
	Total pour l'armée..	326.535	731.622	244.527	1.050.176	634.610	436.032
Flotte.	Dépenses ordinaires.	24.782	61.120	99.739	199.571	255.600	356.002
	Dépenses extraordinaires·	6.412	49.947	—	—	—	—
	Total pour la flotte. . . .	13.194	111.067	99.739	199.571	255.600	356.002

Ce tableau montre quelles sommes énormes sont englouties par les préparatifs de guerre. En dehors des dépenses ordinaires que nécessite l'entretien des armées de terre et de mer, et qui s'élèvent à 300 millions de francs pour l'Autriche et à 1,100 millions de francs pour la Russie, chaque puissance fait des dépenses extraordinaires dans le but d'augmenter sa flotte et son armée. Les dépenses extraordinaires pour l'armée se sont élevées, en 1893, à 171 millions de francs pour la France et la Russie réunies, et à 251 millions de francs pour la Triple Alliance. Quant aux dépenses extraordinaires pour la flotte, nous ne connaissons que celles qui ont été faites par l'Autriche-Hongrie et l'Allemagne; elles se sont élevées en 1893, pour ces deux puissances, à 56 millions de francs. Ces sommes augmentent d'année en année. Sans parler des grandes puissances dont dépend le sort des nations, celles de second ordre aussi sont obligées de dépenser et d'armer à outrance.

Augmentation des budgets de la guerre en France, Allemagne et Russie.

Jetons un coup d'œil sur l'augmentation des budgets de la Guerre des trois principales puissances continentales : la France, l'Allemagne et la Russie.

En Russie, ces budgets ont progressé de telle façon que, de 175 millions, ils ont, en vingt ans (de 1875 à 1894), atteint 236 millions de roubles; c'est, par conséquent, une augmentation de 35 0/0.

Quant à l'Allemagne et à la France, elles ont fait d'énormes efforts depuis la guerre franco-allemande, pour augmenter leur puissance militaire. En 1872, l'Allemagne a mis à la disposition du ministère de la Guerre la somme de 250 millions de marks et, depuis lors, cette somme s'est accrue d'année en année; si bien qu'en 1894 elle a atteint le chiffre de 428 millions de marks. Durant toute la période de 1872 à 1894, l'Allemagne a dépensé 7,615 millions de marks pour ses budgets militaires, ce qui fait une moyenne de 346 millions par an.

En France, le ministère de la Guerre a dépensé des sommes encore plus considérables; leur total s'est élevé, depuis le 1er janvier 1872 jusqu'au 31 mars 1887, à 8,023,827,375 francs, ce qui fait une moyenne de 562 millions de francs par an. Du 31 mars 1887 au 31 mars 1894, la France a dépensé, pour son armée, 4,323,407,096 francs, soit en moyenne 617 millions de francs par an.

Le ministère de la Guerre en France a, par conséquent, dépensé, depuis le 1er janvier 1872 jusqu'au 31 mars 1894, un total de 12,347,234,671 francs.

La paix armée a donc coûté, pendant la période de vingt-deux ans, à l'Allemagne et à la France réunies (nous convertissons les marks en francs), la somme de 21,866 millions de francs.

Les autres nations, comme nous l'avons dit plus haut, même les puissances de second ordre, augmentent également leurs dépenses pour renforcer leurs armements. Les puissances de troisième ordre également subissent cette fièvre d'émulation, et l'on peut dire qu'elles « jouent aux soldats » au détriment de leurs budgets.

L'effet écrasant de ces charges saute aux yeux. L'Italie et l'Autriche ne sont plus en état de les supporter, tandis qu'elles soulèvent en Allemagne des murmures de plus en plus violents.

Le secret n'étant plus possible avec la publicité actuelle, aucune nation ne peut faire un nouveau pas en avant sans que les autres puissances ne s'empressent de suivre son exemple; cette émulation a pour résultat la ruine générale (1).

Les autres besoins du peuple, en attendant, ne peuvent être satisfaits dans la mesure voulue. Il est vrai que les tribunaux et l'instruction publique, ainsi que l'administration générale, gardent encore une place très haute en Allemagne. Mais on prétend que le progrès serait encore bien plus grand dans ce pays si le militarisme n'engloutissait une aussi grande partie de ses revenus, et s'il absorbait moins l'attention du gouvernement. On prétend, par exemple, que le jugement des affaires soumises au *Kammergericht* de Berlin (cour supérieure du royaume de Prusse) est retardé quatre à cinq mois, par suite du manque de fonctionnaires. Dans d'autres tribunaux, on confie une partie des fonctions judiciaires à de jeunes stagiaires faute de personnel. La Cour de l'Empire — motivant un de ses arrêts, — a même fait observer au gouvernement qu'en confiant des postes judiciaires à des fonctionnaires mal qualifiés pour les remplir, on s'exposait à voir soulever la question suivante : Jusqu'à quel point, dans de telles conditions, les arrêts des tribunaux peuvent-ils être considérés comme réguliers ou sujets à cassation?

Les écoles ne peuvent contenir le nombre croissant des élèves, parce que les ressources dont elles disposent n'augmentent pas dans la même proportion que les besoins. La faute en est encore à l'énormité des budgets militaires. Les salles de l'école supérieure technique de Berlin, par exemple, sont depuis longtemps trop exiguës, et ne peuvent contenir le grand nombre d'étudiants désireux de suivre les cours; or, on ne les agrandit pas faute des crédits nécessaires.

Est-il jamais arrivé, demande à ce propos un auteur allemand, qu'une seule compagnie de soldats ait manqué de place sur le champ de manœuvres?

Dans les gymnases les professeurs sont obligés de donner des leçons supplémentaires, et ils se plaisent à dire que le ministre de la Guerre rogne sur chacun d'eux le prix de deux leçons par semaine en faveur de l'armée.

On se plaint aussi en Allemagne de ce que le gouvernement, en sacrifiant trop à l'armée, ne se préoccupe pas assez de choisir des hommes capables pour occuper les postes de l'administration civile, en ajoutant que si les tribunaux, les écoles et les administrations venaient à péricliter, l'ordre prussien, tant vanté, pourrait bien ne pas résister à ce courant et que l'armée, elle-même, en souffrirait nécessairement (2).

---

(1) De la Polémanie : *Frais de guerre.*
(2) Jastrow, *Drückt die Militärlast.*

Si des plaintes pareilles se font entendre en Allemagne, dans ce pays où l'instruction publique a toujours été l'objet d'un soin tout particulier, quelle ne doit pas être l'insuffisance des ressources qui lui sont affectées ainsi qu'à tous les services civils, en d'autres pays?

Comparaison
des budgets
de la guerre
et de
l'instruction publique
dans les divers
pays d'Europe.

Il est prouvé par les chiffres qu'en Allemagne le budget de l'instruction publique n'a jamais progressé dans une moindre mesure, même durant ces dernières années, que le budget de la guerre. De 18 millions de marks en 1872, il est passé à 101 millions de marks en 1892; il a donc augmenté de presque 460 0/0, tandis que durant cette même période, le budget de la guerre a franchi la distance de 309 à 541 millions de marks et n'a, par conséquent, augmenté que de 75 0/0.

Pourtant, cette progression, quoique très rapide, est considérée comme insuffisante. Il est vrai que c'est surtout par des personnes qui ne sont pas partisans du militarisme. (Voyez notre ouvrage : *Le socialisme, l'anarchisme et la propagande contre le militarisme*.) Heckel, par exemple, dit qu'on a, de nos jours, placé le militarisme au-dessus de tous les besoins de la civilisation et qu'on « néglige honteusement » l'instruction publique. D'autres prétendent que l'éducation elle-même est, de nos jours, empreinte de servilisme, et qu'elle sert les intérêts du militarisme.

Ces plaintes, on ne les entend pas seulement en Allemagne, mais aussi dans d'autres pays.

En 1896, l'Autriche a dépensé pour son armée et pour sa flotte la somme de 150 millions de florins (90 millions de roubles), tandis qu'elle n'a consacré que 33 millions de florins (19 millions de roubles) aux besoins de l'instruction publique ; elle a, en conséquence, dépensé quatre fois et demi moins pour ses écoles que pour ses armements (1).

Voici ce qu'on dépense chaque année dans d'autres pays pour l'armée et pour l'instruction publique : en Suède — pour l'armée 26,6 millions de couronnes (10 millions de roubles), et moins de la moitié de cette somme, soit 12,6 millions de couronnes (4 millions de roubles), pour l'instruction et les cultes; en Serbie — pour l'armée 11,3 millions de dinari (3 millions de roubles), et un tiers de cette somme, soit 3,9 millions de dinari, pour les écoles; en Bulgarie — 21,9 millions de leï (5,5 millions de roubles) pour l'armée, et 6,8 millions de leï (1,7 million de roubles) pour l'instruction : la proportion est la même qu'en Serbie; en Espagne 140,7 millions de pesetas (35 millions de roubles) pour l'armée, et un peu plus de la moitié, soit 74,7 millions de pesetas (18,6 millions de roubles) pour l'instruction et les travaux publics ; en Grèce 23,0 millions de drachmes (6 millions de roubles) pour l'armée, et un cinquième seulement, soit 4,7 millions de

---

(1) Ces chiffres sont tirés de l'annuaire *The statesman's Year-Book*, 1896.

drachmes (1,2 million de roubles) pour l'instruction; en Danemark, 17,3 millions de couronnes (6 millions de roubles) pour l'armée, et un sixième seulement de cette somme, soit 3 millions de couronnes (1 million de roubles) pour l'instruction et les cultes.

La France dépense 864,2 millions de francs pour l'armée, et un cinquième de cette somme, soit 176,7 millions de francs, pour l'instruction et les beaux-arts.

La Russie dépense pour son armée 276,8 millions de roubles et seulement un peu plus d'un douzième de cette somme, soit 23,6 millions de roubles, pour l'instruction publique et les cultes étrangers (non orthodoxes).

Ces proportions sont mises en relief dans le graphique ci-dessous :

Comparaison des dépenses pour l'armée avec les dépenses pour l'instruction et l'éducation en millions de roubles.

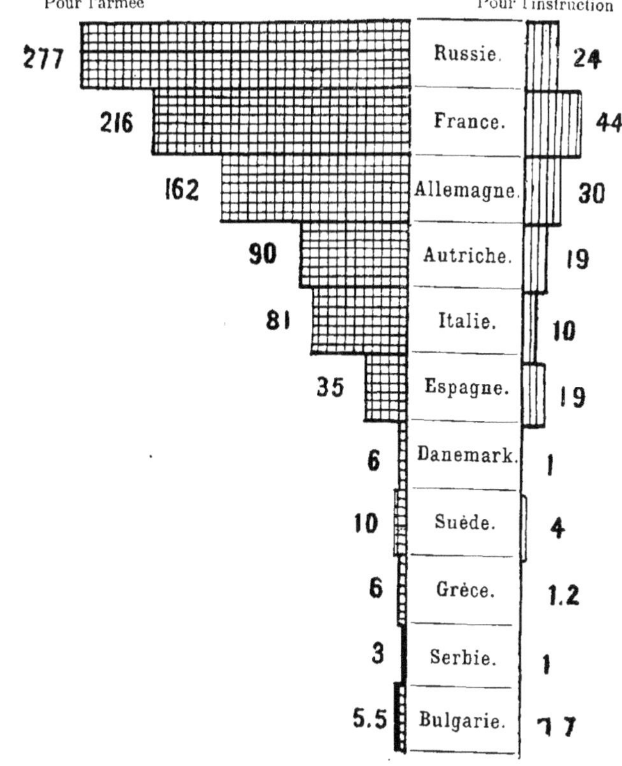

Ces chiffres sont assez éloquents : ils nous permettent de juger quel degré de perfection l'humanité pourrait atteindre, au point de vue moral et intellectuel, si son attention et ses forces n'étaient absorbées par les dépenses que nécessitent la création et l'entretien des armées.

Les États-Unis nous donnent, à ce point de vue, le meilleur exemple. Cette contrée compte 68 millions d'habitants, c'est-à-dire 14 millions de familles. Tous les enfants, aussi bien ceux du millionnaire Vanderbilt que ceux du plus pauvre des fermiers, vont à l'école, où ils reçoivent l'instruction élémentaire. Cette instruction est gratuite et obligatoire. Le gouvernement entretient et soigne ces écoles populaires sur les bancs desquelles n'existe pas l'inégalité qui divise plus tard les hommes sur les chemins de la vie.

On se fera une idée définitive des charges que constituent les dépenses dont nous parlons en les comparant avec les revenus des populations.

Proportions entre les charges militaires et les revenus des populations en temps de paix et en temps de guerre.

Evaluation
des revenus
des nations.

Il est très difficile d'évaluer les revenus des populations. Ces calculs ne sauraient être fort exacts, surtout quand on compare les revenus de plusieurs nations; car la tâche est rendue très ardue non seulement par l'inexactitude de certaines données et par le manque de certaines autres, mais aussi et surtout par la grande diversité de ces revenus.

Il est même difficile de calculer le degré des erreurs probables qui se glissent dans ces évaluations; tout dépend de la bonne foi des auteurs. C'est pour cette raison que nous admettons les calculs de Ramon Fernandez (1). Ils sont basés sur les données fournies par le célèbre statisticien anglais Mulhall. Emile Delivet (2) a examiné et développé les calculs de Fernandez, dans un travail qui a eu beaucoup de succès au concours organisé par le sénateur espagnol Arthur Marcara, et dont le but était de rechercher l'influence que le service militaire exerce sur la faculté de production de l'Europe comparée à celle de l'Amérique et des autres parties du monde.

Le jury de ce concours se composait de membres de l'Institut choisis

---

(1) Ramon Fernandez, *La France actuelle*. — Paris, 1888.
(2) Emile Delivet, *L'exagération des charges militaires et les prix de revient.*

par la société des Économistes : Jules Simon, Léon Say et Frédéric Passy.

Dans l'ouvrage de Fernandez cité plus haut, nous trouvons le tableau suivant, où les revenus nets d'un habitant sont mis en regard des charges militaires qu'il supporte.

	REVENUS NETS par habitant	DÉPENSES pour l'armée et la flotte par habitant.	DÉPENSES pour l'armée et la flotte par 100 francs de revenu
		En francs	
Angleterre	822,20	20,05	2,44
France	596,30	22,80	3,82
Allemagne	411,24	11,50	2,79
Russie	165,69	12,79	7,71
Autriche	372,90	8,64	2,31
Italie	234,63	11,52	4,13
États-Unis	633,00	5,86	0,92

Nous représentons graphiquement le total des dépenses par 100 francs de revenu.

Total des dépenses militaires par 100 francs de revenu, en francs.

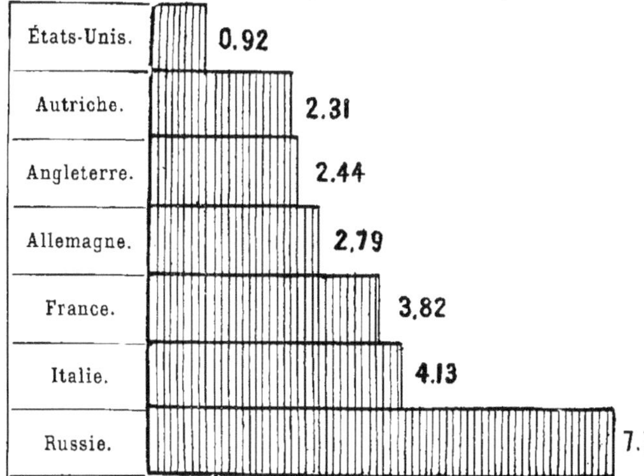

Telles sont les proportions entre les dépenses militaires et les revenus de la population des différents pays. En admettant que pour l'Angleterre la proportion s'exprime par le chiffre 100, Delivet a trouvé le tableau
comparatif suivant :

Angleterre.   100
France   138
Allemagne   200
Autriche   220
Italie   351
Russie   496

Charges militaires supportées par un habitant des différents pays comparées avec celles
que supporte un Anglais, ces dernières étant représentées par 100.

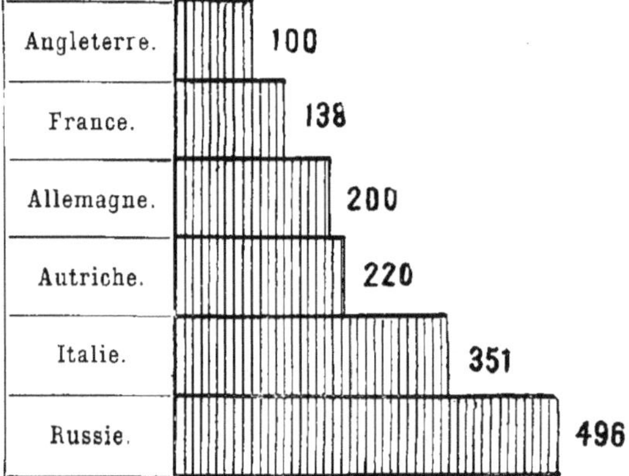

Ces chiffres prouvent que les charges en question (par rapport aux
revenus) dépassent en France de 38 0/0, en Allemagne de 100 0/0, celles
de l'Angleterre.

Tout en faisant ces comparaisons, Delivet prévient le lecteur qu'il ne
faut pas les considérer comme absolument exactes. Le chiffre des revenus
ou leur valeur réelle dépendent encore de besoins qui ne sont pas les
mêmes partout et qu'il est difficile d'exprimer en chiffres, dans l'état actuel
des statistiques. Néanmoins, Delivet a essayé de résoudre ce problème,
mais il s'est lancé dans des hypothèses arbitraires.

Ainsi il admet que 40 0/0 du revenu moyen d'un Anglais équivalent à
la moyenne des besoins d'un habitant dans les autres pays civilisés. Delivet ne formule, à vrai dire, cette supposition qu'à titre d'exemple ; les
habitants des divers pays ayant en effet, au point de vue physique et social,
des besoins très différents.

C'est sur cette hypothèse que Delivet établit le calcul suivant : on retranche des 822,20 francs qui constituent le revenu moyen d'un Anglais 20,05 francs pour l'armée et la flotte. En prenant alors les 40 0/0 du reste, c'est-à-dire de 802,15 francs, on obtient la somme de 320,86 francs, qui correspondrait aux besoins moyens d'un habitant de l'Europe.

Ce calcul fournit les résultats suivants pour les différents pays :

	REVENU ANNUEL par habitant après déduction des dépenses militaires	ÉPARGNE annuelle par habitant	DÉFICIT annuel par habitant.
		En francs	
En Angleterre . . .	802,15	481,29	—
En France	573,50	252,64	—
En Allemagne. . . .	399,74	78,93	—
En Autriche	364,26	43,40	—
En Italie	223,11	—	97,75
En Russie	152,90	—	167,96

Représentons graphiquement ces résultats :

Superflu et insuffisance de revenu par habitant après déduction des dépenses pour l'armée et pour son entretien personnel :

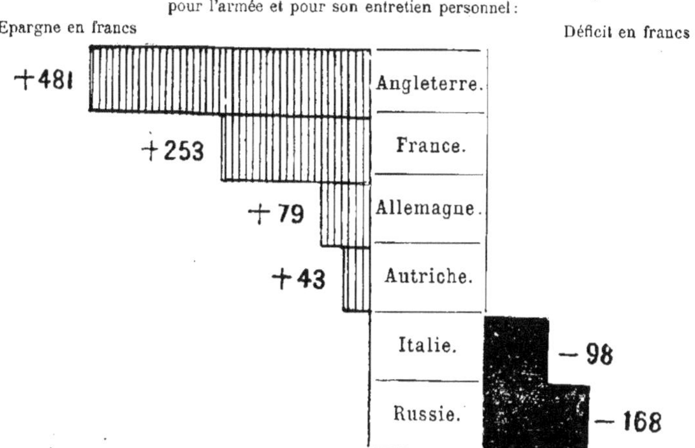

Tout en tirant ces conclusions, Delivet fait remarquer d'ailleurs qu'il ne faut pas trop se fier aux chiffres de Mulhall.

Toutefois les partisans du militarisme s'efforcent de prouver qu'il est impossible d'évaluer les pertes résultant pour un pays de l'entretien de son armée et de ses armements, simplement d'après le total des budgets de l'armée et de la marine. Stein (1) soutient par exemple, que, du moment où l'argent consacré à l'armée et à la flotte est dépensé dans le pays même, et retourne aux contribuables sous forme de gain, il ne constitue pas une perte ; la seule perte réelle provenant de ce que les hommes réunis sous les drapeaux pourraient produire, mais ne produisent pas tant qu'ils sont au service.

Ce raisonnement n'est évidemment qu'un sophisme : car, d'abord, s'il n'y avait pas d'armée la perte dont parle Stein disparaîtrait, puisque les hommes restés chez eux, travailleraient; ensuite, le reste de la population n'aurait pas à supporter les dépenses qu'entraîne l'entretien de l'armée et se trouverait, de ce fait, dégrevée dans une large mesure; enfin, la puissance productive du pays s'appliquerait à autre chose qu'à fabriquer des canons et des projectiles, à construire des forteresses, et des casernes, etc.

Effertz (2) prétend que les charges militaires ne constituent que 5 0/0 du gain total de la population et 1 fr. 25 0/0 des revenus des terres. Ce même auteur dit que les dépenses pour l'armée n'égalent en Allemagne que 2/3 des sommes affectées à la production de l'alcool et du tabac, et 1/4 des revenus que fournit la terre indispensable à la culture de ces produits.

Stein admet, ainsi que nous l'avons dit plus haut, que le pays perd ce que les hommes occupés au service militaire pourraient produire. Mais il restreint cet aveu d'une façon singulière, en disant que cette perte se réduit à ce que ces hommes produiraient en plus de ce que coûte leur entretien. Or, nous avons déjà fait remarquer que si un pays cessait de produire des canons, des fusils, etc., il fabriquerait un plus grand nombre de machines, exploiterait un plus grand nombre de mines, etc.

Et que dire de ces immenses, coûteuses et improductives constructions imposées par la guerre : forteresses, casernes, arsenaux? Ce n'est pas sans raison qu'un membre du conseil général de la Seine, M. Gervais (3), proposait de faire raser les fortifications de Paris dans l'intérêt des habitants de « cette capitale ». Il s'en référait à un décret du 23 mars 1887, dont il appert qu'il existe en France 115 forteresses et forts indépendants,

---

(1) Stein, *Heerwesen*, page 21.
(2) Otto Effertz, *Die Kosten des Heeres*. — Vienne, 1889.
(3) *La France militaire*, décembre 1893.

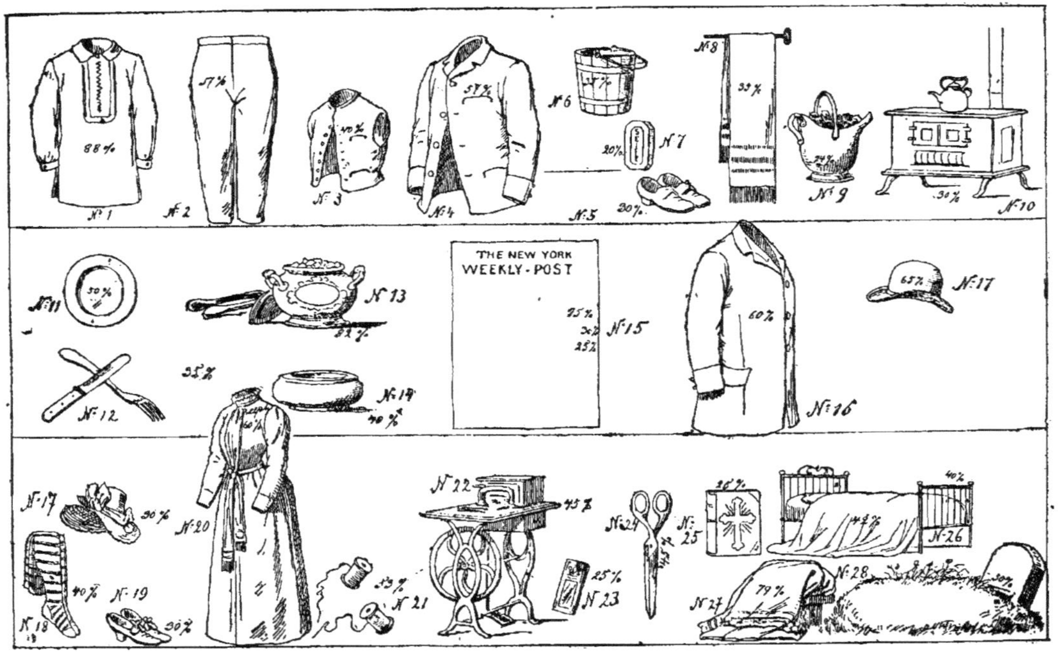

Ce dessin a été publié aux États-Unis à la suite de l'augmentation du tarif douanier. — Il montre que tous les objets indispensables à l'ouvrier et à sa femme se trouvent imposés : sa chemise de flanelle (N° 1), ses pantalons en toile (N° 2), son gilet (N° 3), sa redingote (N° 4), ses chaussures (N° 5), son seau (N° 6), son savon (N° 7), sa serviette (N° 8), son charbon (N° 9), son poêle (N° 10), ses assiettes (N° 11), ses fourchettes et ses couteaux (N° 12), son sucre (N° 13), son sel (N° 14), son journal (N° 15), son pardessus (N° 16) et son chapeau (N° 17), la robe en laine de sa femme (N° 20), son chapeau (N° 17), ses bas (N° 18), ses pantoufles (N° 19), sa machine à coudre (N° 22), ses fils (N° 21), ses aiguilles (N° 23), ses ciseaux (N° 24), sa bible (N° 25), son lit de fer (N° 26), sa couverture et son drap de lit (N° 27), enfin, la pierre tombale sous laquelle il reposera au cimetière. C'est à partir de ce moment que l'ouvrier ne se trouve plus inquiété par la douane. — Sur les dessins, sont indiqués, en pour-cent de la valeur de l'objet imposé, les taux respectifs de l'imposition. — Les chiffres inscrits sur le journal (N° 15) signifient : 75 % de la valeur pour le papier, 30 % pour l'encre et 25 % pour les caractères d'imprimerie.

LA GUERRE FUTURE (P. 297, TOME IV.)

et en tout 150 ouvrages fortifiés. Le camp retranché de Paris occupe à lui seul, une surface de 30 millions de mètres carrés. Les autres fortifications tiennent évidemment moins de place, mais leur existence n'en contribue pas moins à diminuer les revenus nationaux.

Et quand même les dépenses militaires ne ruineraient pas un pays, l'agitation contre le militarisme s'est déjà trop profondément implantée dans les sociétés pour qu'il soit possible de la faire disparaitre. Chaque fois qu'on demande de nouveaux crédits pour des dépenses militaires, les protestations dans les parlements éclatent de plus belle, et l'on se plaint que ces dépenses frappent surtout les classes pauvres, parce que ce sont principalement les contributions indirectes qui servent à les couvrir et que ces contributions affectent particulièrement les objets de consommation populaire.

Il y a, évidemment, beaucoūp de vrai dans ces observations. Ainsi, en Allemagne, les impôts s'élevaient en 1878-79 à 264 millions de marks, tandis qu'ils ont atteint la somme de 695 millions de marks en 1893-94. Or, les principales sources de cette augmentation sont l'impôt sur les céréales étrangères (110 millions de marks en 1891), l'impôt sur le pétrole (41 millions de marks en 1891) le droit d'entrée et l'impôt sur le tabac majorés (40 millions de marks en 1891), les droits de timbre (25 millions de marks en 1891) et l'impôt majoré sur la consommation du sucre.

Ces chiffres sont suffisamment éloquents. Autrefois l'augmentation des impôts ne suscitait guère de murmures, mais de nos jours il en est autrement. Chaque fois que l'on agite cette question, les orateurs de l'opposition protestent et représentent le peuple comme une brebis qu'on ne se contente pas de tondre continuellement, mais qu'on finit par mener à l'abattoir.

Nous donnons dans la planche ci-contre un dessin répandu à des centaines de milliers d'exemplaires, au sujet de l'augmentation des tarifs douaniers aux État-Unis. On sait, cependant, que les charges du militarisme n'existent pas dans ce pays et que la plus grande partie de la population y est arrivée à un degré de développement dont l'Europe est encore bien loin.

En conclusion du chapitre consacré à l'évaluation de ce que les guerres et les armements ont coûté à l'Europe, il convient de citer un passage du rapport que le ministre des Finances des États-Unis (Secretary of the Treasury) a soumis au Congrès en même temps que le budget de 1887.

« Chaque dollar, — écrivait le ministre, — pris au citoyen et qu'il eût employé à subvenir à ses besoins, contribue à détourner le travail de son but réel, à appauvrir la nation et à la grever d'impôts, même si le gouvernement remet immédiatement ce dollar en circulation. C'est ce que l'on comprendra facilement, si l'on prend comme exemple une société composée de 100 membres. Si 10 de ces membres s'adonnent à la construction de forteresses et d'édifices publics, les 90 autres seront évidemment obligés de sacrifier une partie de leur travail à l'entretien des 10 premiers. La majorité, par conséquent, sera obligée de travailler plus de jours et d'heures dans l'année, ou bien elle sera obligée de renoncer à une partie de ses avantages ou son épargne. Dans notre société qui compte 60 millions d'âmes, il existe la même relation entre le travail général et la partie de ce travail que le gouvernement détourne à son profit; bien que l'immensité des chiffres et les complications de l'organisme social ne nous permettent pas de voir aussi clairement les rapports entre les difficultés ou troubles financiers ou sociaux et leurs causes.

« J'ai pris pour exemple la construction de forteresses, non parce que je considère les forteresses comme inutiles, mais parce que je tiens à prouver que même les travaux les plus utiles entrepris par l'Etat ne constituent que des charges improductives, écrasantes et gênantes pour le travail national; que, par conséquent, tout impôt, quel que soit son objet, cause un préjudice à la population, dès qu'il dépasse les stricts besoins de l'administration et cela quel que soit l'emploi fait de ce supplément d'impôts. »

Cette vérité se fait certainement jour même parmi les populations européennes. Mais en se répandant dans les masses incapables de discuter sans passion et de reconnaître les imperfections de l'organisme social, toujours portées en outre à attribuer ces impôts excessifs à la mauvaise volonté de l'un ou de l'autre, la conscience de l'exagération et de l'improductivité des impôts engendre l'état d'esprit que Heine a exprimé dans sa chanson des Tisserands silésiens : « Glissez, navettes; ouvriers, travaillez jour et nuit; c'est pour toi, vieille Allemagne, que nous travaillons, c'est ton linceul que nous tissons en te maudissant ! »

Les dépenses que nécessitera la guerre future et les moyens de les couvrir.

Si grandes que soient les dépenses imposées chaque année à tous les Effectifs des armées
européennes. États européens par l'entretien de leurs armées et par leurs armements, c'est-à-dire par la guerre future, elles ne constitueront jamais qu'une faible partie des sacrifices pécuniaires qu'exigera la guerre elle-même. Ces frais ne peuvent être calculés que d'une façon approximative; mais le but de notre ouvrage nous oblige cependant à faire ce calcul.

La nouvelle organisation militaire, qui repose sur le service militaire universel et à court terme, n'a pas diminué — par rapport au passé — le nombre des soldats entretenus en temps de paix ; mais elle a donné un immense développement aux forces qui pourront être mises sur pied en temps de guerre. Actuellement, au cas d'une grande conflagration européenne, on doit s'attendre à voir marcher au combat des nations armées tout entières.

Si la guerre avait éclaté en 1896, les puissances eussent aligné les contingents armés suivants, en troupes actives et réserves de première ligne (1).

L'Allemagne	2.550.000 h.	La France	2.554.000 h.
L'Autriche-Hongrie	1.304.000	La Russie	2.800.000
L'Italie	1.281.000		
Total	5.135.000 h.	Total	5.354.000 h.

---

(1) Nous puisons nos données sur tous les pays, dans l'*Annuaire des renseignements les plus récents sur les forces armées de toutes les puissances pour* 1896 ; à l'exception de la Russie, pour laquelle cet annuaire ne donne point de renseignements, ainsi que de l'Allemagne, parce que l'effectif des troupes de cette puissance en 1896 s'y trouve diminué de 500,000 hommes par suite de modifications dans les calculs, en raison de la loi sur le service de deux ans : ce qui ne nous semble pas fondé. Nos chiffres concernant l'Allemagne sont, en conséquence, empruntés à l'Almanach de Gotha de 1896, de même que les chiffres concernant la Russie.

Les autres puissances ne restent pas en arrière en fait de préparatifs de guerre; elles augmentent sans cesse leurs armées. En 1896, ces puissances pouvaient mettre sur pied, en troupes actives et réserves de première ligne :

L'Angleterre. . . .	648.000 h.	Le Danemark	58.000 h.
La Turquie.	1.008.000	La Serbie	153.000
La Belgique	134.000	La Suède et la Norvège. .	170.000
La Suisse.	202.000	Le Monténégro	36.000
La Roumanie. . . .	169.000	La Bulgarie et la Roumélie.	223.000

Voyons ce qu'il faudrait dépenser pour la mobilisation et l'entretien des forces des cinq grandes puissances européennes.

Evaluation des dépenses que nécessitera la guerre future.

Nouvelles conditions de combat.

Indiquons les nouvelles conditions particulières dans lesquelles on combattra sur les théâtres de guerre européens et qui contribueront à augmenter les frais de la guerre future.

Avant tout, les munitions, — cela se comprend, — devront être envoyées aux armées de leurs pays respectifs, ce qui occasionnera des frais énormes.

Le fusil à tir rapide est coûteux par lui-même, mais les quantités de cartouches qu'il usera dépassent tout ce qu'on pouvait imaginer dans le passé. Il en sera de même des canons et des projectiles modernes. L'immense force numérique des armées et les propriétés meurtrières des armes modernes augmenteront sensiblement les frais des services de secours pour les malades et les blessés.

Une nouvelle catégorie de dépenses très importantes proviendra, en outre, de la préparation de l'outillage destiné à l'envahissement subit du territoire ennemi, au rétablissement des communications détruites, etc., car les ressources locales ne tarderont pas à s'épuiser.

Énormes seront aussi les besoins en provisions de bouche, qui augmenteront dans la même proportion que les armées: la grande demande de ces articles déterminera une forte hausse de leurs prix.

Difficultés du ravitaillement.

Il faudra bien faire venir ces vivres de chez soi. Une grande armée ne saurait subsister avec les ressources du pays ennemi qu'elle occupe, surtout durant les arrêts prolongés résultant de ce que la guerre future sera, principalement, une lutte pour les positions fortifiées qu'il faudra assiéger. Il ne s'agira donc pas seulement de vaincre l'ennemi sur les champs de bataille, mais aussi de mettre son adversaire dans l'impossibilité de se ravitailler et, par cela même, de continuer ses opérations stratégiques.

Ces immenses armées auront nécessairement — même dans le cas où leurs lignes d'opérations seraient courtes — des moyens de communication longs et compliqués, partant susceptibles d'être, par moment, forcés par les adversaires; elles ne pourront donc assurer leurs services de ravitaillement qu'au prix de grands efforts et de frais très considérables. Il est même permis de douter qu'elles y réussissent.

Avec les puissants explosifs actuels, avec les canons portant à de très grandes distances et la poudre sans fumée, avec les nombreux vélocipédistes enrôlés dans l'armée et les troupes entraînées de longue main pour la guerre de partisans, les lignes de communication seront souvent rompues et les transports fréquemment détruits. Chaque complication de ce genre occasionnera de nouvelles dépenses.

Les communications par mer seront interrompues dès le début de la guerre, ainsi que nous l'avons déjà maintes fois indiqué et plus spécialement démontré dans la partie de notre ouvrage consacrée à la guerre navale. Les contrées dépourvues de blé, et qui le font venir par mer, supporteront par conséquent, en dehors des frais de guerre, des surtaxes énormes résultant de l'approvisionnement en blé. Le froment, le seigle et l'avoine de production locale ne suffisent pas même pour six mois en Angleterre ni pour deux mois et demi en Italie; ils suffisent pour deux à trois mois en Allemagne et pour un mois en France. En Autriche-Hongrie, la production de céréales suffit aux besoins de l'Empire et la Russie exporte son excédent, qui constitue 21, 6 0/0 de sa récolte totale.

L'avoine récoltée dans le pays même suffit pour deux mois à deux mois et demi en Angleterre, pour un mois en France, en Italie et en Allemagne; l'Autriche en produit assez pour ses propres besoins et la Russie exporte 16, 7 0/0 de la quantité totale qu'elle récolte.

La grande demande de céréales en temps de guerre entraînera une forte hausse de leurs prix. Dans ces conditions, il sera parfois tout à fait impossible de remplacer les transports détruits ou enlevés par l'ennemi et ce sera, dans tous les cas, très coûteux. Stein (1) calculait, — à une époque où les armées n'avaient que 1/5 de leurs effectifs actuels et où il n'était pas encore question de l'interruption des communications maritimes, — qu'en temps de guerre les vivres coûteraient le triple de ce qu'ils coûtent en temps de paix. Un autre auteur, Kottié (2), suppose que, même en Au-

Hausse des prix
des céréales.

(1) Stein, *Heerwesen*, page 229.
(2) S. N. Kottié, *Die Natural-Contribution* (Contribution naturelle.)

triche, pays qui dispose d'un excédent de céréales, la hausse des prix atteindra 60, voire même 100 0/0 des prix ordinaires. Mais si la guerre devait, en réalité, durer aussi longtemps que le prédisent certains personnages très compétents (de Moltke et Leer), si elle se prolongeait pendant deux années, les prix des céréales s'élèveraient dans des proportions inouïes, par suite de la crise que subirait l'agriculture du fait de l'absence de la plupart des agriculteurs enrôlés sous les drapeaux.

La guerre sera de longue durée. Or, il y a des raisons sérieuses de douter que la guerre future se termine vite, malgré la perfection des armes. Les chemins de fer restreindront la période des opérations préliminaires; mais durant les marches, les manœuvres et les combats, on ne pourra utiliser les voies ferrées que dans des cas extrêmement rares : elles ne pourront jamais servir de lignes d'opérations. Les grandes masses qui entreront en ligne ne pourront se mouvoir que très lentement sur les chemins ordinaires (1).

Toutes les puissances se sont préparées pour la défense, car la force des canons et des fusils modernes et la poudre sans fumée donnent un grand avantage à ceux qui se tiennent sur la défensive.

Les troupes ont appris à établir, sur le champ de bataille, des retranchements en terre qu'il ne sera pas toujours possible d'enlever par une attaque de front ou qu'on ne pourra emporter qu'au prix de très grands sacrifices; il faudra donc recourir très souvent aux travaux de siège, lesquels demandent beaucoup de temps. La grande force numérique des armées aura, en outre, pour conséquence l'organisation de nouveaux points, voire même de nouvelles lignes de défense sur les derrières des troupes vaincues; cela n'empêchera peut-être pas, mais en tout cas rendra extrêmement difficile la poursuite et la défaite définitive de l'ennemi battant en retraite.

Voilà pourquoi presque tous les auteurs sérieux qui se sont occupés de cette question présument que la guerre future durera longtemps.

« Admettons — dit de Moltke dans ses Mémoires — que ni la guerre de Cent Ans, ni celle de Trente Ans ni même la guerre de Sept Ans ne se renouvelleront; il n'en est pas moins probable que la lutte pour l'existence politique, à laquelle participeront des millions d'hommes, ne se résoudra pas par quelques victoires. »

Et cela n'a pas été dit par un poète ni par un homme de lettres qu'on pourrait taxer d'exagération, mais bien par l'un des plus éminents stratèges et des plus grands capitaines des guerres passées.

En lisant tout ce que le maréchal de Moltke a dit et écrit, on ne

---

(1) Leer, *Slojnia operatsia* (*Opérations combinées*).

peut manquer de remarquer combien il pesait toutes ses paroles et combien il évitait les phrases creuses. C'est pourquoi il importe de méditer ces paroles : « Admettons que ni la guerre de Cent Ans, ni celle de Trente Ans ni même la guerre de Sept Ans ne se renouvelleront ». Il estime donc que l'orage futur ne se résoudra pas par quelques coups de tonnerre, mais que, selon toute probabilité, il se prolongera pendant des années entières.

Il faut prendre en considération que la Russie participera, sans aucun doute, à tout conflit armé européen; dans ces conditions, la guerre ne pourra se terminer dans l'espace d'une seule année, mais elle exigera une série de campagnes.

Lors de la guerre future, la hausse des prix sera plus considérable. qu'elle n'a été antérieurement; en voici les raisons : plus la différence est grande entre les contingents entretenus en temps de paix et ceux mis sur pied en temps de guerre, plus il est difficile de mobiliser l'armée et de lui fournir tout ce dont elle a besoin. Sauf pour la cavalerie, cette différence était moins grande autrefois.

Les régiments d'infanterie de l'armée active, qui seront doublés en cas de guerre, devront compter sérieusement avec les besoins résultant de la mobilisation; plus grandes encore seront les difficultés qu'on devra surmonter pour subvenir à tous les besoins de l'infanterie de réserve, dont la force numérique augmente de cinq à dix fois en temps de mobilisation. Les nouvelles parties de l'armée qu'on formera (les bataillons de réserve) et les institutions qu'on créera de toutes pièces (les hôpitaux de campagne, les convois, les parcs d'artillerie, etc.) se heurteront, peut-être, à des difficultés encore plus sérieuses.

Le général Iung (1) estime que la mobilisation de l'armée française coûtera 300 millions de francs et que les dépenses, qui s'élèvent en temps de paix à 1 million 1/2 par jour, s'élèveront à 9 millions en temps de guerre.

Suivant les calculs de « *L'Avenir militaire* » les dépenses quotidiennes seront :

Pour la France . . . . 9,922,000 francs.
Pour l'Allemagne 9,723,000
Pour l'Italie. 6,201,000

Le célèbre économiste Schäffle, qui fut ministre du Commerce en Autriche sous la présidence de Hohenwart, a publié, dans la *Deutsche Revue*, un article sur les dépenses que nécessitera la guerre future et sur les moyens

____

(1) Général Iung, *La guerre et la société.*

de couvrir ces dépenses. Dans son travail Schäffle formule la supposition qu'une seconde guerre entre la France et l'Allemagne ne durerait pas plus longtemps que la guerre de 1870, c'est-à-dire pas plus de neuf mois. « Pendant la dernière guerre, dit-il, les affaires décisives se sont suivies de près, à cause de la faiblesse de la France, et malgré cela, la lutte a duré neuf mois. Depuis, les Français ont fait de grands progrès : le nombre et la valeur de leurs soldats se sont accrus, peut-être même la valeur de leurs chefs. Or, en prenant en considération la gravité et la durée des conséquences de la guerre future, ainsi que l'acharnement des adversaires, il est peu probable que la paix puisse être conclue avant que les Français se soient emparés de Metz, Strasbourg et de toutes les autres forteresses situées sur le Rhin, ou bien avant que les Allemands aient enlevé toute la ligne des forteresses françaises se trouvant sur leur frontière et qu'ils aient de nouveau enfermé l'armée française dans Paris voué à la faim. Combien de temps cela demandera-t-il ? Les plus compétents en la matière ne sauraient nous le dire, mais il ne sera pas facile de remplir l'une ou l'autre de ces tâches et l'on peut supposer que la guerre présumée durera encore neuf mois.

« D'autre part, il est peu probable qu'elle se prolonge au delà de ce terme. Tous les hommes âgés de vingt-un à quarante-cinq ans seront appelés sous les armes ; toutes ces forces ne sauraient abandonner longtemps leur travail sans entraîner la ruine complète du pays. Ni l'Allemagne appuyée par l'Autriche et l'Italie, ni la France ne pourraient supporter une guerre qui durerait plus de neuf mois. La Russie, elle, ne mettrait pas sur pied toute sa population mâle : loin de là. Aussi pourrait-elle résister plus longtemps, mais pas de beaucoup, à cause de la difficulté qu'elle éprouverait à faire vivre les millions de soldats envoyés au loin vers l'Occident. »

D'après cela, Schäffle calcule les frais de la guerre future pour une période de neuf mois, et il aboutit au chiffre imposant de 25 milliards de marks pour la France et l'Allemagne, en partant de ce que la guerre de 1870-1871 leur a coûté 12 milliards de marks. Schäffle explique cette augmentation des frais par l'augmentation des moyens d'action. « Dans le cas où l'une ou l'autre de ces nations serait complètement vaincue, dit-il, ou bien dans le cas où le résultat de la guerre serait indécis, la révolution sociale éclaterait dans l'un des deux pays, et porterait à 30 milliards le chiffre des dépenses. »

Nous faisons remarquer que, dans l'ouvrage publié par Schäffle (1) en

---

(1) Schäffle, *Der nächste Krieg in Zahlen* (La guerre future en chiffres) (*Zeitschrift für die gesammte Staatswissenschaft*).

1887, les frais de la future guerre entre l'Allemagne et la France sont estimés à 16 milliards seulement.

Ces calculs ont été faits à une époque où les armées n'étaient pas encore aussi nombreuses que de nos jours. Les frais de la guerre future dépasseront certainement de beaucoup ce chiffre.

Les dépenses extraordinaires, résultant, pour la Russie, de la situation créée par la guerre de 1877 à 1878, ont été couvertes par des crédits spéciaux. Le total de ces crédits, ouverts depuis la fin de l'année 1876 jusqu'au 1er janvier 1880, s'est élevé à 1,021,032,000 roubles. Nous indiquons plus bas comment ils se décomposent et, pour fournir une comparaison avec le passé, nous donnons ici la répartition, faite par Galline, des dépenses extraordinaires, c'est-à-dire en laissant de côté les dépenses ordinaires prévues au budget (1).

Dépenses de la Russie en 1877-78.

Pour le passé,
suivant le calcul
de Galline.
—

		Pour le passé
Sommes payées en espèces aux soldats et officiers de tous grades et de toutes administrations. . . . . R.	110.226.800 c'est-à-dire 10,8 %	24,75 %
Fournitures pour l'armée, les hôpitaux volants et les hôpitaux stables.	123.029.300	
Pour les provisions de bouche et l'entretien des malades. .	248.075.900	R. 501.891.300 c'est-à-dire 49,1 % 38,80 %
Pour les grains et les herbes fourragères.	130.786.100	
Pour l'achat de chevaux. .	19.412.200 c'est-à-dire 1,9 %	
Pour le transport d'objets et de vivres, l'organisation des convois et l'entretien du service des transports	101.308.300	
Pour le transport des troupes en chemin de fer et pour les soldats et les officiers détachés en mission	68.541.300	169.849.600 c'est-à-dire 16,6 % 2,16 %

____

(1) Stein, *Heerwesen.*

Pionniere und Kriegsbrücken.	0,16 proc.	Fuhrwesen.	2,16 proc.
Flottille, Landmacht und Landkrieg.	0,47 »	Geniebranche.	2,95 »
		Zeugsartillerie.	7,36 »
Munition.	1,4 »	Montur.	9,68 »
Spitaler und Medicamente . .	1,68 »	Baarverpflegung.	24,75 »
Betten.	1,30 »	Materialverpflegung.	38,80 »

Pour l'établissement de moyens de communication pour les armées (y compris la construction de chemins de fer en Roumanie et en Bulgarie) . . .   55.029.100   c'est-à-dire 5,4 %   0,16 %

Pour compléter le matériel des forteresses : l'artillerie, les batteries et les parcs. 15.064.600

Pour la fabrication et l'achat d'armes 16.413.000

Pour la confection des munitions d'armes à feu. . . . . .   17.195.100   74.267.000 c'est-à-dire 7,3 %   8,76 %

Pour le remplacement des anciens canons par des canons à longue portée. 25.594.300

Pour la mise en état de défense des forteresses et des frontières de l'Empire. 8.812.100

Pour la confection des objets nécessaires au génie, les frais de construction et autres résultant des opérations des armées en campagne . . . . . .   6.008.600   14.820.700 c'est-à-dire 1,5 %   2,95 %

Pour la préparation des approvisionnements pharmaceutiques, des objets nécessaires aux pansements, des médicaments et des instruments de chirurgie. .   4.377.500   c'est-à-dire 0,4 %   2,98 %

Pour la construction, l'achat et la location de différents navires 8.510.400

Pour les divers besoins de la flotte, en artillerie, en matériel d'administration et de construction . . . .   6.174.200   19.502.700 c'est-à-dire 1,9 %   0,47 %

Pour la protection des ports de la mer Noire, la préparation des torpilles, le placement des appareils de tir et d'éclairage sur les navires 4.818.100

Pour la convocation des sol-

RÉPARTITION (EN MILLIONS DE ROUBLES) DES DÉPENSES EXTRAORDINAIRES, DÉTERMINÉES EN RUSSIE, PAR LA GUERRE DE 1877-78.

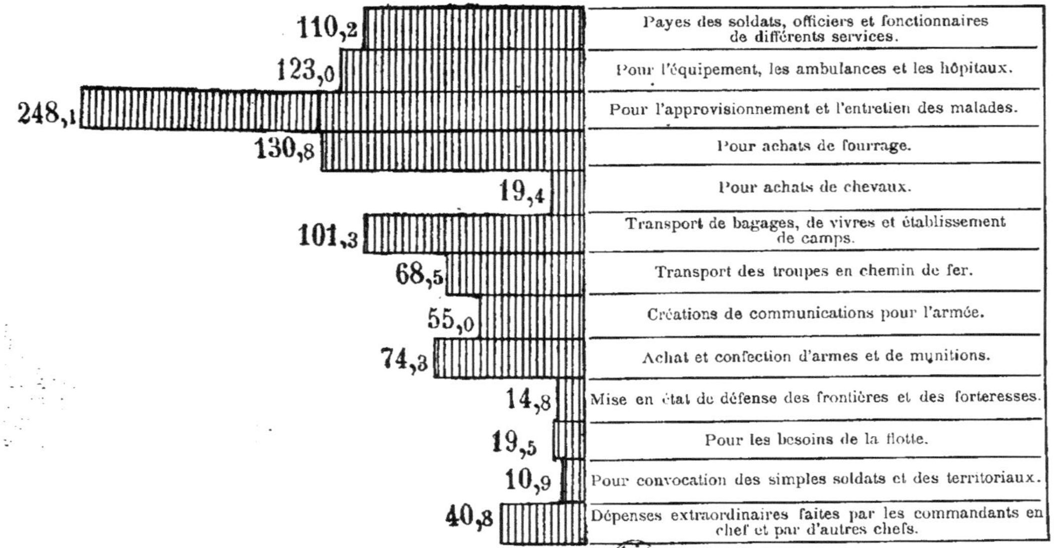

LA GUERRE FUTURE (P. 307, TOME IV.)

dats et des miliciens, pour les
détachements chargés de préparer les logements des troupes
et pour la conduite des chevaux
fournis par la population. . . .   10.872.900

c'est-à-dire
1,1 %   0 %

Pour les frais extraordinaires des commandants en chef
et autres officiers généraux de
l'armée, pour les dépenses im-
prévues, pour les gratifications
et subventions à différentes personnes et à différentes institutions et pour diverses dépenses
éventuelles de toutes les administrations. 40.782.200

c'est-à-dire
4,0 %   0 %

On voit, par conséquent, que les sommes en espèces allouées aux militaires de tous grades ont diminué par rapport au passé : elles constituaient
antérieurement 24,7 % des dépenses globales, tandis que pendant la guerre
de 1877 à 1878 elles ne se sont élevées qu'à 10,8 % du total susdit; quant
aux dépenses en fournitures, elles ont augmenté (de 38,8 % à 49,1 %),
mais dans un moindre degré que les frais de transport et ceux déterminés
par l'établissement des communications (de 2,1 % à 16,6 %).

Nous ne pouvons indiquer que très approximativement les forces numériques des armées russes qui ont pris part à la guerre de 1877-78. Le 1ᵉʳ novembre 1876 fut décrétée par l'Empereur la mobilisation de 227,548 soldats. En 1877 eurent lieu plusieurs convocations de réservistes, qui fournirent au total un contingent de 241,623 hommes, et au mois d'août de
la même année on appela sous les armes 110,000 miliciens.

Au moment de son plus grand développement, c'est-à-dire vers le
31 juillet 1878, l'armée régulière se composait de :

Généraux, officiers supérieurs et autres. 39.268
Soldats, caporaux, sergents, etc. 1.626.165
____
1.665.433

Les forces susdites se trouvaient réparties comme il suit :

	Généraux et officiers.	Hommes de troupe.	Total.
1) Sur la Péninsule Balkanique.	11.627	509.556	521.183
2) En Turquie d'Asie et dans la circonscription militaire du Caucase	5.954	268.416	274.370

3) Dans la circonscription d'Odessa, c'est-à-dire à l'armée chargée de la défense des côtes de la mer Noire. 1.703   67.613   69.316

Total. 19.284   845.585   864.869

Dans les limites de l'Empire se trouvaient   19.984   780.580   800.564

L'entretien des 800,564 hommes répartis dans l'Empire fut soldé par le budget ordinaire du ministère de la Guerre.

Le 31 juillet 1878 fut décrétée par l'Empereur la démobilisation de l'armée et sa réduction aux proportions ordinaires.

Il y avait au 1ᵉʳ janvier 1879, sur le théâtre de la guerre et dans l'intérieur du pays, un total de 1,148,509 soldats et officiers ; en déduisant de ce chiffre celui auquel s'élevait le contingent distribué dans les limites de l'Empire, soit 800,564 hommes, on obtient, comme reste, 347,945, ce qui indique le nombre d'hommes se trouvant sur le théâtre de la guerre à la date précitée.

Ces données approximatives sur la force numérique des armées russes, dont l'entretien rentrait dans la catégorie des dépenses extraordinaires de l'État, et qui a absorbé 1,021,032,000 roubles, nous permettent de calculer le coût moyen de l'entretien d'un soldat durant la guerre de 1877-78.

Nombre de jours
total.

En 1876, on a entretenu 227,548 hommes du 10 novembre au 1ᵉʳ janvier, c'est-à-dire pendant 52 jours. 11.832.496

En 1877 on a entretenu ce même nombre d'hommes (227,548) durant toute l'année, c'est-à-dire pendant 365 jours.   83.055.020

En 1877 on a, en outre, entretenu 241,623 réservistes et 110,000 miliciens (convocation qui a succédé aux échecs essuyés sous Plevna) du 1ᵉʳ août jusqu'à la fin de l'année, pendant 153 jours. 53.798.319

En 1878, on a entretenu un maximum de 864,869 hommes jusqu'au 31 juillet, c'est-à-dire pendant 212 jours. 183.352.228

Du 31 juillet 1878, c'est-à-dire à partir du jour où la démobilisation fut décrétée jusqu'au 1ᵉʳ janvier 1879, c'est-à-dire pendant 153 jours, on a entretenu 347,945 hommes. 53.235.585

En 1879, on a entretenu un nombre égal (347,945) d'hommes jusqu'au 1ᵉʳ avril, c'est-à-dire jusqu'au jour du retour, soit pendant 90 jours. 31.315.050

Total. 416.588.698

NOMBRE TOTAL (EN MILLIONS) DES JOURS D'ENTRETIEN DES TROUPES RUSSES AYANT PARTICIPÉ A LA GUERRE DE 1877-78
DU 10 NOVEMBRE 1876 AU 1er AVRIL 1879.

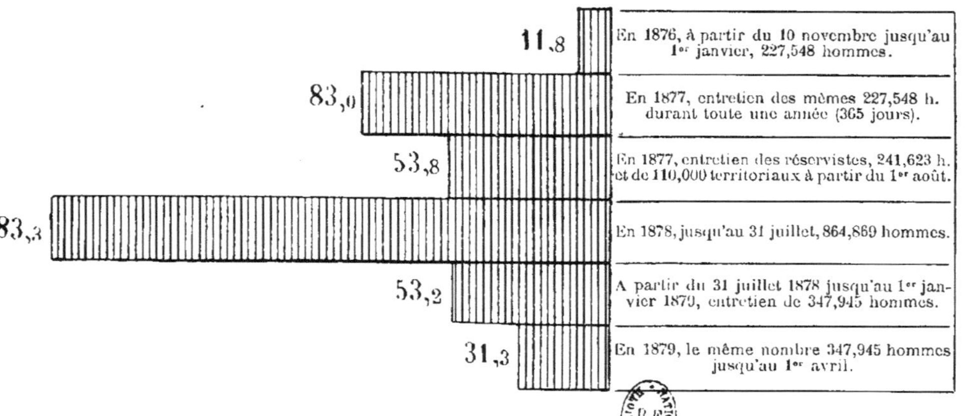

LA GUERRE FUTURE (P. 309, TOME IV.)

Il résulte de ce qui précède que l'entretien d'un soldat revenait à 2 roubles 1/2 par jour.

Pendant la guerre future ces dépenses seront probablement plus considérables, par les raisons que nous avons indiquées plus haut. Une autre circonstance contribuera peut-être à augmenter ces frais ; c'est que, dans l'Europe centrale, le soldat est actuellement beaucoup mieux payé qu'antérieurement, et que, de nos jours, il demande à être mieux nourri, mieux vêtu et logé que ne l'étaient les officiers et les soldats pendant la guerre russo-turque.

Mais laissons de côté ces considérations et admettons, pour ne pas être taxés d'exagération, que l'entretien d'un soldat coûte seulement 2 roubles 1/2, soit 10 francs par jour.

Alors, les dépenses quotidiennes se seraient élevées, si la guerre avait éclaté en 1896, à :

Estimation
d'une guerre
en 1896.

Pour l'Allemagne (pour 2.550.000 hommes). . . . .   25.500.000 fr.
  —   l'Autriche   (— 1.304.000   —). 13.040.000
  —   l'Italie   (— 1.281.000   —). 12.810.000

        Total pour la Triple Alliance. . . . . .   51.350.000 fr.

Pour la France (pour 2.554.000 hommes). 25.540.000
  — la Russie (— 2.800.000   —). 28.000.000

        Total pour la Double Alliance. . . . . .   53.540.000 fr.

Ensemble, les dépenses quotidiennes totales des cinq grandes puissances de l'Europe se seraient donc élevées à 104,890,000 francs.

Exprimons ces résultats par un graphique :

Les dépenses quotidiennes probables pour la guerre future en millions de francs.

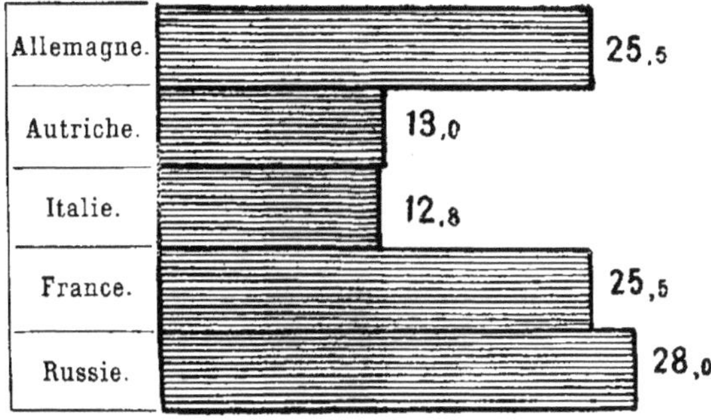

Il est très probable qu'en réalité le chiffre de ces dépenses sera beaucoup plus élevé, les armées devant être ravitaillées non seulement avec ce que leur fourniront les intendances, mais aussi avec les produits des pays qu'elles occuperont. Or, la guerre de Crimée nous a montré combien les prix des vivres augmentent quand une armée reste longtemps sur place. Les provisions de bouche ont atteint en Tauride des prix 10, 15, 16 et même 25 fois plus élevés qu'en temps normal, le foin s'est vendu 16 $^2/_3$ fois plus cher qu'à l'ordinaire; les céréales, le bois de chauffage, les légumes, le lait et le charbon ont été 5, 6, 7, 8 et 9 fois plus chers qu'en temps de paix; le prix des objets manufacturés avait doublé et triplé, et les transports étaient devenus 5 et 7 fois $^1/_2$ plus coûteux qu'avant la guerre.

Dans les provinces frontières du midi de la Russie, les prix doublèrent et triplèrent; ils augmentèrent même de la moitié et du double dans les gouvernements éloignés du théâtre de la guerre.

A l'avenir la situation sera, probablement, moins mauvaise, car les vivres seront envoyés par chemin de fer; mais on aurait tort de croire que tous les objets de ravitaillement puissent être transportés de cette manière, surtout le fourrage.

On a constaté, en outre, pendant la guerre de Crimée, que la demande commença à augmenter et l'offre à diminuer dès que l'armée parut sur le théâtre des hostilités.

Immédiatement après la déclaration de la guerre, le crédit baissa et les capitaux disparurent de la circulation; simultanément le commerce s'arrêta, les marchés se vidèrent et, dans ce pays pourtant si fertile où la lutte se déroula, les prix des produits agricoles s'élevèrent d'une façon inouïe.

Les puissances auront à supporter d'autres charges encore. On appellera sous les drapeaux un grand nombre de réservistes qui vivent de leurs salaires; ces gens abandonneront leurs foyers sans y laisser de moyens d'existence. Les gouvernements seront, dès lors, forcés de servir des subventions aux familles de ces soldats. Il est bien difficile de déterminer exactement le nombre des familles qui ne pourront se passer de subventions. Nous croyons, cependant, pouvoir affirmer que les familles des soldats faisant partie de l'armée permanente n'auront pas besoin de ces secours pécuniers; les familles d'un certain nombre de réservistes seront aussi à l'abri du besoin, de sorte qu'on peut admettre qu'il faudra secourir: 25 0/0 des familles des réservistes appartenant à la classe agricole, 60 0/0 des familles dont les soutiens sont dans l'industrie ou font métier d'ouvrier, 40 0/0 des familles de commerçants, et 10 0/0 des familles de ceux qui poursuivent des carrières libérales.

Les secours distribués seront d'autant plus considérables dans une contrée que les familles y sont plus nombreuses, que leurs besoins sont plus développés et qu'il y a de meilleures raisons pour que les prix des vivres y haussent en temps de guerre. En tenant compte de toutes ces conditions, on peut admettre qu'il faudra donner quotidiennement à une famille : en Allemagne 2 fr. 50, en France 2 francs, en Autriche et en Italie 1 fr. 50 et en Russie 1 fr. 20.

Dans ce cas, les puissances dépenseront quotidiennement, en subventions servies aux familles indigentes : Montant de ces subventions.

      En Allemagne, pour 783.000 familles. . . . .   1.957.500 fr.
        En Autriche,   pour 351.000   —   . . .   526.500
        En Italie,   pour 341.000   —   . . .   511.500

            Total pour la Triple Alliance . . . .   2.995.500 fr.

        En France,   pour 659.000 familles . . . .   1.318.000 fr.
        En Russie,   pour 531.000   — 637.000

            Total pour la Double Alliance . . .   1.955.200 fr.

Représentons ces chiffres par un graphique :

---

(1) Le nombre des familles ayant besoin d'être secourues a été calculé comme suit :

PAYS	Forces numériques des armées sur pied de guerre en 1896, en milliers	Force des armées permanentes en 1896, en milliers (à déduire)	Total des réservistes en milliers	SUR LE NOMBRE TOTAL DES RÉSERVISTES, APPARTENAIENT							
				à l'agriculture		à l'industrie		au commerce		aux professions libérales	
				en milliers	0/0	en milliers	0/0	en milliers	0/0	en milliers	0/0
Allemagne. . .	2.550	583	1967	744	37,8	846	43,0	206	10,5	71	3,6
Autriche. . . .	1.304	360	944	464	49,0	346	36,7	61	6,5	27	2,9
Italie	1.281	268	1013	428	42,4	271	27,1	153	15,1	87	8,6
France.	2.554	604	1950	828		528		294		168	
Russie.	2.800	767	2033	1748	86,0	109	5,4	63	3,1	36	1,8

Sommes probables que les puissances affecteront à subventionner les familles des soldats en milliers de francs.

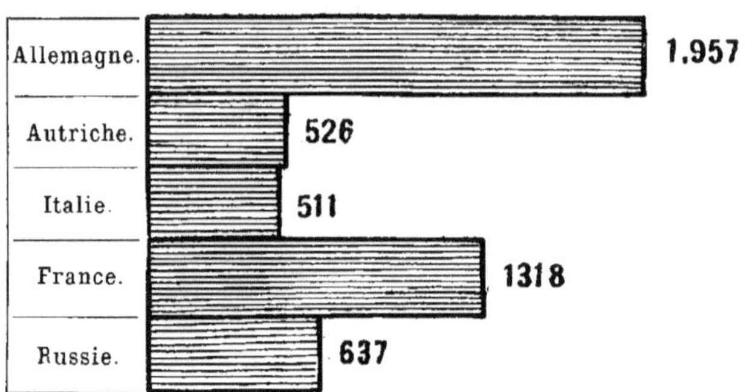

Les cinq grandes puissances qui nous intéressent dépenseraient donc quotidiennement en subventions la somme globale de 4,950,700 francs.

Les sommes que nous avons données plus haut ne sont nullement exagérées : en face de la grande cherté de vivres qui ne manquera pas de se produire pendant la guerre future, les familles comprenant 4 à 5 personnes ne pourront suffire à leurs besoins, et les gouvernements seront forcés de les aider dans la mesure que nous venons d'indiquer. Indépendamment de la crise économique générale, cette cherté sera portée à son comble par le discrédit du papier-monnaie que les gouvernements seront

Les familles des réservistes devraient être secourues dans les proportions suivantes :

PAYS	CELLES DES AGRICULTEURS		CELLES DES INDUSTRIELS		CELLES DES COMMERÇANTS		CELLES DES PERSONNES DE PROFESSIONS LIBÉRALES		NOMBRES TOTAUX DES FAMILLES AYANT BESOIN D'ÊTRE SECOURUES
	en milliers	0/0	en milliers	0/0	en milliers	0/0	en milliers	0/0	
Allemagne.	186		508		82		7		783
Autriche. .	116		208		24		3		351
Italie. . . .	107	25 %	164	60 %	61	40 %	9	10 %	341
France. . .	207		317		118		17		659
Russie. . .	437		65		25		4		531

La répartition des réservistes suivant leurs professions a été faite d'après des données officielles. Nous traitons ce sujet d'une manière plus détaillée dans le chapitre intitulé : *L'inégalité des pertes résultant pour l'économie nationale des différents pays, du fait de la guerre future.*

forcés d'émettre pour couvrir leurs dépenses et satisfaire d'autres exigences.

Si maintenant nous calculons les sommes dont chaque puissance aura besoin pour couvrir ses dépenses extraordinaires, déterminées par une guerre qui se prolongerait toute une année, et si nous ajoutons à ce total le chiffre des dépenses ordinaires, prévues dans le budget, nous obtiendrons la somme approximative globale indispensable pour soutenir une guerre pendant douze mois.

Total des dépenses
ordinaires
et extraordinaires
pour une guerre
d'une année.

PAYS	DÉPENSES ANNUELLES extraordinaires pour l'armée	DÉPENSES ANNUELLES extraordinaires pour les subventions servies aux familles indigentes	BUDGET ORDINAIRE pour l'armée et la flotte (1)	TOTAL DES DÉPENSES
	en milliers de francs.			
Allemagne	9.307.500	714.487	659.342	10.681.329
Autriche	4.759.600	192.172	375.465	5.327.237
Italie	4.675.650	186.697	325.125	5.187.472
Total	18.742.750	1.093.356	1.359.932	21.196.038
France	9.322.100	481.070	923.790	10.726.960
Russie	10.220.000	232.578	1.303.889	11.756.467
Total	19.542.100	713.648	2.227.679	22.483.427
Total général	38.284.850	1.807.004	3.587.611	43.679.465

Faisons ressortir ce résultat par un graphique.

Totaux des sommes probables que les puissances affecteront à des dépenses militaires en milliers de francs.

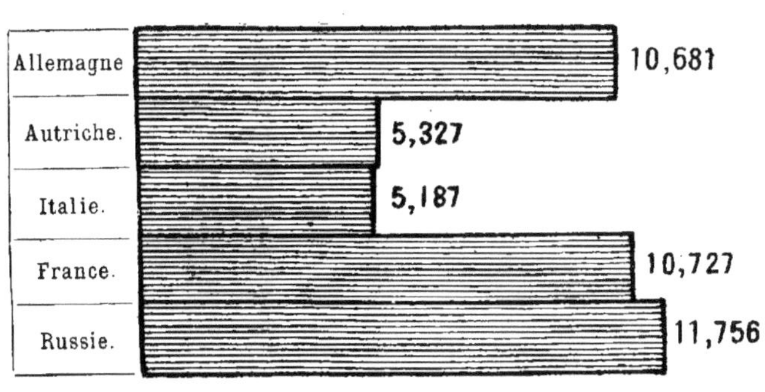

(1) Les chiffres concernant la Russie sont puisés au *Compte rendu du contrôle de l'État* de l'année 1895 (pour le ministère de la Guerre, 268,453,515 roubles papier, et pour le ministère de la Marine, 57,518,644 roubles papier); les chiffres concernant les autres puissances sont tirés du *The Statesman's Year-Book.*

Voilà comment se présente le total probable des dépenses militaires des cinq puissances continentales européennes.

Nous donnons ici un tableau emprunté à la Société des amis de la paix *The peace Society* et intitulé : « La paix armée de l'Europe en 1895 ». Dans ce tableau, les effectifs des armées en temps de paix et sur pied de guerre sont mis en regard des populations ; nous y voyons aussi les dépenses qui résultent des dettes publiques et les totaux des revenus des puissances européennes.

PAYS	Populations en milliers d'âmes	ARMÉES EN MILLIERS D'HOMMES			DÉPENSES ANNUELLES POUR L'ARMÉE ET LA FLOTTE		INTÉRÊTS DE LA DETTE PUBLIQUE.		Totaux des revenus en millions de francs
		En temps de paix	Sur pied de guerre	Avec le Landsturm ou l' « opoltchénié » (milice territoriale)	En millions de francs	En 0/0 du total des revenus	En millions de francs	En 0/0 du total des revenus	
Autriche. . . .	43.212	354	1.872	4.000	445,4	18 %	713,6	28,8 %	2.480
Belgique. . . .	6.262	50	156	—	47,2	13,5 »	136,9	39,1 »	350
Bulgarie. . . .	3.305	36	264	—	21,9	24,5 »	13,9	15,5 »	89
Danemark. . .	2.185	42	60	—	23,7	30,7 »	9,2	11,9 »	77
France.	38.343	598	2.500	4.375	925,6	26,9 »	1.235,3	35,9 »	3.439
Allemagne. . .	49.428	580	2.229	3.350	663,4	41,3 »	89,7	5,6 »	1.606
Gr.-Bretagne. .	39.134	219	718	—	889,9	37,6 »	625,0	26,4 »	2.367
Grèce.	2.187	26	100	175	20,1	22,7 »	36,1	40,7 »	88
Hollande. . . .	4.733	22	62	— environ	77,9	29,5 »	73,0	27,6 »	264
Italie	30.536	280	2.448	3.000	329,2	19,0 »	576,3	33,2 »	1.734
Portugal. . . .	4.708	40	125	—	48,0	21,0 »	122,4	53,5 »	228
Roumanie. . .	5.376	51	160	— environ	41,0	22,2 »	74,8	40,4 »	185
Russie.	124.000	869	2.532	8.947	1.290,9	30,5 »	1.083,6	25,6 »	4.232
Serbie.	2.205	13	180	337	12,5	19,6 »	21,7	34,0 »	63
Espagne. . . .	17.550	120	180	1.083	156,4	20,3 »	309,2	40,2 »	769
Suède et Norvège.	6.825	63	465	—	60,3	28,8 »	30,1	14,4 »	209
Suisse.	2.933	—	488	—	22,8	29,8 »	4,3	5,6 »	76
Turquie	32.500	701	1.195	—	172,5	41,0 »	63,6	15,1 »	420
	415.425	4.064	16.034	—	5.248,7	28,1 %	5.218,7	27,9 %	18.682

Ainsi, même sans compter les armées territoriales, qui se compose-
raient d'hommes sans instruction militaire, les armées sur pied de guerre
représentent un total de 16 millions d'hommes. L'entretien de toutes les
armées permanentes et des flottes coûta 5,249 millions de francs par an et
l'on dépensa presque autant en paiement d'intérêts des dettes contractées
en vue de la guerre, soit la somme de 5,219 millions. Donc, 56 0/0 des
sommes payées par les nations (c'est-à-dire d'un total de 18,6 miliards de
francs) sont affectés aux besoins des armées (28,1 0/0) et au paiement des
intérêts des dettes publiques (27,9 0/0).

Le graphique ci-dessous montre comment les revenus se répartissent
en pour cent entre les besoins des armées et des flottes, les intérêts des
dettes publiques et les autres besoins dans les principaux pays.

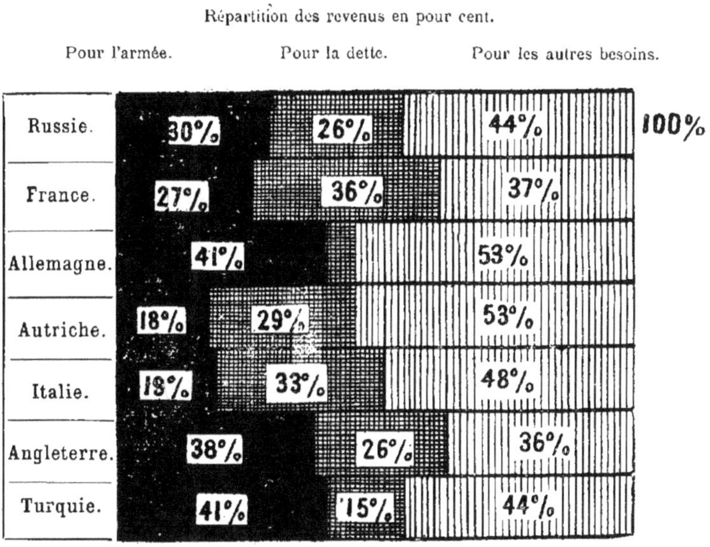

Répartition des revenus en pour cent.

	Pour l'armée.	Pour la dette.	Pour les autres besoins.	
Russie.	30%	26%	44%	100%
France.	27%	36%	37%	
Allemagne.	41%		53%	
Autriche.	18%	29%	53%	
Italie.	18%	33%	48%	
Angleterre.	38%	26%	36%	
Turquie.	41%	15%	44%	

Cette comparaison amène tout naturellement à se demander : Serait-il
possible de réunir des ressources qui dépassent dans de telles proportions
les revenus ordinaires des pays et quels résultats entraînera un effort
aussi démesuré ?

Recherche des ressources nécessaires pour faire la guerre.

Difficultés de se procurer les moyens d'existence.

On aura, dans l'avenir, plus de difficultés qu'autrefois à se procurer les ressources nécessaires pour faire la guerre.

Jadis, la vie suivait son train ordinaire en dehors des frontières du pays occupé par l'ennemi et jusque dans les régions non envahies de ce pays même.

Il n'en sera plus de même à l'avenir : des nations entières se réuniront sous les drapeaux et c'est la fleur de la population, c'est-à-dire l'ensemble des forces les plus aptes au travail productif, qu'on enverra combattre. Le mécanisme si compliqué·de la vie nationale moderne se ressentira, par conséquent, beaucoup plus douloureusement de la guerre future qu'il ne s'était ressenti des guerres précédentes.

Par suite de la suppression des voies de communication ordinaires, de la diminution des demandes, et aussi des craintes que fera naître cet état de choses, les usines, les fabriques, les mines, et nombre d'ateliers industriels, sauf les branches de production indispensables à l'armée, seront forcés de suspendre leur travail. Du même coup les moyens d'existence diminueront et se feront de plus en plus rares. De cet ensemble de considérations, on est forcé de conclure que la guerre privera des millions d'hommes de leur pain quotidien.

Et pendant ce temps les prix des vivres augmenteront démesurément dans la plupart des pays, à cause du manque d'arrivages ; en outre, nombre de familles se verront tout à coup privées de moyens de subsistance, même du jour au lendemain. Car, grâce aux moyens de transport actuels, les pères et leurs fils se verront subitement embarqués et, en quelques heures, transportés à de grandes distances.

Dans ces conditions on ne pourra plus compter sur une perception régulière des impôts ; les gouvernements seront, par conséquent, obligés de recourir à des moyens d'exception pour se procurer les fonds destinés à couvrir les dépenses occasionnées par la guerre et à subvenir aux autres besoins courants.

Les paroles du général Montécuculli, qui disait que, « pour faire la guerre, il faut trois choses : 1° de l'argent ; 2° de l'argent ; et 3° de l'argent » s'appliqueront bien mieux encore aux guerres à venir, dont la préparation et la conduite absorberont, en effet, des sommes beaucoup plus considérables que les guerres du passé.

Les dépenses militaires seront tellement énormes et les besoins d'argent tellement pressants que, pour s'en procurer, il ne suffira pas de créer de nouveaux impôts ou bien d'augmenter ceux qui existent déjà; ces impôts ne pourraient jamais fournir les sommes nécessaires et leur répartition demanderait beaucoup trop de temps. Aussi les nouvelles taxes ne serviront-elles qu'à payer les intérêts des emprunts et à couvrir d'autres dépenses courantes affectant les caisses publiques comme conséquences de la guerre. Pour faire face aux besoins immédiats de la guerre il faudra donc trouver des ressources exceptionnelles.

Les besoins extraordinaires, quelle que soit leur nature, ne pourront être couverts qu'avec l'argent disponible existant à un moment donné, entre les mains de la population. Les individus isolés, de même que leur collectivité qui constitue la nation, ne peuvent faire des efforts pécuniaires que proportionnés à leurs moyens.

L'individu — toute la différence est là — peut réaliser son épargne ou bien son héritage, il peut vendre ses titres de rente ou ses immeubles, il peut emprunter de l'argent et employer les ressources qu'il se procure de la sorte à satisfaire de nouveaux besoins extraordinaires; il peut, par exemple, les placer dans un emprunt contracté en vue de la guerre.

Mais quand il s'agit des besoins collectifs, c'est-à-dire des besoins de l'État, alors il n'est guère possible de compter sur les capitaux accumulés dans un passé plus ou moins éloigné et qui se trouvent déjà placés dans telles ou telles valeurs; on ne peut, dans ce cas, compter que sur les épargnes récentes, sur les capitaux courants, pour ainsi dire, et qui n'ont pas encore fait l'objet de spéculations. Ce qu'un individu réaliserait dans le but de participer à un emprunt militaire serait, en effet, acheté par un autre, de sorte que, seules, les épargnes disponibles et récentes, c'est-à-dire les épargnes qui n'ont pas encore trouvé de placement, pourront en fin de compte servir à couvrir les dépenses déterminées par la guerre.

La question : Dans quelle mesure peut-on compter sur les ressources pécuniaires d'un pays? se ramène donc à cette autre question : Quel est le montant de son épargne réellement disponible, et cette épargne peut-elle être placée dans un emprunt?

Il est, en général, impossible de chiffrer l'épargne annuelle d'un Etat; mais on peut, suivant le cas, affirmer, combien qu'il existe dans un pays donné un excédent d'épargnes pour couvrir les besoins de son commerce, de son industrie, de son agriculture, etc., ou bien que cet excédent fait défaut. Certains peuples sont créanciers, tandis que d'autres peuples sont débiteurs. Les premiers accumulent chaque année tant d'épargnes qu'après avoir satisfait leurs propres besoins, ils cherchent à placer leurs capitaux à l'étranger. Les épargnes des autres peuples, par contre, sont si peu considérables et leurs besoins de capitaux sont si grands, que leur développement économique dépend de l'afflux des capitaux étrangers. L'Autriche, l'Italie et la Russie comptent parmi les grandes puissances appartenant à cette dernière catégorie, qui participeront, probablement, à la guerre future.

Pour subvenir à leurs besoins économiques, les nations attirent à elles les capitaux étrangers de différentes manières, même en temps de paix, elles ne seront donc pas en état de parfaire, au moyen de leurs capitaux disponibles, les sommes énormes que nécessitera la guerre. Mais même les contrées qui font chaque année des épargnes en temps de paix ne seront guère dans une meilleure position. L'Angleterre, la France, la Belgique, l'Allemagne et la Hollande ne peuvent réaliser de bénéfices nets qu'en temps de paix; aussitôt la guerre déclarée, ces excédents ne se produiront plus.

La source principale des revenus de ces pays consiste d'une part dans les gains de leur industrie et de leur entremise dans les transactions du marché universel et, d'autre part, dans les intérêts de leurs capitaux placés à l'étranger. L'industrie et le commerce de ces nations cesseront de donner des revenus pour les raisons indiquées plus haut. La source de revenus qui consiste dans les capitaux placés à l'étranger se trouvera, elle aussi, tarie, pendant toute la durée des hostilités. Même dans le cas où les débiteurs belligérants (nous parlons des nations) auraient assez de bonne volonté et de ressources pour faire face à leurs engagements, ils ne pourraient en venir à bout par cela même que les moyens ordinaires de communication entre les nations seront interrompus pour des raisons que nous avons maintes fois indiquées.

Nécessité de recourir à des emprunts et de faire des émissions de papier-monnaie.

Dans ces conditions, on ne peut compter sur les épargnes seules pour se procurer les fonds que nécessitera la guerre et toutes les puissances seront forcées de recourir aux emprunts intérieurs, voire à l'émission de bons de paiement, en d'autres termes : à l'émission de papier-monnaie.

Mais on aurait tort d'espérer que cette circonstance empêchera la guerre.

Tout en admettant que la guerre future amènera une tension sans précédent des forces financières, il ne faut pas croire que l'absence de grands capitaux, la faiblesse du crédit ou même le désordre momentané des finances puissent mettre les nations dans l'impossibilité absolue de faire la guerre.

En 1866 et en 1870, la Prusse aussi bien que la France, se virent forcées de faire des émissions de bons du Trésor et d'obligations à courte échéance, et l'Autriche, qui a cependant tant de fois manqué à ses engagements financiers, a toujours trouvé des ressources pour faire la guerre.

La Turquie elle-même, dont les finances étaient entièrement désorganisées lors des dernières campagnes, n'a cependant jamais été contrainte à suspendre ses opérations militaires.

Bien que les frais de la guerre future doivent être, comme nous l'avons dit, six à huit fois plus considérables que par le passé, on n'éprouvera, au début, que peu de difficultés à les couvrir.

Les armées opéreront chez elles ou bien sur les territoires ennemis.

Dans le premier cas, tout ce qui se trouvera dans le pays pourra être obtenu par voie de réquisition ou par voie d'achat contre du papier-monnaie. Même, et si singulier que cela paraisse à première vue, il faut convenir qu'au moment critique les difficultés seront moindres dans les pays où circule le papier-monnaie que dans ceux où se trouve l'argent métallique.

Par la force de l'habitude, les premiers supporteront plus facilement la secousse, en d'autres termes, ils s'accommoderont plus aisément de la dépréciation de leur papier auquel ils sont de longue main habitués.

Pendant les guerres de 1812, 1857 et 1877, la Russie a traversé des crises pécuniaires causées par l'émission exagérée de billets du Trésor et « d'assignats », mais ces émissions n'ont pu déterminer la suspension des opérations militaires (1).

On peut admettre comme très probable que, dans la guerre future, sous l'influence des inquiétudes amenées par l'étendue même de ses opérations, la monnaie disparaîtra de la circulation et les épargnes se cacheront plus rapidement et plus sûrement encore qu'aux époques précédentes. C'est dire que, même dans les pays qui ont une circulation métallique, apparaîtra forcément le papier-monnaie qui se dépréciera promptement.

Au cours même de la guerre, cet état de choses ne pourra — quoi qu'on fasse pour réunir les sommes nécessaires — subir aucune modification essentielle : qu'on émette des emprunts, qu'on recoure à la générosité des particuliers ou à tout autre moyen, rien n'y fera. La difficulté ne réside pas dans la forme, mais dans le fait qu'en face des grands besoins que nous avons signalés, aucune opération financière ne saurait être

______

(1) Voir notre ouvrage : *Les Finances de la Russie au XIXe siècle*. — Paris, 1899.

efficace, à la longue, attendu qu'on manquera de l'indispensable, de ce qui devrait constituer la base de tout succès, c'est-à-dire de la quantité nécessaire de capitaux disponibles.

Il s'ensuit que toute opération financière, quelle que soit sa nature, ne sera autre chose qu'une émission déguisée de papier-monnaie.

Il pourrait sembler, à première vue, que les contrées riches, telles que la France et, dans une certaine mesure, l'Allemagne, ne se ressentiront pas beaucoup de ces émissions de papier-monnaie.

Il est bien vrai qu'en 1866 comme en 1870, les billets prussiens et ceux des autres principautés allemandes ne subirent que des baisses passagères, et que l'agio de l'or ne tarda pas à disparaître, grâce à la courte durée de ces guerres et aux succès éclatants des armes prussiennes. Le gouvernement français émit des bons du Trésor pour 1 milliard de francs et la Banque de France fut autorisée à augmenter cette émission jusqu'à concurrence de 2,400 millions. L'or et l'argent disparurent aussitôt de la circulation, de sorte que les villes et les syndicats commencèrent à émettre des bons pour des valeurs de 1 à 10 francs. Malgré cela les billets de la Banque de France étaient bien accueillis partout dans le commerce, grâce à la grande confiance qu'inspirait au public l'indépendance de cette institution qui est une entreprise d'actionnaires particuliers.

Même les fournisseurs de l'armée allemande achetaient volontiers ces billets de banque à la Bourse de Berlin.

En Russie, par contre, en 1877, les billets de la banque d'Etat ne valurent plus, un moment, par rouble, que 56 kopecks-métal 1/2, et ils ne durent qu'à des circonstances exceptionnellement favorables de ne pas tomber encore plus bas.

Par suite d'une opération ayant pour but de soutenir les cours des lettres de change, des marchandises avaient été retenues dans l'intérieur du pays à partir de la fin de l'année 1875 jusqu'au mois d'octobre 1876 ; ces marchandises eussent, au besoin, constitué une couverture pour des engagements internationaux si la valeur du rouble-papier avait baissé encore davantage. De plus, en 1877 et 1878, il y eut, par suite de la mauvaise récolte à l'étranger, une forte hausse sur le blé, qui constitue le principal article d'exportation de la Russie.

L'accroissement de l'exportation des marchandises russes qui se vendaient relativement cher sur les marchés étrangers, la forte décroissance simultanée des importations qui agissait dans le même sens et qui était due à la loi en vertu de laquelle les droits d'entrée devaient désormais être payés en or, enfin la diminution du nombre de personnes se rendant à l'étranger, résultant de ce que le commerce russe était fort endetté à cette époque par suite des paiements effectués lors de l'opération destinée à soutenir les cours — toutes ces circonstances devaient avoir une influence favorable sur le cours des billets de la Banque d'Etat (1).

La baisse des cours pendant la guerre de 1877 n'eut pas le moindre effet sur les opérations militaires. Il n'en sera pas de même pendant la guerre future.

Les guerres de 1866, 1870 et 1877 étaient, pour ainsi dire, des guerres privées et n'affectant que deux nations, tandis que la guerre future s'étendra immédiatement sur toute l'Europe à cause des alliances conclues.

Les besoins étaient, du reste, moins compliqués dans le passé; et, quelle que fût l'issue d'une guerre, elle ne pouvait déterminer un état d'esprit aussi pessimiste que celui que provoquera, certainement, la guerre future.

Difficultés de trouver
les sommes
nécessaires
à la guerre future.

Tout le monde comprend que cette lutte épuisera les forces des vain queurs, à plus forte raison, celles des vaincus, lesquels, suivant l'expres sion de Bismarck, « seront saignés à blanc. »

Mais, ce qui est plus grave encore, c'est la crainte de perturbations sociales qui affaiblira également le crédit des nations. Le monde est régi par la raison et non par le sentiment, et quand il s'agit de combinaisons financières, c'est toujours le calcul froid qui joue le rôle principal. On ne peut, en pareil cas, compter sur les sentiments patriotiques des masses.

En 1870, le gouvernement prussien émit bien un emprunt de 100 millions de thalers productif d'un intérêt de 5 0/0 au prix de 88 0/0. Mais la souscription ne donna que 64 millions de thalers et les offrandes privées n'atteignirent que le chiffre dérisoire de 394 thalers et 13 groschens. Ce n'est pas sans raison que la Prusse entretient depuis le temps de Frédéric le Grand un fonds spécial d'argent comptant, affecté à la guerre, le « Kriegsschatz » ou Trésor de guerre, destiné à couvrir les premières dépenses. On a distrait de l'indemnité de guerre payée par la France 150 millions de thalers; cette somme a été déposée dans la forteresse de Spandau et confiée à la surveillance spéciale du chancelier de l'Empire.

Mais que seraient de telles sommes, pour faire face aux besoins que nous avons indiqués?

Si la guerre venait à se prolonger, il serait très difficile de trouver les fonds nécessaires pour couvrir les dépenses militaires; et, pour certaines nations, dont les conditions économiques et financières sont moins favorables, ce serait même impossible.

---

(1) Voir notre ouvrage : *Les Finances de la Russie au XIXe siècle.*

Pour faire la guerre, la France émit, en 1870, un emprunt d'un milliard de francs en Angleterre à des conditions très onéreuses (l'emprunt Morgan). En Russie, l'emprunt intérieur de 100 millions de roubles, tenté en vue de la guerre de 1876, échoua, et la plupart des titres restèrent entre les mains du gouvernement.

Au cours de la guerre future — cela ne fait aucun doute — on sera forcé d'émettre des quantités de papier-monnaie très considérables, sans pouvoir raisonnablement espérer un retour à la prospérité antérieure.

On connaît trop bien les suites qu'entraînent, pour les intérêts économiques d'un pays, les émissions °de papier - monnaie. Rappelons les magnifiques paroles prononcées par Mordvinoff après la guerre de 1812 (1) :

Résultats économiques des émissions de papier-monnaie.

« Aucune injustice personnelle, aucune violation du droit général, si cruelles fussent-elles, ne peuvent affecter les esprits et les cœurs des sujets d'une manière aussi poignante que l'amertume provoquée par la dépréciation de l'argent. Quand la valeur de l'argent baisse, le guerrier murmure, le citoyen s'insurge, le juge se livre à des prévarications, la fidélité périclite, les bons procédés mutuels cessent de se produire; la décence, l'accord et les vertus font place à la dépravation, aux vices et aux passions débridées. En pourrait-il être autrement, quand la propriété de chacun diminue de jour en jour, quand les pauvres et les riches, les prodigues et les économes, les patients et les emportés, les hommes mariés et les célibataires sont voués à la même souffrance, quand tous voient approcher le spectre de la misère, de ce mal, d'autant moins supportable, qu'il n'est justifié par les actions de personne ? La transgression des limites à observer dans l'émission du papier-monnaie n'est autre chose, en définitive, qu'un détournement partiel et dissimulé du bien de chacun... Toutes les grandes révolutions ont été déterminées par le désordre des finances et par la négligence des gouvernements qui ne prenaient point de mesures pour réparer ce désordre dans les limites du possible. Quand les choses en sont là, tous les sujets se plaignent, ils murmurent et s'insurgent tous ensemble. »

Faisons aussi remarquer que les emprunts contractés à l'étranger entraînent une conséquence qui n'est pas sans gravité.

En payant les intérêts du capital emprunté, la nation débitrice contribue à la prospérité et à la puissance de la nation créancière, et si dans une guerre elle est vaincue par celle-ci, elle aura dans une certaine me-

---

(1) Voir notre ouvrage : *Les Finances de la Russie au XIXe siècle.*

sure préparé ce résultat avec son propre argent. La contribution qu'en outre on imposera à la nation vaincue, dépassera certainement le capital emprunté.

Mais il peut arriver, d'autre part, que la nation débitrice soit insolvable après la défaite, partant incapable de payer aussi bien l'ancienne dette que l'indemnité; quant aux compensations territoriales, elles n'entraînent que de nouvelles guerres.

Examinons et suivons d'un peu plus près les autres opérations ayant pour but d'obtenir les ressources nécessaires pour faire la guerre.

L'insuffisance de l'argent ou des autres signes d'échange ne se produira, en réalité, qu'au début des hostilités, quand le crédit privé s'arrêtera presque subitement. Bien des raisons contribueront à restreindre la circulation de l'argent aussitôt après la déclaration de la guerre. La panique qui se produira nécessairement fera que le monde industriel et commercial, et même le grand public, se hâteront de s'approvisionner en argent pour toutes éventualités. Les hommes appelés sous les drapeaux chercheront, eux aussi, à réunir de quoi mettre à l'abri du besoin leurs familles et leurs propres personnes, ainsi qu'à se garder quelques ressources en prévision des moments critiques (1). Les spéculateurs, d'autre part, auront besoin de sommes considérables pour acheter des marchandises dans l'espoir de les revendre à des prix plus élevés.

Raisons
qui restreindront
la circulation
de l'argent.

En prévision de la hausse des prix et surtout de la famine, les particuliers s'efforceront d'emmagasiner plus de produits alimentaires et de provisions de bouche que d'habitude. En temps ordinaire les transactions se font à crédit, ce qui diminue le besoin d'argent, mais en temps de guerre toute confiance disparait forcément. En temps de paix l'argent ne tarde pas à retourner dans les banques après avoir circulé; mais une fois les communications interrompues après la déclaration de guerre, ce retour s'effectuera beaucoup plus lentement.

Le cours des titres et des papiers négociables s'effondrera tout d'un coup; les titres engagés seront sujets à des ventes forcées et la réalisation aussi bien que le réengagement de ces papiers seront rendus très difficiles, sinon impossibles, par la différence entre le chiffre des sommes prêtées et celui que représenteront les cours réduits.

Les guerres précédentes elles-mêmes ne peuvent nous donner une idée de la crise qui résulterait d'un nouveau conflit armé. La guerre entre la Prusse et l'Autriche de 1866 fut de trop courte durée et les campagnes de

---

(1) Dans l'armée allemande, par exemple, on recommandait aux soldats de coudre les monnaies d'or entre la doublure et l'étoffe des cols des uniformes.

1870 et de 1877-1878 ne se sont pas étendues aux autres nations. Les sommes des transactions et des valeurs étaient, du reste, moins considérables et la circulation plus faible qu'ils ne le sont actuellement.

Comme nous l'avons montré en détail, au chapitre intitulé : *Examen des difficultés qui surgiront dans les pays européens en cas de guerre*, le cours des valeurs a baissé en 1870, à la Bourse de Berlin, dans la proportion de 20 0/0 pour les emprun's de l'État et des villes, et de 35 0/0 pour les actions industrielles et des compagnies de chemins de fer.

Même en admettant qu'au cours de la guerre future, les titres de rentes ne baissent pas plus qu'en 1870, les pertes des porteurs seront déjà très considérables.

Mais il est très probable que la baisse sera bien plus forte qu'en 1870. Quand, en temps ordinaire, elle commence à se produire par suite d'une offre très abondante, la demande s'éveille très souvent dans le public qui, la veille, était tout autrement disposé, ou bien chez les spéculateurs qui escomptent une hausse prochaine ; de sorte que la panique se trouve souvent enrayée. Tandis qu'au cours de la guerre future il ne se produira de demandes ni dans le public, ni de la part des spéculateurs ; ou, tout au moins, elle seront très limitées.

On ne saurait, d'autre part, compter sur des demandes venant des pays neutres ; car, avec eux, l'échange des valeurs ne sera guère possible, puisque les communications maritimes seront interrompues et celles du continent fort entravées.

Et quant aux pays entraînés dans le tourbillon de la guerre, les capitaux disponibles y seront de préférence placés dans les emprunts que cette guerre déterminera.

Mais l'extension que prendront les hostilités par suite des traités existants et de la nécessité qu'on éprouvera d'aboutir à des résultats aussi concluants que possible, du moment qu'on se sera engagé dans cette lutte terrible, contribueront, nécessairement, à diminuer les ressources, non seulement des belligérants, mais aussi des nations neutres.

Le choc de millions de combattants pourvus des armes meurtrières actuelles sera une lutte pour l'existence, sinon pour des nations entières, du moins pour les dynasties actuellement établies sur les trônes de l'Europe centrale. On ne peut, par conséquent, espérer que la guerre se termine promptement. Les capitalistes des pays engagés ne perdront pas de vue le danger qui les menace de perdre les capitaux qu'ils auront prêtés.

Il est vrai que, dans ces cas, les institutions de crédit peuvent rendre des services en prenant en gage ces valeurs contre reçus, mais ce n'est là qu'un palliatif bien faible.

Représentons-nous ce qui se passerait en temps de guerre et prenons pour exemple la France. D'après les calculs faits par Essart (1), sur les 23 milliards de francs qui constituent le revenu annuel de ce pays, 8 milliards sont dus aux capitaux et 15 au travail.

Perturbations que la guerre amènerait en France.

Là-dessus les impôts payés à l'État et autres charges publiques absorbent 4 milliards 1/2. La dette du gouvernement français s'élève à 26 milliards et les intérêts de cette somme se chiffrent par 811 millions.

En 1890, il existait, en fait de titres industriels français passibles de la taxe 3 0/0 :

Actions, pour la somme de . . . .   636 millions.
Obligations,   —   814   —
Parts de fondateur —   93   —

La valeur des titres industriels étrangers se chiffrait par 148 millions de francs.

On a placé en France des titres de rente étrangers pour la somme d'environ 20 milliards de francs, dont :

De 5 à 6 milliards de titres russes.
— 2 1/2 à 3   —   — espagnols.
— 1 à 1 1/2   —   — italiens.
— 2 à 2 1/2   —   — autrichiens.
— 1 1/2 à 2   —   — turcs.
— 2 1/2 à 3   —   — sud-américains.
— 1 1/2 à 2   —   — divers européens et américains.

D'après cela, il est facile de prévoir quelles terribles perturbations la guerre amènerait en France.

On commencera par vendre les valeurs des pays avec lesquels on sera en guerre, c'est-à-dire celles de l'Autriche et de l'Italie. Mais les cours de ces titres, sur lesquels ne réagiront ni leurs gouvernements respectifs, ni la spéculation — car ce serait considéré comme œuvre antipatriotique (2) — ne tarderont pas à baisser dans une telle mesure, par suite de l'étendue des offres, que leurs porteurs aimeront mieux guetter le moment favorable

---

(1) Raffalovitch, *Le marché financier en* 1895-1896.

(2) Pendant la guerre franco-allemande, le banquier allemand Juterbork souscrivit à l'emprunt français. Il fut jugé de ce chef et condamné à une peine très sévère ; dans la suite Juterbork fut gracié. Cet exemple est très instructif.

et se procurer de l'argent en vendant des titres russes. Mais, comme en Angleterre et en Allemagne on vendra probablement aussi ces mêmes valeurs, de préférence aux valeurs autrichiennes et italiennes, leur cours tombera également très bas.

Dès lors, il ne restera plus qu'à vendre les valeurs de son propre pays.

On peut, par conséquent, s'attendre à un tel effondrement des cours au début de la guerre, que la conclusion de nouveaux emprunts d'État pour subvenir aux dépenses militaires se présentera comme très onéreuse et qu'en fin de compte on se contentera d'émettre du papier-monnaie. Plus tard, quand, par suite d'une émission trop considérable, la valeur de ce papier diminuera, alors, pour s'en défaire, le public recommencera à acheter des titres, dont le cours augmentera peut-être beaucoup ; il se jettera surtout sur ceux qui seront garantis par des immeubles ou par des revenus non susceptibles d'être sérieusement éprouvés par la guerre.

Conclusions,

Les conditions actuelles sont, par conséquent, beaucoup moins favorables à la guerre que ne l'étaient celles des temps passés, et les conséquences économiques de la guerre seront autrement graves qu'auparavant. De même que beaucoup d'autres opérations, celles qui ont pour but de trouver des ressources pour faire la guerre rencontreront de nombreuses difficultés et les gouvernements qui ont des raisons de s'attendre à des mouvements révolutionnaires (non seulement politiques, mais aussi socialistes), ne sauraient manquer de compter avec les difficultés qui accompagneront ces soulèvements. La peur de la banqueroute, de la famine, de la misère hantera la société tout entière. Bien caractéristiques sont les observations de l'auteur socialiste Frédéric Engels sur ce sujet : « La guerre, si elle éclate, dit-il, entraînera inévitablement l'une des deux choses que voici : comme 20 millions d'hommes s'y rencontreront pour se combattre et s'exterminer mutuellement, et que, par suite, elle dépeuplera l'Europe dans une mesure beaucoup plus grande que les guerres précédentes, elle ne pourra qu'aboutir au triomphe complet du socialisme, ou bien à ébranler, tout au moins, l'ancien ordre de choses et à laisser après elle de telles ruines que le vieil état capitaliste n'y pourra survivre longtemps. »

Les conséquences économiques de la guerre future seront plus graves que par le passé.

Écoutons Neymark (1), un écrivain qui ne peut être suspecté de tendances socialistes. Il dit qu'une pareille paix n'est autre chose qu'une guerre déguisée. « Cette situation, qui est passée à l'état chronique en Europe, pèse sur elle de deux manières : elle engloutit, d'une part, une grande partie des capitaux liquides, c'est-à-dire de l'ensemble des épargnes nationales, en les transformant en armements; et, d'autre part, elle empêche ces capitaux de contribuer au développement du commerce, de l'industrie, des agents de la productivité; elle empêche aussi les impôts de diminuer. Les préparatifs de guerre et les appréhensions qu'ils font naître sont aussi nuisibles et ruineux que la guerre elle-même. La question se pose nécessairement pour les puissances : Ne vaudrait-il pas mieux en sortir d'une façon quelconque par la guerre, malgré ses conséquences désastreuses, que de persévérer dans cet état de tension si accablant? Cela peut aboutir, ou bien à la guerre, ou bien à la banqueroute des nations dont parlait lord Stanley il y a soixante-dix ans.

« Mais si pareille folie — ajoute le même auteur — n'aboutissait ni à la guerre ni à la ruine, il en résulterait certainement une révolution industrielle ou, plus généralement, économique. La vieille Europe est en présence de la concurrence de pays plus jeunes qu'elle, très riches, et qui produisent à meilleur marché. Au delà de l'Océan se trouve la puissante république des États-Unis, qui a su amortir la dette immense qu'elle avait contractée pour faire triompher une grande cause. Cette contrée fournit au monde le spectacle d'un bien-être sans précédent. Et récemment encore, le président Cleveland exposait, dans son message lu à l'occasion de l'ouverture du Congrès, l'embarras qui naissait de l'abondance des richesses.

Concurrence commerciale des Etats-Unis et des pays asiatiques.

« Les peuples de l'Asie commencent à profiter des inventions et des perfectionnements qu'on fait en Europe, et comme, dans ces contrées, le travail est très bon marché et les charges imposées par l'État très peu considérables, l'Europe se ressentira chaque année de plus en plus de l'entrée en scène de toutes ces nations qui ne savent pas ce que c'est que payer 4 milliards 1/2 par an pour des frais militaires et des intérêts s'élevant à plus de 5 milliards sur les emprunts d'État.

« Le maréchal de Moltke a dit au Reichstag qu' « à la longue, les « nations seront incapables de supporter les charges militaires. » A cela, on peut ajouter que lorsque les nations se rendront compte de ce que coûtent les préparatifs d'une guerre et qu'elles apprécieront pleinement le grand nombre d'intérêts que le progrès de la civilisation place sous la

Les charges militaires finiront par amener une révolution sociale.

---

(1) Alfred Neymark, *Les dettes publiques européennes.* — Paris, 1887.

tutelle de la paix, les dirigés sauront imposer leur volonté à leurs dirigeants.

« Quand on opposera aux 41 milliards, dont s'est accrue la somme des dettes publiques européennes depuis 1870, les milliards qui ont servi à l'amortissement de la dette publique américaine, on découvrira des vérités très éloquentes.... Les nations se lasseront à la fin de supporter un état de choses qui marque, pour ainsi dire, un retour à des siècles barbares. La civilisation, après avoir aboli les barrières entre les peuples, forcera la société contemporaine à respecter la paix ; celle-ci sera aussi indispensable dans l'avenir que les guerres l'étaient dans le passé.

« Mais il est probable qu'il se passera encore beaucoup de temps avant que l'humanité aboutisse à ce résultat si désirable, et nous voyons qu'en attendant, tous les gouvernements s'efforcent surtout de préparer la guerre, en enrôlant sous les drapeaux des masses de plus en plus grandes et en perfectionnant leurs armements. Quant aux questions économiques ayant trait à la guerre, on ne les approfondit pas ; elles ne sont, en tout cas, l'objet que d'une étude très superficielle.

« Il ne suffit cependant pas que les gouvernements soient préparés à faire la guerre, il faut aussi qu'ils soient prêts à affronter et à supporter les révolutions économiques qui s'ensuivront.

« Il est vrai que, d'une part, cela n'est guère facile et que, d'autre part, la plupart des militaires ne désirent nullement qu'on approfondisse ce sujet, attendu que son examen révélerait beaucoup de secrets et prouverait en même temps qu'il est impossible de faire la guerre d'une manière rationnelle, c'est-à-dire sans violer les intérêts de la nation. »

Le général Iung (1) constitue une exception à ce point de vue et ses réflexions sont des plus intéressantes :

« La nouvelle répartition des impôts fonciers, dit-il, ainsi que des contributions à percevoir sur le commerce, sur les habitations, etc., l'attribution à l'État du droit de s'immiscer dans les affaires des institutions de crédit et des syndicats industriels ; la facilité qui doit être apportée à la transmission des propriétés foncières ; la réglementation de la quantité des billets émis par la Banque de France et qui ne sont garantis que par le fonds de réserve ; l'introduction de l'obligation d'acquérir de la rente d'État au fur et à mesure que se font ses émissions ; la détermination exacte des relations entre les percepteurs des impôts, les directeurs des banques et les chefs d'armée en temps de guerre ; enfin, les mesures de précaution à prévoir pour les opérations commerciales et économiques en général,

---

(1) Général Iung, *La guerre et la société*, p. 260.

qui pourraient être troublées et suspendues du fait de la guerre : voilà les problèmes qu'il faut d'abord résoudre, si l'on veut que les opérations de l'armée ne soient pas paralysées et que les intérêts de ceux qui abandonnent tout pour se porter à la défense de la patrie soient garantis. Toutes questions à peine encore observées, et dont on n'a guère qu'ébauché l'étude. »

Les gouvernements auraient certainement suivi depuis longtemps les conseils du général Iung s'ils ne craignaient d'aboutir à la preuve indéniable qu'une guerre, tant soit peu prolongée, serait un danger terrible pour la plupart des nations de l'Europe centrale. De même qu'un médecin évite d'effrayer le malade par le diagnostic qu'il pourrait faire, de même le militarisme aime mieux ne pas dissiper l'incertitude qui recouvre la question dont nous avons parlé plus haut.

Inégalité des pertes que la guerre future
infligera aux différentes
nations, au point de vue économique

Les pertes que les armements et la guerre elle-même occasionneront aux différentes contrées seront inégales, car ces contrées diffèrent entre elles, au point de vue de leurs situations financières, des besoins de leurs populations et des moyens de les approvisionner. Nous devons, par conséquent, examiner les conséquences économiques résultant, pour les différents pays, de l'entretien sous les drapeaux d'un grand nombre de soldats et évaluer les pertes en hommes qui seront occasionnées par la guerre. Mais, pour aboutir à des conclusions quelque peu instructives, il nous faut comparer non seulement les chiffres absolus de ces pertes, mais aussi leur importance relative, car la valeur du travail économique n'est pas la même dans tous les pays, ce qui fait que d'aucuns souffriront plus que d'autres de la perte d'un nombre déterminé de travailleurs.

Conséquences économiques de l'entretien de grandes armées

En temps de paix, les officiers servent dans l'armée en qualité de volontaires, tandis que les simples soldats y remplissent un devoir qui leur est imposé. En ne considérant que cette seule différence, on serait porté à dire que les sacrifices des simples soldats sont beaucoup plus grands que ceux des officiers. Mais il faut observer que les forces intellectuelles représentées par ces derniers pourraient être employées à des travaux utiles, et qu'en les employant à des occupations improductives, on cause une perte au pays, perte qui, d'ailleurs, ne saurait être exprimée en chiffres.

Il n'en est pas de même pour les hommes convoqués en vue d'un service temporaire. Ils quittent presque tous une occupation productive qui servait à entretenir leurs familles et leurs parents.

Les partisans du militarisme affirment, il est vrai, que le service militaire donne aux soldats des qualités très appréciables, telles que l'énergie de la volonté, l'habitude de l'ordre et de l'exactitude. Mais ce perfectionnement moral de l'homme est-il assez important pour compenser les quelques années qu'il est obligé de distraire de son travail et du progrès de ses occupations? Il faut aussi tenir compte de l'opinion de ceux qui affirment que le service militaire détruit l'initiative chez les individus et des données statistiques qui prouvent que dans les casernes la moralité n'est pas plus grande que dans la vie ordinaire.

Les réservistes.   Les réservistes doivent, en outre, se présenter périodiquement pour faire leurs 28 jours, ce qui leur cause aussi un grand préjudice, attendu qu'ils sont forcés de quitter leur travail et que leurs familles ont à supporter leurs frais de déplacement.

La solde que le soldat touche pendant sa période de service est insignifiante; elle n'est nullement proportionnée au travail qu'il fait ni à ses besoins. En Allemagne, le soldat reçoit 22 pfennigs par jour, et il doit, avec cet argent, acheter tout ce qui lui est nécessaire pour nettoyer ses armes, astiquer les objets en cuir qui lui sont confiés et tenir son linge en bon état, de sorte qu'il ne lui reste que quelques pfennigs pour lui-même.

Les hommes sous les drapeaux font deux repas par jour, le troisième consiste simplement en une soupe et n'est servi qu'en hiver. La portion quotidienne de viande est, en Allemagne, de 160 à 180 grammes (en France et en Belgique de 280 à 300 grammes). En dehors de cela, le soldat n'a que les quelques pfennigs qui lui restent de sa solde, à moins qu'il ne reçoive de l'argent de sa famille; si ses parents ne peuvent lui venir en aide, son sort n'est guère enviable. On a calculé qu'en Allemagne les familles envoient en moyenne de 2 à 5 marks par mois à leurs fils enrôlés sous les drapeaux, ce qui fait de 24 à 60 marks par an. Cela constitue une lourde charge pour les familles ouvrières qui ont deux ou plusieurs fils à l'armée.

Les volontaires   Mais c'est surtout l'entretien des volontaires qui occasionne de fortes dépenses aux familles pauvres. Un an de service dans l'infanterie leur coûte de 1,600 à 2,000 marks; le jeune homme ayant reçu une instruction soignée pourrait gagner cette somme pendant le temps qu'il fait son volontariat. La perte totale s'élève donc pour lui ou pour les siens à 3,200, voire même à 4,000 marks. Mais le volontaire qui, après avoir fait son service, veut être nommé officier de réserve, doit, après avoir servi une année, faire en outre au moins 5 périodes d'exercice de 8 semaines chacune, ce qui constitue encore une lourde charge pour lui.

Le jeune homme qui n'est pas appelé à faire son service militaire peut terminer ses études et se spécialiser dans telle ou dans telle branche;

il a de l'avance sur ceux qui, après avoir passé par le régiment, sont obligés de recommencer le travail qu'ils avaient dû interrompre.

Il est clair aussi qu'en cas de guerre, les familles risquent de perdre un ou plusieurs de leurs membres, quelquefois même leur unique soutien. Il est bien vrai qu'en Allemagne on vient en aide aux familles des simples ouvriers rappelés sous les drapeaux après leur libération, ou bien convoqués pour servir dans la landwehr; le taux de cette subvention est calculé sur le salaire quotidien que touchaient ces pères de famille. Mais pour ceux dont le travail était mieux rémunéré que celui des simples ouvriers, c'est une perte totale pendant qu'ils sont au service.

Les pensions servies aux veuves des simples soldats qui meurent pendant la guerre sont insignifiantes, en Allemagne tout comme dans les autres pays.

Indépendamment de l'appel de contingents considérables, on a établi, dans différents pays, une taxe militaire spéciale sur ceux qui, pour une raison ou pour une autre, ne sont pas astreints au service. *Les dispensés.*

En Autriche-Hongrie, les dispensés paient à ce titre, chaque année et durant une période de 12 ans, une somme de 1 à 100 florins, suivant qu'ils appartiennent à l'une ou à l'autre des 14 catégories de dispensés. *La taxe militaire en Autriche-Hongrie.*

Des commissions spéciales peuvent, d'ailleurs, classer un dispensé dans telle ou telle des 14 catégories susdites, tout en l'exonérant de payer l'impôt correspondant.

Quand le dispensé n'a point de revenu personnel et qu'il est à la charge de sa famille, les parents sont obligés de payer pour lui l'impôt en question. Ceux, dont le revenu annuel ne dépasse pas une somme égale au total des salaires des ouvriers de la région, ne payent qu'un florin. En Hongrie, ce minimum de l'impôt est beaucoup plus lourd, puisqu'il s'élève à 3 florins.

La moitié des sommes prélevées à ce titre est affectée au fonds des retraites et des invalides, et l'autre moitié fait partie des revenus généraux de l'État.

En France, on a établi une taxe militaire en vertu de la loi de 1889. Le contribuable paie d'abord une somme fixe qui est de six francs, plus des sommes complémentaires variables, proportionnées à sa fortune et à ses revenus, de sorte que le dispensé se trouve doublement imposé. Quand le dispensé n'a pas de revenu personnel, c'est le père ou le grand-père qui paie pour lui l'impôt en question, comme en Autriche. La taxe militaire est perçue par les percepteurs des contributions directes et pour cette perception le contribuable paie une taxe additionnelle de 8 centimes au franc. *En France.*

Mais en France la taxe militaire n'est due que pour une période de 19 ans, c'est-à-dire jusqu'au mois de janvier de l'année où le contribuable est classé dans la réserve de l'armée territoriale. Les sommes ainsi perçues font partie des revenus généraux de l'État.

En Bavière et en Wurtemberg, les dispensés du service militaire étaient également obligés de payer une taxe militaire (*Wehrgeld*) tant que ces deux États ne faisaient pas partie de l'empire allemand.

En Suisse, la taxe militaire consiste comme en France en une somme fixe de 6 francs et en taxes complémentaires de 1 fr. 50 par 1000 francs de capital ou par 100 francs de revenu net. Les fortunes au-dessous de 1000 francs et les revenus au-dessous de 600 francs ne payent pas d'impôt supplémentaire, mais ils payent la somme fixe de 6 francs. Les dettes qui peuvent grever une fortune et les frais de production sont déduits de la valeur de la fortune ou du total des revenus. La somme totale payable par une seule personne ne doit jamais dépasser 3000 francs.

Mais la taxe est perçue pendant toute la période durant laquelle le contribuable pourrait être appelé sous les armes, c'est-à-dire à partir de l'âge de 20 ans jusqu'à l'âge de 44 ans, avec cet allègement toutefois que, durant les 12 dernières années, l'assujetti ne paye que la moitié de la somme initiale. Le contribuable appartenant à la plus haute catégorie paie par conséquent, de 20 à 32 ans, une somme de 36,000 francs et une somme de 18,000 francs encore, de 32 à 44, de sorte que sa dispense du service militaire lui coûte au total 54,000 francs! La moitié des recettes fournies par la taxe militaire est affectée à la caisse des retraites et des invalides, l'autre moitié fait partie des revenus généraux de l'Etat (1).

Nous voyons par ce qui précède que les dispenses du service militaire reviennent très cher à ceux qui en bénéficient. Il ne faut pas oublier que les dispensés sont, pour la plupart, des hommes incapables de faire le service militaire, des hommes affligés de certaines infirmités physiques.

Nous avons calculé précédemment les sommes que les différentes puissances affectent à l'entretien de leurs armées. Ici, nous nous bornerons à reproduire quelques données sur la partie de la population mâle appelée à servir sous les drapeaux dans les différents pays et sur le nombre des ouvriers qu'on enlève au travail productif pour une période de temps plus ou moins longue.

---

(1) C. von Schmitt, *Die Wehrsteuer, eine natürliche Folge der allgemeinen Wehrpflicht.*

Rediger (1) calcule que sur 1000 habitants du sexe masculin il y a, en temps de paix, sous les drapeaux : Hommes appelés sous les drapeaux en temps de paix.

En Allemagne. . . . . 23 hommes
En Autriche-Hongrie. 15   —
En Italie 15   —
En France. 29   —
En Russie. 18   —

Exprimons ce qui précède par un graphique.

Nombre de soldats en temps de paix sur 1000 habitants du sexe masculin.

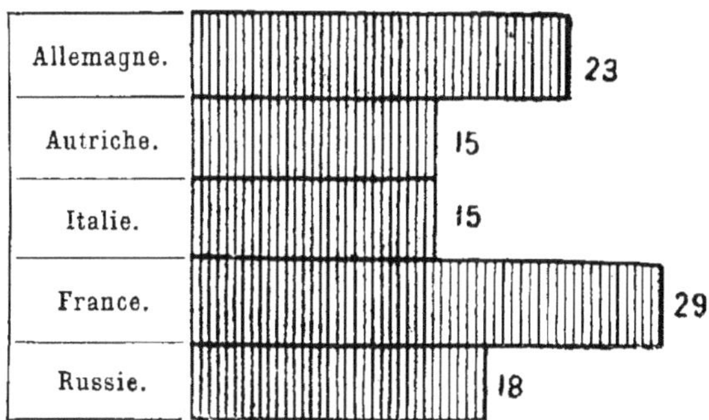

On voit que, déjà en temps de paix, la France supporte une charge presque deux fois plus grande que l'Italie et 1 fois 1/2 aussi grande que la Russie et que l'Allemagne la suit de près dans cette voie.

Mais les proportions seront tout autres en temps de guerre. En temps de guerre.

Le même auteur (2) calcule, en effet, qu'alors il y aura, sur 1000 habitants du sexe masculin :

En Allemagne. . . . . 66 soldats
En Autriche-Hongrie 47   —
En Italie 47   —
En France 82   —
En Russie. 37   —

(1) A. Rediger, *Complectovanié i oustroïstvo vooroujennoï sili* (Recrutement et organisation de la force armée). — 2e édition, 2e partie, p. 123. — Saint-Pétersbourg, 1894.
(2) *Ibidem*, p. 124.

Ces proportions nous fournissent le graphique suivant :

Nombre de soldats sur 1000 habitants mâles en temps de guerre.

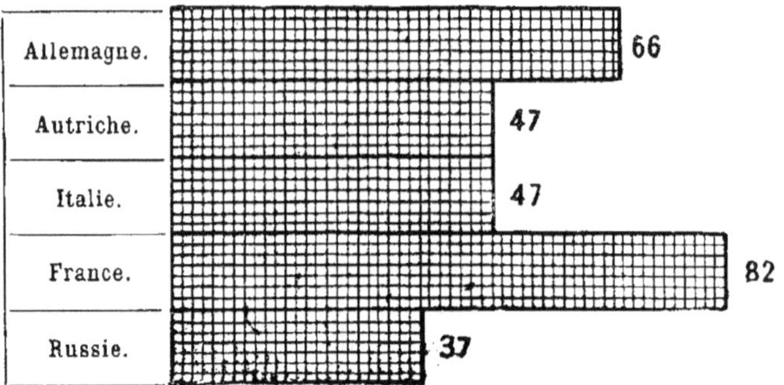

Toutes les forces qu'on tient prêtes pour la guerre ne seront pas envoyées sur le théâtre des hostilités. Il n'en est pas moins vrai que toutes les familles des hommes appelés sous les drapeaux souffriront de ce que ces derniers auront été arrachés à leurs occupations, mais il est évident que seules les familles de ceux qui participeront aux combats auront à déplorer des pertes occasionnées par les armes.

Les différents auteurs (1) ne s'accordant guère sur le nombre des forces de combat mises en ligne dans la guerre future, nous prendrons comme base de nos calculs les chiffres donnés pour l'année 1896 et que nous avons déjà produits dans le chapitre intitulé : *Les dépenses que nécessitera la guerre future*, pour évaluer le coût de l'entretien des armées.

Ces chiffres représentent le total des troupes de campagne et des réserves de première ligne dans les cinq puissances européennes suivantes :

En Allemagne.	2.550.000 hommes		En France. . .	2.554.000 —
En Autriche.	1.304.000 —		En Russie. . .	2.800.000 —
En Italie . . .	1.281.000 —			
Total. . .	5.135.000 hommes		Total. . .	5.354.000 hommes

(1) Le professeur Rediger présente comme suit le total de toutes les troupes exercées dans son ouvrage intitulé : *Complectovanié armii* (Recrutement de l'armée) (2° édition, 1re partie, p. 141).

Allemagne. . . .	2.900.000 hommes		France.	2.500.000 hommes
Autriche.	1.400.000 —		Russie.	4.400.000 —
Italie.	1.100.000 —			
Total. . . .	5.400.000 hommes		Total . .	6.900.000 hommes

On arrachera donc plus de 10 millions d'hommes au travail productif dans les 5 puissances européennes susdites. Pour apprécier les pertes qui en résulteront pour ces pays, nous donnerons les chiffres déterminant le nombre d'hommes âgés de 20 à 50 ans, c'est-à-dire des hommes les plus aptes au travail que renferme chacun de ces pays et nous opposerons à ces chiffres ceux du nombre d'hommes appelés sous les drapeaux.

Nous obtenons de cette manière le tableau comparatif suivant :

	Troupes sur pied de guerre	Hommes âgés de 20 à 50 ans.	0/0
Allemagne.	2.550.000	9.534.000	26
Autriche.	1.304.000	7.683.000	17
Italie	1.281.000	5.748.715	22
France	2.554.000	8.013.000	31,9
Russie.	2.800.000	22.669.000	12,4.

Ces chiffres nous montrent qu'en fait d'hommes se trouvant dans leur meilleure période d'activité, l'armée française en absorbe presque trois fois et les armées allemande et italienne deux fois, autant que l'armée russe. Cela signifie que si toute l'armée russe, composée de 2,8 millions d'hommes, venait à être détruite et remplacée par 2,8 millions d'hommes de réserve, on n'aurait encore enlevé en Russie, à la vie de famille et au travail productif, qu'une portion de la population mâle justement égale à celle qui s'y trouvera arrachée en Allemagne dès le début de la guerre.

Cette inégalité provient de ce que la Russie, malgré son plus grand nombre d'habitants, est moins riche que les pays de l'Europe occidentale et que, par suite, elle ne peut s'imposer pour son armée des sacrifices relativement aussi grands que les autres puissances. Ce qui, en outre, rend difficile la formation des cadres en Russie, c'est le niveau excessivement bas de l'instruction publique.

Les recrues ne sachant ni lire ni écrire constituent en Russie 69 0/0 du total — même dans la royaume de Pologne 82 0/0 — tandis qu'en Italie le pour cent des hommes sans instruction ne s'élève déjà plus qu'à 48 0,0, en Autriche à 40 0/0, en France à 13 0/0 et en Allemagne à 1 0/0 du total (1). Mais il faut dire qu'en Russie les choses se sont améliorées dans ces dernières années en ce qui concerne l'instruction publique. Le nombre des hommes appelés à faire leur service militaire, et ne sachant ni lire ni

---

(1) Les données concernant la Russie et la Pologne se rapportent à l'année 1886-87 et sont tirées de l'ouvrage intitulé : *Sbornik svédénïi po Rossii* 1890 *g.* (Recueil de données concernant la Russie pour l'année 1890) édité par les soins du Comité central de statistique. Les données relatives aux autres pays se rapportent à l'année 1883 et sont empruntées au *Bulletin de l'Institut international de Statistique*, tome I, livraisons I et II. — Rome, 1886.

écrire, représentait il y a 12 ans 78 0/0 du nombre total des recrues, tandis qu'il n'est plus aujourd'hui que de 68 0/0, ce qui indique de grands progrès.

Malheureusement, on n'en peut pas dire autant du royaume de Pologne. En 1874, la proportion des illettrés était, parmi les recrues, de 83 0/0, et 12 ans après, en 1886, de 82 0/0 (1), c'est-à-dire que le progrès était 10 fois moindre qu'en Russie.

Le nombre des hommes ayant reçu une instruction moyenne ou supérieure est également moindre dans le royaume de Pologne que dans l'empire de Russie proprement dit. Il parait singulier qu'une contrée dont la civilisation est très ancienne soit arriérée à ce point, mais il faut prendre en considération que le royaume de Pologne est soumis à des conditions spéciales qui entravent la marche de l'instruction publique.

La proportion favorable pour la Russie des hommes appelés à faire leur service militaire s'explique aussi par le fait que le nombre des hommes ayant l'âge nécessaire pour servir dans l'armée est plus grand en Russie que dans les autres pays, tandis que le nombre des vieillards de plus de 60 ans y est relativement moindre. Ces derniers, en effet, ne constituent en Russie que 5,64 0/0 de la population mâle, tandis qu'ils représentent 8,24 0/0 de cette population dans l'Europe centrale. Cette différence est due à ce qu'un plus grand bien-être détermine une plus grande longévité. Mais cet état de choses va s'améliorant en Russie : il n'y existait, en effet, en 1862, que 5,15 0/0 d'hommes ayant dépassé l'âge de 60 ans, tandis qu'en 1880 leur nombre constituait déjà 5,64 0/0 du total de la population mâle.

En 1884, il y avait, pour 1.000 habitants des deux sexes et de tous âges, dans l'ensemble des armées européennes (russe, allemande, italienne, autrichienne, anglaise, turque, espagnole, roumaine et serbe) 28,1 soldats. En 1891, ce nombre s'est élevé à 46,3; il a donc augmenté de 18, c'est-à-dire de 64 0/0. Les chiffres pour la Russie considérée à part sont bien moins grands : on y comptait en 1884, sur 1000 habitants des deux sexes, 22,7 soldats, et 30,8 soldats en 1891; le nombre des soldats y a donc augmenté de 36 0/0 durant une période de 7 ans.

La composition de l'armée au point de vue des professions exercées par ceux qui servent sous les drapeaux.

Il est incontestable que la valeur économique de l'individu et celle de son travail diffèrent suivant les pays. En Russie, par exemple, où il y a

---

(1) On compte dans la catégorie des illettrés les recrues qui ne savent pas lire la langue russe .

beaucoup plus d'habitants que dans les pays de l'Europe occidentale, mais où le niveau de l'instruction et de la vie sociale est moins élevé que dans ces pays, la valeur relative de la vie de l'individu et de son travail est moins grande.

La guerre éprouve davantage les pays où elle absorbe un pour cent plus élevé d'hommes ayant reçu une instruction moyenne ou supérieure que ceux où les individus sont relativement moins instruits et où la somme totale des forces employées à la guerre est moins considérable, par cela même que l'instruction et le bien-être y sont moins grands et moins répandus.

Un soldat mort sur le champ de bataille constitue une perte pour le travail collectif. Plus l'activité sociale est complexe et plus le développement intellectuel est grand, plus on se ressent de la perte de chaque facteur et plus les conditions économiques rendent une nation réfractaire à la guerre. Les bouleversements inséparables d'une guerre affectent bien plus les milieux civilisés que les milieux arriérés, où le travail et la vie sociale sont rudimentaires, qui ressentent moins vivement la perte de ceux qui les dirigent, et où le remplacement d'un travailleur par un autre est plus facile grâce à la simplicité même du mécanisme économique.

Pour comparer à ce point de vue la Russie avec les pays de l'Europe occidentale, nous produirons des chiffres indiquant les éléments dont se composent les populations des différents pays, quant aux professions exercées par leurs habitants.

Les publications officielles (1) en Allemagne, en Autriche et en France établissent, pour leurs populations respectives, les catégories principales suivantes :

PAYS	VIVANT de leur travail	DOMESTIQUES	VIVANT dans leur famille	VIVANT du revenu d'un capital
En Allemagne.	96,9 0/0	0,3 0/0	1,0 0/0	1,8 0/0
— Autriche.	95,5 0/0	2,2 0/0	0,5 0/0	1,8 0/0
— France.	91,6 0/0	3,7 0/0	1,0 0/0	3,7 0/0

(1) *Statistisches Jahrbuch für das deutsche Reich ; — Oesterreichisches statistisches Handbuch : — Annuaire statistique de la France.*

Les hommes qui vivent de leur travail, et qui constituent le pour cent principal dans les armées, se subdivisent comme suit, d'après les données statistiques fournies par ces mêmes publications :

PAYS	AGRICULTEURS	INDUSTRIELS	COMMERÇANTS	OUVRIERS des villes	SOLDATS	PROFESSIONS libérales
En Allemagne . . .	37,8 0/0	41,3 0/0	10,5 0/0	1,7 0/0	5,1 0/0	3,6 0/0
— Autriche.	49,0 0/0	29,2 0/0	6,5 0/0	7,5 0/0	4,9 0/0	2,9 0/0
— France	42,4 0/0	27,0 0/0	15,1 0/0	0,1 0/0	6,8 0/0	8,6 0/0

En Russie.

Nous n'avons pas de données aussi précises pour la Russie, dont les habitants ne sont pas répartis par professions dans les publications statistiques. Nous tâcherons, cependant, de combler approximativement cette lacune. Le célèbre statisticien anglais Mulhall divise la population russe vivant de son travail en trois catégories; la première comprend les agriculteurs qui représentent 81 0/0, la seconde, les ouvriers des fabriques : 5 0/0, et la troisième — 14 0/0 — comprend ceux qui exercent diverses autres professions. Nous ferons remarquer que les agriculteurs constituent non pas 81 0/0, mais 86 0/0 du précédent total, ainsi qu'il ressort de la publication *Konskaïa perepis* (dénombrement des chevaux).

Nous ne croyons pas d'ailleurs commettre d'erreur en admettant cette proportion de 86 0/0 pour les agriculteurs, parce qu'en Russie la population rurale n'est pas seule à cultiver la terre, et que bon nombre d'habitants des villes s'adonnent également à ce travail.

Suivant les calculs les plus récents (1), le contingent des artisans ouvriers des fabriques, des usines, etc., s'élève :

En Russie, à	875.764 hommes.
Dans le royaume de Pologne, à . .	129.715 —
Total	1.005.479 hommes.

Et si l'on considère que chaque artisan a sa famille composée de 5 âmes, le nombre total des personnes vivant du travail industriel s'élève à

---

(1) P. A. Orloff, *Indicateur des fabriques et des usines de la Russie d'Europe.* — Saint-Pétersbourg, 1894 ; *et Indicateur des fabriques et des usines des contrées de la Russie.* — Saint-Pétersbourg, 1895.

5,027,395, ce qui constitue 3,4 0/0 du total de la population. Mulhall donne presque le même chiffre 5 0/0 pour les artisans, nous pouvons donc l'accepter en toute confiance.

Le nombre des commerçants russes peut être établi en prenant pour base les patentes. En 1884, on a délivré 589,273 patentes de commerce (1). Si l'on admet que chacune de ces patentes intéresse 5 personnes formant une famille, on voit que ceux qui vivent du commerce sont au nombre de 2,946,365, ce qui constitue 3,1 0/0 du total de la population.

Enfin, l'armée comprenant, en temps de paix, 3,7 0/0 des hommes âgés de 20 à 50 ans, il ne reste que 1,8 0/0 pour les autres professions.

Les données précédentes nous montrent de quels éléments se composent les différentes armées européennes. Les agriculteurs y constituent le pour cent le plus considérable. Mais ce pour cent diffère suivant les pays ; il est directement proportionnel au nombre des agriculteurs de chacun d'eux. C'est dans l'armée russe que ce pour cent est le plus élevé.

Faute de données exactes sur la répartition des soldats russes d'après les professions qu'ils exercent, nous indiquons ici les chiffres de leur repartition suivant les classes sociales auxquels ils appartiennent. La statistique officielle (2) nous donne les chiffres suivants : *Classes sociales suivant lesquelles sont répartis les soldats russes.*

PAYS	NOBLES	FONCTIONNAIRES	COMMERÇANTS	CITADINS	PAYSANS	DIVERS
Russie d'Europe . .	0,93 0/0	0,15 0/0	0,21 0/0	8,98 0/0	85,70 0/0	4,03 0/0
Royaume de Pologne.	1,37 0/0	0,19 0/0	0,52 0/0	17,64 0/0	79,75 0/0	0,53 0/0

Ces chiffres montrent que les paysans, qui s'occupent presque exclusivement d'agriculture, constituent environ 86 0/0 de l'armée russe dans la Russie d'Europe et 80 0/0 dans le royaume de Pologne.

---

(1) *Recueil des données concernant les recettes commerciales de la Russie.* Édition du département du commerce et de l'agriculture.

(2) *Le service militaire universel dans l'empire pendant la période de 1874 à 1883.* Publication du comité central de statistique. — Saint-Pétersbourg, 1886.

La présence d'un aussi grand nombre d'agriculteurs dans l'armée s'explique par cette raison qu'en Russie, contrée essentiellement agricole, la majorité de la population (86 0/0) s'occupe de la culture des champs, tandis que, dans les autres pays, les agriculteurs constituent moins de 50 0/0 de la population totale.

L'agriculteur apporte à l'armée un élément très utile. Il supporte mieux les incommodités de la vie des camps que l'habitant des villes et l'ouvrier des fabriques; il s'oriente mieux dans la campagne, et est plus facile à contenter. Mais, en revanche, l'agriculteur est moins instruit que l'habitant des villes ou l'ouvrier, son cerveau travaille plus difficilement, et quand, dans la chaleur du combat, il faut brusquement prendre un parti, le soldat-agriculteur est plus lent à se décider que l'ouvrier des villes ou le commerçant, sans parler des hommes exerçant d'autres professions.

La mobilisation du soldat-agriculteur cause, au point de vue matériel, un moindre préjudice à sa famille que celle du père de famille qui exerce une autre profession. Ce qui soutient une famille agricole, c'est la terre; il est plus facile d'exploiter ce fonds que de remplacer un homme qui exerce une autre profession quelle qu'elle soit. Mais les pays diffèrent aussi à ce dernier point de vue.

En Russie, on remplace plus facilement l'agriculteur que dans n'importe quel autre pays, car la terre y constitue en grande partie le bien de la communauté.

Même, dans les gouvernements de l'ouest, la communauté détient la plus grande partie de la terre, qui est la propriété des paysans. Ainsi dans le gouvernement de Tchernigoff, elle possède 51,5 0/0 de ce total; en Bessarabie, 77,1 0/0; dans le gouvernement de Mohyleff, 83,7 0/0; dans celui de Kherson, 88,8 0/0.

Et plus on se dirige vers l'est, moins est étendue la propriété individuelle.

Dans le gouvernement de Smolensk la communauté détient 95,9 0/0 du total des terres rurales; dans le gouvernement de Pskoff, 98,8 0/0; dans le gouvernement de Novgorod, 96,3 0/0; dans le gouvernement d'Ekatérinoslaff, 96,5 0/0; dans le gouvernement de Saint-Pétersbourg, 96,7 0/0; dans le gouvernement de Kalouga, 98,2 0/0; dans le gouvernement de Simbirsk, 98,6 0/0; dans le gouvernement de Kazan, 99,3 0/0, etc.; enfin, 100 0/0 dans le gouvernement d'Astrakan (1).

Nous ne sommes pas partisan de la propriété commune (2) et nous

---

(1) Statistique de la propriété foncière et des contrées habitées de la Russie d'Europe.

(2) *Le crédit d'amélioration.* — Saint-Pétersbourg, 1890 à 1896; et *L'endettement des agriculteurs au royaume de Pologne.* — Saint-Pétersbourg, 1894.

en avons montré les inconvénients dans nos précédents ouvrages. Mais, en appréciant le préjudice causé par la guerre, nous sommes obligé de reconnaître qu'à ce point de vue spécial, ce système offre des avantages très sérieux. La terre que cultivait un agriculteur ne sera pas perdue du fait de sa disparition, car les voisins continueront à l'exploiter. Et, quand il sera procédé à une nouvelle répartition des terrains, la veuve et les enfants du défunt obtiendront leur part, ou bien la communauté les prendra sous sa protection. A ce point de vue, l'état rudimentaire de la culture russe augmente sa force de résistance.

Les champs abandonnés ne risquent pas non plus de s'épuiser, car ils n'ont jamais été l'objet d'une culture rationnelle, et l'amélioration artificielle n'en sera pas compromise, par la simple raison qu'elle n'a jamais existé. Le paysan, revenant au foyer, après la guerre, n'y trouvera rien de changé. La diminution du nombre des cultivateurs ne réagit pas sur la productivité du sol. Il suffirait de supprimer un certain nombre de jours fériés pour compenser les pertes résultant de la diminution de forces ouvrières déterminée par la guerre.

Mais, tandis que la Russie est une contrée essentiellement agricole et que le niveau de sa civilisation est inférieur à celui des pays de l'Europe occidentale, le travail dans ces derniers est très complexe. Ainsi dans l'armée allemande, par exemple, il y a 7 fois plus de commerçants et de fabricants que dans l'armée russe.

Une industrie dont le niveau est plus élevé devient plus sensible aux crises déterminées par la guerre qu'une industrie rudimentaire.

Nous voyons ainsi qu'en Russie toutes les imperfections économiques : l'instruction peu elevée et peu répandue, l'industrie et le commerce peu développés, concourent à diminuer les pertes qu'occasionnerait une guerre. Les provinces occidentales et surtout le royaume de Pologne seront, du reste, beaucoup moins favorisés à ce point de vue, que le reste de l'Empire.

Les pertes en hommes seront énormes dans la guerre future, mais en Russie il sera d'autant plus facile de les combler que le pour cent d'agriculteurs sera plus grand dans l'armée.

On a essayé en Prusse de comparer la valeur militaire des paysans avec celle des citadins : commerçants, industriels et autres. Dans cette comparaison on a tenu compte non seulement des conscrits, mais aussi des contingents de réservistes de chaque année, ainsi que de ceux de la Landwehr du premier ban, car ils seront tous appelés sous les armes en cas de mobilisation. Et voici les conclusions auxquelles on a abouti :

	Sur 100 habitants :	
	Ont été inscrits chaque année comme astreints au service militaire :	Ont été reconnus aptes au service :
1. Des régions essentiellement agricoles du sud-est de l'empire. .	1,2	1,1
2. Des régions essentiellement agricoles du nord-ouest.	1,1	0,98
3. Des régions industrielles, où les conditions de la vie ne diffèrent pas beaucoup de celles qui régissent la population agricole.	1,0	0,80
4. Des villes dans lesquelles l'industrie est peu développée.	0,97	0,38
5. Des villes dont la population est principalement adonnée à l'industrie.	0,91	0,31.

Ce sont là des résultats très instructifs. Ils démontrent que plus une population est urbaine, moins elle est apte au service militaire. A ce point de vue, l'aptitude des habitants des campagnes est à celle des habitants des villes comme 1,1 est à 0,31, ce qui revient à dire que la population rurale est, au point de vue militaire, 4 fois supérieure à la population urbaine (1).

Cette différence sera mieux encore mise en relief par le graphique ci-dessous.

Sur 100 habitants de la Prusse :

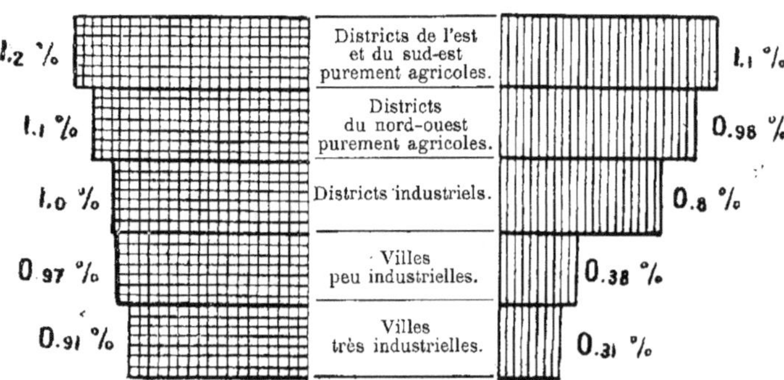

<hr>

(1) *Ein Vermächtniss Moltke's Stärnung der sinkenden Wehrkraft.*

Tout ce qui précède démontre clairement que la guerre entrainera des conséquences beaucoup plus graves dans les pays dont la civilisation est très avancée que dans ceux où elle est arriérée. Elle bouleversera tout le système économique des premiers, elle en arrêtera l'agriculture, l'industrie, et, en suspendant les relations financières internationales, elle déterminera l'agiotage local. La concurrence ne pourra plus régler les prix et il se produira une confusion dans tous les organes qui relient l'activité productive de chaque pays au marché universel des marchandises et des valeurs.

Si divisés que soient les États européens par les douanes et la concurrence industrielle, ils n'en vivent pas moins d'une vie commune et les troubles qui se produisent dans l'un se répercutent invariablement dans les autres. Les capitaux, les fabriques, les connaissances et travaux intellectuels enfin doivent entretenir des relations constantes entre eux et ne sauraient se confiner dans les limites d'un seul État.

Les grandes entreprises sont forcées de songer aux marchés lointains, parce que leur production dépasse de beaucoup les limites de la consommation du pays où elles sont créées.

L'industrie et le commerce allemands ont, ces temps derniers, enlevé à l'Angleterre bon nombre de marchés situés en dehors du continent européen et c'est là une concurrence dont les industriels anglais commencent à s'inquiéter. L'industrie française est, elle aussi, à court de débouchés sur le marché universel. Dans les temps passés, la guerre ne ruinait que la contrée qui en était le théâtre, mais avec les conditions actuelles elle se fera sentir à tous les pays d'Europe et privera de travail un grand nombre de personnes.

Toutes les ressources financières des États seront l'enjeu de cette terrible partie et la vie économique et intellectuelle des nations subira une crise léthargique.

C'est par le spectre de ces dangers et la crainte d'une guerre, probablement très longue dans le cas où la Russie s'y trouverait engagée, que sont arrêtés les hommes d'État au bord du Rubicon qui sépare de la guerre le militarisme ruineux. On croit cependant généralement que cette guerre est inévitable et qu'elle doit se produire dans un avenir plus ou moins prochain ; mais tous cherchent à éloigner ce moment critique et la diplomatie estime que son rôle principal et le but plus élevé qu'elle puisse poursuivre consistent à retarder la liquidation par les armes des écrasantes conditions dans lesquelles se débat la société actuelle.

Evaluation des pertes économiques que subiront les différents pays du fait de la mort et de la mutilation des soldats

La mort, avons-nous dit dans un chapitre consacré à ce sujet, fera bien plus de victimes dans la guerre future qu'elle n'en a fait dans les guerres du passé. En admettant même que les pertes se trouvent diminuées par l'emploi des procédés tactiques recommandés à cet effet, la mortalité due aux maladies, aux privations, à l'épuisement dépasserait les estimations, les plus pessimistes qu'on ait faites, des pertes occasionnées par les armes.

Nous avons exposé dans ce même chapitre les raisons pour lesquelles les mutilations seront très probablement plus fréquentes dans la guerre future qu'elles ne l'ont été dans celles du passé. Voyons maintenant quelles seront au point de vue matériel les pertes qui en résulteront pour les divers pays, quel préjudice ces pertes en hommes causeront au bien-être des différents États.

Le professeur Wittstein (1) estime que la mort d'un ouvrier âgé de 25 ans équivaut à la perte d'une somme de 3,600 thalers et que la mort d'un homme qui vit de son travail intellectuel équivaut à la perte d'une somme de 17,536 thalers.

La perte occasionnée par la mort d'un agriculteur équivaut environ aux 2/3 de celle occasionnée par la disparition d'un ouvrier, soit à 2,400 thalers, et la mort d'un manœuvre équivaut à la même somme.

Nous pouvons admettre que la disparition d'un agriculteur ou d'un ouvrier russe équivaut à la moitié de la somme indiquée par Wittstein, c'est-à-dire à 1,200 thalers; parce qu'en Russie l'éducation de l'individu est moins coûteuse, et que les exigences y sont moins grandes en ce qui concerne la quantité et la qualité de la nourriture, les vêtements, le logement, l'éclairage, le chauffage et les autres besoins matériels et intellectuels, en un mot, pour ce que les Anglais appellent *Standart of life* (niveau d'existence).

Pour les ouvriers industriels et ceux qui vivent, en Russie, du travail intellectuel, nous devons, malgré les considérations concernant la moindre valeur économique de l'individu russe, maintenir les chiffres fournis par Wittstein; attendu qu'en Russie, il est moins facile, et partant plus coûteux, d'acquérir une instruction spéciale que dans les pays de l'Europe occidentale.

---

(1) Dr. Wittstein, *Mathematische Statistik und deren Anwendung auf National-OEkonomie.* — Hanovre, 1867.

En nous basant sur ces chiffres, nous calculerons les sommes approximatives par lesquelles pourront s'exprimer dans chaque pays les pertes d'un millier d'hommes morts sur le champ de bataille, mutilés et rendus incapables de travail ou emportés par les maladies (1).

Sommes approximatives des pertes de soldats.

| PAYS | SUR 1.000 HOMMES PERDUS | | | | | | | | VALEUR de 1,000 hommes perdus en thalers |
| | AGRICULTEURS et journaliers | | INDUSTRIELS et artisans | | COMMERÇANTS | | EXERÇANT DES professions libérales | | |
	Hommes	Valeur en thalers	Hommes	Valeur en thalers	Hommes	Valeur en thalers	Hommes	Valeur en thalers	
Allemagne .	415	996.000	436	1.569.000	111	399.600	38	666.330	3.631.530
Autriche . .	592	1.420.800	308	1.108.800	69	248.400	31	543.585	3.321.585
France . . .	456	1.094.400	290	1.044.000	162	583.200	92	1.613.220	4.334.820
Russie . . .	893	1.071.600	56	201.600	32	115.200	19	333.165	1.721.565

(1) Nous avons pris pour base de notre calcul le tableau donné plus haut et qui indique la répartition en pour cent des hommes vivant de leur travail dont se recrute l'armée. Mais nous avons ajouté aux agriculteurs les journaliers, attendu que, suivant Wittstein, ils sont de même valeur pour l'économie politique d'un pays. Nous avons, en outre, réparti dans les autres catégories les hommes qui, dans le tableau précédent, figurent sous la rubrique *soldats*, car l'armée se compose évidemment, au point de vue quantitatif, des mêmes éléments que la population civile. Nous avons donc décomposé le chiffre des soldats en conséquence, c'est-à-dire en maintenant quant aux professions qu'ils exercent en temps de paix les proportions établies pour les civils. Ayant ainsi obtenu les chiffres indiquant le nombre des agriculteurs, des industriels, etc., nous avons indiqué leur valeur en argent et le total nous a fourni celle des hommes figurant dans la rubrique *soldats*, — comme le montre le tableau suivant :

| PAYS | Nombre de soldats par 1,000 hommes | CE NOMBRE COMPREND : | | | | VALEUR DE CES HOMMES EN THALERS | | | | TOTAL |
		Agriculteurs	Industriels	Commerçants	Exerçant des professions libérales	Agriculteurs	Industriels	Commerçants	Exerçant des professions libérales	
Allemagne .	51	20	23	6	2	48.000	82.800	21.600	35.070	187.470
Autriche . .	49	27	16	4	2	64.800	57.600	14.400	35.070	171.870
France . . .	68	31	20	11	6	74.400	72.000	39.600	105.210	291.210
Russie . . .	57	33	2	1	1	39.600	7.200	3.600	17.535	67.935

Représentons ces chiffres par un graphique.

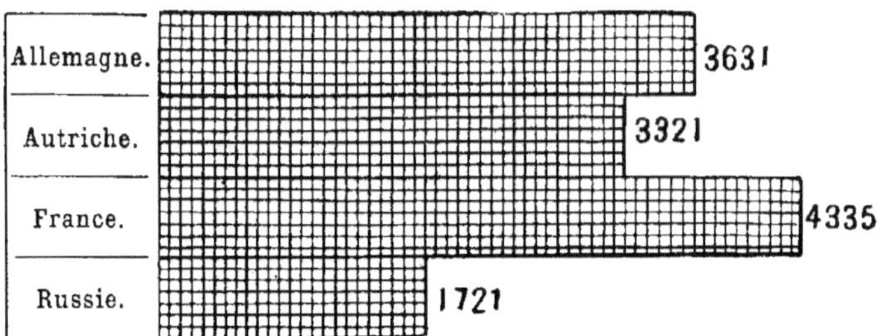

Valeur de 1000 hommes perdus à la guerre (morts ou mutilés)
en milliers de thalers.

Si donc l'on admet que, dans chaque armée, il y ait seulement
1,000 hommes de tués ou rendus incapables de travailler, la perte économique sera déjà très considérable pour chaque pays; elle s'exprimera en
moyenne par la somme de 3,000,000 de thalers. C'est la France qui perdra le plus, puisque la valeur de 1,000 soldats français est de 4,335,000 thalers; et c'est très naturel, car c'est l'armée française qui comprend le plus
grand nombre d'hommes exerçant des professions libérales, c'est-à-dire
d'hommes dont la valeur est, suivant Wittstein, 5 fois supérieure à celle
des agriculteurs, des industriels ou des commerçants.

L'Allemagne occuperait la seconde place et la Russie serait la moins
éprouvée des puissances.

Ces chiffres et les conclusions que nous en déduisons pourront ne pas
paraître concluants à certains de nos lecteurs, mais bien des considérations
les justifient. Examinons, par exemple, cette partie de la population qui
dépend directement de son travail. Le célèbre statisticien anglais Mulhall
détermine, de la manière suivante, le total des revenus des contrées et la
part qui en revient à chaque habitant.

PAYS	REVENUS EN MILLIONS DE LIVRES STERLING					TOTAL	Livres sterling par habitant
	Agriculture	Industrie	Industrie minière	Transports	Commerce		
Allemagne . . .	424	583	25	103	370	1505	32
Autriche	331	253	6	59	95	744	19
France	460	485	10	96	310	1361	30
Russie.	563	363	15	94	120	1155	13

Ce tableau nous montre que le revenu d'un habitant se monte en Russie à 13 livres sterling, tandis qu'il atteint en Autriche 19, en Allemagne 32 et en France 36.

Exprimons ces résultats par un graphique :

Revenu de la population en millions de livres sterling.

Revenu total.   Revenu d'un habitant.

Mais nous obtenons des résultats encore plus édifiants, si nous exprimons, en pour cent, chacune des catégories de revenu :

PAYS	DU REVENU TOTAL, IL REVIENT :				
	A L'AGRICULTURE	A L'INDUSTRIE	A L'INDUSTRIE MINIÈRE	AUX TRANSPORTS	AU COMMERCE
Allemagne. .	28,2 0/0	38,7 0/0	1,7 0/0	6,8 0/0	24,6 0/0
Autriche . . .	44,5 0/0	34,0 0/0	0,8 0/0	7,9 0/0	12,8 0/0
France	33,8 0/0	35,6 0/0	0,7 0/0	7,1 0/0	22,8 0/0
Russie	48,8 0/0	31,4 0/0	1,3 0/0	8,1 0/0	10,4 0/0

Ces contrastes seront encore plus frappants, si nous mettons en regard, dans un graphique, les pour cent respectifs de la population et les revenus que donne chaque profession prise séparément :

Agriculture.

0/0 de la population agricole.   0/0 des revenus que donne l'agriculture.

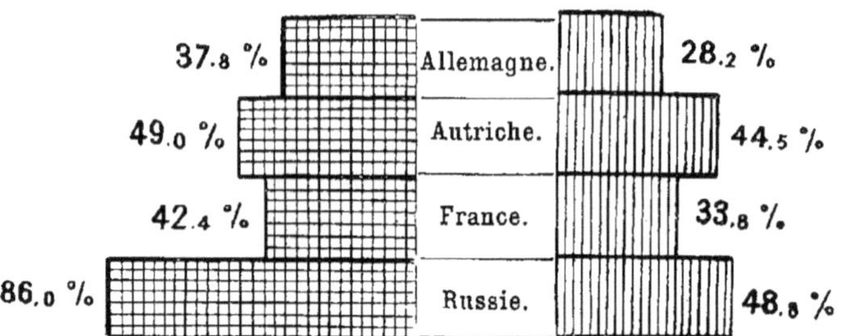

Industrie.

0/0 des habitants adonnés à l'industrie.   0/0 du revenu qu'elle donne.

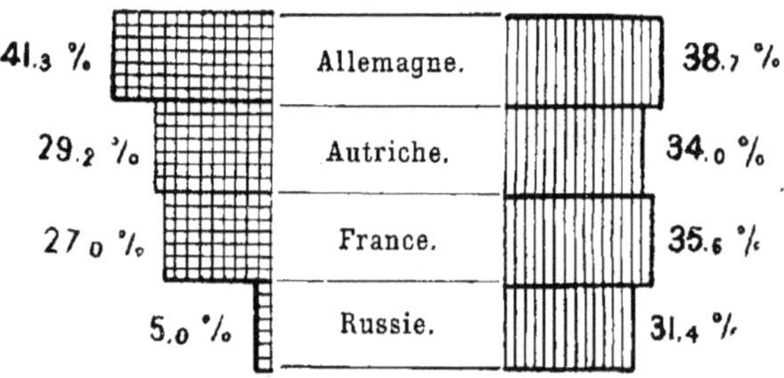

Commerce.

0/0 des habitants commerçants.   0/0 du revenu qu'il donne.

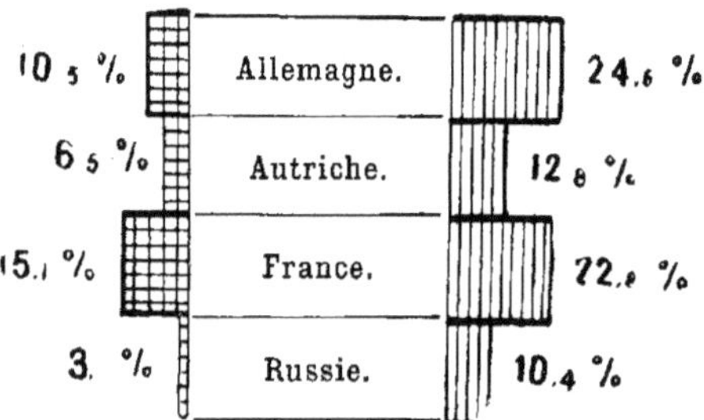

Si nous pouvions déterminer exactement la valeur de toutes les pertes, en hommes tués ou rendus incapables de travailler, qu'occasionnera la guerre future, nous obtiendrions un tableau plus net encore des conséquences économiques qu'entrainera cette guerre. Mais nous avons indiqué, dans le chapitre consacré *aux morts et aux blessés,* combien il est difficile d'être très affirmatif sur ce sujet. Il est certain, cependant, que, dans la lutte armée future, les pertes seront bien plus considérables qu'elles ne l'ont été dans les guerres précédentes.

Les troupes qui participeront aux grands combats perdront probablement 1/4 de leurs effectifs ; les autres seront moins éprouvées, mais au total les pertes seront énormes, et d'autant plus que la guerre durera longtemps.

Admettons que le nombre des morts, des blessés et des hommes rendus incapables de reprendre leur travail s'élève à 15 0/0 du total des forces mises en présence. Nous obtiendrons dans ce cas les chiffres suivants :

PAYS	LES TROUPES DE CAMPAGNE et les troupes de réserve en 1896 (1)	NOMBRE DES TUÉS et des hommes rendus incapables de reprendre le travail (15 0/0)
Allemagne	2.550.000	382.500
Autriche	1.304.000	195.600
France	2.554.000	383.100
Russie	2.800.000	420.000

Si nous multiplions maintenant les chiffres des morts et des hommes devenus incapables de travailler par le chiffre indiquant la valeur en argent de 1,000 hommes exprimée en thalers, nous obtiendrons la somme des pertes résultant, pour chaque puissance, du fait de la disparition de ces hommes qui exerçaient en temps de paix différentes professions.

PAYS	NOMBRE des morts en milliers	VALEUR d'un millier d'hommes exprimée en thalers.	SOMME TOTALE des pertes en thalers
Allemagne	382,5	3.631.530	1.389.060.225
Autriche	195,6	3.321.585	649.702.026
France	383,1	4.334.820	1.660.669.542
Russie	420,0	1.721.565	723.057.300

(1) Recueil des données les plus récentes sur les forces armées des puissances en 1896.

Total des pertes de chaque puissance, résultant de la disparition de 15 0/0 de ses effectifs de campagne et de ses troupes de réserve, exprimées en millions de thalers.

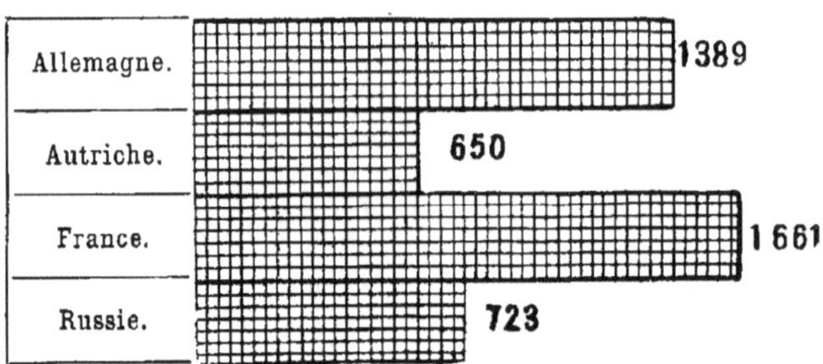

Ce ne sont évidemment là que des chiffres approximatifs. Il est possible que les pertes en simples soldats, recrutés au sein de la population agricole, soient, grâce à leur endurance, moins considérables que les pertes des intellectuels, et que les chiffres des pertes totales exprimées en millions de thalers se trouvent, de ce fait, réduits ou modifiés. Quoi qu'il en soit, le tableau ci-dessus nous donne une idée des conséquences économiques qu'entraînera la guerre et du préjudice qu'elle portera à la richesse des différents pays.

Plus l'éducation d'un individu est coûteuse pour l'Etat, plus cet individu est précieux pour la société et plus est grande la perte causée à l'économie nationale par sa mort ou par son incapacité de produire.

Influence de la tactique et des conditions économiques sur l'approvisionnement des armées en vivres et en munitions de guerre.

« La base de l'organisation des armées, c'est le ravitaillement. Avec les baïonnettes on peut gagner des batailles, mais ce sont les conditions économiques qui décident du résultat d'une guerre. »

FRÉDÉRIC LE GRAND.

Aux temps passés, les victoires dépendaient surtout, du génie des chefs, du courage, de la discipline et de l'enthousiasme des troupes : l'armement et l'éducation militaire des soldats ne jouaient qu'un rôle secondaire ; quant à la question du ravitaillement de l'armée, tant en vivres qu'en munitions de guerre, elle était reléguée au troisième plan.

Le ravitaillement régulier de l'armée est la condition primordiale de son bon fonctionnement.

L'ordre des conditions appelées à influer sur le résultat de la guerre future sera complètement interverti. Le ravitaillement régulier de l'armée constituera l'axe autour duquel pivoteront toutes les combinaisons stratégiques et tous les déplacements des troupes sur le théâtre des hostilités.

Par suite de l'augmentation de force numérique des armées et de l'enrôlement, sous les drapeaux, de presque tous les citoyens capables de porter les armes, mais non accoutumés à la vie militaire, et habitués à une meilleure nourriture que celle qu'on est en mesure de leur servir à la guerre. le mécanisme du ravitaillement s'est beaucoup compliqué.

En dehors de cela, les armes modernes portant à des distances énormes et pouvant lancer dans l'espace d'une minute plus de projectiles, qu'il n'en aurait fallu jadis pour toute une campagne, exigent des envois de munitions de guerre en quantités beaucoup plus considérables qu'autrefois.

A première vue, il pourrait sembler que, malgré ces conditions défavorables, on aura moins de difficultés qu'antérieurement à suffire aux besoins des troupes, attendu que les administrations des armées disposeront des puissants moyens de transport modernes, tels que les chemins de fer sur terre et les bateaux à vapeur sur mer.

Mais, en examinant cette question de plus près, l'on s'aperçoit que les chemins de fer constituent un mécanisme extrêmement compliqué, par conséquent facile à détruire, et que, de ce fait, la situation menace d'être pire que dans le passé, alors que tout le système des communications était organisé pour la circulation sur les routes ordinaires. Les vapeurs si rapides, ces destructeurs du commerce, qu'on construit de nos jours, ne permettent pas de compter sur les communications maritimes : — pour les raisons que nous avons approfondies dans le volume consacré à la *Guerre navale* D'autres raisons encore nous portent à croire qu'au cours de la guerre future, on se préoccupera surtout d'employer les puissants agents modernes pour empêcher l'armée ennemie de se ravitailler.

Les armes d'aujourd'hui sont tellement meurtrières que les armées chercheront à se mettre à l'abri derrière des retranchements naturels ou artificiels. Une attaque de front, exécutée dans le but de faire abandonner leurs positions à des troupes retranchées, entraînerait, même dans le cas où les assaillants seraient numériquement beaucoup plus forts que les défenseurs, des pertes tellement grandes qu'il est peu probable qu'on s'y décide, étant donné l'état actuel des armées.

La grande portée des armes, l'absence de fumée, les explosifs puissants, dont on pourra facilement pourvoir les corps de partisans et les éclaireurs, faciliteront la destruction des communications.

Aussi les interruptions en seront-elles, à l'avenir, beaucoup plus fréquentes que jadis.

Lors des guerres précédentes, le système de ravitaillement a laissé fort à désirer comme régularité dans certains pays, tandis que dans d'autres il fonctionnait à souhait.

Quoique sous ce rapport, le succès ait été dû au concours de circonstances exceptionnellement favorables, et qui ne pourront guère se reproduire, il est tout naturel, cependant, que par suite de la présomption inhérente à la race humaine, les armées, qui se croient le mieux outillées au point de vue du ravitaillement, dirigent tous leurs efforts sur ce qui leur semblera constituer le côté faible de leurs adversaires.

La question du ravitaillement est particulièrement importante, en raison même de la facilité qu'on aura de détruire les communications et de la probabilité d'atteindre ce résultat; c'est là, du reste, une conséquence du perfectionnement des moyens dont on disposera pour y arriver.

Frédéric le Grand a dit : « Avec les baïonnettes on peut gagner des batailles, mais ce sont les conditions économiques qui décident du résultat des guerres. » Pour comprendre la vérité de ces paroles dans le passé et, à plus forte raison, dans l'avenir, comme aussi pour s'orienter dans la situation actuelle, il faut absolument examiner comment on opérait jadis pour approvisionner une armée en vivres et en munitions; après quoi, prenant en considération l'état de choses actuel, on en tirera des déductions sur les événements futurs.

Quant à ceux qui font observer que, dans le passé déjà, il existait des difficultés, et que cela n'a pas empêché les guerres d'avoir lieu, leurs arguments ne résistent pas à la critique.

Il faut remarquer, avant tout, que dans l'histoire, le ravitaillement des troupes est étroitement lié à celui du développement de l'organisation des armées. Dans l'antiquité, il n'existait aucune administration ni aucun système de ravitaillement, et chaque élément de l'armée n'avait à compter que sur lui-même. L'organisation systématique de ces services ne date que de l'apparition des grandes armées permanentes.

. — Le ravitaillement des armées depuis l'antiquité jusqu'aux guerres de la Révolution française.

Les historiens anciens nous ont renseigné sur la vie militaire des Grecs et des Romains. Ils nous ont appris que ces peuples, surtout les Romains, préparaient soigneusement leurs campagnes, tant au point de vue économique qu'à celui de l'entraînement militaire des soldats.

Mais la manière de vivre des anciens différait foncièrement de la nôtre. Les Grecs se nourrissaient de galettes faites de farine d'orge et de graines de lin avec addition d'un peu de poisson frit; quant à la viande, ils n'en mangeaient qu'exceptionnellement. La nourriture des Romains consista pendant longtemps en une pâte de farine de froment; ils la remplaçaient quelquefois par des galettes non salées, et ce n'est qu'au temps de la décadence qu'on connut le pain salé (1). Ils se contentaient d'habitude de légumes et de froment. Quelquefois, ils y ajoutaient du porc salé et rarement de la viande fraîche, à l'encontre de ce que nous faisons aujourd'hui. Ce qu'explique le développement de l'élevage du porc en Italie.

Comme les nations de l'antiquité étaient plus sobres, en fait de nourriture, que les nations modernes, les besoins des armées étaient moins complexes; et, pourtant, la difficulté des approvisionnements, ainsi que l'imprévoyance, ont souvent causé de grands désastres.

A l'exception des Persans, dont les défaites proviennent en partie de ce que leurs camps fourmillaient d'une population beaucoup trop dense, les armées de l'antiquité ne traînaient que peu de chariots à leur suite. Les soldats romains pouvaient, grâce à leur force physique, porter sur eux des vivres pour deux semaines; ils savaient se préparer des aliments avec de l'orge et du froment sans l'aide d'aucune administration, et ils se procu-

---

(1) Gauldrée Boilleau, *L'administration militaire dans l'antiquité et les temps modernes.*

raient eux-mêmes une nourriture toute semblable à celle qu'ils consommaient en temps de paix.

La gravure suivante représente des légionnaires romains allant en
guerre.

Les armées utilisaient, naturellement, les moyens de subsistance des
contrées qu'elles traversaient.

De nos temps, les exigences sont tout autres ; plus on avancera dans
la voie infinie du progrès, plus le bien-être de la vie quotidienne augmentera et croîtront plus simultanément les besoins des armées.

Prenons, par exemple, la nécessité où l'on se trouve de donner chaque
jour une portion de viande au soldat ; cette nécessité constitue, à elle seule,
la plus grande difficulté du ravitaillement des armées modernes en temps
de guerre.

Ces difficultés du ravitaillement, ainsi que celles du service sanitaire,
croissent, du reste, dans des proportions encore plus rapides que les armées.

Le souvenir des croisades rappelle à notre mémoire des détresses
terribles où périssaient des armées tout entières. D'un million d'hommes
partis de l'Occident au commencement de l'année 1096, quarante mille à
peine arrivèrent, en juin 1099, sous les murs de Jérusalem. L'absence de
toute prévoyance, de toute organisation et de toute discipline, faisait

asser les armées des croisés de l'abondance aux plus terribles privations
t *vice versâ*. Telles sont les causes de ces désastres auxquels on ne saurait
uère comparer que la retraite des armées napoléoniennes en Russie (1).

Mais, à l'inverse de la première croisade, la troisième déjà (1189-1192)
'est accomplie dans des conditions exceptionnellement bonnes, et elle fut
aractérisée par toute une série de mesures stratégo-administratives rela-
ves au ravitaillement de l'armée des croisés. Cette armée ne comptait
ue 100,000 hommes et ne se composait que d'éléments jouissant d'une
ertaine aisance (n'avaient été, en effet, admis dans ses rangs que des
ommes pouvant justifier, en outre des armes nécessaires, de la possession
e trois marcs en argent, c'est-à-dire d'une somme suffisante pour nourrir
n homme pendant l'espace de deux années).

Et pourtant, l'armée dont il s'agit périt encore en grande partie et fut
ispersée par la famine.

Aux xive, xve, xvie siècles, et pendant encore une partie du xviie, on vit
araitre en Europe des armées composées de mercenaires. « L'art de la guerre
rit dès lors un caractère corporatif (2). » Il n'y avait pas d'armées perma-
entes; du moins n'en organisait-on qu'en temps de guerre. Le soin de four-
ir tout ce qui concernait la formation et l'entretien des armées était con-
é par adjudication à des particuliers qui devenaient responsables de tout.

L'État ne prenait, par conséquent, aucune mesure pour assurer la sub-
istance des armées envoyées sur le théâtre de la guerre. Les soldats
evaient eux-mêmes subvenir à leurs besoins avec leur solde. Pour faci-
iter le ravitaillement, on se bornait à ordonner la création de marchés
ans le voisinage des camps.

Etant données ces conditions de formation des armées — elles pou-
aient se compléter partout par des engagements volontaires — leur force
umérique peu considérable et le système de ravitaillement alors en
igueur, la question des communications ininterrompues entre l'armée
t les localités situées en arrière et chargées de fournir le nécessaire aux
roupes n'avait pas d'importance réelle.

L'invention des armes à feu et leur propagation dans toute l'Europe
urent nécessairement compliquer la question de l'organisation des armées
t de leur entretien sur le théâtre de la guerre. Il n'en est pas moins vrai
qu'au xviie siècle encore, Wallenstein put, sur l'ordre de l'empereur d'Allemagne, mettre sur pied consécutivement deux armées de 40,000 hommes
chacune. L'une fut créée durant la première période (bohémo-danoise) de

Les armées
de mercenaires.

---

(1) M. Quitteray, « Une conférence de garnison : l'alimentation des troupes en campagne » (*Revue de l'intendance*).

(2) Pouzyrevski, *Istoria voïénnavo iskoustva V srédnié viéka* (Histoire de l'art militaire
au moyen-âge).

la guerre de Trente Ans, et l'autre au cours de la deuxième période (suédoise) de la même guerre ; celle-ci servit à combattre le roi de Suède Gustave-Adolphe. Il avait été convenu que Wallenstein entretiendrait ses troupes aux frais des pays par lui occupés, et qu'il serait temporairement, c'est-à-dire jusqu'au règlement définitif de ses comptes, propriétaire de tous les fiefs séquestrés dans les pays conquis.

Le système qui consistait à exploiter, au profit de l'armée, les ressources locales d'un pays, était du pur brigandage : on ne réquisitionnait pas seulement ce qui était indispensable aux besoins quotidiens des armées, on s'emparait de tout ce qu'on trouvait, attendu que les mercenaires avaient pour but principal de s'enrichir à la guerre ; bref, l'idée de guerre était à cette époque étroitement liée à celle de rapines et de violences de tout genre. A ce point de vue, Wallenstein ressemblait aux autres capitaines ; toute la différence entre lui et ces derniers consistait en ce qu'étant extrêmement riche, il pouvait personnellement faire face aux dépenses d'entretien et d'approvisionnement de l'armée, et se trouvait toujours en mesure de payer régulièrement la solde à ses troupes, malgré l'inconstance du bonheur des armes et l'insolvabilité du gouvernement. D'où l'immense popularité dont jouissait Wallenstein, et la facilité avec laquelle il réussissait à lever des armées considérables (1).

Richthofen, en montrant l'absence de tout système de ravitaillement dans ces armées, les comparait à des vols de sauterelles qui dévoraient tout sur leur passage et se portaient ensuite vers des contrées où elles espéraient trouver de nouveaux moyens de subsistance (2).

L'apparition de l'armée de Gustave-Adolphe fait époque dans l'art de ravitailler les troupes et marque, suivant Makchéïef, l'évolution vers l'art militaire moderne. Ce roi entra en Allemagne, au mois de juin 1630, à la tête d'une petite armée de 16,000 hommes ; avec les 16,000 soldats suédois qui s'y trouvaient déjà, le total de ses troupes s'élevait à 32,000 hommes.

Bien que peu nombreuse, cette armée, grâce à certaines qualités, était exceptionnelle pour l'époque : c'était une armée nationale, permanente et bien organisée, tant au point de vue moral qu'au point de vue matériel.

Gustave-Adolphe basait aussi le ravitaillement de ses troupes en Allemagne sur les ressources locales ; elles vivaient, elles aussi, aux dépens de la région qu'elles occupaient, mais la façon dont elles usaient de ces ressources locales était toute particulière.

Le roi de Suède avait fait succéder l'exploitation rationnelle au pillage :

---

(1) T. Makchéïef, *Voïenno-administrativnoïé oustroïstvo tyla armïi* (L'organisation militaire des derrières de l'armée).

(2) Richthofen, *Der Haushalt der Kriegsheere* (L'entretien des armées).

il ne prenait que ce dont il avait absolument besoin pour subvenir aux besoins journaliers de ses soldats ; au brigandage, à l'arbitraire et à la violence, il substituait la légalité et l'ordre. Il approvisionnait son armée en organisant des arrivages réguliers qui partaient des centres de ravitaillement, autrement dit des magasins. Ce système fut plus tard adopté dans toute l'Europe ; et depuis lors, en temps de guerre, on organisa sur les derrières des armées, à cinq marches de distance, la ligne des magasins de ravitaillement.

Mais ce qui est encore plus remarquable, c'est que, grâce à ses succès, l'armée de Gustave-Adolphe servit de modèle et inaugura le système des grandes armées permanentes, c'est-à-dire des grandes organisations militaires en temps de guerre comme en temps de paix. Sous le règne de Louis XIV, la France possédait déjà, lors de la guerre de la Succession d'Espagne, une armée de 350,000 hommes ; l'armée autrichienne s'élevait à 130,000 hommes, et celle du Brandebourg lui-même, dès le temps du Grand Électeur, comptait 30,000 soldats. On cessa de licencier les troupes après la conclusion de la paix, et l'on éprouva par suite la nécessité de créer une administration supérieure militaire chargée du soin d'approvisionner l'armée de tout ce dont elle avait besoin.

C'est à cette époque que l'on commence à rencontrer le mot d'*intendance* ; il est originaire de France, où l'on créa, sous Louis XIV, un service de ce nom.

La passion de centraliser tous les pouvoirs qui caractérisait Louvois, ce ministre français alors tout-puissant, marqua de son empreinte la direction de l'armée.

L'administration supérieure militaire passait elle-même des contrats pour les fournitures et veillait à ce que la distribution s'en fît exclusivement dans les magasins institués *ad hoc*.

Depuis la fin du règne de Louis XIV jusqu'au commencement de la Révolution française, les fournitures pour l'armée étaient faites, pour la plupart, par des entrepreneurs bénéficiant d'un monopole (1).

Sur l'initiative d'un certain Paris du Vernay, on organisa une *compagnie des vivres* qui entreprit de fournir les objets nécessaires à l'entretien de l'armée, en temps de paix et en temps de guerre, contre une rétribution convenue d'avance. Cette compagnie, qui exista pendant près de deux siècles, fut très puissante et très importante, surtout du vivant de Paris du Vernay. Ce dernier était un homme d'un esprit large, doué d'un instinct organisateur et commercial hors ligne. Son système d'approvisionner les armées était si logique et si pratique, que le gouvernement fit peu à peu passer à l'état de lois toutes les innovations qu'il y

____

(1) Quitteray, *L'alimentation des troupes en campagne*.

avait introduites. Bien des règlements sur l'économie militaire qui avaient été inspirés par Paris du Vernay se sont conservés jusqu'à nos jours.

La compagnie susdite s'implanta si bien en France qu'elle finit par y monopoliser tout à fait le service des subsistances. Les suites de ce monopole peuvent être comparées à celles qu'entraîna chez nous la mise en régie de l'eau-de-vie; il aboutit finalement à la démoralisation complète de toutes les branches de l'administration de l'armée et à la mauvaise alimentation des troupes.

L'argent que le gouvernement payait à la compagnie passait dans les poches des sociétaires, des employés de l'administration militaire et des chefs de régiment; quant aux troupes, elles manquaient du nécessaire ou bien elles vivaient de pillage, surtout en temps de guerre (1).

Dans ces conditions, l'influence des commissaires militaires ou des intendants n'était pas bien grande.

En 1776, fut promulgué le règlement aux termes duquel les intendants devaient être subordonnés, en temps de guerre, aux commandants en chef de l'armée et, en temps de paix, aux commandants de province et des divisions (2).

On appliqua des règlements analogues dans les armées allemandes. La partie financière fut réunie à l'administration générale des finances et l'approvisionnement des troupes en objets de tous genres fut soumis au quartier général. Il y eut des commissions militaires spéciales annexées aux trésoreries, et les soins de la distribution furent partagés entre le *Feldzeugmeister* (grand chef des arsenaux) pour les munitions et les armes, et le *Quartiermeister* (grand chef du casernement) pour les vivres. Mais ces personnages haut placés abandonnaient d'habitude à des entrepreneurs le soin de fournir les troupes; ces derniers se mettaient en rapport direct avec les différentes fractions de l'armée; ils n'étaient soumis, par conséquent, à aucun contrôle, et l'approvisionnement, pour cette raison, revenait généralement très cher.

Le système
des magasins

Le système des magasins fut introduit dans toutes les armées après la guerre de Trente Ans. Même Frédéric II, dont la stratégie était généralement offensive, avait adopté ce système : il envahissait d'habitude le territoire ennemi et s'efforçait, non d'obtenir des succès partiels, mais de détruire l'armée adverse à la première rencontre.

Ce roi chercha donc à s'affranchir de la lenteur dans les mouvements que déterminait le système des magasins. Il réunit dans son camp les chariots fournis par les habitants du pays; il augmenta les trajets quoti-

---

(1) Hasenkampf, *Voïénnoïé khosaïstvo* (L'économie militaire), 2e édition, page 44.
(2) Satler, *Revue du mécanisme de l'armée en temps de guerre*.

diens imposés aux voitures de transport; il créa des magasins volants, conjointement avec des boulangeries volantes. De cette manière, il acquit la faculté de se porter à 200 kilomètres, et même plus, en avant de l'endroit où se trouvaient concentrés ses dépôts.

Et pourtant ce monarque, tout homme de génie qu'il fût, ne réussit pas à s'affranchir entièrement du système des magasins.

Ce système consistait en ce que les provisions, principalement les vivres sous forme de pain cuit (1), étaient fournies aux troupes exclusivement par les magasins qu'on remplissait sur l'ordre de l'administration militaire, aux frais du pays; on ne touchait pas aux ressources que l'on pouvait trouver dans la région ennemie occupée, sauf pour le fourrage, qu'on réquisitionnait en général sur place. Le système des magasins était donc basé sur l'approvisionnement de ces derniers par les soins du gouvernement : c'était la négation même du principe résumé dans cette formule : *La guerre doit nourrir la guerre* (2).

Du temps de Louis XIV, la ration quotidienne du soldat français consistait en 1 livre et demie de pain avec une certaine quantité de légumes; plus tard, le soldat fut obligé de payer le pain ou bien de le restituer. Quelquefois, surtout pendant les sièges, les soldats recevaient un tiers de livre de viande, à titre gratuit dans l'infanterie et contre payement dans la cavalerie, où les gages étaient plus élevés; mais cette ration de viande n'était pas considérée comme obligatoire. Dans une dépêche adressée par le ministre Louvois au maréchal de Créqui, on lit le passage caractéristique suivant : « J'estime qu'il est inutile de vous dire qu'il faudra supprimer les rations de viande aussitôt qu'on aura des pois et des fèves (3). »

Le soldat prussien recevait, sous Frédéric II, réglementairement deux livres de pain par jour et deux livres de viande par semaine. Quant au reste, il était obligé de l'acheter chez les vivandières attachées au camp.

On peut juger par là combien l'alimentation des armées était moins compliquée en ce temps-là que de nos jours.

Fonctionnement du ravitaillement sous Frédéric II.

Von der Goltz (4) caractérise comme suit l'état de choses vers cette époque :

« Pendant la nuit du 11 au 12 octobre de l'année 1806, les troupes prussiennes gelaient, bien qu'elles fussent campées dans le voisinage de grands dépôts de bois de chauffage; le lendemain, elles manquaient encore

---

(1) Il faut observer qu'à cette époque les soldats se nourrissaient presque exclusivement de pain.

(2) Makchéïef, *Voïenno-administrativnoïé oustroïstvo tyla armiï* (L'organisation militaire des derrières de l'armée).

(3) Quitteray, *L'alimentation des troupes en campagne.*

(4) Von der Goltz, *Das Volk in Waffen* (La nation armée).

de bois pour cuire leur nourriture, et l'on ne se décida à profiter de ce combustible tout prêt, que lorsque les soldats commencèrent à s'approvisionner eux-mêmes en coupant les arbres voisins. En outre, on manquait totalement d'avoine pour les chevaux durant ces terribles journées, tandis que l'hôtel de ville d'Iéna en était plein. Et bien que les troupes françaises approchassent déjà, les chefs de l'armée crurent de leur devoir d'écrire à Weimar, à l'une des administrations grand-ducales, pour demander la permission d'*acheter* l'indispensable. Nous ignorons la réponse, mais nous savons que l'avoine tomba aux mains de l'ennemi et que les chevaux français prirent sur eux de trancher la question d'une manière pratique. L'intendant du grand-duc de Weimar n'était pourtant, à coup sûr, ni un sot, ni un pédant; car ce n'était autre que le conseiller actuel et ministre von Goethe, « un homme grand de taille et beau de figure », comme le décrit un témoin oculaire, « lequel, dans son uniforme cha-« marré, poudré, avec sa natte et son épée élégante au côté, avait vraiment « l'air d'un ministre et portait bien sa dignité (1). »

Clausewitz raconte des choses encore plus étonnantes sur cette époque :

« Lorsqu'après la bataille d'Auerstaedt, les troupes prussiennes, qui étaient restées deux jours sans manger, arrivèrent le troisième jour, affamées et épuisées de fatigue, près d'un riche village, le prince Auguste réquisitionna, de la façon partout usitée de nos jours en temps de guerre, des vivres pour ses grenadiers qui mouraient de faim. Les paysans jetèrent alors les hauts cris, et l'un des vieux officiers de l'état-major, que cette manière d'agir révoltait au plus haut degré, entreprit avec animation de remontrer au prince qu'un pareil système de brigandage était contraire aux traditions et à l'esprit de l'armée prussienne. »

De son côté, le général Kalkreuth, qui commandait temporairement l'armée, avait fait promulguer la veille l'ordre suivant : « Distribuer aux soldats le pain réglementaire et, à défaut de pain, l'argent nécessaire pour l'acheter ». Or, il n'y avait ni pain dans les fourgons, ni argent dans la caisse. Le prince Auguste fit donc une remarque très juste en disant qu'un tel ordre équivalait au suivant : « Donnez aux soldats l'argent que vous ne possédez pas, afin qu'ils achètent du pain là où l'on ne peut en trouver. »

On pourrait conter une foule d'anecdotes semblables sur les mœurs militaires de ce temps : anecdotes auxquelles on aurait peine à croire aujourd'hui, mais qui alors n'étonnaient personne.

Si pareilles choses étaient possibles, même encore après que le monde eût subi la série des guerres napoléoniennes, c'est évidemment que ces

---

(1) *Mémoires posthumes* de Marwitz. — Berlin, 1852, v. II, p. 11.

façons d'agir et de penser devaient reposer sur des bases sérieuses au point de vue pratique et consacrées par le temps.

Il n'est pas difficile d'en découvrir les raisons.

« Avant tout », dit von der Goltz, « mentionnons le système d'enrôlement qui constituait, à côté des corps de volontaires de ce temps, la manière presque exclusive de compléter l'armée. Grâce à l'enrôlement, le soldat était, en quelque sorte, lié par un traité vis-à-vis de son souverain et de son chef : le premier s'engageant à obéir et le second, dans la même mesure, à remplir ses promesses. C'est par suite de cela que s'était formé ce système particulier d'approvisionnement de l'armée, le système des magasins auxquels l'art militaire du siècle passé doit en grande partie ce caractère à part, que les Allemands désignent par le mot *Zopfstil* (1). Ce système paralysait les mouvements des troupes, il les liait à leurs magasins et boulangeries et leur ôtait toute mobilité. Elles ne pouvaient en effet exécuter qu'un nombre de marches limité dans une même direction ; et si elles faisaient un pas de trop, tout ce réseau artificiel se déchirait, et il devenait impossible de faire parvenir à l'armée les quantités de pain et de farine si justement calculées.

« C'est pourquoi les armées se trouvaient toujours concentrées ; elles se déplaçaient toujours tout entières en colonnes compactes et se disposaient pour la nuit ou le repos en observant l'ordre le plus minutieux. »

« Ainsi seulement on parvenait à maintenir les armées, à empêcher les soldats de déserter, à les nourrir au moyen des boulangeries de campagne et à organiser des marchés. »

La tactique de ce temps était, comme nous l'avons déjà dit, la tactique linéaire : les troupes ne tiraient que sur commandement.

Les règles stratégiques constituaient une chaine tellement serrée de dispositions particulières, qu'il était presque impossible d'y changer le moindre détail sans en déranger l'ensemble.

Il fallait qu'un événement vînt ébranler tout cet édifice, pour détruire la minutie, les préjugés, les habitudes et le docte pédantisme du siècle passé et pour transformer de fond en comble l'art militaire.

La Révolution française fut cet événement.

II. — Influence de la Révolution française et de Napoléon Ier sur le système d'alimentation des armées.

L'armée française commandée par Dumouriez entra sur le territoire belge au mois d'octobre 1792. Le ministère de la guerre avait promis à ce

Ravitaillement des armées de la Révolution.

____

(1) Litt. Système des perruques à queue. *Zopf* est le nom qu'on leur donnait.

général de lui fournir la quantité de vivres nécessaire; mais cette promesse ne fut pas tenue. Dumouriez se trouva, de ce fait, forcé de charger son commissaire Malu de passer avec les Belges des contrats en vue de l'approvisionnement de ses troupes. La Convention nationale désapprouva les dispositions de Dumouriez.

On lui défendit, en conséquence, de faire de nouveaux contrats, et on lui ordonna, en outre, de ne pas remplir les engagements qu'il avait pris en vertu des contrats déjà conclus. En outre, on institua à Paris une section spéciale pour les achats, et on la chargea de réunir toutes les provisions nécessaires à l'armée.

Dumouriez protesta, mais inutilement. Le 15 décembre 1792 la Convention nationale promulgua un décret, ordonnant aux chefs d'armée, qui se trouvaient à l'étranger ou en pays conquis, de se déclarer *autorité révolutionnaire*, de séquestrer les biens des ennemis et d'affecter aux besoins de l'armée les revenus de ces propriétés. On envoya des commissaires de guerre pour contrôler Dumouriez. Mais ce dernier fit reconduire sous escorte à Paris deux des plus zélés d'entre eux [1].

Le mode d'alimentation de l'armée par voie de réquisition reçut une application très étendue, même à l'intérieur du pays.

Ce système des réquisitions ne fut d'ailleurs pas créé d'un seul coup; il n'est dû ni à la pensée ni à la volonté d'un seul homme, mais bien aux circonstances; il résulta, en un mot, de la force même des choses.

La France se trouvait dans des conditions financières très difficiles par suite de la lutte qu'elle soutenait contre la coalition des puissances ennemies; l'entretien de l'armée lui coûtait des sommes énormes et hors de proportion avec les revenus de l'État. Le gouvernement procéda, en conséquence, à l'émission d'assignats : mais le crédit de ces assignats n'étant que très faible sur le marché commercial, leur valeur était minime. Le gouvernement se vit dès lors forcé de prendre toute une série de dispositions, tendant à établir le cours forcé pour les assignats; mais ces mesures paralysèrent gravement le commerce, et les choses en arrivèrent au point qu'on ne pouvait plus se procurer les objets les plus indispensables à n'importe quel prix. Alors il fallut obliger la population à fournir ces produits en nature. Aux termes des décrets du 27 août et du 7 septembre 1793 la propriété privée de tous les Français fut déclarée bien de l'État et mise à la disposition du gouvernement pour subvenir aux besoins de la guerre. En vertu de ces décrets, la population française s'obligeait à fournir en nature tout ce qui était nécessaire à l'armée : l'habillement, les vivres, les chevaux, les armes, etc.

____

[1] Satler. *Revue du mécanisme des armées.*

Ce 'qstainsiue s'établit le système de réquisitions appliqué à la population même du pays (1).

Mais en raison même de ces décrets, ainsi que pour mettre un terme aux abus, — les journaux accusaient ouvertement les généraux de se livrer de concert avec les fournisseurs à des spéculations lucratives — la Convention nationale promulgua les lois du 28 janvier et du 16 février 1795, qui augmentèrent le pouvoir du ministre de la guerre en l'étendant aux questions administratives aux dépens de l'autorité des généraux en chef.

La responsabilité du choix des moyens d'approvisionnement et des prix de revient n'incomba plus dès lors aux chefs de l'armée, mais à l'intendant général; et ce dernier fut tenu d'informer le ministre de la Guerre, dans les vingt-quatre heures, de chacune des mesures qu'il aurait prises.

Mais ces dispositions restèrent lettre morte.

Ainsi que nous l'avons dit plus haut, la Convention nationale avait ordonné en 1792 aux chefs d'armée qui se trouvaient à l'étranger de lever des contributions et de se procurer les moyens de subsistance par voie de réquisition.

Depuis lors, tous les chefs d'armée agirent de la sorte. C'est ainsi que procédèrent Bonaparte en Italie en 1796, et les generaux envoyés dans d'autres pays. Ils imposaient des contributions énormes, dont ils disposaient comme ils l'entendaient et sans en rendre compte au Directoire. Les contributions que Bonaparte avait exigées des principautés italiennes conquises lui fournirent les ressources nécessaires pour organiser l'expédition d'Égypte, et encore, dans ce pays, il continua à entretenir l'armée au moyen de réquisitions. Les lois du 28 janvier et du 16 février 1795 n'enlevèrent aux chefs d'armée que la faculté de dépenser les sommes envoyées par le gouvernement; mais elles leur donnèrent l'autorisation et même l'ordre de frapper de contributions pécuniaires les terres ennemies et de se faire délivrer gratuitement les vivres par les habitants. C'est grâce à ce droit que Bonaparte put se procurer de l'argent et des moyens de subsistance, qu'il eut la possibilité de remporter des victoires éclatantes, et d'augmenter son pouvoir : c'est à cela qu'il dut d'arriver à la dictature d'abord, et ensuite à la dignité impériale (2).

Nous voyons, en lisant un ordre du jour cité par Richthofen, dans quelle mesure Napoléon se servait des droits qui lui étaient attribués : « Le généralissime a confirmé une contribution de 400 sacs de farine. Le général Casalte est chargé de son exécution. Chaque village qui n'aura

---

(1) Makchéief, *Voïénno-administrativnoïé oustroïstvo tyla armïi* (L'administration militaire des derrières de l'armée).

(2) Satler, *Revue du mécanisme des armées.*

pas fourni dans les vingt-quatre heures la quantité de farine voulue aura à payer, à titre d'amende, 100 francs pour chaque sac non fourni. »

Les contribution de guerre.

Dans toutes les guerres que fit Napoléon empereur, les armées françaises se nourrirent exclusivement au moyen de contributions et de réquisitions. C'est de cette manière qu'a été faite la guerre de 1805. En 1806 et 1807, les provinces prussiennes ne furent pas seulement soumises aux réquisitions, mais aussi frappées de contributions énormes.

Ces contributions étaient tellement lourdes que, suivant les calculs officiels, elles se sont élevées, de 1806 à 1808, jusqu'à 245,091,801 thalers; y compris les dommages causés à la culture, aux bâtiments, etc. Pour donner une idée de ces charges, nous reproduisons ci-dessous le compte des pertes subies par la province de Brandebourg.

Les Français ont pris :

A titre de contributions	8.379.639	thalers
En pain	13.122.139	—
— fourrage	5.797.163	—
— légumes	122.918	—
— viande, fruits et pain cuit	2.490.567	—
— boissons	460.678	–
— chevaux	531.739	—
— bétail	702.176	—
Les frais de logement s'élevèrent à	16.936.229	—
Fournitures diverses et dépenses pour hôpitaux temporaires	1.981.456	—
Il a été volé	6.759.888	—
Les frais de table et les pertes ont été évalués à	449.062	—
Il a été détruit par le feu, endommagé dans les maisons et dans les champs pour	44.201	—
Total	57.777.855	thalers

Quant aux indemnités de guerre payées à la France — indépendamment du total représenté par le montant des réquisitions, les sommes prélevées à titre de contributions imposées aux villes, et les pertes de tout genre —, elles ont atteint le chiffre de 1,020 millions de francs (272 millions de thalers) (1).

Pendant les guerres de 1809, 1812, 1813 et 1814, Napoléon appliqua ce même système. Mais comme il est impossible d'alimenter les troupes exclusivement avec les vivres fournis par les habitants d'un pays, si riche fût-il, il fallut bien, au cours de toutes ces campagnes, faire, quand la nécessité

---

(1) Pavlowski, *Die Heeresverfassungen* (Les statuts militaires). — Berlin, 1873.

se présentait, des achats avec l'argent prélevé à titre de contributions. Dans ces cas, on demandait l'autorisation de l'Empereur, qui était toujours présent et qui s'occupait en personne des questions de ravitaillement.

Pendant les guerres de 1808 à 1814, en Portugal et en Espagne, les armées françaises se ravitaillaient aussi au moyen de réquisitions et de contributions, mais, là comme en Russie, elles éprouvèrent des privations inouïes (1).

Pour se faire une idée des difficultés que comportait le ravitaillement de l'immense armée napoléonienne quand elle eût pénétré au fond de la Russie, on trouvera dans la note ci-dessous des détails sur l'ordre dans lequel cette armée se portait en avant, ainsi que sur le dispositif des forces russes au cours de la période en question (2).

Napoléon n'avait pas de plan bien arrêté, dans le sens actuel de

---

(1) Sattler, *Revue du mécanisme de l'armée.*

(2) Pendant la période offensive, les actions militaires se produisaient dans cinq directions, dont deux à gauche de la grand'route conduisant de Wilna à Moscou constituaient l'aile gauche; deux autres, à droite de cette route, formaient l'aile droite; dans la cinquième se mouvait le gros des forces françaises.

1° Sur le cours inférieur de la Duna, Macdonald à la tête de 30,000 soldats observait la garnison de Riga, forte de 10,000 hommes. Au mois de septembre, arrivèrent encore 12,000 hommes de troupes russes conduites par Steingeil, mais elles n'y restèrent pas longtemps et passèrent à l'armée de Witgenstein.

2° Sur le cours central de la Duna (dans les environs de Polotzk) se trouvait au début Oudinot avec 40,000 hommes; puis Oudinot et Saint-Cyr avec 65,000 hommes contre Witgenstein qui commandait 30,000 hommes d'abord et 50,000 dans la suite.

3° Dans la Lithuanie méridionale, face aux marais de la rivière Pripéti, se trouvaient Schwarzenberg et Régnier avec 51,000 soldats, contre Tormasoff qui commandait 35,000 hommes au début et qui, dans la suite, fut renforcé par les 35,000 hommes de l'armée moldave que commandait Tchitchagoff.

4° Le général Dombrowski avec sa division et un peu de cavalerie, 10,000 hommes en tout, observait Bobrouïsk, et le général Hertel, dont le corps de réserve comptait 12,000 hommes, était près de Mozyr.

5° Enfin, au centre, se trouvaient les forces principales des Français, au nombre de 300,000 hommes, face aux deux principales armées russes commandées par Barclay de Tolly et Bagration et fortes de 120,000 hommes; le gros des effectifs était destiné à s'emparer de Moscou.

Ces chiffres indiquent les forces telles qu'elles étaient lors du passage du Niémen, mais elles ne tardèrent pas à diminuer.

Seulement, les premiers mouvements exécutés dans le but de former ces cinq masses principales, et qui occupèrent le mois de juillet, furent quelque peu confus. Dans la suite tout marcha très régulièrement. Le centre avança lentement vers Moscou, tandis que sur les flancs le succès était disputé. Lorsque Napoléon eut commencé sa retraite, les flancs de l'armée française s'affaiblirent : ils s'éloignèrent des forces principales comme Schwarzenberg, ou bien ils se rapprochèrent du centre comme Oudinot et Saint-Cyr.

L'armée russe disposée sur la frontière au début de la guerre se composait de trois masses principales :

1° La première armée de l'ouest, commandée par Barclay de Tolly, et forte de 90,000 hommes, avait son aile droite (Witgenstein) disposée sur les côtes de la mer Balce mot, concernant le ravitaillement et l'organisation de l'intendance. En 1812, il appliqua la règle qu'il avait suivie au cours des campagnes précédentes : *il faut vivre sur le pays occupé*. Mais comme les produits des réquisitions ne pouvaient suffire à faire vivre des masses considérables, il y suppléa par l'organisation de son arrière-garde, qui fut outillée pour transporter des provisions.

tique, tandis que son aile gauche (Dokhtouroff) aboutissait aux environs de Grodno ; le quartier général se trouvait à Wilna. . . . . 90.000 hommes

2° La seconde armée de l'ouest, commandée par Bagration et forte de 43,000 hommes, était disposée entre Grodno et la rivière Moukhovetz ; son quartier général se trouvait à Wolkowysk. . . . . 43.000 »

3° L'armée dite *de réserve*, commandée par Tormasoff et qui comptait 35,000 hommes, se trouvait sur le côté sud des marais volhyniens ; le quartier général de cette armée était à Loutzk. . . 35.000 »

À tout cela, on peut ajouter environ 10,000 cosaques, dont la plus grande partie commandée par Platoff se trouvaient dans l'armée de Bagration . . . . 10.000 »

Total de la 1re armée. . . . 180.000 hommes

En seconde ligne venait la division de réserve, composée des troisièmes bataillons et des cinquièmes escadrons, disposée le long de la Duna et du Dniéper ; elle était forte de 35,000 hommes. Cette division, à laquelle il faut ajouter les garnisons de Riga et de Bobrouïsk ainsi que le détachement du général Hertel, était destinée à renforcer l'armée de Witgenstein. Ces troupes ne prirent part à l'action qu'un peu plus tard.

Les Français avec leurs alliés avançaient en 4 masses principales :

1° L'aile gauche, commandée par Macdonald, forte de 30,000 hommes, passa le Niémen à Tilsit et se dirigea sur Riga . . . . 30.000 hommes

2° Le centre, commandé par Napoléon en personne, se composait de. 297.000 »

Cette masse passa le Niémen sur deux points : 230,000 hommes près de Kowno et 67,000 hommes près de Pilona, à trois lieues de Kowno : cette partie de l'armée était dirigée contre Barclay de Tolly.

3° L'armée du roi de Westphalie, Jérôme, faisait aussi partie du centre ; cette armée, qui traversa le Niémen près de Grodno, devait combattre Bagration. . . . . 78.000 »

4° Enfin l'aile droite, composée de 34,000 hommes, qui traversa le Boug à Droguitchine, était opposée à Tormasoff. . . . . 34.000 »

Total. . . . . 439.000 hommes

Napoléon avait conçu le plan de repousser Barclay vers l'intérieur du pays avec le gros de ses forces qui avaient traversé le Niémen à Kowno, tandis que l'armée du roi Jérôme devait passer le même fleuve une semaine plus tard, afin de retenir Bagration ainsi que l'aile gauche de Barclay, commandée par Dokhtouroff, et de donner aux forces principales françaises la possibilité de séparer Bagration et Dokhtouroff de Barclay par l'envoi de détachements isolés.

Les forces qui franchirent le Niémen à Pilona (67,000 h.), commandées par le prince Eugène, furent aussi mises en mouvement une semaine plus tard que les forces centrales, dont elles devaient couvrir l'aile droite, tout en les reliant à l'armée du roi de Westphalie. Schwarzenberg et Macdonald devaient marcher en même temps que le centre, mais chacun en poursuivant son but spécial.

Dans l'Europe centrale, où les routes sont assez bonnes, la population dense, et le pays bien cultivé, Napoléon pouvait appliquer avec succès la règle stratégique que de Moltke devait lui emprunter dans la suite : *marcher séparés et combattre réunis.*

Système
d'approvisionnement
adopté
par Napoléon
lors de la Campagne
de Russie.

Les armées trouvaient déjà une certaine quantité de vivres aux bivouacs; puis les détachements chargés des réquisitions et les fourrageurs complétaient bientôt ce qui manquait.

De la sorte, c'était précisément la réquisition qui jouait le principal rôle dans l'approvisionnement des armées de Napoléon.

Mais, pendant la campagne de 1812, les conditions furent tout autres. Les régions occupées offraient peu de ressources, étaient peu cultivées et peu peuplées. Les détachements de réquisitions étaient forcés de s'éloigner beaucoup des fractions de l'armée auxquelles ils appartenaient et que, par suite, ils ne rejoignaient que très tard, de sorte que parfois ils ne trouvaient plus celles-ci à l'endroit où ils les avaient laissées.

Cette circonstance favorisait la maraude et relâchait la discipline. Comme, d'autre part, ces masses de soldats pénétraient dans le pays en longues colonnes, et que l'exploitation des ressources locales ne se faisait pas régulièrement, les troupes qui marchaient en tête mangeaient tous les vivres disponibles et ne laissaient rien de préparé à celles qui leur succédaient; ces dernières trouvaient même peu de chose à réquisitionner dans les villages voisins de la route suivie; car les soldats brûlaient tout ce qu'ils ne pouvaient emporter afin de ne rien laisser aux réquisitions de l'ennemi. Bien instructifs sont les extraits suivants empruntés à un journal de route : « Il est heureux que nous soyons approvisionnés de farine, de gruau et de fourrage; d'autres parties de l'armée sont dans la misère, car les troupes qui les ont précédées ont emporté tout ce qu'elles ont pu saisir et brûlé le reste, par suite de quoi beaucoup de bâtiments ont été détruits par le feu ». Le même auteur écrit, le 27 août, à Dorogobouge : « Le cœur se serre à la vue de tant de dévastations inutiles et tellement préjudiciables pour notre corps d'armée qui marche derrière

---

Jusqu'au commencement du mois d'août, l'action des Français consista dans des mouvements ayant pour but de diviser les forces ennemies et de séparer les armées les unes des autres.

Ces manœuvres se terminèrent dans le rayon entre Witebsk et Orcha. Quant aux armées russes, elles s'efforcèrent pendant ce temps de se concentrer : ce qu'elles réussirent à faire près de Smolensk.

Pendant la période offensive, les Français ont fait deux arrêts : l'un à Wilna, l'autre à Witebsk. L'agression se termina par la prise de Moscou. Depuis ce moment et jusqu'à leur retraite, les Français se sont tenus sur la défensive. (Général Clausewitz, *Der Feldzug von 1812 in Russland, der Feldzug von 1813 bis zum Waffenstillstand und der Feldzug von 1814 in Frankreich*).

tous les autres; nous ne trouvons que très rarement un peu de vivres ».

Napoléon chercha à éviter ce mal en adaptant le système de réquisitions aux conditions du pays. Dans ses ordres à l'armée, il prescrivait : 1° que la cavalerie envoyée en exploration réquisitionnât en même temps des vivres, ou bien qu'elle s'en procurât, en s'emparant des magasins ennemis, 2° que les chefs des principales parties de l'armée et des colonnes de marche eussent à se charger des réquisitions et à faire préparer des provisions sur des points déterminés, en faisant concorder ces opérations.

Deux ordres envoyés par Napoléon au chef du grand état-major à Gjatsk témoignent de ses efforts pour régulariser l'approvisionnement : « Faites savoir à tous les commandants de corps d'armée, ordonnait-il, que nous perdons chaque jour un grand nombre d'hommes du fait que les réquisitions sont mal ordonnées; cela menace de désagréger l'armée. Des centaines d'hommes sont journellement faits prisonniers par l'ennemi; il faut défendre très sévèrement aux soldats de s'écarter de leurs corps. Les réquisitions doivent se faire par corps d'armée quand l'armée est réunie et par divisions quand elle est disloquée. Les détachements de réquisition doivent être assez forts pour pouvoir se défendre contre les Cosaques et les paysans; ils doivent être commandés par des généraux ou par des officiers supérieurs. Ne pas exiger des paysans plus qu'ils ne sont en état de donner; en général, éviter de ruiner la contrée sans nécessité, etc. » Aux termes d'un autre ordre, motivé par les abus signalés dans les camps, Napoléon décrète que tout chariot ne faisant pas partie du matériel réglementaire d'un camp sera brûlé.

Malgré ces mesures, les troupes étaient exposées aux privations même durant la période offensive; par suite, des désertions se produisaient et la discipline se relâchait. Ce n'est qu'après le passage de l'armée, quand on eut établi des étapes militaires régulières, que, dans leurs intervalles, les réquisitions se firent avec plus d'ordre et plus de succès.

Le dépôt général des provisions se trouvait à Wilna, où le pain arrivait de l'étranger.

Les autres magasins le long de la route se complétèrent au moyen de réquisitions exécutées sur les derrières de l'armée. Ces réquisitions donnèrent des résultats d'autant plus satisfaisants qu'elles se firent dans de meilleures conditions d'ordre; de sorte que, vers la fin septembre, on se procurait encore assez facilement du pain dans le gouvernement de Smolensk, surtout pour de l'argent comptant (1).

---

(1) Oberstlieutnant Otto Meixner, *Historischer Rückblick auf die Verpflegung der Armeen im Felde* (Coup d'œil rétrospectif sur l'alimentation des armées en campagne). — 1895.

Il faut absolument nous arrêter un peu sur la campagne de 1812 ; car tous les auteurs qui ont écrit sur la guerre future entre la Russie et l'Allemagne parlent de cette campagne.

Les uns la citent comme un exemple terrifiant ; d'autres cherchent à prouver que les conditions étaient à cette époque très différentes de celles d'aujourd'hui, que grâce aux chemins de fer dont on dispose actuellement et à l'accroissement de densité de la population, il ne serait nullement impossible pour l'ennemi de pénétrer jusqu'au cœur de la Russie. Laissons la parole à l'auteur d'un ouvrage très remarqué signé du pseudonyme « Sarmaticus ». Cela nous fournira en même temps l'occasion de mettre à profit le travail d'un auteur militaire prussien de beaucoup de talent, et qui se dissimule derrière le pseudonyme « Antisarmaticus ».

« Napoléon, dit le premier écrivain, avait conçu une excellente idée au début ; il s'agissait de baser l'alimentation de ses nombreuses troupes sur l'organisation d'un parc de ravitaillement proportionné à la force numérique de son armée et pouvant emporter assez de vivres pour subvenir aux besoins de cette masse pendant vingt jours ; ce parc de ravitaillement ne devait commencer à fonctionner qu'après le passage du Niémen.

Mauvaise
organisation
de l'armée française
au début
de la Campagne.

« Les troupes auraient vécu sur le pays, jusqu'à la Vistule, où elles devaient puiser aux magasins établis en cet endroit et qui constituaient la base du système de ravitaillement ; enfin, entre la Vistule et le Niémen, les vivres devaient en partie être fournis par les habitants, en partie arriver par voie fluviale, de Dantzig sur la Haaf et la Prégel, et, pour le reste être pris dans les magasins organisés sur le parcours des troupes.

« Les prélèvements des vivres qui commencèrent en 1812 eurent lieu sous forme de réquisitions, sans remboursement, ou bien sous forme de contributions. Les armées qui traversaient les provinces prussiennes ruinaient la population de ces contrées en emportant les vivres et le matériel de transport ; les troupes se livrèrent même au pillage. Au fur et à mesure qu'on approchait du Niémen, augmentaient la détresse et le mécontentement des habitants dépouillés de leurs biens. Les difficultés s'aggravèrent encore faute de moulins et surtout par suite du manque de fourrage. Cette dernière circonstance contraignit Napoléon à remettre à la fin de mai le passage du Niémen (1). En dressant les plans, on n'avait pas tenu compte des chevaux employés aux parcs d'approvisionnement, et il était impossible de fournir du fourrage à ces animaux ; aussi firent-ils défaut au moment précis où leur concours devint indispensable, c'est-à-dire quand on eut passé le Niémen. C'est ainsi que le système des transports se désa-

____

(1) Dans la saison où l'herbe sera bonne à manger.

grégea, ce qui entraîna, dès le début de la campagne, la complète désorganisation du plan de ravitaillement.

« Quand Napoléon rejoignit l'armée au mois de juin, il constata qu'on avait négligé nombre de mesures relatives aux transports, aux hôpitaux et aux subsistances; il s'occupa dès lors personnellement de l'organisation de ces services, et donna simultanément les instructions nécessaires aux divers corps d'armée. Les troupes de l'aile droite devaient faire des démonstrations, tandis que l'Empereur lui-même entreprendrait de tourner, avec le corps d'armée de l'aile gauche qui avait franchi le Niémen, l'aile droite ennemie, afin de détruire l'armée russe le plus près possible de la frontière, ou bien la rejeter vers les marais de la rivière Prypeti.

« Arrivé à Kœnigsberg le 13 juin, Napoléon dut sacrifier encore neuf jours à prendre des dispositions supplémentaires d'ordre économique, puis il lui fallut ajourner de nouveau le passage du Niémen par suite de l'insolvabilité de la boulangerie de Wolkowyschki.

« De la Vistule au Niémen, les troupes de l'aile gauche — 6 corps d'infanterie et 3 corps de cavalerie — ont fait de 630 à 980 verstes dans l'espace de cinq à huit semaines, en parcourant en moyenne 17 verstes par jour (avec des arrêts d'une journée) et en marchant en colonnes compactes de plusieurs divisions chacune, sur des routes aussi rares que mauvaises et dans les pires conditions de ravitaillement; et, à partir du Niémen, les troupes bivouaquèrent continuellement à l'air libre. Dans ces conditions, il n'est pas étonnant que l'infanterie ait perdu un cinquième, voire un quart, de l'effectif qu'elle avait aux bords du Rhin, et que la cavalerie n'ait conservé que la moitié de ses chevaux; quant aux chevaux de l'artillerie et des parcs de ravitaillement, leur situation était encore pire. Le passage du Niémen commença le 23 juin, et le 28 Napoléon arrivait à Wilna. Après le passage, 25,000 hommes de cavalerie et 90,000 d'infanterie suivirent pendant quatre jours la même route, longue de 90 verstes (1).

Dislocation des troupes.

« Après ce terrible entassement, l'armée se reposa pendant 24 heures à Wilna; puis elle se disloqua aussitôt dans une telle mesure que, pour donner un exemple, les divisions du 1er corps se trouvèrent au bout de quelques jours éloignées de 200 verstes l'une de l'autre. Les troupes exécutèrent en se rendant à Wilna des marches forcées, d'abord par une chaleur terrible, et, plus tard, sous des pluies battantes et par de mauvais chemins; arrivées aux bivouacs, elles n'y trouvaient rien; les parcs et le matériel de campement n'arrivaient pas, car ils avaient perdu la plupart de leurs chevaux. Personne ne s'occupait des soldats; l'administration, par trop centralisée, s'était désorganisée et ne fournissait rien. Il fallait, de

---

(1) Rappelons que la verste vaut à peu près un kilomètre, exactement 1067 mètres.

chaque bivouac, envoyer des détachements au loin à droite et à gauche
pour fourrager; mais ce moyen ne donnait que peu de chose, et ce peu de
chose ne parvenait que fort tard. La maraude, le pillage et le relâchement
de la discipline furent les conséquences naturelles de ce système. Les
mesures coercitives prises par Napoléon pour mettre un terme aux abus
n'eurent aucun résultat. Les corps d'armée abandonnèrent une partie de
leur artillerie, presque dès le point de départ; quant aux parcs de ravitaillement, ils ne parvinrent jamais à rattraper l'armée; si bien qu'on se vit
obligé de former de nouveaux parcs avec des chariots du pays. Tel était
l'état des choses dans la sphère où marchait l'armée; tandis que, sur ses derrières, 40,000 à 50,000 traînards avaient formé des bandes qui se livraient
au brigandage et au pillage aussi bien contre amis que contre ennemis (1).

« Le 9 juillet, quand la deuxième armée russe, commandée par le
prince Bagration, eut évité la rencontre des Français, Napoléon conçut un
nouveau plan, d'après lequel ses troupes devaient déployer leur front sur
une large étendue, puis s'avancer jusqu'à la Duna et au Dniéper, afin de
séparer les deux armées russes, et de décider la Russie, tout en menaçant
les deux capitales, Saint-Pétersbourg et Moscou, à demander la paix.

« Dans la suite, les manœuvres des forces russes déterminèrent
quelques modifications à ce plan, et l'Empereur revint à son idée première, qui consistait à détruire l'ennemi. Mais les armées russes continuèrent à éviter le coup et parvinrent à se rejoindre. C'est seulement alors
que Napoléon songea à accorder du repos à ses soldats, car la situation de
l'armée était terrible : sans avoir combattu, elle avait déjà perdu 1/3 de
son effectif.

« Le moment était critique : l'ennemi battait en retraite, sans laisser
une seule voiture entre les mains des Français; on parlait de troubles en
France; Tormasoff et Witgenstein commençaient à opérer avec succès sur
les flancs. L'ardeur des troupes françaises tendait à se refroidir, et la discipline, qui déjà n'était pas bien grande avant la Révolution, devait forcément baisser après elle; quant à Napoléon, il faisait la cour à son armée
au lieu de la traiter avec la sévérité nécessaire.

« Pourtant il y avait, dans l'armée française, des éléments d'ordre
moral qui lui faisaient un piédestal élevé, savoir : la confiance en elle-

Les Russes évitent
le combat.

---

(1) On aurait pu éviter tout cela, suivant Sarmaticus, en adoptant un autre système
de ravitaillement. Il eût fallu préparer de plus grandes réserves de vivres, par exemple
de 8 jours pour chaque homme et chaque cheval, ainsi qu'un parc plus léger qu'on aurait
renforcé en y ajoutant chemin faisant des voitures du pays. Il eût fallu baser l'approvisionnement sur le système des étapes et utiliser autant que possible les ressources
locales. Il eût fallu avoir une intendance active et intelligente, tant sur les lignes d'étape
que dans chaque corps. Enfin il eût fallu maintenir très énergiquement la discipline dans
l'armée.

même, la confiance en ses chefs et en la propre personne de Napoléon. Seule, une prompte victoire pouvait la maintenir dans ces dispositions. L'Empereur n'hésita pas à profiter de l'occasion qui se présenta, quand le 9 août Barclay de Tolly tenta de prendre l'offensive. Tout en procédant à la concentration de l'armée sur la rive gauche du Dniéper, Napoléon résolut de contraindre l'ennemi à accepter la bataille. Il échoua dans cette entreprise.

« Après la bataille de Smolensk, la situation des troupes françaises, surtout de la cavalerie, était déplorable. Les Russes, qui avaient terminé leurs campagnes de Finlande et de Turquie, purent rappeler les troupes qui avaient combattu dans ces pays, par suite de quoi les communications entre les différentes parties de l'armée française se trouvèrent sérieusement menacées. L'armée voulait que l'Empereur interrompît la marche en avant et lui fît prendre des quartiers d'hiver, comme en 1806-1807, après la bataille d'Eylau. Mais la situation politique de Napoléon, tant en Europe qu'en France, exigeait une victoire prompte et décisive, et il ne restait plus que deux mois pour achever la guerre.

Marche sur Moscou.

« L'Empereur était, du reste, persuadé que les Russes accepteraient le combat sur tel ou tel autre point de la route de Moscou. C'est pourquoi il marcha sur cette ville. Ce fut là une résolution d'autant plus téméraire que les Français durent franchir encore 300 verstes, avant d'atteindre le point où l'armée russe s'était arrêtée pour livrer bataille. Les difficultés dont nous avons parlé plus haut s'aggravaient à chaque pas, et l'armée continuait à se désorganiser. La situation de Napoléon était déjà bien difficile avant qu'il eût atteint la ville de Dorogobouge; mais elle ne fit qu'empirer dans la suite, et il était à prévoir qu'au moment d'un arrêt ou si l'on était contraint de battre en retraite, elle deviendrait critique au plus haut point.

« Jusque-là, dans chaque période des opérations stratégiques et en prévision d'un choc décisif, Napoléon avait toujours pu établir une base intermédiaire de ravitaillement à une distance peu considérable; mais en se portant sur Moscou, il laissait, entre l'armée et la dernière station d'approvisionnement, de grands espaces dévastés, et ce n'est que dans la suite que le corps de Victor reçut l'ordre de se rendre à Smolensk. Ce corps d'armée devait constituer une réserve stratégique, et créer cette base intermédiaire; mais son déplacement n'eut lieu que vers la fin de septembre, quand Napoléon se trouvait déjà depuis longtemps à Moscou.

« Les difficultés du ravitaillement augmentèrent encore à partir de Smolensk. La guerre prit en général, alors, un caractère barbare; et les Cosaques, d'accord avec les paysans, commencèrent à inquiéter les lignes de communication de l'armée française.

« Pour sauvegarder ces communications, il fallut recourir au système des postes fortifiés, malgré l'évidente impossibilité de réussir, par un tel moyen, à se rendre maitre d'espaces aussi étendus.

« Les Russes, finalement, s'arrêtèrent à Borodino. L'Empereur se prépara à la lutte et il voulut même couvrir, au moyen de fortifications, sa ligne éventuelle de retraite » Sarmaticus souligne ce fait que Napoléon refusa d'engager dans cette bataille sa réserve, forte de 20,000 hommes ; et il ajoute que. « dans cette circonstance, il désavoua pour la première fois son principe, qui consistait à récolter les fruits de ses victoires sur le champ de bataille, parce qu'il comptait aboutir à un résultat décisif en s'emparant de Moscou. »

Suivant Sarmaticus. « c'est cette faute fatale qui fit échouer toute la campagne (1), *car l'empereur Alexandre Ier précisa, à partir de ce moment, son plan d'attaque, qui consistait à diriger trois armées contre Napoléon pour détruire les forces de ce dernier.*

« Le moral de l'armée française s'affaibit après la bataille de Borodino, qui avait entraîné de grands sacrifices sans amener les résultats désirés. Les Français se portèrent ensuite sur Moscou.

« Avec l'occupation de la capitale, abandonnée par ses habitants et livrée aux flammes, disparut l'espoir d'une paix prochaine. L'incendie de Moscou réveilla le patriotisme des Russes et stimula leurs forces morales ; d'autre part, le séjour dans cette ville fut très nuisible à l'armée de Napoléon : la discipline et l'énergie de ses troupes s'y effondrèrent définitivement ; le côté matériel se désagrégea ; l'artillerie perdit ses chevaux ; la cavalerie se vit affaiblie à tel point que, par exemple, il ne restait que 5,000 cavaliers du corps de Murat, qui en avait compté 40,000 au début.

« Les partisans opéraient partout avec beaucoup de vigueur sur les lignes de communication et dans les rayons où l'on cherchait du fourrage.

« C'est alors seulement que Napoléon comprit que sa situation était sans issue : il ne lui restait qu'à battre en retraite sans perdre un moment. Il fut simultanément informé des succès de Tchitchagoff et de l'existence d'un plan offensif, ce qui lui fit prendre la résolution de s'ouvrir un chemin par une nouvelle route et de gagner ses quartiers d'hiver, lesquels cependant étaient loin d'être préparés.

Napoléon forcé
de battre en retraite.

« La retraite commença trop tard. Après un arrêt de trente-cinq jours, Napoléon, malgré l'attitude menaçante de l'armée de Tchitchagoff et les renforts reçus par Koutouzoff, se mit en devoir d'exécuter, au lieu

---

(1) Antisarmaticus fait remarquer avec raison, que « cette conclusion risquée se trouve en contradiction avec la conclusion générale, qui se réduit à constater que le relâchement de la discipline dans l'armée française fut la cause de sa perte. Ce qui parait être une faute pouvait être une nécessité inéluctable, et l'on aurait tort, par conséquent, de blâmer Napoléon dans ce cas spécial. »

d'un plan simple, des manœuvres très compliquées et d'un succès douteux.

« En outre, il permit qu'en quittant Moscou son armée, forte de 90,000 fantassins et de 14,000 cavaliers, fût suivie d'un train de ravitaillement de 11,000 voitures, qui n'emportait de vivres que pour les hommes et seulement pour 10 jours ; l'avoine faisait complètement défaut, mais, par contre, les voitures étaient remplies d'objets volés à Moscou. Le manque total d'ordre et de discipline se manifesta dès que les Français sortirent de la ville, quand les Cosaques se jetèrent sur leurs derrières et sur leurs flancs. Le malheureux combat de Maloïaroslavetz et la nécessité d'exécuter la retraite sur l'ancienne route de Smolensk augmentèrent encore la désorganisation de la « Grande Armée. » Pourtant malgré tout cela, malgré les pertes que l'ennemi lui infligeait sur ses flancs, Napoléon n'abandonnait pas son plan d'hivernage sur les bords du Dniéper ; il n'admettait pas la pensée d'une retraite définitive, persuadé que sa seule apparition forcerait l'ennemi à se retirer. C'est ainsi qu'il fit le jeu des Russes, et s'il n'a pas péri à Krasnoïé ou bien au passage de la Bérésina, il ne le doit qu'à l'inaction de Koutouzoff et, en général, aux mauvaises manœuvres des chefs de l'armée adverse.

La retraite se transforme en désastre.

« Une retraite désastreuse transforma son armée en une foule désordonnée et les bivouacs finirent par ressembler à des champs de bataille. A Smolensk, les forces de Napoléon s'élevaient encore à 70,000 hommes, mais 20,000 seulement marchaient en ordre et même chez ces derniers toute subordination avait disparu. Les magasins de Smolensk contenaient bien des vivres, mais on n'en distribua régulièrement qu'à la Garde ; le reste de l'armée pilla les dépôts. Il était du reste impossible de rester longtemps dans cette ville ; car les opérations sur les flancs (1) exigeaient qu'on précipitât la retraite, qui fut encore très mal exécutée : l'armée s'étendait sur un espace de 90 verstes et les corps se succédaient en file. S'il ne furent pas détruits séparément, c'est uniquement parce que Koutouzoff s'entêta à ménager à l'ennemi un « pont d'or » pour opérer sa retraite, — craignant de le pousser à une résolution désespérée, et abandonnant aux grands froids le soin de l'anéantir.

« L'armée française, en tant qu'armée régulière, cessa d'exister après le passage de la Bérésina, et après le passage du Niémen il ne restait plus que 1,000 hommes de la garde dans les rangs et sous les armes. »

En terminant son étude, Sarmaticus s'exprime ainsi :

L'échec de la Campagne de Russie ne doit être attribué qu'à la disparition de la discipline dans l'armée française.

« Les déplorables résultats de cette campagne ne sont attribuables ni aux causes extérieures, ni aux facteurs psychologiques, ni aux chefs. Si

____

(1) Les opérations de Schwarzenberg sur le flanc droit et de Witgenstein sur le flanc gauche de l'armée française.

quelqu'un s'efforçait jamais de les expliquer, soit par le froid, les privations, la faim, l'immensité du pays, par le caractère de Napoléon et celui de l'empereur Alexandre, ou bien par l'ensemble de tout cela, il faudrait tenir ce jugement pour superficiel. La catastrophe fut déterminée uniquement par la disparition de la discipline, et c'était là la conséquence directe du système de guerre et de l'éducation militaire. Ce n'est pas grâce au plan de l'empereur Alexandre Iᵉʳ que les Russes furent victorieux; c'est la discipline russe qui triompha de la discipline française, et c'est la discipline qui doit constituer la base de toutes les guerres offensives (1).

« Les connaissances et l'art sont très utiles dans une action offensive; mais, la masse des troupes y étant exposée à de dures épreuves, elle ne peut les supporter que par la discipline, qui est le fruit d'une éducation militaire longue et conforme aux principes les plus sévères. Toute guerre offensive est doublement dangereuse si l'armée n'a pas été, par son éducation, préparée à l'éventualité d'une issue malheureuse : *c'est pourquoi nous autres (Allemands), nous devons continuer d'attacher la plus grande importance à la discipline.* »

Au sujet de cette conclusion, *Antisarmaticus* fait les réflexions très justes qui suivent :

« Si, en 1812, la discipline russe a vaincu la discipline française, pourquoi ne vaincrait-elle pas celle des Allemands dans l'avenir? Supposons que les Allemands mettent à profit l'expérience de la campagne de 1812, et qu'ils tâchent d'organiser le plus consciencieusement possible les services des ambulances, des hôpitaux et du ravitaillement, qu'ils le fassent « suivant toutes les règles de l'art de guerre teuton »; nous admettons que cela leur donnera un avantage sur Napoléon Iᵉʳ; avantage d'autant plus précieux qu'ils disposeront de chemins de fer, c'est-à-dire de lignes de communication assez parfaites pour leur permettre de simplifier une tâche qui se trouva trop compliquée, même pour Napoléon. Mais ils se trouveront, en revanche, à deux points de vue au moins. dans des conditions moins favorables que les Français en 1812. D'abord, ils ne seront pas conduits par

---

(1) Voici comment le capitaine Strer s'exprimait, en 1887, dans l'organe des sociétés savantes militaires, au sujet du manque de discipline chez les Français en 1812 : « La discipline des armées, dans le sens le plus général de ce terme, comporte une obéissance passive dans le service journalier, l'endurance morale des hommes, la confiance dans leurs chefs et le dévouement pour ces derniers; la discipline comporte aussi, chez les officiers, le souci de bien remplir la tache qui leur est confiée, ainsi qu'une prévoyance plus ou moins grande de la part de l'administration militaire. Dans la *Grande Armée* de Napoléon tout cela était négligé ou bien relégué au second plan. Pourtant toutes ces qualités sont surtout nécessaires quand on fait la guerre dans une contrée pauvre en vivres et dépourvue de voies de communication; elles ne sont pas moins indispensables que l'observation de l'ordre durant la marche. »

le plus grand génie militaire de tous les temps et de tous les peuples, lequel, malgré toutes ses fautes, doit être considéré comme infiniment supérieur à tous les stratégistes allemands pris ensemble ; et, ensuite, les combinaisons politiques machinées contre nous par les successeurs du chancelier de fer fussent-elles encore plus terribles, nos ennemis n'auront jamais sur nous l'avantage numérique qu'avait incontestablement Napoléon en 1812.

« Si même, dans la campagne future, nos ennemis nous étaient numériquement supérieurs au début, leur supériorité diminuerait à chaque pas qu'ils feraient en avant, tandis que nous nous renforcerions, et que la balance des forces s'établirait finalement en notre faveur.

« Les autres conditions resteront ce qu'elles étaient antérieurement ; car si même quelqu'une d'elles favorisait l'attaque, elle facilitera la défense au même degré sinon à un degré supérieur.

« Quant à la dernière conclusion de Sarmaticus, — qui invite les Allemands à rester fidèles à leurs traditions de discipline et à les considérer comme très importantes, — il faut dire que les résultats, constatés sous ce rapport, furent, si l'on en juge par les plus brillants exploits de l'armée allemande, c'est-à-dire par la campagne de 1870, loin de répondre à l'espoir des chauvins teutons. »

Si, malgré la supériorité des forces ennemies, les chefs de l'armée française avaient manœuvré d'une manière un peu plus conforme aux règles : « les choses auraient, selon toute probabilité, tourné tout autrement ; d'autant plus que les forces morales de l'armée allemande avaient sensiblement baissé au cours de la campagne, et que les éléments dont elle se composait étaient bien plus mauvais vers la fin qu'au début ; car les réservistes et les landwehriens qui vinrent renforcer l'armée, loin de manifester le désir de continuer à se battre, mouraient d'impatience de rentrer dans leurs foyers. »

Pendant la campagne de 1813, Napoléon disposait, pour exécuter ses plans offensifs, d'une armée de 300,000 hommes, qui pénétra jusqu'à l'Oder, c'est-à-dire à 800 kilomètres des frontières de son Empire, en un point où elle avait sur ses deux flancs des pays ennemis : la Marche de Brandebourg et la Bohême, outre que toute la population du territoire qu'elle occupait lui était hostile. C'est dans de pareilles conditions que cette armée eut à combattre les troupes des coalisés, fortes de 400,000 hommes, c'est-à-dire numériquement bien supérieures à elle (1).

En présence de cette situation, Napoléon s'arrêta en Saxe et fit de Dresde le centre de ses opérations. Il se ravitailla au moyen de réquisi-

---

(1) Clausewitz, *Der Feldzug von* 1812 *in Russland und der Feldzug von* 1813 *bis zum Waffenstillstand.*

tions et en terrorisant la population. Tandis que les armées allemandes
étaient exposées à toutes les privations et qu'elles soulevaient des murmures de mécontentement sur leur passage, on trouvait partout immédiatement ce qui était nécessaire à l'armée française. L'arrière-garde allemande n'avait pas plutôt évacué une localité que dans le fond des cours
on préparait déjà la nourriture et le fourrage pour les Français (1).

Mais plus tard cependant, après les défaites subies, les maladies se
mirent dans l'armée. Napoléon rassembla encore une fois 150,000 hommes,
mais de ce nombre 60,000 ou 70,000 au plus rentrèrent en France ; les
autres moururent en route.

Nous voyons donc que pendant toutes les guerres de l'époque napoléonienne il n'y eut pas d'intendance régulièrement organisée.

Sous la Restauration, en 1817, on abolit les charges des inspecteurs aux
revues et des commissaires des guerres, et l'on créa une intendance militaire qui fit partie de l'état-major; les rangs d'intendant, de sous-intendant
de 1re et 2e classe, ayant respectivement le grade de général de brigade,
de colonel et de lieutenant-colonel (2). Mais, par suite de cette assimilation,
les fonctionnaires de l'intendance entrèrent en rivalité avec les officiers de
l'armée et prétendirent à l'indépendance; aussi un décret royal de 1822
dut-il déclarer que « les fonctions de l'intendance étant d'ordre purement
administratif ne donnaient aucun droit à tel ou tel grade dans l'armée ».
N'empêche que sous la Monarchie de Juillet, en 1835, un décret royal établit de nouveau que « les grades civils dans l'intendance devaient corres-
pondre aux grades dans l'armée ».

De cette manière, les fonctionnaires de l'intendance retrouvèrent des
uniformes et des galons ; ce qui fit que les officiers quittant l'armée pour
cause de santé ou d'âge commencèrent à rechercher des emplois, c'est-à-
dire des sinécures, dans l'intendance, état de choses qui, bien que très préjudiciable au service de l'intendance, persista longtemps, grâce à la routine.

Le docteur Cruveilher a en effet bien raison de dire, dans son ouvrage
intitulé *Éléments de l'hygiène générale*, que « la routine constitue la base
même du caractère des Français, qui, malgré leur réputation de légèreté et
de versatilité, sont en réalité les êtres les plus routiniers du monde (3). »

En 1824, l'intendant Odier écrivait ce qui suit :

« L'art d'approvisionner l'armée était limité autant que ses besoins.

« Les finances étaient rarement en bon état ; plus rarement encore les

---

(1) Makchéïef, *Voïénno administrativnoïé oustroïstvo tyla armïï* (L'organisation
militaire des derrières de l'armée).

(2) Général Chanel, *L'administration de l'armée.*

(3) Extrait d'une brochure traitant de la nécessité de réformer le système de l'intendance.

agents de l'intendance étaient assez habiles pour faire fonctionner cette institution par ses propres forces et se bornaient à délivrer des bons de payement et à contrôler les dépenses. »

Si l'on substitue à la date 1824 celles de 1854, 1859 ou 1870, on retrouve encore le tableau tracé par Odier : rien n'y est changé.

Les autres branches de l'art militaire se sont perfectionnées, mais les procédés de ravitaillement sont restés stationnaires (1).

III. — Le ravitaillement pendant la guerre de Crimée et la guerre franco-autrichienne en Italie.

Le service de l'Intendance en 1854.

Pendant la guerre de 1854, l'armée française a perdu trois fois plus d'hommes du fait des imperfections de l'administration que par les armes de l'ennemi.

Bien qu'il n'y eût en Crimée qu'une faible partie de l'armée française, il fallut en 1854, pour combler les vides, appeler sous les drapeaux tous les hommes qui, depuis 1849, avaient été renvoyés dans leurs foyers, mais étaient encore soumis aux obligations militaire. Y compris la classe de 1853, forte de 140,000 hommes, on incorpora dans l'armée active 300,000 hommes qui n'avaient point reçu d'éducation militaire. Cette jeunesse était incapable de supporter les privations résultant du mauvais système de ravitaillement de l'armée.

Pendant la guerre de Crimée de 1853 à 1856, le ministère de la guerre français passa lui-même les contrats des fournitures nécessaires à l'armée : provisions de bouche et autres.

L'un des principaux agents du ministère pendant cette guerre fut la maison Pastré de Marseille, laquelle, au dire de toute l'armée, réalisa d'énormes bénéfices. L'intendance n'acheta rien en Crimée même, ce qui eût été impossible en raison du peu de terrain occupé par les troupes (2).

Les fournitures n'arrivaient ni en temps voulu ni en quantité suffi-sante. Le personnel de l'intendance était d'ailleurs insuffisant (3).

Tout était si mal organisé que, de certains bataillons envoyés à la guerre, une dizaine de soldats à peine rentrèrent dans leurs foyers. Afin de ne pas incorporer dans l'armée active des recrues non habituées à la vie des camps et n'ayant aucune expérience, le ministère de la guerre s'avisa de combler les pertes en expédiant graduellement en Crimée des hommes instruits pris dans tous les corps de l'armée, de sorte qu'il ne resta plus

---

(1) Von der Goltz, *Das Volk in Waffen* (La nation armée).
(2) Sattler, *Étude du mécanisme de l'armée.*
(3) Leroy-Beaulieu, *Les Guerres contemporaines.*

guère en France et même en Algérie que des recrues récemment enrôlées.

Napoléon III aurait voulu une autre organisation militaire, pareille à l'organisation prussienne au point de vue de l'augmentation du nombre des recrues appelées chaque année sous les drapeaux et de la réduction du temps de service; mais les vieux généraux n'approuvaient pas ce système. Dans le conseil des maréchaux, on donna à Napoléon un argument qu'il fut obligé d'accepter à cause de sa situation particulière : L'armée, lui dit-on, est nécessaire aussi bien contre les ennemis du dedans que contre ceux du dehors ; or, elle deviendrait moins sûre si on la réorganisait de la façon indiquée.

D'où ce résultat que la réorganisation se fit dans un sens diamétralement opposé : on augmenta le nombre des anciens soldats dans l'armée, c'est-à-dire qu'on revint, dans une certaine mesure, à une armée de soldats professionnels et mercenaires.

La loi de 1855 sur « la dotation de l'armée » permit à tous de s'affranchir du service militaire, en versant une somme de rachat déterminée chaque année. Le marquis de Chasseloup-Laubat, quand, en 1871, il fut élu président de la commission chargée d'élaborer la nouvelle organisation des forces de terre et de mer, fit ressortir ainsi les conséquences de la loi de 1855 : « Cette loi abolissait le remplacement, mais elle s'écartait, en réalité, plus encore du principe du service militaire obligatoire personnel ; quiconque avait payé le prix de rachat était quitte par là même de tout devoir envers la patrie. Avec les sommes ainsi réunies on constitua une caisse servant à rémunérer les sous-officiers et les soldats qui, volontairement, se rengageaient pour une seconde période de service.

« Il en résulta que, pour toucher la prime réglementaire, 23,000 sous-officiers sur 32,000 restèrent au service pour une seconde période, et que, pour la même raison, 164,000 simples soldats contractèrent des engagements volontaires, tant pour une première que pour une seconde période de service. Quant au nombre de ceux qui se rachetaient, il s'élevait en moyenne à 23,000 par an. »

La guerre d'Italie de 1859 fut une surprise. Les troupes françaises furent transportées au delà des Alpes dans l'espace de quelques jours, sans être outillées pour les marches, sans matériel de campagne et sans provisions. Les ravitaillements, venant en partie d'Italie, en partie de France, ne suivirent que 20 à 25 jours après le départ de l'armée par Suze et Gênes. On installa des dépôts de vivres près des stations mêmes des voies ferrées par lesquelles on les transportait. Mais, aussitôt que les hostilités commencèrent, ce système de ravitaillement fut reconnu insuffisant pour les troupes d'avant-garde, qui trouvaient les voies ferrées déjà détruites, tandis que les transports forcés de troupes entravaient la marche sur les mêmes voies des transports de vivres.

Le système des transports par étapes établis sur les derrières de l'armée ne fut pas appliqué en 1859, pas plus, du reste, qu'en 1870. Napoléon III ordonna qu'on se procurât en Italie même les vivres nécessaires au moyen de réquisitions. Mais l'état-major cherchait à centraliser les approvisionnements ; il les entassait sur certains points principaux, d'où il ne parvenait pas ensuite à les distribuer régulièrement, faute de moyens de transport. Enfin, grâce à la routine amenée par la centralisation, on voulait à tout prix fournir aux soldats français des rations réglementaires, sans considérer qu'en adoptant le système des réquisitions, il faut se contenter de ce que chaque pays produit en quantité suffisante.

Tout cela entraîna dans le ravitaillement une crise passagère qu'il eût été facile d'éviter, si l'intendance, dont le fonctionnement était très mou, eût été mieux organisée.

Le 29 mai 1859, l'empereur Napoléon écrivait à son ministre de la guerre : « Cela me désespère que nous ayons toujours, comparativement aux armées étrangères, même à l'armée sarde, l'air d'enfants qui n'ont jamais fait la guerre. Tout est si mal organisé et si mal réglé que toujours, ou bien on demande le double du nécessaire, ou bien l'administration ne donne que la moitié de ce dont on a besoin. Vous comprenez que mon intention n'est pas de vous faire des reproches, mais bien de condamner ce système qui fait qu'*en France, nous ne sommes jamais prêts pour la guerre.* »

La justesse de cette opinion a été maintes fois confirmée dans la suite. Voici, par exemple, ce qu'a dit l'intendant en chef devant la commission d'enquête parlementaire, après la guerre de 1870 :

« A l'armée d'Italie, où j'étais l'adjoint de l'intendant en chef, les derniers trains d'approvisionnement n'avaient pas encore pu, par suite de la mauvaise organisation des magasins, franchir les Alpes, que déjà s'opérait le rapatriement de l'armée. » Le général Lewal cite ce cas très intéressant que l'on fit venir à Gênes du foin comprimé d'Afrique.

L'intendant général Wolf a dit en toutes lettres : « L'exemple de la guerre d'Italie était topique. On n'avait rien prévu pour cette campagne ; la concentration des troupes s'y fit dans le plus grand désordre et malgré cela le succès de nos armes fut complet. Ce succès fut dû à des circonstances exceptionnelles et à l'indécision des Autrichiens. En combattant l'Autriche, la France alliée à l'Italie n'eut besoin de recourir qu'à une partie de ses forces, et de plus elle faisait en outre la guerre à un État qui n'était pas limitrophe. Même une issue défavorable n'eût guère pu mettre en danger la situation de Napoléon. »

L'intendance ne s'améliora pas, même après la guerre de 1859.

En 1867 parut un ouvrage intitulé : *L'armée française par un officier général*, dont l'auteur, comme on le sut plus tard, était le général Trochu, qui en 1870-1871 dirigea la défense de Paris. Citons ici ce qu'il disait au sujet du caractère et de l'organisation traditionnels de l'intendance : « Le personnel de l'intendance ne se compose pas chez nous d'hommes spécialement préparés *ad hoc*, comme l'exigerait l'importance de la tâche qui incombe à ce corps, surtout en temps de guerre.

« Dans le système qui prévaut, tous nos administrateurs militaires sans exception, avant d'aborder le terrain des affaires, ont été pendant de longues années, les années de la jeunesse, — celles-là pendant lesquelles les hommes étudient et apprennent le plus fructueusement — officiers et sous-officiers dans l'armée! Un examen par devant un jury leur tient lieu de dix ans, de quinze ans de pratique et d'expérience professionnelles — que dis-je? — de trente et quarante ans de cette pratique et de cette expérience, puisque nous voyons des généraux, à la dernière heure de leur carrière, devenir intendants-généraux, c'est-à-dire régulateurs, dans les guerres à venir, de l'existence de nos armées en campagne!

« On chercherait vainement, je pense, dans l'échelle des fonctions publiques françaises, un aussi étonnant exemple d'erreur...

« L'intendance devrait se composer de commerçants, dont l'intérêt consisterait à bien conduire l'affaire. Ce corps devrait être purement civil. Ce n'est pas l'affaire des militaires que d'acheter, de vendre ou de contrôler des opérations semblables. Une intendance composée de spécialistes évitera les fautes et la désorganisation qui nous ont coûté plus d'hommes en Crimée que le feu de l'ennemi. C'est ainsi que l'intendance est organisée en Angleterre : là, le commissaire en chef, qui correspond à notre intendant en chef, est un fonctionnaire civil qui relève de la Trésorerie et qui est presque indépendant du commandant en chef (1). »

IV. — Le ravitaillement de l'armée française pendant la guerre de 1870.

Malgré l'organisation défectueuse qu'avait toujours l'intendance, pendant la guerre 1870-1871, c'est elle uniquement qui fut chargée du ravitaillement de l'armée française; et les troupes ne purent même pas se procurer ce qui leur était nécessaire, par leur propre initiative, en utilisant les ressources locales (2).

Les témoignages suivants présentent un tableau instructif du manque

L'intendance française pendant la guerre de 1870-71.

---

(1) Cité d'après Leroy-Beaulieu, *Les guerres contemporaines*.
(2) Makchéïef, *Oustroïstvo tyla armii*. (L'organisation des derrières de l'armée).

absolu de préparation de l'administration militaire française au moment où éclata la guerre.

Écoutons la déposition que fit M. Wolf, intendant en chef de l'armée du Rhin, lors de l'enquête parlementaire (1) : « J'étais en congé au bord de la mer, quand je reçus l'ordre de me présenter chez le ministre de la guerre le 17 juillet. Le ministre me dit que, sur son rapport, ordre avait été donné de me nommer intendant en chef de l'armée du Rhin ; il me prescrivit de me rendre à Metz et de me présenter au maréchal Bazaine, qui commandait l'armée en attendant l'arrivée de l'empereur. Je me présentai au maréchal Bazaine et je lui demandai ses ordres. Il me répondit : « Tâchez que tout aille bien. » Or, à cet instant, il m'était impossible d'étudier le terrain et ses ressources, ainsi que de faire connaissance avec le personnel placé sous mes ordres.

« Ce qui m'a empêché de prendre des dispositions convenables, c'était l'absence d'ordres et de plan. Je n'ai jamais su ce qu'on voulait entreprendre soit à Metz soit à Paris ; je ne savais rien de la marche des affaires, de l'organisation du commandement de l'armée, j'étais entièrement livré à moi-même... Tantôt on disait que l'armée franchirait le Rhin, tantôt qu'elle ne passerait pas la frontière, et qu'elle irait à Châlons par Nancy. Mais toutes ces suppositions s'évanouirent l'une après l'autre. On piétinait sur place, on faisait des plans inutiles. »

Défectuosités de ce service.

Le président de la commission ayant demandé si Wolf avait eu à sa disposition le personnel réglementaire, ce dernier répondit : « Non, et son insuffisance se serait révélée si les opérations militaires avaient pris quelque développement. »

Quant à cette insuffisance du personnel de l'intendance, et aux suites funestes qu'il entraîna, le général Davoust fit devant cette même commission une déposition plus détaillée. Il dit surtout que les fonctionnaires de l'intendance, affectés aux trains de ravitaillement qui suivaient les troupes, n'avaient à leur disposition que deux ou trois comptables et quelques soldats. Quand les troupes se reposaient, ces fonctionnaires n'avaient ni le temps ni les moyens de rechercher et de distribuer les vivres que pouvaient posséder les habitants des localités voisines. Le train du corps d'armée restait en arrière, et des différents corps de troupes arrivaient des détachements chargés de réclamer des vivres. Les commissaires renvoyaient ces détachements à trois kilomètres en arrière, au train de l'intendance, qui souvent n'était même pas encore arrivé, et les envoyés revenaient les mains vides, pour repartir encore. Les haltes, pendant lesquelles ils auraient dû se reposer, devenaient ainsi pour eux une fatigue

---

(1) « Commission des marchés ».

supplémentaire. Naturellement tout cela était accompagné de plaintes interminables, et les soldats rôdaient parfois dans les fermes, priant qu'on leur fît l'aumône d'un morceau de pain ; ce qui les démoralisait et ruinait la discipline.

Mais il serait injuste d'attribuer toute la faute à la seule intendance. Elle avait été prise au dépourvu par la guerre. Nous avons relaté plus haut toute une série de faits qui témoignent de l'état de désorganisation dans lequel se trouvait à cette époque le commandement et l'administration militaires français.

Désorganisation générale.

C'était, suivant le système alors en vigueur, les fournisseurs qui approvisionnaient l'armée. Et ces fournisseurs n'étaient pas choisis parmi ceux qui méritaient le plus de confiance, mais parmi les plus protégés; à la première difficulté, ils ne remplisssient qu'imparfaitement, souvent même pas du tout, leurs engagements. Ainsi, il est dit dans un télégramme daté du 18 juillet et adressé au ministre de la guerre par le maréchal Bazaine : « Nous nous hâtons de passer des contrats, attendu que les fournisseurs antérieurs ont résigné. » Les commandants des corps de troupes n'étaient pas autorisés à prendre des mesures pour assurer le ravitaillement, et voici ce que le général Ducrot écrivait au ministre de la guerre, le 19 juillet 1870 : « L'état du ravitaillement est alarmant. Le commerce est presque sans ressources par suite de la suspension des communications avec l'Allemagne et de l'impossibilité de s'en faire venir par les chemins de fer, ce qui fait que même la population civile est dans la misère. On n'a rien fait pour fournir de la viande aux troupes. Veuillez me donner pleins pouvoirs de prendre toutes les mesures nécessaires, sans quoi je ne réponds de rien... »

Pis encore, la livraison et la distribution des colis envoyés par le ministère de la guerre se faisaient dans le plus grand désordre. Ainsi, à Metz, il se trouvait un double personnel de l'intendance : le personnel régional attaché au territoire et les intendants divisionnaires venus avec les troupes. Les premiers n'avaient reçu aucune instruction au sujet des transports de vivres dirigés sur Metz; aussi n'en prenaient-ils pas livraison à la station de chemin de fer. L'intendance divisionnaire, de son côté, ne se décidait pas à faire décharger les wagons, parce qu'elle ne savait pas si la division resterait à Metz ou bien irait plus loin. D'où confusion complète à la gare. Les agents des compagnies de transports établissaient des notes des objets expédiés et les envoyaient aux bureaux de l'intendance, à la direction de l'artillerie, du génie, à l'arsenal. De tous côtés on réclamait : qui demandait du riz, qui, de la farine, qui, du café, ou autre chose. Les camions des compagnies transportaient les colis destinés aux différents corps de troupes, quelquefois à des distances considérables de la gare, et l'on s'apercevait ensuite que ces objets avaient été commandés par d'autres corps ; il fallait les renvoyer à la gare pour les réexpédier sur quelque autre point. On déchargeait parfois du foin dans une gare pour le transporter dans les magasins d'une ville, tandis qu'en même temps on envoyait, de ces mêmes magasins à la gare, des voitures de foin destinées à l'armée, etc. (1).

Le plus grand mal, en 1870, vint précisément de la confusion qu'amenaient les modifications continuelles des plans d'opération. Nous citerons, à titre d'exemple, le télégramme suivant du 8 août adressé à l'intendant en chef, à Metz, par le ministre de la guerre : « Par votre télégramme d'hier, 9 heures 30 minutes du matin, vous avez demandé l'envoi immédiat de farine à Metz ; par votre télégramme de 5 heures 30, vous avez demandé qu'on suspende tous envois, et par un troisième télégramme de 10 heures 12 vous demandez 2,200 quintaux de différents produits. Des changements aussi brusques me mettent dans un grand embarras. Dans tous les cas, je n'envoie plus rien de Paris à Metz » (2).

Mauvaises
dispositions
des populations
envers les troupes.

Nous avons dit ailleurs combien la population, en général, était mal disposée pour la guerre. Appuyons cette assertion du témoignage d'un auteur français. Il décrit dans quel état les troupes françaises trouvent un village, que les Prussiens viennent d'évacuer : « Presque toutes les maisons sont vides ; celles où quelque habitant s'est caché dans un coin sont fermées. On croirait la population morte. Par-ci, par-là des traces de dévastation ; on voit traîner des charrues, des roues et des restes de mobilier dont on avait fait du bois à brûler. A terre, des mares de sang, c'est tout ce qui reste du bétail abattu par l'ennemi ; les granges, les écuries, les étables, sont vides, les caves ont été forcées et tout leur contenu a été bu ou répandu. Il n'y a plus ni pain sur les planches, ni linge dans les armoires ; dans les jardins, les enclos sont abattus et les arbres cassés. Tout autour un silence de mort ; seuls parlent les chiffres tracés sur les portes : ce sont les numéros des régiments prussiens qui ont traversé le village...

« Et celui-ci n'est pas encore au bout de ses peines : après les Allemands viendront peut-être les Français ; et s'ils trouvent quelque chose qui ait échappé au pillage de l'ennemi, ils s'en empareront par voie de réquisition. On craignait davantage les premiers visiteurs, mais les derniers ne causaient quelquefois pas moins de mal. Dans les localités où les deux

----

(1) Jacquemin, *Les chemins de fer pendant la guerre.*
(2) Commission des marchés, *Déposition de l'intendant général Blondeau.*

armées ont passé, les paysans ne savent plus eux-mêmes à qui ils en veulent le plus. Il faut les excuser.

« Mais ceux vraiment inexcusables, ce sont les habitants des localités que les troupes n'ont pas encore traversées et qui pourtant font un mauvais accueil à leurs propres soldats. On prétend que lorsque nous faisions la guerre en Italie, les habitants nous accueillaient comme leurs sauveurs et nous ouvraient leurs maisons à deux battants. Il n'en a pas été de même en France... Seuls les établissements industriels font exception : au Creusot et dans d'autres endroits, les ouvriers nous saluaient, nous fêtaient ; chaque famille invitait un ou plusieurs soldats qu'elle faisait asseoir à sa table, en leur donnant du linge, parfois même de l'argent. Mais la population rurale se conduisait tout autrement ; les paysans ne nous montraient aucune sympathie. Les soldats arrivent la nuit affamés, par la neige et un vent glacial... Eh quoi ? toutes les portes sont cadenassées, personne ne vient en aide ; il faut faire des perquisitions pour trouver quelque chose. La population des campagnes, brutale, avide, égoïste, n'a jamais fait bon accueil à nos soldats. Elle s'est montrée la même partout : dans les Vosges, la Haute-Saône, le Doubs, le Jura, la Loire... ni patriotisme, ni pitié. On ne pouvait même pas obtenir quelques bottes de paille pour s'improviser une couche dans la grange. « Nous n'avons rien ! » répondait le patron ; et il fallait recourir à la force pour loger les gens.

« Il en était de même pour le pain : « Nous n'en avons pas ». L'officier s'adressait au maire de la commune : il prenait parti pour les siens. Lors de la retraite d'Héricourt, nous entrâmes dans un petit village ayant nom Chaffouat. Le maire de cette commune avoua que la veille on y avait cuit du pain dans la plupart des maisons, mais que les habitants l'avaient caché. En perquisitionnant, nous trouvâmes beaucoup de pain, mais les Prussiens nous surprirent et nous firent prisonniers. Et voilà ces paysans, qui prétendaient ne rien avoir, pas même du pain, qui trouvent immédiatement des tonneaux entiers de vin ordinaire pour les soldats prussiens et plus de 500 bouteilles de vin meilleur pour leurs officiers... Dans une autre localité, les habitants motivaient naïvement leur refus de nous vendre quoi que ce soit en disant : « Nous le vendrons à vous autres, puis viendront tout à coup les Prussiens qui nous maltraiteront, parce qu'ils croiront que nous avons caché nos provisions » (1).

Aussitôt après la chute du second Empire, le ravitaillement de l'armée s'opéra beaucoup mieux. Pendant les opérations de l'armée de la Loire, le ministre de la guerre du gouvernement de la Défense nationale, se trouvant à Tours, mit à exécution un plan de ravitaillement. De grands magasins

(1) Le régiment des Deux-Sèvres : *Les Populations et la guerre.*

lurent créés près des gares de Tours, Bourges, Angers, Poitiers et Niort. De ces magasins, on expédiait journellement les vivres demandés à Vendôme, d'où, sans décharger les wagons, on les dirigeait vers les points de destination. Ce dépôt mobile de Vendôme en établit un autre analogue près de la gare de Fretteval. De ces deux points, les vivres étaient envoyés aux troupes, en convois très éloignés l'un de l'autre. Sur les derrières de l'armée de la Loire on avait, en outre, établi un centre complémentaire d'approvisionnements, de sorte que les troupes qui faisaient partie de cette armée souffrirent beaucoup moins des privations que les autres (1).

Comme il arrive toujours après une guerre malheureuse, on rechercha en France ceux à qui incombait la faute de certaines défectuosités d'organisation. Mais le mal venait surtout de ce qu'un tel état de choses avait pu se perpétuer aussi longtemps dans le commandement et l'administration de l'armée. La faute en retombait en partie sur le gouvernement, en partie sur les représentants de la nation; c'est-à-dire sur tout le monde. Mais tous se hâtèrent de se justifier en rejetant toute la responsabilité sur l'intendance. La presse et l'opinion publique attribuèrent une grande partie des malheurs de la France à ce que l'intendance s'était montrée tout à fait au-dessous de sa tâche. Certes, elle n'était pas sans reproches; mais les accusations dont on l'accablait étaient exagérées et nuisibles en ce qu'elles détournaient les regards des autres défauts de la direction. M. de Freycinet s'est exprimé comme il suit dans son rapport de 1876 : « L'intendance, dont on a fait le bouc émissaire pour les souffrances de nos troupes, fut en réalité admirable d'activité et de dévouement à l'armée. » La campagne outrée contre l'intendance, qui continua vingt ans encore après la guerre de 1870, eut en outre l'inconvénient de jeter la déconsidération sur le personnel de l'administration militaire, ce qui empêcha de l'améliorer.

Réorganisation de l'intendance et de ses services en France.

Quoi qu'il en soit, on procéda, en se basant sur l'expérience de la guerre de 1870, à une réorganisation minutieuse du système de ravitaillement en campagne, ainsi que de l'intendance elle-même (2).

Pendant vingt-cinq ans, les gouvernements qui se sont succédé en France se sont principalement occupés de réparer les défectuosités du passé.

Le mauvais fonctionnement de l'intendance française en 1870 s'explique aussi par ce fait que, tout en reposant sur une organisation solide,

____

(1) *Revue du service de l'intendance* : Alimentation des troupes en campagne.

(2) Sont obligatoires actuellement : 1° le « Règlement sur le service des armées en campagne. », (1883, avec modifications jusqu'à l'année 1892); 2° le « Règlement sur l'organisation et le fonctionnement du service des étapes aux armées », (1889); 3° le Règlement sur les transports militaires par chemins de fer », (1889); 4° le Décret du 10 octobre 1889 réorganisant les services de l'arrière aux armées. »

elle etait trop exclusivement rivée à celle-ci, et ne pouvait même pas recourir au concours des autorités civiles. Peu après la guerre, la littérature militaire française se mit à flétrir un commandant de corps d'armée, qui, dans un moment d'impérieuse nécessité, avait recouru au moyen le plus simple et le plus raisonnable de ravitailler ses troupes, en ouvrant des marchés avec le concours des autorités civiles ; on citait ce fait comme un exemple du plus grand désordre. Maintenant la France est devenue plus prévoyante ; elle a beaucoup perfectionné son système de ravitaillement, et, en cas de guerre, on n'hésiterait pas à recourir à l'aide des autorités civiles et l'on n'empêcherait pas les soldats d'acheter leurs vivres eux-mêmes (1).

Des approvisionnements énormes ont été constitués et emmagasinés dans les forteresses nouvellement construites et sur les points fortifiés ; et on compte bien qu'en cas d'une nouvelle guerre, les troupes françaises ne manqueront de rien tant qu'elles opéreront sur leur propre territoire.

Il est difficile de prévoir, en revanche, dans quelle mesure les désordres signalés dans le passé se renouvelleraient au cas où l'armée française opérerait sur territoire étranger.

On a su profiter, en Prusse et en Autriche, des enseignements que comportait la campagne de Russie de Napoléon Ier ; on a compris qu'il faut, en temps de guerre, donner des droits très étendus aux généraux en chef, afin qu'ils puissent agir promptement en se conformant aux circonstances. On a également compris qu'une des difficultés principales qu'on éprouve à mettre le système de ravitaillement d'accord avec les exigences des opérations militaires provenait de ce que, sous Napoléon, la direction du ravitaillement et celle des mouvements stratégiques avaient été séparées l'une de l'autre.

Graduellement s'est formée en Prusse l'opinion que si l'intendance doit avoir une direction centrale indépendante, les intendances de campagne n'en doivent pas moins être organisées militairement et soumises au commandant en chef de l'armée (2).

Après la guerre de 1870, on a étudié en Prusse l'organisation et le fonctionnement de l'intendance comparativement à ceux de l'intendance française. Nous citerons ici quelques données empruntées à cette étude (3) afin de mettre en relief les différences qui les caractérisent.

Le personnel de l'intendance prussienne est recruté en dehors des rangs de l'armée et rentre dans la catégorie des fonctionnaires militaires.

---

(1) Von der Goltz, *Das Volk in Waffen* (La nation armée).
(2) Stein, *Heerwesen.*
(3) Baratier, *L'intendance prussienne comparée à l'intendance française.*

La direction générale de l'intendance est indépendante, attendu qu'elle relève immédiatement du ministre de la guerre, qu'elle imprime à tout le service l'impulsion générale et qu'elle exerce un contrôle supérieur sur les besoins de l'armée et leur satisfaction. Mais les organes locaux de l'intendance sont soumis aux commandants des corps d'armée, dont les pouvoirs, en fait d'administration militaire, sont beaucoup plus étendus en Prusse qu'en France.

Grâce à cette centralisation générale du pouvoir et à sa concentration locale dans les mêmes mains, on évite cette dualité qui a toujours constitué le côté faible de l'organisation française. Les intendants de corps d'armée exécutent les ordres du commandement et se chargent du ravitaillement des troupes dans toute l'étendue de leur circonscription. Les intendants divisionnaires ne s'occupent que du ravitaillement de leur division. Les fonctionnaires de l'intendance se bornent, en général, à pourvoir les troupes et à contrôler leurs besoins ainsi que leurs consommations, mais ils n'interviennent jamais dans les dispositions prises par les commandants de corps d'armée et jamais ils ne les gênent par des règlements quelconques. Le contrôle des ordres se borne à la revision ultérieure des fournitures et des comptes.

En temps de guerre, l'organisation ne change pas, c'est-à-dire qu'elle se base sur le principe de la division du travail entre l'administration supérieure militaire qui prescrit les dispositions générales et exerce le contrôle, et les organes des intendances locales qui sont soumis aux commandants des différents corps de troupes. L'esprit de décentralisation en général est beaucoup plus développé en Prusse qu'en France; c'est pourquoi ce service s'adapte bien mieux aux besoins locaux, en même temps que l'administration militaire peut s'y contenter d'un bien moins grand nombre d'employés.

V. — Les systèmes de ravitaillement des armées prussiennes et allemandes pendant les guerres de 1866 et 1870.

Il est très juste d'attribuer les éclatants succès de la Prusse en 1866 et en 1870 à la supériorité, sous tous les rapports, de son organisation militaire. Mais, outre cette supériorité organique, la Prusse avait encore celle d'avoir prévu ces guerres, et de s'y être préparée, de sorte que dès l'ouverture des hostilités elle fut à la hauteur de sa tâche.

Ainsi, quelques mois avant la guerre de 1866, l'administration militaire prussienne se mit à acheter des quantités considérables de vivres sur les marchés autrichiens et hongrois. Les commissaires prussiens se dissimulaient, dans ces cas, derrière des particuliers peu connus; et ils achetèrent ainsi, par l'entremise de maisons de commission hongroises, la plus grande partie des provisions disponibles avant que les hostilités n'eussent commencé. Quoique payant de bons prix, ils y trouvèrent encore leur compte, car la spéculation fit monter les cours à des taux exorbitants dès que la guerre eut éclaté. Le gouvernement autrichien interdit bien l'exportation des produits alimentaires, mais seulement quand les commissaires avaient déjà pris livraison du blé acheté en Autriche. Et ce même gouvernement fut contraint de payer des prix fortement majorés, tant à cause du vide produit par les achats prussiens, que de l'envahissement des marchés par la spéculation (1).

La direction des transports de mobilisation, puis de concentration des troupes prussiennes, par voies ferrées, fut confiée à une commission spéciale, siégeant à Berlin et composée du major d'état-major comte Wartensleben, et du conseiller privé Weisshaupt, représentant le ministre du commerce. A cette commission étaient soumises des sous-commissions, dites exécutives, instituées près des différentes lignes de chemins de fer (2).

Conformément au système général de décentralisation qui domine en Prusse, l'achat des provisions sur place et leur envoi aux plus proches gares de tête de ligne ou de bifurcation fut fait par les intendances des corps d'armée dans les limites de leurs circonscriptions. On ne s'écarta de cette règle que pour la cuisson du pain, centralisée à Berlin.

Les Prussiens ne négligèrent pas, du reste, de réquisitionner chemin faisant, suppléant ainsi aux transports qui les suivaient et qui se trouvaient parfois en retard. Quelquefois, pourtant, les vivres manquèrent et les troupes en souffrirent. Sur certains points, il fut impossible de recourir aux réquisitions, car les habitants s'étaient enfuis en emportant tous les vivres et même en comblant les puits.

C'est la marche du prince Frédéric-Charles, de Sadowa sur Vienne, qui constitue la partie la plus intéressante de la guerre de 1866 au point de vue administratif. En se dirigeant sur la capitale à travers la Bohême et la Moravie, le prince ne disposait d'aucune ligne de chemin de fer et force lui fut de vivre sur les ressources locales d'une contrée pauvre.

Pour combattre, le prince avait concentré ses forces de telle façon qu'à Sadowa son armée présentait un front de 5 kilomètres au plus. Mais, pour se ravitailler en chemin, il déploya son armée de telle façon, que

____

(1) Kotié, *Die Natural Contribution.*
(2) E. Schäffer, *Der Kriegstrain des deutschen Heeres* (Le train de l'armée allemande).

7 jours après la bataille de Sadowa son front avait déjà 70 kilomètres
d'étendue. En outre, même pendant les haltes nécessaires au repos, chaque
corps, conservait son ordre de marche, c'est-à-dire que les fractions qui
marchaient à l'arrière ne serraient pas sur ceux qui marchaient en tête. De
sorte que l'ordre dans lequel l'armée s'avançait était déployé non seulement
en largeur, mais en profondeur. Et pourtant, malgré toutes ces dispositions
si judicieuses, les troupes souffrirent des privations. Un arrêt d'une journée
dut leur être accordé à Brünn. Pourtant tout le mouvement fut exécuté si
rapidement, que deux semaines après la bataille de Sadowa, le 20 juillet,
la première armée ne se trouvait plus qu'à deux marches de Vienne.

Pour obtenir un aussi brillant résultat il fallut que le prince Frédéric-
Charles sût, durant 15 jours, se passer des services du parc de ravitaillement qui fonctionnait sur les derrières de son armée et qu'avec un talent
d'administrateur hors ligne, il conduisît ses troupes de manière à en assurer l'alimentation aussi bien que possible (1).

Par contre, les dispositions et opérations de l'intendance autrichienne
laissèrent beaucoup à désirer, s'il faut en croire le récit de l'état-major
prussien. « Les brillants succès de nos armes, dit l'histoire officielle prussienne de la guerre de 1866 (2), furent dus non seulement aux dispositions
stratégiques, à la supériorité de notre tactique et aux éléments d'ordre
moral dont nous disposions, mais aussi à notre système de ravitaillement
qui permit à nos troupes de se mouvoir indépendamment des considérations administratives et économiques. C'était tout le contraire dans l'armée
autrichienne ; les mesures prises pour son ravitaillement se trouvèrent
insuffisantes et mal comprises, en dépit de la triste expérience que les
Autrichiens avaient faite au cours de la guerre d'Italie de 1859. »

Pendant la campagne
de 1870. L'œuvre colossale du ravitaillement de l'armée allemande pendant la
guerre de 1870 est également exposée dans l'histoire officielle de cette campagne (3). L'effectif de l'armée était immense ; il comprenait, dès le mois
d'août 1870, 982,064 hommes et 209,403 chevaux. Les instructions données
aux chefs militaires les rendaient tous responsables, depuis les commandants des corps d'armée, jusqu'à ceux des régiments, du ravitaillement
des troupes placées sous leurs ordres en leur prescrivant de prendre toutes
les mesures nécessaires, sans que leurs dépenses fussent limitées en rien.
L'intendant général attaché à l'armée fut chargé d'élaborer un projet de
ravitaillement en conformité avec le plan général de la campagne et de

---

(1) *Revue du service de l'intendance :* « Alimentation des troupes en campagne ».
(2) Grand Etat-major, *Der Feldzug v. 1866.* (La campagne de 1866). — Berlin, 1867.
(3) Grand Etat-major, *Der deutsch französische Krieg,* 1870-1871 (La guerre franco-
allemande, 1870-71).

régler ensuite ses dispositions sur le cours des opérations stratégiques. Il fut expressément recommandé aux intendants de corps d'armée et de division de ne jamais perdre de vue leur tâche principale, qui était d'assurer, coûte que coûte, le ravitaillement des troupes. Comme exemple prouvant qu'on faisait passer la stricte exécution de cette tâche avant toutes les formalités, on peut citer le cas suivant qui se produisit au cours même de la mobilisation : un fournisseur, ayant rempli exactement tous ses engagements en livrant des vivres à la première armée, fut payé le double des prix réels du marché (1).

Les provinces rhénanes où se fit la concentration de l'armée sont ordinairement bien pourvues en vivres. Mais à la mi-juillet on n'avait pas encore rentré tous les blés ; la sécheresse entravait la marche des moulins ainsi que les transports de céréales par voie d'eau. Aussi l'approvisionnement de blé des provinces susdites n'eût-il pas suffi pour plus de deux jours à l'immense armée qui s'y concentrait. Pour assurer sa subsistance, il fallut recourir au concours d'autres localités; mais dès la fin de juillet ou le commencement d'août, c'est-à-dire au moment où se terminait la concentration des forces sur la frontière française, la question du ravitaillement était heureusement résolue par les dispositions de l'intendant militaire en chef, le général Stosch. Toutefois, s'il put réussir dans l'accomplissement de cette tâche extraordinaire, c'est uniquement parce que la guerre avait été préparée de longue main, que les dépôts de l'intendance regorgeaient de vivres, que tout avait été prévu pour l'établissement rapide de boulangeries, etc.

Il va de soi, d'ailleurs, qu'il fallut aussi faire des achats. On les fit, partie dans les villes hanséatiques, partie en Hollande, et ce furent les bateaux à vapeur du Rhin, qui transportèrent ces cargaisons. Le pain cuit arrivait aux troupes des derrières de l'armée, et elles en cuisaient aussi elles-mêmes.

Les forces allemandes étaient divisées en trois armées et en quelques corps détachés. Pour ravitailler la deuxième armée lors de la concentration, on avait transporté à Bingen, sur le Rhin, toutes les provisions emmagasinées dans les forteresses de Cologne et de Wesel. La quantité en était si considérable qu'elle permit de créer encore un stock de réserve. La première armée était approvisionnée par Trèves et Fraulautern; quant à la troisième, elle éprouva quelques difficultés durant sa marche et fut forcée de se contenter des ressources locales. On avait acheté en Angleterre et réuni à Cologne trois millions de livres de conserves de viande, ainsi que des quantités considérables d'avoine et de foin comprimé. On com-

____

(1) M. Hasenkampf, *L'administration militaire*, 2° édition.

pléta en même temps les parcs; chaque corps d'armée reçut 400 voitures à deux chevaux.

Durant la concentration, il fut assigné à chacun de ceux-ci, par l'état-major de l'armée, une zone territoriale pour ses réquisitions.

Les fronts de la première et de la deuxième armée, durant la marche, s'étendaient sur une ligne de 30 à 45 kilomètres; quant à la troisième armée, elle formait un front à part de 22 à 40 kilomètres d'étendue. Souvent deux corps d'armée et une division de cavalerie (70,000 à 75,000 hommes) se suivaient en une seule colonne de marche. Il arriva même (le 7 août) que le corps de la garde, une division du neuvième corps d'armée et tout le douzième (environ 80,000 hommes) suivirent la même route, de Kaiserslautern à Landstuhl, Homburg et Bliskastel.

Le ravitaillement s'opère aux dépens du pays occupé.

Puis, au fur et à mesure que les têtes de colonnes franchissaient la frontière, elles n'emportaient plus qu'une petite quantité de vivres : le territoire ennemi devait fournir le reste. Le ravitaillement aux dépens du pays occupé se faisait avec un sévère esprit de suite, et même avec cruauté. Citons à ce sujet un auteur russe :

« Ce fut au point que les habitants cachaient soigneusement leurs vivres aux troupes françaises, pour être en mesure de satisfaire les Allemands. Ceux-ci procédaient systématiquement par la terreur et appliquaient avec sang-froid une méthode implacable. Pour entretenir les habitants dans un état de crainte et les contraindre à remettre leurs vivres à la première sommation, les Allemands ne reculaient devant aucun acte de cruauté. Dans les localités abandonnées par les autorités françaises, ils organisaient une nouvelle administration composée de notables français et, sous menace de mort, ils obligeaient ces derniers à assumer le rôle d'exécuteurs responsables de leurs ordres. A la moindre insubordination, ces notables étaient passés par les armes et une seule tentative de résistance faisait châtier tous les habitants d'une commune (1). »

Le système des contributions.

Mais, ensuite, les Allemands reconnurent qu'il valait mieux imposer des contributions aux habitants que de leur extorquer leurs vivres, pour employer les sommes ainsi obtenues à payer un bon prix les produits qui leur étaient fournis.

Ce système eut plus de succès que celui des réquisitions forcées. Tous les corps de troupes de la deuxième armée reçurent l'ordre de réunir, coûte que coûte, des vivres, pour 5 jours d'abord et ensuite pour 6 jours.

Afin de forcer la population à verser plus vite les sommes exigées, il fut prescrit d'exercer une pression sur les habitants riches et aisés en les obligeant à loger un grand nombre de soldats; quant à la contribution,

____

(1) Makchéïef, *Oustroïstvo tyla armïi* (L'organisation des derrières de l'armée).

on la déterminait en prenant pour base les prix des marchés majorés de 25 0/0 (1).

Les conserves, c'est-à-dire les produits alimentaires préparés de manière à résister au temps, ont joué un rôle très marquant dans le ravitaillement à distance de l'armée allemande.

Au troisième corps d'armée on avait fait des expériences tendant à introduire, dans l'alimentation des troupes, des conserves composées de farine de pois, de lard, de graisse de veau, avec addition d'oignons et autres assaisonnements, le tout renfermé dans des boyaux. C'était là ce saucisson aux pois dont on a tant parlé pendant la guerre de 1870 (2).

Le résultat de ces essais fut satisfaisant; l'intendant Engelhardt établit, en conséquence, dès le début de la mobilisation, une grande fabrique de ce produit à Berlin. Cette usine fut mise en activité au commencement du mois d'août; elle prépara 100,000 saucissons dans l'espace de quelques jours. Le produit ayant plu, ladite fabrique fut chargée d'en préparer pour toute l'armée. Dans la suite, cet établissement étendit sa production et procéda à la fabrication d'autres conserves de viande dont il envoya 40 millions de rations aux troupes. En outre, on expédia, de Berlin et de Mayence, à l'armée active, des conserves de viande en boîtes de fer-blanc.

Quand la première et la deuxième armée se dirigèrent vers la Moselle, elles réussirent à s'emparer, à Forbach et en d'autres endroits, de quantités considérables de provisions françaises. La troisième armée, qui franchissait les Vosges, fut quelque peu exposée aux privations; mais elle ne tarda pas à pénétrer dans une contrée riche et, en approchant de la Marne, elle se procura le nécessaire au moyen de réquisitions. Sur la Meuse, la deuxième armée eut à surmonter quelques difficultés du fait des grands transports de blessés qui entravèrent la marche de ses convois; mais, au moyen de réquisitions et d'achats, elle réussit à subvenir à ses besoins. Plus tard, durant le trajet de Sedan à Paris, la troisième et la deuxième armée se ravitaillèrent de la même façon; quant au pain, les soldats le cuisaient eux-mêmes.

Un exemple instructif de l'excellent fonctionnement de l'intendance allemande nous est fourni par la façon dont elle ravitailla, lors de sa marche vers la Loire, la deuxième armée (3 corps d'armée et une division de cavalerie). Les voies ferrées que cette armée laissait derrière elle et qui desservaient le nord-ouest de la France étaient détruites et il eût été impossible, à cause de la grande distance, de communiquer avec l'Allemagne, même dans le cas où les lignes de chemin de fer auraient été rétablies.

(1) M. Hasenkampf, *L'administration militaire.*
(2) L'inventeur de ce saucisson était le cuisinier berlinois Grüneberg.

On comptait sur les réquisitions, mais on savait que ce moyen serait insuffisant si, par une raison quelconque, l'armée venait à être arrêtée dans sa marche. Dans cette prévision, on avait décidé de pourvoir cette armée d'une quantité considérable de vivres de réserve, ce qui impliquait la nécessité d'augmenter beaucoup ses trains. On fit, en conséquence, venir 400 fourgons de l'Alsace et de la Lorraine, et 2,700 voitures, louées dans différentes localités, furent expédiées par chemin de fer, chargées de blé et mises à la disposition de la direction des étapes. Mais, comme l'armée avançait sur un front très étendu, et que toutes ses parties ne pouvaient être régulièrement pourvues par le service des étapes fonctionnant à l'arrière, 1,200 voitures de blé furent directement réparties entre les corps d'armée. Tout ce qui manquait à l'armée fut acheté comptant à des prix déterminés d'avance et affichés dans les communes; et dans les cas où les habitants refusaient de livrer de bon gré leurs vivres aux conditions susmentionnées, on se procurait le nécessaire par voie de réquisition. Des mesures aussi énergiques suffirent pleinement, car on avait calculé sur l'effectif normal de la deuxième armée, et elle ne comptait en réalité, à ce moment, qu'un peu plus de la moitié de cet effectif (51,000 hommes et environ 7,000 chevaux).

Quand les troupes approchèrent de la Loire, elles rencontrèrent de la résistance chez la population. L'affaire de Coulmiers où les Français furent victorieux et la prise d'Orléans par ces derniers avaient donné aux habitants l'espoir que, bientôt, ils réussiraient à se débarrasser de l'ennemi. Ils quittaient, en conséquence, les villages et les fermes, ou, s'ils restaient chez eux, ils cherchaient à s'y défendre, de sorte que les réquisitions furent accompagnées d'une série d'actes de violence.

Mais les Allemands étaient contraints d'avancer sans cesse. Le commandant de la deuxième armée écrivait, dans son rapport adressé à M. de Moltke au sujet des opérations ultérieures exécutées contre Orléans et Bourges : « Le ravitaillement n'est pas tout à fait satisfaisant; l'armée ne peut s'arrêter, elle ne parvient à vivre sur le pays, qu'en avançant sans cesse. » Les vivres vinrent même, un moment, à manquer dans une certaine mesure, quoique les parcs de corps d'armée ne fussent pas épuisés, et que le parc principal de l'armée comptât 1,200 voitures louées et 400 réquisitionnées.

Quand Orléans fut de nouveau tombé au pouvoir des Allemands, leur intendance établit des marchés à Étampes, Toury, Artenay et Orléans; la population y vendait ses produits, ce qui permit de satisfaire presque entièrement aux besoins de l'armée.

Lors des opérations stratégiques dirigées contre le général Chanzy dans les environs du Mans, les communications furent interrompues par la neige. Les colonnes que formaient les corps d'armée s'allongèrent, les troupes ne s'arrêtaient que fort avant dans la nuit, et, aux haltes, les soldats cuisinaient avec du bois humide qu'ils disposaient sur le sol couvert de neige. C'est alors, surtout, que les saucissons aux pois et les conserves de viande furent d'une grande utilité. Au Mans, les Allemands s'emparèrent encore d'une grande quantité de vivres emmagasinés par les Français, et de beaucoup de matériel de chemin de fer; ils se servirent de ce dernier pour rétablir la communication entre la deuxième armée et Versailles. Enfin, après la capitulation de Paris, les Allemands eurent plus de facilité à ravitailler leurs troupes, d'abord, grâce au fonctionnement des transports réguliers par chemin de fer, puis, parce qu'ils purent cantonner leurs hommes (1).

Quant aux officiers, aux médecins militaires et aux fonctionnaires, on leur assigna, à partir de ce jour, des allocations quotidiennes de 15 francs.

Un taux aussi élevé était motivé par le renchérissement des produits, comme aussi par cette circonstance que tous les frais de guerre étaient à la charge des localités occupées. L'entretien de l'armée allemande aux dépens du pays ne prit fin qu'en vertu d'une convention spéciale conclue le 11 mars 1871 et basée sur les conditions préliminaires de la paix. Puis le gouvernement français paya de 1 fr. 75 à 2 fr. 50 par jour et par homme; et l'intendance allemande conclut alors un marché avec une société commerciale, à des prix beaucoup moins élevés, de sorte qu'elle économisa sur les allocations servies par le gouvernement français. Ces économies furent employées en partie au profit de l'armée d'occupation, en partie au profit du Trésor (2). Pour l'habillement des troupes, on n'avait pas lieu d'être aussi satisfait. La plupart des hommes manquaient de chaussures vers la fin de la guerre; au bout des deux premiers mois leurs vêtements étaient criblés de vermine, et finalement les soldats ne furent plus vêtus que de haillons.

Nous voyons ainsi que, durant la guerre de 1870, les Allemands ont obtenu des succès très considérables et qu'ils ont, comparativement aux autres armées, éprouvé peu de difficultés pour leur ravitaillement : leurs opérations n'ont jamais été gênées par le manque de vivres. Mais depuis le commencement du siècle, aucune armée ne s'est trouvée dans d'aussi favorables conditions. Par l'exposé que nous avons fait de la façon dont fonctionnait l'approvisionnement chez les Français, on a pu voir quel

---

(1) Baczynski, *Zum Studium des Verpflegswesens im Kriege* (Étude du ravitaillement en temps de guerre).

(2) E. Schäffer, *Der Kriegstrain des deutschen Heeres* (Les trains de l'armée allemande).

désordre régnait parmi ses ennemis. Si les généraux français n'avaient pa[s]
été dépourvus de toute force d'initiative, on aurait peut-être abouti, ma[l]
gré l'énorme supériorité numérique des Allemands, à des résultats tou[t]
autres.

Imaginons seulement qu'au lieu des attaques exécutées par les franc[s]
tireurs ou, comme on les appelait, les « francs fileurs » on eût dirigé de[s]
opérations sérieuses contre les communications des Allemands. La mei[l]
leure preuve du manque d'intelligence, de la part des Français, ou, plutô[t]
de leur inaction sur les derrières de leurs adversaires en 1870, c'est que
sur 45,000 hommes chargés d'escorter les convois allemands, il n'y eut, a[u]
total, que 3 officiers tués et blessés, 6 simples soldats tués et 59 bles
sés (1).

Le général Hasenkampf formule les conclusions suivantes dans so[n]
remarquable ouvrage (2) :

« Le service de ravitaillement de l'*armée allemande* était-il parfaite
ment organisé? Certainement non.

« Malgré toutes les mesures extraordinaires qu'on avait prises et bie[n]
qu'on eût toujours largement utilisé les moyens de subsistance qui s[e]
trouvaient dans le pays, le ravitaillement n'était presque jamais assuré qu[e]
d'une manière peu certaine et quelquefois même insuffisante.

« S'ensuit-il que les dispositions relatives à l'alimentation fussent mau
vaises? On ne saurait l'affirmer d'une manière générale. Il était toujour[s]
tenu compte des besoins de ce service et on y donnait soigneusement satis
faction, mais sous la réserve de ne pas entraver l'exécution des plans stra
tégiques. Autrement les Allemands n'hésitaient jamais à négliger le ravi
taillement, s'ils pouvaient, à ce prix, compter ne fût-ce que sur la *probabilité* d'un succès militaire. *C'était courir un risque sans doute*, mais san[s]
risque il n'est pas de gros gain. Qui ne veut rien risquer ne peut, tout a[u]
plus, qu'avoir partie indécise.

« Les Allemands pouvaient, d'ailleurs, en 1870, risquer assez hardi
ment. Toutes les conditions leur étaient particulièrement favorables et il[s]
eurent en outre une chance constante qui leur permit de se tirer de[s]
situations les plus difficiles, même les plus critiques. Il faut, en tous cas
leur rendre cette justice qu'ils surent profiter de leur chance; ce qui es[t]
aussi un grand mérite à la guerre, et pas commun, loin de là. »

____

(1) E. Schäffer, *Der Kriegstrain des deutschen Heeres in seiner gegenwärtiger*
Organisation, nebst einem Anhang : Das Feldverpflegs-und Transportwesen in den
letzten deutschen Kriegen (Les trains de l'armée allemande dans son organisation actuelle
avec, en appendice : Les services du transport et du ravitaillement dans les dernières
guerres allemandes.)

(2) M. Hasenkampf, *L'administration militaire.*

De notre côté, nous ferons remarquer que si les opérations s'étaient arrêtées, si peu que ce fût, et même si les troupes allemandes n'avaient pas réussi à s'emparer des vivres des Français, elles auraient aussi souffert de la faim.

La guerre future trouvera les frontières déjà fortifiées et les armes perfectionnées donneront un grand avantage à la défense. La supériorité numérique de l'armée envahissante ne pourra plus être aussi marquée qu'en 1870 et l'on a tout préparé pour opérer sur les derrières de l'armée ennemie ; les Allemands feraient preuve, par conséquent, d'une grande témérité s'ils espéraient pouvoir assurer le ravitaillement de leurs troupes aussi facilement qu'en 1870. Ils doivent, au contraire, se tenir prêts à essuyer de grandes pertes, en raison de la difficulté de faire vivre d'énormes armées dès qu'on n'opère plus dans des conditions exceptionnellement avantageuses, d'une incomparable supériorité de préparation et d'effectif, et qu'on se trouve à peu près sur le même pied que l'ennemi, comme situation et moyens d'agir.

VI. — Caractéristique des systèmes de ravitaillement des armées russes durant les guerres passées.

Relativement aux autres États, la Russie n'est apparue que fort tard sur la scène historique en qualité de puissance militaire. L'élément initial de ses armées ayant été fourni par les masses populaires appelées au service du tsar et les biens de ses habitants étant considérés comme la propriété du monarque, les moyens d'approvisionner les troupes russes de tout ce dont elles avaient besoin étaient moins bien définis que les systèmes élaborés de longue main et adoptés dans les pays de l'Europe occidentale.

Le premier code militaire russe date du règne du tsar Alexis Mikhaïlovitch, plus exactement de l'année 1649 ; il fut remplacé sous Pierre le Grand par le code du 30 mars 1716. Aucun de ces recueils ne donne de règlements précis sur l'approvisionnement des troupes, soit dans les limites de l'empire, soit à l'étranger, en pays allié, neutre ou ennemi ; il n'y est pas dit non plus comment on doit se procurer les vivres nécessaires à l'armée, si c'est par voie d'achat ou par tout autre moyen.

Le commissaire militaire général était chargé de tout ce qui touchait à l'administration de l'armée ; selon qu'il l'ordonnait, on achetait les vivres ou bien on les requérait chez les habitants (1).

Les guerres, suivant les paroles de Kankrine (2), se terminaient d'habitude par des pertes d'argent énormes et par de nombreux procès résultant des réclamations des fournisseurs ou intentés à l'intendance à qui l'on reprochait toujours des abus ; quant à la comptabilité, elle faisait presque totalement défaut.

On sait très peu de chose de ce qui a trait au ravitaillement de l'armée russe avant l'époque de Pierre le Grand, et ce qu'on en sait offre peu d'intérêt ; c'est pourquoi nous commencerons notre étude sur le développement de l'intendance en Russie à partir de Pierre Ier, et en nous servant des comptes rendus officiels, ainsi que des ouvrages de Polivanof, Satler, Makchéïef, Hasenkampf et autres.

1° L'ALIMENTATION DES TROUPES RUSSES AVANT LA GUERRE DE CRIMÉE.

Pendant les guerres contre la Turquie. En 1711, l'armée russe s'est rencontrée pour la première fois avec l'armée turque sur les champs de bataille de la Moldavie et de la Valachie.

Les Russes, au nombre de 45,000, après avoir passé le Dniester, puisaient leurs vivres dans des magasins provisoires ; ils devaient ensuite être pourvus par les soins des hospodars moldaves et valaques.

L'issue de la lutte contre les Turcs dépendait par conséquent des hospodars, c'est-à-dire de la mesure dans laquelle ils seraient prêts ou disposés à fournir les provisions qu'ils s'étaient chargés de préparer pour l'armée russe.

Leurs promesses ne furent pas tenues ; et l'armée russe, qui avait passé le Dniester dans les derniers jours de mai, manquant déjà de pain au mois de juillet, était réduite à se nourrir seulement de viande.

Gênée dans ses mouvements par l'insuffisance des vivres, elle fut bientôt cernée par ses ennemis dont le nombre était de 200,000 hommes. Bien qu'elle eût repoussé plusieurs attaques des Turcs en leur infligeant des pertes considérables, la situation de l'armée, réduite à ne se nourrir que de viande de cheval, était fort critique et elle ne dut son salut qu'à la bonne volonté du vizir qui consentit à faire la paix.

---

(1) Satler, *Etude du mécanisme des armées.*

(2) *Otchot o dieïstviakh intendantskavo oupravlénia v voïni e protiv frantzouzov, 1812-1814, g. g.* (Compte rendu de l'organisation de l'administration de l'intendance dans la guerre contre les Français).

Les incursions des Tartares de Crimée dans les provinces méridionales de la Russie amenèrent une nouvelle guerre avec la Turquie en 1735. Un corps d'armée de 39,000 hommes, muni de provisions pour un mois et demi, fut chargé en automne de se rendre en Crimée et de mettre à la raison les sujets ottomans, dont les brigandages troublaient les confins russes. Mais, avant que ce corps d'armée n'eût atteint la forteresse de Perekop, il fut surpris par des froids épouvantables ; d'où, faute de vêtements chauds et de fourrage, une démoralisation telle qu'il fallut le faire rentrer en Ukraine, sans qu'il eut rempli sa tâche.

On résolut, alors, de recommencer la campagne au printemps de l'année 1736, en envahissant la Crimée et en assiégeant la forteresse d'Azof. Pour remplir la première partie de ce plan, on avait mis sur pied un corps d'armée de 58,000 hommes et, pour exécuter la seconde, un autre corps de 20,000 hommes.

En vue de ce double but de l'expédition, on avait concentré des vivres dans des dépôts établis sur le Dniéper et sur le Don, entre Voronège et Oust-Khopra, ainsi qu'à Loubny, Poltava, Kharkof et Valouïky. L'armée était suivie d'un parc de ravitaillement composé de 2,300 voitures, contenant des provisions pour 3 mois, et l'on envoyait les voitures vides aux dépôts d'où elles revenaient chargées de nouvelles provisions.

Le résultat de la guerre de 1736 fut que les Russes s'emparèrent de la péninsule de Crimée jusqu'à Baktchisaraï, ainsi que de la forteresse d'Azof. Le mauvais état des troupes, déterminé par les maladies qu'avaient produites les chaleurs excessives et le manque d'eau, obligea, en automne, le comte Minikh à ramener son armée en Ukraine.

Les campagnes de 1737, 1738 et 1739 furent entreprises dans le but de reconquérir la péninsule de Crimée en même temps que de s'emparer de la forteresse d'Otchakov. Mais les Russes furent contraints de se retirer sans avoir remporté de succès sérieux ; parce que leurs armées avaient envahi le territoire ottoman, en trainant avec elles leur *base même de ravitaillement* sous forme d'énormes parcs ou de flottilles. Ce système était cependant justifié par cette circonstance que le théâtre de la guerre consistait en d'immenses steppes à peine peuplés. L'issue peu satisfaisante des expéditions de 1735 à 1738 est imputable surtout au manque de fourrage qui désorganisait tout à fait les trains de l'armée, ainsi qu'aux accidents éprouvés par les flottilles fluviales chargées de vivres.

Le manque de moyens de transport fut cause des privations endurées par les troupes. A ce mal vint, en Crimée, s'ajouter la disette d'eau ; de là les maladies qui forcèrent les armées à retourner vers leur base initiale, c'est-à-dire en Ukraine. Un tel état de choses dura jusqu'à la défaite éprouvée le 17 août par l'armée turque à Stavoutchany qui amena la prise, par les Russes, de Khotine et de Jassy. Cette lutte contre les Turcs, qui avait duré cinq ans, se termina par la paix de Belgrade (1).

La guerre avec la Turquie avait clairement prouvé la nécessité de réorganiser le système d'alimentation de l'armée russe. Mais ce ne fut qu'en 1758, pendant le règne d'Élisabeth Petrovna, que furent promulgués des règlements à ce sujet, et ces règlements étaient très peu précis : il n'y était même pas spécifié de qui dépendrait le choix des moyens d'approvisionnement et qui fixerait les prix ; néanmoins ils restèrent en vigueur jusqu'au commencement de ce siècle.

De 1769 à 1774 les Russes firent encore la guerre dans un pays très pauvre en vivres ; aussi le seul moyen d'y subvenir aux besoins des troupes était-il de leur envoyer les vivres et en partie le fourrage de leur base d'approvisionnement. Il en résulta que les opérations stratégiques, et c'était là le côté faible de ce procédé, dépendaient entièrement de la plus ou moins grande régularité du fonctionnement du service de ravitaillement. Et l'on ne doit qu'au talent administratif du comte Roumiantzef d'avoir évité les suites désastreuses qu'avait eues ce système pendant les guerres de 1735 à 1739. Mais en général les opérations stratégiques des Russes furent très lentes durant la guerre de 1787 à 1791. Grâce aux soins pris par le comte Roumiantzef et le prince Potemkine pour le ravitaillement des troupes et l'utilisation des moyens de communication maritimes et fluviaux, les vivres arrivèrent assez régulièrement aux troupes ; ils ne furent insuffisants que lors du séjour de l'armée sous les murs d'Ismaïl par une saison très rigoureuse et jusqu'au moment où cette forteresse fut prise d'assaut (2).

Pendant la guerre contre les Français de 1806 et 1807, l'armée russe endura de grandes privations, tant parce qu'on avait négligé de prendre les mesures nécessaires pour la mettre à l'abri du besoin, qu'en raison des abus dont s'étaient rendus coupables les fonctionnaires (3).

Cette armée russe, assez peu nombreuse et opérant dans une contrée riche et peuplée, éprouva pourtant de telles privations pendant cette courte campagne que les soldats furent parfois réduits à manger le cuir de leurs chaussures.

Après la campagne de 1806 et 1807, on retira, en guise de punition, les

____

(1) Polivanov, *Otcherk oustroïstva prodovolstvovaniä rousskoï armïi na pridounaïskom teatrié v kampanïi*, 1853-54 *et* 1877, g. g. (Précis de l'organisation du service de ravitaillement de l'armée russe sur le théâtre de guerre danubien durant les campagnes de 1853 à 1854 et de 1877.)

(2) *Ibidem*.

(3) Satler, *Revue du mécanisme des armées*.

anciens uniformes aux personnes qui faisaient partie du personnel de l'intendance et on leur en donna d'un nouveau modèle.

L'armée russe passa en Moldavie et en Valachie toute l'année 1808, et, par suite de l'armistice qui avait été conclu, elle n'entreprit pas d'hostilités contre les Turcs.

L'ordre adressé à l'armée le 24 septembre 1808 jette une vive lumière sur l'état de choses qui régnait à cette époque ; il y est dit que « certains régiments qui ont stationné à Fokchany, c'est-à-dire sur la frontière valaco-moldave, étaient doublement approvisionnés faute d'organisation, puisqu'un régiment reçut pendant tout un mois des vivres à la fois de Valachie et de Moldavie. Les fonctionnaires de ces deux principautés ne s'étaient pas entendus à ce sujet ; quant aux agents-receveurs, ils écrivaient toutes sortes de plaisanteries sur leurs reçus, au lieu de délivrer des quittances ».

Sur le théâtre occidental de la guerre, les choses n'allaient pas mieux.

Pour juger les différends on avait institué une commission dite « la commission de Memel » ; mais elle dura si longtemps et rendit si peu de services qu'elle en devint légendaire : quand on avait discuté quelque sujet très embrouillé, sans être parvenu à l'élucider, on disait de guerre lasse : « Il faut envoyer cette question à la commission de Memel ».

Pendant la guerre avec la Turquie, de 1809 à 1812, on fut souvent obligé de faire repasser le Danube à des corps de troupes très considérables, uniquement à cause du manque de vivres ; ainsi, en 1809, presque toute l'armée dut, pour des raisons administratives touchant au ravitaillement, quitter la Bulgarie et retourner sur la rive opposée du Danube pour passer l'hiver dans les principautés susdites ; il en fut de même pendant l'hiver suivant : sur 9 divisions, 6 durent rétrograder (1).

Tel était l'état des choses au moment où l'empereur Alexandre Ier chargea son ministre de la Guerre Barclay de Tolly d'élaborer un règlement spécial sur l'administration militaire en temps de guerre, en lui enjoignant d'y insérer une loi en vertu de laquelle le commandant en chef de l'armée serait revêtu du pouvoir discrétionnaire de Sa Majesté, afin de pouvoir plus librement prendre ses dispositions d'après les circonstances locales et stratégiques.

Un règlement parut, en conséquence, sous le titre de : « Dispositions concernant l'administration d'une grande armée active » et fut sanctionné par l'Empereur, en 1812.

Ce n'était, du reste, qu'une compilation d'ordonnances et d'instructions observées en temps de guerre dans les armées étrangères et l'on ne s'était

(1) Makchéïef, *Oustroïstvo tyla armii* (L'organisation des derrières de l'armée).

point demandé si les prescriptions comprises dans ce recueil pourraient être rigoureusement exécutées.

Les attributions du ministre de la Guerre et celles du commandant en chef de l'armée, relatives à l'approvisionnement des troupes en argent, vivres, fournitures de tout genre, munitions de guerre, etc., n'y étaient point déterminées, pas plus que les limites de leurs pouvoirs respectifs ; en revanche, les devoirs imposés à l'intendant général étaient tels que ce dernier se trouvait dans l'impossibilité complète de les remplir.

La Campagne de 1812.

Toute cette administration militaire venait à peine d'être approuvée par l'Empereur, quand Napoléon envahit le territoire russe en 1812. Il fallut dès lors appliquer le nouveau règlement, mais on ne tarda pas à reconnaître qu'il était peu pratique et, dans la suite, on ne l'observa qu'en partie (1).

Le total des dépenses causées par la guerre de 1812, depuis le commencement des opérations, c'est-à-dire depuis le milieu de juin, fut d'environ 19 millions de roubles-assignats, dont la plus grande partie avait été employée au paiement de la solde (2).

En opérant sa retraite vers la Duna, l'armée russe se ravitaillait sur des magasins établis à l'avance.

Il avait été décidé d'avoir en cas de guerre, sur les principales lignes stratégiques des gouvernements limitrophes, un dépôt sur huit étapes.

Ces magasins ne représentaient pour la plupart que des réserves disposées le long des lignes d'opération prévues ; ils répondaient, par conséquent, à l'opinion générale, suivant laquelle « il n'était possible de vaincre les Français que par le système qui avait servi à vaincre Annibal, c'est-à-dire en battant continuellement en retraite et en éloignant ainsi l'ennemi de la source de ses forces ».

Mais quand la guerre se porta vers l'intérieur du pays, on décida — pour ménager les provisions de réserve — de recourir aux réquisitions ; et les troupes furent, en même temps, autorisées à se faire délivrer contre reçus, des vivres par les habitants.

D'après le compte rendu de la guerre, ce dernier moyen réussit, mais le premier ne fut appliqué que dans une faible mesure à cause de la nouveauté du procédé, de ses nombreux adversaires et de la rigueur inévitable dans toutes les réquisitions militaires ; et cela malgré la présence des comités, chargés de subvenir aux besoins de l'armée, comités que, sur

---

(1) Satler, *Revue du mécanisme de l'armée.*

(2) *Otchet o dieïstviakh intendantskavo oupravlénia v voïnié protiv frantzouzof,* 1812-1814, g. g. (Compte rendu des opérations de l'intendance, pendant la guerre contre les Français de 1812 à 1814).

la proposition de l'intendance, on avait institués dans tous les districts.

Au début, ces comités fonctionnèrent bien; mais dès qu'on eut créé le comité central, leur activité se relâcha, et finalement se réduisit à un stérile échange de paperasses. Il arriva, par exemple, et cela est prouvé, que l'expédition de transports de vivres tout prêts à partir fut retardée jusqu'à ce qu'il ne fût plus temps; outre qu'on modifiait trop fréquemment, presque journellement, les itinéraires arrêtés pour les colonnes et que les moyens de transport étaient loin de suffire. Dans ces conditions il était facile de prévoir qu'on ne trouverait, ni au début de la guerre, ni pendant la retraite vers Drissa, les vivres sur lesquels on aurait pu compter (1).

Peu de temps avant le commencement de la guerre, on avait décidé d'obliger la population à fournir des voitures pour les magasins volants, mais cette mesure n'aboutit à aucun résultat, pas plus qu'une autre consistant à prendre des voitures sous les pontons.

Pour se faire une idée du désordre qui, à cette époque, régnait dans l'intendance, il suffit de citer le passage suivant emprunté à une lettre destinée à être remise à l'Empereur : Le plus
grand désordre
règne dans
l'Intendance.

« Par suite de la trop grande complication qui caractérise l'administration de l'intendance militaire, et surtout par suite du manque de fonctionnaires capables et rompus à la besogne en temps de guerre, *les troupes, qui jusque-là avaient eu l'habitude de payer leurs vivres comptant, ont emporté au passage le contenu de nos magasins; elles ont également pris chez les habitants ce dont elles avaient besoin, en leur laissant des reçus et même sans reçus, — toutefois il a été difficile au début d'habituer la population à ce nouveau mode de ravitaillement sans argent.* A Drissa, on nous réclama de fortes sommes pour les fournitures livrées durant le trajet de Vilna à Drissa. L'intendance résolut de ne pas donner suite à ces réclamations, ce qui souleva de grands mécontentements, non sans porter atteinte à la réputation de cette administration, surtout en raison de la surexcitation des esprits et du fait qu'elle ne pouvait fonctionner régulièrement, attendu qu'elle manquait de moyens de transport, de personnel, d'une chancellerie bien organisée, et qu'elle était dépourvue de l'autorité nécessaire (2).

« Lors de la retraite de Drissa, les troupes se contentèrent d'abord des provisions emmagasinées sur ce point, puis des vivres trouvés sur la rive ennemie de la Duna, et appartenant aux fournisseurs.

« A Vitebsk, le commandant en chef prit les dispositions suivantes :

---

(1) *Otchet o dieïstviakh intendantskavo oupravlénia v voïnié protiv frantzouzof,* 1812-1814, g. g. (Compte rendu des opérations de l'intendance pendant la guerre contre .es Français de 1812 à 1814).

(2) *Ibidem.*

1° il ordonna de s'emparer de toutes les provisions se trouvant en possession des particuliers, en leur donnant des obligations en échange, et de prendre au comptant celles appartenant aux négociants ; on distribua aux habitants et aux troupes de la farine pour faire du biscuit ; 2° à Vélige il ordonna d'établir des dépôts pour emmagasiner le blé pris chez les propriétaires et puisé dans les magasins ruraux ; 3° il fit former un magasin volant ; 4° il prescrivit que des rations d'eau-de-vie et de viande sur pied fussent distribuées aux régiments pour 4 jours, qu'en conséquence les troupeaux de bœufs destinés à fournir les rations de viande et les convois d'eau-de-vie suivissent toujours les régiments à une certaine distance.

« Pour l'armée de Bagration, le général major Ignatiev, commandant de Bobrouïsk, fit transporter le fourrage sur la route conduisant de Bobrouïsk à Sloutzk, et en déposer 600 chariots à chaque station. A Bobrouïsk, Bagration fit remplir les voitures du biscuit qui avait été préparé dans cette ville (1).

« Personne ne supposa, au début, que la guerre pourrait se transporter à l'intérieur de la Russie ; cela explique pourquoi on avait réuni peu de vivres au delà de la Duna.

« Il arriva, en conséquence, qu'en modifiant la ligne des opérations et en la dirigeant vers Smolensk, les troupes furent de nouveau obligées de se procurer elles-mêmes les vivres, en les prenant chez les habitants (2).

« Les troupes reçurent 91,176 tchétverts de farine puisés dans les magasins de réserve et 16,322 tchétverts d'avoine ; elles prirent, en outre directement de grandes quantités de provisions chez les habitants.

« A Tver et à Rjéff, on donna l'ordre de préparer 58,000 tchétverts de farine, 75,500 tchétverts d'avoine, 5,480 tchétverts de gruau de différentes espèces ; la ville de Kalouga dut préparer 69,722 tchétverts de provisions diverses, et la ville de Toula fut chargée de réunir et de transporter à Kalouga 69,872 tchétverts.

« La farine qui se trouvait à Tver fut transformée en biscuit par les soins des habitants de cette ville, et les chariots servant à transporter ce produit à l'armée étaient pour la plupart fournis par les propriétaires. On préparait le biscuit, en partie dans les maisons de ces derniers, en partie dans des fourneaux spéciaux installés dans les champs. Les districts de Kalouga, de Pérémychl et de Kozelsk étaient tenus de fournir, non de la

---

(1) Satler, *Notes concernant le ravitaillement des troupes en temps de guerre.*
(2) L'auteur du rapport reconnaît que cette mesure était cruelle ; « elle était d'habitude accompagnée de nombreux actes de violences ; il s'en suivit souvent des rixes avec nos propres paysans. »

farine, mais du biscuit, qu'on faisait parvenir aux troupes dans des chariots de paysans ; il arrivait parfois jusqu'à 90,700 véhicules de ce genre à Kalouga. De cette dernière ville, on envoyait des provisions aux troupes cantonnées à Viazma, à Gjatsk et à Mojaïsk jusqu'au moment où, après avoir traversé Moscou, l'armée eût occupé le chemin de Kalouga.

« Après le combat de Borodino, Koutouzoff ordonna, le 29 août, de transporter sur le chemin de Kalouga tous les vivres réunis sur les différents points.

« En approchant de Moscou les troupes utilisèrent les approvisionnements qui se trouvaient dans cette ville. On y prépara du biscuit pendant tout le mois d'août en employant à cet effet, aussi bien de la farine puisée dans les dépôts du gouvernement, que fournie par les négociants en blé, et durant une période de treize jours on envoya quotidiennement 600 chariots chargés de biscuit, de gruau et d'avoine, au-devant de l'armée (1). »

C'est vers cette époque qu'on résolut de nouveau de créer un magasin volant, mais ce projet n'aboutit pas, car pour le réaliser il eût fallu beaucoup de temps (2).

« Pour empêcher l'ennemi d'utiliser les ressources des contrées qu'il envahissait, on ordonna de fermer, à son approche, les bureaux des administrations, d'enlever les dossiers des chancelleries, l'argent et les provisions, de détruire tout ce qu'on ne pouvait emporter et de faire couler l'eau-de-vie des tonneaux.

« L'armée de Witgenstein tirait surtout ses moyens de subsistance des gouvernements de Pskoff et de Novgorod. Les dépôts principaux se trouvaient à Pskoff et à Ostroff ; d'autres dépôts plus proches à Loutzyne et Sébège. La noblesse de Vélikoloutzk s'était offerte à donner à l'armée tout son blé de la dernière récolte, sauf les quantités nécessaires à l'ensemencement des champs, sans exiger, en échange, ni argent ni reçus. Les gentilshommes n'exigeaient également aucun paiement pour la farine destinée à faire des biscuits et provenant des magasins ruraux du district

---

(1) Satler, *Mémoires concernant le ravitaillement des troupes en temps de guerre.*

(2) Il est dit dans le rapport : « Malgré toutes les mesures énergiques, les résultats ne justifièrent pas l'attente. Les provinces supportaient de lourdes charges, mais les transports ne parvenaient plus à suivre l'armée, qui ne tarda pas à s'élancer à la poursuite de l'ennemi ; cela provenait en partie de l'incurie, en partie du manque d'expérience des officiers des convois qui avaient acquis leurs postes par voie d'élection, en partie aussi des rigueurs de l'hiver et du manque de fourrage. » Les services rendus par les parcs de ravitaillement ne furent guère plus appréciables : « C'est là qu'on se persuada d'une manière qui ne laissait de place à aucun doute que même les cadres des magasins volants n'existaient pas. La Russie, presque toujours en guerre, se préoccupait exclusivement de ses forces de combat, et réorganisait en vue de chaque nouvelle campagne les parties les plus importantes de l'administration et les institutions indispensables. »

de Prokhorovo. Plus de 100,000 chariots transportaient continuellement les vivres sur les routes du gouvernement de Pskow.

« Les arrivages de provisions venant de l'intérieur de la Russie augmentèrent dans les environs de Taroutine, mais les troupes continuaient à se procurer le fourrage et surtout le foin en fourrageant.

« Le comte Kankrine dit que les troupes n'auraient pas pu rester à Taroutine si elles y avaient été concentrées, non pas en été, alors qu'il y avait encore de l'herbe et que les provisions des paysans étaient intactes, mais en automne.

« Après que les troupes eurent quitté Tsaroutine, le prince Koutouzoff ordonna que des magasins volants, chargés de vivres, de vêtements chauds et de chaussures, fussent envoyés à leur suite des gouvernements de Tver, de Kalouga, de Riazan et de Vladimir; mais ces transports ne parvinrent pas à joindre l'armée, pas plus que les chariots pris en Petite-Russie en vue de former un magasin volant.

« Cela s'explique en partie par l'incurie et le manque d'expérience des officiers, choisis parmi les nobles, qui étaient chargés de conduire ces convois, en partie aussi par la rigueur de l'hiver et par le manque de fourrage. Les magasins volants faisant défaut, nos troupes étaient contraintes, pendant tout le temps qu'elles poursuivaient l'ennemi, de Moscou jusqu'à la frontière, de se procurer elles-mêmes tous leurs vivres dans les villages environnants; aussi arriva-t-il souvent qu'elles en manquèrent. Les troupes qui opérèrent sous les ordres de Miloradovitch et de Platoff, sur la grande route et dans les environs de celle-ci, furent le plus éprouvées; leurs fourrages ne donnaient que des résultats très précaires. A Vilna, on trouva des dépôts ayant appartenu à l'ennemi, et l'on disposa les troupes dans les quartiers de cantonnement; on y compléta aussi les vivres de manière à les assurer pour dix jours.

« La guerre de 1812 ne dura que six mois. Pendant cet espace de temps, nos armées se portèrent comme un ouragan de la frontière occidentale à Moscou, franchissant une distance de 1,000 verstes; elles poursuivirent ensuite avec une égale vitesse l'ennemi vers cette même frontière.

« Pendant la retraite, on avait eu le temps de prendre des dispositions pour la concentration des approvisionnements et leur transport sur les points voulus, en recourant à l'aide des autorités civiles locales; mais alors même, les vivres ne parvenaient pas toujours à l'endroit désigné en temps opportun, c'est-à-dire au moment où l'on en avait besoin.

« Et, lorsque notre armée commença à prendre l'offensive, en exécutant des marches forcées et en ne s'arrêtant que pour livrer combat, l'intendance fut tout à fait incapable de fournir régulièrement aux troupes les vivres, le fourrage et les rations.

« Voilà pourquoi les habitants durent subir les lourdes charges que comportent pour eux les réquisitions « contre reçus » — et même quelquefois sans reçus, comme on le sait, — mais c'était là le seul moyen dont on disposât alors (1). »

Pendant la guerre de 1813 à 1814, l'alimentation des troupes russes se trouvant à l'étranger était principalement basée sur les ressources locales. On n'achetait que rarement les vivres, et ces achats se sont élevés au total de 6 millions et demi de roubles-assignats.

Lorsqu'il fut décidé que l'armée russe entrerait dans le duché de Varsovie, le maréchal prince Koutouzoff, qui se trouvait encore à Vilna, fit, le 27 décembre 1812 (8 janvier 1813), un appel rédigé en langues russe, polonaise et allemande, aux fonctionnaires, au clergé et aux habitants de cette contrée, les invitant à ne quitter ni leurs postes ni leurs lieux d'habitation, leur assurant qu'il ne leur serait infligé aucun mauvais traitement, et garantissant aux fonctionnaires les appointements qui leur avaient été servis jusqu'à ce jour; il promit, en outre, aux habitants qu'ils seraient indemnisés dans le cas où, contrairement à ses prévisions, les troupes leur occasionneraient des dommages. Des magasins de provisions achetées au comptant furent établis à Kalich et à Posen.

Quand l'armée russe eut passé la frontière et quitté le duché de Varsovie, au commencement de l'année 1813, les troupes se nourrirent en partie avec les vivres pris sur l'ennemi, en partie avec ceux qui leur parvenaient dans des chariots fournis par les propriétaires (2), ou bien en prenant chez les habitants, contre reçus, tout ce dont elles avaient besoin; comme, du reste, les hommes étaient pour la plupart logés chez des particuliers, ils étaient aussi nourris par ces derniers.

Les hôpitaux étaient entretenus par les soins du gouvernement prussien, auquel on payait une somme convenue par malade.

Le théâtre de la guerre passa successivement de Prusse en Saxe, en Bohême et dans les petites principautés allemandes.

Comme, dans certaines conditions, la densité de la population d'un pays sert en quelque sorte de critérium quant à sa faculté plus ou moins grande d'entretenir une armée en marche, il ne sera pas inutile de dire combien on comptait généralement d'habitants par mille carré dans les contrées ci-dessous, et combien on en compte actuellement sur la même superficie :

L'armée russe entre
dans le duché
de Varsovie.

---

(1) Satler, *Notes concernant le ravitaillement des troupes en temps de guerre.*

(2) Les vivres accompagnant les troupes étaient calculés pour dix jours; les hommes emportaient sur eux des vivres pour quatre jours; le reste, c'est-à-dire la quantité nécessaire pour six jours, suivait dans les chariots.

	Nombre d'habitants	
	en 1813.	en 1895.
Prusse	2.043	4.214
Brandebourg	2.636	3.136
Poméranie	1.926	2.499
Silésie.	3.976	5.145
Westphalie	3.863	5.880
Saxe	3.656	4.998
Provinces rhénanes	3.500	8.526
Allemagne du Nord en général	3.346 }	
Allemagne du Sud.	3.217 }	4.508

L'armée russe en Allemagne.

L'Allemagne offre, sur la plus grande partie de son étendue, un théâtre très commode pour les opérations stratégiques.

Pour faciliter le ravitaillement à l'étranger, on avait établi dans les gouvernements de Vilna, de Grodno et de Biélostock trois lignes de dépôts, et l'on avait donné ordre d'expédier vers les côtes prussiennes, dès l'ouverture de la navigation, et sur les premières barques, 150,000 tchétverts de farine, de gruau et d'avoine.

Il avait été convenu que l'argent russe circulerait à l'étranger aussi librement que la monnaie nationale.

Un ordre du prince Koutouzoff, daté de Kalich le 13 (25) janvier, enjoignait à toutes les autorités provinciales de la région occupée par l'armée russe de fixer immédiatement et de publier les prix de tous les vivres en valeurs russe et locale, et d'accepter le rouble-argent pour 4 roubles-assignats.

Comme l'importation des assignats de l'étranger dans l'Empire était interdite, on établit — pour assurer à ce papier-monnaie un meilleur cours dans les contrées occupées par l'armée russe — des bureaux de change près des quartiers généraux du prince Koutouzoff et de Barclay de Tolly, ce dont l'armée fut informée le 14 (26) mars 1813.

Le prince Koutouzoff sachant que les soldats avaient usé leurs chemises pendant les campagnes précédentes, ordonna de prendre une chemise mais pas plus, dans chaque maison des préfectures de Kalich et de Posen.

A l'étranger, l'approvisionnement fut réglé conformément aux conditions d'une convention conclue à Kalich le 26 mars (7 avril) 1813, aux termes de laquelle le gouvernement prussien se chargeait de ravitailler l'armée russe durant son séjour en Prusse. Les vivres devaient être livrés directement par le pays ou par l'intermédiaire des dépôts établis à cet effet. Ces mêmes conditions devaient être observées quand l'armée russe aurait occupé la partie limitrophe du territoire ennemi, où elle ne pourrait se procurer les vivres nécessaires tant qu'on n'y aurait pas établi des magasins.

Les réclamations étaient adressées, non aux autorités prussiennes locales, mais aux commissaires royaux spécialement chargés de les recevoir.

Le gouvernement prussien devait réserver pour les hôpitaux russes des emplacements convenables, mais les frais d'installation de ces hôpitaux n'étaient pas à sa charge.

Les vivres étaient fournis à l'armée aux prix moyens existant sur les marchés prussiens.

Les chariots destinés à transporter, pendant la marche des troupes, du matériel, ainsi que les malades des hôpitaux, étaient loués aux prix moyens de la taxe de camionnage publiée à l'usage de l'armée prussienne. Les mêmes conditions étaient observées pour les convois par eau. Le transport des provisions et des blessés recueillis sur le champ de bataille, ainsi que des objets réquisitionnés et transités d'autres provinces, se faisait à titre gracieux.

Toutes choses prises de force ou d'une manière illégale faisaient l'objet de plaintes et de réclamations spéciales.

Tandis que Napoléon campait dans les environs de Dresde, on avait fait pour les troupes russes des commandes de vivres en Lusace. Au moment du départ de ces troupes, la disette fut telle que, malgré les mesures énergiques prises pour assurer leur ravitaillement, elles s'emparèrent dans certains endroits de ce qui restait dans les magasins de provisions.

De grands désordres se produisirent pendant les réquisitions arbitraires amenées, en partie, par les déplacements subits des troupes. Ainsi, pendant le combat de Bautzen, au mois de mai, les Russes enlevèrent chez les habitants, non seulement des vivres, mais aussi des objets dont les soldats n'avaient nullement besoin. Quand, après l'armistice de Reichenbach, les troupes se concentrèrent en Silésie, les ressources de cette contrée ne suffirent pas à leur entretien; on épuisa alors toutes les provisions, au point qu'il ne restait plus un seul biscuit dans les fourgons des régiments. Dans cette extrémité, on entama les vivres emmagasinés dans les forteresses russes; puis on les recompléta par de nouveaux achats. En Pologne et jusqu'à Bromberg, Varsovie et Cracovie, on procéda par voie de réquisitions; les vivres furent transportés par eau, en grande partie sur l'Oder, et de là envoyés à l'armée sur des chariots fournis par les propriétaires. De Thorn, on expédia du biscuit aux troupes, et une certaine quantité de provisions fut réunie en Silésie. Dans l'armée et même au quartier général, les chevaux recevaient pour la plupart de l'herbe fraîche au lieu de foin et, par mesure d'ordre, on délivra aux soldats des billets les autorisant à faucher l'herbe à tour de rôle. Ce qui manquait fut acheté. Les achats clandestins de farine, faits dans les terres autrichiennes, furent d'un grand secours pour l'armée. Les troupes se servirent de cette farine pour faire du biscuit dans les villages. Avec ce biscuit, on remplaça les provisions prises d'ordinaire dans les voitures des régiments.

Des quantités considérables de vivres étaient journellement expédiées de Breslau à l'armée. Les troupes russes tirèrent, en outre, un bon parti de la zone neutre qui séparait les deux armées. Les provisions qu'on s'y procura furent dirigées sur Schweidnitz. A ce moment l'armée russe fut rejointe par un magasin volant qui l'avait accompagnée en Moldavie ; ce magasin avait été organisé dans les gouvernements de Volhynie et de Podolie, et se composait de 3,000 chariots de paysans. A cause de son mauvais état, il dut passer l'hiver sur les bords de la Vistule. Ce train de transports apporta à l'armée 25,000 quintaux (620,000 pouds) de biscuits, auxquels on ne toucha que dans les cas d'extrême nécessité. Les restes de ces provisions furent distribués à Troyes et même à Paris en 1814.

Après l'armistice, les troupes russes se trouvaient dans la plus brillante situation.

Quand ces troupes furent entrées sur le territoire autrichien, elles reçurent les vivres et le fourrage, par les soins du gouvernement, de magasins établis à cet effet ou bien vécurent directement sur le pays, comme il avait été stipulé dans une convention conclue à Teplitz le 21 novembre (2 décembre) 1813. Les articles principaux de cette convention étaient :

Les provisions et le fourrage seront livrés par les magasins autrichiens ou bien par le pays.

Des commissaires munis de pleins pouvoirs pour le ravitaillement seront délégués au quartier général de l'empereur de Russie et à celui de l'armée alliée.

Les troupes n'auront pas le droit d'adresser leurs réclamations directement aux fonctionnaires autrichiens, ni de puiser sans permission dans les magasins ; les demandes devront être adressées aux commissaires autrichiens chargés de les recevoir et de donner aux autorités locales des ordres en conséquence.

Toutes les livraisons de vivres devront être faites contre reçus.

Les chariots nécessaires au transport des hommes et des subsistances devront être fournis par le pays contre reçus délivrés par les commissaires russes ou bien par les chefs de l'armée. Dans ces reçus devront être mentionnés : le nombre des chariots et des chevaux, les points de départ et de destination, ainsi que la distance parcourue. Les frais de transport devront être calculés suivant un tarif déterminé et compris dans la somme que la Russie devra rembourser à la Prusse ultérieurement. Pour prévenir les abus, un ordre sera envoyé à l'armée désignant les personnes autorisées à prendre livraison des fournitures ; cet ordre sera aussi communiqué au commissaire général. Afin que les chariots ne soient pas envoyés à des distances dépassant celle convenue, ils seront accompagnés d'un inspecteur : ce dernier sera chargé, au cas où des chariots se trouveraient retenus au delà d'un certain temps, d'en informer les commissaires autrichiens qui les feront remplacer.

En calculant la valeur des objets fournis, on devra, conformément aux prescriptions, se baser sur les prix moyens des principaux marchés de l'Autriche, de la Bohème et de la Moravie.

Pour couvrir les frais de location des dépôts, des transports, etc., on majorera les prix des vivres de 20 0/0.

Les livraisons seront payées avec la monnaie courante viennoise (*Einlosungs-Scheine* ou bien *Anticipations-Scheine*).

Quand l'armée russe entra en Bohême, elle était munie de biscuit pour environ un mois. Dans cette contrée, on acheta une certaine quantité de fourrage ainsi que beaucoup d'eau-de-vie et de bœufs.

Ces ressources servirent à entretenir les troupes russes durant tout leur séjour à Teplitz ; car le gouvernement autrichien ne fut pas, malgré toute sa bonne volonté, en état de subvenir à leurs besoins, la terreur occasionnée par la retraite de l'armée russe des environs de Dresde ayant déterminé la suspension de toutes les dispositions relatives aux fournitures. On fourrageait dans les montagnes de l'*Erzgebirge* et même en Saxe, au milieu des ennemis.

L'Autriche faisait alors venir ses provisions de ses provinces les plus éloignées. Les soldats et les habitants se partageaient le soin de cuire le pain. C'étaient surtout les moyens de transport qui faisaient défaut, mais l'armée russe disposait heureusement d'un nombre de chariots assez considérable.

En approchant de Leipzig, l'armée manqua de vivres, malgré tous les efforts qu'on fit pour lui en faire parvenir. Les pommes de terre que les soldats retirèrent du sol dans les environs de cette ville leur furent d'un grand secours.

Des difficultés sérieuses résultèrent de dispositions contradictoires prises pour l'approvisionnement des différentes parties de l'armée. Tous ces malentendus disparurent du reste, après la bataille de Leipzig.

En avançant ensuite vers le Rhin, l'armée recevait en général des distributions de vivres aux étapes, mais elle dut cependant fourrager de temps à autre. Seules, les troupes lancées à la poursuite de l'ennemi éprouvèrent par moments des difficultés à se ravitailler.

En vue de l'ennemi, pendant la marche et aux bivouacs, les soldats se nourrissaient du biscuit qu'ils emportaient dans leurs sacs ; on avait parfois recours à celui qui se trouvait dans les chariots des régiments, mais on remplaçait aussitôt ce qu'on y prenait par les provisions des magasins volants. Quand les circonstances le permettaient, on chargeait les habitants de cuire le pain, et l'on ne fourrageait que dans les cas d'extrême nécessité.

Un département central fut institué pour gouverner toutes les principautés allemandes privées de leurs souverains légitimes, ainsi que celles qui n'avaient pas adhéré à la coalition contre les Français. Les monarques alliés avaient nommé le baron Stein au poste de président de ce département.

Les provisions provenant de ces régions furent divisées en parties égales et distribuées entre les armées russe, prussienne et autrichienne, étant admis que chacune d'elles se composait de 150,000 hommes. L'armée suédoise reçut une part proportionnée au nombre de ses soldats, c'est-à-dire à 30,000 hommes.

Il fut arrêté, aux termes du protocole d'une commission réunie à Francfort le 18 novembre 1813, que la Russie, l'Autriche et la Prusse feraient venir de leurs propres États tout ce qui serait nécessaire à l'entretien de leurs forces respectives, pendant une période de six mois, dès que la navigation serait ouverte et que les routes seraient devenues carrossables.

Jusque-là, les puissances alliées s'engagèrent à ravitailler leurs troupes au moyen de réquisitions et en délivrant des reçus.

Ces reçus devaient, dans la suite, être remplacés par des obligations qu'on se proposait d'émettre sans retard.

Les auteurs militaires russes et étrangers nous expliquent le cours des opérations stratégiques au point de vue de la tactique, mais ils négligent malheureusement de nous renseigner sur la manière dont furent exécutées toutes ces dispositions relatives à la préparation et à la livraison des vivres, et sur la mesure dans laquelle on subvint aux besoins des soldats russes. Faute de ces documents écrits, nous avons dû nous contenter des récits de personnes qui ont participé à cette guerre.

Leurs témoignages ne sont pas toujours favorables, du moins pour ce qui est du ravitaillement des parties de l'armée où ces personnes avaient servi. S'il faut ajouter foi à leurs paroles, les soldats ont souffert de la faim pendant plusieurs journées de suite ; en Bohème ils en vinrent même aux mains avec les soldats autrichiens qui gardaient les dépôts de blé et de fourrage dans les villages.

La vérité est que les alliés contribuaient peu à fournir le nécessaire aux troupes russes, et que souvent ils manifestaient une entière indifférence à ce sujet.

La population de la France était à cette époque (1814) :

Au Nord-Ouest, de. . . . . 3.413 habitants	)	Sur
Au Nord-Est, de. . . . . 4.399 »	}	un mille
Au Sud-Est, de . . . . 3.017 »	)	carré.

« En France, on pouvait entretenir une armée assez nombreuse avec Les alliés en France. les ressources des habitants du pays.

« Avant d'entrer dans Paris, le commandant en chef des alliés, le prince Schwarzenberg, voulut mettre d'accord les dispositions concernant l'approvisionnement des différentes armées ; par un ordre daté de Francfort-sur-le-Mein, le 9 décembre 1813, il institua une intendance centrale, sous la direction des intendants généraux autrichien (Prokhatzko), russe (Kankrine) et prussien (C⁰ Lottum), qui furent chargés de s'entendre entre eux au sujet des réquisitions et de donner leurs ordres en conséquence.

« Dans les cas exceptionnels où, pendant la marche, l'intendance centrale ne pourrait faire face à toutes éventualités, il incombait aux commandants des corps d'armée d'ordonner des réquisitions.

« Il était permis, dans les cas d'extrême nécessité, de réquisitionner non seulement des vivres, mais aussi des chaussures et des vêtements, à condition de délivrer des reçus signés par les commandants de corps d'armée ou par leurs fondés de pouvoir.

« Pour se faire payer, les habitants devaient présenter ces quittances à l'intendance centrale ; quant aux chefs des troupes, ils devaient informer l'intendance de tous les objets qu'ils s'étaient procurés de cette manière. Des commissaires locaux étaient adjoints aux troupes ; ces derniers prêtaient leur concours pour la répartition des vivres aux étapes et dans les logements. Etaient sévèrement interdites les réquisitions arbitraires, ainsi que l'interception des transports de vivres destinés à d'autres parties de troupes.

« L'intendance ignorait parfois les dispositions prises par les commandants des corps d'armée et réciproquement. Il en résultait qu'on exigeait la même chose de deux côtés et qu'en fin de compte on ne faisait droit à aucune des deux demandes. On perdait son temps à échanger des lettres, à s'accabler de reproches et de récriminations, et pendant ce temps les soldats restaient sans manger.

« Pour l'entretien des troupes sur le territoire français, il avait été décidé de constituer au moyen de réquisitions — au fur et à mesure que l'armée avancerait — des magasins d'étapes à des intervalles de trois milles.

« L'intendance centrale des armées alliées promulgua le 4 (16) mars 1814, à Chaumont, des règlements détaillés concernant les routes militaires, ainsi que des instructions à l'usage des chefs et des inspecteurs d'étape.

« On avait voulu établir à Nancy, à Saint-Dizier, à Vitry et dans d'autres localités, des dépôts généraux de vivres, mais, par suite de considérations d'ordre stratégique, ce projet ne fut pas exécuté.

« Napoléon avait enjoint aux préfets des départements envahis de ne livrer à l'ennemi que la terre sans ses habitants et, dans le cas où il serait impossible de faire partir ces derniers, de contraindre au moins les familles aisées à quitter le pays.

« Il avait été ordonné à tous les fonctionnaires d'emporter, en partant, tous les dossiers et toutes les correspondances concernant l'administration locale, et surtout les papiers ayant trait au ravitaillement.

« Trente sénateurs furent envoyés dans les provinces limitrophes de celles occupées par l'ennemi pour encourager les habitants à se soulever en masse.

« Pendant la marche sur Paris on renvoya en arrière tous les trains de ravitaillement qui avaient suivi l'armée et les troupes se nourrirent avec ce qu'elles purent trouver dans le pays. Sous les murs de Paris, on eut beaucoup de peine à subvenir aux besoins des soldats. Une circonscription fut réservée à chaque corps des armées alliées. Des officiers avec escorte furent envoyés dans les villages pour se faire délivrer des vivres, mais cette mesure ne fut efficace que pendant le séjour des troupes russes à Fontainebleau. La ville de Paris ne put fournir que très peu de chose.

« Le ravitaillement de l'armée en 1815 se fit de la même manière qu'en 1813 et 1814. Une convention, ayant pour objet l'alimentation de l'armée russe, fut conclue à Vienne le 11 (23) mai 1815 avec le gouvernement autrichien et, dans la suite, on passa des traités analogues avec les gouvernements des autres États allemands et avec le gouvernement français. Les stipulations de ces traités furent en tous points pareilles à celles détaillées plus haut.

« Des commissions spéciales, dites de liquidation, furent établies à Vienne, Kœnigsberg, Prague et Francfort; commissions auxquelles fut donné connaissance d'après les pièces justificatives originales de tous les vivres effectivement fournis. Quand aux sommes dues aux divers gouvernements, elles furent payées en plusieurs versements (1). »

---

(1) Satler, *Mémoires concernant le ravitaillement des troupes en temps de guerre.*

Pendant ces trois années de guerre, on dépensa pour l'armée en chiffres ronds : en 1812, depuis le commencement des hostilités, c'est-à-dire depuis le milieu du mois de juin, 19 millions ; en 1813, 60 millions ; en 1814, 78 millions ; en tout, 157 millions de roubles-assignats. Ce total se décompose comme suit : pour fournitures telles que vêtements, chaussures, etc., 90 millions, pour vivres 31 millions, pour autres objets 8 millions ; les paiements effectués à l'Autriche et à la Prusse se sont élevés à 16 millions, les gratifications et secours accordés à certains fonctionnaires militaires se sont chiffrés par 6 millions, enfin, pour le compte d'autres administrations, etc., l'intendance a payé 6 millions (1).

On ne peut passer sous silence que l'intendance militaire ne présenta pas de comptes après cette guerre, et que le contrôle majora les dépenses de plusieurs millions de roubles ; mais cette affaire fut étouffée sur l'ordre de l'empereur Alexandre Ier.

Le service
de l'Intendance
pendant les guerres
de Perse (1826-1827,
et de Turquie
1828-1829).

« Des faits analogues se sont produits pendant les guerres de Perse (1826-1827) et de Turquie (1828-1829). Ainsi, après la défaite de l'armée persane à Elisabetpol, le 13 septembre 1826, les Russes furent obligés, par suite du manque total de vivres, de s'arrêter sur les bords de la rivière Tcherèkène. Au cours de cette même campagne, en avril 1827, le corps du général major Pankratiev ne put exécuter un mouvement offensif pour la même raison. En approchant d'Erivan en septembre, les troupes n'avaient de vivres que pour deux jours, et les arrivages ne se faisaient que très irrégulièrement ; l'armée eût, de ce fait, souffert de la faim si elle avait entrepris le siège d'Erivan.

« Le commandant en chef résolut, en conséquence, de s'assurer, avant tout, des vivres : il prit la place de Sardar-Abad où l'on trouva une quantité de provisions suffisante pour entretenir l'armée de siège pendant plusieurs mois.

« Pendant la campagne de Turquie de 1828, l'armée russe endura des privations terribles à cause du manque de vivres. Déjà en août, c'est-à-dire deux mois après avoir envahi la Bulgarie, les chevaux de l'artillerie et de la cavalerie étaient épuisés au point qu'il en mourait journellement un très grand nombre. Le commandant en chef se vit, par conséquent, obligé de renvoyer dans les principautés danubiennes une partie de sa cavalerie (un escadron mis à pied et un escadron mal monté par régiment) ; l'artillerie renvoya dans ces mêmes principautés 4 canons par compagnie et les compagnies à cheval en renvoyèrent encore 2 dans la suite. La marche de ces détachements était déplorable ; la mortalité des animaux augmentait à chaque étape. L'artillerie à cheval fut forcée d'atteler ses chevaux de

---

(1) *Compte rendu du fonctionnement de l'intendance.*

selle et l'artillerie à pied ne retrouvait après chaque nuit que la moitié de ses chevaux de la veille. Tous les soirs, il fallait renvoyer les chevaux au gîte d'étape quitté le matin pour y prendre la moitié des canons qu'on avait dû y laisser. A partir de Girsovo, on attela des bœufs aux pièces d'artillerie. Les escadrons mal montés arrivèrent à pied dans les principautés danubiennes : leurs chevaux étaient morts en chemin et les hommes portaient leurs selles sur leurs épaules.

« Le train de ravitaillement commençait déjà à se désorganiser : tandis que l'armée s'avançait vers Choumla, une grande partie du train dut rester à Bazardjik à cause du nombre considérable de chevaux qui étaient tombés en chemin. Les autres ne tardèrent pas à mourir; alors on réunit les chariots en ce qu'on appela des « *Wagenburg* » (forts ou remparts de chariots) qu'on détruisit ensuite avant de quitter Choumla. Le troisième corps d'armée endura à ce moment des privations épouvantables. Les troupes manquèrent absolument de vivres pendant plusieurs jours ; elles furent réduites à se nourrir de poires sauvages et de charogne. L'armée russe éprouva d'énormes pertes pendant cette campagne : 180,000 hommes étaient entrés en Turquie au mois de mai 1828; de ce nombre, 22,000 étaient morts au 1er janvier 1829, et en décembre 1828 on comptait 48,000 malades; le nombre des chevaux morts s'élevait à 16,000 ; en y ajoutant les 30,000 bœufs et chevaux ainsi que les 2,000 chameaux des magasins volants, morts d'inanition, on trouve que la perte totale en bêtes de somme s'est élevée à 48,000 têtes (1) ».

Pendant la campagne de Pologne (1831) « La campagne de Pologne de 1831 offre également un exemple édifiant de l'influence paralysante qu'une organisation défectueuse du ravitaillement exerce sur les opérations stratégiques. L'armée russe en a subi plus d'une fois les conséquences pendant cette guerre. Le service du ravitaillement était si mal organisé que tout le cours des opérations en fut faussé. Il en résulta : 1° que l'armée fut immobilisée pendant 3 jours à Wengrow, 2 (14) février, au début même de la campagne, et 8 à 9 jours après avoir commencé ses opérations offensives, tandis que le succès de ces opérations dépendait de leur rapidité (il s'agissait d'empêcher les forces polonaises, très disséminées, de se réunir afin de les vaincre séparément); 2° au lieu de poursuivre sa marche sur Varsovie, c'est-à-dire sur l'objectif principal de ses opérations stratégiques, le gros de l'armée fut forcé d'exécuter un mouvement rétrograde par le flanc vers Loukowo (28 mars); 3° l'armée demeura longtemps inactive à Siedlce (tout le mois d'avril;

---

(1) Makchéïef, *Oustroïstvo tyla armiï* (L'organisation des derrières de l'armée).

4° elle dut renoncer à poursuivre l'armée polonaise après la défaite de celle-ci à Ostrolenka (1). »

En 1832, l'empereur Nicolas fit élaborer de nouveaux règlements sur l'administration de l'armée. Mais, suivant le programme préparé dans la chancellerie militaire de Sa Majesté en 1836, on devait faire des règlements pour l'administration de l'armée aussi bien en temps de guerre qu'en temps de paix.

C'est dans ce sens que le prince Paskévitch fut chargé de cette tâche.

On prépara en attendant, en 1839, l'expédition de Khiva qui aboutit à une désorganisation complète, par suite des mesures insuffisantes qu'on avait prises pour assurer le ravitaillement des troupes.

Le règlement de 1846, appliqué d'abord à titre d'essai pour 3 ans (2), était encore moins complet que celui de 1812; mais, dans un supplément particulier, la question du ravitaillement des troupes, en temps de guerre, était traitée d'une manière plus détaillée.

La campagne de Hongrie en 1849 est peu instructive à cause des conditions particulières dans lesquelles elle s'est accomplie.

« Le gouvernement autrichien s'était engagé, par un traité spécial, à entretenir les forces russes, tant qu'elles se trouveraient sur territoire autrichien, à les loger et à mettre ses hôpitaux à leur disposition.

« Prévoyant que les Autrichiens pourraient fournir irrégulièrement les vivres nécessaires, les Russes prirent leurs précautions avant de traverser la Galicie : dans les magasins voisins de la frontière (de Miékhow jusqu'à Kroubéchow) ils réunirent des quantités de provisions suffisantes pour nourrir pendant près de 40 jours une armée de 180,000 hommes.

« On prescrivit de tenir prêts à Varsovie 30,000 tchétverts de vivres, destinés à être envoyés à l'armée par chemin de fer en cas de besoin. Cet envoi s'exécuta en effet, et il arriva, à diverses reprises, de grandes quantités de vivres et de fourrages à Cracovie par les voies ferrées ».

Pendant qu'elle traversait la Galicie, l'armée, au dire de Satler, n'eut pas de grandes difficultés à surmonter; il en fut de même pendant son séjour en Hongrie.

Le fait suivant est caractéristique :

« Quand, après la campagne de Hongrie, l'armée active eut été ramenée au pied de paix, on ordonna de confier à la noblesse des gouvernements, où se trouvaient les troupes en question, les chevaux, devenus inutiles, de l'artillerie, du train et de la cavalerie. Ces gentilshommes furent auto-

Divers règlements
touchant
le ravitaillement
des troupes russes.

---

(1) Makchéïef, *Oustroïstvo tyla armïi po Pouzyrewskomou.* (L'organisation des derrières de l'armée, d'après Pouzyrewski.)

(2) Satler, *Étude du mécanisme de l'armée.*

risés à se servir de ces chevaux pour leurs besoins personnels, tout en demeurant responsables des bêtes qui viendraient à manquer ou qui seraient abîmées par leur faute. Or, le nombre des chevaux mis ainsi en pension s'éleva en tout à 6,750 pour l'artillerie, 1,944 pour le train et 2,004 pour la cavalerie.

2° L'ALIMENTATION DE L'ARMÉE RUSSE
PENDANT LA GUERRE DE CRIMÉE (1853-1856)

Service de l'intendance au moment de la guerre en Crimée.

« Jusqu'à la guerre de Crimée (1853-1856), deux services distincts, celui de l'alimentation et celui des fournitures, se partageaient l'entretien de l'armée russe. Le premier assurait les vivres et le fourrage, le second tout ce qui constituait l'équipement des troupes. Celui-ci payait, en outre, la solde aux militaires et s'occupait de l'administration des hôpitaux.

« Le service « des vivres » n'était pas centralisé dans un seul organe : il était réparti entre diverses institutions militaires de campagne, relevant des commandants en chef et des commandants des corps d'armée, ainsi que de la « direction intérieure de l'alimentation », soumise elle-même au « département de l'alimentation » annexé au ministère de la Guerre. De cette manière, toutes les dispositions concernant le ravitaillement de l'armée russe en temps de paix émanaient :

« 1° Pour le rayon occupé par l'armée active, de l'intendant général et de ses bureaux ;

« 2° Pour les rayons occupés par les corps d'armée pris séparément, des commandants de ces corps d'armée, par l'intermédiaire d'administrations portant différents noms et soumises à ces derniers ;

« 3° Pour tout le reste de l'Empire, du ministre de la Guerre, par l'intermédiaire du « département de l'alimentation ».

« Il fut établi dans tous les gouvernements de la Russie d'Europe, tant intérieurs que frontières, un inspecteur des magasins et des dépôts de vivres se trouvant dans le gouvernement. Cet inspecteur administrait les établissements susdits et dirigeait la distribution des vivres aussi bien aux troupes cantonnées dans la province qu'à celles qui s'y trouvaient de passage.

« Les gouvernements furent groupés en « rayons ». Ceux-ci étaient régis par des bureaux de différents noms et subordonnés à l'*Administration intérieure des vivres*.

« En 1853, ces bureaux étaient au nombre de dix. Dans les gouvernements occupés par l'armée active, les rayons étaient régis par des bureaux militaires attachés aux corps d'armée.

« Telle était, dans ses grandes lignes, par tout l'Empire, l'organisation
es services de l'alimentation en temps de paix.

« Dans l'armée active, ces différents services étaient soumis aux règle-
ents de 1846 dits « règlements concernant l'administration des armées
en temps de paix et en temps de guerre ».

« Au commencement de l'année 1853, l'armée active comptait, suivant
es registres des services de l'alimentation, 327,900 soldats et 33,280 che-
aux.

« Le commandant en chef de l'armée transmettait ses ordres relatifs
l'alimentation à l'intendant général.

« Le bureau de celui-ci se composait d'un adjoint, d'une chancellerie
t de la *Commission centrale des vivres de campagne.*

« L'intendant général était chargé de toute la partie exécutive, c'est-à-
ire de la direction entière des affaires, de la surveillance sur les opéra-
ons locales, et le personnel de toutes les branches. Pour ce qui concernait
a partie économique de ce service, l'intendant général n'avait d'autre
ttribution que de présider la commission militaire centrale des vivres,
omposée de son adjoint, de trois membres nommés par décret impérial
t d'un membre délégué par le contrôle de l'État.

« Le bureau de l'intendant général faisait exécuter toutes les dispo-
tions relatives à l'alimentation des troupes se trouvant dans le rayon
e l'armée par les bureaux de ravitaillement attachés aux corps d'armée ;
es attributions de ces bureaux étaient, dans les limites de leurs cir-
onscriptions respectives, analogues à celles du bureau de l'intendant
énéral.

« Le chef de chacun de ces bureaux dirigeait la marche générale des
faires et contrôlait ses subordonnés ; il présidait aussi la commission
argée de la partie économique et de la comptabilité ; dans cette commis-
on siégeaient, outre le président, deux membres nommés par le com-
andant en chef de l'armée.

« L'organisation des services subordonnés à l'intendant général et les
ttributions de celui-ci se modifiaient sensiblement dès qu'on mettait l'ar-
ée sur pied de guerre.

« 1° Des organes nouveaux venaient s'ajouter à ceux qui étaient soumis
ses ordres : a) les services de l'équipement et b) les magasins volants ;

« 2° Le nombre des organes de l'alimentation augmentait ;

« 3° Les pouvoirs de l'intendant général s'étendaient de même que ses
evoirs.

« Les objets d'équipement étaient distribués en temps de paix à toutes
es troupes impériales par les soins du département de l'équipement,
nnexé au ministère de la Guerre ; seize commissions préposées à la récep-

tion et à la distribution des objets susdits constituaient les organes de ce département.

« Avant la guerre, on transforma une de ces commissions en « commission d'équipement général de campagne ». Son chef prit le titre de commissaire de guerre général. Cette commission, subordonnée à l'intendant général de l'armée, fut préposée à la distribution de l'argent et des objets d'équipement; elle était aussi chargée de l'administration des établissements sanitaires. Dans ce même but et en même temps on détacha, du département, des commissaires de guerre aux corps d'armée.

« La direction du magasin volant de l'armée se composait de personnes nommées par l'intendant général; certains postes de cette direction pouvant être occupés par des personnes appartenant à la noblesse des gouvernements frontières et élues par leurs pairs.

« Les membres de l'assemblée plénière de la commission générale des vivres recevaient de l'avancement en temps de guerre ; sur la proposition de l'intendant général, ils pouvaient être nommés, soit adjoint de ce dernier, chef du magasin volant de l'armée ou bien commissaire de guerre général.

« Les deux commissions générales de campagne, celle des vivres et celle de l'équipement présidées : la première, par le directeur général des vivres, la seconde, par le commissaire général de guerre, restaient derrière l'armée et veillaient, chacune dans les limites de ses attributions, au ravitaillement des troupes.

« Quant à l'intendant général qui se trouvait dès lors à la tête des services des vivres aussi bien que de ceux de l'équipement et des hôpitaux et qui, en outre, dirigeait le magasin volant de l'armée, il se transportait avec toute sa chancellerie de beaucoup plus nombreuse qu'en temps de paix au quartier général de cette armée. Là se trouvait aussi le bureau nouvellement créé qui administrait les magasins et les dépôts et se chargeait, en cas d'urgence, des opérations économiques incombant aux deux commissions générales : celle des vivres et celle de l'équipement.

« Quand les troupes quittèrent leurs cantonnements :

« 1° Les bureaux attachés aux corps d'armée furent remplacés par d'autres nouvellement créés ; ces derniers restèrent sur place et continuèrent à remplir les fonctions des premiers avec le concours d'inspecteurs de gouvernement; en d'autres termes, ils continuèrent à diriger le service de l'alimentation dans les circonscriptions respectives.

« 2° Un directeur divisionnaire des vivres fut détaché à chaque division pour mieux assurer son ravitaillement.

« Il ressort des indications que nous venons de donner sur l'organisation des services de ravitaillement : qu'en temps de paix cette organisatio avait un caractère local, et que le bureau de l'intendant général faisait exécuter les ordres du commandant en chef de l'armée, en les transmettant aux bureaux attachés aux corps d'armée et, par l'intermédiaire de ceux-ci, aux inspecteurs de gouvernement; l'influence de l'intendant général ne pesait sur les décisions d'ordre économique que dans la mesure que comportait son rôle de président de la commission compétente.

« En temps de guerre, le caractère de l'organisation des services susdits se dédoublait : elle demeurait *locale* dans les gouvernements soumis à l'administration de l'alimentation militaire qui continuait à y fonctionner par l'intermédiaire des bureaux locaux et des inspecteurs de gouvernement; elle était *mobile* quand il s'agissait des services directement attachés à l'armée (1).

« Le champ d'action et les pouvoirs de l'intendant général s'étendaient considérablement en temps de guerre. Il pouvait, tout en veillant à ce que le service du ravitaillement fonctionnât régulièrement et en recherchant les meilleurs moyens de satisfaire les besoins des troupes, signer des contrats de livraisons pour la somme de 15,000 roubles et autoriser des dépenses extraordinaires jusqu'à concurrence de 6,000 roubles ; quand il était éloigné du quartier général il pouvait même, en cas de nécessité absolue, autoriser des opérations encore plus considérables, mais il était tenu d'en informer le commandant en chef de l'armée et de requérir sa confirmation pour les transactions accomplies.

« Le passage du pied de paix au pied de guerre des services soumis à l'intendant général entrainait de nombreuses difficultés : la plupart des institutions et des individus, qui dirigeaient les services d'approvisionnement en temps de paix, ne conservaient pas leurs attributions, et l'on créait, simultanément, un grand nombre de services qui apportaient dans le champ d'action de l'intendant général des éléments absolument nouveaux.

« Les commandants des corps d'armée et des divisions n'étaient pas obligés de prendre part aux décisions concernant l'alimentation des troupes. Le rôle des directeurs des vivres, attachés aux corps d'armée et aux divisions, se réduisait à l'exécution des ordres qui leur parvenaient du bureau de l'intendant général, à la vérification des commandes, des

---

(1) Les institutions mobiles étaient : 1) le bureau de l'intendant général (sa chancellerie et la section territoriale) ; 2) les bureaux accompagnant les forces principales de l'armée : ils se trouvaient au quartier général ; 3) les bureaux d'équipement annexés aux états-majors des corps d'armée; 4) les directeurs des vivres détachés aux états-majors des divisions ; 5) la commission générale des vivres : cette commission restait ordinairement derrière l'armée, mais elle pouvait, en vertu de dispositions particulières, être rapprochée du quartier général; et (6) la direction du magasin volant de l'armée.

vivres et du fourrage disponibles. Les organes de l'administration militaire des vivres étaient, par conséquent, tout à fait détachés de l'administration de l'armée proprement dite.

« La sphère d'action de l'intendant général était géographiquement délimitée en temps de paix. Après avoir reçu l'ordre de se préparer pour la guerre, le commandant en chef de l'armée se mettait en rapport avec le ministre de la Guerre au sujet des approvisionnements de vivres et de fourrages qui devaient être réunis, soit sur un point déterminé constituant la *base* des opérations, soit dans les gouvernements du centre (dans ce dernier cas, on choisissait de préférence des points d'où l'on pouvait facilement faire parvenir les provisions à l'armée par eau) ; on chargeait alors les services de l'administration intérieure des vivres de les préparer et de les tenir à la disposition de l'intendant général (1).

« Le général major Satler qui avait servi sous les ordres du maréchal prince Paskévitch, pendant la campagne de Hongrie, et qui, dans la suite, avait dirigé l'intendance de l'arrondissement militaire de Varsovie, fut nommé intendant général (2).

« Les trois corps d'armée qui arrivèrent sur le théâtre de la guerre transdanubien étaient accompagnés des mêmes services de ravitaillement qui avaient fonctionné en temps de paix.

« On n'avait pas prévu la nécessité de remplacer ces services et de créer un bureau de l'intendant général pour les troupes qui ne faisaient pas partie de l'armée active. L'intendance ne disposant pas du personnel nécessaire, ce fut le général Satler qui, peu à peu, constitua ces services et nomma un grand nombre de personnes aux postes d'inspecteurs des magasins établis sur les derrières de l'armée. Ces personnes furent recrutées dans les deux services de l'intendance (vivres et équipement) de l'armée active, dans d'autres services et parmi les fonctionnaires et les militaires retraités. La plupart de ces derniers n'avaient jamais servi dans l'intendance et n'avaient, au sujet de leurs nouvelles attributions, aucunes notions, ni théoriques, ni pratiques; peu d'entre eux avaient eu l'occasion de voir un magasin d'approvisionnement, et la plupart ne connaissaient pas

---

(1) Polivanoff, *Otcherk oustroïstva prodovolstvovanïa rouskoï armïi.* (Précis de l'organisation des services de ravitaillement de l'armée russe.)

(2) Th. K. Satler était d'origine suédoise et noble ; il naquit en Finlande en 1805. Satler reçut son éducation au corps des cadets *Pavlovski* au sortir duquel, en 1825, il fut nommé lieutenant et versé dans la 18e brigade d'artillerie. Satler passa ses premières années de service sur des théâtres de guerre : il prit part à de nombreuses batailles pendant la campagne de Turquie, de 1828 à 1829, et en Pologne en 1831. Dans la suite, il fut nommé premier aide de camp près du chef de l'artillerie de l'armée active, et conserva 14 ans ces fonctions. Étant colonel, il occupa en 1846 le poste de directeur général des vivres (general proviantmeister) de l'armée active.

les règlements sur la réception, la conservation et la livraison des vivres,
pas plus que la comptabilité (1) ».

En juin 1853, l'armée d'occupation se composait de 87,000 hommes;
en mars 1854, lorsque le prince Paskevitch en prit le commandement, son
effectif s'élevait à 150,000 soldats.

La campagne dura jusqu'au 9 août, c'est-à-dire jusqu'au moment où
l'Empereur ordonna d'évacuer la principauté et de repasser le Pruth avec
toutes les forces.

On eut la possibilité de bien préparer les plans de ravitaillement de
l'armée du Danube; car l'intendance était très exactement renseignée sur
les moyens de subsistance existant dans les principautés danubiennes et
en Bulgarie, par les troupes qui y avaient séjourné en 1848-1849, et par les
consuls qu'on avait appelés à Kichinev pour arrêter, avec leur concours,
tous les détails d'organisation du ravitaillement des troupes à l'étranger (2).

Les opérations de ravitaillement de l'armée peuvent être divisées en
deux périodes : la première comprend le temps où se produisit l'occupation
des principautés par les troupes russes et le siège de Silistrie, et la seconde,
la deuxième moitié de la guerre en question, marquée par le commencement de la concentration des troupes en Crimée.

Durant la première période, les troupes ne manquèrent pas de vivres.
« Pendant tout le temps que dura le siège de Silistrie, dit le général Satler,
les troupes recevaient en nature non seulement les rations de vivres, mais
aussi le fourrage (avoine et foin), et jamais il n'y eut d'interruptions dans
le service de ravitaillement, de sorte que les soldats furent toujours approvisionnés en temps voulu, bien que 200,000 hommes eussent été concentrés sur ce point. Au moment où l'on reçut l'ordre d'évacuer les principautés, il s'y trouvait un stock de 400.000 tchétverts de différents grains ;
pour le transporter en Russie, il fallut un grand nombre de chariots et
beaucoup de temps. »

Ceci se trouve confirmé par le général aide de camp Lüders (3) qui dit :
« Dans nos campagnes antérieures en Turquie, nos troupes revenaient
toujours épuisées et affaiblies par les maladies des provinces danubiennes;
il n'en fut pas de même pendant la dernière guerre ».

---

(1) Satler, *Zapiski o prodovolstvii voïsk v voïénnoïé vrémia* (Mémoires sur le ravitaillement des troupes en temps de guerre).

(2) Polivanoff, *Otcherk oustroïstva prodovolstvovanïa rouskoï armïi* (Précis de l'organisation du service de ravitaillement dans l'armée russe).

(3) *Mnienié general-adioutanta Lidersa o prodovolstvii v 1853-1854 g. g. Rousskaïa
starina*, 1877 g. Sentiabr. (L'opinion du général Lüders concernant le ravitaillement en
1853-1854, *Rousskaïa starina*, septembre 1877).

« Mais ce ne fut pas sans peine que le Trésor et les provinces avoisinant la Moldavie réussirent à préparer ces masses de provisions ; il suffit de rappeler les charges imposées au gouvernement de Podolie (en échange de leur blé, on délivra aux propriétaires des reçus qu'on accepta ensuite en payement de leurs impôts ; malgré cela, leur blé était estimé au même prix que celui fourni par les entrepreneurs). Les propriétaires de ce gouvernement durent, en outre, envoyer à leurs frais 40,000 faucheurs, pour faire la fenaison, et fournir un très grand nombre de chariots pour le transport des vivres, au moment même où les travaux de labour battaient leur plein (1). »

____

(1) Polivanoff, *Otcherk oustroïstva prodovolstvovania rousskoï armii* (Précis de l'organisation du service de ravitaillement dans l'armée russe).

Polivanoff décrit d'une manière intéressante comment on procéda à cette époque pour organiser le service des transports.

Au début, on voulut créer un magasin volant en *louant* des chariots, mais les conducteurs demandèrent 2 à 3 roubles par jour, et posèrent d'autres conditions peu acceptables.

Le gouverneur général de la Nouvelle-Russie reçut en conséquence l'ordre de haut lieu — dès que les troupes furent entrées dans les principautés danubiennes, au mois de mars 1853 — d'organiser un magasin volant sur les bases suivantes :

A). Prendre chez les colons, les paysans appartenant au fisc, et chez les Tsarans (paysans de Bessarabie) 4,880 chariots attelés de deux bœufs, ainsi que la quantité nécessaire de bœufs de réserve.

B). Payer pour chaque chariot et pour chaque paire de bœufs de réserve 60 kopecks-argent par 24 heures, à partir du jour de leur départ jusqu'au moment de leur rentrée ; avec cet argent, les conducteurs étaient obligés de subvenir à leurs propres besoins et d'entretenir leurs chariots en bon état, sans pouvoir prétendre à aucune rémunération supplémentaire ;

C). Pour chaque paire de bœufs qui périrait pendant le temps qu'ils seraient employés au service des transports, les propriétaires recevraient 30 roubles de dommages-intérêts.

D). Tous ces chariots devaient former *quatre demi-brigades* et chacune de ces demi-brigades devait être subdivisée en *quatre sections*.

Mais au commencement du mois de juin on n'avait réussi à former qu'une seule demi-brigade comprenant 1,220 chariots à bœufs.

Au mois de janvier 1854 fut décrétée en haut lieu l'organisation d'un nouveau magasin volant. Ordre fut donné de se procurer dans les gouvernements d'Ekatérinoslav et de Kherson 2,000 chariots à deux bœufs, et 500 chariots à deux chevaux, dans les gouvernements de Kiev et de Podolie 2,000 chariots à deux bœufs et 500 à deux chevaux, dans le gouvernement de Poltava 1,000 chariots à deux bœufs : au total, 5,000 chariots à deux bœufs et 1,000 chariots à deux chevaux.

Chacun des gouvernements susnommés devait, en outre, fournir une paire de bœufs et de chevaux de réserve sur chaque huit paires et un chariot de réserve sur chaque 50 chariots.

Les chariots à bœufs devaient être à joug et les chariots à chevaux à harnais ; tous devaient être munis de prélarts goudronnés. Chaque groupe de 3 chariots à bœufs devait être accompagné de deux conducteurs et chaque chariot à chevaux d'un conducteur ; dans les limites de l'Empire les conducteurs devaient recevoir 60 kopecks-argent par jour ; avec cet argent ils devaient suffire à leurs propres besoins, nourrir leurs bœufs ou

Les conditions du ravitaillement de l'armée russe en Crimée étaient des plus déplorables (1).

Conditions
déplorables
du ravitaillement
de l'armée russe
en Crimée.

« Le théâtre de la guerre fut transporté en Crimée d'une manière tout à fait inattendue, pendant la plus mauvaise saison, en septembre 1854 ; elle dura deux automnes, deux hivers, deux printemps et seulement un été, car elle se termina au mois de mars de l'année 1856. Les troupes n'évacuèrent entièrement la Tauride qu'en octobre. Les armées demeurèrent, par conséquent, concentrées près de deux ans en Crimée, c'est-à-dire sur un petit coin de terre que 400 werstes de steppes séparaient des contrées fertiles de la Russie. »

« Les ennemis se trouvèrent dans des conditions très différentes. Maîtres de la mer et disposant d'immenses moyens de transport, ils n'eurent presque pas à se servir de chevaux, sauf quand il fallait faire parvenir des vivres dans les ports d'embarcation, puis les distribuer aux points voulus, après les avoir déchargés à Balaclava. Tous les grands transports se faisaient par mer. »

« L'effectif maximum des troupes concentrées en Crimée s'éleva à 300,000 hommes et 100,000 chevaux. Cette masse n'était pas disséminée sur toute la péninsule mais, presque en totalité, concentrée sur un seul point, près de Sébastopol, où elle resta pendant dix-huit mois. »

Déjà, en novembre 1854, les troupes manquèrent de vivres par suite du mauvais état des chemins. Le prince Gortchakoff envoya, en conséquence, le général Satler en Crimée demander au prince Menchikow comment l'armée du sud pourrait venir en aide à son armée.

---

leurs chevaux et réparer leurs chariots ; après avoir passé le Danube, ils devaient recevoir : a) les portions réglementaires de biscuit et de gruau qu'on servait aux soldats, 5 kopecks par jour pour compléter leur nourriture et 10 kopecks pour entretenir leurs vêtements ; b) 7 kopecks pour le graissage des roues des chariots, après chaque parcours de 24 heures ; c) les propriétaires des bœufs et des chevaux devaient toucher 5 roubles par mois et par chariot ; et d) des sommes déterminées par les commandants des bataillons pour la réparation des chariots.

Pour chaque bœuf mort en route le propriétaire touchait 15 roubles, et 20 roubles pour chaque cheval mort.

On voulait confier à des entrepreneurs le soin de fournir les chariots aux conditions précitées, après avoir fait au préalable une répartition entre les terres des propriétaires fonciers et les communes habitées par les paysans de l'État. Dans le cas où les entrepreneurs feraient défaut, on devait, sans délai, réunir lesdits chariots sans leur concours.

Il est évident qu'à ces conditions on ne put pas trouver d'entrepreneurs, et toute la charge retomba sur les paysans.

(1) Les immenses quantités de provisions accumulées sur la rive opposée du Dniester furent d'abord utilisées par les troupes logées en Bessarabie et dans la partie méridionale du gouvernement de Podolie. Les déplacements que subissaient ces vivres étaient onéreux pour la contrée et augmentaient leur prix. Lorsque, plus tard, les troupes se rendirent en Crimée, elles y furent suivies par une partie des provisions susdites.

Après avoir examiné les moyens d'approvisionnement dont on disposait en Crimée, le général Satler trouva que « la plus grande partie des provisions se trouvait au loin et que pour les amener sur place, il faudrait vaincre des difficultés inouïes. Le fourrage était complètement épuisé dans les environs de Sébastopol et les troupes transportaient le foin à des distances de 60 à 100 verstes. Le bétail destiné à fournir les rations de viande réglementaires était acheté en Crimée même; on pouvait donc s'attendre à voir, avant le printemps de 1855, toutes les bêtes à cornes mangées par les soldats qui eussent ainsi détruit eux-mêmes leurs moyens de transport, sans lesquels aucune armée ne peut exister. »

Les conséquences de tout cela pouvaient être d'autant plus sérieuses que le cours ordinaire de la vie économique du pays était tout à fait suspendu.

« En 1854, on crut nécessaire de déporter dans les gouvernements russes les Tartares de Crimée, qui se montraient trop bien disposés pour la Turquie. Mais cette déportation en masse eût fait un désert de la péninsule; on se contenta, par conséquent, d'éloigner à une distance de 30 verstes les Tartares des communes du littoral occidental. Malgré les exceptions admises dans l'application de cette mesure, elle n'en entraîna pas moins de grands inconvénients.

« Vers la fin de décembre 1854, on nomma le colonel Vounche au poste d'intendant général de l'armée de Crimée.

« C'est dans ces circonstances que le général aide de camp Annenkoff fut, par décret impérial, nommé directeur général des services de ravitaillement des deux armées.

« La ville de Kherson fut désignée comme siège administratif de ce fonctionnaire. Les intendants généraux des deux armées gardèrent leurs attributions, conformément aux « Règlements sur l'administration des armées » approuvés par l'Empereur en 1846. Le prince Gortchakoff, commandant en chef de l'armée du sud, y trouva de grands inconvénients, attendu qu'en temps de guerre les services de ravitaillement et les services sanitaires dépendent complètement des événements militaires. »

A la suite du rapport du général Satler, que le commandant en chef de l'armée fit parvenir à l'Empereur, le général aide de camp Annenkoff reçut l'ordre de reprendre son poste de gouverneur général de la Nouvelle-Russie, et Satler fut nommé intendant général (1).

---

(1) Satler suppose que le général Annenkoff qui fut, dans la suite, nommé contrôleur général, influença le tribunal de telle sorte qu'il se montra d'une grande partialité envers l'intendance (1856-1859).

Le général Satler dit, au sujet des difficultés qu'il eut à trouver des personnes capables de l'aider dans sa tâche :

« Comme le nombre des fonctionnaires du service des vivres était insuffisant en Crimée, on y envoya tout le bureau du 3ᵉ corps d'infanterie et environ vingt commissaires.

« Il y avait beaucoup de bons fonctionnaires dans l'intendance, mais dans la masse, qui comptait quelques centaines d'hommes, il pouvait aussi s'en trouver de peu recommandables. Les régiments qui se préparent pour la guerre offrent cet avantage que leur chef connait ses officiers et que ces derniers connaissent leurs soldats. Mais, lorsqu'il fallut compléter les vastes services de l'intendance, on y introduisit de nouveaux fonctionnaires, nommés d'après les demandes qu'ils avaient adressées de tous les coins de la Russie. En raison des conditions dans lesquelles on se trouvait, ils furent tous admis sans grand examen. »

Pour décrire dans leurs détails toutes les péripéties du ravitaillement de l'armée, il faudrait sortir du cadre que nous nous sommes tracé.

Il suffit de dire que les ressources de la Crimée et celles des provinces voisines s'épuisèrent peu à peu ; le rayon de ravitaillement s'étendit, en conséquence, de jour en jour, et il devint presque impossible de se procurer les chariots nécessaires pour le transport des provisions et du foin ; puis quand enfin le bois de chauffage commença à devenir rare, on éprouva de grandes difficultés à cuire le pain et à faire du biscuit. Et plus la guerre trainait en longueur, plus il devenait difficile de garder les vivres à ciel ouvert et de les distribuer aux troupes.

« Ces vivres étaient transportés par terre à des distances de 500 et 600 verstes et le fourrage à 100, 200 et même 300 verstes, à travers l'isthme étroit de Perekop et le pont de Tchongar, non seulement en été, mais en des saisons où l'herbe manquait totalement et où les bœufs étaient réduits à manger, chemin faisant, le foin contenu dans les chariots ; aussi ne ramenaient-ils que très peu de chose quand les routes étaient mauvaises, et parfois même rien que des chariots vides. Mais, malgré ces difficultés, l'intendance fournissait de vivres toutes les troupes sans exception et procurait du fourrage aux 100,000 chevaux qui restèrent installés entre Sébastopol et Baktchisaraï depuis le mois de novembre 1855 jusqu'au mois de mars 1856, c'est-à-dire durant tout un automne, un hiver et un printemps. »

Dans ces conditions sans exemple, les vivres ne pouvaient être que très chers.

Très instructifs sont ces chiffres, qui montrent à quel point les prix des vivres avaient haussé à cette époque. Il arriva que parfois on les paya 10, 15, 20 et même 25 fois plus cher qu'en temps ordinaire ; le foin se vendait

16 fois 2/3 plus cher, le blé, le bois de chauffage, les légumes, le lait, 5, 6, 7, 8 et 9 fois plus cher qu'en temps de paix, les objets manufacturés le double et le triple de leur valeur normale, et les transports étaient devenus de 5 et 7 fois 1/2 plus coûteux qu'avant la guerre.

« Dans les provinces voisines du midi, les prix avaient doublé et triplé, ils avaient même augmenté de 1 1/2 à 2 fois dans les provinces éloignées du théâtre de la guerre.

« Seul, le prix de la viande de bœuf ne s'était élevé que faiblement : avant la guerre on avait payé la livre 5 kopecks, et pendant la guerre on la paya 6 kopecks 1/2. Cela provenait de ce que trop souvent on n'avait pas de quoi nourrir le bétail; les Tartares aimaient donc mieux s'en débarrasser, même à vil prix ; cela leur permettait de vendre cher leurs provisions de foin, sans compter qu'en vendant leur bétail, ils s'affranchissaient de la redevance, qui consistait à fournir des moyens de transport à l'armée, c'est-à-dire des chariots. »

Le professeur Hasenkampf dit à ce sujet « que la cherté qui s'est produite au cours de la guerre de Crimée n'avait rien d'exceptionnel, toute guerre amenant naturellement une hausse démesurée des prix. Quand une armée se présente sur le théâtre des hostilités, la demande augmente en raison de son effectif et l'offre diminue; attendu que le crédit baisse dès que la guerre est déclarée, les capitaux disparaissent de la circulation, le commerce et l'industrie s'arrêtent, et les marchés se vident (1). »

L'issue de la guerre, comme on le sait, fut déplorable. Au lieu de s'avouer à soi-même les causes des désastres subis, au lieu de convenir qu'ils résultaient de ce que l'infanterie était mal armée, que les chemins de fer faisaient défaut, que les finances étaient en mauvais état, que l'administration était mal organisée, qu'on manquait de renseignements, que l'armée était mal dirigée, qu'on avait mal calculé et prévu les moyens de défense en Crimée, on jugea plus commode de satisfaire l'amour-propre des masses et des individus, en rejetant toute la faute sur les intendants et le général Satler.

Il y a lieu de méditer cet épisode, surtout à cause de l'influence qu'il a exercée sur la guerre de 1877, et qu'il exercera probablement aussi sur la guerre future.

Il faut en tenir compte dans l'étude des mesures à prendre en prévision d'une nouvelle guerre, afin de préserver les fonctionnaires, qui devront affronter des difficultés pareilles à celles que Satler avait affrontées et vaincues, des terribles conséquences et des peines imméritées que peuvent entraîner, pour eux, la mauvaise foi des subordonnés et l'inobservation des

---

(1) M. Hasenkampf, *L'administration militaire*.

formalités ; ces formalités, du reste, ne constituent très souvent qu'une
entrave à la satisfaction des plus pressants besoins de l'armée.

Deux commissions d'instruction et un tribunal général furent institués pour examiner et juger les agissements de l'intendance en général, et
du général Satler en particulier.

Procès
de l'Intendance
et du général Satler

Sans entrer dans les détails de cette affaire, nous ne citerons que les
opinions les plus importantes des commandants des troupes.

Le général aide de camp Lüders (1) dit entre autres : « Les commissions et le tribunal général, après avoir, pendant trois années, questionné
un grand nombre de subordonnés du général-major Satler, dont plus d'un
avait été condamné à la dégradation civique — ce qui les disposait certainement à témoigner contre lui — et après avoir épluché toutes les correspondances, mêmes privées, des fonctionnaires mêlés à ce procès, après
avoir, en outre, questionné les nombreux entrepreneurs qui avaient
fourni des vivres à l'armée (2), n'ont pas trouvé la moindre trace d'actes
répréhensibles et permettant de porter contre le ci-devant intendant-gé-
néral de l'armée de Crimée une accusation de malversation ».

« A mon avis, ajoute le général Lüders, on peut accuser le général-
major Satler du chef des désordres qui ont été découverts dans sa chancellerie, de l'inobservation des formalités prescrites et de contrôle insuffisant sur ses subordonnés. Mais en formulant de telles accusations, il faut
se demander si le ci-devant intendant général disposait des moyens nécessaires pour faire face à sa responsabilité. Il me semble qu'il n'en disposait
pas. Il fut nommé intendant général au moment où nos troupes entrèrent
dans les principautés danubiennes, et il arriva accompagné d'un seul fonctionnaire.

« Il ressort de l'instruction que le personnel du service des vivres
était très peu sûr. La faute ne peut en être attribuée au général-major
Satler... Il était d'autant plus difficile de trouver de bons subordonnés,
pour ce service, que chez nous il était dédaigné, et que les gens bien élevés

---

(1) L'opinion du général aide de camp Lüders, concernant l'affaire du général Satler,
est exprimée dans un rapport adressé au ministre de la Guerre, et daté du 25 octobre 1859, numéro 38.

(2) Au nombre des entrepreneurs condamnés à différentes peines se trouvaient les
négociants : Zuckermann, Lurié, Granoff et Sacher qui avaient fourni des vivres aux
magasins du gouvernement de Kherson, ainsi que le négociant Halperine, contre-agent
de Verderevski. Les quatre premiers subirent la dégradation civique et le dernier la dégradation militaire, et l'on retint pendant trois ans une somme d'environ 300,000 roubles
déposée par les quatre premiers à titre de garantie. Halperine a été écroué pendant trois
mois dans les casemates de la forteresse de Kieff. Le décret de la commission n'a pas
été suivi d'exécution. Les prévenus ont passé devant un conseil de guerre, qui les a
reconnus non coupables.

évitaient d'y entrer. Si, pendant la guerre, il s'est trouvé des hommes capables pour prendre service dans l'intendance, ils étaient évidemment séduits par l'espoir de s'y enrichir en peu de temps. Et peut-on exiger tant de désintéressement de la part de fonctionnaires qui, d'une part, ne peuvent entrer dans aucun autre service et auxquels, d'autre part, on confie des millions pour l'achat de vivres, tandis que leurs soldes annuelles ne s'élèvent que de 300 à 750 roubles ? Il faut choisir des fonctionnaires sur lesquels on puisse compter; mais ceux-là n'entrent pas au service de l'intendance. »

Le prince Gortchakoff dit : « Il n'existe point de preuves, ni même d'indices, permettant de conclure que Satler se soit rendu coupable de malversations en remplissant ses fonctions. Ses fautes consistent à ne s'être pas assez occupé au sujet des fournitures d'eau-de-vie aux troupes, à n'avoir pas, de suite, découvert que la fabrique de bouillon n'était pas la propriété du fournisseur, puis dans certaines négligences, dans l'inexécution de diverses formalités, dans le désordre qui caractérisa le fonctionnement de sa chancellerie, et enfin dans un défaut de contrôle sur les entrepreneurs et les commissionnaires. »

Et le prince ajoute plus loin : « En 1855, l'armée russe jetée sur les confins de l'Empire, dans une contrée stérile et déserte, ayant derrière elle quelques centaines de verstes de steppes vides, sillonnés de chemins absolument impraticables en automne et en hiver, cette armée, dis-je, a lutté pendant deux ans contre des ennemis très nombreux, sans même leur céder trente verstes de terre russe.

« Nos ennemis croyaient certainement que, dans le courant de l'hiver de 1855, je me verrais forcé d'évacuer la Crimée à cause du manque de vivres. Leur espoir ne se réalisa pas. L'armée resta tout l'hiver, sans manquer de quoi que ce fût, sous les murs même de Sébastopol; et au printemps, elle était pourvue de tout ce dont elle avait besoin, et prête à continuer la lutte. Dans des conditions aussi exceptionnellement difficiles, il fallait agir avec une énergie et une décision toujours soutenues. En opérant avec précaution, en respectant les formes, en congédiant les commissionnaires sur la foi de chaque dénonciation, etc., Satler n'aurait donné à la justice aucune prise sur lui, mais son égoïsme eût coûté cher à la patrie. Je dois dire, en mon âme et conscience, que Satler compte parmi ceux auxquels la Russie est le plus redevable de ce qu'elle a pu conserver la péninsule de Crimée. Sans son activité et sans son coup d'œil si juste en ce qui concernait la question du ravitaillement, tous les efforts de nos soldats eussent été inutiles.

« Je crois nécessaire, pour conclure, de comparer certains prix auxquels des vivres ont été fournis dans le royaume de Pologne, avec les prix les plus élevés payés pendant la guerre de Crimée, c'est-à-dire au commencement de l'année 1856. Cette comparaison prouvera, je l'espère, jusqu'à l'évidence, que les sommes dépensées pour le ravitaillement des troupes en Crimée n'ont pas été dilapidées, surtout si l'on tient compte des conditions difficiles dans lesquelles s'est trouvée notre armée. En Crimée, le prix moyen de la farine a été de 10 roubles 60 kopecks par tchétvert, et le prix moyen du gruau de 12 roubles 71 kopecks, quand on commandait en gros 800,000 tchétverts, tandis qu'en Pologne on a payé la farine 10 roubles 73 kopecks et le gruau 13 roubles 26 kopecks en n'achetant que par 200,000 tchétverts à la fois. »

Pour se justifier, le général Satler fait observer qu' « il n'y avait pas moins de 14,000 chariots, allant et venant sans cesse, divisés en 140 convois au moins, et dispersés sur tous les chemins du pays. A cette même époque, 28 compagnies du magasin volant, qui comprenait 7,000 chariots, étaient occupées à transporter des provisions de Simféropol et de Bokchaï. Plus tard, quand les chemins devinrent mauvais, le transport des vivres et du fourrage se fit au moyen de 2,200 chariots du magasin volant distribués en 11 convois, et de quelques centaines de chariots appartenant à des particuliers. A cette même époque, 5,000 chariots fournis par les propriétaires, et formant environ 60 convois, transportaient du foin à Baktchésaraï et sur d'autres points, de 200 localités différentes. Tous ces convois circulaient dans la péninsule ; mais, en outre, environ 1,000 autres, formés dans les provinces avoisinant le théâtre de la guerre, à quelques centaines de verstes de distance, apportaient de trois à quatre cent mille tchétverts de blé à Berislavl, Aërtchi, Kakhovka et Melitopol. De plus, un nombre énorme de chariots circulaient sans cesse jusqu'à 1,000 verstes du théâtre de la guerre, sur le territoire des gouvernements qui se trouvaient dans le rayon des opérations.

« Tous ces chariots, répandus sur une étendue de 500 à 600 verstes, en dehors de la péninsule, et qui formaient pour ainsi dire une seconde armée, étaient conduits par les entrepreneurs eux-mêmes et se croisaient dans tous les sens. Or, je pose la question : était-il matériellement possible de contrôler où l'on achetait le blé, combien on le payait, où il se trouvait à chaque moment, dans quelles conditions il était rendu aux magasins, comment on le délivrait dans la suite pour être transporté ailleurs, et comment on le distribuait aux troupes ? Qu'on me dise la façon de s'y prendre pour surveiller tout cela, dans plusieurs endroits à la fois. »

Le tribunal général déclara dans son arrêt que le général-major Satler avait commis des irrégularités et des négligences.

A ce propos, nous nous souvenons involontairement du rapport que l'intendant général Kankrine soumit à l'Empereur et où il est dit au sujet des guerres de 1812 à 1815 : « Nos opérations administratives sont toujours marquées de quelques particularités qui les rendent obscures, car nous manquons de règlements sur le contrôle des comptes ; il en résulte que chacun cherche avant tout à se garantir contre les accusations et n'ose aborder franchement sa tâche. L'expérience démontre, en effet, que l'homme le plus intègre risque de se mettre dans une situation très critique, s'il se soucie plus de faire marcher son service que de se couvrir personnellement ; tandis qu'une fois couvert, il aura toujours raison, même si le service ne marche pas du tout. »

Satler avait, évidemment, oublié cette vérité.

Toute la presse ne trouva pas de paroles assez sévères pour stigmatiser cet intendant. Chose d'autant plus étrange que la société devait, cependant, être habituée à toutes les fraudes, surtout à celles qui se produisaient dans les sphères administratives de l'armée.

Tout récemment encore le journal *Rousskaïa Starina* a publié une série d'articles très intéressants à ce sujet : les « Mémoires du général Denn sur la période de 1849 à 1855 ».

L'auteur de ces mémoires dit qu'on ne peut songer, sans rougir, au désordre qui régnait dans l'administration, même des régiments les plus en vue, notamment dans ceux de la garde.

« Je n'invente rien, dit-il, et je n'ajoute rien. Il serait, du reste, difficile d'ajouter quoi que ce fût aux faits qui sont assez invraisemblables par eux-mêmes. Maintenant (en 1873), je puis encore invoquer de nombreux témoins, mais d'ici vingt ans je serai peut-être taxé d'auteur fantaisiste, de menteur, par ceux qui liront ces Mémoires.

« En présence de la sévérité et des exigences de cette époque, on s'explique avec peine comment la correction extérieure de l'armée pouvait reposer sur les fraudes les plus éhontées. C'est même tellement difficile qu'il faut donner quelques exemples frappants de ce contraste. Je ne parlerai pas de choses que j'ai entendues, je relaterai simplement ce que j'ai vu de mes propres yeux, c'est-à-dire des faits que je puis garantir sur ma tête.

« Comme les régiments de la garde manquaient de place dans les casernes, on divisa chacun d'eux en deux bataillons « de ville » et un bataillon « extérieur ». Ce dernier était toujours logé dans les villages pendant la période comprise entre la fin de la réunion annuelle au camp et le commencement de celle de l'année suivante. Pendant les deux premières semaines, après Pâques, on envoyait des bataillons monter la garde d'honneur sur la place du Palais. Sauf les deux premiers jours de Pâques, ces sortes de revues étaient accompagnées d'exercices.

« Le sort réservé aux bataillons durant la saison d'été dépendait du succès avec lequel ils exécutaient ces exercices. Leur tâche n'était pas facile sur la place du Palais, où l'on ne pouvait cacher aucune faute ; aussi les commandants de régiment craignaient-ils, par-dessus tout, ces revues. L'empereur Nicolas Pavlovitch consacrait toujours deux journées consécutives à examiner chaque régiment. Or, que faisaient les commandants de régiment ? Ils envoyaient en ville, pendant la nuit, les meilleurs hommes des bataillons extérieurs et les intercalaient dans les rangs du bataillon qui était de garde ; puis, après l'exercice, ils retiraient secrètement du bataillon de garde les soldats les plus présentables, pour les replacer dans le bataillon qui devait être de garde le lendemain.

« Quand le grand-duc Michel Pavlovitch annonçait qu'il passerait en revue les trains des équipages, les commandants de régiment les plus malins, dont les chevaux n'étaient jamais au complet, en empruntaient aux officiers et même aux cochers de fiacre. Et les revues se terminaient toujours par des remerciements adressés aux chefs les moins consciencieux.

« On passait rarement en revue les trains des équipages, et toujours sur la place Ismaïl. Je me souviens, comme si c'était hier, de la première revue de ce genre à laquelle j'assistai : la beauté des chevaux du régiment Ismaïlovski m'avait frappé. A côté de moi on riait ; je n'y comprenais rien, jusqu'à ce que quelqu'un, dans mon voisinage, eût dit :

« Qu'arriverait-il maintenant si le grand-duc faisait donner l'alarme aux pionniers à cheval de la garde (ces derniers étaient casernés à côté du régiment Ismaïlovski).

« Après la revue, je me rendis aux écuries des pionniers à cheval et je me convainquis que c'étaient, en effet, leurs grands chevaux qui avaient amené les trains des équipages du régiment Ismaïlovski devant le grand-duc.

« L'inspection de toutes les lignes, une fois passée, on présentait au commandant des rapports détaillés indiquant sous les rubriques *ad hoc* le nombre de files par peloton, et des files creuses. Et ce rapport satisfaisait le chef exigeant et scrutateur, comme un compte d'apothicaire, portant alignés, à côté des roubles, des kopecks et des fractions de kopecks. Ensuite retentissait le commandement : « Par bataillons, en avant, marche ! » Les divisions se formaient en colonnes et défilaient solennellement. Tous les régiments exécutaient un mouvement tournant de droite à gauche dans le coin du pré de « Tsaritsyne », qui touche au pont « Ingénierny ». Les musiques se détachaient d'habitude et marchaient à part, afin de prendre leur place au moment du passage de leurs corps, et les tambours suivaient à la même allure les bataillons qui les précédaient, afin de ne pas perdre la distance. C'est pourquoi, en suivant à cheval et en ne quittant presque pas les rangs du régiment des chasseurs de la garde, je pus observer un mouvement qui s'y produisit : des groupes d'hommes se détachant des rangs et se dirigeant précipitamment, même au pas de course, vers la « Fontanka » en traversant le pont « Tsepny ». C'est que le général M... avait placé dans son régiment toutes ses nouvelles recrues, afin d'augmenter l'effectif, que l'autorité supérieure contrôlait soigneusement au début de la revue. Mais comme le général savait que ces recrues ne seraient pas capables de marcher ni de tenir leur fusil de manière à satisfaire les exigences vraiment extraordinaires de ce temps, il renvoya ces recrues aux casernes avant le commencement du défilé. Je m'empresse d'ajouter que le général M... avait bien calculé ses mesures. On le complimenta de ce que son effectif était si complet et de ce qu'il avait réussi à instruire en si peu de temps ses recrues ; celles-ci reçurent, comme les autres soldats, un rouble de gratification et personne, excepté moi, ne remarqua la fraude. En un mot, je demeurai le seul coupable, car ma curiosité eut pour résultat de m'inspirer un dépit impuissant contre les usages en vigueur, qui favorisaient toutes les supercheries possibles ; et l'expérience ainsi acquise me rendit indifférent pour le service... »

3° LE RAVITAILLEMENT DE L'ARMÉE RUSSE PENDANT

LA GUERRE DE 1877-1878.

Difficultés rencontrées lors de la campagne de 1877-78.

L'expérience des guerres antérieures n'est pas restée infructueuse pour l'administration russe ; mais au point de vue du ravitaillement de l'armée, en 1877, on se heurta de nouveau à des difficultés qui auraient pu être écartées dans une large mesure, d'autant que la Russie s'était préparée à cette guerre au moins depuis l'année 1870.

Au début de 1876, les appréhensions commencèrent à se dessiner plus nettement, et l'on pouvait déjà prévoir que les armées russes seraient appelées sous peu à se rendre en Turquie.

Vingt-trois années s'étaient écoulées depuis la guerre de Crimée et pendant ce temps « l'organisation des forces russes et de toutes les branches de l'administration militaire avait subi des modifications essentielles ; on avait établi des circonscriptions militaires et le ministère de la Guerre avait été réorganisé.

« Parallèlement à ces réformes, l'intendance fut réorganisée de fond en comble, au point qu'elle ne ressemblait plus du tout à ce qu'elle avait été avant la guerre de 1853 à 1856. En 1868 parut un règlement concernant l'administration des troupes en temps de guerre ; ce règlement tendait à coordonner les changements accomplis dans l'organisation des troupes ; le département *des vivres* et celui *de l'équipement* furent, en conséquence, fusionnés en un seul service, désormais appelé *la direction centrale de l'intendance.* Les bureaux des vivres et de l'équipement furent supprimés, et à leur place furent institués, dans chaque district militaire, les bureaux de circonscription de l'intendance, auxquels incombait la tâche de fournir à l'armée les vivres et tous autres objets nécessaires.

« Le règlement de 1868 ne fut pas longtemps en vigueur : la guerre de 1870 ayant donné des indications précises, on émit en 1876 un nouveau « règlement concernant l'administration des troupes en temps de guerre ». D'après ce règlement, la direction de l'intendance de guerre devait se constituer en même temps que l'armée, lors de la nomination du commandant en chef.

« L'organisation de l'intendance différait essentiellement de celle de 1856. La direction de l'intendance de campagne devait seule, aux termes du nouveau règlement, prendre les mesures générales pour ravitailler l'armée et lui fournir l'argent et tous autres objets ; cette direction ne se composait, en conséquence, que de la chancellerie de l'intendant général de l'armée, des fonctionnaires chargés de missions spéciales, des intendants attachés aux corps d'armée et aux divisions, et du chef du parc de l'intendance ; toute la partie exécutive incombait, à l'intérieur de l'Empire, aux intendances régionales, c'est-à-dire aux intendances des circonscriptions militaires soumises au commandant en chef de l'armée, et, à l'étranger, aux intendances locales qu'on y créait au fur et à mesure du besoin.

« En prenant des mesures relatives aux fournitures de tout genre, l'intendant de l'armée devait en même temps veiller à ce que ces mesures fussent appliquées par les intendances de circonscription et locales ; à cet effet, il était investi des mêmes pouvoirs que les autres chefs des grandes directions du ministère de la Guerre. En cas d'insuccès dans l'achat des vivres, ou de retard dans leur livraison, l'intendant de l'armée devait charger les fonctionnaires adjoints à sa personne, ou bien les intendants attachés aux corps d'armée et aux divisions, de se procurer les vivres nécessaires. Conformément au règlement de 1876 (art. 44), l'intendant était responsable de toutes les dépenses faites par lui sur l'ordre du commandant en chef de l'armée, du moment où cet ordre était basé sur des faits, renseignements et circonstances par lui signalés.

« De cette manière, le ravitaillement des troupes en temps de paix se trouvait confié à des services de l'intendance ayant un caractère absolument local.

« On devait donc, parallèlement à l'armée active, organiser tous les services de campagne chargés de fournir aux troupes les vivres préparés et transportés à l'armée par les soins des intendances locales. Les intendances de circonscription du théâtre de la guerre devaient garder leur organisation du temps de paix ; le champ de leur activité habituelle s'étendait cependant, parce que l'intendant de l'armée les chargeait de certaines opérations administratives additionnelles ; quant aux intendances locales à l'étranger, elles étaient instituées par le commandant en chef de l'armée, qui choisissait aussi leur personnel, mais elles devaient, au point de vue de leur organisation, ressembler aux « intendances de circonscription ».

« Le commandant en chef choisissait, d'un commun accord avec le ministre de la Guerre, l'intendant de l'armée parmi les personnages civils ou militaires réputés capables et possédant une grande expérience administrative. L'intendant choisissait son adjoint et les sous-intendants attachés aux corps d'armée, divisions, etc., ainsi que les fonctionnaires chargés de missions spéciales.

« Les commandants des corps d'armée et des divisions n'étaient pas, conformément aux « Règlements » de 1876, responsables du ravitaillement des corps de troupes qu'ils commandaient, de sorte que les sous-intendants attachés à ces troupes n'étaient que les exécuteurs des ordres de l'intendant de l'armée.

« L'intendance assumait ainsi de lourdes responsabilités, bien que, conformément aux « Règlements » de 1876, tout ce service fût improvisé, car on manquait, pour lui, de cadres nettement déterminés.

« Ce fut l'intendance de l'arrondissement militaire d'Odessa qui fournit les cadres pour l'intendance de guerre ; mais, comme les règlements concernant cette intendance furent promulgués après la mobilisation et publiés partiellement à d'assez longs intervalles, la constitution définitive de tous les organes indispensables et soumis à l'intendant de l'armée ne fut terminée que vers le commencement du printemps (1). »

« Il fallait environ huit cents fonctionnaires pour l'intendance de l'armée active, et, pour trouver un personnel aussi nombreux, on n'eut d'autre moyen que d'y détacher, temporairement, des fonctionnaires des intendances des circonscriptions militaires. Mais, en raison de l'augmentation de travail de ces intendances du fait de la guerre, leur personnel ne pouvait être beaucoup diminué : on ne put en distraire que deux cents fonctionnaires pour l'armée. Les 75 0/0 restants durent être pris parmi les officiers, parmi les fonctionnaires des différentes administrations et parmi les dé-

---

(1) Polivanoff, *Otcherk oustroïstva prodovolstvovania rouskoï armii* (Précis de l'organisation du service de ravitaillement de l'armée russe).

missionnaires. Un personnel recruté ainsi à la hâte ne pouvait être satisfaisant : d'abord parce que la plupart des officiers et des fonctionnaires qui entrèrent au service de l'intendance manquaient des connaissances indispensables dans cette branche. Puis, on se convainquit, en outre, que beaucoup d'attestations délivrées par des personnes dignes de toute confiance ne répondaient nullement à la valeur morale des porteurs. »

Avec un tel personnel, l'intendance de campagne ne pouvait être rendue responsable de tout.

Et pourtant l'autorisation donnée, par le commandant en chef, d'exécuter une dépense, ne l'affranchissait pas de la responsabilité (1).

L'ordre de mobiliser l'armée fut donné le 1er novembre. Le consciller d'État actuel Arens, le ci-devant intendant de l'arrondissement d'Odessa, fut nommé intendant de l'armée (2).

La responsabilité de l'intendant, dont nous parlons plus haut, avait pour conséquence que le commandant en chef pouvait ordonner l'exécution de telle ou telle autre opération administrative, sans pouvoir couvrir ensuite l'intendant, si cette opération n'avait pas été faite en temps opportun ou bien n'avait pas réussi.

Le sort du général Satler devait nécessairement servir d'exemple à tous.

Pendant la guerre de 1877, il fallait être d'autant plus prudent que le service de contrôle chargé de découvrir les faits incompatibles avec la bonne organisation de l'intendance et de les signaler aux chefs se composait, en grande partie, de fonctionnaires civils sans nulle idée des difficultés parfois insurmontables que l'on rencontre à la guerre, et dont on ne se préoccupe plus, en général, quand on vérifie les comptes, alors que la vie a repris son cours habituel et paisible.

Cette circonstance fut, sans doute, pour quelque chose dans l'insuffisance des vivres mis à la disposition de l'armée au moment où elle devait entrer en Roumanie, malgré le long espace de temps écoulé entre la mobilisation et le commencement des hostilités.

----

(1) Le maréchal Bariatynski a dit avec raison, dans son rapport à l'Empereur sur les « Règlements de 1868 au sujet de la responsabilité de l'intendant de l'armée » : « Quand la guerre bat son plein, quand on prend subitement ses mesures et qu'on les change fréquemment, les faits et les renseignements ne peuvent jamais être qu'approximativement connus, et l'explication des circonstances ne constitue alors qu'une opinion et non un fait. Dans ces conditions, on peut accuser ou innocenter, suivant que bon vous semble. »

(2) Il avait occupé ce poste jusqu'au 25 octobre 1877 ; à cette date, il lui fut accordé le congé qu'il avait instamment demandé dans sa requête et que justifiait le très mauvais état de sa santé. Après l'expiration de ce congé, il réintégra son poste antérieur, c'est-à-dire celui d'intendant de l'arrondissement d'Odessa.

Ce long intervalle avait permis de supposer que les difficultés diplomatiques pourraient être aplanies sans une guerre, et, dans ce cas, la grande quantité de vivres accumulée eût pu être inutile.

Il n'est pas étonnant, par conséquent, que, « étant donné les conditions susdites, on eût recours au seul moyen pratique, consistant à confier à des commerçants possédant les capitaux voulus, et dignes de confiance, le soin de réunir les vivres nécessaires à titre de commission, en les chargeant de faire des achats en Roumanie, comme simples particuliers et sans bruit, par l'intermédiaire de leurs agents, aux prix réels des marchés, et en produisant les pièces justificatives (1).

Dans un travail très documenté, dont nous nous servons, Polivanoff suppose que cette décision fut prise « en vertu de considérations d'ordre politique (absence d'une convention avec la Roumanie). On ne pouvait, suivant cet auteur, réunir, *en temps voulu*, des provisions en Roumanie qu'en procédant d'une manière discrète — le manque de monnaie métallique chez le commandant en chef écartant toute participation directe de l'intendance aux achats de vivres opérés secrètement à l'étranger, de telle ou telle autre manière.

« On ne croyait pas pouvoir donner suite aux demandes pressantes du commandant en chef tendant à ce qu'on mit de la monnaie métallique à sa disposition. Ce fut le 29 mars seulement que, sur ordre impérial, on lui remit 2 millions de roubles en or ; jusqu'à ce moment, l'intendance de guerre n'avait eu que 250,000 roubles en or dans sa caisse.

« On ne put, par conséquent, pour les premiers préparatifs en Roumanie, recourir ni aux adjudications, ni aux commissions, ou autres opérations commerciales ; on ne put même pas acheter au comptant. »

Nous ne partageons la manière de voir de Polivanoff que dans une certaine mesure. Rien n'empêchait, premièrement, l'échange du papier-monnaie contre de l'or ; secondement, considérant la possibilité d'une guerre, le ministre des Finances avait prévu, dès l'automne de 1876, que les billets du Trésor dont on se servirait pour payer les achats faits à l'étranger retourneraient immédiatement en Russie et demanderaient à être échangés contre de l'or.

On s'adresse à des entrepreneurs civils. La situation ne changea donc en rien parce qu'on s'était adressé à des entrepreneurs particuliers. Il eût été trop naïf de supposer que ces derniers consentiraient à couvrir longtemps les dépenses avec leurs propres capitaux.

____

(1) A. Polivanoff, *Otcherk oustroïstva prodovolstvovania rousskoï armïï na pridounaïskom teatré v Kampanïï 1853-54 i 1877* (Précis de l'organisation du service de ravitaillement de l'armée russe sur le théâtre de la guerre danubien en 1853-54 et 1877).

Au nombre des concurrents se trouvaient : le conseiller d'État actuel Polakov avec Greger, le négociant de Pétersbourg Lazarev, le négociant d'Odessa Pachov, le propriétaire foncier du gouvernement de Kiev, Goudyme Levkovitch, avec le capitaine Doppelmaier, le conseiller privé Novosilski avec le conseiller d'État actuel Struve, etc.

« On annexa au plan de ravitaillement la liste de toutes les propositions émanant de personnages plus ou moins connus, mais sans aucun avis de la part de l'intendant de l'armée indiquant auquel il y aurait lieu de donner la préférence.

« Le plan en question fut approuvé par le commandant en chef, et l'on termina au commencement du mois de mars le choix du personnel des services de l'intendance destinés à fonctionner à l'étranger. Le chef d'état-major, général Niepokoïtchytski, prévint l'intendant de l'armée que le commandant en chef avait choisi une Société composée des membres suivants : Greger et Horwitz, Kogan et Pachov, et qu'il fallait se mettre en rapport avec ces messieurs en vue d'établir les bases d'un contrat; on prescrivait d'exiger d'eux une garantie de 500,000 roubles (1).

« Après achèvement des pourparlers préliminaires, on leur envoya, le 28 mars, le projet des conditions du contrat. Mais dès le lendemain, le chef d'état-major informa l'intendant de l'armée que, par suite de l'absolue nécessité de prendre des mesures pour la fourniture immédiate de vivres à l'armée qui avait passé la frontière, et vu que MM. Greger, Horwitz, Kogan et Pachov n'avaient pas encore signé de contrat à cet effet, le grand-duc commandant en chef avait ordonné que, sans attendre la signature du contrat, l'on fit ce jour même, 29 mars, une commande à la Société susdite pour la fourniture de tous les objets nécessaires à l'entretien de l'armée pendant son passage à travers la Roumanie et pour la première quinzaine après la concentration des forces; il ordonnait, en

---

(1) « Au nombre des personnes de nationalité russe et étrangère, dit l'intendant de l'armée, qui offrirent leurs services pour l'approvisionnement des troupes, se trouvaient entre autres : le conseiller d'État actuel Polakov avec son associé Greger; le négociant odessois Pachov et le notable d'Odessa Adolphe Kogan avec le conseiller d'État actuel et ci-devant gouverneur d'Astrakan, Struve.

« Après avoir examiné les propositions des personnes susmentionnées, l'intendant de l'armée a trouvé que MM. Polakov et Greger, dont le chef d'état-major disait qu'ils étaient dignes de toute confiance, avaient l'avantage de posséder des capitaux proportionnés à l'envergure de l'entreprise ; M. Pachov avait pour lui des connaissances très étendues, son énergie et son savoir-faire, son honnêteté éprouvée, ainsi que le stimulant de ses sentiments patriotiques, attendu qu'il était Bulgare de naissance et de cœur. Quant à Kogan, il possédait de nombreux immeubles à Odessa, des propriétés foncières très étendues, et des capitaux (il est vrai que dans les derniers temps il avait perdu beaucoup d'argent dans le commerce du blé). Kogan avait, en outre, à Odessa, la réputation d'un homme très honnête et il jouissait de la considération générale. »

même temps, qu'on exigeât de la Société en question l'engagement, par écrit, *d'accepter les conditions qui lui seront offertes pour le règlement des comptes concernant ces fournitures et, en général, de souscrire sans restriction aucune à toutes les conditions* qui seront approuvées par S. A. Impériale.

« La Société donna la signature exigée et procéda immédiatement aux achats, mais elle apporta quelques modifications au contrat ; elle posa, entre autres, pour condition, *que les fonctionnaires de l'intendance de campagne n'eussent pas à contrôler les prix auxquels les agents de la Société achèteront les produits destinés à l'armée.*

« Le 4 avril, le général aide de camp Niepokoïtchyski informa l'intendant de l'armée que Son Altesse le commandant en chef avait trouvé nécessaire de charger la Société de ravitailler l'armée à titre de commissionnaire, non seulement pendant le passage des troupes à travers la Roumanie et les deux semaines qui suivront la concentration, mais *pendant tout le séjour de l'armée à l'étranger* (1). »

Le général Hasenkampf dit que « ce mode d'approvisionnement est mauvais au point de vue pécuniaire et qu'il ne correspond à aucun des systèmes prévus par la loi ; il se distingue du système commercial (entreprise de fournitures par contrat) par l'absence de prix déterminés d'avance, et du système de commission, par l'absence de prix maxima et par cette particularité que les opérations sont faites, non par des agents de l'intendance, mais par des agents commerciaux.

« Mais, en dehors de ses désavantages pécuniaires, ce système avait encore un autre inconvénient plus sérieux : il ne garantissait pas que les troupes seraient approvisionnées régulièrement et en temps voulu pendant leurs déplacements à travers le pays. Il était basé sur la prévision que ces déplacements s'accompliraient conformément à des itinéraires exactement calculés d'avance, et d'après lesquels la Société était chargée de faire parvenir les vivres sur les points où les troupes devaient passer la nuit ou se trouver le jour. Mais les crues des rivières ayant détérioré beau-

------

(1) Le contrat avec la Société fut signé le 16 avril ; il contenait les conditions essentielles suivantes :

« 1° La Société s'est engagée et a reçu le droit exclusif (monopole) de fournir aux troupes russes se trouvant en Roumanie : le pain cuit, le gruau, le fourrage en grain, le foin, l'eau-de-vie et le chauffage ; ni l'intendance, ni les troupes ne pouvaient réunir ces produits en Roumanie ; seulement, dans les cas où la Société ne fournirait pas à l'armée les produits, conformément aux commandes qu'elle aura reçues, les troupes auront le droit, après avoir pris acte du fait, de se procurer elles-mêmes ces produits ;

« 2° La Société doit livrer les fournitures en qualité de commissionnaire et sans être tenue à des limites de prix, mais en majorant simplement de 10 0/0 son prix de revient ; ces 10 0/0 constitueront le bénéfice de la Société ;

« 3° Pour garantir la régularité de son fonctionnement, la Société a déposé une caution de 500,000 roubles. »

coup de chemins, on fut souvent contraint de modifier les itinéraires, ce qui occasionna des irrégularités dans le service du ravitaillement : arrivées à l'endroit où elles devaient passer la nuit, les troupes n'y trouvaient point de vivres, tandis que ceux accumulés sur d'autres points par les soins de la Société devenaient inutiles, parce que ces points restaient en dehors du parcours de l'armée.

« Ce système, enfin, ne répondait pas aux conditions locales. Le quartier général avait choisi ce moyen de ravitaillement à cause de la nécessité de préparer les vivres d'avance. Cette raison eût été plausible si l'on avait dû manœuvrer dans un pays ami, mais pauvre en moyens de subsistance, et s'il avait été indispensable de marcher en masses compactes. Mais les habitants offraient presque partout de vendre leurs produits à l'armée; et, celle-ci n'ayant pas le droit de faire des achats, les troupes étaient forcées de rechercher les dépôts de la Société. Les conditions stratégiques permettaient de se mouvoir sur un front très développé.

« Toutes les conditions favorisaient, par conséquent, l'application d'un système qui eût permis à l'armée de s'approvisionner elle-même (1). Si l'armée avait eu cette faculté, elle n'aurait probablement jamais éprouvé de difficultés à se procurer ses subsistances; les fourriers auraient pu précéder les troupes et préparer les vivres sur les points où celles-ci devaient passer la nuit et où elles devaient se trouver pendant la journée; seul, le pain cuit aurait pu manquer de temps à autre, et il eût fallu que l'intendance prît des mesures pour parer à cette éventualité.

« Des irrégularités se firent remarquer dans le service du ravitaillement — écrit Polivanoff — dès que les troupes commencèrent à traverser la Roumanie : la modification inattendue des itinéraires, déterminée par cette circonstance que les chemins étaient défoncés par les crues des eaux, eut pour conséquence l'entassement des troupes sur des points où, conformément aux commandes, on avait préparé des produits pour un nombre d'hommes et de chevaux beaucoup moins considérable; il arriva aussi, par la même raison, qu'on avait envoyé les « échelons » (trains de ravitaillement) sur des routes où il n'existait point de dépôts de la Société. Par contre, certains dépôts se trouvèrent en dehors des itinéraires des troupes et il fallut, dans la suite, transporter sur d'autres points les vivres qui s'y trouvaient, ce qui occasionnait des détériorations et des pertes, surtout en ce qui concernait le pain cuit. Les autorités roumaines exécutant

---

(1) Polivanoff, *Otcherk oustroïstva prodovolstovania rousskoï armïi na pridounaïskom teatré v Kampanïi 1853-54 i 1877 g. g.* (Précis de l'organisation du service de ravitaillement de l'armée russe sur le théâtre de la guerre danubien, en 1853-54 et en 1877).

les mesures ordonnées par leur gouvernement pour la mobilisation de l'armée roumaine empêchèrent la Société de louer les chariots nécessaires pour transporter aux dépôts les vivres achetés, et souvent elles s'emparèrent du pain préparé sur l'ordre des agents de la Société.

Fonctionnement
elasociété chargée
de ravitaillement.

« Les troupes, remarquant que partout où elles passaient les habitants leur offraient des vivres, qu'elles auraient pu les choisir et se les procurer en temps voulu, voyaient d'un mauvais œil le service de la Société, dont les dépôts étaient parfois très éloignés des endroits où l'on passait la nuit, et quelquefois épuisés par des corps qui venaient de passer.

« On se mit à réclamer, dans l'armée, l'affranchissement pour celle-ci de l'obligation de se faire fournir par la Société et l'autorisation pour les troupes d'acheter au comptant tout ce qui leur était nécessaire soit à cette même Société, soit chez les négociants du pays. Les représentants de la Société, à leur tour, se plaignaient souvent que les troupes refusassent d'accepter les vivres des dépôts qui se gâtaient par suite de ce refus; que souvent on ne portât pas sur les livres les vivres reçus, sous prétexte qu'on n'avait pas ces livres sous la main, et que, dans certains cas, des détachements de cavalerie et de Cosaques avaient enlevé de force le fourrage aux agents de la Société et s'étaient enfuis ensuite sans délivrer de reçus. »

« Il est évident que, dans ces conditions, les fonctionnaires de l'intendance auraient pu être d'une grande utilité à l'armée, en suivant les « échelons (trains de ravitaillement) » et en écartant les malentendus relatifs aux vivres. C'eût été, avant tout, la tâche des intendants de division ; mais le manque de personnel fut cause que ces intendants de division ne furent désignés que le 14 avril 1877 ; de sorte que les fonctionnaires nommés à ces postes ne rejoignirent leurs divisions qu'après leur mise en marche. Or, ne connaissant personne dans ces divisions, n'ayant en outre aucune expérience professionnelle, ils ne purent rendre de service appréciable aux troupes, pendant la traversée de la Roumanie.

« Les corps transportés par chemin de fer sur les lignes roumaines furent, eux aussi, très mal ravitaillés.

« Le 13 juillet 1877, le grand-duc commandant en chef de l'armée ordonna que, sur le territoire roumain, tous les achats fussent faits à des prix déterminés avant la conclusion des transactions et qu'on abandonnât le système de commission qui s'était maintenu jusqu'à ce jour.

« En réponse à cet ordre, l'intendant de l'armée Arens pria, le 14 juillet, le chef de l'état-major de l'armée active de lui dire s'il devait considérer comme résilié le contrat passé avec la Société et de lui indiquer comment on devait faire les achats. Le général aide de camp Niepokoïtchyski répondit, le 16 juillet, que Son Altesse n'ayant pas la possibilité d'entrer dans les détails de toutes les questions par lui soulevées, concernant la manière d'exécuter sa volonté de voir l'approvisionnement en Roumanie se faire conformément aux règlements en vigueur, permet à l'intendant de l'armée d'agir à son gré, à la seule condition d'exécuter la volonté de Son Altesse Impériale. Quelques jours plus tard, le 19 juillet, le général aide de camp Niepokoïtchyski, se conformant à un ordre du grand-duc, commandant en chef, informa l'intendant de l'armée que, dans les premières notes, on avait, entre autres choses, envisagé la nécessité de s'entendre avec la Société Greger, Horwitz et Kogan au sujet du ravitaillement des troupes et des hôpitaux en Roumanie à des prix déterminés d'avance, et il ajoutait : « Tant que cette entente n'aura pas eu lieu, Son Altesse se résigne, malgré elle, à laisser la Société continuer à fournir l'armée aux conditions antérieures (1). »

Mais la Société ne mettait point d'empressement à faire connaître les prix fixes qu'on lui demandait, et l'intendance continuait, malgré ces fréquents avertissements, à recevoir des livraisons dont les prix n'étaient pas déterminés ; la Société avait, du reste, déclaré en septembre 1877 qu'elle accepterait la proposition à condition que les prix fussent établis d'un commun accord avec l'intendance.

On donna, en attendant, l'ordre de préparer, sans le concours de la Société, des provisions pour plus de 1,500,000 roubles pour l'armée de Roustchouck. Cet essai, au dire de la commission de contrôle, entraîna des pertes pour le Trésor, car les prix auxquels on fit les achats dépassèrent de beaucoup ceux établis par le gouverneur local. L'opération, du reste, ne fut pas accomplie en temps opportun et nombre de commandes furent livrées alors qu'on n'en n'avait plus besoin.

L'approvisionnement en foin de l'armée de Roustchouck fut surtout désavantageux. C'était le lieutenant-colonel Navrotski qu'on chargea d'acheter ce produit en Roumanie, au prix de 3 à 4 francs le poud, et on l'autorisa à le faire transporter de Zimnitza à Biela sur des chariots loués par le Trésor. Seulement le foin en question coûta, non pas 3 à 4 francs le poud, mais bien, tous frais de transports, etc., compris, 5 roubles 60 kopecks. Et pourtant, Navrotski ne réussit à fournir qu'un peu plus de 103,000 pouds de foin.

L'intendant de l'armée Rossitski, qui succéda à Arens, ne présenta son tarif que le 6 avril 1878, et le rapport fut approuvé par Son Altesse Impériale le commandant en chef de l'armée, à San Stefano, le 10 avril 1878.

______

(1) Procès-verbal de la réunion générale de la commission des comptes, instituée par l'Empereur pour examiner les affaires concernant les fournisseurs et commissionnaires de la ci-devant armée active.

Au rapport étaient jointes des données comparatives concernant les prix, et Rossitski avait écrit de sa main, en tête de ce chapitre : « Tous ces prix sont payables en monnaie métallique ».

« L'intendance fit parvenir à la Société, *pour qu'elle en prît connaissance,* copie de la partie du rapport de l'intendant de l'armée qui concernait les prix *approuvés par le commandant en chef.* Les livraisons faites par la Société à l'armée active devaient être payées conformément à ce tarif. Les deux passages soulignés se trouvaient en tête de ce communiqué sans commentaires et le passage disant que ces prix étaient calculés en monnaie métallique était reproduit au moyen d'une encre qui tranchait fortement, par sa couleur noire, sur l'encre violette avec laquelle on avait écrit le reste.

« Le 7 mai 1878, le conseiller privé Rossitski fut relevé de ses fonctions d'intendant de l'armée et remplacé par le lieutenant général Skvortsoff. »

Il faut ajouter que la Société avait demandé une avance d'argent avant que le tarif, confirmé le 10 avril 1878, fût élaboré. « Afin qu'il ne se produise pas d'irrégularités dans l'approvisionnement de l'armée, on jugea bon de payer la Société, en attendant, aux prix établis par les autorités militaires elles-mêmes. Grâce à ce système, on procéda comme suit : la Société présentait ses reçus à l'intendance qui les vérifiait ; pour les produits réellement fournis, on payait à la Société les prix qu'elle demandait et ces versements étaient qualifiés d'avances ».

Au 28 mars 1878, le total de ces avances s'élevait à 61,000,000 de roubles. Lorsque le grand-duc commandant en chef de l'armée, eut quitté San Stefano, le conseiller privé Rossitski sollicita du général aide de camp Totleben que celui-ci fit payer à la Société, à titre d'avance, pour compte de produits livrés par elle, la somme de 10,000,000 de roubles. Mais le général aide de camp Totleben, ayant découvert dans le rapport du conseiller privé Rossitski des inexactitudes concernant l'exposition des faits et les conclusions qu'il en avait tirées, il chargea une commission spéciale d'examiner les comptes de la Société dans tous leurs détails, et de lui soumettre ses appréciations à ce sujet ; il ordonna, en outre, de suspendre jusque-là tous les paiements auxquels la Société pourrait prétendre. La Société continua donc à fournir l'armée sans rien toucher, jusqu'au 1ᵉʳ juin 1878. Pendant ce temps, elle livra, suivant ses propres comptes, des produits pour 20 millions de roubles métalliques qu'elle avait empruntés.

La commission instituée pour vérifier les comptes trouva pourtant qu'il revenait à la Société 7,193,859 roubles 1 kopeck 1/2 métalliques et 8,337 roubles 30 kopecks 1/2 papier, et elle décida qu'en dehors de ces sommes, 2,376,987 roubles 30 kopecks 1/2 métalliques étaient dus à la Société pour livraisons, contre reçus présentés par elle.

Les débats durèrent plus de trois ans et demi. On intenta un procès criminel à la Société, mais il fut abandonné peu de temps après (1).

C'est après cela que, le 21 novembre 1881, la commission de contrôle déclara que, par décision du conseil des ministres approuvée par l'Empereur, le 14 novembre 1881, les comptes de la Société avec·le gouvernement ne pouvaient être terminés à l'amiable, que si les membres de la Société Greger, Horvitz et Kogan consentaient, moyennant la somme de 10,027,097 roubles-or et 10,046 roubles-papier, à prendre, par écrit, l'engagement de ne plus rien réclamer au gouvernement. Dans le cas où la Société ne souscrirait pas à ces conditions, ses démarches ultérieures en vue d'un arrangement à l'amiable ne seraient pas prises en considération.

La Société réunit tous ses créanciers; la somme proposée ne suffisait pas pour les désintéresser, mais plutôt que de faire traîner l'affaire, ils la répartirent entre eux dans les proportions de leurs créances respectives.

Polivanoff dit au sujet des opérations de cette Société : « Elles donnèrent lieu à de nombreuses critiques pendant et après la guerre. Sans parler des abus dont se rendirent coupables les agents de la Société en livrant leurs produits, ni de ceux qui, malheureusement, furent aussi commis par les personnes chargées de prendre livraison de ces fournitures, nous nous bornerons à produire quelques chiffres permettant d'apprécier le succès avec lequel la Société accomplit sa tâche principale, qui consistait à ravitailler l'armée pendant son séjour en Roumanie et jusqu'au moment où elle passa le Danube.

« Ayant pris sur elle de remplir cette tâche, sans attendre la signature du contrat, la Société fournit dix jours avant même le passage des premières troupes en Roumanie :

Farine	23.627 tchétverts.
Pain	724.609 pouds.
Biscuit	42.156 —
Gruau	14.394 tchétverts.
Avoine	92.136 —
Orge	119.852 —

(1) Le procès criminel fut provoqué par la circonstance suivante : aux termes du contrat et sous menace de pénalités sévères, prévues par la loi, la Société s'était engagée à ne jamais livrer ses commandes, destinées aux troupes et aux magasins, autrement qu'en nature ; elle ne devait s'acquitter envers personne moyennant espèces.

Or, le 26 avril 1877, c'est-à-dire déjà dix jours après la signature du contrat, le

Foin	1.654.659 tchétverts.
Paille	20.123 pouds.
Eau-de-vie	13.509 védros.
Bois de chauffage	1.009 sagènes.
Thé	153 pouds.
Sucre	863 —
Viande	7.510 —
Sel	344 —

« Dans les cas particuliers où les troupes ne trouvaient pas dans les dépôts de la Société les produits dont elles avaient besoin, ou bien ne recevaient ces produits que trop tard, ou encore dans le cas où les fournitures n'étaient pas de bonne qualité, elles les achetaient avec l'argent qu'on leur avançait à cet effet. Les achats faits de ce chef consistèrent en :

Pain cuit	3.189 pouds.
Farine	730 tchétverts.
Gruau	75 —
Orge	601 —
Avoine	3.953 —
Foin	30.830 pouds.
Paille	2.394 —
Eau-de-vie	8 védros.

pour la somme de 69,131 roubles-papier.

« Les troupes étaient cependant contraintes d'accepter parfois les produits de mauvaise qualité que leur servaient les agents de la Société, car elles n'avaient pas toujours la possibilité de s'en procurer de meilleurs. Il fut livré en fait de mauvais produits:

Foin	10.218 pouds.
Avoine	902 tchétverts.
Orge	239 —

---

membre de la Société Pachof fut forcé d'envoyer un télégramme au chef d'état-major de l'armée active, pour se plaindre de ce que les troupes réclamaient de l'argent au lieu de produits, et que, par suite du refus de la part de la Société d'obtempérer à leur demande, concernant les transactions pécuniaires, les troupes enlevaient de force les produits appartenant à la Société sans délivrer de reçus. Mais on apprit dans la suite que l'achat des reçus était vraiment organisé, qu'il se faisait, au grand jour, au bureau principal de la Société, à Bukarest, et qu'il avait revêtu les formes d'une opération de banque régulière, avec une comptabilité spéciale, des ordres de caisse, etc., que, même en dehors du bureau et des agents de la Société, il était pratiqué par les membres de celle-ci, à savoir : par Kogan et Pachoff. (Réplique aux prétentions formulées à la cour d'arrondissement de Saint-Pétersbourg par l'avocat assermenté Hantover.)

Pain . . . .   88 pouds.
Gruau . . . .   5 tchétverts.

pour la somme de 15,967 roubles-papier.

« Ainsi, d'après Polivanoff, les chiffres indiquant les irrégularités commises par la Société sont faibles relativement au total des produits livrés à l'armée; surtout si l'on tient compte des changements fréquents survenus dans les dispositions relatives à la marche de cette armée vers le Danube; ces changements, déterminés par la crue des eaux et les inondations des routes et des voies ferrées qui s'ensuivirent, bouleversaient, parfois de fond en comble, l'ordre dans lequel la Société se proposait de fournir les « échelons » (trains de ravitaillement) militaires. »

Un autre témoignage nous renseigne au sujet des services de la Société. « La commission d'enquête adressa au commandant en chef la question suivante : « Son Altesse était-elle entièrement satisfaite des opérations de la Société? Ou bien cette Société remplissait-elle mal sa tâche, et n'a-t-elle été maintenue que par crainte de voir celle qui serait appelée à la remplacer faire encore moins bien son devoir ?» Le grand-duc Nicolas Nicolaéïvitch répondit :

« Je suis très satisfait; jamais, dans aucune guerre, on n'eut à surmonter d'aussi grandes difficultés, et je puis dire que, malgré cela, la Société a fait l'impossible; si je n'avais pas eu cette Société, l'armée serait restée sans vivres et sans fourrage. Il est certain que si je n'avais compté, pendant cette guerre, que sur le service de l'intendance, j'aurais souffert de la faim, ainsi que toute l'armée, et il m'eût été impossible d'arriver jusque sous les murs de Constantinople. »

En examinant de près la question qui nous occupe, on conclut forcément à l'insuffisance de tous les moyens de ravitaillement essayés. L'exemple de la Société qui s'était chargée de ravitailler l'armée durant la dernière guerre ne trouvera probablement pas d'imitateurs parmi les entrepreneurs sérieux, d'autant plus que, de l'avis général, la Société a réellement essuyé des pertes.

Le système des entrepreneurs, quelle que soit sa forme, serait probablement encore moins pratique à l'avenir qu'il ne l'a été en 1877-78, par suite des nouvelles conditions stratégiques qui régiront la guerre future.

Les paroles que Napoléon prononça au commencement de ce siècle s'appliquent également à notre époque. Il a dit : « Je ne veux pas d'un entrepreneur qui gagne un million sans raison, ou qui se ruine sans qu'il y ait de sa faute. »

L'esquisse que nous avons présentée est instructive à ce point de vue

T. IV. — Jean de Bloch. — *La guerre future.*   29

seulement qu'elle montre combien sont dangereuses toutes les tentatives d'augmenter la responsabilité des administrateurs dans le but d'atteindre de meilleurs résultats.

Il nous faut encore examiner la question de l'organisation des transports militaires.

Les moyens de transport de l'armée d'opérations consistaient, vers la fin de l'année 1877, en un train de 26,000 voitures louées et en 4,500 voitures à trois et à deux chevaux appartenant au gouvernement.

L'administration militaire de ce temps ne s'était évidemment pas pénétrée de cet axiome qu' « un transport militaire bien organisé garantit le succès des opérations stratégiques et que, par contre, le mauvais état de cet élément essentiel de l'armée risque de faire échouer toute l'entreprise. »

Jamais, au cours de toute cette campagne, la formation d'un nouveau convoi ne fut une mesure calculée d'avance et prévue; elle fut toujours déterminée par la pression de la nécessité. Un tel état de choses donnait lieu à une activité fiévreuse et à des dépenses improductives, et augmentait les difficultés dès les débuts.

« Le parc de 5,000 voitures, dit *Échelon* du gouvernement, formé au début de la campagne, dont les chariots, les harnais et les chevaux avaient été achetés par l'État et les conducteurs recrutés parmi les soldats, était divisé en sections commandées par des officiers; il était entretenu comme les trains régimentaires et les parcs d'artillerie. »

« Avant le commencement de la guerre, on avait constaté, en les examinant, que les fourgons achetés en Bessarabie étaient assez solides, légers et capables de contenir une quantité de vivres suffisante; mais les chariots à trois chevaux réunis par les soins de l'intendance avaient le défaut d'être lourds, peu solides et d'une trop faible capacité. »

On sait peu de chose concernant les opérations de ce train de transports. Une indication nous est fournie à ce sujet par le commandant en chef, général aide de camp Totleben, qui « trouva indispensable d'instituer des commissions spéciales pour examiner les trains de transports du gouvernement et rechercher les raisons des pertes de chevaux, ainsi que des détériorations trop fréquentes des harnais et des voitures. Ces commissions trouvèrent que les chevaux étaient en grande partie morts, ou avaient été réformés comme hors d'état de servir; quant aux chariots achetés par l'intendance, ils étaient devenus tout à fait inutilisables. De l'avis des commissions, cette désorganisation complète des trains de transports du gouvernement était imputable à leurs chefs qui avaient très mal soigné les animaux et accepté, des entrepreneurs, des véhicules de mauvaise qualité. »

Pour organiser ses transports, l'intendance de campagne eut recours à la location de chariots. Mais cette décision fut prise en toute hâte et sans préparation préalable, au moment où l'armée franchissait déjà la frontière.

« On constitua trois trains de transports semblables : *a*) le premier fut organisé par le conseiller de commerce Varchavsky; il se composait de 8,000 chariots chargés et de 184 chariots de réserve répartis en 23 sections de 358 voitures chacune; *b*) le second train fut organisé par les négociants pétersbourgeois de première guilde, Kaufmann et Baranoff; il se composait de 9,800 chariots chargés et de 224 chariots de réserve (il était divisé en 28 sections); et *c*) le transport dit « de l'intendance » également organisé par le conseiller de commerce Varchavsky comprenait 9,000 chariots divisés en 45 sections.

« Ces trois trains de transports avaient été organisés à des époques différentes par deux maisons entièrement distinctes : Varchavsky et Kaufmann-Baranoff, qui, pourtant, s'entendirent pour nommer un seul administrateur et lui confier la direction de tous les trains.

« Aux termes de tous les contrats, les propriétaires de chariots touchaient 4 roubles-or par chariot et par jour (16 francs, ou bien 6 roubles-papier, c'est-à-dire 180 roubles-papier par mois et par chariot (1).

« En dehors de ces moyens de transports dits « les trains volontaires de l'intendance », fonctionnaient sur le théâtre de la guerre : un train de 3,000 chariots appartenant à la « Société » et un autre de 700 chariots affecté exclusivement à l'artillerie. »

L'intendance de campagne ne s'adressa à l'entreprise privée qu'une fois l'armée hors de la frontière, c'est-à-dire au commencement du mois de mai 1877; il fallut donc mener l'affaire en toute hâte. Comme les fournisseurs ne purent eux-mêmes trouver à louer immédiatement des chariots, ils furent, sous la pression des circonstances, contraints d'accepter les services d'entrepreneurs particuliers qui avaient réussi à rassembler quelques centaines de chariots sur lesquels ils spéculaient. Les fournisseurs passèrent des traités spéciaux avec ces entrepreneurs conformes à ceux qu'ils avaient eux-mêmes passés avec le gouvernement. Un train organisé de cette manière représentait donc une grande unité, composée de plusieurs petites.

Entrepreneurs
et
sous-entrepreneur

Le gouvernement n'avait affaire qu'à la grande et ne connaissait que ses représentants, c'est-à-dire ses fournisseurs; les petits entrepreneurs dépendaient de ces derniers comme ceux-là dépendaient du gouverne-

---

(1) *Transportnoïé diélo v touretskouïou voïnou 1877-78 godoff* (Les transports pendant la guerre de Turquie de 1877-78).

ment : ils étaient, de ce fait, les commissionnaires responsables du gouvernement (à un prix déterminé).

Mais, en réalité, les fournisseurs dépendaient de leurs sous-entrepreneurs.

La mauvaise organisation du service des transports s'explique aussi en partie par une autre circonstance : en organisant les trains de transports volontaires, ni les entrepreneurs privés, ni même le gouvernement n'avaient prévu que la campagne pourrait durer longtemps. En passant des contrats, le gouvernement ne s'engageait que pour deux mois, bien que, pour les entrepreneurs, ces contrats fussent obligatoires pendant tout le temps où l'armée aurait besoin de transports.

Et bien que le gouvernement évitât de s'engager pour plus longtemps, il est évident que les entrepreneurs, tout en ne croyant pas la guerre susceptible de durer plus de deux mois, devaient cependant prévoir, pour le service des transports, une durée de six ou sept mois, mais non point de dix-huit.

Or, comptant ainsi, à tort, sur une aussi courte durée pour l'entreprise, on l'avait organisée en conséquence : d'où les défauts de cette organisation.

Les amendes pour les retards de livraison des fournitures étaient si considérables que les fournisseurs se virent forcés de prendre les premiers conducteurs de chariots venus (1).

Environ 100,000 personnes furent employées aux différents services de ravitaillement pendant toute la durée de la campagne (aux trains volontaires, aux trains de commission et aux transports de réserve). C'était une armée *sui generis*, recrutée dans les gouvernements du sud-ouest, dans les villages, dans les champs, sans préparation aucune, sans discipline, et qui était loin de se composer des meilleurs éléments de la population rurale; pourtant même ces conducteurs, grâce aux qualités inhérentes au bas peuple russe, rendirent de très grands services à l'armée.

« Immédiatement après le passage du Danube, on constata que le train des transports ne suffisait pas aux besoins de l'armée; il fallut surcharger les véhicules dont on disposait. Le service des transports fut très dur dès le début : les chariots roulaient nuit et jour, sans relais, sans itinéraires tracés d'avance, et faisaient autant de verstes en vingt-quatre heures qu'il était matériellement possible d'en franchir dans cet espace de temps. Les

____

(1) Le gouvernement retenait 50 roubles par chariot et complétait les chariots non parvenus lors de la première livraison par des chariots faisant partie de la livraison suivante. De cette manière l'intendance pouvait percevoir, jusqu'à six fois, l'amende due pour les manques de la première livraison, en admettant que les livraisons suivantes fussent complètes.

commandants des sections et leurs adjoints, dont la plupart avaient été
pris parmi les officiers retraités, voyant dans ces transports la propriété
de particuliers et non celle de l'État, ne ménageaient point les attelages
et les surmenaient sans pitié. Ce fait était tellement visible qu'il attira
même l'attention de l'intendant de l'armée Arens, lequel fit promulguer
une ordonnance à cet égard (1).

« Les chariots à bœufs commencèrent à disparaître depuis le mois
d'août, par suite du travail excessif, du changement de nourriture, des
chaleurs et du manque d'eau. Une épizootie se déclara avec une intensité
extraordinaire parmi les bœufs, si bien qu'au mois de septembre tous les
transports à bœufs avaient disparu des rangs. »

Il fallut remplacer les bœufs par des chevaux, ce qui augmenta les
difficultés de transport du fourrage.

Toutes les sections furent contraintes de transporter leur fourrage
elles-mêmes et il fut décidé que, sur dix chariots chargés de matériel
pour l'armée, un serait chargé de fourrage et que le propriétaire touche-
rait pour ce chariot le prix de la journée comme pour tous les autres. Au
mois de novembre 1877, tous les chemins se trouvèrent défoncés et obs-
trués d'une manière inouïe par les sections de transports restées en panne.
Alors, on considérait un trajet de 10 à 12 verstes fait en vingt-quatre heures
comme très satisfaisant (pour aller en voiture de Fratechty à Zimnitza on
payait 300 francs au charretier). On s'attendait du jour au lendemain à voir
le Danube commencer à charrier des glaçons, ce qui marquerait la suspension des communications avec la rive opposée de ce fleuve ; dans ces conditions, les conducteurs des transports, ainsi que les chevaux, risquaient
de périr de famine ; des milliers de chariots s'entassaient sur différents
points, sans avoir la possibilité ni de charger, ni de décharger, ni d'avancer ; leur perte semblait fatale.

Et quand non seulement les routes, mais des communes et des villes
entières se trouvèrent couvertes de neige, les conducteurs abandonnèrent
leurs chariots au milieu des champs, et, sourds à tous encouragements et à
toutes remontrances, ils ne songèrent qu'à sauver leur vie. Dans la seule
ville de Sistova s'étaient réunis 4,000 hommes et 8,000 chevaux, à Zimnitza
environ 3,000 hommes et 6,000 chevaux. C'est à la présence à Sistova de
l'intendant de campagne lieutenant-colonel Piotrovski que les convois
durent leur salut. Cet intendant prit les mesures les plus énergiques.

Le mouvement de tous les transports fut suspendu avec l'autorisation
du commandant en chef de l'armée et l'on envoya, par voie télégraphique

---

(1) *Transportnoïé diélo v touretskoüou voïnou 1877-78 godoff* (Les transports pendant la guerre de Turquie de 1877-78).

et par des courriers, à tous les moukhtars (syndics) l'ordre de recueillir chez eux les conducteurs des chariots et de nourrir leurs chevaux. Des agents et des cosaques furent chargés d'arrêter tous les trains, n'importe où ils les rencontreraient et de sauver les hommes.

Cet ordre fut communiqué par télégraphe à tous les commandants d' « échelons », au chef des transports et à l'officier supérieur qui dirigeait les chargements à Bukarest.

Grâce à ces mesures énergiques, on ne perdit qu'un très petit nombre d'hommes, mais les chevaux périrent en très grand nombre.

L'exemple suivant montre combien il était difficile de se procurer du fourrage :

Disette de fourrage. Pour assurer le fourrage aux chevaux pendant l'hiver de 1877 à 1878, l'intendant de campagne avait fait de fortes commandes de foin comprimé (environ 15,000,000 de rations pour la somme de 8,500,000 roubles). Mais on ne put donner aux chevaux que 2,340,000 rations et les 12,660,000 autres ne furent pas utilisées, parce qu'elles ne furent pas livrées aux endroits où se trouvaient les troupes.

Sur 11,500,000 rations, commandées en Roumanie, 2,400,000 seulement furent livrées dans les délais stipulés par les contrats, tout le reste arriva quand on n'en eut plus besoin.

Les convois se remirent bientôt en mouvement et franchirent les Balkans en même temps que les troupes.

Il fallut souvent, lors du passage de cette chaîne de montagnes, porter les chariots pour les descendre sur des sentiers abrupts au milieu des neiges et des ouragans. Ce travail si fatigant que les conducteurs exécutaient pendant 18 à 20 heures sans pouvoir se reposer ni se réchauffer les désespérait; nombre d'entre eux tombèrent épuisés.

Quoi qu'il en soit, toutes les sections chargées de passer les Balkans en vinrent à bout et les conducteurs volontaires, tous gens qui venaient de quitter leurs charrues et qui n'appartenaient pas, nous le répétons, aux meilleures classes de la population rurale, suivirent gaillardement les troupes sur les plateaux et les cimes des Balkans.

Après la conclusion de l'armistice on crut que l'armée pourrait bientôt se passer de transports, qu'il était temps de les liquider et qu'il fallait, surtout, réaliser de grandes économies sur les frais qu'ils occasionnaient. Cette hâte de faire des économies et de liquider ces transports, sans se demander si l'on n'en aurait pas besoin le lendemain, eut les suites les plus désastreuses. Les ordres se suivaient, se contredisant et s'annulant les uns les autres suivant les indications très variables du baromètre politique : tantôt on ordonnait de dissoudre tels trains ou telles sections de trains, tantôt d'augmenter le nombre des chariots; un jour on défendait de compléter les sections et le lendemain on rétablissait le système des amendes pour les sections incomplètes.

Tout cela se faisait avec l'intention très louable d'épargner les deniers de l'État.

Mais l'économie est une qualité qui à la guerre peut avoir les suites les plus désastreuses, si elle dépasse certaines limites.

Les affaires se gâtèrent avec les entrepreneurs fournisseurs de chariots et, à l'échéance des contrats, quand il fallut payer les conducteurs, on se vit à court d'argent. Les sommes fournies à cet effet par le gouvernement étaient insuffisantes.

Les entrepreneurs se plaignaient de la rigueur qu'on leur témoignait, d'autant plus que le prix de 4 roubles par fourgon était trop faible et que le prix payé par le gouvernement allemand en 1870 était, disaient-ils, beaucoup supérieur (1).

« Ils faisaient voir, en outre, que, pendant cette campagne si accidentée, la tâche si difficile d'approvisionner l'armée directement avait été remplie, presque exclusivement, par les transports volontaires, qui étaient une chose tout à fait nouvelle dans les guerres russes. Ces hommes sans discipline, qui se trouvaient à des milliers de kilomètres de leurs foyers, avaient été envoyés vers les premières lignes des combattants et, malgré cela, il n'était jamais arrivé que le mouvement des troupes eût été arrêté faute de moyens de transports. »

Mais, d'autre part, on accusait les entrepreneurs de toutes sortes d'abus

---

(1) Pendant la guerre franco-allemande, l'Allemagne avait organisé son service de transports volontaires sur les bases suivantes : a) le conducteur d'un chariot était à tous égards assimilé au soldat de cavalerie ; b) le temps de son service dans les transports volontaires était déduit de son service militaire ; c) le conducteur et ses chevaux étaient nourris comme les soldats : ils recevaient les mêmes rations que ces derniers ; d) en cas de maladie, le conducteur et ses chevaux étaient soignés aux frais du gouvernement ; e) le gouvernement payait à part l'entretien des chevaux de réserve ; f) le payement commençait à partir du jour de l'arrivée des chariots à Berlin ; les fourgons étaient transportés par chemins de fer sur le théâtre de la guerre et le conducteur touchait le montant de ses journées jusqu'au moment de son retour à Berlin sans aucune déduction ; g) on n'imposait pas d'amendes pour les voitures qui manquaient et, quand des chevaux mouraient en route sans qu'il y eût de la faute du conducteur, on payait même pour les chariots qui manquaient ; h) les chevaux et les bœufs morts au service des transports étaient taxés et payés au propriétaire en conséquence ; quelquefois le gouvernement donnait ses propres bêtes en échange de celles qui avaient péri ; le trajet maximum était de 25 kilomètres par jour.

On payait, dans ces conditions, 5 thalers (18 francs 75 centimes) par jour et par fourgon à deux chevaux.

Trois jours après le retour des fourgons à Berlin, tous les comptes avec les entrepreneurs étaient terminés.

En France on payait, pendant cette même campagne, 20 francs et l'on donnait le fourrage par-dessus le marché.

et de désordres. « Le nombre des chariots n'était pas celui convenu, les prélarts étaient mal entretenus, les conducteurs n'étaient pas régulièrement payés et, n'ayant pas les moyens de se nourrir eux-mêmes pas plus que leurs chevaux, ils désertaient, de sorte que bien des sections cessèrent bientôt de fonctionner.

« A l'approche du terme de l'expiration des contrats des entrepreneurs Varchavski, Baranoff et Kaufmann, l'intendant de campagne Rossitsky obtint de Son Altesse Impériale, commandant en chef de l'armée, l'autorisation d'organiser par commission un service de transports militaires de 5,000 chariots ; le commissionnaire reçut aussi 4 roubles-argent par chariot et par jour. Il est intéressant de noter que cette opération fut confiée au lieutenant-colonel Piotrovski, qui assuma le rôle de commissionnaire. Or, le colonel Piotrovski était le chef des transports de l'intendance, de sorte qu'en même temps il se trouvait chargé de contrôler sa propre entreprise. L'intendant de campagne lui adjoignit un particulier qui avait été le principal fondé de pouvoir de Varchavski, Baranoff et Kaufmann. » Le prix de 4 roubles-argent par chariot et par jour ne pouvait plus passer pour trop bas, en comparaison de ce qu'on payait aux entrepreneurs. Il faut prendre en considération que le train de transports en question fut formé avec les débris d'autres trains au mois d'avril, alors que les chevaux et les bœufs trouvaient à se nourrir avec de l'herbe nouvelle, que le fourrage redevenait bon marché et que les besoins de l'armée diminuaient.

Sur ces 4 roubles, on en donnait 3 aux conducteurs ; il restait 1 rouble pour les frais d'administration.

Tout ce que nous venons de dire prouve que, même en 1877, les services des transports laissèrent beaucoup à désirer. A l'avenir, on ne pourra exiger des trains volontaires les mêmes services que des trains militaires, que si le personnel des premiers est composé d'une élite d'hommes préparés et ayant fait leur service militaire ; car, dans la guerre future, les derrières des armées seront beaucoup plus exposés qu'ils ne l'ont été dans le passé.

Les trains de transports formés au moment même du besoin ne répondent guère aux exigences du service.

L'absence de préparation pour la guerre s'est fait sentir dans toutes les branches et même en dehors du théâtre des hostilités. Les fournisseurs de biscuit et de galettes apportaient du retard dans leurs livraisons ; il fallut leur faire toutes sortes de concessions.

Mais ce qui est plus grave, ces galettes et ce biscuit n'étaient pas toujours de bonne qualité. Pour les amollir, il ne fallait pas moins de quarante-huit heures. Le foin comprimé, qu'on avait commandé en très grandes quantités, n'était pas satisfaisant non plus ; le plus souvent il se gâtait.

Sur le théâtre de la guerre du Caucase, le ravitaillement de l'armée laissa également beaucoup à désirer. L'intendant n'avait pas de plan bien déterminé. Il fallait prendre hâtivement livraison des vivres et du fourrage fournis par les entrepreneurs ; on ne pouvait guère choisir ces derniers, aussi étaient-ils pour la plupart peu consciencieux.

« Les payements se faisaient principalement en roubles-papier ; cette monnaie était bien vue, même dans les provinces conquises de la Turquie d'Asie. En fait d'or et d'argent, on n'a dépensé que 385,000 roubles. »

Au Caucase les différentes parties de l'armée s'approvisionnaient elles-mêmes en vivres et en fourrage. Très souvent on réclamait des vivres et du fourrage pour des hommes et des bêtes qui n'existaient pas. Les provisions réunies par les soins des administrations de l'artillerie et du génie n'étaient pas de bonne qualité. Cela s'explique en partie par les lenteurs de l'intendance, en partie par ce fait que les commandes parvenaient trop tard aux bureaux, dont la comptabilité était mal tenue, surtout dans la cavalerie et l'artillerie.

L'expédition des lettres et des paquets était également mal organisée sur les deux théâtres de guerre.

Autrefois, le service postal avait peu d'importance, mais, avec les immenses armées modernes, cela devient une question très sérieuse.

La poste militaire allemande a transporté en 1870, du jour où la guerre fut déclarée jusqu'au 31 mars 1871, 104 millions de lettres ouvertes et fermées, 2 millions et demi de paquets et 200 millions de marks en espèces.

Il est vrai qu'on a aussi abusé de la poste. Le lieutenant-colonel Kötschau dit que, même avant l'autorisation d'envoyer des colis postaux à l'armée, on avait déjà commencé à fabriquer en Allemagne des boîtes en carton et en fer-blanc des dimensions prescrites, pour expédier aux militaires du lait condensé, du chocolat, du café, des cigares, etc.

« Je connais des personnes, dit le colonel, auxquelles leurs tendres épouses envoyaient journellement une demi-douzaine de cigares. »

Malheureusement, les désordres dans l'administration du service postal en 1877 furent si grands, avant la réouverture des ports de la mer Noire, qu'en vertu d'une ordonnance impériale, une enquête fut faite à ce sujet, à la suite de laquelle les coupables furent poursuivis.

On constata que ces désordres avaient été déterminés *par le manque de moyens de transport.*

La faute retombait donc de nouveau sur les organes de l'Administration supérieure ; car on comprend que les moyens de transport pussent manquer pour des centaines de milliers et de millions de pouds de munitions et de vivres, mais ils devaient, en tous cas, suffire pour assurer le service postal.

Le tableau que l'intendant général, comte Kankrine, avait tracé en 1815 dans son rapport adressé à l'empereur Alexandre Ier, n'avait encore rien perdu de son actualité soixante ans plus tard. « La Russie, disait Kankrine, recommençait au début de chaque guerre à organiser les parties les plus essentielles de son administration, ainsi que ses institutions les plus indispensables. »

Rien d'étonnant, par conséquent, que l'intendance ne se trouve pas encore à la hauteur de sa tâche. Mais il serait injuste d'oublier que le ravitaillement de l'armée constitue une des tâches les plus ardues.

Kankrine écrivait déjà dans son ouvrage intitulé : *Ueber die Militär Oekonomie* : « Bien des personnes s'imaginent que rien n'est plus facile que de ravitailler une armée. On ne peut se figurer dans quels détails il faut entrer, combien ces détails sont nombreux et compliqués, combien on a de mal à discuter avec les bavards et les faiseurs de projets, quelle énergie il faut développer pour lutter avec des idées erronées et avec des troupes qui sont toujours prêtes à rejeter sur l'intendance leurs propres fautes. Personne, du reste, ne prend en considération qu'il peut y avoir des déceptions, même des erreurs, attendu que l'intendant général est forcé de calculer pour l'avenir qu'il ne connaît pas. »

Il faut être d'autant plus indulgent pour l'intendance de 1877 que sa situation était des plus rudimentaires : elle n'avait, du fait de son organisation, ni les moyens, ni la faculté, ni même les connaissances nécessaires pour bien remplir sa tâche ; malgré cela, elle fut toujours en butte aux poursuites du contrôle militaire.

Il n'y aurait pas de raison d'insister sur ce sujet, n'était la crainte que, dans la guerre future, les intendants ne fussent plus soucieux des formes que du service lui-même.

En présence de résultats si peu satisfaisants, on a revisé les règlements de 1876 sur l'administration de l'armée en campagne. Il est bien singulier qu'on ne donne plus du tout d'instructions concernant les moyens de ravitailler l'armée sur le théâtre de la guerre.

« Dans les paragraphes des règlements de 1890, déterminant les attributions et le pouvoir de l'intendant de l'armée, on ne trouve que des indications indirectes concernant les réquisitions, les contributions, les logements des troupes et autres questions touchant au ravitaillement de l'armée, mais ces indications sont incomplètes, peu précises et souvent contradictoires, de sorte que l'auteur d'un ouvrage très apprécié : *l'Organisation des derrières de l'Armée*, Makchéïeff, arrive à la conclusion suivante : « Nous n'avons actuellement aucun règlement sur l'entretien des troupes en temps de guerre ; nous n'avons ni un recueil spécial d'instruc-

tions à ce sujet, ni même des paragraphes intercalés dans d'autres recueils
de règlements militaires. Si les paragraphes relatifs au ravitaillement des
troupes ne sont pas à leur place dans le recueil des règlements sur l'administration de l'armée en campagne, il est indispensable de formuler des
règlements spéciaux pour cet objet et de réunir, dans les règlements concernant l'administration de l'armée en campagne, tout ce que les troupes
doivent savoir, ainsi que cela a été fait à l'étranger. »

Il est clair que ce manque de précision peut entraîner des suites
déplorables. Cependant, il n'est pas moins certain qu'en élaborant les
règlements de 1890, la commission a dû avoir en mains tous les règlements
étrangers relatifs à ces questions.

Or, si elle n'a pu utiliser ces indications, c'est que, sans doute, elle en
a été empêchée par des raisons très sérieuses.

Les essais faits au cours des guerres passées et les difficultés créées
dans l'entretien des armées par l'augmentation de leurs effectifs et les nouvelles conditions qui régiront la guerre future ont amené la conviction
qu'il serait inutile de faire des règlements pour l'avenir et qu'il vaudrait
mieux laisser à l'administration de campagne toute latitude en ce qui concerne les approvisionnements.

Le commandant en chef de l'armée a — aux termes des nouveaux
règlements — le droit d'obliger tous ses subordonnés à observer ses
instructions. Il reste à savoir dans quelle mesure les chefs de l'armée sauront donner satisfaction aux besoins des troupes.

VII. — Conditions du ravitaillement des armées pendant la guerre future.

Le coup d'œil que nous venons de jeter sur l'historique du service de
l'intendance en Russie permet de prévoir que pendant la guerre future on
appliquera, sur une très vaste échelle et sans merci, le principe du ravitaillement des troupes aux dépens du pays occupé. Il faut, par conséquent,
chercher à nous rendre compte des conditions et éventualités du ravitaillement des troupes dans les différents pays

Dans l'évaluation de ce que peut faire un pays donné pour subvenir
à l'entretien d'une armée, nous prendrons pour unité la quantité de nourriture qu'un soldat consomme dans un jour. Cette unité varie, évidemment, suivant les rations.

Conditions
et éventualités
du ravitaillement
dans les
différents pays.

Le général Lewal donne le tableau suivant des divers produits qui constituent la nourriture d'un soldat dans les différents pays.

	Pain.	Viande.	Légumes.	Sel.	Lard et graisse.	Vinaigre (centigrammes).	Sucre.	Café.	Thé.	Poids total des produits.	Boissons (centilitres).	Contenu chimique : matières azotées, carbone (grammes).	
	grammes.						grammes.						
Allemagne.	750	375	125 riz.	25	»	»	»	30	»	1,305	»	22,38	318
France. . .	1,000	400	30 riz ou 60 légumes secs.	16	»	»	21	16	»	1,483	25 vin.	24,18	369,32
Autriche. .	960	360	225 de légumes divers.	20	»	2	»	18	»	1,583	36 vin.	23,11	388
Angleterre.	679	453	»	11	»	»	»	0,25	0,25	1,346	75 bière.	22,7	330
Italie. . . .	750	300	120 riz ou 100 de légumes divers.	15	15	»	»	0,25	»	1,200	25 vin.	18,69	303,30
Russie (1) .	1,228	300	»	»	»	»	»	»	0,30	1,528	Quass à discrétion.	22,90	415

(1) Les chiffres du général Lewal ont été critiqués dans le *Voïénnïï Sbornik*. L'auteur de la *Sovrémennoé Oboxrénié* (Revue contemporaine) trouve que « le général Lewal a eu des renseignements incomplets sur la nourriture du soldat russe ; il ne parle en effet en détaillant cette nourriture que du pain et de la viande sans tenir compte des autres produits et assaisonnements qui en font partie. L'ordinaire de ce soldat, suivant le tableau ci dessus, paraît en outre plus substantiel, au point de vue du poids et de sa composition, que les ordinaires servis dans la plupart des autres armées. En y ajoutant la composition et le poids des choux, du gruau, du sel, du lard, etc., on trouverait que la nourriture du soldat russe est, sans contredit, beaucoup plus copieuse que celle des soldats étrangers ».

Nous nous permettons de faire remarquer que certains auteurs (le capitaine Lossowski : *Notes concernant la nourriture de notre soldat*, parues dans le *Voïénnïï Sbornik* (vol. CLXXVI, partie I) démontrent que « l'ordinaire du soldat ne contient pas suffisamment de graisses et de matières azotées, et que ce sont les éléments végétaux qui y dominent ; c'est là un défaut qui s'accentue surtout pendant les jours d'abstinence, dont le nombre s'élève jusqu'à 150 dans l'année.

La nourriture du soldat renferme, pour une petite quantité de viande, beaucoup d'albumine (jusqu'à 75 0/0), de provenance surtout végétale, partant peu nutritive et difficilement assimilable par les organes digestifs.

Les chimistes et les hygiénistes les plus renommés, tels que Halbenheim, Artmann,

Quantité de vivres
pouvant être fournis
par les
différentes contrées.

L'intendant français Baratier (1) estime, comme il suit, la quantité de vivres qui peuvent être fournis par les différentes contrées, d'après le genre d'occupation de leurs habitants :

« Une commune agricole a trois fois autant de moyens de subsistance disponibles qu'une commune vinicole et quatre fois autant qu'une commune industrielle. En octobre, novembre et décembre, c'est le blé qui abonde ; en février et à l'époque des semailles, les vivres sont beaucoup plus rares.

« Les paysans de tous les pays ont toujours une réserve de blé pouvant durer une ou deux semaines ; leurs légumes et leur foin suffisent jusqu'à la nouvelle récolte et leur viande, sous forme de bétail vivant, est en assez grande quantité pour nourrir leur famille pendant toute une année. Il résulte de là qu'un nombre de soldats quatre ou cinq fois aussi considérable que le nombre des habitants d'une commune peut se nourrir pendant quatre à cinq jours avec les ressources de cette commune.

« Un pays de fertilité moyenne peut nourrir pendant vingt-quatre heures un contingent de soldats égal au nombre de ses habitants multiplié par 6 et un nombre de chevaux égal au nombre de soldats divisé par 4. Il est démontré par la pratique qu'une commune de 1,000 habitants peut nourrir, pendant vingt-quatre heures, 6,000 soldats et 1,500 chevaux. »

Le général Lewal (2) cite l'opinion suivante de la *Réunion des officiers* sur les limites dans lesquelles le ravitaillement des troupes est possible dans différentes contrées :

« Suivant la richesse du pays, on peut y nourrir pendant deux jours de 3 à 10 soldats par habitant (6 à 20 rations) et pendant une journée un nombre de chevaux égal au quart du nombre de ses habitants.

Erismann, Pfeiffer, Moleschotte et autres ont trouvé qu'un homme de taille moyenne a besoin, par jour, de :

Albumine.	Graisse.	Fécule.
122 grammes.	62 grammes.	500 grammes (Erismann).
130 —	74 —	404 — (Moleschotte).

La nourriture du soldat russe se compose de :

Albumine.	Graisse.	Fécule.
75 à 100 grammes.	12 à 40 grammes.	600 à 700 grammes.

c'est-à-dire, en langage vulgaire, que ce soldat reçoit beaucoup de pain, peu de viande et très peu de graisse ; son menu pèche principalement par son uniformité.

(1) Baratier, *Ravitaillement des armées*.
(2) Général Lewal, *Tactique de ravitaillement*.

« Les villes ont d'habitude des provisions dépassant les besoins de leur population et leur réserve est d'autant plus grande que leur population est nombreuse. Une ville de 20,000 habitants peut toujours fournir, pendant vingt-quatre heures, 80,000 rations de pain, 200,000 rations de viande, 400,000 rations de sucre et de café et 500,000 rations de sel, sans épuiser ses réserves et en ne s'adressant qu'aux marchands en gros.

« Le minimum par tête d'habitant équivaut, par conséquent, à 4 rations de pain, 10 rations de viande, 20 rations de sucre et café et 25 rations de sel. »

Mais le général Lewal trouve qu'en temps de guerre les villes peuvent être mises à contribution dans une plus large mesure; il est persuadé que l'estimation suivante, faite par des spécialistes, est plus proche de la vérité :

« Le général russe Hasenkampf trouve qu'une contrée dont le nombre des habitants égale celui des soldats qui l'envahissent est capable d'entretenir ces derniers au moins pendant quatre, et au plus pendant six jours. Une armée moitié aussi nombreuse que la population d'une contrée peut vivre aux dépens de celle-ci pendant une ou deux semaines, et pendant trois à quatre semaines, si elle est égale au quart de cette population. Suivant ce calcul, chaque habitant pourrait nourrir 4 et au plus 6 soldats pendant deux ou trois jours; on peut, par conséquent, admettre qu'un pays est en état de fournir 12 à 20 rations par tête d'habitant.

« Le général Bronsard de Schellendorf dit : « Le paysan possède, en « général, du pain pour huit à quinze jours, une quantité de légumes et « de fourrage qui lui suffit jusqu'à la nouvelle récolte, et plus de vivres « qu'il n'en faut pour entretenir sa famille pendant une année. Les con-« trées agricoles peuvent nourrir pendant plusieurs jours un nombre de « soldats égal à quatre fois le nombre de leurs habitants. »

Chaque habitant posséderait, par conséquent, une quantité de vivres suffisante pour nourrir 10 à 12 soldats pendant vingt-quatre heures.

Suivant les *instructions* (§ 43) autrichiennes, les populations des plaines peuvent fournir une ration de pain par habitant et les populations des montagnes peuvent en fournir autant par chaque groupe de 8 habitants.

Mais il faut remarquer que la qualité et la quantité des vivres varient non seulement suivant les contrées, les endroits, les centres, les occupations des habitants, mais aussi suivant les saisons.

A partir de l'automne, la plupart des contrées ont de quoi nourrir leurs habitants pendant 365 jours; mais à mesure qu'on s'éloigne de l'époque de la moisson, les provisions s'épuisent dans des proportions inégales. La quantité de vivres qui se trouvent dans une contrée dépend en tout cas de la saison et c'est à la statistique d'établir les chiffres y relatifs.

La densité de la population indiquant le degré du bien-être et beaucoup d'autres particularités d'un pays, le général Lewal se base sur cette densité, pour évaluer la quantité de vivres qui se trouvent dans une région pendant les différentes saisons sur un espace d'un kilomètre carré.

Voici ces chiffres :

	A la fin du mois d'août.	A la fin du mois de février (chiffre moyen de l'année).	A la fin du mois d'avril.	A la fin du mois de juin.
En Belgique. . .	51.000	25.500	17.000	5.100
— Hollande. . .	33.000	16.500	11.000	3.300
— Angleterre. .	28.000	14.000	10.000	2.800
— Italie.	26.000	13.000	9.000	2.600
— Allemagne..	30.000	15.000	11.500	3.000
— Autriche. . .	16.000	8.000	5.500	1.600
— Espagne.. .	10.000	5.000	3.500	1.000
— Turquie.. .	9.000	4.500	3.000	900
— Russie. . .	4.000	2.000	1.500	400

En partant de ces données pour l'étude du ravitaillement des troupes aux dépens de la population, le général Lewal dit qu'il faut estimer à 300 rations les ressources de chaque habitant; parce que la ration du soldat est un peu plus grande que la ration ordinaire et qu'il faut tenir compte des pertes et des détériorations qui se produisent pendant le transport, etc.

Il résulte de là que si 10,000 hommes avancent sur un front d'un kilomètre, ils peuvent, à la fin du mois d'avril, se nourrir aux dépens de la population en Allemagne; en Italie, ils devraient marcher sur une étendue de 1 kilomètre 100 mètres, et en Autriche sur une étendue de 2 kilomètres. A la fin du mois de juillet, cette troupe devra s'étendre sur une ligne de 3,300 mètres en Allemagne, de 4 kilomètres en Italie et de 6 kilomètres 100 mètres en Autriche.

Un détachement de 10,000 hommes trouvera, en faisant des étapes raccourcies, de 11 kilomètres :

	Fin d'avril.	Fin de juillet.
En Allemagne	126.500 rations	33.000 rations
— Italie	99.000 —	28.600
— Autriche	60.500 —	17.600

L'Allemagne pourrait donc, au pis aller, donner 3 rations 1/3 par soldat, l'Italie 2,8 et l'Autriche 1,7.

Vers la fin d'avril, il se trouverait en Allemagne 12,6 rations pour chaque soldat, en Italie 9,9 rations, en Autriche 6 rations.

S'il s'agit d'étapes ordinaires, de 22 kilomètres, tous ces chiffres se doublent.

Ainsi les troupes trouveraient à se nourrir partout en Europe, en faisant des étapes journalières d'au moins 11 kilomètres, sauf dans quelques contrées de la Russie et dans quelques autres régions très montagneuses.

Il est vrai que les spécialistes militaires taxent d'optimisme les chiffres établis par le général Lewal.

L'intendant allemand Kotié (1) va encore plus loin. Il affirme que des troupes, envahissant une contrée riche, ont la possibilité d'y subsister aux dépens de ses habitants sans l'aide de dépôts ou de trains de ravitaillement.

Il était facile de se pénétrer de cette conviction après la guerre de 1870, durant laquelle le ravitaillement aux frais des habitants, les réquisitions et, en dernière ressource, la distribution des provisions constituant la réserve roulante ont toujours suffi à l'entretien de l'armée déployée sur un front très étendu.

Le pain fourni journellement au moyen de réquisitions et par les boulangeries de l'armée suffisait si bien qu'on put résilier les contrats passés avec les fournisseurs (2).

Mais pareille chose n'était possible que dans une guerre offensive comme celle que les Allemands faisaient dans une contrée aussi riche et où les troupes avançaient sans entraves.

Influence sur le ravitaillement de la nouvelle tactique militaire.

Nous avons déjà donné plus haut les raisons permettant de supposer que les combats de la guerre future auront pour objectifs principaux les places fortifiées. Les fortifications ne surgiront pas seulement sur les frontières ou dans leur voisinage, mais les champs de bataille eux-mêmes changeront d'aspect.

On s'est beaucoup appliqué dans tous les pays de l'Europe, depuis

---

(1) S. N. Kotié, *Die Natural-Contribution.*
(2) *Guerre franco-allemande.*

25 ans, à étudier, à mesurer les contrées limitrophes et à en dresser des cartes ; des personnes possédant des connaissances militaires très étendues se sont consacrées à cette tâche.

Dans toutes les armées on enseigne aux soldats à exécuter des travaux de terrassement et on les munit d'instruments *ad hoc*. Avec les outils dont disposent les soldats, une compagnie élève un épaulement pouvant en deux heures et demie abriter une chaîne de tirailleurs de 250 pas ; elle peut, dans le même laps de temps, établir une petite fortification de 100 pas suffisante pour couvrir toute une compagnie.

L'infanterie ne mettra pas plus de huit heures à se retrancher. L'artillerie même est munie d'instruments servant à faire des épaulements. Une batterie peut donc exécuter dans le même espace de temps les travaux nécessaires pour l'abriter. Autrefois on ne pouvait pas se fortifier aussi rapidement.

On peut juger, par l'effectif des troupes du génie, du rôle important que le système des fortifications improvisées en rase campagne est appelé à jouer pendant la guerre future. Dans les six principales armées européennes, on compte en moyenne un sapeur-pionnier par 29 soldats.

Certains spécialistes estiment même que cette proportion est insuffisante. Le célèbre général belge Brialmont, par exemple, est d'avis qu'il devrait y avoir un sapeur pour 16 soldats, et le général Killichen va encore plus loin et demande que la proportion soit de 1/13.

Les troupes de toutes les armées sont entraînées à élever de légères fortifications de campagne de différents types pouvant être exécutées en quelques minutes et renforcées ensuite, de sorte que ceux qui se tiendront sur la défensive auront toujours le temps de fortifier leurs positions. Les avantages offerts par les fortifications de campagne, même légères, sont trop considérables pour que les troupes qui se défendent négligent d'y recourir. Nous avons plus d'une fois relevé la grande différence des conditions où se trouvent les assaillants et les défenseurs. Ceux-là sont presque désarmés, tandis que ceux-ci nourrissent un feu très efficace contre leurs adversaires à des distances mesurées d'avance ; de sorte que, dans l'état actuel des choses, les assaillants risquent, même s'ils sont beaucoup plus nombreux que leurs adversaires, d'être exterminés complètement avant d'avoir atteint les retranchements derrière lesquels s'abritent ces derniers et avant d'avoir pu tenter l'assaut.

Nous avons aussi donné les raisons pour lesquelles l'exemple de la guerre de 1870 ne peut avoir qu'une valeur relative.

Les forces appelées à se combattre seront presque égales ; il n'y aura pas quatre adversaires contre un comme dans la guerre dont nous parlons. Nous avons en outre expliqué pourquoi il y a lieu de supposer que

T. IV. — Jean de Bloch. — *La guerre future.*   30

chaque action traînera en longueur. Les auteurs militaires admettent qu'une bataille pourra durer de deux à quatre jours; il ne suffira pas dans tous les cas de disposer de forces supérieures pour vaincre l'ennemi en quelques heures comme cela se pratiquait dans le passé. Dans la guerre future, l'occasion de vaincre d'un seul coup se présentera très rarement. L'adversaire, chassé des positions qu'il occupait, cherchera à se retrancher plus loin, de sorte qu'il faudra l'attaquer de nouveau le lendemain. Or, chaque nouvelle attaque devra être préparée par le feu des batteries et être exécutée à la faveur de ce feu. Il ne suffira plus de commander : « En avant! »

L'assaillant, en tout cas, avant de pouvoir exercer une pression efficace sur l'adversaire, aura besoin de temps; de ce fait, il sera souvent immobilisé. Dans ces conditions, les ressources locales plus ou moins limitées, comme nous l'avons démontré plus haut, ne suffiront pas à l'entretien des armées; pour ne pas mourir de faim, elles devront recourir aux transports. Mais le service des transports ne pourra guère se faire avec succès, d'abord pour des raisons purement techniques, ensuite parce que la disette ne manquera pas de se déclarer dans certaines contrées de l'Europe, par suite du manque d'arrivages des blés américains et russes.

Les chiffres (1) que nous avons donnés prouvent que l'Angleterre, l'Allemagne et la France seront fort éprouvées sous ce rapport.

Le principe de se ravitailler aux dépens du pays occupé, que les Allemands avaient appliqué avec tant de succès, sera certainement érigé en système pendant les luttes futures. La guerre se localisera longtemps dans les provinces frontières, et quelle que soit la richesse de ces dernières, leurs ressources seront épuisées par l'armée du pays avant même qu'elles ne soient envahies par les troupes ennemies.

Que sera-ce donc dans des contrées pauvres et peu peuplées, comme dans les provinces du royaume de Pologne ou en Lithuanie?

Le ravitaillement de l'armée allemande.

V. I. Nedzwiedzki a publié un article des plus intéressants dans le journal *Istoritcheskiï Viéstnik*, sous le titre : *La lutte contre la faim pendant la guerre future.* L'auteur de cet article estime que les magasins qui constitueront la base de ravitaillement de l'armée allemande sur la frontière russe contiennent des vivres pour un mois ou même six semaines. Pendant cet espace de temps, ils pourront nourrir 960,000 hommes et 220,000 chevaux. Ces magasins renferment, en outre, des vivres pour les troupes locales disposées près de la frontière russe, à savoir pour 440,000 hommes et 20,000 chevaux.

---

(1) Voyez la partie : *L'influence de la guerre sur les besoins journaliers de la population*, vol. IV.

« Ces vivres consistent en seigle et en farine, gruau, conserves de viande, sel, café et avoine. Les vivres auxquels on ne doit pas toucher sont emmagasinés dans les forteresses et sur d'autres points stratégiques. Les principaux magasins situés sur la frontière russe se trouvent dans les villes suivantes : Koenigsberg, Tilsitt, Alenstein, Danzig, Thorn, Bromberg, Posen, Glogau, Torgau, Breslau, Neisse et Glatz. Il y a lieu de croire que les provisions de réserve, auxquelles on ne doit pas toucher, sont disposées dans ces mêmes endroits. »

Le transport de ces vivres à la frontière n'offrira point de difficultés, car le développement actuel du réseau des chemins de fer allemands dans le rayon nord-est permet d'expédier journellement 228 trains à la frontière russe.

« Il est évident que les lignes de chemins de fer ne pourront supporter longtemps et sans interruption le maximum du trafic, mais cela n'est point nécessaire. Ce maximum ne sera exigé que pendant le temps de la concentration ; ensuite le mouvement sur les voies ferrées se calmera. Il faudra pour nourrir les hommes et les chevaux puiser chaque jour 205,330 pouds de vivres dans les magasins qui constituent la base de ravitaillement (1).

« Seize trains de 20 wagons chacun suffisent pour transporter cette quantité de vivres, de sorte que 480 trains transporteront la quantité nécessaire pendant un mois, pour une armée de 1,400,000 hommes et 240,000 chevaux. Les chemins de fer allemands viendront facilement à bout de cette tâche, bien qu'elle doive être inégalement répartie entre les différentes lignes. Ce seront probablement celles du nord qui auront le plus à transporter. »

---

(1) V. I. Nedzwiedzki, *La lutte contre la faim pendant la guerre future* :
Il faudra pour nourrir les troupes pendant un jour:

	Pour les hommes de l'armée active	Pour les hommes de l'armée locale	TOTAL
Pain	43.200 pouds.	19.800 pouds.	63.000 pouds.
Viande	21.600 —	3.960 —	25.560 —
Bétail	1.800 têtes.	330 têtes.	2.130 têtes.
Gruau	7.200 pouds.	3.168 pouds.	10.410 pouds.
Sel	1.440 —	660 —	2.100 —
Café	1.440 —	» —	1.440 —

Il faudra journellement en fourrage :

	Pour les chevaux de l'armée active	Pour les chevaux de l'armée locale	TOTAL
Avoine	74.330 pouds.	5.700 pouds.	80.030 pouds.
Foin	19.800 —	3.000 —	22.800 —
Paille	» » —	4.200 —	4.200 —

Le ravitaillement
de
armée autrichienne.

L'Autriche a un excédent de blé, ce qui fait que le problème du ravitaillement sera résolu plus facilement dans ce pays qu'en Allemagne.

Toute la difficulté sera dans le transport, attendu que les provinces frontières de l'Autriche seront ou le théâtre de la guerre ou la base du ravitaillement. La Galicie et la Bukowine ne sont pas bien approvisionnées en moyens de subsistance, de sorte qu'il faudra faire venir des vivres de Hongrie et de la Carinthie, c'est-à-dire des contrées où il y a excédent de production.

Suivant Nedzwiedzki, les troupes concentrées en Galicie et en Bukowine auront besoin de 161,464 pouds de vivres par jour. Pour transporter cette quantité dans les rayons de concentration, il faudra treize trains par jour dans les conditions normales. Le réseau des chemins de fer de la région nord-est austro-hongroise peut expédier 120 trains par vingt-quatre heures dans une seule direction; dans ces conditions, la quantité de vivres nécessaire pour entretenir l'armée pendant un mois peut être réunie dans l'espace de trois jours et une petite fraction. Mais, en réalité, on ne peut compter sur une rapidité aussi grande. Les vivres viendront presque exclusivement de Hongrie et de Transylvanie; ils seront donc expédiés par les quatre lignes qui traversent la chaîne des Carpathes et aboutissent en Galicie. Or, ces quatres lignes peuvent expédier un *maximum* de quarante-huit couples de trains par jour; et, on ne pourra soutenir cette faculté de transport maxima que pendant la concentration stratégique; il sera impossible de la maintenir pendant toute la guerre. Voilà pourquoi on ne peut tabler sur ce chiffre de 120 trains par vingt-quatre heures, mais seulement sur celui de 24 trains, de sorte qu'il faudra dix-sept jours pour transporter la quantité de vivres nécessaire à l'alimentation de l'armée pendant un mois. »

Cela montre que les chemins de fer auront à transporter des cargaisons très considérables en dehors des objets qui suivront les troupes dans leurs marches.

Examinons si les conditions de la guerre future seront exactement telles qu'elles se présentent à première vue et si l'on peut compter sur une solution régulière des problèmes que comporte le mouvement des troupes.

Les chemins de fer
et le ravitaillement
des troupes.

Puisque les immenses besoins des armées actuelles ne peuvent être satisfaits par les ressources locales et qu'il faudra transporter des vivres, les chemins de fer seront, évidemment, appelés à jouer un rôle de premier ordre.

Nous avons déjà parlé, dans une autre partie de cet ouvrage (1), de

______

(1) Voir le tome II.

l'importance des voies ferrées, dans les opérations préliminaires ; nous avons, en outre, démontré, en nous basant sur les exemples fournis par les guerres passées (1), qu'elles aideront puissamment à la concentration des troupes, et nous avons fait des calculs prouvant que, pendant la guerre future, les réseaux des chemins de fer et le matériel roulant existant dans tous les pays suffiraient au transport des armées et de tout ce dont elles ont besoin pourvu que l'on pût librement s'en servir (2). Mais les chemins de fer sont chose très fragile et peuvent être facilement mis hors de service ; ces moyens de communication ont, en outre, énormément reculé les derrières des armées et étendu les lignes de communication. Vers la fin de la guerre franco-allemande, on avait détaché, pour protéger les derrières des armées allemandes, 145,712 hommes avec 5,945 chevaux, 80 canons, de sorte que « la longueur des chemins de fer exploités par les Allemands dans les limites de la France constituait environ 5,000 verstes et l'éloignement de l'armée de la frontière environ 300 verstes.

« Le problème de la protection des voies de communication n'a nullement été facilité par l'apparition des chemins de fer ; les routes ordinaires, sur lesquelles s'opéraient antérieurement les transports, n'offraient presque rien d'artificiel ; leur caractère accidenté, leurs montées, leurs descentes, etc., dépendaient uniquement du terrain lui-même, ce qui les rendait indestructibles ; sur tout leur étendue, il y avait à peine quelques ponts et digues exposés à la destruction. Les chemins de fer, par contre, sont artificiels à tous les points de vue et sur tout leur parcours. Il faut beaucoup de temps, de peine et d'argent pour les construire, tandis qu'une seule cartouche de dynamite suffit à les endommager et à les mettre pour longtemps hors de service.

« La protection des voies ferrées et de tout leur matériel constitue, par conséquent, un problème difficile à résoudre. Il ne peut être question d'occuper militairement la ligne sur toute son étendue ; cela demanderait un contingent de troupes beaucoup trop considérable ; d'autre part, des postes trop faibles peuvent être facilement enlevés par l'ennemi.

« Ces considérations sont confirmées par l'histoire militaire : il suffit de se rappeler les incursions de Stonemann, de Morgan, de Grirson (en 1862-1864), les ponts que firent sauter, au moyen d'explosifs, les corps de partisans français à Fontenoy, à Buffon et à La Roche en 1870-71,

---

(1) Tome II.

(2) Suivant le colonel Blum (*Opérations des armées allemandes en 1870-71*), qui, pendant la guerre franco-allemande, faisait partie de l'état-major du maréchal de Moltke, il suffit d'un train pour approvisionner tout un corps d'armée pour une journée ; cinq trains suffiraient, par conséquent, à subvenir aux besoins quotidiens d'une armée de 200,000 hommes.

ainsi que les destructions des chemins de fer exécutées près d'Orléans par les Allemands (1). »

Mais ce n'étaient là dans le passé que des épisodes; tandis qu'à l'avenir les incursions et les attaques dirigées contre les communications des ennemis seront érigées en principe et que toutes les cavaleries de tous les pays sont entraînées dans ce sens. Aussitôt la guerre déclarée, des détachements volants seront envoyés dans toutes les directions pour opérer contre les derrières de l'armée ennemie, en détruisant les voies ferrées et les télégraphes, en saccageant les dépôts de vivres et les magasins.

Cette tactique, nous l'avons déjà dit dans le chapitre intitulé : *Importance et rôle de la cavalerie*, sera observée pendant toute la durée de la guerre.

En présence de la grande portée des armes actuelles et de la poudre sans fumée, il sera difficile de couvrir les trains de ravitaillement opérant sur les routes ordinaires. Il sera impossible de les faire accompagner par des forces nombreuses, sans affaiblir outre mesure l'armée, tandis que des convois peu considérables ne répondraient pas au but.

Même la plus active surveillance des routes en arrière ne pourra empêcher les incursions de petits détachements et de tireurs isolés. Les derrières des armées, en un mot, risquent de devenir leur talon d'Achille. Les opérations de guerre consisteront en manœuvres tendant à séparer les forces ennemies de leurs lignes de communication et de leurs bases. Grâce à la vulnérabilité des chemins de fer de l'arrière, les opérations de ce genre promettent de donner, au prix de pertes beaucoup moins grandes, des résultats beaucoup plus appréciables que les attaques de front.

Pour se convaincre des dangers auxquels seront exposées les voies de communication en temps de guerre, du fait des petits détachements de partisans ennemis, il faut examiner de plus près les besoins des troupes que les trains de ravitaillement ont mission de satisfaire.

« Si les troupes pouvaient trouver toujours les subsistances qui leur sont nécessaires dans les localités qu'elles traversent, elles n'auraient qu'à les y prendre par un procédé quelconque, c'est-à-dire au moyen de contributions, de réquisitions, etc. Mais des conditions aussi favorables ne se rencontrent pas toujours. Il arrive un moment où les ressources des contrées les plus riches finissent par s'épuiser, surtout si l'on y concentre des troupes ou bien si l'on y fait des arrêts prolongés. »

Vivres de réserve.
Pour assurer, dans ces cas, l'approvisionnement des soldats, il faut les munir de vivres de réserve (*Eiserner Bestand*). Les troupes, en d'autres

---

(1) Klembkovsky, *Partisanskia diéistvia* (Les opérations des corps de partisans).

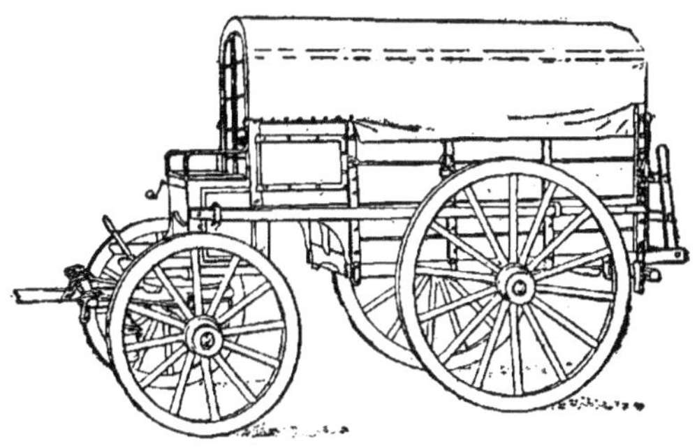

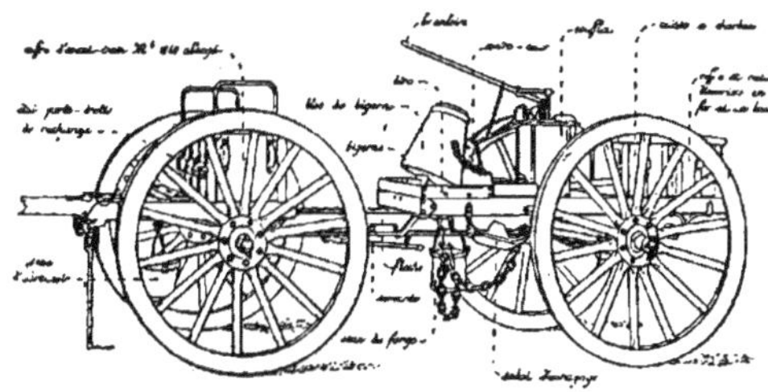

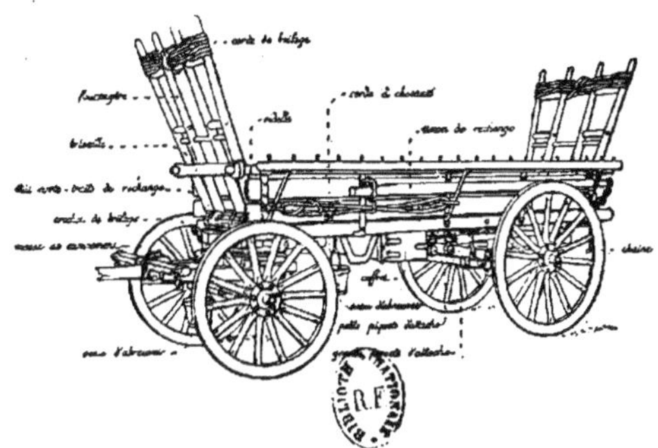

La Guerre Future (p. 471, tome IV.)

termes, doivent emporter avec elles un certain nombre de rations qui assurent la nourriture des hommes et des chevaux pendant plusieurs jours. Et comme ces vivres de réserve ne peuvent être transportés par le train, dont les troupes peuvent, en cas d'extrême concentration, s'éloigner considérablement, le fantassin doit les porter sur lui et le cavalier sur son cheval. Mais pour que ces vivres soient réellement des vivres de réserve, les troupes doivent être également munies d'une réserve roulante à consommer pendant la marche. Elles auront recours à cette réserve dans les cas où les ressources locales ne seront pas suffisantes et où les combinaisons stratégiques permettront que le train se trouve près des troupes.

Les réserves de cette dernière catégorie ne devront pas être très considérables, afin que le train ne soit pas trop augmenté de ce fait, car toute augmentation du train diminue la mobilité des troupes. Et afin que la subsistance des troupes soit pleinement assurée malgré des réserves roulantes peu considérables, il faudra, au fur et à mesure de la consommation, compléter ces réserves au moyen de vivres pris sur place, ou par des transports si la contrée ne pouvait en fournir.

Pour que les vivres de réserve et ceux constituant la réserve roulante puissent être régulièrement complétés indépendamment des ressources locales, il est absolument nécessaire d'organiser les arrivages en arrière des troupes. Les armées ne peuvent vivre sur le pays qu'en se déployant sur un front très large durant la marche, si elles traversent une région peuplée et fertile. Mais, plus elles resserrent le front, ou bien durant des stationnements prolongés, les troupes ont moins de facilité à subvenir à leurs besoins et cette possibilité disparaît complètement dans certains cas. C'est alors que des arrivages bien organisés de vivres, puisés dans un rayon aussi étendu que possible en arrière de l'armée, permettent de satisfaire à ses besoins (1).

Le tableau suivant montre pour combien de jours doivent être munies de vivres de réserve de toutes catégories les forces des différentes puissances (2).

____

(1) Makchéïef, *Oustroïstvo tyla armii* (L'organisation des derrières des armées).
(2) Leer, *Dictionnaire des sciences militaires*.

	Les réserves de vivres suffisent pour le nombre de jours ci-dessous												
	Vivres du sac et fourrage porté				Dans le train qui suit les troupes						Total des réserves roulantes de l'infanterie		
	Pour les hommes		Pour les chevaux		des régiments			des divisions ou des corps d'armée					
					Pour les hommes	Pour les chevaux		Pour les hommes	Pour les chevaux				
PAYS	dans l'infanterie et dans l'artillerie à pied	dans la cavalerie et l'artillerie à cheval	dans l'infanterie et l'artillerie à pied	dans la cavalerie et l'artillerie à cheval		de l'artillerie	des trains d'équipage		de l'artillerie	des trains d'équipage	pour les hommes	pour les chevaux	Dans les magasins de ravitaillement roulants
Russie . . .	2 $\frac{1}{2}$	1 $\frac{1}{2}$	2	2	1 $\frac{1}{2}$-2 $\frac{1}{2}$	1 $\frac{1}{2}$	3	4	»	»	8	5	4
Allemagne .	3	3	1	1	1	3	1	4	»	»	8	4	6
Autriche . .	4	4	2 $\frac{1}{3}$	2 $\frac{1}{3}$	1	2	2	7	7	7	12	11$\frac{1}{3}$	7
France . . .	2	5	1	$\frac{1}{2}$	2	2	2	4	4	4	8	7	4

Il résulte de là que, si l'on considère le total des réserves de toutes catégories, l'armée autrichienne serait pourvue pour dix-neuf jours, l'armée allemande pour quatorze, l'armée française pour douze et l'armée russe pour douze également.

Les chiffres ci-dessus conduisent aux conclusions suivantes : des quatre armées énumérées, c'est l'armée autrichienne qui est la mieux pourvue en vivres de réserve, partant la moins dépendante de ses magasins et des ressources locales; l'armée allemande détient la seconde place à ce point de vue.

En dehors des vivres, il faudra faire parvenir aux troupes des cartouches et des projectiles. Pour cela, on aura toujours besoin, non seulement des chemins de fer, mais aussi de trains de transports considérables et bien organisés, pour amener des dépôts fixes aux trains et aux parcs de ravitaillement tout ce qui est nécessaire, pour évacuer les malades, etc.

« Il faut remarquer — dit le général Pierron (1) — qu'en principe, les

_____

(1) *Stratégie et grande tactique d'après l'expérience des dernières guerres.*

chemins de fer ne permettent nullement de diminuer les trains des équipages. C'est là une chose qu'on perd souvent de vue. »

Au point de vue de leur nature, les transports se font par voitures ou par bêtes de somme; au point de vue de leur organisation, on les distingue en trains militaires et trains volontaires. Les premiers sont formés par des fourgons et des chevaux appartenant à l'État et leur personnel est recruté parmi les hommes qui servent dans l'armée. Le personnel des trains volontaires, à l'exception des chefs, n'appartient pas à l'armée, et leur matériel n'appartient pas à l'État; il ne se trouve que temporairement à la disposition de l'administration militaire.

En constituant une armée, ou un corps d'armée, on lui adjoint un certain nombre de trains de transports prévus dans le plan de la mobilisation. Si ces trains de transports ne sont pas suffisants, l'administration peut — avec l'autorisation du commandant en chef de l'armée, — former des trains de transports complémentaires soit militaires, soit volontaires (1).

Les trains de transports militaires.

« Dans les magasins des bataillons-cadres du train se trouvent des fourgons, des harnais, tout l'attirail nécessaire à la traction, ainsi que des bâts et tout ce qu'il faut pour créer des trains de transports militaires.

« Aussitôt la mobilisation ordonnée, les commandants de ces bataillons sont nommés chefs des trains de l'armée et les commandants des compagnies des cadres sont nommés commandants des bataillons du train sur pied de guerre. Les officiers et les simples soldats qui doivent remplir ces cadres sont la réserve de l'armée; les chevaux nécessaires sont fournis par réquisition et l'on se procure chez les habitants des localités, où sont requis ces chevaux, les fourgons, les harnais et autres accessoires.

« L'acquisition de ces objets se fait par voie d'achat.

« Les équipages, ainsi formés, sont groupés en bataillons du train; le nombre d'équipages devant constituer un bataillon n'est déterminé par aucune règle.

« En dehors de cela il y aura dans toutes les armées des trains de transports « volontaires » de deux espèces : les uns seront exploités par l'administration militaire, les autres par des entrepreneurs. Les trains de la première catégorie seront composés de fourgons traînés par des chevaux, des bœufs, ou formés par des bêtes de somme.

« Les conducteurs, de même que les moyens de transport (les fourgons, les animaux, les bâts) sont loués pour un certain temps, ou bien réquisi-

____

(1) Makchéïef, *Voennaïa administratsïa*, édition III (L'administration militaire).

tionnés. Ces trains sont organisés sur le modèle des trains militaires, et les conducteurs y tiendront la même place que les soldats dans les premiers.

« Le commandement des trains volontaires est confié à des militaires.

« Les équipages volontaires sont groupés en bataillons. Les simples soldats et les employés civils reçoivent les rations et la solde réglementaires; les animaux employés au service des transports reçoivent le fourrage comme s'ils appartenaient à l'armée » (1).

Les trains fournis par les entrepreneurs sont conduits par des hommes n'appartenant pas à l'armée; ceux-ci ne reçoivent pas de rations, mais leurs bêtes sont nourries comme les autres.

Le chargement utile des fourgons est relativement peu considérable.

« Pour transporter la quantité de provisions nécessaire pour un jour à un corps d'armée et l'avoine pour ses chevaux, il faut environ 130 fourgons; les vivres de six jours peuvent être chargés sur 800 fourgons, il faut la même quantité de fourgons pour transporter les munitions de guerre et le matériel de l'artillerie; en ajoutant à cela les autres objets à transporter, on trouve qu'un corps d'armée a besoin de 2,000 fourgons ou, en moyenne, d'un fourgon par 16 soldats. C'est là une proportion bien peu avantageuse; car les colonnes de marche augmentent en raison de l'accroissement des trains, les chemins s'encombrent, la mobilité des armées diminue et le danger des insuccès stratégiques s'accroît.

« Antérieurement on avait pour principe de séparer les trains des armées; maintenant, au contraire, on les mêle à celles-ci, sous prétexte que les troupes ont tout avantage à avoir sous la main leurs équipages, qui transporteront non seulement les vivres et les munitions de guerre, mais aussi les chaussures, les uniformes, les instruments, etc... (2). »

« Nous voyons dans l'histoire de la campagne de 1866 » — dit von der Goltz — « qu'une des colonnes de l'armée autrichienne, à la tête de laquelle le général (feldzeugmeister) Benedeck quitta la Moravie et la Bohême, n'avait pas moins de 105 verstes de profondeur. »

Comparativement aux masses modernes, cette colonne n'était pas bien grande.

Elle se composait de 3 corps d'armée et d'une division de cavalerie, c'est-à-dire de 90,000 hommes, effectif qui ne jouerait pas un rôle bien sérieux aujourd'hui. L'étendue de cette colonne en profondeur ne peut d'ailleurs être attribuée à une mauvaise disposition, car, pour faire avan-

---

(1) Makchéief, *Voennaïa administratsïa*, édition III (L'administration militaire).
(2) Von der Goltz, *Das Volk in Waffen* (La nation armée).

cer la masse susdite sur une seule route, il faut effectivement 105 verstes de profondeur.

Cet exemple nous montre d'une manière frappante combien immenses seront les dimensions à considérer dans les guerres à venir.

Vonder Goltz dit : « Pour donner une idée des espaces qu'occuperont les armées modernes, si l'on imagine l'armée allemande actuelle en marche sur une seule route, elle serait tellement longue que sa tête arriverait à Mayence, par la route de Francfort, alors que sa queue se trouverait encore sur la frontière russe à Eidtkunen. Toute la route entre le Rhin et la frontière russe serait occupée par les soldats, par les pièces d'artillerie et par les trains d'équipage. Pour qu'une colonne pareille passât à travers la porte d'une ville, il lui faudrait marcher deux semaines jour et nuit sans interruption.

« Il est donc naturel que des masses de troupes aussi considérables remplissent des provinces entières quand elles s'y trouvent concentrées.

« L'armée autrichienne était logée dans presque toute la Moravie, en 1866 ; les troupes disposées sur les derrières, vers le sud, se trouvaient à neuf marches de distance des troupes les plus avancées vers le nord.

« Les 16 corps d'armée allemande qui, en 1870, étaient concentrés sur les bords du Rhin, occupaient une superficie de 120 lieues carrées d'une contrée très fertile. L'armée allemande actuelle occuperait 200 lieues carrées. »

Remarquons que depuis que von der Goltz a écrit ce qui précède, les effectifs des armées ont doublé.

C'est l'armée d'invasion qui se trouvera dans les conditions les plus défavorables, car l'adversaire détruira les chemins de fer en battant en retraite. Il est peu probable qu'on agisse à l'avenir comme l'ont souvent fait en 1870 les Français qui ne détruisaient pas leurs voies ferrées en reculant. Les envahisseurs procéderont au rétablissement des lignes de chemin de fer au milieu d'une population hostile qui prêtera main forte aux corps de partisans en leur fournissant des renseignements, en les cachant, et au besoin en les aidant ouvertement dans la lutte.

Au début de la campagne, tant que les derrières de l'armée ne seront pas très étendus, que tous les chemins seront fortement occupés par les troupes, il sera encore facile de se garantir contre les coups de main des corps de partisans ; mais au fur et à mesure que les colonnes de tête s'éloigneront, le danger augmentera dans une forte mesure sur les routes occupées par l'arrière-garde.

Pour garder ces routes on entretiendra de petites garnisons aux gîtes d'étapes. Ces garnisons auront à défendre non seulement ce gîte, mais aussi la moitié de la route conduisant vers le gîte suivant dans les deux sens. Des postes intermédiaires se trouveront dans les intervalles.

En dehors de ces garnisons fixes, il y aura sur les chemins de fer et le long des routes ordinaires des réserves mobiles. La route ou la voie ferrée qu'il faudra garder sera divisée en sections de 50 à 100 verstes de longueur et les réserves en question occuperont les points centraux de ces sections ou bien des étapes importantes.

Dans le cas où l'ennemi attaquerait un de ces points, la réserve et son matériel seront transportés sur le point menacé par des trains gardés à cet effet. Quand il s'agira de la défense d'une route ordinaire, les réserves se transporteront au point attaqué, dans des voitures préparées d'avance.

Mais actuellement chaque point est beaucoup plus exposé aux attaques des corps de partisans qu'il ne l'était dans les guerres antérieures, parce que la portée des armes est deux fois plus grande que jadis et que la fumée ne trahira plus l'endroit d'où partent les coups de fusil.

Nous avons déjà raconté comment pendant la guerre de 1870 un tireur juché dans un arbre a pu tuer un grand nombre d'ennemis tant que la fumée n'eut pas trahi sa présence.

Des cas analogues se sont reproduits pendant la guerre de 1877-78. Les Turcs avaient, en outre, recours à des sentinelles particulières.

Deux gravures empruntées à *La Chronique illustrée de la guerre*, publiées par l'*Illustration Universelle* (un journal russe) et reproduites dans les planches ci-contre, expliquent ces épisodes.

Dans la guerre future un petit nombre de bons tireurs pourront, grâce à l'absence de la fumée, semer la consternation dans les trains de ravitaillement.

Pendant la guerre de 1870, les Français n'ont presque pas profité de cette possibilité.

Le général Soukhotine dit avec raison : « Il est bien difficile d'empêcher les incursions et de réagir contre les détachements volants ; c'est même plus difficile que d'exécuter des incursions soi-même. »

Qu'on se figure une attaque de ce genre dirigée contre un convoi !

Dès le début des hostilités, les routes les mieux entretenues deviennent impraticables.

« Pendant la guerre russo-turque, raconte M. Véréchtchaguine, la chaussée de Sophia, qui d'habitude est en très bon état, s'est détériorée d'une telle façon que les convois n'y pouvaient faire plus d'un kilomètre par jour ; ce qui amenait les troupes à les abandonner pour se contenter du produit des réquisitions. » Que deviennent, dans ces conditions, les

Tireur caché dans un arbre et découvert par les ennemis.

Sentinelles turques pendant la guerre de 1877-1878.

chemins non pavés pendant les périodes de pluie ? Napoléon avait raison de dire qu'il a découvert un cinquième élément en Pologne : la boue.

Tous les chemins russes, sans même parler de ceux qui desservent les contrées marécageuses, se défoncent pendant les saisons pluvieuses, de sorte qu'il est impossible de déterminer *a priori* le temps nécessaire pour franchir des distances déterminées.

Les corps de partisans les moins importants peuvent causer de si grands embarras à l'ennemi qu'il serait maladroit de ne pas s'appliquer à diriger des attaques sérieuses contre les derrières des armées.

A ce point de vue la Russie a de grands avantages sur les autres puissances européennes : elle possède une cavalerie très nombreuse parmi laquelle brille, comme un astre de première grandeur, la fameuse cavalerie cosaque, surtout celle des cosaques du Don.

« Cette force excellente, dit avec raison le colonel Klembkovski (1), nous devons l'utiliser comme il faut, afin de n'avoir pas à nous reprocher d'*enfouir sous terre le « talent » que nous a donné le Seigneur.*

« Et quel meilleur emploi faire de ces régiments que de les charger des opérations de partisans qui répondent si bien aux traditions ainsi qu'aux dispositions naturelles de nos troupes irrégulières ? »

Rien de plus vrai; aussi est-il probable que les irréguliers russes opèreront, pendant la guerre future, sur les derrières de l'armée ennemie, en détruisant les voies de communication et les télégraphes, en s'emparant des convois, en détruisant les dépôts, les magasins, et en empêchant de toutes les façons l'ennemi de se ravitailler.

Mais les adversaires probables de la Russie, les Allemands entre autres, estiment aussi que le service des approvisionnements constituera le talon d'Achille de l'armée russe et ils choisiront certainement, le cas échéant, de préférence à tous autres moyens de faire la guerre, celui qui aura pour but d'entraver le service du ravitaillement.

VIII. — Conserves alimentaires pour l'armée.

C'est dans l'effectif des armées européennes modernes qui, sur pied de guerre, s'élèvent jusqu'à plusieurs millions, que gît la grande difficulté de les approvisionner, surtout en viande. Autrefois, les troupes étaient suivies

Les troupeaux de bétail accompagnant les armées.

---

(1) *La guerre des partisans.*

de nombreux troupeaux de bétail; de nos jours cela serait presque impossible en présence des conditions de mouvement des forces militaires actuelles.

Les bestiaux, s'ils sont souvent transférés d'un endroit dans un autre, finissent par maigrir; ce régime risque même de déterminer des épizooties et de rendre impossible la consommation de viande fraîche dans toute la région éprouvée par ce fléau. Une autre difficulté résulte de ce que la préparation d'une nourriture à base de viande exige souvent plus de temps qu'on en a en temps de guerre. Cette nourriture, bien qu'elle soit la plus profitable à l'organisme, offre un grave inconvénient : elle se détériore très facilement et, sous l'influence des plus légères variations atmosphériques, devient impropre à la consommation. Il est, en outre, très difficile de se procurer de l'herbe fraîche ou du foin pour les bestiaux.

Le général Lewal (1) nous dépeint, dans un de ses ouvrages, les difficultés que comporte l'approvisionnement en viande : « Les troupeaux avancent moins vite que les hommes. S'ils suivent les troupes, ils arrivent à destination une ou deux heures plus tard que le dernier échelon. S'ils précèdent l'avant-garde, ils sont souvent rattrapés par celle-ci. La poussière qu'ils soulèvent est fatigante pour les soldats et cause des désordres dans la marche. La soif, la faim, la fatigue et parfois la panique qui s'empare des animaux, font qu'ils ralentissent leur allure ou bien qu'ils se dispersent dans toutes les directions; alors les soldats sont obligés de les rassembler et de les pousser. Il est facile de se figurer combien il faut de temps pour nourrir ensuite tous les soldats. »

Les règlements français disent : « Arrivé à l'étape, on arrête les troupeaux et l'on organise les abattoirs. L'officier chargé de la distribution des provisions demande le nombre de fourgons nécessaires pour faire parvenir la viande sur les points où se trouvent les différents corps. »

L'administration charge les troupes elles-mêmes de tous les soins que comporte la distribution de la viande, et quand on est à court de fourgons, quand ceux-ci se trouvent tous au bivouac, comment alors cette distribution peut-elle se faire? demande le général Lewal.

Quand un corps d'armée avance en bloc, dans une même direction, il n'a qu'une seule avant-garde, un seul troupeau et un seul abattoir pour subvenir à toute la masse de soldats dont il se compose. Les fourgons sont obligés de parcourir des distances de 4 à 6 kilomètres. Il faut compter qu'on perdra une heure avant de se procurer ces fourgons, une heure pour se rendre à l'abattoir, une heure pour en revenir, donc pas moins de trois

---

(1) Lewal, *Tactique des ravitaillements.*

heures pendant lesquelles on peut être forcé de se remettre en marche. Tout ce règlement est par conséquent peu pratique.

Dans le système on ne tient pas compte que tout dépend de l'administion quand le commandement des troupes n'intervient pas.

C'est sur l'administration que tout repose : quand les troupeaux n'arrivent pas à temps, quand les vivres sont mauvais, on s'épuise en récriminations contre l'administration, tandis que les troupes souffrent ; mais on n'entreprend rien pour découvrir et utiliser les ressources locales ; seuls les fournisseurs entreprenants savent en tirer parti.

Ces inconvénients, qui affectent même les petits détachements, sont surtout graves pour les masses ; les troupeaux qui les suivent ne représentent plus pour elle qu'un *rêve d'alimentation.*

Les conserves alimentaires.

L'expérience que les Allemands ont faite au cours d'une guerre qui, du reste, n'offrait pas de grandes difficultés au point de vue du ravitaillement, attendu qu'elle se faisait dans une contrée très riche, a mis en relief les inconvénients du système d'approvisionnement de l'armée au moyen de troupeaux ; c'est pendant cette guerre qu'on a appris à apprécier les conserves alimentaires à base de viande. De petites quantités de café comprimé ou quelques petites boites en fer-blanc qui renferment des conserves pour la soupe, possédant toutes leurs qualités nutritives et gastronomiques et n'exigeant qu'un peu d'eau bouillante pour être mis au point : tel est l'idéal de tous ceux qui se consacrent à l'alimentation de l'armée en temps de guerre.

On obtient en même temps les avantages suivants : la nourriture est toujours propre, elle ne se gâte jamais et ne demande aucun emballage. La viande conservée, le bouillon en tablettes, les fruits comprimés sont quelquefois supérieurs à la nourriture fraîche au point de vue des qualités nutritives et même du goût ; quant au mode d'emploi de ces produits, il est simple et commode au point de défier toute comparaison.

Saucisson aux pois allemand.

En 1870 et 1871, le « saucisson aux pois » (*Erbswurst*) a rendu de très grands services à l'armée allemande. Grünberg, l'inventeur de ce produit, qui avait été antérieurement cuisinier du roi de Prusse, en même temps qu'il illustrait et popularisait son nom, reçut une gratification de 30,000 thalers, sans compter l'énorme somme qui lui fut adjugée par le tribunal.

Pour se faire une idée de la quantité de conserves fabriquées en Allemagne pendant la guerre, il suffit d'examiner les chiffres des rations préparées par la seule fabrique de Mayence.

Du 1er octobre 1870 au 23 mars 1871, cette fabrique a expédié :

Goulache	1,344,916 rations.
Soupe à viande de bœuf	369,562 —
Roastbeaf	144,816 —
Saucisse.	80,554 —
Bouillon.	7,080 —
Conserves de viande.	977,292 —
Total.	2,914,220 rations.

Durant les cent trente premiers jours, cette fabrique produisit quotidiennement 6,411 rations en moyenne; au mois de février, elle produisit 24,044 rations par jour; au mois de mars, 17,912 rations; la moyenne générale de la production journalière s'est élevée à 10,974 rations (1).

Cette fabrique fonctionne encore aujourd'hui; elle est outillée pour produire 62,500 rations de biscuit, 160,000 rations de farine comprimée, 65,500 rations de conserves de café, 62,500 rations de conserves de viande, 83,500 potages de légumes et 300,000 rations de pain par jour (2).

Les conserves de viande sont la nourriture de guerre par excellence; mais on en consomme dans les casernes même en temps de paix, afin de pouvoir renouveler les approvisionnements. Car on a pour principe de ne pas les garder plus de deux à trois ans dans les magasins de l'intendance. Si la boîte de fer-blanc qui les contient n'est pas endommagée, si elle reste hermétiquement fermée et si l'air n'y pénètre pas, la conserve garde pendant très longtemps son goût et ses qualités hygiéniques. On lui découvre quelquefois un goût de moisissure; parfois aussi, tout en gardant son apparence de fraîcheur, la viande acquiert un goût aigre qui ne se révèle, du reste, qu'aux palais délicats. Dans ces cas on constate d'habitude que ses éléments intégrants n'ont subi aucune modification; seul son tissu a changé, ses fibres sont devenues plus molles et ont blanchi; il s'est produit une transformation semblable à celle par laquelle la viande perd ses qualités à la cuisson.

Il est très possible que l'étain dont on se sert pour souder les boîtes contienne du plomb ou de l'arsenic. Dans ce cas, les acides organiques contenus dans les conserves peuvent, en s'unissant à ces métaux, former des sels susceptibles, sinon d'empoisonner le consommateur, du moins de troubler très sérieusement sa digestion (3).

---

(1) F. Lesgaft, *La fabrication des conserves de viande à Mayence, durant la guerre franco-allemande de 1870-71 (Voïennii Sbornik).*

(2) A. Froment, *La mobilisation et la préparation à la guerre.*

(3) Dr Ravenez, *La vie du soldat au point de vue de l'hygiène.* — Paris, 1889.

Il est évident qu'il faut élucider cette question ; le docteur Rabtchevsky, qui s'est consacré à cette tâche, a déjà trouvé que les conserves de viande renferment des quantités très considérables de combinaisons à base de plomb (1).

A en croire le catalogue, il aurait figuré à l'exposition de Buda-Pesth toute une collection de conserves alimentaires employées dans l'armée austro-hongroise, savoir : 5 espèces de conserves de viande et 8 espèces de conserves de légumes, de café, etc.

Le tableau suivant donne une idée partielle de la manière dont se fait la consommation de ces conserves.

Il faut par soldat, en grammes :

	Ration complète.	Au convoi.	Aux magasins d'approvisionnement.	Conserves en réserve.
Pain.	700	700	—	—
Légumes.	140	100	—	—
Sel.	30	30	25	25
Poivre	0,5	0,5	36	—
Conserves de potage.	36	36	25	25
Café non grillé . . .	25	25	25	25
Sucre.	25	25	—	—
Tabac à fumer . . .	35 2/3	17,8	—	—
Bœuf.	400	400	—	200
Graisse.	20	20	—	—
Biscuit.	—	—	250	400
Conserves de viande.	—	—	1 ration (2)	—
Sliwowitz (eau-de-vie) (en centilitres) . .	9	—	—	—

On voit quels efforts on fait pour diminuer le poids de la nourriture des soldats. Mais, en présence des conditions que présentera la guerre future, les réductions obtenues jusqu'à présent ne sont pas encore suffisantes.

L'extrait suivant d'un ouvrage du général Lewal montre dans quelle mesure les armées actuelles seront pourvues de vivres sur le champ de bataille (3) : « L'histoire signale des cas, bien que rares, où une bataille ne

---

(1) *Voïénnïi Sbornik*.

(2) Toutes les rations, emballage compris, pèsent 355 grammes, dont 200 grammes pour la viande et 155 pour le bouillon et l'emballage.

(3) Lewal, *Tactique des ravitaillements ;* la citation est empruntée à Makchéïef : *Oustroïstvo tyla armii* (L'organisation des derrières de l'armée).

se terminait pas le jour où elle avait commencé et se renouvelait le lendemain; il y a même eu des batailles qui ont duré trois jours de suite. Ces cas pourront, à l'avenir, se reproduire plus souvent; car la durée des combats augmente forcément avec la durée des concentrations, lesquelles dépendent directement de l'effectif des troupes concentrées. La puissance numérique des armées actuelles amènera des combats qui dureront plusieurs jours. En prévision de cette éventualité il faut prendre les mesures qu'elle comporte. » (1).

De nos jours les conserves tiendront lieu de toute autre nourriture quand il ne sera pas possible de s'en procurer.

Provision de conserves que portera chaque soldat.

> Le soldat autrichien en sera pourvu pour 4 jours (2).
> » français » 3 »
> » allemand » 3 »
> » russe » 2 » à 2 1/2.

Les vivres de réserve que le soldat russe emporte dans son sac sont pauvres en matières nutritives, parce qu'ils ne comprennent pas de conserves. Néanmoins ces vivres pèsent autant que ceux du soldat autrichien qui lui suffisent pour quatre jours. Les inventeurs cherchent, d'ailleurs, sans cesse, à augmenter les qualités nutritives des vivres de réserve portés par le soldat, sans en accroître le poids.

Des essais ont été faits en 1889 dans le 7e corps d'armée allemand (Bas-Rhin et Westphalie). Il s'agissait de déterminer la valeur des conserves alimentaires destinées à faire partie du contenu du « sac à vivres ». Le produit en question avait la forme d'un dé à coudre; il fondait dans la bouche et constituait une nourriture très fortifiante.

Une certaine quantité de dés pareils formant une ou plusieurs rations étaient renfermées dans un petit sac en toile. Dans la composition de ce produit entrent de la farine de froment de toute première qualité et des assaisonnements qui empêchent la conserve de se gâter. Nous croyons, dit

---

(1) Lewal estime qu'en présence de cette circonstance, il faut organiser un service régulier des arrivages de vivres. Mais il est peu probable que cela puisse se faire durant les combats. Le problème ne pourra être résolu qu'au moyen des réserves que le soldat emportera dans son sac et auxquelles il n'aura droit de toucher que pendant le combat. (Makchéïef).

(2) Makchéïef, *Oustroïstvo tyla armïi* (L'organisation des derrières de l'armée), dit en comparant les vivres de réserve qu'emportent les soldats français et autrichiens : les vivres autrichiens ne sont pas moins substantiels que les français, mais ceux-là sont beaucoup plus légers que ceux-ci, de sorte que trois rations autrichiennes correspondent à deux françaises.

le docteur Ravenez (1), qu'il contient un peu de coca. Il est également très possible qu'il y entre de l'albumine pure. On a établi une fabrique spéciale pour la préparation de ce produit à Münster.

On propose souvent aux administrations des armées européennes tels produits nouveaux, qui ne sont pas toujours nutritifs dans toute l'acception du terme, mais qui possèdent des qualités hygiéniques appréciables pendant la fatigue. Le professeur Heckel prétend, par exemple, que « la kola d'Afrique a la propriété d'apaiser la faim pour un certain temps et permet à l'organisme d'opposer une grande force de résistance au travail le plus pénible; l'habitant de l'Afrique n'entreprend jamais un voyage plus ou moins long sans emporter une certaine quantité de noix de kola qui lui permettent de se passer de toute autre nourriture. » Le docteur Deles-sart écrit ce qui suit : « J'ai eu l'occasion d'éprouver sur moi-même l'effet bienfaisant de la kola; une fois que j'étais tout à fait exténué par la fièvre et la fatigue, après une longue marche sous le soleil, j'ai pu continuer mon

Nous rapprochons dans le tableau qui suit le contenu des doses française et autrichienne :

	AUTRICHIENNE.		FRANÇAISE.
	Conserves solides.	Conserves moins solides.	
	Grammes.		
Biscuit ou pain comprimé	250	»	600
Pain comprimé ou biscuit de viande..	»	400	»
Viande en conserve à différentes sauces.	290	»	250
Viandes et légumes en conserves. .	»	200	»
Conserves de potages.	36	»	25
Riz.	»	»	100
Café	25	25	16
Sucre	25	25	21
Sel.	»	»	16
Total.	626	650	1.028

(1) Ravenez, *La vie du soldat au point de vue de l'hygiène.*

voyage à cheval le soir même du jour où j'avais mangé une noix de kola. »

Il n'est pas inutile de faire remarquer ici que, si l'on a cherché à concentrer le plus possible les aliments destinés à nourrir les soldats afin d'alléger les convois de ravitaillement, et d'assurer l'hygiène des troupes, on s'est aussi préoccupé dans divers pays de fabriquer des conserves pour les chevaux. Les raisons de ces efforts n'étaient pas moins plausibles que celles qui ont conduit à inventer des conserves destinées à nourrir les hommes.

La fabrique de Mayence a fait des essais très sérieux dans ce sens, mais les résultats n'ont pas été concluants. Des essais faits dans d'autres États militaires, entre autres en Russie, ont prouvé que les conserves de ce genre ne sont utiles que dans des cas exceptionnels. Pourtant l'avoine, qui constitue la principale nourriture des chevaux, est difficile à transporter; elle est lourde, elle se détériore facilement sous l'effet de la chaleur et de l'humidité; comparativement à son poids, ses qualités nutritives sont peu considérables; les chevaux de l'armée active doivent être employés au transport de ce produit au risque de n'en manger qu'aux relais et c'est là pour eux une tâche très pénible; les bêtes mettent, du reste, beaucoup de temps à la mâcher. Tout cela a poussé les inventeurs à imaginer des conserves pour les chevaux. Mais on n'a rien trouvé jusqu'à ce jour qui permit de nourrir un cheval plus promptement, et qui fût en même temps assez nutritif.

Les conserves qu'on a préparées jusqu'à présent se composaient de graines de lin comprimées et de drèche puisée aux brasseries. On a aussi fabriqué du biscuit et des galettes pour chevaux et l'on prétendait que ces préparations pourraient remplacer l'avoine.

On a essayé d'un mélange de farine d'avoine, d'orge, de lin, de sarrasin, de biscuit remoulu, etc. Cette pâte servait à faire des galettes, dont le poids dépassait d'un tiers le poids de la ration ordinaire d'avoine et dont le volume n'égalait qu'un cinquième de celle-ci; on prétendait que cette galette n'était pas moins nutritive que la ration d'avoine. On recommandait de donner aux chevaux ces rations, soit à l'état solide, soit délayées, après les avoir pilées préalablement (1).

On assure que les galettes pour cheval, qu'on a pu voir à l'exposition de Budapest, ont été reconnues très satisfaisantes.

Pendant la guerre de 1877 on commença d'introduire les conserves pour hommes dans l'armée russe, mais ces conserves furent loin de justifier, par leurs qualités, l'espoir fondé sur elles en 1876, quand l'intendance

____

(1) Général Lewal, *Etudes de guerre.*

de Saint-Pétersbourg entreprit de les faire fabriquer à des prix n'excédant pas ceux de la nourriture ordinaire du soldat.

La commande avait été donnée à la Société, approuvée par l'Empereur, « *Narodnoïé Prodovolstvié* » (Alimentation nationale), avec laquelle on avait passé un contrat pour dix ans. Cette Société s'était engagée à produire 10,000,000 de rations au cours de la première année et ensuite 7,000,000 de rations par an au prix de 5 1/2 à 6 kopecks la pièce.

Les conserves constituent-elles une bonne alimentation ?

« Ces préparations n'ayant pas donné des résultats satisfaisants (56 à 73 0/0 de ces conserves se gâtèrent pendant la guerre), et le commandant en chef de la garde et de la circonscription militaire de Saint-Pétersbourg ayant fait connaître leur manque de qualités nutritives, les produits de la Société susdite furent l'objet d'une enquête dirigée par une commission spéciale. Tous les rapports appelés à former l'opinion de la commission disaient que les conserves de la Société « *Narodnoïé Prodovolstvié* » étaient peu nutritives, que les rations étaient trop faibles, qu'elles ne pouvaient remplacer l'ordinaire du soldat, c'est-à-dire son déjeuner et son dîner, que les produits manquaient de goût et que, dans certains régiments, ils avaient déterminé des diarrhées.

En examinant les conserves à base de principes extraits tant de la viande que du règne végétal et en les comparant à l'ordinaire du soldat, la commission en arriva à conclure que toutes ces préparations péchaient par le manque de qualités nutritives; seule la soupe aux pois faisait exception, et même celle-ci contenait plus d'albumine végétale que d'albumine animale. Quant aux conserves d'extraits de viande, elles ne contenaient pas de viande du tout (1).

Les conserves des deux provenances employées pendant la dernière guerre de Turquie ont été beaucoup plus satisfaisantes. Elles ont rendu de grands services à la colonne « Imetliïskaïa ». Le général Kouropatkine écrivait à ce sujet : « A ce bivouac — c'était le premier bivouac dans les Balkans — les soldats ont pu apprécier l'excellence des conserves qu'ils avaient emportées. »

« Les jours suivants, avant qu'on ne se fût emparé des provisions turques réunies dans la vallée de Kazanlyk, les troupes ne se nourrissaient que de conserves qu'elles faisaient cuire avec de la neige. Dans la colonne commandée par le prince Sviatopolsk Mirski, et qu'on avait envoyée au delà des Balkans en même temps que la colonne de Skobeleff, seuls les bataillons de tirailleurs étaient pourvus de conserves pour huit jours; les autres troupes n'en avaient pas et souffrirent de la faim par suite de cette

---

(1) Dr Lavrentieff, *Miaço i pichtchevyé prodoukty* (La viande et les produits alimentaires) (*Voïénnii Sbornik*).

privation, surtout la 30ᵉ division dont une partie n'avait que du biscuit (1). »

Pendant la guerre de 1877-1878, on avait préparé des conserves provenant de différentes fabriques russes et de quelques fabriques étrangères ; il fut difficile de se prononcer en faveur des unes plutôt que des autres. On tombait de temps à autre sur des conserves de mauvaise qualité, ce que le Dʳ Solntzeff (2) explique par cette circonstance que les fabricants étaient tenus de les livrer à bref délai, partant d'en hâter la fabrication ; d'où, suivant lui, l'infériorité de ces produits.

Le professeur Makchéïef dit dans son remarquable ouvrage (3) qu'à juger d'après les chiffres que fournit le général Hasenkampf, il y a lieu de donner la préférence aux conserves provenant de la maison Asiberg (4) dont la dose (bouillon et viande), calculée pour une journée, pèse 614 grammes. Toutefois comme la dose équivalente des conserves autrichiennes pèse 236 grammes et celle des conserves françaises 275 grammes, les conserves d'Asiberg leur sont inférieures sous ce rapport.

Il faut dire, pour conclure, que l'alimentation du soldat en temps de guerre entre pour une part très importante dans les calculs et préoccupations de tous les chefs d'armée, et qu'elle est d'autant mieux assurée qu'elle dépend moins des ressources locales toujours très vite épuisées.

Tout moyen, permettant d'écarter à la guerre le hasard dans une mesure quelconque, mérite toujours l'approbation des spécialistes. Les conserves constituent, en principe, un de ces moyens. Mais pour qu'elles satisfassent à tous égards les besoins, il faut que leur fabrication repose sur une base absolument scientifique, écartant toutes erreurs possibles, et sur des procédés d'une exactitude mathématique. Il n'est possible d'organiser et de bien asseoir cette fabrication qu'en temps de paix quand on n'est pas forcé de se hâter et qu'on a la faculté de l'étudier sous tous les rapports.

---

(1) Makchéïef, *Oustroïstvo tyla armïi* (L'organisation des derrières de l'armée).

(2) *Pichtchevyé konservy dea voïsk* (Les conserves alimentaires pour les troupes). (*Voïennïi Sbornik*).

(3) Makchéïef, *Oustroïstvo tyla armïi* (L'organisation des derrières de l'armée).

(4) Très remarquable est la simplicité de fabrication de ces conserves. Les produits tirés des règnes animal et végétal, après avoir été préparés comme d'ordinaire (bouillis, puis cuits, etc.), se placent ensuite dans des boîtes de fer blanc de différentes dimensions qu'on ferme hermétiquement ; après quoi on les expose à l'effet d'une très haute température. Il va de soi que le degré de cette température dépend de la nature des produits qu'on prépare.

IX. — L'approvisionnement de l'armée en pain et la préparation de la nourriture.

Même dans les contrées les plus fertiles, il arrive aux troupes de manquer de pain en temps de guerre.

Très souvent on garde le seigle non battu en meules ou bien en grain.

Ce n'est que dans des cas très rares qu'on trouve un stock de farine considérable dans une contrée. Aussi importe-t-il presque autant d'être bien renseigné sur la disposition des moulins d'un pays, leur puissance productive et les distances qui les séparent du rayon des opérations stratégiques, que de connaître la richesse en céréales de ce même pays.

Dans les régions bien cultivées, on trouve un grand nombre de moulins d'une force productive très considérable; mais dans les moins avancées, le nombre des moulins et leur puissance ne suffisent qu'à peine à satisfaire les besoins locaux. Si dans une contrée de cette catégorie la consommation de la farine augmente du jour au lendemain dans une très forte mesure, ainsi que cela arrive toujours lorsqu'une armée s'y concentre, souvent les moulins ne suffisent pas à la besogne, c'est-à-dire à produire en temps voulu la quantité de farine nécessaire aux troupes. L'armée, qui n'aura pas pris ses mesures d'avance, pourra donc se trouver à court de pain, malgré la quantité de grain emmagasiné dans le pays, attendu que ce grain n'est pas utilisable tant qu'il n'est pas moulu.

Il n'est pas toujours possible, en temps de guerre, d'entrer dans les villes importantes où se trouvent un grand nombre de moulins. Souvent aussi ces moulins sont détruits, ce qui force à utiliser les moulins ruraux situés dans le rayon occupé par l'armée.

Même en admettant les conditions les plus favorables, c'est-à-dire que ces moulins puissent fournir une quantité de farine égale à une fois et demie celle nécessaire aux habitants des environs en temps ordinaire, et en comptant 40 habitants par verste carrée, alors, pour suffire aux besoins quotidiens d'une armée de 360,000 hommes, tous les moulins existants sur un espace de 6,000 verstes carrées devraient travailler pendant vingt-quatre heures.

Mais même la plus grande armée ne peut, on le sait, se déplacer, en vue de l'ennemi, sur un aussi vaste espace; c'est pourquoi, dans les contrées très pauvres en moulins, l'armée doit être fournie de farine toute prête, et, à défaut, les troupes doivent être munies de moulins à main.

Quand, en 1707, l'armée suédoise, commandée par Charles XII, se porta de la Saxe vers la Russie, ce monarque ordonna de pourvoir son armée de moulins en fer à main, attendu que les Russes avaient détruit tous les moulins. Frédéric II avait aussi, lors des guerres de Silésie, fait confectionner de ces mêmes moulins à main et chaque compagnie en fut munie.

Durant la campagne de 1812, Napoléon avait aussi reconnu l'utilité des moulins à main en entrant dans une contrée peu cultivée. Il en fit fabriquer 5,000 en France, espérant combler ainsi le manque de moulins sur sa ligne d'opérations. Mais ces moulins ne parvinrent à l'armée qu'au moment où elle se voyait déjà forcée de quitter en désordre Moscou, et ils ne rendirent pas, de ce fait, les services attendus; d'autant plus que les troupes ne trouvèrent même plus de blé sur leur chemin.

Botkine (1) écrit : « Hier est venu me voir l'intendant général Kaufmann, qui vient d'arriver de Saint-Pétersbourg pour mettre de l'ordre dans le service de l'intendance. C'est un homme intelligent, sans aucun doute... Il innocente la « Société » et prétend que sans elle les choses marcheraient beaucoup plus mal ; il n'admet pas que les soldats puissent être privés de nourriture pendant des jours entiers et il en attribue la faute, en grande partie, aux chefs de corps de l'armée. Ces derniers détestent, par exemple, les subsistances en nature ; ils leur préfèrent l'équivalent en argent, etc. Tout cela m'a fort peu rassuré ; il ne sera guère en état de réparer les choses. »

S. P. Botkine ayant exprimé son étonnement de ce que les troupes manquaient de pain et de fourrage, dans un pays comme la Bulgarie, qui regorge de ces produits, son interlocuteur lui expliqua ce fait en disant qu'on n'y pouvait faucher le foin, qu'on ne savait pas à qui il appartenait, aux Bulgares ou aux Turcs. Quant au pain, « on n'en cuit pas en Bulgarie, on n'y fabrique pas non plus de farine ; or, nous ne pouvons utiliser le grain non moulu ; les moulins étant très peu nombreux dans la contrée, il faut faire venir le pain de très loin. »

« Après ces arguments, dit Botkine, je me suis convaincu que, pour être intendant, il faut avoir non une cervelle normale, mais bien une cervelle particulière. »

Les difficultés ayant trait à la mouture et à la cuisson du pain se reproduiront certainement dans l'avenir.

Les différents types de moulins transportables, qu'on propose pour cette raison, ne pourront probablement être employés, attendu qu'ils seraient trop encombrants. La double nécessité de moudre les blés et de

______

(1) P. Botkine, *Pisma iz Bolgarii*, 1877 (Lettres de Bulgarie).

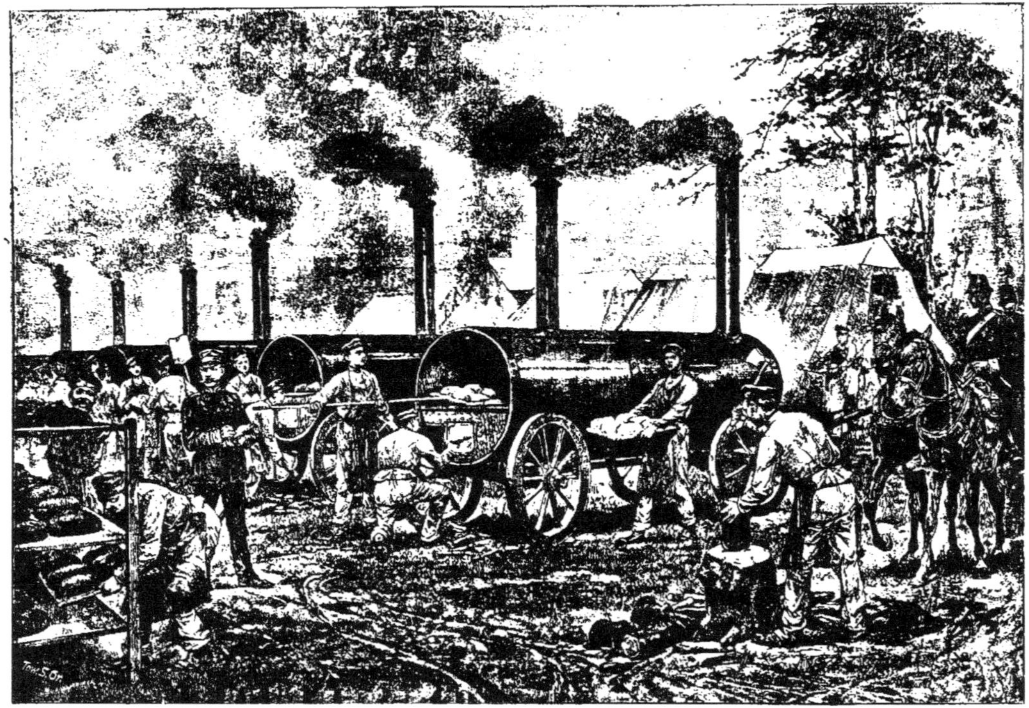

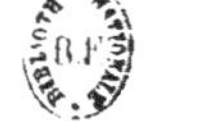

Boulangerie transportable du IIIe corps d'armée allemand fonctionnant aux manœuvres.

LA GUERRE FUTURE (P. 489, TOME IV.)

cuire ensuite la farine se trouve écartée par le système qui consiste à munir les troupes de biscuit; ce système est adopté dans toutes les armées.

Il est évident que des fours de campagne seront établis dans le rayon des bases d'opération et partout où ce sera possible. Il y a déjà des fourgons spéciaux servant à transporter ces fours démontés.

Le dessin ci-dessous représente le type de celui employé, à cet effet, dans l'armée autrichienne.

La fabrication du pain.

Fourgon autrichien pour transporter les fours de campagne démontés.

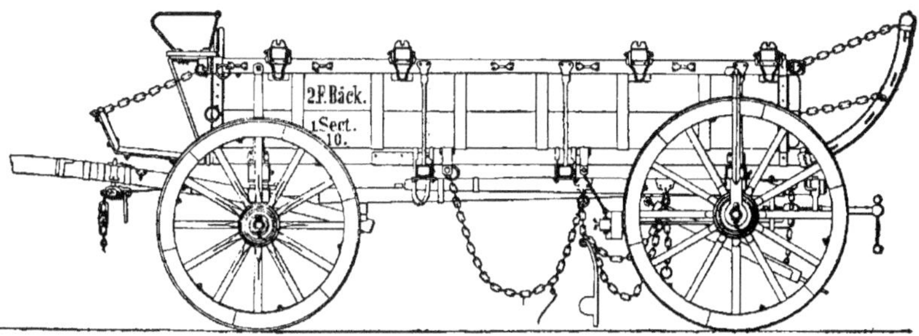

Bien que le biscuit puisse servir à nourrir les troupes pendant la guerre future, il ne faut pas oublier que ce produit ne peut à la longue remplacer le pain frais.

« Il n'est pas seulement à désirer, mais même indispensable, dit Makchéïef (1), de s'arranger pour fournir du pain frais aux soldats et de ne leur donner du biscuit que s'il est impossible de leur donner du pain. C'est ce principe qui a dicté les règlements en vigueur dans les armées française et autrichienne, où l'on prend actuellement les mesures en conséquence. »

Nous donnons dans la planche ci-jointe le dessin d'une boulangerie transportable en activité, appartenant au 3ᵉ corps d'armée allemand.

L'armée française se sert actuellement de deux types de boulangeries; nous en donnons ci-contre la représentation (2) :

____

(1) Makchéïef, *Voïennaïa administratsia* (L'administration militaire).
(2) Ravenez, *La vie du soldat.*

La première figure représente une boulangerie de campagne ordinaire du système de Geneste, Herscher et Somasko et la seconde un four de campagne.

On a essayé différents systèmes de boulangeries transportables aux magasins centraux de l'armée autrichienne, et, suivant la « *Reichswehr* », ce sont les boulangeries du système Kober qui ont été reconnues supérieures à toutes les autres. Le pain peut être cuit à l'aide de ces boulangeries non seulement aux endroits où elles stationnent, mais aussi pendant qu'elles sont en mouvement.

« J'ignore, dit Makchéïef, dans quelle mesure on a l'intention de pourvoir nos troupes de boulangeries transportables, mais il est certain qu'on compte en doter le service de ravitaillement fonctionnant sur les derrières de nos armées. Ces boulangeries ont été essayées au cours des grandes manœuvres qui ont eu lieu en Volhynie en 1890, et depuis on les emploie toujours pendant les manœuvres dans certains arrondissements militaires. Makchéïef fait remarquer qu'à l'étranger on cherche le moyen de remplacer le biscuit par du pain qui reste comestible pendant

Boulangerie de campagne française.

Four de campagne français.

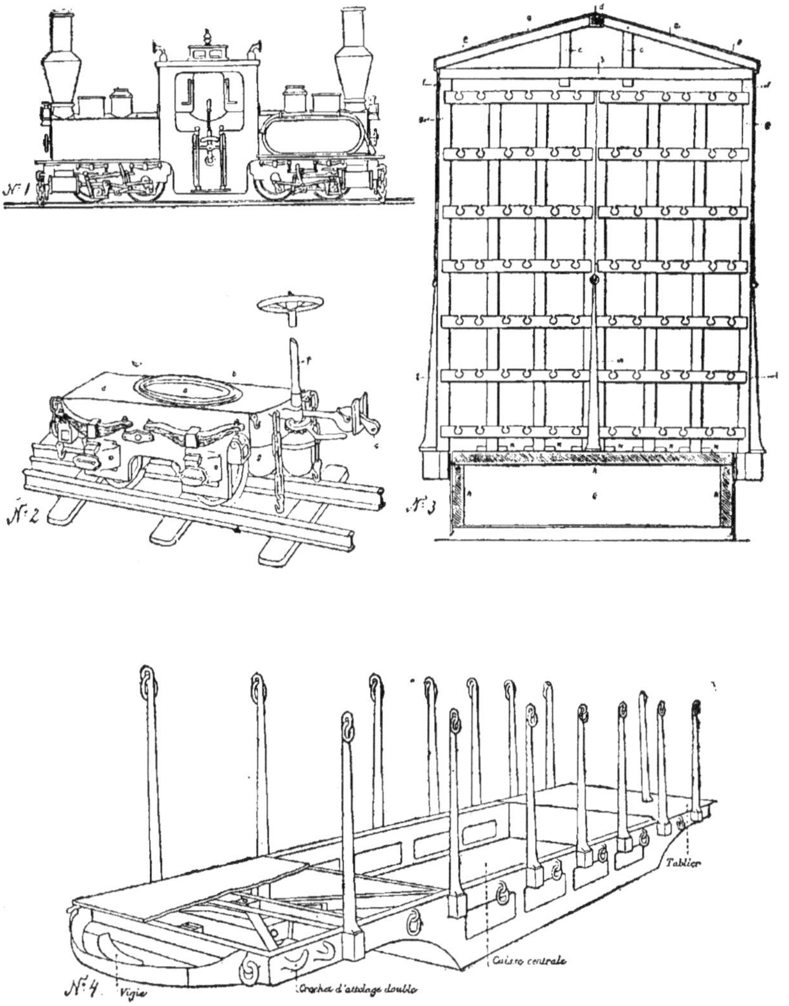

Locomotives et plates-formes sur voiturettes mobiles.

deux ou trois semaines. (En Autriche on appelle ce pain *Dauerbrod*).

« Indépendamment de cela on s'applique au perfectionnement du biscuit dans les armées étrangères ; on a l'intention de remplacer le biscuit ordinaire par du pain comprimé (*Pressbrod* en Autriche, *Pain biscuité* en France). »

« J'ignore, dit encore le professeur Makchéïef, quelles mesures on prend actuellement chez nous pour que nos troupes aient le plus longtemps possible du pain et non du biscuit sur le théâtre de la guerre future, mais c'est un fait que devant Plevna, pendant les mois d'août et de septembre, nos soldats ne mangèrent presque rien que du biscuit, ce qui, suivant A. N. Kouropatkine, fut très préjudiciable à leur santé. »

Il faut remarquer à ce propos qu'actuellement on fonde, dans toutes les armées, de grandes espérances sur les lignes de chemins de fer à voie étroite, qu'on posera au fur et à mesure que les troupes avanceront et qui serviront à transporter tous les objets nécessaires aux troupes, ainsi qu'à évacuer les blessés.

Nous donnons ci-dessous la figure d'une plateforme de chemin de fer à voie étroite adoptée en France pour transporter à la fois 3,456 portions de pain du poids de 160 pouds (1). Les wagons peuvent contenir jusqu'à 300 pouds.

Plate-forme française sur une ligne de chemin de fer à voie étroite, servant à transporter le pain.

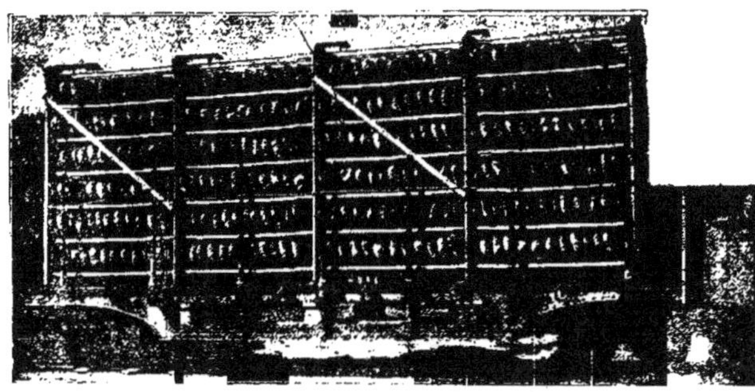

<hr>

(1) Perot, *Revue de l'intendance : Emploi du chemin de fer à voie de 0ᵐ,60 pour le ravitaillement des troupes.*

Disons aussi qu'on étudie actuellement la question des funiculaires adaptés au service de l'armée (1).

En outre, on a l'intention de poser, sur les routes existantes, des voies ferrées légères, afin d'y transporter les voitures ordinaires en les chargeant sur des trucks, dans le double but de déplacer des fardeaux plus considérables et de ne pas détériorer les chemins.

Deux petits trucks à quatre roues suffisent à cet effet.

Les figures suivantes représentent une voiture qu'on est en train de monter sur ces trucks et une autre déjà montée sur ceux-ci.

Système pour transporter des fardeaux sur des voies ferrées et destiné à être monté sur des trucks spéciaux.

Chariot qu'on est en train de monter sur les trucks.

Chariot monté sur les trucks.

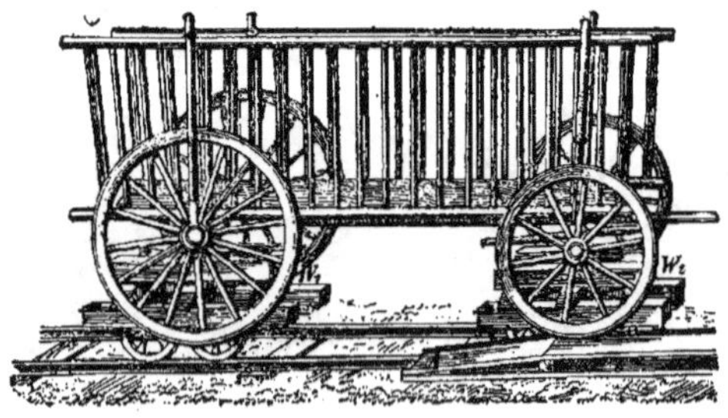

(1) Victor Tilschkert, *Der Verpflegsnachschub im Kriege auf der transportablen Felddiesenbahn.* — Vienne.

L'appareil transportable (fig. 1) pour charger et décharger consiste en deux solives munies de planchettes *nn*, formant des plans inclinés aux deux extrémités A et B. Entre ces deux solives se trouve la voie, dont on voit un rail *cc* dans la figure 1.

On prépare chemin faisant les trucks universels W^1 et W^2 destinés à recevoir la voiture. On pousse celle-ci en avant ou en arrière, ainsi que l'indique la figure 1 ; l'essieu plus élevé se trouve au-dessus du truck W ; il entraîne celui-ci et repose dessus à l'extrémité A, de sorte que les roues postérieures de la voiture sont libres. L'essieu de devant, situé plus bas, entraîne de la même façon le truck le moins haut et s'appuie sur lui à l'extrémité A. Dès lors la voiture peut rouler sur les rails. Pour la descendre, on la pousse en avant sur la rampe; elle roule alors sur ses propres roues, tandis que les trucks demeurent en place.

L'un des principaux soucis d'un chef de troupes consiste à fournir à ses subordonnés une nourriture suffisante en temps voulu. C'est à cette condition seulement que les soldats peuvent être conduits au combat.

Le docteur Leitenstorfer dit (1), en se basant sur des mensurations très sérieuses du travail des muscles faites suivant une nouvelle méthode, qu'il suffit de rester un jour sans manger, pour éprouver la faiblesse provenant de la faim; si, par exemple, les troupes, en arrivant au cantonnement ou bien aux bivouacs dans un état de fatigue motivé par telle ou telle autre raison, n'y trouvent pas de nourriture préparée, ou bien si elles manquent de temps pour la préparer, elles seront moins disposées le lendemain que d'autres troupes qui auraient eu la possibilité de restaurer leurs forces.

Mais il est très difficile d'éviter pareilles éventualités. Le soldat est habitué à recevoir chaque jour une nourriture suffisante là où il se trouve en temps ordinaire, mais on ne peut affirmer que sa nourriture sera également substantielle en temps de guerre. En campagne cette nourriture se composera presque exclusivement de pain, de biscuit et de viande froide.

Quant à des aliments chauds, on ne lui en donne jamais au moment où la nature l'exige, c'est-à-dire quand il a faim.

Quiconque a pris part aux campagnes ou aux manœuvres sait qu'on commence à préparer la nourriture chaude seulement après l'arrivée des troupes au bivouac ou bien au cantonnement, et que la distribution n'en a lieu qu'après cinq heures d'attente et même plus. Il faut installer les cuisines de campagne, aller chercher du bois, qui très souvent est humide,

---

(1) Leitenstorfer, *Das militärische Training*, 1897.

se procurer la viande et enfin, après avoir préparé la nourriture, procéder à sa distribution.

Cela fait que cette distribution n'a lieu qu'au moment où les soldats sont déjà couchés. La plupart ne touchent aux aliments qu'avec dégoût, parce qu'on a troublé leur sommeil. Chacun conviendra que, dans ces conditions, la nourriture est peu profitable au point de vue militaire. C'est pourquoi les inventeurs des cuisines de campagne ont surtout cherché à écarter ce genre d'inconvénients. Mais, bien qu'on ait dépensé beaucoup de temps et d'argent à cet effet, les cuisines qui servent à préparer la nourriture durant la marche ne sont pas encore aussi perfectionnées qu'il le faudrait pour faire partie des convois réglementaires. Les modèles de semblables cuisines sont nombreux, mais jusqu'ici nul n'est entièrement satisfaisant, et le type d'une bonne cuisine de campagne est encore à trouver.

Nous donnons ici deux gravures représentant les modèles de cuisines de campagne actuellement employées.

Voici le modèle de la cuisine suisse :

Cuisine suisse de campagne.

La figure suivante représente la cuisine employée par la 4ᵉ brigade des chasseurs (de l'armée du Danube) au cours de la guerre de 1877.

Cuisine employée dans la 4ᵉ brigade de chasseurs (de l'armée du Danube)
pendant la guerre de 1877.

Le ministère de la Guerre russe avait dernièrement ouvert un concours
en vue d'encourager les inventeurs à construire une cuisine de campagne
qui répondît à toutes les exigences; on demandait deux types : l'un pour
la cavalerie, l'autre pour l'infanterie. On avait, entre autres, posé la condition que ces cuisines pussent fonctionner non seulement aux arrêts, mais
aussi durant la marche.

Pour que la nourriture puisse être maintenue chaude, il faut que les
chaudières soient recouvertes de corps mauvais conducteurs de la chaleur.
Les cuisines peuvent être chauffées à la vapeur ou autrement. On demande
seulement qu'elles donnent la possibilité de préparer de la nourriture
liquide.

Tout l'appareil doit être construit de telle manière qu'on puisse le
descendre du fourgon en cas de besoin; il doit, en outre, être muni de
tous les accessoires permettant de le charger sur des bêtes de somme.

Les chaudières des cuisines de l'infanterie et de l'artillerie doivent contenir environ 307 litres, celles des cuisines de la cavalerie, 172 litres.

Les premières ne doivent pas peser plus de 61 pouds, les deuxièmes ne
doivent pas dépasser 40 pouds, y compris les aliments, 2 pouds de com-

bustible, les accessoires, le poids du conducteur et de l'avoine pour trois jours.

Le poids de la cuisine seule, dans le premier type, est de 30 pouds, dans le second type, de 18 pouds.

La cuisine de l'infanterie et de l'artillerie est montée sur quatre roues, celle de la cavalerie sur deux roues (1).

Faute de cuisines de campagne dans les régiments, les soldats sont quelquefois forcés de préparer eux-mêmes leur nourriture liquide, aux bivouacs; ils la font cuire sur des bûchers, ainsi que le représente la gravure ci-après :

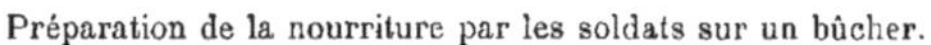

Préparation de la nourriture par les soldats sur un bûcher.

X. — Approvisionnement des troupes en cartouches et projectiles.

Approvisionnement
des armées
en munitions.

On aura autant de difficulté, au cours de la guerre future, à fournir des cartouches et des projectiles aux troupes, qu'à les approvisionner de vivres.

Bien que les cartouches dont on se sert actuellement soient beaucoup

---

(1) *Revue du cercle militaire.*

plus légères que celles antérieurement employées, le transport n'en est pas plus facile, attendu qu'on en usera un nombre plus considérable.

Il faut prévoir que la grande portée des armes et la rapidité du tir occasionneront un gaspillage de cartouches.

Il est peu probable qu'on conserve, dans la plupart des armées, le sang-froid nécessaire pour ne pas tirer trop vite en présence du danger, et il sera impossible aux officiers de modérer la rapidité du tir.

En 1870, les consommations moyennes par fusil étaient prévues comme suit (1) :

Les soldats de l'infanterie prussienne avaient, sur eux et dans les trains, un total de 180 cartouches par fusil; ce dernier chiffre constitue le *maximum* du nombre des cartouches qu'on ait jamais emporté avec soi jusqu'à nos jours. Durant la guerre franco-allemande on a, en réalité, brûlé dans cinq des corps d'armée allemands environ 90, et dans les douze autres corps environ 45 cartouches par fusil, soit, en moyenne, 56 cartouches par fusil, ce qui n'est pas beaucoup. Nous manquons de données concernant la quantité de cartouches consommées par l'armée française durant cette même guerre. Le général Rivière nous dit que, dans une bataille, les Français auraient brûlé 13 cartouches par fusil. Suivant certains auteurs, ils en auraient brûlé davantage dans différents autres combats. Nous lisons, par exemple, dans le *Journal des Sciences militaires*, qu'aux batailles de Forbach, Borny, Gravelotte, Saint-Privat et Noisseville on aurait brûlé 30 cartouches par fusil.

Il est évident que ces chiffres ne nous donnent aucune idée de la quantité de cartouches consommées durant toute la guerre de 1870-1871.

Il est arrivé qu'en employant même peu de cartouches en moyenne, certains corps allemands, qui se trouvaient en première ligne, en ont manqué, tandis que d'autres n'en ont consommé qu'une très petite quantité.

Il est évident que le succès dans le combat dépend en grande partie des résultats du tir. Mais c'est une affaire de qualité plutôt que de quantité.

Le gaspillage ne sert à rien. Il y a bien des moments où, au cours d'une bataille, on ne doit pas ménager les cartouches, par exemple quand, pour repousser une attaque, on tire à des distances déterminées d'avance et préalablement vérifiées par les défenseurs, mais le gaspillage est toujours blâmable, aussi doit-il être sévèrement réprimé par les règlements.

---

(1) Höning, *Die Küstenvertheidigung*.

Mais sera-t-il toujours possible de faire observer la discipline en présence de la constitution des armées actuelles ?

On dit, entre autres choses, qu'il faut absolument se servir des cartouches des morts et des blessés; mais sera-t-il toujours possible d'observer cette règle, étant donnés les effets meurtriers du tir que produisent les armes actuelles ?

Le nombre des cartouches que le soldat porte sur lui a augmenté en raison de la diminution de leur poids et du poids du fusil. Dans l'armée allemande, on donne à chaque homme 150 cartouches avant la bataille, et dans le caisson de la compagnie on en garde 40 pour chacun des 250 hommes qui la composent quand elle est au complet, c'est-à-dire sur pied de guerre; dans le caisson du bataillon on garde en outre 25 cartouches par homme. De cette manière le soldat peut recevoir jusqu'à 250 cartouches dont le poids s'élève à près de 16 livres. Mais même cette quantité de cartouches ne suffira peut-être pas.

« A partir du jour, dit A. K. Pouzyrevsky (1), où ni le cavalier ni le fantassin ne pourront avancer sous le feu, les combattants échangeront des coups de fusil à distance, tout en s'abritant derrière des retranchements. Dès lors, le combat prendra fin quand les munitions viendront à manquer. »

Certains auteurs voient un danger sérieux dans ce fait, estimant qu'il sera parfois difficile de fournir aux troupes des cartouches et des projectiles en présence de la grande rapidité du tir. Ainsi il est arrivé, lors d'un des assauts dirigés contre Plevna, que les troupes ont manqué de munitions. « Le régiment de Kostroma, par exemple, a battu en retraite parce que les soldats avaient épuisé le contenu de leurs gibernes et qu'on ne leur avait pas fait parvenir de nouvelles cartouches (2). »

Le colonel Ardan du Pic dit au sujet de l'armée française : « Nos soldats manquent de sang-froid : ils tirent pour s'étourdir en face du danger, pour s'occuper, et il est impossible de les arrêter. »

Écoutons ce que le prince de Hohenlohe, ancien chef de l'artillerie, dit au sujet de l'armée allemande : « Le fait que notre infanterie a dépensé si peu de munitions de guerre en 1866 était dû à la supériorité de notre fusil, qui décidait plus vite du sort des batailles. En 1870-71 notre fusil portait moitié moins loin que le fusil français, aussi notre artillerie devait-elle souvent remplacer notre infanterie, alors que l'infanterie française pouvait

---

(1) Pouzyrevsky, *Izslédovanié boïa* (Études sur le combat).

(2) Général Kouropatkine, *Dieïstvié otriadoff generala Skobéléva* (Opérations des troupes du général Skobéleff).

agir seule. Mais dans les guerres futures nous devrons dépenser deux fois plus de cartouches que dans le passé, en admettant que notre fusil et celui de nos adversaires aient la même portée et que toutes les autres conditions soient égales ; la victoire sera souvent alors à ceux qui n'auront pas épuisé leurs munitions (1). »

Les Allemands comptent, pour ceci, sur l'intelligence de leurs soldats, mais le prince de Hohenlohe ne partage pas leur optimisme ; il dit que « la plupart des hommes éprouvent le besoin de réagir contre la peur qui les envahit, en faisant du bruit ou en se donnant tout autre exercice. » Les hommes, dit-il, deviendront féroces en combattant ; dans cet état d'âme ils dépenseront toutes leurs cartouches, personne ne pourra les contenir, et dans de pareils moments, il sera très difficile de fournir des munitions, surtout à ceux qui marcheront à l'attaque.

Le transport des cartouches n'est pas facile, mais il a cet avantage de ne pas être très périlleux, tandis que le transport des projectiles d'artillerie, qui sont remplis de matières explosives, comporte beaucoup de danger.

Dans leurs rapports annuels, les inspecteurs anglais signalent presque chaque année des séries d'accidents survenus au cours du transport des projectiles chargés de matières explosives et des fusées.

Il est certain, dans tous les cas, que la quantité de cartouches dont on aura besoin pendant la guerre future sera, grâce au caractère particulier de celle-ci, tellement considérable, que leur transport offrira de grandes difficultés. A ce point de vue, ceux qui se tiendront sur la défensive auront de grands avantages sur les assaillants.

XI. — Conclusions.

Les hommes et les animaux ont besoin de nourriture pour entretenir leurs forces physiques ; en campagne ils dépensent beaucoup, aussi faut-il les nourrir en conséquence. La faculté de travailler étant subordonnée à l'alimentation, il est indispensable que les troupes mangent régulièrement chaque jour en temps de guerre.

Nécessité de l'alimentation régulière des troupes.

De tout ce qui a été dit sur l'approvisionnement des armées, il résulte que le ravitaillement a, de tout temps, joué dans les guerres un rôle très

----

(1) *Lettres sur l'infanterie.*

important, parfois même décisif. Mais les difficultés qu'on a dû surmonter dans le passé ne peuvent être comparées à celles que nous ménage l'avenir.

Nous avons prouvé qu'il faudra faire arriver aux troupes des vivres de leur propre pays. Une armée nombreuse ne peut subsister sur les uniques ressources du territoire qu'elle occupe, surtout si, par suite d'une défense opiniâtre, elle est forcée de faire des haltes prolongées.

A ce point de vue les différents pays seront inégalement partagés. La guerre qui amène l'arrêt de l'exportation et de l'importation déterminera, suivant le cas, un excédent ou un déficit dans les régions intéressées; et, dans certaines d'entre elles, la pénurie sera tellement grande qu'on n'y pourra remédier, même au prix des plus grands sacrifices pécuniaires.

Les administrations militaires de ces derniers pays pourront-elles acheter des produits en très grandes quantités, sans provoquer une réaction de la part de la population ouvrière; celle-ci serait poussée à la révolte par la hausse des prix des vivres que ces achats considérables entraîneraient nécessairement.

Sera-t-il possible, en outre, de faire arriver en temps voulu ces vivres — en admettant qu'on en eût quantité suffisante — à une armée qui, suivant la tactique de la défensive, abandonnera sa première ligne de défense pour se retrancher derrière la seconde et ainsi de suite?

La tâche des assaillants, qui consistera à occuper ces lignes, sera très ardue. S'ils réussissaient à couper les vivres à leurs adversaires retranchés ils mettraient ces derniers dans une situation des plus critiques.

La portée considérable des armes modernes, l'absence de fumée, les puissants explosifs dont on pourra facilement munir les corps de partisans, donneront la possibilité de diriger des attaques contre les colonnes de marche de l'ennemi.

Il en était tout autrement dans le passé.

Avant l'invention de la poudre, il était bien plus facile de faire la guerre. La stratégie, à cette époque, ne se heurtait pas à la nécessité d'entretenir les communications avec le pays, les lignes d'opérations n'étaient guère connues, du moins n'avaient-elles pas l'importance qu'elles ont de nos jours; les troupes étaient, par conséquent, libres de se mouvoir dans tel ou tel sens et elles traversaient de préférence les régions ou elles trouvaient des moyens de subsistance. On envisageait un pays conquis comme une proie dans toute la force du terme; le vainqueur en tirait tout ce dont il avait besoin et bien plus encore; il n'était jamais question de ce qu'on prenait. Ce n'est que dans des cas tout à fait exceptionnels qu'on faisait venir les provisions de la patrie. Bien des puissances, les Romains par exemple, ont fait la guerre dans l'unique but de s'enrichir.

Les armées, dans ces temps éloignés, étaient beaucoup moins exigeantes que de nos jours et c'était là certainement une des principales raisons, pour lesquelles il était plus facile de les ravitailler. Le soldat des tribus guerrières de l'Orient est encore très sobre actuellement : une poignée de millet ou de riz lui suffit pour toute une journée.

Les prix des vivres augmentaient dans l'antiquité au fur et à mesure que grandissaient les besoins des troupes, mais les effectifs des armées diminuaient en conséquence.

Le système de ravitaillement qu'on appliquait alors était bon tant qu'il y avait des moyens de subsistance sur le théâtre de la guerre; mais, dans les contrées dévastées et épuisées, il fallait licencier les troupes, sauf les cas excessivement rares où l'armée avait une base de ravitaillement et un service de transports bien organisé.

Dans l'antiquité aussi bien qu'au moyen âge, on se procurait les vivres au moyen de réquisitions, en fourrageant et par toutes sortes de mesures arbitraires. L'invention de la poudre a modifié de fond en comble les conditions stratégiques ainsi que les procédés de ravitaillement.

L'emploi des armes à feu a imprimé aux opérations le caractère de mouvements réguliers.

La nécessité de fournir continuellement des munitions de guerre aux troupes a rendu nécessaire l'entretien de relations et communications avec le pays, nécessité qui fut dès le début gênante pour les armées.

Ces armées étaient encore relativement petites, quand apparurent les mercenaires dans l'histoire, car les gouvernements s'engageaient, en recourant à leurs services, à leur payer des gages; or, les revenus des Etats n'étaient pas assez considérables pour leur permettre d'entretenir de grands contingents armés. Aussi voyons-nous que, jusqu'au xvie siècle, on disposait tout au plus de 50,000 hommes. Cette circonstance facilitait naturellement au commandement en chef des troupes la tâche de les ravitailler.

C'est Gustave-Adolphe qui, au cours de la guerre de Trente Ans réforma le système de l'approvisionnement des armées; et nous voyons que vers la fin de cette longue lutte, les Allemands, les Français et les Suédois avaient adopté le principe des réquisitions, c'est-à-dire le système de l'arbitraire.

Après la guerre de Trente Ans, chaque gouvernement éprouva le besoin d'améliorer l'organisation de son armée, d'augmenter son artillerie et ses trains des équipages, bref de l'équiper de telle sorte qu'elle représentât un bon instrument de guerre dans les mains de son chef. Cette réorganisation entraîna la réforme du service des ravitaillements qui ne répondait guère aux besoins.

On se préoccupa plus de l'approvisionnement que des opérations stratégiques; la question de l'alimentation passa au premier plan, et prit le pas sur la stratégie proprement dite; on adopta, en conséquence, partout le système des dépôts et des magasins.

La Révolution française, qui entraîna la France dans une guerre avec l'Europe presque tout entière, poussa ce pays à augmenter démesurément ses forces de combat. Comme l'état des finances françaises ne pouvait pas faire face à l'entretien et à l'alimentation d'une armée aussi nombreuse, la Convention Nationale décréta que toute propriété privée était, en cas de nécessité publique, déclarée propriété de l'État. Celui qui se refusait de délivrer en temps voulu ce qu'on lui demandait, se rendait coupable de haute trahison, et, comme conséquence, encourait la confiscation de ses biens et même la peine de mort.

C'est seulement ainsi qu'on parvint à entretenir une armée aussi nombreuse pour cette époque et à l'équiper promptement.

La réforme du système du ravitaillement entraîna tout naturellement des modifications dans la manière de faire la guerre. On abandonna l'ancienne routine, les opérations de guerre devinrent plus rapides et l'on s'efforça d'atteindre des résultats décisifs.

Deux armées opposées ne restèrent plus, comme autrefois, pendant des semaines, immobiles l'une en face de l'autre. Napoléon inaugura le système de frapper, avec la rapidité de l'éclair, un coup immédiatement après l'autre. Ce capitaine s'inspirait toujours du principe : « Se diviser pour vivre et se concentrer pour combattre ».

Le système des réquisitions. Voici en quoi consistait principalement le système des réquisitions. Sur toutes les lignes d'opérations on établissait, à des intervalles de trois marches, des magasins dits « d'étape »; sur toutes les lignes de défense pouvant servir de bases d'opérations intermédiaires, on établissait en outre des magasins destinés à contenir les subsistances qu'on se procurait de telle ou telle manière dans la région occupée.

Ces magasins n'étaient généralement pas grands, attendu que l'armée ne restait jamais longtemps sur place; on n'établissait de vastes dépôts que dans des cas exceptionnels.

Afin que les réquisitions fussent fructueuses et pour ne pas trop mécontenter les habitants qui les subissaient, on constituait une « commission des réquisitions », composée des personnes les plus influentes du pays occupé. Le chef de l'armée déterminait la quantité des vivres nécessaires, ainsi que le jour et l'endroit où ces vivres devaient être livrés. L'exécution de ces ordres incombait à la commission susdite; elle devait agir de concert avec les autorités politiques et était responsable de l'exécution.

Ce système d'alimentation prit une très grande extension pendant les guerres du Consulat et de l'Empire; et c'est grâce à lui que Napoléon réussit, durant la période de ses succès guerriers, à traverser presque toute l'Europe, à la tête d'armées immenses, avec une rapidité incroyable.

Nous donnerons pour définir succinctement ce système les formules suivantes :

1° Avant le commencement de la guerre, on établissait des dépôts-magasins sur la frontière du pays (c'était la base de ravitaillement) pour approvisionner l'armée durant sa concentration et pour lui fournir des vivres au début des opérations stratégiques.

2° On établissait des magasins d'étapes sur les points où se trouvaient les têtes des colonnes afin d'approvisionner les troupes arrivant plus tard et en prévision d'une retraite possible.

3° On remplissait les magasins d'étape par voie de réquisitions régulières par l'intermédiaire des notables représentants et des autorités de la région occupée. Les réquisitions faites par les troupes elles-mêmes n'avaient lieu que dans des cas exceptionnels.

4° Quand l'armée se trouvait en dehors de la sphère d'action de l'ennemi, on l'alimentait avec les vivres trouvés dans le rayon où les troupes étaient cantonnées; en vue de l'ennemi, quand les forces étaient concentrées, on les ravitaillait avec le contenu des magasins.

5° Avec le matériel de campement on transportait des vivres pouvant suffire aux troupes pour quelques jours; dans ce but on faisait suivre chaque bataillon par deux fourgons.

6° La contrée ennemie était divisée en circonscriptions dites « circonscriptions d'intendance », soumises à l'intendant en chef qui dirigeait tout le service de ravitaillement.

Le système des réquisitions pouvait être avantageusement appliqué dans des contrées fertiles et bien peuplées, mais il n'en était pas de même dans les pays pauvres et à population rare, où la ligne d'opérations était très étendue, comme, par exemple, en Russie, en 1812, où ce système causa la ruine de l'armée de Napoléon.

La stratégie napoléonienne, qui consistait à précipiter les opérations de guerre, força les autres puissances de l'Europe centrale à abandonner le système des magasins pour accorder une plus grande liberté de mouvements à leurs armées en les autorisant à recourir aux réquisitions et en réunissant des quantités considérables de vivres dans des magasins volants.

Quand, en 1813, 1814 et 1815, les armées se ravitaillèrent, aussi bien chez elles qu'en pays amis, durant les opérations de guerre, en partie avec le contenu des magasins d'étape, en partie avec les vivres transportés derrière elles par les magasins roulants, on eut souvent l'occasion d'apprécier — par exemple avant la bataille de Leipzig — les avantages pratiques de ce système d'approvisionnement.

Un demi-siècle après les guerres napoléoniennes, pendant la campagne de Crimée, la mauvaise organisation du service de ravitaillement entraîna de grandes pertes pour l'armée française, quoiqu'on n'eût envoyé qu'une faible partie de cette armée sur la péninsule de Chersonèse.

Dans l'armée anglaise, ce service laissait aussi beaucoup à désirer.

Durant les guerres de 1859 et de 1870, l'administration de l'armée en général et le service du ravitaillement en particulier n'étaient guère mieux organisés que lors de la guerre de Crimée.

Quand au ravitaillement de l'armée italienne, il fut très défectueux en 1859, en 1866 et pendant la dernière expédition d'Abyssinie. Le pays manque de provisions de blé, et son mauvais état financier rendra bien difficiles l'achat et le transport de vivres en temps de paix.

Le ravitaillement de l'armée autrichienne en 1859 et en 1866 n'était guère satisfaisant non plus.

Quant à l'approvisionnement de l'armée prussienne, tant en 1866 qu'en 1870, il s'est effectué dans des conditions exceptionnellement heureuses qui ne se reproduiront probablement pas à l'avenir, ainsi que nous l'avons déjà suffisamment démontré.

Pour l'armée russe la question du ravitaillement a toujours été son côté sensible, ainsi que le prouvent les guerres du passé. En entrant en campagne, les armées russes étaient ordinairement trop faibles au point de vue numérique et insuffisamment fournies de vivres; et ce n'est qu'à la suite des échecs subis qu'on prenait des mesures plus énergiques pour atteindre le but proposé. En 1828, presque toute l'armée périt par la faim et les maladies; en 1831, l'armée de Diebitsch a dû regagner Varsovie, sur sa base d'opérations, parce qu'elle manquait de vivres et la seconde attaque seulement fut entreprise avec des forces suffisantes et bien approvisionnées. Le souvenir de la guerre de Crimée était encore présent à la mémoire, on avait été mal préparé au début de cette campagne et l'on entreprit cependant la guerre de 1877 avec des forces trop peu nombreuses et sans avoir pris toutes les mesures nécessaires pour assurer le ravitaillement des troupes.

Les armées appelées à combattre dans l'avenir seront beaucoup plus considérables que celles des guerres passées, mais en revanche elles disposeront de chemins de fer, qui permettront de transporter les vivres à de grandes distances, dans un rayon très étendu et comprenant toute une contrée. Mais, pour que les vivres puissent être régulièrement transportés par chemin de fer, il faut avant tout qu'ils soient préparés en temps de paix ou bien qu'on dispose des moyens nécessaires pour les acheter ; il faut aussi que les arrivages soient bien organisés, sans quoi les troupes ne recevront pas en temps voulu les vivres envoyés de l'intérieur du pays sur le théâtre de la guerre en quantités très considérables ; et toute cette masse de subsistances concentrées sur les derrières des armées finira par se gâter sans aucun profit.

Il est impossible de tenir en magasin des quantités de vivres suffisantes pour alimenter des armées composées de plusieurs millions d'hommes ; il sera d'autre part presque impossible de se procurer les provisions dont on aura besoin en présence de l'appréhension de la famine et de la famine elle-même, surtout en raison de la dépréciation que subira le papier-monnaie par suite des nouvelles émissions lancées dans le but de se créer des ressources pour faire la guerre.

Voilà pourquoi on reviendra peut-être dans la guerre future au système des réquisitions que nous avons décrit plus haut et qui avait été appliqué pendant la première Révolution française. C'est la France qui réinaugurera ce système.

La loi française de 1877 sur les réquisitions impose en cas de guerre à la population les redevances suivantes en nature, dont certaines sont obligatoires même en temps de paix :

Loi française de 1877 sur les réquisitions.

1° La redevance qui consiste à fournir des chevaux.

2° La redevance qui consiste à mettre des logements à la disposition des troupes.

3° La redevance qui consiste à nourrir les soldats logés.

4° La redevance qui consiste à fournir des vivres, du chauffage, du fourrage et de la paille.

5° La redevance qui consiste à fournir des voitures.

6° La redevance qui consiste à fournir des bateaux.

7° La redevance qui consiste à mettre les chemins de fer à la disposition de l'armée.

8° L'obligation de mettre à la disposition de l'administration militaire : les moulins et les fours à pain, le matériel, les instruments et les machines nécessaires à la réparation et à la construction des chemins et à l'exécution de tous autres travaux stratégiques ; l'obligation de fournir des guides, des courriers, des conducteurs de fourgons, et de la main-d'œuvre pour l'exécution de tous travaux stratégiques ; de fournir enfin l'habillement et autres objets moins indispensables.

Voici d'une façon générale comment on procède aux réquisitions.

Comment on procède aux réquisitions.

L'ordre de réquisitionner est donné au maire de la commune, ou bien à l'autorité équivalente si la réquisition a lieu en pays étranger. Mais cet ordre peut être communiqué directement aux habitants si, au moment de l'arrivée des troupes, les autorités sont absentes ou bien si la réquisition doit se faire promptement et sans retard. Dans l'ordre de réquisitionner doivent être désignés : le corps de troupes ou le détachement chargé de faire la réquisition, la quantité et la nature des produits, les objets, les bêtes d'attelage ou les moyens de transport dont on doit se servir, la date, l'heure et l'endroit de la livraison; cet ordre doit être signé par l'officier chargé d'exécuter la réquisition. Le maire doit répartir la réquisition parmi les habitants de sa commune. Il doit être aidé en cela par deux membres du conseil municipal et par deux notables qui représentent les habitants de la circonscription.

Quel que soit le nombre des personnes qui se seront rendues à la convocation, le maire procédera avec elles à la répartition de la réquisition et, le cas échéant, il s'en chargera tout seul. Les ordres du maire doivent être exécutés sans réplique.

La répartition est faite par les autorités militaires dans deux cas : 1° dans le cas où elle annonce la réquisition directement aux habitants et 2° si, par suite de la mauvaise volonté ou de la négligence du maire, les objets réquisitionnés ne sont pas livrés en temps voulu.

Aussitôt que les habitants auront connaissance des produits ou des objets, ils devront les apporter à l'endroit indiqué. Le maire prendra livraison de ces objets dont il dressera une liste et il délivrera à chaque habitant un reçu en échange de son apport.

A l'heure indiquée, les autorités militaires viendront prendre livraison du montant de la réquisition et laisseront entre les mains du maire un reçu global.

Un règlement, établi dans le but d'empêcher l'arbitraire, détermine les objets qu'on n'aura pas le droit de se faire délivrer par les habitants. Ces objets sont : 1° les produits indispensables pour entretenir une famille pendant trois jours; 2° les vivres de tout genre se trouvant dans les établissements agricoles, industriels ou autres et dont la quantité ne dépasse pas le nécessaire pour une consommation de huit jours, 3° le fourrage possédé par les ménages en quantité suffisante pour nourrir le bétail pendant quinze jours (1).

Les réquisitions ayant pour objet l'utilisation d'établissements industriels à des buts militaires ne peuvent se faire qu'en vertu d'un ordre spécial du ministre de la Guerre, du commandant de l'armée ou bien d'un commandant de corps d'armée.

En cas de besoin, des réquisitions peuvent avoir lieu dans les villes

____

(1) *Dictionnaire des sciences militaires*

fortifiées, pour approvisionner la population civile (1). Mais on ne saurait encore préjuger dans quelle mesure cette loi pourra être appliquée en France.

Une application aussi étendue du système des réquisitions demande à être appuyée de mesures très sévères; or, des mesures pareilles sont susceptibles de pousser à la résistance la population française plus vite encore que celle de tout autre pays.

Des lois presque identiques existent en Allemagne et en Autriche :

« A quoi donc peut s'attendre la population, — dit Makchéïef — en cas d'invasion d'une armée ennemie?

« Un gouvernement qui ne ménage pas ses propres sujets, afin d'assurer le succès de ses armes, fera bien moins encore de façons avec une population ennemie ; cela peut être affirmé *à priori*.

« L'agresseur devient le maître effectif de la région ennemie qu'il occupe; il acquiert, de ce fait, la faculté d'entretenir son armée aux dépens de cette région. Vivre aux frais d'un pays conquis, c'est là une vieille maxime qu'on fait valoir en temps de guerre. Elle est basée sur le droit du plus fort. Cette maxime, on l'appliquait autrefois sur une très vaste échelle, à tel point même qu'on entretenait les troupes exclusivement aux frais des vaincus. »

Examinons maintenant comment on usera, sans doute, des habitants des régions conquises pendant la guerre future. Des indications à ce sujet nous sont fournies par les règlements actuellement en vigueur dans les différentes armées européennes. Il est à regretter que ces règlements, qui ne sont pas des documents secrets, ne soient pas assez explicites à ce point de vue; mais il est certain que des instructions plus précises ont été rédigées et distribuées à qui de droit dans les armées, car les règlements généraux font fréquemment allusion à ces instructions spéciales. Bien que ces données ne nous permettent de tracer qu'un tableau imparfait de la manière dont les différentes armées se comporteront à l'égard de la population de tel ou tel pays conquis, nous pourrons, en nous basant sur certaines indications puisées dans les règlements sur le service en campagne et sur le service d'étapes, en tant que ces règlements s'occupent du ravitaillement, établir ce qui suit :

« D'après les règlements français : L'armée doit, en temps de guerre, vivre autant que possible sur le pays. L'exploitation de la région occupée doit se faire comme si l'on n'avait pas à compter sur des arrivages.

« Les modes d'exploitation consistent : 1° à faire nourrir les troupes par les habitants; 2° dans les achats et 3° dans les réquisitions.

---

(1) Kottié, *Die Naturalverpflegung.*

« Le droit d'exiger des habitants les vivres nécessaires pour l'entretien de masses de troupes considérables est réservé aux commandants des armées et des corps d'armée ; mais ceux-ci peuvent déléguer leurs pouvoirs aux officiers subordonnés. Ce mode de ravitaillement est considéré comme normal quand il s'agit de petits détachements ou de personnes isolées (vélocipédistes, télégraphistes, etc.)

« On a recours aux achats toutes les fois que c'est possible. L'argent nécessaire est prélevé par contribution sur le pays ennemi. Le droit de frapper des contributions est réservé au commandant en chef.

Quand les achats ne donnent pas les résultats voulus, on peut recourir aux réquisitions. Le droit d'ordonner les réquisitions en pays étranger est réservé aux personnes qui peuvent l'exercer dans leur propre pays. Pour permettre aux intéressés de se faire délivrer des reçus, on procède en pays ennemi, autant que possible, comme dans son pays même.

« Les instructions de 1893 portent que, indépendamment des fonctionnaires de l'intendance, pourront être investis du droit d'ordonner des réquisitions les officiers d'approvisionnement, et, au besoin, les commandants de compagnie, d'escadron, de batterie et de détachements isolés.

« Dans les divisions de cavalerie isolées, pourront être munis de ces pleins pouvoirs tous les officiers et même certains sous-officiers (1). »

Dans les armées autrichienne et allemande on procède à peu près de même que dans l'armée française.

Et les règlements de l'armée russe se sont inspirés de la même idée : *Vivre aux dépens du pays occupé* (2).

---

(1) Makchéief, *Voïénnaïa administratsia* (L'administration militaire).

(2) Dans les régions occupées en vertu du droit de guerre, on pourra pratiquer des réquisitions pareilles à celles admises dans les provinces russes déclarées en état de guerre. En outre, on sera autorisé à :

1° Réquisitionner sans rétribuer d'aucune façon les objets acquis ;

2° Imposer des contributions en espèces ;

3° Faire du butin, c'est-à-dire s'emparer des objets appartenant à l'armée ennemie, ou bien des objets préparés pour ses dépôts.

« Le droit d'ordonner des réquisitions appartient aux commandants des armées. Le butin sera réparti conformément à leurs indications.

« Le commandant en chef de l'armée ordonnera la perception des impôts dans les régions étrangères militairement occupées en vertu du droit de guerre ; il déterminera l'ordre dans lequel on devra faire les réquisitions partielles et générales, ainsi que la quantité des objets de tout genre dont on aura besoin, et que ces régions devront livrer en nature ; en cas de nécessité, il y frappera des contributions.

« Le droit de faire des réquisitions pourra être délégné par le commandant en chef de l'armée aux commandants des corps d'armée et à des conditions par lui déterminées.

« Le droit de créer de nouveaux impôts dans les régions occupées par la force des armes est réservé au commandant en chef. — Makchéief :\Voïénnaïa administratsia (L'administration militaire) ».

Pour se faire une idée des calamités terribles auxquelles sont exposées les régions destinées à servir de théâtre à la guerre future, il suffit d'étudier comment se font les réquisitions.

L'ouvrage récemment paru : *La petite guerre et le service des étapes*, du colonel Cardinal von Widdern, l'auteur de nombreux articles militaires très intéressants, traite des règlements et des moyens qui devront être appliqués par des détachements isolés, auxquels on confiera le soin d'exploiter le territoire ennemi pour faire vivre l'armée. On recommande à ces détachements de suivre l'armée en restant sur ses flancs et un peu en arrière, sans jamais la devancer afin de ne pas épuiser les ressources des contrées que devront traverser les envahisseurs.

Les théories allemandes à ce sujet sont très explicites. Elles recommandent d'observer les règles suivantes :

« Il ne faut pas s'éloigner à plus d'une journée de marche du point de stationnement des troupes, afin de pouvoir leur faire parvenir le soir même les vivres qu'on se sera procurés et afin de ne pas traverser nuitamment des parages peu sûrs. Il faut se mettre en marche la nuit, afin d'arriver à destination dans la matinée, pour repartir dans l'après-midi une fois l'opération terminée; il faut s'en retourner, autant que possible, par un autre chemin que celui suivi pour venir, et il importe de choisir une route carrossable, partant moins dangereuse; il est bon d'apparaître brusquement dans une localité après une marche précipitée et de l'entourer de façon telle que les habitants ne puissent la quitter avec leurs attelages, leur bétail et leurs vivres et qu'ils n'aient pas le temps d'alarmer les communes voisines ni de demander des secours. »

Il faut, autant que possible, faire accompagner l'infanterie par de la cavalerie qui exécutera, durant l'opération, des reconnaissances dans les directions menacées et qui protègera le transport au retour. L'infanterie partira sans sacs : elle les déposera sur les fourgons chargés de transporter les provisions.

Il ne faut pas compter sur les moyens de communication ni sur les fourgons des habitants du pays occupé. La cavalerie et des postes d'infanterie occupent toutes les issues de la ville et le chef du détachement y pénètre en même temps, ordonne des perquisitions, saisit des ôtages parmi les habitants qui lui tombent sous la main, et se rend à la mairie. Il dispose des gardes dans les cours, dans les écuries et les magasins qu'il convertit en dépôts des vivres réquisitionnés.

S'il n'y a de résistance à craindre que de la population ou de partisans isolés ou bien encore de la part des autorités judiciaires ou policières, on envoie en avant de forts détachements pour occuper au plus vite toute la region qu'il s'agit d'exploiter. Ces détachements ne doivent pas être renseignés au moment du départ sur le but de leur mission, afin qu'elle ne soit pas ébruitée dans les communes voisines qui pourraient s'efforcer alors d'éloigner ou de cacher leurs troupeaux et leurs vivres.

A la dernière étape toute la colonne se divise en plusieurs détachements qui se dispersent vivement, en éventail, dans le rayon de l'opération entreprise. La réquisition commence sur les points les plus éloignés et se resserre au fur et à mesure qu'on se rapproche du point de départ. Les troupes qui protègent cette opération protègent également le retour et les dépôts.

Toute la façon d'opérer du détachement chargé de faire la réquisition peut être représentée graphiquement comme suit :

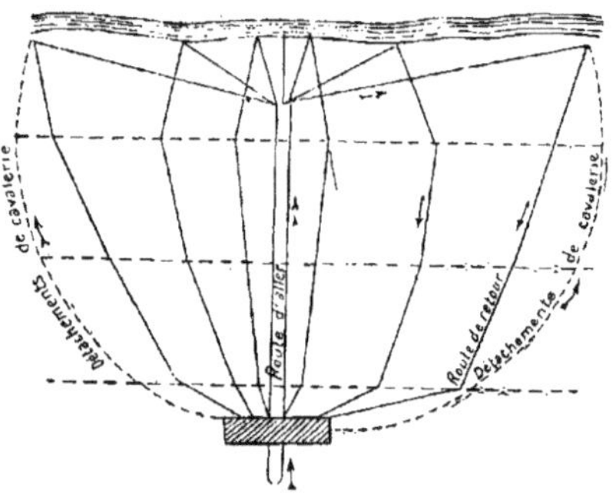

Ce qui précède permet de croire que les modifications apportées au système de ravitaillement ne profiteront pas à la population pacifique pendant la guerre future.

Nous manquons du reste d'expérience pour être très affirmatifs à ce sujet. Mais il est certain pourtant que l'avantage sera du côté de la nation qui disposera de la plus grande somme de forces intellectuelles et dont l'administration sera le mieux organisée en temps de paix, en admettant que pour le reste toutes les conditions soient identiques, c'est-à-dire qu'elles aient des quantités de vivres suffisantes chez elles ou bien la possibilité de les importer.

Se basant sur l'expérience fournie par les guerres passées, les Allemands se flattent d'être cette nation modèle. Les préparatifs qu'ils ne se lassent de faire, par mesure de précaution, ne peuvent que confirmer cette hypothèse.

D'immenses réserves de vivres sont accumulées dans les magasins établis sur les frontières occidentale et orientale de l'Allemagne.

Tous les besoins de l'armée seront, dès le jour de la mobilisation, satisfaits au moyen d'achats et, au besoin, par des réquisitions.

Dans toutes les localités tant soit peu importantes, on s'est assuré le concours de négociants qui fourniront l'armée, chacun suivant sa spécialité.

Les évaluations des quantités de vivres nécessaires, les points sur lesquels ces vivres devront être dirigés et toutes les autres indications concernant les opérations en question suivant les différents plans stratégiques établis dans toutes les éventualités, se trouvent aux mains des personnes qui assumeront la responsabilité de la mobilisation. Des instructions détaillées à ce sujet sont consignées dans un nombre suffisant d'exemplaires.

Aussitôt que l'ordre de mobiliser aura été donné, les enveloppes seront ouvertes et les rouages du mécanisme de la mobilisation se mettront en marche comme le mouvement d'une horloge.

On ne sait pas à quel moment l'on aura besoin des services des fournisseurs dont on s'est assuré le concours, aussi n'a-t-on fixé aucun prix dans les traités passés avec eux.

Mais on ne craint nullement que ces négociants ne demandent des prix exagérés au moment voulu, car on compte sur leur sentiment de devoir et sur leur esprit de solidarité, deux qualités qui sont fort développées en Allemagne.

C'est un calcul d'autant plus juste que des malversations importantes seraient impossibles sans la complicité des autorités militaires chez qui le sentiment de l'honneur est développé au plus haut degré. D'autre part, la crainte de l'opinion publique et des tribunaux est assez forte pour réprimer l'instinct de rapacité chez ceux qui pourraient en être atteints. L'expérience de la guerre de 1870 a du reste prouvé que le gouvernement n'avait pas à se reprocher d'avoir eu confiance en ses fournisseurs et ces derniers n'ont été l'objet d'aucune chicane de la part des autorités. On aurait même préféré payer quelques millions en plus de la somme strictement due, plutôt que d'intenter des procès susceptibles d'exercer un très mauvais effet sur les contrats ultérieurs de l'administration militaire avec ses fournisseurs.

Tout est si bien prévu en Allemagne, que le ministre de la Guerre n'a plus aucune disposition à prendre une fois l'ordre de mobiliser lancé. Voilà pourquoi le ministre prussien von Roon dit, dans ses Mémoires, qu'il n'eut jamais moins de soucis que pendant la période écoulée entre la déclaration de guerre et le commencement des hostilités.

On tend à adopter un système analogue en Autriche : mais, comme le trésor de ce pays est moins bien pourvu, l'administration militaire y est contrainte à de plus grandes économies.

Le niveau de l'instruction et des qualités morales étant aussi moins élevé en Autriche qu'en Allemagne, il est peu probable que la machine militaire y fonctionne avec la même précision que dans ce dernier pays.

Il faut convenir, cependant, que le service du ravitaillement a toujours été assez bien organisé en Autriche.

En France. Quant à la France, les quantités de vivres réunis sur les frontières ne sont pas moins considérables qu'en Allemagne. Depuis 1870, l'administration militaire française ne cesse d'observer son ennemi futur probable, et de l'imiter.

On a donc pris en France des mesures sérieuses et rationnelles en prévision d'une guerre; les efforts faits dans ce sens ont cependant été entravés dans une certaine mesure par le manque de solidarité du gouvernement et de la nation.

En France il y a trop de partis : les républicains, les modérés, les radicaux, les socialistes, les communistes, les bonapartistes, les orléanistes, les royalistes, etc. Tous se combattent mutuellement sans repos ni trêve, s'accablant d'accusations et poussant leurs querelles jusqu'aux dernières limites.

Ce fait pourra, le cas échéant, rendre très difficile la tâche du gouvernement quand il s'agira de choisir le personnel de l'intendance et de passer des contrats avec des fournisseurs.

L'administration militaire se verra peut-être ainsi contrainte à recourir aux réquisitions qui, en France, ne laissent pas d'être assez dangereuses. Ce danger serait encore plus grand, au cas où le gouvernement se déciderait à faire une guerre impopulaire, toute guerre offensive serait mal vue par la nation française.

En Russie. En Russie, l'intendance a été, de tous temps, mal organisée. Tout ce qu'un homme très compétent en cette matière, le général Satler, a dit au sujet de la guerre de Crimée, est encore vrai de nos jours. Avant chaque guerre, on admettait au service de l'intendance des personnes qui envoyaient, à cet effet, des requêtes de tous les coins de l'Empire. Ces candidats étaient agréés sans beaucoup de difficultés sur la foi d'attestations brillantes que des personnes sérieuses délivraient à des individus peu recommandables. Ces faits se sont renouvelés pendant la campagne de 1877.

S. P. Botkine écrit dans ses *Lettres de Bulgarie* (1) : « J'ai été à l'hôpital, j'ai causé avec le médecin en chef et j'ai fait ample connaissance avec lui. C'est un ancien étudiant de l'université de Dorpat; il avait débuté

____

(1) S. P. Botkine, *Lettres de Bulgarie*, 1877.

dans son service, au Caucase, où il arriva tout droit des bancs de l'école ; mon interlocuteur avait alors des conceptions idéales sur l'honnêteté et les autres vertus civiques. Il s'aperçut avec horreur des abus qui se commettaient dans l'administration des hôpitaux au Caucase. Il chercha, tout d'abord, à réagir contre ces abus, mais grâce à ses intentions honnêtes, il s'en fallut peu qu'il ne vînt échouer sur le banc des accusés. Il ne dut son salut qu'à un homme probe qui s'intéressa à son sort. Depuis, dit-il, il est heureux d'avoir sauvé sa propre honnêteté tout en vivant au milieu de voleurs. À côté des gens qu'il a vus au Caucase, ceux qui l'entourent actuellement lui semblent des modèles de vertu ! »

Après la guerre de 1877 on avait institué, près de la direction générale de l'intendance, une commission spéciale chargée de choisir le personnel nécessaire pour tous les services de l'intendance en temps normal, de former en temps de paix une réserve de fonctionnaires pareille à celle des officiers, pour compléter les cadres en temps de guerre, et de rechercher les moyens de donner à ces fonctionnaires une éducation spéciale théorique et pratique.

Les mesures proposées par cette commission ont certainement amélioré la situation et il faut espérer que pendant la guerre future les conséquences du manque d'organisation que nous avons eu lieu de déplorer antérieurement ne se reproduiront plus.

Nous avons indiqué dans la partie de notre ouvrage intitulée : *Les Plans stratégiques*, l'importance du rôle que jouera le hasard, pendant la guerre à venir, bien qu'on ait prévu toutes les combinaisons possibles et qu'on ait scientifiquement approfondi toutes les questions y ayant trait.

Pour agir infailliblement suivant des plans arrêtés d'avance, il est nécessaire que tous les organes, appelés à collaborer dans le but de fournir des vivres à l'armée, aient non seulement des devoirs bien déterminés à remplir, mais aussi des pouvoirs très étendus.

Dans des conditions exceptionnellement difficiles, il est indispensable d'agir avec beaucoup d'énergie et de fermeté. Prendre toutes les précautions pour éviter des poursuites de la part du contrôle, cela ne s'appellerait pas approvisionner l'armée avec succès.

Les paroles suivantes empruntées à un rapport de l'intendant général Kankrine, soumis à l'empereur au sujet des guerres de 1812 et de 1813, peuvent s'appliquer encore à notre époque : « Chez nous il y a toujours des côtés obscurs dans chaque administration, parce que nous manquons de règlements bien déterminés sur la revision des comptes ; chacun, en conséquence, s'efforce, non pas de remplir franchement son devoir, mais, avant tout, de tirer son épingle du jeu. Les exemples sont nombreux, en effet, qui prouvent que l'homme le plus honnête risque de se créer les plus grands désagréments s'il songe à faire marcher le service plutôt qu'à mettre sa responsabilité hors de toute atteinte, tandis qu'en prenant ce dernier parti, il aura toujours raison, même si le service ne marche pas du tout. »

Si, d'autre part, on songe au peu d'honnêteté de certains fonctionnaires, il serait peu judicieux de leur accorder des pouvoirs très étendus sans les soumettre à un contrôle sévère.

Seuls, les Prussiens ont su, jusqu'à présent, sortir de ce cercle vicieux, en engageant au service de l'intendance, en temps de guerre, des fonctionnaires choisis parmi les commerçants.

En Prusse tout ce personnel se compose de personnes jouissant de la meilleure considération et possédant de la fortune, c'est-à-dire de personnes dont la position sociale garantit l'intégrité.

Ces fonctionnaires sont, néanmoins, soumis à un contrôle; mais ce contrôle n'est pas exclusivement exercé par d'autres fonctionnaires qui, d'habitude, ne se soucient que de la forme; il est fait par des commerçants très respectés.

Création de comités locaux. Il serait également utile de créer, même en temps de paix, des comités locaux chargés de subvenir aux besoins militaires; comités qui siégeraient en temps de guerre, dans toutes les villes où se trouvent des succursales de la Banque d'État; ils devraient se composer de personnes jouissant d'une bonne réputation et choisis parmi les agriculteurs, les fonctionnaires, les commerçants et les industriels.

En observant les instructions élaborées à leur usage, en temps de paix, ces comités pourraient rendre des services très appréciables en présence des difficultés que soulève la tâche d'approvisionner des millions de soldats et de satisfaire à tous les besoins de l'armée.

Les blessés et les malades pourraient être confiés aux soins de ces comités de même que leurs familles et les familles de ceux qui auraient trouvé la mort sur le champ de bataille. Les différents comités d'un rayon pourraient se solidariser en se réglant sur la marche des opérations de guerre.

Il y aurait tout avantage à créer de pareils comités même en temps de paix; leurs membres fourniraient, en des réunions périodiques, des comptes rendus sur les ressources annuelles, et le gouvernement s'assurerait, en appréciant leurs travaux et en distribuant quelques récompenses, le concours de gens capables de rendre, au besoin, de grands services.

Notre ministère de la guerre s'est beaucoup occupé ces temps derniers de tout prévoir pour faire face aux besoins extraordinaires qui pourront se manifester à l'avenir. Or, comme les céréales abondent en Russie, il n'y a pas lieu d'augurer que les subsistances manqueront dans ce pays, au cas d'une guerre défensive.

Il en serait autrement dans une guerre offensive, surtout si l'armée russe se trouvait forcée de poursuivre un ennemi battant en retraite à travers un pays dont il aurait épuisé les ressources.

Il est à prévoir, par conséquent, que la guerre future se distinguera des guerres passées par bien des côtés : l'approvisionnement de l'armée en vivres et en munitions de guerre, la façon de distribuer les troupes dans le pays et de les cantonner, l'effectif des armées, et la tactique enfin, ne seront plus les mêmes.

On peut dire, sans exagérer, qu'en présence des immenses armées modernes et des stationnements prolongés qu'elles devront faire, devant les places fortifiées qui ferment les frontières, ainsi que devant les autres lignes de défense de l'ennemi, la question du ravitaillement et de la répartition des troupes sera chose très compliquée : — pour les uns à cause de la difficulté qu'ils auront à se procurer le nécessaire, pour les autres à cause du désordre régnant dans leur administration.

Le risque résultant de l'insuffisance de vivres sera certainement le plus terrible des dangers auxquels pourra être exposée une armée, car il entraînera la famine, les maladies et le relâchement de la discipline.

TABLE DES MATIÈRES

SOMMAIRE DE L'OUVRAGE COMPLET

TOME I
Description du mécanisme de la guerre.

Considérations générales sur le tir. — Poudre sans fumée et autres explosifs. — Les armes à feu portatives. — Les bouches à feu de l'artillerie. — Les engins auxiliaires. — Boucliers et cuirasses opposés aux effets des balles ennemies. — Abris formés par les retranchements et les fortifications de campagne. — Importance et rôle de la cavalerie. — La tactique de l'artillerie et les conséquences des perfectionnements techniques. — L'infanterie au combat.

TOME II
La guerre sur le continent.

Les effectifs des armées européennes. — La préparation à la guerre et sa déclaration. — La mobilisation. — Mouvements des troupes pour se rendre sur le théâtre de la guerre. — La conduite des armées. — Le commandant en chef. — L'autonomie des commandants d'unités et leur initiative dans les différentes armées. — Le chef subalterne. — Base du développement de l'instruction dans l'armée. — Comparaison entre les batailles du passé et celles de l'avenir. — Le combat de nuit. — Sur le champ de bataille. — La guerre de forteresse. — État et esprit des armées. — Plans des opérations militaires. — Force de résistance des puissances aux influences sociales et économiques de la guerre. — Effectifs de combat de la Double et de la Triple-Alliance. — Opérations de guerre franco-italiennes. — Opérations de guerre franco-allemandes. — Opérations de guerre germano-austro-hongroises.

TOME III
La guerre navale.

Comparaison des flottes anciennes et modernes. — Moyens d'attaque et de défense des bâtiments d'aujourd'hui. — Opérations des flottes et des navires isolés. — Quelques conclusions relatives aux batailles futures. — La guerre de croisière et la course. — Conclusions.

TOME IV
Les troubles économiques et les pertes matérielles que déterminera la guerre future.

Coup d'œil sur les difficultés économiques qu'entraînerait la guerre en Europe (Dans l'Europe orientale. — En Russie). — Sa répercussion sur les besoins de la population. — Dépenses des guerres passées. — Les charges militaires et les revenus des nations. — Dépenses de la guerre future et moyens de les couvrir. — Inégalité des pertes économiques que la guerre future entraînerait pour les divers pays. — Influence de la tactique et des conditions économiques sur l'approvisionnement des armées en vivres et munitions.

TOME V
Les efforts tendant à supprimer la guerre, les causes des différends politiques, les conséquences des pertes.

Comment s'est développée l'idée de résoudre pacifiquement les différends internationaux. — La paix perpétuelle dans les littératures des peuples civilisés. — Le socialisme, l'anarchisme et la propagande contre le militarisme. — L'inégalité d'accroissement de la population des divers pays pouvant être une cause de guerre. — Le degré de possibilité de la guerre au point de vue politique. — Les pertes probables dans la guerre future. — Influence des armes actuelles sur le caractère des blessures. — Le soin des blessés et malades à la guerre, dans le passé et dans l'avenir.

TOME VI
Le mécanisme de la guerre et son fonctionnement.
La question du tribunal international d'arbitrage.

Le système du militarisme. — Les officiers. — Progrès techniques et augmentation des armées. — Voix et agitations contre la guerre. — La concurrence de l'Amérique sur le marché universel. — Accroissement des dettes et des charges militaires de l'Europe. — Les congrès de paix et leur influence. — Importance des tendances pacifiques manifestées par les monarques. — Indices d'une évolution et possibilité d'un désarmement et de la suppression de la guerre. — Les causes des différends internationaux : Nécessité de prouver ce fait que les différends internationaux ne sauraient être résolus par la guerre. — Convocation d'une conférence internationale en vue d'étudier la question du tribunal d'arbitrage. — La question de l'Alsace-Lorraine. — La question d'Orient. — Autres questions ayant de l'importance au point de vue international. — Les provinces de l'Autriche et de la France où l'on parle la langue italienne. — Possibilité d'une dissolution de la monarchie austro-hongroise. — L'Allemagne et l'Autriche ne sont pas satisfaites de leurs frontières. — Antagonismes de races et de religions. — Intérêts dynastiques. — Intérêts commerciaux. — L'expansion coloniale. — Les intérêts des puissances dans l'extrême Orient. — Les raisons en vertu desquelles on croit que les guerres sont indispensables. — Institution d'un tribunal d'arbitrage international : un besoin de notre temps. — Son organisation présomptive. — Conclusions : les prétextes de guerre et leur peu d'importance. — L'absurdité de la politique de la « paix armée ». — Moment propice à la création d'un tribunal d'arbitrage. — Facilité de résoudre pratiquement ce problème. — L'institution d'un tribunal d'arbitrage est le seul moyen d'arrêter les armements. — Nécessité d'étudier les conditions techniques de la guerre et ses conséquences économiques. — Nomenclature des questions à examiner. — Importance de cet examen.

Paris.-Imp. Paul Dupont (Cl.) 1322. 12.99